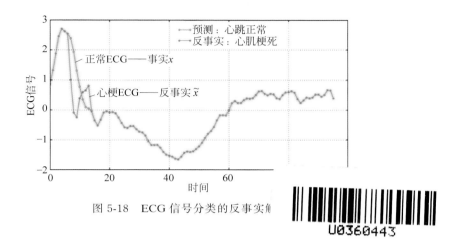

图 5-18 ECG 信号分类的反事实解

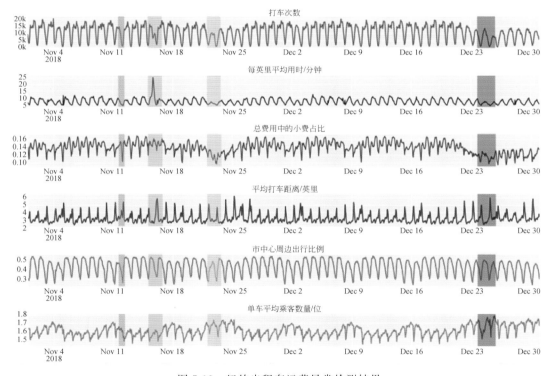

图 5-19 纽约出租车运营异常检测结果

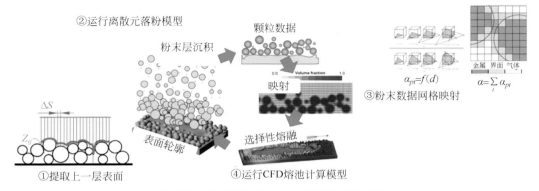

图 7-13　电子束选区熔化多层多道仿真流程

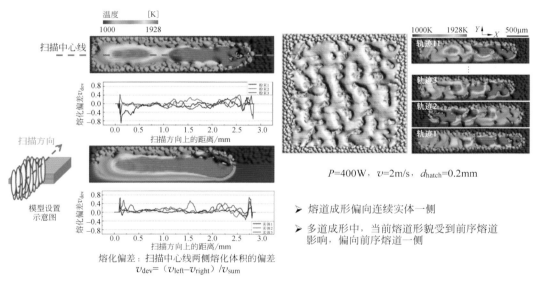

图 7-14　熔道形貌干涉

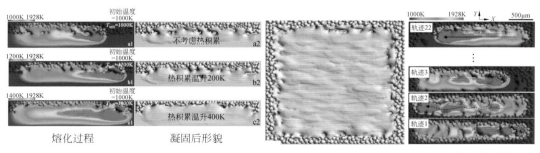

图 7-15　熔道间的预热与重熔

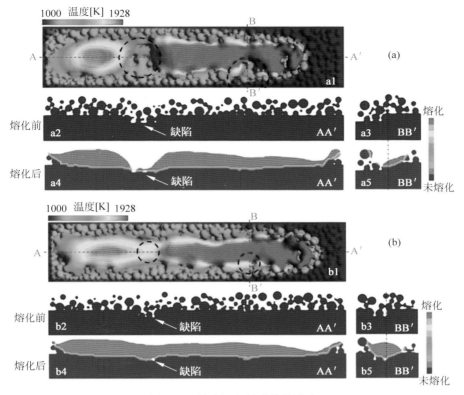

图 7-16   前序沉积层形貌的影响

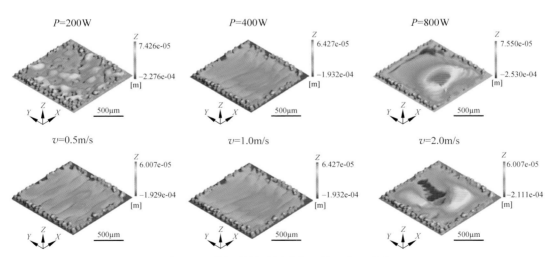

图 7-17   模拟所得不同功率下的上表面形貌

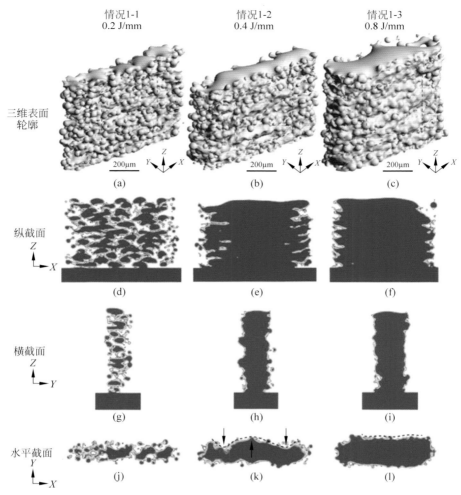

情况1-1
0.2 J/mm

情况1-2
0.4 J/mm

情况1-3
0.8 J/mm

三维表面轮廓

200μm (a)

200μm (b)

200μm (c)

纵截面

(d)

(e)

(f)

横截面

(g)

(h)

(i)

水平截面

(j)

(k)

(l)

图 7-18　模拟所得不同功率下的侧表面形貌

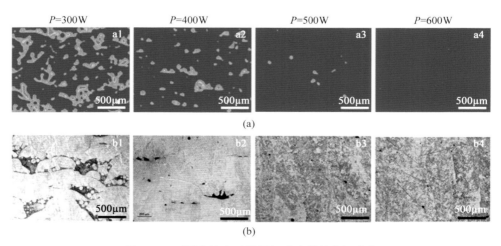

$P=300W$　a1

$P=400W$　a2

$P=500W$　a3

$P=600W$　a4

500μm　500μm　500μm　500μm

(a)

b1　b2　b3　b4

500μm　500μm　500μm　500μm

(b)

图 7-19　不同热输入下模拟与试验所得内部形貌

（a）细观尺度模拟的内部形貌；（b）试验成形试样横截面形貌（光镜照片）

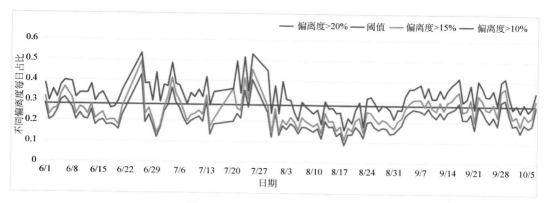

图 10-12 泵压偏离度占比趋势图

智能制造

技术、系统及典型应用

张和明　赵　骥　主　编

胡　冰　孔凡利　副主编

清华大学出版社

北京

内 容 简 介

本书分三篇论述了智能制造的理论框架、关键技术和系统实施方法。第1篇介绍了智能制造的发展历程、内涵与特征、体系架构及典型企业的架构解析，讨论了智能制造能力成熟度模型与评估方法；第2篇介绍了智能制造的核心技术，包括信息采集与数据处理、数字化设计制造、建模与仿真、数字孪生、先进制造与机器人应用、工业大数据、工业软件与知识工程等；第3篇介绍了智能制造系统的工程化实施方法、智能工厂与生产管控平台，讨论了我国航空工业数字化、智能化技术的深度应用和工程实践，展望了智能制造的发展趋势。

本书可作为智能制造相关专业课程的教材和工业企业智能制造专题培训的配套教材，也可作为从事智能制造相关领域专业人员的技术参考书。

图书在版编目(CIP)数据

智能制造：技术、系统及典型应用 / 张和明，赵骥主编. -- 北京 ：清华大学出版社，2025. 4. -- ISBN 978-7-302-68485-5

Ⅰ. TH166

中国国家版本馆 CIP 数据核字第 2025AG5902 号

责任编辑：刘　杨
封面设计：钟　达
责任校对：王淑云
责任印制：刘海龙

出版发行：清华大学出版社
　　　网　　　址：https://www.tup.com.cn，https://www.wqxuetang.com
　　　地　　　址：北京清华大学学研大厦 A 座　　　邮　　编：100084
　　　社 总 机：010-83470000　　　邮　　购：010-62786544
　　　投稿与读者服务：010-62776969，c-service@tup.tsinghua.edu.cn
　　　质量反馈：010-62772015，zhiliang@tup.tsinghua.edu.cn
印 装 者：天津鑫丰华印务有限公司
经　　销：全国新华书店
开　　本：185mm×260mm　　印　张：29.75　　插　页：3　　字　数：729 千字
版　　次：2025 年 4 月第 1 版　　　　　　　　　　印　次：2025 年 4 月第 1 次印刷
定　　价：128.00 元

产品编号：108491-01

序

国务院发布《中国制造 2025》已近 10 个年头，智能制造作为主攻方向之一，取得了快速发展，热度经久不衰。各行各业在智能工厂/车间、设备及产线的自动化、工业互联网、数字孪生等方面开展了大量的实践，积累了丰富的经验。

飞机是人类历史上最复杂的产品之一，其制造难度很大，智能制造技术的应用较为迫切。针对"智能制造技术基础较为薄弱，在制造技术与智能技术方面难以做到二者兼备，对智能制造技术的系统性理解不够、实践能力不足"等问题，中国航空工业集团组织了 10 多位大学教授和行业专家，总结经验，编写了《智能制造：技术、系统及典型应用》一书，无论是对该领域的学术研究，还是对工业实践，都有借鉴意义。

20 世纪 80 年代，随着当时人工智能热的出现，日本曾提出智能制造系统（IMS）。考虑到当时信息技术的状况，我们将重点集中于计算机集成制造系统（CIMS），也就是制造信息化，希望通过集成——信息互联互通，带动企业效益提升。40 多年来，从国家 863 计划 CIMS 工程，到中国工程院提出的数字化制造、数字化网络化制造、数字化网络化智能化制造，都为我们国家两化融合、两化深度融合战略的实施起到了基础性作用，培育了航空、航天、船舶等重点行业的核心能力。

如今，企业面临的信息环境发生了巨大变化。从过去的数字化程度低、信息流转慢、计算成本高，发展到如今的信息普惠化、计算成本低廉化。人工智能技术由过去的专家系统、模糊计算和神经网络（单隐层或双隐层的浅层网络）发展到深度学习、强化学习、人工智能生成内容（AIGC）等。人脸识别、自然语言理解、无人驾驶、人形机器人等人工智能新应用层出不穷，掀起了人工智能的新高潮。

智能制造是智能技术（特别是新一代信息技术）在制造全生命周期的应用中涉及的理论、方法、技术和应用。智能制造的发展需要"顶天立地"。"顶天"是指要与各种前沿科学的研究进展同频共振，将人工智能、极端制造、脑机接口、信息技术、新材料等领域的最新研究成果吸收、应用于制造业。同时，要在制造业的各层面有所作为，贯穿产品创新设计、加工制造、装配、测试、管理、营销、售后服务、客户关系、仓库物流供应链、报废处理等制造、管理全流程，实现制造业智能增长、包容性增长、可持续增长的目标，"效益、竞争力、可持续发展"是智能制造的出发点和归宿，根本在于企业的核心能力建设，也就是"立地"。

2024 年 4 月，工业和信息化部将具有显著战略性、引领性、颠覆性和不确定性的前瞻性新兴产业确定为未来产业，包含智能制造的未来制造是重点布局的方向之一。智能制造体现于智能设计、智能加工、机器人操作、智能控制、智能工艺规划、智能调度与管理、智能物流、智能装配、智能检测、智能维护故障诊断、智能装备、新制造模式等方方面面。近百年来，人类文明的进步都伴随着机器取代人的过程，通常技术进步在消除一类工作的同时，会自动创造出另一类或多类工作。人工智能的新成果将在工业系统、服务系统运行中逐步取代人，人类的分工已经开始出现重大调整。对于这种颠覆性变化，我们需要未雨绸缪。

近几年，新一代人工智能技术蓬勃发展，国务院发布了《中国新一代人工智能发展规划》，提出基于重大变化的信息新环境以实现新目标的新一代人工智能，确定了大数据智能、群体智能、跨媒体智能、混合增强智能、自主智能系统的专项框架。智能制造成为新一代人工智能创新应用的首要领域，采用新的人工智能成果，解决制造业面临的问题，被人们寄予厚望。对于智能制造的发展，需要注意以下几点。

（1）以大模型为代表的人工智能的突破性进展，使通用人工智能（AGI）成为当前全球最具挑战性、最具催化力、最具赋能特征的战略性技术。为此，我们要加快推动人工智能发展，大力推进数字化转型，形成制造业新质生产力，加快实现新型工业化。

（2）当前，人工智能赋能智能制造（人工智能＋制造）已成为全球共识，各国纷纷制定战略，人工智能正融合制造业各环节发展。大模型驱动下具身智能、群体智能已成当前热点。大模型加持的智能机器人有望服务于制造业各类场景，实现真正意义上的机器换人，完成复杂、高危的作业任务。人工智能＋制造深度融合应用阶段是核心环节数据＋深层机理智能优化，人工智能应用由单点场景应用向全流程综合化应用演进。

（3）制造业企业的智能化改造是复杂的系统工程，系统集成非常重要，它不仅包含硬件软件的互联互通，还涵盖设备、管理、产品研发、客户服务等方面，通过数字平台打造价值链（营销、研发、制造、供应链）的互联互通，实现产品的个性化定制，形成新的竞争优势。

（4）重视我们的短板，即智能制造装备与核心零部件国产化率较低；工业软件对外依赖程度高；智能化系统集成生态尚未形成，不同端口标准协议存在差异，导致全流程智能化改造过程中硬件、软件集成的兼容性、互操作性和适配性较低，实现人工智能融合的难度大。

本书作者既有长期从事智能制造领域研究的学者，也有一直在工业一线从事智能制造应用的实战专家。本书内容包含智能制造基础、智能制造技术、智能制造系统实施三个部分，具有较强的系统性、逻辑性、实用性，可以使读者系统了解智能制造的技术发展，并提供实践的方法，展现丰富的实践案例，是一本难得的理论与实践相结合的教材。

吴　澄

中国工程院院士、清华大学自动化系教授

2024 年 5 月 28 日

前　言

信息技术推动全球新一轮科技革命，产业变革加紧孕育兴起，与我国制造业转型升级形成历史性交汇。习近平总书记强调"我们要顺应第四次工业革命发展趋势，共同把握数字化、网络化、智能化发展机遇"。2023年9月，习近平总书记指出要加快发展以科技创新为主导的新质生产力。2024年政府工作报告提出要"实施制造业数字化转型行动"。

航空工业是国家高科技战略支柱性产业，中国航空工业集团有限公司（以下简称中航工业）党组出台了"创新决定三十条"，坚持以科技、人才、创新"三个第一"赋能新质生产力的发展，积极开展新质生产力的探索和实践，聚力聚势加快发展航空工业新质生产力。结合习近平总书记2023年10月在昌飞考察调研时的重要讲话精神，集团公司明确提出了要"加快数智转型，增强航空工业发展新动能"的数智航空建设目标。

要实现航空工业创新驱动战略以及加速数智转型建设目标，急需智能制造和数字化专门人才。中航工业党校/培训中心在2018年就开启了智能制造人才加速培养的进程。2021年，中航工业党校/培训中心组织清华大学教授、集团公司专家和国内智能制造专业人士研讨航空工业智能制造培训课程。基于集团公司提出的"动态感知、实时分析、自主决策、精准执行"的航空智能制造特征，形成了由智能制造内涵、关键技术和系统实施实践等部分组成的模块化培训课程体系，并面向集团公司各企业开展了多轮智能制造和数字化转型实践的技术骨干培训。

智能制造是新一代信息技术与先进制造技术的深度融合，是数字化、网络化和智能化等的共性使能技术，是贯彻新发展理念、实现高质量发展、开发新质生产力的重要实践。为进一步落实集团党组培养数智化转型人才的要求，按照集团核心课程教材建设相关要求，在总结培训经验的基础上，中航工业党校/培训中心决定开展智能制造教材编写，由中航工业党校副校长培训中心副主任胡冰与培训中心专务孔凡利组织主讲教师和业内专家多次研究并优化教材内容，历时近2年编写了本书。

本书既可作为企业技术人员开展智能制造和数字化转型活动的实施指南，也可作为航空和其他装备制造企业开展智能制造培训的配套教材，同时也可作为高等院校智能制造工程专业的参考教材。

本书共分3篇17章。第1篇为智能制造基础，共分4章。第1章工业智能化的技术发展概况，由清华大学自动化系张和明教授编写，综述了工业化的主要进程、工业革命的技术剖析、生产方式的演进变革，介绍了数控技术与装备、数字化设计制造、智能制造支撑技术的发展，分析了智能制造的内涵；第2章世界典型国家的智能制造体系架构，由清华大学自动化系副系主任李清教授和清华大学自动化系瞿盟津博士编写，介绍了德国工业4.0、美国智能制造生态系统、美国工业互联网的体系架构；第3章中国航空工业集团智能制造架构解析，由中航工业制造院原副总工程师王湘念、中航工业昌飞副总工程师汪广平和庆安副总工程师裴建平编写，介绍了集团公司开展智能制造顶层规划的背景和研究过程，剖析了集团公司智能制造总体架构、关键技术、实施要点及应用案例；第4章智能制造能力成熟度模型及应用，由王湘念、汪广平和裴建平编写，介绍了智能制造能力成熟度模型的构成、内容评估方法和评估案例。

第2篇为智能制造技术，共分7章。第5章信息采集与数据处理技术，由清华大学精密仪器系董永贵教授编写，介绍了信息采集、数据处理与状态感知技术；第6章产品数字化设计制造技术，由张和明教授编写，介绍了产品数字化建模、单一数据源构建与设计制造集成技术；第7章产品设计与制造的仿真技术，由清华大学机械工程系赵海燕教授与张和明教授编写，介绍了产品设计仿真、制造工艺过程仿真、生产系统的建模与仿真，第8章数字孪生技术及飞机制造应用，由张和明教授编写，介绍了数字孪生技术及其在飞机智能制造领域的典型应用；第9章先进制造技术与机器人应用，由中航工业首席技术专家制造院科技委副主任郭德伦牵头，中航工业制造院滕俊飞、姚艳彬、李怀学、邓云华等编写，介绍了工业领域的先进制造技术与机器人在航空制造中的典型应用；第10章工业大数据与智能技术，由清华大学大数据系统软件国家工程研究中心总工程师王晨编写，介绍了工业数据体系与数据治理、工业大数据与人工智能技术；第11章面向智能制造的工业软件与知识工程，由浙江大学王宏伟教授与英诺维盛（北京）新技术发展有限公司总经理赵敏编写，介绍了智能制造中的工业软件与知识工程。

第3篇为智能制造系统实施，共分6章。第12章智能制造系统构建，由清华大学国家CIMS中心工程部主任赵骥编写，介绍了智能制造系统构建必然要考虑到的各种因素、需要遵循的基本规律和规范化工程化的方法；第13章智能制造产线/车间规划、设计与开发，由北京航臻科技有限公司总工程师马维民与中航光电副总工程师兼制造工程所所长张波利编写，介绍了智能制造车间/产线规划开发与管控的方法和典型实践案例；第14章智能工厂规划与实施，由赵骥编写，介绍了智能工厂规划设计与实施；第15章工业互联网平台，由航天云网科技发展有限责任公司总经理柴旭东与北京航天智造科技发展有限公司平台研发部副部长宿春慧编写，讨论了工业互联网平台的构成、运营和应用案例；第16章智能生产管控一体化，由李清教授和瞿盟津博士编写，介绍了智能生产管控一体化和智能运维；第17章智能制造最新实践，由中航工业首席技术专家沈飞工程技术中心主任潘新、中航工业首席技术专家成飞副总工程师牟文平、中航工业沈飞创新研究院研发工程师刘本刚和董泽光编写，集中展现了数字化、智能化技术的深度应用，展望了智能制造的未来。

在本书编写过程中，清华大学继续教育学院课程研究员张玉坤承担了组织各章作者编写和沟通等组编工作，清华大学继续教育学院资深主管魏玉按出版要求统一整理了本书的格式，中国商飞上海飞机制造有限公司先进监督工程三级专业总师兼5G工业创新中心平台部副部长邢宏文提供了数字孪生技术的相关资料。在此，谨对他们表示衷心的感谢！

最后，我们期待本书能够成为致力于推动企业智能制造转型人士的参考工具书，帮助读者清晰地把握智能制造基本原理和智能系统判断准则、掌握所涉及的多学科技术知识、了解具体智能制造转型升级的路径和具体的实施方法，更好地在企业智能制造转型中发挥作用，助力国家实施制造业数字化转型行动，发展制造业新质生产力！

编　者

2024年9月

目 录

第1篇 智能制造基础

第 2 篇　智能制造技术

第 3 篇　智能制造系统实施

第1篇 智能制造基础

引言

工业化的发展是一个伴随着科技进步、产业与需求相互促进而不断升级的过程。机械化促使人类用机器设备代替手工生产,电气化解决了工业生产过程中的电力能源和工业系统自动化远程控制问题,工业信息化则利用先进的信息技术,促使工业发展步入数字化、智能化、网络化时代。

随着新一代信息技术的发展,将其与先进制造技术深度融合形成的智能制造技术,成为工业转型升级的核心驱动力。近年来,德、美、日等制造强国都将智能制造作为国家发展战略。无论是德国的工业4.0、美国的工业互联网,还是日本的智能制造系统,都是推进智能制造领域科技创新和产业升级的新技术发展战略。

智能制造是基于新一代信息通信技术与先进制造技术深度融合,贯穿于设计、生产、管理、服务等制造活动的各环节,具有自感知、自学习、自决策、自执行、自适应等功能的新型生产方式。智能制造是制造强国建设的主攻方向,其发展程度直接关乎我国制造业质量水平。发展智能制造对于巩固实体经济根基、建成现代产业体系、实现新型工业化具有重要作用。从研发设计、生产制造、物流配送到销售与服务的整个价值链,"制造"是其核心,而"智能"是制造过程可以借助的赋能技术。智能制造是制造业价值链各环节的智能化在制造全生命周期中的应用,其智能主要由数据驱动。

工业互联网时代,以智能技术为代表的新一代信息技术包括物联网、大数据、云计算、人工智能技术等,可实现智能机器间的连接,结合软件、云计算和大数据分析,增强生产设备自动化的维护、管理、运营能力,提升传统制造业的信息化、数字化和智能化水平。同时,加强产业链协作,发展基于互联网的协同制造新模式,实现产业升级。

本篇介绍了智能制造基础,共分4章,内容包括:第1章为工业智能化的技术发展概况,综述了工业化的主要进程、工业革命的技术剖析、生产方式的演进变革,介绍了数控技术与装备、数字化设计制造、智能制造支撑技术的发展,分析了智能制造的内涵;第2章为世界典型国家的智能制造体系架构,介绍了德国工业4.0、美国智能制造生态系统、美国工业互联网的体系架构;第3章为中国航空工业集团智能制造架构解析,介绍了航空工业开展智能制造顶层规划的背景和研究过程,剖析了我国航空工业智能制造总体架构、关键技术与实施要点;第4章为智能制造能力成熟度模型及应用,介绍了智能制造能力成熟度模型的构成等级要素和智能制造能力成熟度的评估方法。

第1章

工业智能化的技术发展概况

1.1 工业化和信息化的发展概况

1.1.1 工业化的历程

在人类文明的演变进程中,工业化是一个十分重要的发展阶段。它是伴随着科技进步、社会发展、产业与需求相互促进而不断升级和迭代的过程。工业化起源于西方,以英、美、德、日等国家为代表,发达国家的工业化过程历经 200 多年。

1. 英国的工业化历程

英国的工业化过程大致经历了两个发展阶段。

(1) 工业化第一阶段(1740—1840 年)。18 世纪 30 年代,英国爆发了人类历史上第一次产业革命,其工业化过程首先从纺织工业开始。1733 年约翰·凯伊发明了飞梭技术,1765 年詹姆斯·哈格里夫斯发明了手摇纺车,1769 年水力纺纱机的问世,使纺织生产出现了惊人的飞跃,随之出现了大规模的织布工厂。此后,詹姆斯·瓦特发明了双动式蒸汽机,并作为纺织机器的动力应用于纺织工业的生产。蒸汽机的发明为工业生产的机器设备提供了动力,有力促进了工业化进程。进入 19 世纪,英国人陆续发明了各种机床设备,使机器制造业出现了惊人的发展。这样使英国在 19 世纪 30—40 年代进入机器大工业时代,成为当时名副其实的"世界工厂"。

(2) 工业化第二阶段(1840—1914 年)。在这一阶段,英国工业化的主导产业从轻纺工业逐步转向煤炭、钢铁和化工等重化工业。但与当时的美国、德国等相比,这一时期英国的工业化发展过程相对缓慢,工业产值在第一次世界大战前已低于美国和德国,逐渐失去了"世界工厂"的地位。

2. 美国的工业化进程

美国的工业化大约从 1816 年英美战争结束后开启,其工业化过程经历了 100 年左右。

(1) 工业化快速推进阶段(1816—1860 年)。在这一阶段,美国政府首先通过立法保护本国工业,使其轻工业获得了快速发展。19 世纪中叶,大量的基础设施建设带动了机械工业的迅速发展,如当时的大规模铁路建设带动了其冶金、采煤、机器制造等重工业的发展。到南北战争(1861—1865 年)前夕,美国已基本上完成了产业革命,建立了比较完整的近代工业体系。

(2) 步入最强工业化国家的阶段(1860—1920 年)。1880 年,美国工业产值超过英国、德国,成为世界第一工业强国。1913 年,美国工业在世界工业生产总值的份额中已经占据38%,高于英国(14%)、法国(6%)、德国(16%)和日本(1%)4 个国家的总和,成为全球最强大的工业化国家。美国在工业化推进过程中主导了电气化和信息化的技术发展。

3. 我国工业化的发展历程

中国的工业化进程起步于 19 世纪 60 年代初到 90 年代中期的洋务运动,引进了西方先进的机器、生产和管理模式,创办了一批生产轻工产品的工厂,迈出了中国工业化艰难的第一步。新中国成立初期,我国以建立独立的工业体系、满足国内市场需求为目标,优先发展重工业,采用外延增长的方式改善工业生产布局的工业化道路,经过近 30 年的发展,初步奠定了我国的工业化布局和产业基础,建立了相对完整的工业体系。改革开放后,我国工业化步入了快速发展进程,目前已成为全球瞩目的工业生产大国。

按照工业化的发展进程,从技术带动的角度看,第一次工业革命是机械技术带动的(机械化),第二次工业革命是电气技术带动的(电气化),而第三次工业革命是信息技术带动的(信息化)。

工业化具有以下主要特点。

(1)技术革命和机器大生产促进了生产方式的变革。机器设备作为生产工具,在工业化进程中不断得到革新和技术进步,机器广泛应用于生产,使工业生产先后经历了机械化、电气化、信息化的技术变革。

(2)推进工业化的主要目标是不断追求高效率和高效益。追求工业生产过程的高效率和高效益是工业化的核心问题,也是促进工业化不断发展和技术革新进步的主要动力。

(3)高度的专业化分工体系,技术进步不断促进产业结构的升级。在工业化发展进程中,为了不断提高生产效率并降低成本,以规模经济获取生产效益,促使同类产品的产业生产不断聚集,形成高度专业化的生产分工体系,同类产品、产业链不断集中,促进产业结构升级。产业链得到不断延伸和拓展,带来新的产业形态的发展。

(4)工业化发展面临人口、资源、环境等重要因素的约束。工业生产需要消耗资源,也需要高素质的人力资源作为保障。新型工业化的跨越式发展,要求人们探索一条科技含量高、经济效益好、资源消耗低、环境污染少的工业化道路。

1.1.2　两化融合进程

20 世纪后期,以信息技术为代表的新一轮产业技术变革,使信息技术成为带动和改造传统工业发展的重要因素。

1. 发达国家工业信息化的发展状况

美国是工业信息化的早期先行者和倡导者,也是目前该技术领域实力最强的国家,其信息技术全球领先。

1946 年,世界上第一台通用电子管数字计算机埃尼阿克(ENIAC)在美国研制成功。1951 年,美国在 ENIAC 的基础上研制出世界第一台商用计算机 UNIVAC-1,开启了计算机的商业化应用时代。1952 年,美国柏森斯公司以电子管元件为基础设计了数控装置,试制成功第一台三坐标数控铣床,开辟了数字控制时代。

从 20 世纪 50 年代中期开始,美国工业界的一些大企业采用信息技术改造传统制造业,实现了企业生产和管理的计算机化。60 年代中期，IBM 公司设计并组织实施了第一个物料需求计划（material requirements planning，MRP）系统。1971 年，Intel 公司第一个微处理芯片问世。1974 年，采用微处理芯片的计算机数控装置研制成功。此后，各种高性能数控机床的发展，对工业智能化的技术发展和产业应用产生了深刻的影响。

1973 年，美国约瑟夫·哈灵顿（Joseph Harrington）博士提出了计算机集成制造系统（computer integrated manufacturing system，CIMS）。20 世纪 80 年代，美国企业率先将计算机辅助设计（computer aided design，CAD）应用于产品设计，随后对工业领域实施了全面的数字化改造，促使产品研发、设计、生产、供应、测试、销售等各环节逐步实现了数字化和信息化。例如，作为 90 年代数字化设计制造的标志性成果，波音公司在 B777 研制中全面采用数字化技术，实现了三维数字化定义、三维数字化预装配和并行工程，建立了全机数字样机，大幅度降低了干涉、配合、安装等问题带来的设计更改，使工程设计水平和飞机研制效率得到了极大的提高。

综观美国、日本、欧洲的信息化发展战略，在全球化市场竞争的背景下，利用领先的信息化水平，确保其在国际竞争中的传统主导地位。发达国家在实施信息化过程中，十分注重制造技术与信息技术并重推进和融合发展，通过工业化与信息技术的深度渗透提升传统产业的竞争力。

2. 我国工业信息化的发展进程

近 30 年来，我国对信息化工作日益重视，走出了一条符合国情的工业信息化发展道路。具体历程如下。

（1）1986 年，国家 863 计划将 CIMS 列为自动化领域的技术专题。CIMS 对我国工业信息化具有牵引导向作用。

（2）"九五"期间，我国实施了 CAD 推广应用的"甩图板"工程，在 600 多家企业中开展了 CAD 技术应用示范，并在 3000 多家企业中进行了重点应用，带动数万家企业开展 CAD 工程化应用，推动了企业信息化的普及高潮。

（3）"十五"期间，我国提出了国家制造业信息化工程，在 20 多个省市的 6000 多家企业推广实施了制造业信息化应用，并培育了一批制造业信息化专业服务机构。

（4）"十一五"期间，我国的科技部提出了"两甩"工程，组织制造企业实施设计制造一体化的"甩图纸"和经营管理信息化的"甩账表"示范推广工程。以集成与协同为重点，进一步推进制造业信息化的技术发展，全面提升了我国制造企业的核心竞争力。

（5）"十二五"期间，我国的科技部以制造业转型升级为目标，继续大力推动国家制造业信息化工程。

（6）"十三五"期间，我国提出智能制造"两步走"的实施战略：第一步，传统制造业重点领域基本实现数字化制造；第二步，智能制造支撑体系基本建立，重点产业初步实现智能转型。

我国的工业信息化发展得到了国家层面的高度重视和大力支持，而面对日益激烈的市场竞争，越来越多的企业认识到信息化技术是提高企业竞争力最直接、最有效的方法。企业信息化应用从单元技术应用向系统集成方向发展，企业不应只关注一些单元系统的应用，更应注重提高企业的整体信息化水平，企业资源计划（enterprise resource planning，

ERP)、产品数据管理(product data management,PDM)、供应链管理(supply chain management,SCM)、客户关系管理(customer relationship management,CRM)、产品生命周期管理(product lifecycle management,PLM)等信息化集成系统在我国企业的应用发展迅速,提高了企业产品设计、生产、采购、销售、服务等的一体化管理水平,促进了企业的发展。

3. 两化融合的实质

工业化与信息化是人类社会发展过程中的两个重要阶段。信息化是在高度工业化的基础上,由信息技术发展、带动的结果。信息化与工业化相互促进、相互融合,不断发展。图 1-1 所示为工业领域从工业机械化、工业电气化、工业自动化到工业信息化的发展过程。工业机械化使人类能够用机器设备代替手工生产,工业电气化解决了工业生产过程的能量转换和传输问题,工业自动化为工业生产提供了系统层面的自动控制手段,工业信息化则利用先进的信息技术促使工业化步入数字化、智能化、网络化时代。

图 1-1　从工业化到信息化的发展过程

工业信息化是在现代信息技术的支持下,对企业的生产过程进行全面改造,从而促进工业生产的组织方式和产业结构发生根本性变革。20 世纪 90 年代以来,信息化成为推动经济全球化的关键因素之一,并成为工业化国家调整与优化传统工业结构的有效途径,也是推动企业发展转型的重要手段和核心技术。工业发达国家劳动生产率提高的 60%～80%是依靠信息技术在工业过程中的应用取得的。

信息化实施过程中,将先进制造技术与信息技术融合,提升传统产业的竞争力,主要从两个方面着手:一是传统制造业借助信息化技术提升现代化的管理、设计和制造能力,从而提高生产和管理的效率;二是将大量的信息化技术融入传统制造业的产品本身和生产流程,提高产品的智能化,改进原有的产品制造过程。

目前,信息技术在制造企业全球化运行和发展中起到了重要的支撑作用。在企业层面,工业信息化将信息技术与制造技术、自动化技术、现代管理技术等传统的工业技术相结合,实现产品及其生产制造和服务过程的信息化,通过信息化手段改善企业的产品开发、生产制造、经营管理和售后服务等各环节,使企业的核心业务实现数字化、网络化、自动化和智能化,提高企业的生产效率、产品质量和创新能力。

信息化与工业化的融合是一个长期的过程。在工业领域,信息技术逐渐渗透到工业企业的基础设施、工业产品与技术领域、工业装备、生产制造管理等全生命周期的各层面。同时,信息化与工业化的深度融合催生出一些新的产业形态,如制造服务业、互联网创新等,促使产业结构的调整和升级。

1.2 数字化装备与数控技术

1.2.1 计算机数控技术及数控设备

20 世纪中期,随着计算机的产生和电子信息技术的发展,工业自动化领域进入了数字控制的新时代。采用数字信号对机床运动及其加工过程进行控制,推动了机床自动化的发展。

1. 数控系统的发展

20 世纪 40 年代,由于航空和航天技术的快速发展,对各种飞行器的复杂形状加工提出了要求。1952 年,美国柏森斯公司和麻省理工学院共同研制成功了世界上第一台数控机床,这是一台三坐标数控立式铣床,其控制计算机由电子管元件组成,称为第一代数控系统。虽然它体积庞大,价格昂贵,却开辟了数字控制的新时代。50 年代末,基于晶体管元件的研制,出现了采用晶体管和印制电路板的第二代数控系统。60 年代中期,小规模集成电路出现并在数控系统中应用,使数控系统发展到第三代。这三代数控系统均采用专用控制计算机的硬接线技术,属于硬件式数控系统,处于数控装置发展初期,其体积和功耗大,可靠性低,通用性、灵活性差。

1970 年,随着小型通用计算机的逐渐普及,数控系统采用小型电子数字计算机取代专用控制计算机,出现了计算机数字控制(computer numerical control,CNC)系统,由此发展到第四代数控系统,使数控系统的许多功能可以通过软件实现,增加了数控系统的灵活性和可靠性。

1971 年,Intel 公司第一个 4 位微处理芯片 Intel 4004 问世,使用微处理芯片和半导体存储器的微型计算机得到迅速发展。1974 年,美国、日本等国家率先研制出以微处理器为核心的数控系统及以微处理器为基础的 CNC 系统,其集成度高、可靠性好,标志着数控系统进入了第五代。80 年代初,随着计算机软、硬件技术的发展,出现了人机交互式自动编制程序的数控装置,数控装置更趋小型化,可以直接安装在机床上。

1994 年,基于个人计算机(PC)的数字控制(NC)器在美国首先问世,此后出现了 PC + CNC 智能数控系统,将 PC 作为控制系统的硬件部分,在 PC 上安装 NC 软件系统,此种方式系统维护方便,易于实现网络化制造。基于 PC 的开放式数控系统,可充分利用 PC 丰富的软硬件资源和通用的网络化接口。数控装置的研究开发转向通过软件算法实现各种功能,业已成为数控技术发展的趋势,数控系统进入开放式、网络化和软件化数控阶段。

2. 数控机床

数控机床是现代机械加工和智能制造的基础装备。1952 年,美国研制成功世界上第一台数控机床。1958 年,清华大学和北京第一机床厂合作研制了我国第一台数控铣床。

数控机床是一种装有程序控制系统的自动化机床。其控制系统能够处理控制编码或其他符号指令规定的程序,并将其译码,用代码化的数字表示,通过信息载体输入数控装置。经运算处理后,由数控装置发出各种控制信号,控制机床伺服系统做出相应的动作,这样可以按图纸要求的形状和尺寸自动地加工零件。数控机床可以解决复杂、精密零件的柔性化加工问题。

数控装置是数控机床的核心。现代数控装置均采用 CNC 形式,这种 CNC 装置一般使用多个微处理器,以软件程序化的形式实现数控功能。它根据输入数据插补出理想的运动轨迹,然后输出到执行部件,加工出所需要的零件。此外,数控技术也在绘图仪、坐标测量仪、激光加工与线切割机、工业机器人等机械设备中得到了广泛的应用。

装备制造业是目前制造强国竞争的主要焦点,而数控机床作为制造业的工业母机,其技术发展一直得到工业发达国家的高度重视。美国十分重视机床工业,其高性能数控机床技术一直保持领先地位。德国依靠其在机械领域和电子系统方面的强大实力,数控机床质量可靠、性能良好、先进实用,尤其是大型、重型、精密数控机床。日本在精密机床的质量、性能方面也处于世界前列。

3. 加工中心

1959 年,美国卡尼-特雷克公司研制出了数控加工中心。这是一种带有自动换刀装置的数控机床,在刀库中安装了丝锥、钻头、铰刀、铣刀等多种刀具,根据穿孔带的指令自动选择刀具,并通过机械手将刀具安装在主轴上,对工件进行加工。它在数控卧式镗铣床的基础上,增加了自动换刀装置,从而实现了工件一次装夹后即可进行铣、钻、镗、铰和攻丝等多种工序的集中加工,缩短了机床上零件的装卸时间和更换刀具的时间,极大地提高了生产效率。

4. 柔性制造系统

随着以微处理器为基础的 CNC 系统的问世,又出现了多处理器的分布式 CNC 系统,使数控机床从单机、加工中心发展为群控。柔性制造系统(flexible manufacturing system,FMS)是由一组数控加工设备、物料储运系统和信息管控系统组成的自动化制造系统。

1967 年,英国莫林斯公司首先把几台数控机床连接成具有一定柔性的加工系统,在无人看管的情况下实现昼夜 24h 连续加工,这就是所谓的柔性制造系统。1976 年,日本 FANUC 公司展示了由加工中心和工业机器人组成的柔性制造单元(flexible manufacturing cell,FMC),由 12 台数控机床与物料传送装置组成,具有独立的工件储存站和单元控制系统,能够在机床上自动装卸工件,实现有限工序的连续生产,适用于多品种小批量生产。

柔性制造系统是一种技术复杂、高度自动化的制造系统。它一般由以下三个部分组成。

(1) 数控加工设备:主要采用加工中心和数控机床。

(2) 储存和搬运系统:储存物料的方法有平面布置的托盘库,也有储存量较大的桁道式立体仓库。自动搬运系统根据物料管理计算机的指令将物料送到指定的工位,包括固定轨道式台车、自动引导车、感应导轨输送小车、工业机器人等。

(3) 信息控制系统:FMS 信息控制系统的结构组成形式很多,多数采用群控方式的递阶系统。第一级为各工艺设备的 CNC,实现各加工过程的控制;第二级为群控计算机,负责将来自第三级计算机的生产计划和数控指令等信息分配给第一级中有关设备的数控装置,同时将其运转状态信息反馈给上一级计算机;第三级是 FMS 的主控计算机,其功能是制订生产作业计划,实施 FMS 运行状态的管理,以及各种数据的管理。

1.2.2 自动编程系统

快速、准确地编制数控加工程序是数控机床发展和应用中的一个重要环节。数控编程是基于输入计算机的零件设计和加工信息，计算数控机床的刀位点，获得合格的数控加工程序，自动转换为数控装置能够读取和执行的指令的过程。自动编程技术从最早的语言式自动编程系统发展到交互式图形自动编程系统，极大地满足了人们对复杂零件的加工需求。

1. 自动编程工具

自动编程工具（automatically programmed tools，APT）是一种计算机编程系统。1952年第一台数控机床问世不久，为了利用数控机床进行复杂零件的加工，美国麻省理工学院（MIT）着手研究数控自动编程问题，奠定了 APT 语言自动编程的基础。1955 年 MIT 推出了第一代 APT，1958 年又推出 APT-Ⅱ，可用于解决平面曲线的编程问题，1962 年成功开发 APT-Ⅲ，它适用于 3～5 坐标立体曲面的自动编程。APT 是流传广泛、影响最大、最具有代表性的数控编程系统。国际标准化组织（International Organization for Standardization，ISO）1985 年公布的数控机床自动编程语言（ISO 4342：1985），就是以 APT 语言为基础的。

随后，APT 几经补充和完善，于 1970 年推出 APT-Ⅳ，可处理自由曲面的自动编程，能够适应多坐标数控机床加工曲线、曲面的需要。与此同时，世界上一些先进工业国家以 APT 为基础，开发了各具特色、系统精小、专业性更强的数控编程语言，比如美国的 ADAPT、英国的 2C、德国的 EXAPT、法国的 IFAPT、日本的 FAPT 和我国的 SKC、ZCX 等。

2. CAD/CAM 自动编程

CAD/CAM 自动编程是指利用 CAD/CAM 进行编程，用 CAD 制作零件或产品模型，再利用 CAM（computer aided manufacturing，计算机辅助制造）功能模块生成数控加工程序。它适用于 CAD/CAM 集成系统，目前应用广泛。

20 世纪 70 年代，图形辅助数控编程 GNC（制导、导航与控制）技术推动了 CAD/CAM 向一体化方向发展。1972 年，美国洛克希德加利福尼亚飞机公司首先成功采用图像仪辅助设计、绘图和编制数控加工程序一体化的 CADAM（计算机辅助设计和制造）系统，从此揭开了 CAD/CAM 一体化的序幕。1975 年，法国达索飞机公司对引进的 CADAM 系统进行了二次开发，成功研制了 CATIA 系统，它具有三维设计、分析和 NC 加工的集成功能。80 年代初，该公司成功地将 CATIA 应用于飞机吹风模型的设计和加工。20 世纪 80 年代，相继出现了众多商业化的 CAD/CAM 系统，如 I-DEAS、CADDS、UG 等，这些系统已成为数控加工自动编程的主流。这些自动编程系统是 CAD 与 CAM 高度结合的自动编程系统，采用图形交互形式，通过人机交互完成从零件几何形状图形化、轨迹计算到数控程序生成的全过程。交互式图形自动编程软件已成为国内外流行的 CAD/CAM 集成一体化软件。

1.2.3 工业控制系统

20 世纪 50 年代，工业控制系统与计算机及通信技术结合，开启了工业控制系统的数字化进程。控制系统结构从最初的集中式计算机控制系统（computer control system，CCS）

发展到第二代分布式控制系统(distributed control system,DCS),又发展到目前流行的现场总线控制系统(field-bus control system,FCS)。

1. PLC

可编程序逻辑控制器(programmable logic controller,PLC)于20世纪60年代末在美国首先出现,它可取代继电器,执行逻辑、计时、计数等顺序控制功能,建立柔性程序控制系统。

1976年,PLC被正式命名和定义:PLC是一种数字控制专用电子计算机,它使用可编程存储器储存指令,执行逻辑、顺序、计时、计数与演算等功能,并通过模拟和数字输入、输出等组件,控制各种机械或工作程序。

经过多年的发展,PLC已十分成熟与完善,并具有强大的运算、处理和数据传输功能。PLC对于顺序控制有独特的优势。例如,电厂辅助车间、生物制药车间、化工生产车间等的工艺过程多以顺序控制为主。辅助车间的控制系统应以遵循现场总线通信协议的PLC或能与FCS进行通信交换信息的PLC为优选对象。

CCS是利用计算机实现工业过程自动控制的系统。计算机控制系统的硬件包括计算机、输入接口、输出接口、外部存储器等,软件则包括各种应用功能的计算机控制程序和系统支撑软件。在计算机控制系统中,由于工控机的输入和输出是数字信号,而现场采集的信号或送到执行机构的信号大多是模拟信号,因而计算机控制系统需要具有数/模转换和模/数转换两个功能模块。

2. DCS

DCS在国内自动控制行业又称集散控制系统。它是相对于集中式控制系统而言的,也是在集中式控制系统基础上发展、演变而来的。

DCS是一个以网络通信为基础,由过程控制级和过程监控级组成的多级计算机系统,综合运用了计算机、通信、控制和显示等技术,其基本思想是分散控制、集中操作、分级管理、灵活配置以及方便组态。首先,DCS以系统网络为系统骨架,它是DCS的基础和核心。系统网络对DCS整个系统的实时性、可靠性和扩充性起着决定性作用,必须满足工业控制过程的实时性要求。系统网络还必须非常可靠,无论在任何情况下,网络通信都不能中断,因而多数厂家的DCS均采用双总线、环形或双重星形的网络拓扑结构。其次,这是一种进行现场I/O(输入/输出)处理并实现直接数字控制的网络节点,由于DCS将系统控制功能分散在各台计算机上实现,系统结构采用容错设计,使某一台计算机出现故障时,不会导致系统其他功能丧失。一般情况下,一套DCS中要设置现场I/O控制站,以分担整个系统的I/O控制功能。这样既可以避免因一个站点失效而造成整个系统失效,提高系统可靠性,也可以使各站点分担数据采集和控制功能,有利于提高整个DCS的性能。

与集中式控制系统不同,所有的DCS都要求有系统组态功能,没有组态功能的系统不能称为DCS。对DCS进行离线的配置、组态工作和在线的系统监管、控制、维护,其主要作用是配置所需的工作组态软件,使DCS在线运行时可实时监视DCS网络上各节点的运行情况,需要时可以及时调整系统配置及系统相关参数的设定,以便使DCS随时处于最佳工作状态。

DCS自1975年问世以来,已经历了几十年的发展历程,正向着更开放、更标准化的方向发展。虽然DCS在系统的体系结构上没有发生大的改变,但经过不断的发展和完善,其功能和性能都得到了极大的提高。作为生产过程自动化领域的计算机控制系统,DCS不只是生产过程的自动化系统，现在计算机控制系统的概念已经被大大拓展了，它不仅包括传统 DCS 的各种功能，还向下延伸到生产现场的每台测量设备、执行机构，向上扩展到生产管理、企业经营的方方面面。

3. FCS

现场总线的应用是工业过程控制发展的主流技术之一。可以说，FCS 的发展应用是自动化领域的一场革命。计算机控制系统的发展在经历了基地式气动仪表控制系统、电动单元组合式模拟仪表控制系统、集中式数字控制系统及 DCS 之后，朝着 FCS 的方向发展。采用现场总线技术，构造低成本现场总线控制系统，实现现场仪表的智能化、控制功能分散化、控制系统开放性，符合工业控制系统的技术发展趋势。

虽然以现场总线为基础的 FCS 发展很快，但 FCS 发展过程中还需要解决很多问题，如统一标准、仪表智能化等。对于传统控制系统的维护和改造还需要依靠 DCS，而 FCS 完全取代传统 DCS 还需要一个相当漫长的过程。工业以太网以及现场总线技术作为一种灵活、方便、可靠的数据传输方式，在工业现场得到了越来越多的应用，并将在控制领域中占有更重要的地位。因此，结合 DCS、工业以太网、先进控制等新技术的 FCS 将具有强大的生命力。

在未来的工业过程控制系统中，随着数字技术向智能化、开放性、网络化的进一步发展，工业控制软件也向标准化、网络化、智能化、开放性发展。FCS 的出现，数字式分散控制 DCS 和 PLC 并不会消亡，反而会促进 DCS 和 PLC 本身的技术发展。在这种情形下，FCS 将处于控制系统的中心地位，而 DCS 将成为现场总线的一个控制站点。

1.3 数字化设计和制造技术

1.3.1 数字化设计技术

随着计算机技术的迅速发展，CAD、计算机辅助工程（computer aided engineering，CAE）、计算机辅助工艺规划（computer aided process planning，CAPP）、CAM、DFx、PDM 系统在过去的几十年中得到了广泛应用。

1. CAD

CAD 始于 20 世纪 60 年代初，一直到 70 年代，由于受到计算机技术的限制，CAD 技术的发展非常缓慢。进入 80 年代，计算机技术快速发展，加上功能强大的外围设备，如大型图形显示器、绘图仪等的问世，快速推动了 CAD 技术的发展和应用。CAD 概念中的"D"最初是指"Drawing"，即计算机辅助绘图和一些设计计算，仅仅是用 CAD 系统替代传统的手工绘图功能；后来随着三维 CAD 系统的发展，"D"的含义更多地指"Design"，即具有创造性的设计，如方案构思、工作原理拟定、三维（3D）建模等。

目前，很多 CAD 系统广泛应用于机械、电气、电子、建筑、纺织等领域的产品设计和开发。例如，机械设计的 2D 绘图和 3D 建模，适用于总体设计、产品造型、结构设计等各环节；电气 CAD 系统用于电气装置的系统设计、电气布局设计、电气布线图绘制及电气元器件清单的编制；电子 CAD 系统用于集成电路（IC）设计、电子电路设计、印制电路板（printed circuit board，PCB）设计；建筑 CAD 系统用于建筑场景、建筑布局、建筑结构、室内装饰、市政道路等设计。另外,CAD 还包括很多其他内容,如概念设计、优化设计、计算分析与仿真、CAD/CAM 集成、设计过程管理等。对于产品或工程设计,借助 CAD 技术,可以大大缩短设计周期,提高设计效率。

2. CAE

CAE 是随着计算技术与 CAD 建模技术的发展而产生的。目前,CAE 技术已成为一门专门的学科,在工程中得到了非常广泛的应用。

常见的工程分析包括:对质量、体积、惯性矩、强度等进行计算分析;对产品的运动精度,动、静态特征等性能进行分析;对产品的应力、变形等结构进行分析。其中,有限元分析是最重要的工程分析技术之一。它广泛应用于弹塑性力学、断裂力学、流体力学、热传导等领域。有限元方法是 20 世纪 60 年代以来发展起来的数值计算方法。其基本思想是将结构离散化,用有限个容易分析的单元表示复杂的对象,单元之间通过有限个节点相互连接,然后根据变形协调条件综合求解。由于单元的数量是有限的,节点的数量也是有限的,所以称为有限元法。这种方法灵活性很强,只要改变单元的数量,就可以改变解的精确度,得到与真实情况接近的解。有限元法已在各工程领域中不断得到应用,也是机械产品动、静、热特性分析的重要手段。

目前,市场上一些典型的商用仿真分析软件有力推动了仿真技术在产品设计中的应用。这些商用仿真分析软件大多提供友好的图形操作界面,工程技术人员可以直观地进行产品建模与仿真分析。同时,仿真算法也随着软件版本的提升不断改进,使仿真效率和精度大大提高。除此之外,一些领域知识被大量地集成到商用仿真软件中,越来越多的商用仿真软件开始提供模型模板库。这些模型模板库由该领域比较权威的工程技术公司开发完成,包含该领域一些典型产品的仿真模型。工程技术人员在对这些模型模版进行少量改动的基础上,可以快速开发出满足自身需求的模型,大大缩短建模时间,提高建模效率。

3. CAPP

CAPP 是连接 CAD 与 CAM 的桥梁,CAD 系统的产品信息必须经过 CAPP 系统才能转变为 CAM 系统的加工信息。同时,CAPP 系统的输出结果也是生产计划与调度(production planning and scheduling,PPS)部门的重要依据。因此,CAPP 是企业信息集成中的一个重要环节。

对 CAPP 的研究始于 20 世纪 60 年代中期。1969 年,挪威发布了第一个 CAPP 系统 AUTOPROS,它是根据成组技术原理,利用零件的相似性检索和修改标准工艺过程的方式,形成相应零件的工艺规程。1976 年,美国 CAM-I 公司研制出一种可以在微机上运行的结构简单的 CAPP 系统,其工作原理也是基于成组技术。我国从 20 世纪 80 年代开始研究 CAPP,开发了不少 CAPP 系统,很多 CAPP 系统已经在企业得到深入的应用。

工艺设计是现代制造系统的重要组成部分。在设计方法上,CAPP 经历了检索式、派生式和创成式三种主要模式。检索式是 CAPP 最初采用的方法,它实际上是一个对已有标准工艺文件的管理系统。派生式设计方法是在成组技术的基础上,利用零件的相似性检索和修改典型工艺,以形成新零件的工艺文件。派生式系统在 20 世纪 70 年代发展很快,有些系统还得到了实际生产应用。70 年代中期开始创成式 CAPP 系统的研究开发,它是依靠决策逻辑和制造工程数据信息,根据输入的零件信息自动生成新零件的工艺过程。

4. CAM

CAM 包括狭义和广义两个概念。狭义的 CAM 是指从产品设计到加工制造之间的一切生产准备活动，包括 CAPP、NC 编程、工时定额计算、生产计划编制、资源需求计划制订等。目前，CAPP 已被作为一个专门的工艺系统，而工时定额计算、生产计划制订、资源需求计划制订则由 MRP Ⅱ/ERP 系统完成。如今 CAM 的狭义概念甚至被进一步缩小为 NC 编程的同义词。

目前，CAM 通常是指根据被加工零件的技术特性、几何形状、尺寸及工艺要求，确定加工方法、加工路线和工艺参数，再进行数值计算，获得刀位数据。然后根据工件的尺寸、刀具中心轨迹、位移量、切削参数（主轴转速、刀具进给量、切削深度等）及辅助功能（主轴正反转、冷却液开关等），按照数控机床采用的代码及程序格式，编制出工件的数控加工程序。

CAM 的广义概念包括的内容非常广泛。从广义上讲，它除了包括上述 CAM 狭义概念包含的计算机辅助生产计划、工艺设计、数控编程、加工过程控制等内容外，还包括制造活动中与物流有关的所有过程（加工、装配、检验、存储、输送）的监视、控制和管理。

总之，随着计算机技术的迅速发展，CAD、CAE、CAPP、CAM 系统过去几十年中在各自领域得到了广泛应用。为了进一步提高产品设计制造的自动化程度，制造企业需要实现 CAD/CAPP/CAM 系统的集成。

5. DFx 技术

DFx（design for x）技术是产品数字化设计中的重要使能技术。DFx 中的 x 可以代表生命周期中的各种因素，如装配、拆卸、制造、检测、维护、支持等，意为在设计早期就考虑产品生命周期后续环节可能存在的问题和影响因素。DFx 的概念起源于 20 世纪 70 年代，其主要思想在于，在产品的设计阶段应用 CAD 建模和仿真技术，在产品开发的前期通过计算机辅助手段进行产品生产制造过程中的可制造性、可装配性、可维护性等分析。DFx 技术主要是为了解决产品设计中对下游生产制造过程的不可预见性问题，在产品设计阶段尽量避免和减少设计错误。其中，比较常用的是面向装配的设计（design for assembly，DFA）和面向制造的设计（design for manufacturing，DFM）。

1）DFA 技术

DFA 是一种面向装配的设计方法和技术，其出发点是在产品设计阶段考虑并解决后续实际装配过程中可能存在的问题，以确保零部件设计的可装配性。DFA 技术为实现面向装配的产品设计提供了一种有效工具。

DFA 的主要作用如下：制定装配工艺规划，考虑装拆的可行性；优化装配路径；在结构设计过程中通过装配仿真考虑装配干涉。装配序列规划、装配公差分析、装配机构仿真则从不同侧面对装配结构进行分析，以确定结构设计的可装配性、装配质量和结构设计的有效性。

2）DFM 技术

DFM 是一种面向制造的设计方法和技术，其主要思想是在产品设计时不但要考虑功能和性能要求，而且要考虑制造的可能性和经济性，即产品的可制造性。DFM 可以在产品详细设计阶段考虑零件的结构工艺性、资源约束、可制造性及加工制造的成本、时间等，在同步考虑产品设计与制造工艺的情况下，及早解决后续环节的可制造性问题。

6. 产品数据管理

在数字化产品设计过程中,各种计算机辅助工具将产生大量的数据、模型、文档等。一方面,必须按产品结构管理的思想,对数据、文档、工作流、版本等进行全局的管理与控制,有效地管理、控制产品数据和数据的使用流程。另一方面,因 CAD、CAE、CAPP、CAM 等应用系统会形成所谓的"信息孤岛",彼此之间缺少有效的信息共享和系统集成,数据的安全性及数据的共享重用较难实现,数据和过程缺乏透明性,系统集成不充分,因而需要将这些应用系统集成到一个信息平台的总体框架中,使企业的数据和过程管理透明化。在这一背景下,产生了 PDM 方法和技术。

PDM 是 20 世纪 90 年代初期才发展起来的产品数据管理技术,它是一门用于管理与产品相关的所有数据及其处理流程的技术。

PDM 作为一种产品数据管理的工具,能够有效地存取、集成、管理、控制产品数据和数据的使用流程,其核心价值在于能使所有与项目相关的人在整个产品生命周期共享与产品相关的各种数据。PDM 能够管理的与产品相关的信息包括:①与产品相关的所有信息,即描述产品的各种信息,包括零部件信息、产品结构、CAD 模型和图档、物料清单(bill of materials,BOM)、审批信息等;②与产品相关的所有过程,即对这些信息的定义和管理流程,包括信息审批、共享及更改等流程。

从软件来看,PDM 是一种介于基础信息软件与应用软件之间的框架软件平台。它是一种"管得很宽"的平台软件,凡最终可以转化为计算机描述和存储的数据,它都可以管。以此框架为基础,以多种方式集成各种应用系统,围绕产品设计、开发及整个工程过程中所有与产品相关的数据,实现全面管理、紧密跟踪、适时查看和有效管控,支持多学科产品开发团队的协同工作,保证在产品数字化设计过程中,将正确的信息在正确的时刻以正确的方式传递给正确的人,以及在统一信息平台下实现 CAx、DFx 和 ERP 等应用系统的集成,都离不开 PDM 系统。

20 世纪 90 年代,企业逐渐转向支持生命周期中不同应用领域和生命周期各阶段的集成和协作。PLM 是在 PDM 技术的基础上发展起来的,它能对所有与产品相关的数据在整个生命周期内进行管理,支持产品生命周期中不同领域和开发阶段的信息管理与过程协作,实现以产品数据为核心的协同制造。

1.3.2 数字化管理技术

企业数字化管理的精髓是通过信息管理系统把企业的计划、采购、生产、制造、财务、经营、销售等各业务环节集成起来,共享信息和资源,有效地支撑企业的决策系统,达到降低库存、提高生产效能和质量、快速应变的目的,增强企业的市场竞争力。

企业管理信息系统以生产计划为主线,根据企业从外部市场获得的销售订单、需求预测和对生产能力和负荷的分析,制订主生产计划,再根据主生产计划制订厂级作业计划和车间作业计划。物资供应、设备管理、工具管理、人事管理等都围绕生产计划的执行而开展工作。综合信息、财务管理、成本管理、库存管理、生产监控、质量管理则是在获得生产计划执行的相关信息的基础上,从提高企业管理水平和运作效率的角度,对相关的人、财、物、生产过程进行管理和控制。

1. 发展历程

企业管理信息技术与系统经历了几十年的发展变革，从 MRP 发展到制造资源计划（manufacturing resource planning，MRPⅡ），再进一步发展到 ERP。目前，ERP 已得到广泛应用。

20 世纪 60 年代中期，美国 IBM 公司提出了制定物料供应的 MRP 方法。MRP 将企业生产过程中涉及的所有产品、零部件、原材料、中间件等，在逻辑上视为相同的物料项，再将企业生产中需要的各种物料分为独立需求和相关需求两种类型，以保持合理的物料储备、降低库存、有效组织生产为目标，按不同的计划期计算物料需求，解决了订货时间和订货数量问题。

20 世纪 70 年代，在 MRP 的基础上引入资源计划，以实现安排生产、执行监控与反馈等功能，形成了闭环 MRP 系统。闭环 MRP 系统增加了能力需求计划，可以实现物料需求计划和能力计划的调整和平衡，从而形成一种实现生产系统计划与控制的闭环系统。

20 世纪 80 年代出现了制造资源计划 MRPⅡ。它是以生产计划为主线，从 MRP 的物料管理扩大到人力、机器、设备及资金的管理，对企业制造的各种资源进行统一的计划和控制，使企业的物流、信息流、资金流畅通。

20 世纪 90 年代产生了 ERP。它在 MRPⅡ 的基础上扩展了管理范围，把企业经营过程中的有关各方（如供应商、制造工厂、分销网络、客户等）纳入一个紧密协同的供应链中，合理安排企业的产、供、销活动，为企业提供一个统一的业务管理信息平台。

图 1-2 表示 MRP、MRPⅡ、ERP 之间的关系。

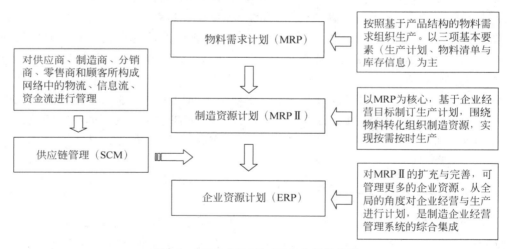

图 1-2　MRP、MRPⅡ、ERP 之间的关系

2. MRP

MRP 是根据市场需求预测和顾客订单制订产品生产计划，再根据产品结构各层次物品的从属和数量关系，以每种物料为计划对象、以完工期限为时间基准倒排计划，通过计算机计算所需物料的需求量和需求时间，按提前期长短区分各种物料下达计划时间的先后顺序，对制造企业内的物料计划进行管理。

MRP 计算的依据是主生产计划、物料清单和库存信息。正确编制零件计划,首先必须落实产品层面的主生产计划(master production schedule,MPS),这是 MRP 展开的依据。要进行 MRP 计算还需知道产品的组成结构,即 BOM,才能把主生产计划依次展开为零件生产计划;同时,必须知道相关物料的已有库存数量,才能准确计算出零件的采购数量。

图 1-3 给出了 MRP 的基本工作原理。其中,市场需求预测和产品销售订单是主生产计划的输入,MPS 说明企业每段时间需要生产的产品数量,BOM 说明为了完成主生产计划需要什么物料,库存信息说明现在已有多少物料。在上述数据的基础上,通过 MRP 计算,最终确定生产作业计划和采购计划。生产作业计划确定每个加工零部件的生产日期、完工日期和生产数量,采购计划确定需要采购物料的品种、数量、订货日期和到货日期。

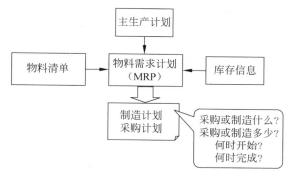

图 1-3　MRP 的基本工作原理

MRP 方法与技术基于以下特点。

(1)需求的相关性。在生产系统中,物料需求具有相关性。例如,根据订单确定所需产品的数量之后,由产品结构文件 BOM 即可推算出各种零部件和原材料的数量,这种根据逻辑关系推算出的物料数量称为相关需求。不但品种数量有相关性,需求时间与生产工艺过程也是相关的。

(2)需求的确定性。MRP 的需求是根据 MPS、BOM 和库存信息精确计算出的,品种、数量和需求时间都有严格要求,不可改变。

(3)计划的复杂性。MRP 要根据 MPS、BOM、库存信息、生产时间和采购时间,把主产品的所有零部件需要数量、时间、先后关系等准确计算出来。当产品结构复杂、零部件数量特别多时,计算工作量非常庞大,必须依靠计算机完成。

MRP 将企业生产过程中涉及的产品、零部件、原材料、在制品等物料对象,在逻辑上分为独立需求和相关需求两种类型,并按照时间段确定不同计划期内的物料需求,从而解决订货、生产时间及订货、生产数量等问题。

3. MRP Ⅱ

20 世纪 80 年代,人们扩展了 MRP 的生产管理功能,将生产、财务、销售、工程技术、采购等子系统结合在一起,共享数据,成为一个全面生产管理的一体化系统,称为制造资源计划系统,英文缩写仍为 MRP,为区别于物料需求计划而记为 MRP Ⅱ。它是在物料需求计划的基础上发展而来的,实现了企业物流、信息流和资金流的统一。

1）MRPⅡ的基本思想

MRPⅡ的基本思想是从企业整体最优的角度出发，运用科学方法对企业各种制造资源和产、供、销、财各环节进行有效的计划、组织和控制。它的功能涵盖生产制造活动的设备、物料、资金等多种资源，从而成为完整的生产经营计划管理系统。MRPⅡ的处理逻辑流程如图1-4所示。

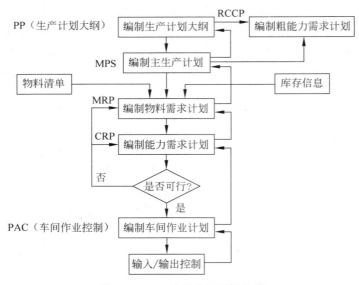

图 1-4　MRPⅡ的处理逻辑流程

MRPⅡ是对企业制造资源进行有效计划的方法。它围绕企业的基本经营目标，以生产计划为主线，对企业制造的各种资源进行统一的计划和控制，实现企业资源的优化配置，确保企业连续、均衡地生产，实现信息流、物流与资金流的有机集成，提高企业整体运作水平。可以简单理解为在闭环 MRP 的基础上集成财务管理功能。

与 MRP 系统不同，MRPⅡ系统处理逻辑的起点不再是 MPS，而是企业的经营计划。它是围绕企业的基本经营目标，以生产计划为主线，对企业的各种制造资源进行统一计划和控制，将企业中与生产有关的人、财、物、设备、信息等资源整合在一个系统中。

2）MRPⅡ的计划体系

MRPⅡ的计划体系从上到下可以分为生产计划大纲、主生产计划、物料需求计划（包括物料库存管理）、能力需求计划、车间作业计划5个层次，从上到下逐步完成5层计划的制订。物料需求计划将产品分解后，对自制件编制生产计划下达加工订单的同时，对外购件编制采购计划，并下达采购订单。车间作业计划对零件的加工按工序进行分解，将各零件、各工序的加工任务以任务调度单的形式下达到车间执行。

MRPⅡ系统中还包括反馈环节，对计划的可行性进行验证。计划的编制分别经过粗能力需求计划及能力需求计划，并对其可行性进行检验；计划的实施从下向上执行，发现问题时逐级向上进行反馈并完成必要的修改。从计划编制的展望期看，上层为长期计划，中层为中期计划，下层为短期计划。按照从上到下的顺序，MRPⅡ的计划由粗到细、由宏观到微观逐步细化。

3）MRPⅡ系统的特点

MRPⅡ是以MRP为核心发展起来的闭环生产计划与控制系统,它覆盖整个企业的生产经营活动。MRPⅡ是对制造业企业资源进行有效计划的一整套方法,该方法围绕企业的基本经营目标,以生产计划为主线,对制造企业的各种资源进行统一的计划和控制,使企业的物流、信息流、资金流畅通。MRPⅡ系统是一个动态反馈系统。

物料需求计划是MRPⅡ整个处理过程的核心。企业的一切活动都围绕物料转化进行。经过物料清单的分解、MRP的计算,并结合库存信息与生产净需求,再与能力资源协调匹配,产生采购与制造订单,进行作业和采购活动的收料与发料、成本控制,将生产活动与财务活动、人事活动联系到一起,从考虑物料和能力到考虑所有的制造资源,是从闭环MRP到MRPⅡ的关键一步。MRPⅡ成为制造资源计划,把对物料的需求转化为对资源的需求,提供闭环的经营管理,包括对销售、生产、库存、生产作业计划与控制等整个生产经营活动的管理。

MRPⅡ对企业中的销售与分销、生产制造、财务管理三大业务功能进行紧密集成,在一个统一的数据库环境下进行管理,从而实现企业各业务部门之间迅速、准确、高效的运作。MRPⅡ系统可以使企业各部门的活动协调一致,形成一个整体。这是一种新的生产方式,可以实现制造业整体效益的有效管理。

4. ERP

ERP是由MRPⅡ发展而来的集成化管理信息系统,在MRPⅡ的基础上扩展了管理范围,提出了新的管理体系结构,其核心思想是供应链管理,对企业内部及外部供需链上所有的资源与信息进行统一管理,为企业提供一个统一的业务管理信息平台。目前,ERP是企业数字化管理的核心系统。

ERP是一种先进的现代企业管理模式,其核心管理思想是实现对整个供应链的有效管理。它建立在信息技术基础上,以系统化的管理思想,根据用户需求的变化,将企业内部的制造活动与外部供应商的制造资源进行统一协调管理,从供应链范围优化企业资源,优化现代企业的运行模式,反映市场对企业合理调配资源的要求,体现按客户需求进行生产制造的思想,对于改善企业业务流程、提高企业核心竞争力具有显著作用。

MRPⅡ是以物料需求计划MRP为核心的闭环生产计划与控制系统。MRPⅡ的主要组成部分包括生产计划大纲、主生产计划、物料清单、库存信息、能力需求计划及车间作业计划等内容。而ERP从企业全局的角度进行经营管理和生产计划,是企业集成的生产计划与经营管理系统。

从本质上看,ERP仍然是以MRPⅡ为核心的,但在功能和技术上超越了传统MRPⅡ的理念,它是以顾客为驱动的基于时间、面向企业的整个供应链的企业资源计划。ERP中的资源计划已不局限于企业内部,而是将企业供应链内的供应商等外部资源也都看作受控对象集成进来。

1.3.3　数字化制造技术

制造信息化涉及产品制造过程中的自动化设备、信息化系统及综合集成技术,包括从现场级、控制级和制造执行系统(manufacturing execution system,MES)直至与ERP的系统集成。在数字化制造领域，往往将企业的经营管理、生产过程控制、运作过程作为一个整体进行综合管理，形成 ERP、MES、过程控制系统（process control system，PCS）三级管理和控制的信息技术与系统框架。

1. PCS

PCS 是制造信息化中与生产工艺直接关联的部分，其上一层是 MES。PCS 包括设备控制系统、能源控制系统、数据采集系统、检化验数据采集系统、仓储控制系统等。它们接受从 MES 传来的生产作业指令，按照要求执行这些生产作业指令，并将执行结果反馈给 MES。

2. MES

MES 是企业实现数字化制造的核心系统。

在 MES 出现前，车间生产管理依赖若干独立的软件工具，如车间作业计划系统、调度系统、设备管理、库存控制、质量管理、数据采集等软件系统，相互独立，缺乏有效的集成与信息共享。

MES 的概念最早形成于 20 世纪 80 年代末，90 年代后得到迅速发展。MES 是为了提高车间生产过程管理的自动化与智能化水平、适应车间层生产管理系统本身发展的需要，基于统一的信息平台对车间生产过程进行集成化管控，实现生产过程及其相关的人、物料、设备和车间在制品的全面集成，并对其进行有效管理、跟踪和控制，达到车间生产过程信息集成和全局优化的目的。

MES 具有两方面的作用：①作为面向工厂的管理系统，通过生产计划、生产调度、库存管理、质量管理、设备管理、物料跟踪等系统功能，对产品订单、质量、设备、资源等进行全面的动态管理；②作为将 ERP 等业务系统与生产设备控制系统连接的桥梁，将来自 ERP 系统的生产计划信息转化为生产指令，下达到生产过程控制系统，并从生产过程控制系统中获得生产现场数据，经处理后向 ERP 系统及时反馈生产状态信息。

MES 是一套面向制造企业车间执行层的生产信息化管理系统，它具有生产管理、工艺管理、过程管理和质量管理 4 方面的功能，在功能上它已实现与上层事务处理和下层实时控制系统的集成。

3. 与 ERP 系统的集成

在数字化制造中，制造系统的生产计划与作业调度对接 ERP 系统的订单要求，这样 MES 需要与 ERP 系统进行信息集成。例如，企业可以按照 ERP 管理模式，开发产销一体化的信息系统，将销售管理、质量管理及生产管理等业务系统紧密结合，在保证质量、交货期、满足客户个性需求的前提下进行生产优化。同时，将销售订单贯穿销售、排程、生产、存货、发货流程管理，掌握进度及生产动态，实现合理的资源调度。这样就可以建立以市场需求为导向、以订单合同为主轴的产销整合管理和追踪模式，实现产销一体化管理。

4. 制造运行管理

2000 年，美国仪表、系统和自动化协会（Instrumentation，System and Automation Society，ISA）首次提出制造运行管理（manufacturing operations management，MOM）的概念，其涉及范围涵盖制造企业运行管理过程的全部活动，包含生产运行、维护运行、质量运行、库存运行四大部分，集制造执行与运营于一体，对工厂进行全方位管理，极大地拓展了 MES 的传统定义。

MOM 系统中包含工厂建模、工艺管理、计划管理、生产执行、质量管理、仓库管理、设备管理、条码管理、异常处理、数据采集、虚拟仿真等诸多功能,以满足生产过程对人、机、料、法、环、测及计划等各方面的管理要求,实现工厂管理的一体化。

MES/MOM 上接 ERP 系统,下接生产现场的 PLC 程控器、数据采集器、条形码、检测仪器等,在整个企业信息集成系统中承上启下,是生产活动与管理活动信息沟通的桥梁,确保生产资源的高效利用,可以视之为制造系统生产管控的"大脑"。

1.3.4　数字化设计制造系统集成技术

现代集成制造系统是一种综合性集成技术,它经历了信息集成、过程集成、企业集成三个阶段。图 1-5 表示制造业自动化系统集成技术的发展进程。

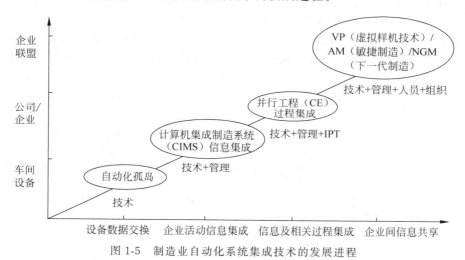

图 1-5　制造业自动化系统集成技术的发展进程

1. 信息集成

随着计算机技术的应用,制造业中出现了许多自动化系统,如 CNC、FMS、CAD/CAPP/CAM、MRPⅡ、PDM 等。CIMS 在企业这一层次上解决了"自动化孤岛"中的信息集成问题,包括市场分析、经营决策、管理、产品设计、工艺规划、加工制造、市场销售等企业各业务环节的信息集成。

CIMS 是信息化时代一种组织、管理企业生产的理念。CIMS 的概念由美国的约瑟夫·哈灵顿博士于 1973 年首次提出。他认为,企业生产的组织和管理应该强调两个观点:①企业的各种生产经营活动是不可分割的,需要统一考虑;②整个生产制造过程实质上是信息采集、传递和加工处理的过程。实际上哈灵顿强调的一是整体观点,即系统观点,二是信息观点。两者都是信息时代组织、管理生产最基本的、最重要的观点。美国于 1984 年前后开始在制造业大规模实施 CIMS,要用其信息技术优势夺回制造业的领导地位。

我国在多年实践的基础上,将计算机集成制造系统发展为现代集成制造系统(contemporary integrated manufacturing system,CIMS)。现代集成制造系统是将信息技术、现代管理技术与制造技术相结合,按照系统工程的理论方法和支撑技术,通过信息集成、过程集成及资源优化,实现物流、信息流、价值流的集成和优化运行,实现人(包括组织、管理)、经营和技术三要素的集成,从而提高企业的市场应变能力和竞争能力。1994年清华大学获得美国制造工程师学会(Society of Manufacturing Engineers,SME)的CIMS"大学领先奖",1995年北京第一机床厂获SME的CIMS"工业领先奖",说明我国CIMS的研究和应用在国际上具有较大的影响力。

20世纪90年代,我国许多企业在国家863计划的支持下成功实施了CIMS应用工程。例如,成都飞机工业公司是国家863计划CIMS典型应用工厂之一,通过实施CIMS工程(第1、2、3期),技术上达到了20世纪90年代初的国际先进水平,提高了航空产品制造和管理水平,促进了公司与国际接轨,增强了国际竞争能力。

2. 过程集成

市场竞争遵循用户选择原则。20世纪90年代后,如何在最短时间内开发出高质量、低成本的产品投放市场,成为市场竞争的焦点。对产品开发成本-周期的统计分析表明,产品开发的早期阶段决定产品成本的约85%,而这一阶段本身的费用仅占产品总成本的5%左右,如图1-6所示。如何在产品开发的早期阶段就考虑产品生命周期中的各种因素对企业而言是至关重要的。

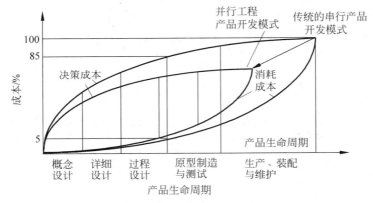

图1-6　产品开发成本-周期的统计

传统的串行产品开发方式往往造成产品开发过程反复,形成设计与制造之间大循环的多次迭代,这无疑使产品开发周期变长、成本增加。如果将产品开发设计中的各串行过程尽可能多地转变为并行过程,在设计时考虑可制造性、可装配性,则可减少大返工的次数,缩短开发时间。

并行工程是集成地、并行地设计产品及其过程的系统化方法,它要求产品开发人员从设计一开始即考虑产品生命周期中的各种因素,在设计过程中尽早考虑产品的可制造性、可装配性、可测试性,以减少设计过程中不必要的返工,力争产品设计开发一次成功。其主要目标是缩短产品开发周期、提高产品质量、降低产品成本,从而增强企业竞争力。

并行工程最早是由美国国防高级研究计划局(Defense Advanced Research Projects Agency,DARPA)提出的,并指示其防御分析研究所对并行工程及其用于武器系统的可行性进行调查研究,然后于1988年在R-338报告中给出并行工程的定义:并行工程是对产品设计及其相关过程(包括制造过程和支持过程)进行并行、一体化设计的一种系统化的工作模式。这种工作模式力图使开发者从一开始就考虑产品全生命周期中的所有因素,包括质量、成本、进度和用户需求。

20世纪90年代,美国波音、洛克希德、雷诺、通用电力等公司均采用并行工程技术获得成功,取得了显著的经济效益。

20世纪90年代我国在并行工程的研究和应用方面取得了突破。1992年,并行工程的概念被引入我国,863计划CIMS主题于1995年设立了重大关键技术攻关项目"并行工程",研究解决并行工程的关键技术问题,并在航空、航天、铁路机车等行业企业的新产品开发中进行了应用实施,为在我国企业实施并行工程奠定了技术基础,提供了一种参考模式。

并行工程是对传统产品开发模式的一次变革,以CIMS信息集成技术为基础,是对产品开发过程的集成。它通过组织以产品为核心的跨部门集成产品开发团队,改进产品开发流程,实现产品全生命周期的数字定义和信息集成,使串行的过程并行,并由CAx/DFx技术支持并行工程实施,从而实现产品开发过程的集成。

3. 企业集成

敏捷制造(agile manufacturing,AM)是美国为恢复在全球制造业中的领导地位而提出的一种先进制造企业组织模式。里海(Leigh)大学的雅柯卡研究所牵头的项目组在1991年发布的《21世纪制造企业发展战略》报告中明确给出了敏捷制造的概念。

敏捷制造是指制造企业采用现代通信手段,通过快速配置各种资源(包括技术、管理和人员),以有效、协调的方式响应用户需求,实现制造的敏捷性。

敏捷制造的核心思想是:企业提高自身的市场竞争力,需要充分利用全球的制造资源,使企业形成对市场变化的快速反应能力,更好地满足顾客的需求。除了充分利用企业内部资源外,还可以充分利用其他企业乃至社会的资源组织生产。

敏捷制造的组织形式是企业之间针对某一特定产品,建立企业动态联盟(所谓虚拟企业)。从组织层面上说,敏捷制造提倡"扁平式"企业组织方式。产品型企业应该是"两头大、中间小",即强大的新产品设计、开发能力和强大的市场开拓能力。"中间小"是指加工制造的设备能力可以小。多数零部件可以协作解决,这样企业可以在全球采购价格最便宜、质量最优的零部件。因此,敏捷制造需要以企业间的业务协同和集成技术为支撑。

应该指出,数字化设计制造的系统集成技术涉及上述信息集成、过程集成和企业集成三个方面。就智能制造的发展而言,集成化、网络化、数字化、虚拟化、智能化和绿色化是改造传统制造企业,使之成为信息时代、知识经济时代先进制造企业的最主要内容。集成化经历了以下过程:信息集成—过程集成—企业集成,数字化从部件的数字化定义到产品的全数字化模型,虚拟化从建模仿真到虚拟制造,基于建模仿真的数字孪生系统构建。

1.4　智能制造的技术发展

随着物联网、大数据、云计算、人工智能、工业互联网、5G通信等新一代信息技术的发展,将其与先进制造技术深度融合形成的智能制造技术,成为工业转型升级的核心驱动力。结合人工智能技术的推进,美、德、日等制造强国纷纷将智能制造的技术发展提升为国家战略。

1.4.1 智能制造的内涵

我国在《智能制造发展规划（2016—2020 年）》给出了智能制造的定义："智能制造是基于新一代信息通信技术与先进制造技术深度融合，贯穿于设计、生产、管理、服务等制造活动的各个环节，具有自感知、自学习、自决策、自执行、自适应等功能的新型生产方式。"

智能制造中的"制造"是广义的概念，涵盖制造业价值链的各环节，即从研发设计、生产制造、物流配送到销售与服务的整个价值链，"制造"是其核心，而"智能"是制造过程可以借助的赋能技术。智能制造是制造业价值链各环节的智能化，以智能技术为代表的新一代信息技术，包括物联网、大数据、云计算、移动技术等，在制造全生命周期中的应用，是信息技术与制造技术的深度融合，实现企业生产模式、运营模式、决策模式和商业模式的创新发展。

智能制造是一种应用数字化、自动化和智能化技术的综合集成技术，数字化技术是企业实现智能制造的基础。以 CAD/CAE/CAPP/CAM/PLM、ERP、MES、DCS 为代表的数字化设计制造系统，正是这些贯穿研发、生产、物流各环节的信息化系统，使企业所有的技术图纸、产品数据、物料流等都可以通过数字手段实现，打通从研发到生产、物流各环节数据共享的信息壁垒，实现全数字化的设计制造和数字化管理。

智能制造利用传感器、工业软件、网络通信系统、新型人机交互方式，实现人、设备、产品等制造要素与资源的相互识别、实时联通、有效交流，促进制造业研发、生产、管理、服务与互联网紧密结合，推动生产方式的定制化、柔性化和网络化。实现智能制造的核心是数据驱动和系统集成，企业各业务信息系统、信息系统与制造自动化系统之间需要实现深度集成。

从技术发展的角度看，智能系统应该具备 5 个基本要素：状态感知、实时分析、自主决策、精准执行和学习提升。早期的智能技术主要基于符号逻辑处理结构化问题，如知识工程、基于知识的系统。21 世纪以来，互联网、云计算、大数据等新一代信息技术快速发展，新一代人工智能技术开创了智能制造的新阶段，其主要特征是建立在大数据技术及人工智能等智能技术的基础上。

人工智能技术的研究包括机器人、语言识别、图像识别、自然语言处理和专家系统等。其智能主要是以数据驱动，机器系统获得智能是通过大数据和智能算法。大数据时代，数据的种类多种多样，比如图形图像、声音语言、文字图表、多媒体，还有工业领域生产过程采集的实时数据。机器智能包括感知计算、特征识别、学习推理等，机器智能可以分为计算智能、感知智能和认知智能 3 个发展阶段。计算智能是指快速计算和记忆存储的能力，感知智能是指视觉、听觉、触觉等感知能力，而认知智能是指机器的理解和思考能力。目前，智能机器的计算能力、对制造工况的主动感知和自动控制能力都远高于人类，认知智能是机器与人类差距最大的领域，让机器学会推理和决策通常是非常困难的。企业的制造活动包括研发设计、加工装配、设备运维、采购销售等，通过融入机器智能，可以进一步提高制造系统的效能。例如，高端加工装备系统的振动、温度变化对产品质量有重要影响，需要自适应调整工艺参数，应用智能传感与控制技术，实现"感知—分析—决策—执行"的闭环控制，以显著提高制造过程的质量。

采用数据驱动的智能计算方法，是目前工业领域正在尝试的一条机器智能发展道路。

而在数据处理与智能计算方面,大数据处理涉及大量的复杂计算过程,若要解决高维复杂的庞大数据挖掘问题,必须采用先进的并行计算、云计算和边缘计算等智能方法。在工业互联网时代,利用开放的分布式信息网络、传感设备、数据采集和人工智能的高度结合,通过万物互联的方法实现智能机器间的连接,结合软件、云计算和大数据分析,增强生产设备自动化的维护、管理、运营能力,升级传统制造业的信息化、数字化和智能化水平。同时,加强产业链协作,发展基于互联网的协同制造新模式,实现产业升级。

在制造领域,工业互联网将智慧机器、智慧物料、智慧产品与人和数据连接起来,实现机器、人、组织与系统之间的互联和协作。在工业自动化时代,传统制造业依赖的是机器设备及其加工能力和精度。在制造智能化时代,工业机器、设备、存储系统及运营资源可以利用现代网络与通信技术连接为制造系统网络。这些工厂与机器设备不仅可以随时随地共享信息,而且互通互联的系统可以独立进行自我管理。例如,通过智能设备,应对设备自身、生产原料及运行环境带来的运行不确定性问题;通过智能生产,应对用户需求和工厂内部变化引起的生产不确定性问题;通过工业互联网,应对供应链、跨地域协同中的物料供应不确定性问题;通过智能服务,解决用户在智能产品使用过程中遇到的不确定性问题。

近年来,以 ChatGPT 为代表的通用大模型带来了巨大反响,我国一些互联网头部公司也在纷纷布局大模型。人工智能进入大模型时代,成为未来赋能智能制造的技术发展方向。大模型技术的一个侧重点是生产制造领域的应用,以人工智能和制造业深度融合为主线,与产品研发、工艺设计、生产作业、产品运营等制造环节和应用场景相结合,开发智能制造垂直领域的专用模型,夯实算力、算法、模型、数据等技术底座,提升智能化水平和工作效率。不过大模型在工业领域的应用目前仍处于早期探索阶段,落地还面临很多挑战。

数字化、网络化、智能化是新一轮科技革命的突出特征。数据化强调对数据的收集、聚合、分析与应用,网络化为信息传播提供手段和载体。在新一代信息技术的支撑下,人类社会将迎来以大连接、大数据、大模型和智能计算为特征的智能时代。

1.4.2 智能互联与感知技术

无论是德国工业 4.0、美国工业互联网,还是中国制造 2025 的两化深度融合战略,其共同技术核心都是信息物理系统(cyber-physical systems,CPS)。

1. CPS

CPS 是智能工厂的基础。对于制造企业而言,首先在制造设备层面实现互联互通,使物理设备网络化、智能化,然后在此基础上实现生产过程的智能化管理和控制,通过 CPS 将工厂的各种现场数据实时上传和使用,并通过这些实时数据进行分析处理,最终实现企业业务的优化和产业链的协同,实现智能化生产。

CPS 包含将来无处不在的环境感知、嵌入式计算、网络通信和协调控制等系统,使物理系统具有互联感知、泛在计算、精准控制、远程协调和智能决策等功能。

2. 智能传感器技术

在工业生产中,各种传感器应用越来越广泛。例如,在流程工业中,大量采用温度、压力、流量、液位和气体成分等传感器,对制造过程中的相关参数进行检测,以实现对工作环境、设备状态和运行参数等的感知、分析、诊断和监控,调整或控制生产系统,使之处于最佳运行状态。在离散制造业中，各种数字化设备，如数控机床、工业机器人、自动导引车（automated guided vehicle，AGV）等，都可能配置位置、速度、振动、电流、音频、图像和视频等各种嵌入式传感器，以实现工作机械位置和运动的精确控制、加工过程的检测与控制、故障预测和报警、工作区域监测等。

随着传感器技术的发展，传感器已从具有单一的物理量感知和转换功能向复合功能与技术综合集成，并向微型化、多功能、数字化、智能化、系统化和网络化智能传感器发展。智能传感器具有自动采集和数据预处理、数据存储与信息处理、双向通信和标准化数字输出适配接口等特点。

目前，智能传感器通过工业总线、物联网、Wi-Fi、5G、PLC、工控机等与数字化系统或智能生产系统连接，使工业过程监测数字化、网络化和智能化。

3. 物联网技术

物联网是新一代信息技术的重要组成部分，也是信息化发展的重要阶段。物联网得益于智能传感、网络通信、大数据、云服务等技术的发展，网络将计算机之间的相互连接扩展到每个实际物体之间的连接。物联网通过智能感知、识别技术与普适计算等通信感知技术，广泛应用于网络信息系统和工程制造领域。物联网的核心和基础仍然是互联网，它是在互联网基础上延伸和扩展的网络，其用户端可延伸和扩展到任何物品之间，进行各种应用场合下的信息交换和通信。

从技术组成的角度看，物联网架构由三个层次构成，自下而上分别是智能感知层、网络接入层和应用处理层。

在智能感知层，通过大规模部署泛在感知、类型多样的传感器，实时、全面感知各种物体和现实世界的状态，并将其转化为数字信号。智能感知层能够实现物联网全面感知的核心能力。

在网络接入层，将传感器感知的数据通过泛在的接口接入信息网络，并实时、可靠地进行信息传输、交换和汇集。物联网的组网可以是单层次的，也可以是多层次的。目前，互联网协议中的 IPv6 技术，将 IP 地址长度从 IPv4 的 32 位扩展到了 128 位，足以支持为现有的物体分配 IP 地址。因此，理论上每个物体都具有可以直接接入 Internet 的接口地址，从而实现物体之间的互联。然而，在很多应用场景中，多采用"汇聚网 + 广域网"模式，先将传感器信息首先汇聚到区域中心节点，再利用广域互联网进行信息传输和发布。

在应用处理层，以云平台技术为支撑，将数据汇集到云平台，实现物理上分散存储，但逻辑上统一管理、统一处理。云平台服务将对数据进行管理，或对这些数据进行分析以挖掘其应用价值。在大数据技术的支持下，针对不同应用需求产生了数量庞大的海量数据处理云服务技术。例如，工业物联网应用领域中的 MES、ERP 和 OA（办公自动化）等，目前已有运行于云平台的软件系统。

4. 基于 5G 的工业互联

5G 是指第 5 代移动通信技术，它具有更低的延迟、更高的传输速率、更高可靠性的通信、接近工业总线的实时能力，未来 5G 可应用于智能制造的各种应用场景，如现场设备实时控制、远程维护和作业控制、工业多源采集数据传输、工业高清图像处理、数字孪生系统虚实交互等。5G 也可为未来柔性产线、柔性车间建设中的制造过程数据通信奠定基础，

5G＋工业互联网的融合发展和技术开发可为智能制造提供大范围、高水平的数据通道，支撑深层次应用。

工业生产中可将5G应用于以下三种比较典型的场景。

（1）利用5G的大流量通信能力，应用于生产过程的实时数据采集、各种生产要素的标识和定位。

（2）发挥5G低时延、高可靠的通信特长，应用于生产系统设备到设备、机器到机器或机器到人的连接通信、AGV控制等。

（3）基于5G通信的增强型移动宽带特点，将其应用于数字孪生车间、虚拟现实/增强现实/混合现实的应用场景等。

在基于5G的智能制造应用场景中，制造系统采集或获取的数据在数据节点进行边缘计算处理，然后经5G无线通信接入网络，在云端进行大数据处理、云计算、数据应用服务、虚拟车间的数字孪生仿真等，为智能制造系统提供各种应用服务。

5. 工业互联网

2012年，美国GE公司提出工业互联网的概念。它是指通过机器、物品、控制系统、信息系统之间互联的网络，构成信息空间与物理空间相互融合的智能制造系统。工业互联网可为智能制造提供信息感知、传输、分析、反馈和控制等技术支撑，将工业系统与高级计算、分析、传感技术及互联网高度融合，通过构建连接机器、物料、人、信息系统的基础网络，实现工业数据的全面感知、动态传输、实时分析和数据挖掘，形成优化决策与智能控制，从而优化制造资源配置、指导生产过程执行和优化控制设备运行，提高制造资源配置效率和生产过程综合能效。简单地说，工业互联网是利用设备联网，通过网络监测设备数据、生产数据、物流数据，并对这些数据进行分析、挖掘，从而指导生产，优化设备运行，减少能耗，帮助决策。

工业互联网在企业生产制造领域的应用，应该以底层设备的智能互联、信息感知与交互处理为基础，以基于工业互联网平台的多系统集成为核心，构建一种可实现"人-机-物"全面互联、数据流动、系统集成、智能分析和优化决策的管控一体化生产模式。也可以这样说，工业互联网是物联网技术的一种工业应用，它集互联网技术、物联网技术、云计算技术、人工智能技术、大数据采集与挖掘技术于一体，将智慧机器、智慧物料、智慧产品与人和数据连接，实现机器、人、组织和系统之间的互联和协作。

1.4.3　工业大数据智能处理

工业信息化时代，数据的作用逐渐加强，成为工业系统运行的核心要素，在工业生产力不断提升的过程中发挥核心作用。无论是德国工业4.0、美国工业互联网，还是我国的智能制造战略，都将工业大数据作为实施的基础。工业大数据的应用将成为未来提升制造业生产力、竞争力、创新能力的关键要素，是开启智能制造时代的重要着力点。

1. 工业大数据的来源

我国工业互联网产业联盟2017年发布的《中国工业大数据技术与应用白皮书（2017）》指出，工业大数据主要来源于工业物联网数据、企业信息化数据和企业外部跨界数据。其中，工业领域的工厂设备通过物联网感知采集的数据和企业信息化系统中产生的业务数据，是目前工业大数据需要关注的主要方面。

工业大数据是海量异构的多源数据，而工业物联网成为工业大数据增量最快的来源之一。机器设备上的传感器、仪器仪表和智能终端等实时采集的数据，是以时空序列为主要类型的数据，包括装备状态参数、工况负载和作业环境等信息。其中，机器数据的产生主体又可分为生产设备和智能产品两类。生产设备数据主要服务于智能生产，为智慧工厂的生产调度、质量控制和绩效管理提供实时数据基础；智能产品数据则侧重于智能服务，通过传感器感知产品运行状态信息，为用户提供产品安全运行保障、提高服务效率、降低维修成本。

2. 工业大数据的智能处理技术

工业大数据技术是使工业大数据中蕴含的价值得以挖掘和展现的一系列技术与方法，包括数据规划、数据采集、数据预处理、数据存储、数据管理、数据分析挖掘、可视化和智能控制等。其中，数据采集、数据管理和数据分析挖掘技术是工业大数据智能处理的关键技术。

工业大数据具有体量大、多源性、连续采样、价值密度低、动态性强等特点。工业系统往往是一个复杂的动态系统，涉及的影响因素众多，对应到工业大数据分析，则体现为多因素的复杂关系，工业大数据分析需要从众多可能的影响因素中发现相关性因素。

由于工业过程本身的确定性很强，工业领域的生产工艺和生产过程大多是成熟的，很多工艺参数之间的关系都可以从机理上得到解释，数据之间具有内在的机理性关系，因而工业大数据的智能分析可以采用数据模型和机理模型相结合的方法。工业大数据分析可以采用机器学习、深度学习或传统的多元统计方法，而数据分析的结果必须能用工业领域的机理解释。进行工业大数据分析时，要得到可靠性的分析结果，需要"先验知识"作为条件，而"先验知识"有助于排除那些似是而非的分析结果。

3. 工业大数据的典型应用场景

制造业正面临工业大数据带来的变革，在产品研发、工艺设计、质量管理、生产运营等各方面都期待企业的工程应用和技术创新，工业大数据可以在以下重点应用领域开展应用。

1）企业产品创新和研发过程的大数据应用

企业可以根据产品使用过程中采集的数据得到反馈信息，让设计人员进行产品改进工作，通过挖掘和分析这些使用过程的动态数据，帮助客户参与产品的需求分析和产品设计等创新活动，加速企业产品创新和设计开发。例如，智能电动车在驾驶和停车时可以采集大量的车辆运行数据。在行驶过程中可以持续不断地采集和更新车辆的加速度、刹车、电池充电和位置信息等数据，技术工程师可通过数据分析了解客户的驾驶习惯，而汽车公司汇总了驾驶行为的相关信息，可以进一步了解客户要求，制订产品改进计划，并进行新产品创新。

2）智能产线和生产过程中的大数据应用

智能制造需要满足日益增长的个性化需求，生产过程充满了高度不确定性，通过分析生产过程中的质量、成本、能耗、效率等关键指标与工艺参数、设备参数之间的关系，优化产品设计和生产工艺。智能生产线将安装数量众多的传感器，以探测温度、压力、热能、振动和噪声等状态信息,并对现场采集的数据进行特征分析,如设备诊断、用电分析、能耗分析、质量事故分析等,实现生产过程的状态监控和改进优化。在生产工艺改进方面,通过生产过程中的大数据,分析和了解整个生产流程中每个环节是如何执行的及当前执行的状态。一旦某个流程偏离了标准工艺,就能及时发现问题所在。

3) 企业供应链分析与优化中的大数据应用

制造企业利用销售数据、产品数据和供应商数据库的数据,可以准确地预测全球不同区域的需求。同时可以跟踪库存和销售价格,企业在价格下跌时买进物料,便可大幅降低采购成本。利用供应链的大数据分析,将实现仓储、配送、销售效率的大幅提升和成本下降。例如,在供应链的各环节,客户数据、企业内部数据、供应商数据被汇总到供应链体系中,通过供应链上的大数据采集和分析,能够持续进行供应链改进和优化。

4) 产品故障诊断与智能服务中的大数据应用

在工业互联网时代,一些工业企业将智能传感器嵌入产品中并通过网络连接,实现产品的智能服务。而智能服务将智能产品与状态感知、大数据处理等技术相结合,改变了产品原有的运维和服务模式。例如,在大型民用飞机上,发动机、燃油系统、液压和电力系统等数以百计的变量组成了在航状态,有的变量可以微秒级测量、发送一次数据,通过数据分析判断飞机的运行状态,这些数据不仅能针对某个时间点进行分析,还能促进实时自适应控制、燃油使用、零件故障预测和飞行员通报,有效实现故障诊断和预测。智能服务是一种主动服务模式,企业根据实时掌握的产品运行状态,通过数据分析和挖掘合理制订维修计划,通过资源共享改善服务质量,降低维修成本。

1.4.4　智能 MES/MOM

MES 是一套面向制造企业车间执行层的生产信息化管理系统,MOM 则是涵盖制造企业生产运行、维护运行、质量运行、库存运行的系统。在物联网技术的支持下,MES 通过对生产过程现场信息进行及时获取和处理,为操作人员和管理人员提供计划的执行、跟踪及所有资源(人、设备、物料、客户需求等)的当前状态信息,实现上层计划管理系统与底层工业控制系统之间的集成,优化整个车间的制造过程,改善物料的流通性能,以提高制造过程管理水平和及时交货能力,降低生产过程的能耗和成本。

在企业管理和生产运作方面,ERP、MES、PCS、SCM 等企业信息化系统可为企业生产、物流和供应等各环节的信息共享和资源整合提供强大的信息支撑平台,智能生产管控的三层架构如图 1-7 所示。但不同业务层面的信息处理存在差异性,ERP 层面的生产计划不具备在线跟踪能力,无法管控生产现场,难以适应生产现场底层的快速变化,MES 在计划管理层与底层控制之间架起了一座桥梁,可以将来自 ERP 的生产管理信息细化、分解,形成操作指令传递给底层控制,也可以实时监控底层设备的运行状态,采集生产数据,经过分析处理,形成生产现场和设备运行状态的反馈信息。

在业务管理层,建立精益生产、精益设备、精益质量、精益成本、精益物流的业务管理模式。对生产管理业务单元进行合理划分,按照生产决策、生产计划、生产调度、生

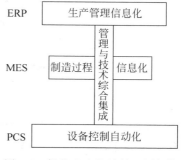

图 1-7　智能生产管控的三层架构

产执行、生产监视的层级管理模式,将各层级间业务紧密结合。工厂精益生产的核心是智能排产,系统对工厂信息、排产策略、调度方法等因素进行分类建模,智能排产以模型驱动排产,以排产拉动执行,并以问题为导向在生产结束后将生产过程信息统一归集到决策层,为生产决策提供可靠依据。

工厂生产现场管理层的主要任务是完成企业层下达的生产任务,而智能化制造系统增加了大量多源感知的传感器,可以实时获取各种制造过程数据,由智能化的 MES 通过集成 DCS 或 FCS,实现对各制造单元和智能设备的生产管控,提供生产现场的动态信息管理,集中展示生产工单信息和计划执行情况,突破狭义的车间现场管理系统定义,整合车间全部业务管理功能,实现车间对生产计划的快速响应、过程信息的及时流转、取消大量纸质单据。

综合感知层基于物联网有效数据的采集,建立数据分析模型,对生产、质量、设备、物流等数据进行综合分析,提供工厂制造执行过程的信息服务,从工厂的不同方面对生产过程进行监控、管理、分析和评估,支撑工厂整体的智能化生产与管理业务。

智能化 MES 是面向制造业务的整体承载平台,结合智慧工厂的建设理念,按照组件化原则设计实现,组件之间采用标准开放的接口。MES 通过 OPC UA 标准接口通信技术集成分布式数控(distributed numerical control,DNC)系统、AGV 系统、机器人系统等车间控制系统,实现实时自动采集数据,监控设备状态与生产过程等功能,实现车间设备互联互通,达到信息集成的目的。

智能化 MES 是融合工业 4.0、精益生产等先进管理思想的新一代制造执行系统,引入大数据、物联网、工业互联网、移动互联、虚拟现实等新一代信息技术,强化数据分析和数据服务,构建新一代生产执行智能处理中心,提升企业管理效率和柔性制造水平。

1.4.5 数字孪生技术

近年来,数字孪生(digital twin)作为一种新兴的综合性技术,已成为智能制造领域的热点技术领域之一。数字孪生诠释了 CPS 环境下实现物理系统和信息系统交互融合的技术思想。

1. 数字孪生技术的发展概况

2012 年,美国发布的《工业互联网:打破智慧与机器的边界》白皮书指出,在工业互联网环境中,通过将诸多传感器及其他先进仪表集成至各类机器,收集海量过程数据,应用智能算法,进行分析计算以改进机器性能,进而提高系统和制造网络的效率。当智能设备通过多维传感和通信网络收集到足够驱动学习的数据时,就能推动设备智能决策的发展,提高工业制造的智能化水平。

2020 年,美国工业互联网联盟发布《工业应用中的数字孪生:定义,行业价值、设计、标准及应用案例》白皮书,将数字孪生作为工业互联网落地的核心和关键,考虑将数字孪生加入工业互联网参考架构。德国工业数字孪生协会也将数字孪生作为工业 4.0 的核心技术,并在德国工业 4.0 参考架构中融入数字孪生空间层。国际标准化组织(ISO)也制定了制造系统数字孪生国际标准(ISO 23247)。美国国家标准与技术研究所(National Institute of Standards and Technology,NIST)针对此标准于 2021 年制定了《基于 ISO 23247 的数字孪生实施应用场景案例》,并于同年发布了《数字孪生技术与标准(草案)》。2020年11月,我国工业和信息化部所属的中国电子技术标准化研究院发布了《数字孪生应用白皮书》,针对数字孪生的技术热点、应用领域、产品情况和标准化工作进展进行了分析。

2. 数字孪生的技术内涵

数字孪生概念是在虚拟制造、数字化建模、虚拟样机等技术基础上发展而来的,但它与虚拟样机、数字样机的概念有比较明显的区别。虚拟样机(virtual prototyping)是一种基于计算机仿真模型的产品数字化设计方法,在分布式环境下,以多学科设计和模型仿真分析为核心,各种应用工具和支撑平台组成协同设计与仿真集成环境,将不同工程领域的开发模型结合在一起,在设计阶段对产品的性能、行为进行设计优化、性能测试和仿真评估。而数字孪生将物理世界的真实参数重新反馈到数字世界,从而完成仿真验证和动态调整。虚拟样机和数字孪生都建立在真实物理产品数字化表达的基础上。

2012年,美国国家航空航天局(National Aeronautics and Space Administration,NASA)提出数字孪生的技术概念:数字孪生是指充分利用物理模型、传感器、历史数据,集成多学科、多物理量、多尺度、多概率的仿真过程,它是虚拟空间中对实体产品的镜像,在计算机虚拟空间对物理系统进行仿真分析和优化控制。

广义的数字孪生概念是指物理实体的数字孪生系统,通过物理系统和虚拟系统连接,实现状态感知与分析数据的无缝连接与双向传输,从而实现虚拟系统与物理系统的实时交互和虚实融合。

从智能制造的角度看,数字孪生可以利用物理模型和实时动态数据感知更新、静态历史数据等,集成多学科、多物理量、多尺度、多概率的仿真过程,建立虚拟空间中对制造实体的镜像,通过大数据分析、人工智能等新一代信息技术,在虚拟空间对制造系统进行仿真分析和优化控制。

数字孪生应用涵盖产品的研发、工艺、制造、测试、运维等各阶段,在企业信息化技术的支持下,通过打造数字双胞胎技术,构建一个虚实融合的智能制造环境,实现虚拟系统与现实物理系统的集成与融合,更高效地实现复杂制造过程的决策与控制。

3. 数字孪生的支撑技术

数字孪生不是一种单元的数字化技术,它是数字建模、系统仿真、物联网、人工智能、虚拟现实等多种相关技术支撑形成的综合体。数字孪生涉及的主要相关技术如下。

(1)数字化建模技术。数字孪生模型表示主要涉及几何建模、物理建模、行为建模和形式化描述等,为产品设计分析、生产制造、运作管理等过程提供数字化模型表示。这部分主体是三维数字化建模技术,包括实体建模、有限元建模、多体系统建模、离散事件建模等。

(2)虚拟仿真技术。根据构建的数字孪生系统特点,采用相应的仿真技术,如多物理场仿真,产品的运动仿真,弹性力学、动力学、耐疲劳性仿真,系统仿真,多学科协同仿真与系统优化,制造工艺仿真,设备布局、产线、物流的数字化工厂仿真等。

(3)智能感知与物联网技术。数字孪生系统需要真实物理系统的静态和动态数据,这些数据是通过各种传感器和感知技术获取的,如设备状态、加工参数、产品表面图像、压力/流量、振动噪声、温湿度等各种物理量的实时感知和测量,再通过物联网技术将数据汇集到各处理节点。

（4）工业大数据处理与分析技术。数字孪生是一种以数据驱动的物理系统动态模型，在虚拟空间里映射实际的物理对象，基于传感器、制造状态等信息的采集分析，构建高逼真度的动态孪生交互系统，从而实现对物理系统实际运行状况的仿真、分析和控制。这些驱动数据既包括历史的、非实时的静态数据，也包括现场的、实时的动态数据。利用基于大数据的机器学习等人工智能技术，建立数据驱动的制造系统数字孪生模型，实现工况预测、故障诊断等功能。

（5）系统协同与虚实交互技术。数字孪生系统从多维度、多尺度、时空一致对物理系统进行刻画和描述，实现信息系统与物理系统的深度融合，支持虚实双向连接与实时交互。数字孪生技术实现物理空间中实体对象与虚拟空间中数字化映射模型对象之间的数据共享交互和双向动态传输，物理系统中的运行参数、工作状态等多源信息需要传送给虚拟系统，用于仿真分析、智能诊断和在线监测，同时虚拟空间中利用数字孪生模型进行预测、优化、控制等形成的决策信息或控制指令也需要反馈给物理系统，通过控制器、执行系统层面操控实体对象以实现最优运行。

4. 数字孪生的应用案例

在智能制造系统中，数字孪生作为实体对象的数字化虚拟模型，可以为制造过程提供多学科领域的各种服务。经过十多年的研究推进，数字孪生已经在一些典型场景成功应用实践。例如，美国 NASA 在阿波罗项目中使用空间飞行器的数字孪生对飞行中的空间飞行器进行仿真分析，监测和预报空间飞行器的飞行状态；西门子公司基于数字孪生规划和验证生产过程、进行工厂布局和生产设备的仿真与预测，通过 Mindsphere 随时监控所有机器设备，构建生产和产品的数字孪生体；欧洲空客公司在飞机组装过程中采用数字孪生技术，在装配过程中多个定位单元均配备传感器、驱动器与控制器，传感器将获得的待装配体的形变数据与位置数据传输到定位单元的数字孪生体，孪生体通过数据处理计算相应的校正位置，引导组件的装配过程。

国内学者也积极开展数字孪生的技术研究及工业领域的工程应用实践。例如，清华大学开发了某无人生产线的六轴机器人螺钉锁付自动装配过程数字孪生系统，通过建立面向真实物理智能生产线的高保真映射的虚拟仿真环境，结合典型的装配工艺点应用场景，考虑机器人的动作、路径、节拍等行为描述，搭建面向真实物理智能生产线典型设备/机器人的数字孪生模型，提供基于实时数据驱动的典型产线设备仿真分析、状态监测和故障预测服务。

参考文献

［1］ 吴澄.现代集成制造系统导论：概念、方法、技术和应用［M］.北京：清华大学出版社，2002.

［2］ 吴澄.信息化与工业化融合战略研究：中国工业信息化的回顾、现状及发展预见［M］.北京：科学出版社，2013.

［3］ 周济.对智能制造基本原理与中国发展战略的思考［J］.中国工业和信息化，2024，11：42-45.

［4］ 李培根，高亮.智能制造概论［M］.北京：清华大学出版社，2021.

［5］ 张和明，熊光楞.制造企业的产品生命周期管理［M］.北京：清华大学出版社，2006.

［6］ 工业和信息化部，财政部.智能制造发展规划（2016—2020 年）［R/OL］.（2016-9-28）［2024-12-12］.

http://www.mof.gov.cn/gp/xxgkml/jjjss/201612/t20161208_2512227.htm.

[7]　中国信息通信研究院.工业互联网最新发展[R/OL].(2020-7-28)[2024-12-12].https://www.sohu.com/a/239032565_100021346.

[8]　中国电子技术标准化研究院,全国信息技术标准化技术委员会大数据标准工作组.工业大数据白皮书(2017版)[R/OL].(2017-2-17)[2024-12-12].https://www.cesi.cn/201703/2250.html.

[9]　KANG H S,LEE J Y,CHOI S,et al. Smart manufacturing: past research,present findings,and future directions[J]. Int. J. of Precision Engineering and manufacturing-Green Technology 2016,3(1): 111-128.

[10]　虞文进,张和明.烟草工业智能生产管理模式及实践[M].北京:清华大学出版社,2019.

[11]　周佳军,姚锡凡,刘敏,等.几种新兴智能制造模式研究评述[J].计算机集成制造系统,2017,23(3):624-639.

第2章

世界典型国家的智能制造体系架构

2.1 新兴信息技术推动制造业的数字化转型

在过去的 40 年里,信息技术作为第一推动技术,发展非常迅速,并与制造业活动紧密地结合在一起。如图 2-1 所示,可以从几个方面理解制造技术和信息技术的发展历程。计算中心的变迁、集成范围的拓展、信息技术基础设施的发展、管理信息系统的发展、计算机辅助技术的发展、新概念与新技术的迅猛发展、制造业模式的发展及工业/制造技术的迅速发展。

正是基于上述多种技术的发展,特别是当下信息技术的发展,制造业运行模式的变革可以描述为多种技术螺旋上升并融合的过程,如图 2-2 所示。

(1) 在工业革命之前,手工作坊形式的制造业以操作技术发展为主。而随着工业革命的推进,人与人之间的交互更加丰富,管理技术也应运而生。

(2) 在计算机出现之前,管理技术和操作技术之间形成了交互螺旋上升的关系。随着计算机的出现,人们逐渐将一些简单、重复性的脑力劳动交给了计算机。

(3) 随着计算机功能的不断强化和信息技术的高速发展,计算机的能力已今非昔比,逐渐形成了第三个空间——信息空间。自此,制造业变成了一个由社会系统、物理系统和信息系统共同构成的复杂巨系统。

上述信息技术、工业技术与管理模式的融合发展使制造业呈现出全新的特征。

(1) 产品的设计、制造、运输和销售方式有可能被彻底重构。

(2) 生产方式越发灵活、高效。

(3) 实现与环境相协调的可持续发展。

随着技术的发展,原有制造业模式向数字化转型所形成的具有上述特点的制造业全新运行模式即为智能制造。

智能制造是以新一代信息技术为基础,配合新能源、新材料、新工艺,贯穿设计、生产、管理、服务等制造活动各环节,具有信息深度自感知、智慧优化自决策、精准控制自执行等功能的先进制造过程、系统与模式的总称。它将未来的制造业描述为一个将信息技术与物理实体深度融合的系统。其核心是在新兴信息技术推动下诞生的 CPS。而这一特征的实现基于信息技术和基础工业技术的发展。

智能制造不是一个新兴概念,早在 20 世纪 80 年代发达国家就已提出。随着技术的不断发展,智能制造的概念和内涵逐渐丰富,实现智能制造的条件逐渐成熟。中国工程院院

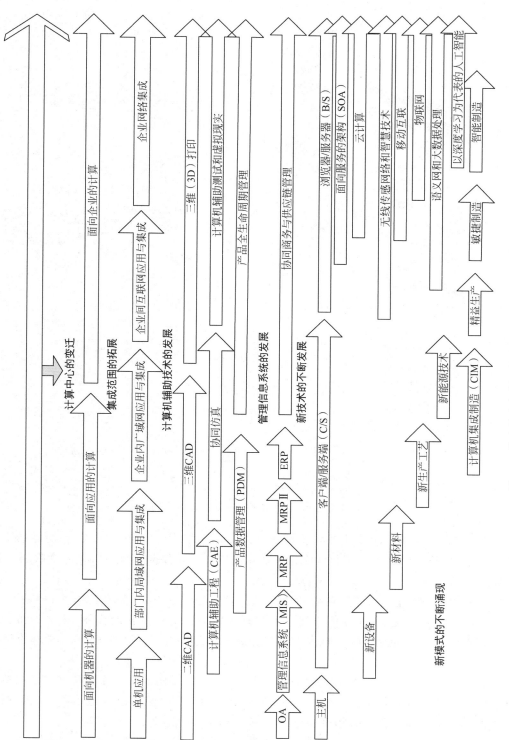

图 2-1 信息技术与制造技术发展历程示意图

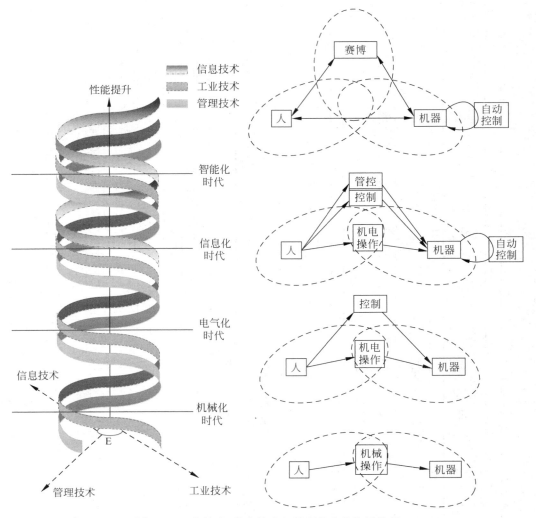

图 2-2　工业技术、信息技术与管理技术的协同发展

士周济认为，智能制造根据其发展阶段特征可以总结归纳为三种基本范式，分别是数字化制造、数字化网络化制造和数字化网络化智能化制造。而大数据、云计算、工业物联网、CPS和数字孪生等新兴概念都与智能制造息息相关。

在信息技术、管理技术和工业技术不断融合发展的背景下，一些发达国家和发展中国家越发重视制造业的发展，强调信息技术和管理技术对制造业的赋能作用，相继发布了本国的制造业转型升级战略，以支持经济转型、提升国家竞争力，保持全球范围内的优势地位。

（1）2009 年 12 月美国发布了振兴美国制造业的框架，2013 年 1 月发布了国家制造业创新网络的初步设计。再工业化、第三次工业革命、工业互联网、智能制造是美国国家制造转型战略中的关键概念。其也相应提出了 CPS 的相关标准定义。

（2）2013 年 4 月德国发表了关于实施工业 4.0 战略举措的建议。现在，工业 4.0 是世界各国政府和工业企业讨论和研究的热门话题，物联网（internet of things，IoT）、CPS 和智能制造是关键概念。

（3）2013年8月中国发布了《信息化和工业化深度融合专项行动计划（2013—2018年）》，并于2015年5月发布了《中国制造2025》。此外，我国还提出了适合国情的CPS发展方案和标准文件。信息化与工业化融合、智能制造和工业互联网的整合由此也被提升到中国国家制造转型战略规划中的重要位置。

（4）2013年10月，英国科学技术部、创新技术办公室赞助了"前瞻项目"，并发布了《制造业的未来：英国的机遇和挑战》报告。该报告对2013—2050年的英国制造业提出战略规划与建议。

（5）2015年6月日本成立了工业价值链促进会（Industrial Value Chain Initiative，IVI），并发布工业价值链计划。

上述战略涉及工业4.0、智能制造、工业互联网、智慧制造、信息物理系统、两化融合及制造业数字化转型等新的概念和提法。尽管各概念的外延和侧重点各有不同，但其核心思想是基本一致的，均是各国为实现制造业转型升级战略落地而制订的解决方案。所有这些术语都具有相同的内涵——智能制造。因此，后文不再刻意区分上述概念，而是统称智能制造。

基于各国不同的国情、制造业水平和发展目标，本节将对不同国家的智能制造战略开展尽可能详细的剖析，在明确智能制造这一内涵的基础上，对各国的战略发展形成系统化认识。

2.2　智能制造的转型战略、体系结构及解决方案

对工业系统的讨论，针对不同的对象和主体有不同的视角与关注点。而各国为了让"智能制造"设想落地，纷纷提出了适合本国国情的智能制造参考体系结构。因此，本节针对不同国家提出的智能制造体系结构进行分析，并对不同智能制造体系结构进行对比，以明确其特点。

2.2.1　德国工业4.0

工业4.0是德国的国家战略，旨在整体提升新兴信息技术发展背景下德国工业的核心竞争力。工业4.0以智能制造为主导，其本质是在机械化、通信和信息技术的基础上，进一步建立智能化的生产模式与网络化的产业链集成；它以建立CPS为核心，发展智能工厂和智能生产，实现纵向集成和网络化系统，共同推进生产向分散化、产品个性化、用户全方位参与方向转变。

德国工业4.0战略计划实施的相关建议明确将参考体系和标准化作为重点研究领域之一，并指出参考体系模型是一个通用模型，适用于所有企业的产品和服务。因此，2015年7月，德国电气与电子工业联合会（ZVEI）正式发布了工业4.0的参考架构模型（reference architecture model industrial 4.0，RAMI 4.0）。RAMI 4.0从系统等级、功能层级、产品生命周期/价值链三个维度分别对工业4.0进行多角度描述，如图2-3所示。

1. 系统等级维度

RAMI 4.0的第一个维度是系统等级，如图2-4所示，它是在IEC 62264/61512企业系

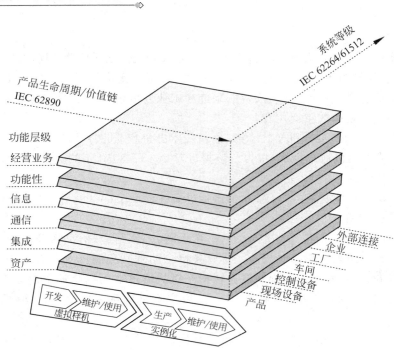

图 2-3　工业 4.0 参考架构模型 RAMI 4.0

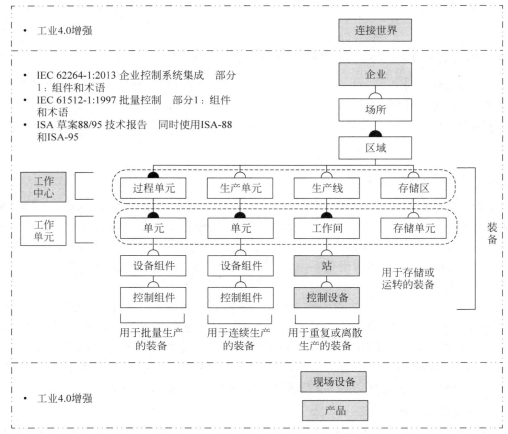

图 2-4　RAMI 4.0 中的系统等级来源

统层级架构的标准基础上(该标准基于 ISA-95,界定了企业与控制系统、管理系统等各层级的集成化标准)拓展得到的,并在原有标准的基础上补充了产品的内容,由个体工厂拓展至"外部连接",从而体现工业 4.0 对产品服务和企业协同的要求。

2. 功能层级维度

RAMI 4.0 的第二个维度参考了智能电网结构模型(smart grid architecture model, SGAM)中互操作层级的表现方式,通过各层级的功能及功能间的互操作关系体现,是 CPS 的核心功能,如图 2-5 所示。

智能电网处理电网电力生产、传输到配送的过程,而工业 4.0 关注产品的开发和生产场景,因此工业 4.0 中的层级用于描绘开发流程、生产线、制造机器、现场设备、产品本身等的配置及运转方式。其中组件层由集成层和资产层代替,便于资产数字化的虚拟表示。

RAMI 4.0 各层级的具体作用如图 2-6 所示。

(1)资产层是指机器、设备、零部件及人等生产环节中的每个单元,生产过程中具有物理实体的资产,人、设备、机器、夹具及零部件等都在该层运作。

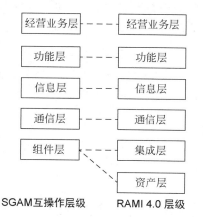

图 2-5 RAMI 4.0 层级的来源

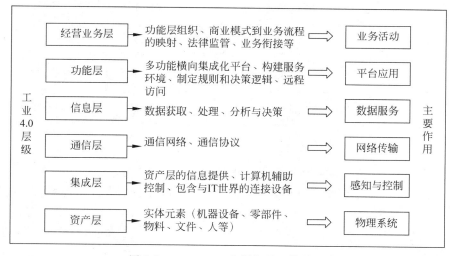

图 2-6 RAMI 4.0 各层级的具体作用

(2)集成层是指一些传感器和控制实体,它是物理世界与信息系统之间的接口,具体表现为物理世界的变化通过传感器形成数据向上层传递,上层指令通过控制设备对物理世界进行操作。

(3)通信层是指专业的网络架构等,通过使用统一的数据与网络架构实现标准化通信。

(4)信息层是指对数据进行获取、处理、分析及决策的过程,可获取并处理各类数据、信息与知识。

(5)功能层是企业运营管理的集成化平台。在实际系统中表现为集成化平台与平台应用，提供服务环境、规则、逻辑及远程访问等。

（6）经营业务层是指各类商业模式、业务流程、法律监管、任务下发等，体现为制造企业的各类业务活动。其描述企业顶层业务、遵循的规则、法律与监管框架条件及企业间的业务交互等。

各层实现业务流程的方式如下：在业务层的相应编排与约束下，位于功能层的服务应用处理数据与信息，并向下层发送指令，通过通信层与集成层控制底层设备运行，实现生产活动等。

3. 产品生命周期和价值链维度

RAMI 4.0 的第三个维度是价值链，图 2-7 从产品全生命周期视角出发，描述了以零部件、机器和工厂为典型代表的工业要素从虚拟原型到实物的全过程，具体体现为三个方面。

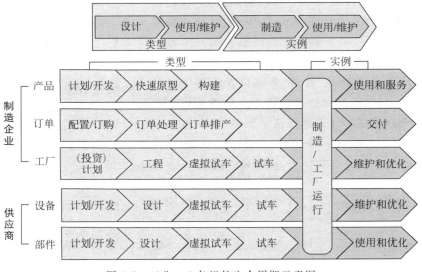

图 2-7　工业 4.0 各组件生命周期示意图

（1）基于 IEC 62890 标准，将其划分为虚拟原型和实物制造两个阶段。

（2）突出零部件、机器和工厂等各类工业生产部分都要包括虚拟和现实两个过程，体现全要素数字孪生特征。

（3）在价值链构建过程中，工业生产要素之间依托数字系统紧密联系，实现工业生产环节的末端链接。

以机器设备为例，虚拟阶段就是建立一个数字模型，包含建模与仿真，在实物阶段就是实现最终的末端制造。

RAMI 4.0 描述了工业 4.0 系统运行过程中的纵向、横向集成模式，以及运行阶段可能存在的各种活动。但工业 4.0 是德国不考虑技术实现提出的超前设想，现有技术标准仅少数可用。

德国的标准化工作特点鲜明，通过构建 RAMI 4.0，推动现有标准的修改与新标准开发工作。但这项工作难度巨大，几乎所有的标准都面临修改或重新制定，只有少数标准适用，比如支持"通信层"实现的 OPC UA、支持"信息层"实现的 ISO 61360 公共数据字典系列标准等。工业4.0还对通用建模标准、安全性标准、3D打印标准、工业4.0中的人类交互标准等提出了要求。但总体而言工业4.0没有一个标准框架以涵盖智能制造的所有方面,并对接所有相关标准。为了使完全"面向未来"的工业4.0系统具备"可行性",RAMI 4.0提出了针对工业4.0系统的标准模型——工业4.0组件,通过程序可控的标准管理壳,实现对所有设备的集成管理。

2.2.2　美国智能制造生态系统和工业互联网参考体系结构

2009年12月美国发布了振兴美国制造业的框架,开宗明义地指出制造业是美国的发展之魂,可为社会创造真正的价值。但只有不断将研究、想法、发现与发明转化为更好的产品与过程,才能促进经济增长,保持全球范围内的竞争力。

报告指出,制造业包含劳动力、技术与商业化、设备、地理布局、交通、市场、监管与税收7个制造业的成本因素,因此振兴美国制造业需采取下列措施。

(1) 加强教育投入,使国民有机会通过教育掌握必备的技能,以实现并适应未来制造业的高生产率。

(2) 增大新兴技术的研发投入,保障知识产权,促进创新结果商业化。

(3) 建立完善的商业投资资本市场环境。

(4) 关注因制造业生产效率提升而可能面临失业的工人,维护社会稳定。

(5) 加大力度发展先进交通基础设施,降低未来制造环境下,商品、人员、信息在不同地理位置间转移的成本。

(6) 确保市场准入与公平竞争。

(7) 关注环境,实现可持续发展。

2013年美国发布了国家制造业创新网络的初步设计,主张由国家制造创新机构构建网络,每个创新机构负责对未来制造业特定应用领域进行技术攻坚,以实现美国在先进制造领域世界范围的领先地位,提高工业竞争力,促进经济增长,维护国家安全。

2015年NIST发布了针对智能制造的研究成果,阐述了智能制造概念出现的市场环境及其要解决的问题。NIST指出,当前市场条件经济发展迅速、个人收入提高,人们消费能力普遍提升,消费选择更加多样化、个性化,这加剧了制造企业之间的竞争,对制造企业提出了敏捷制造、基于订单制造、个性化定制等一系列新业务要求。在此背景下,企业要保持竞争优势,必须提升自身四大关键能力:生产率、敏捷性、质量与可持续发展。同时,NIST指出,智能制造全方位数字化的特点是提升上述能力的关键。具体表现为以下方面。

(1) 设备与设备间、各生产活动与环间、企业内外部的有机集成与互联。

(2) 全方位打通价值链与供应链,将控制、决策等环节延伸到企业外部,协同管理,提升效率。

(3) 工业机器人等技术的应用将大幅提高生产率。

(4) 基于大数据分析技术等对工业数据进行分析挖掘,预测问题、捕获需求,快速灵活地响应迅速变化的市场环境。

2012年美国通用电气公司(GE)提出工业互联网概念,不久之后的2014年4月,GE、IBM、Cisco、Intel和AT&T公司发起成立了工业互联网联盟(Industrial Internet Consortium,IIC)。工业互联网旨在通过互联网协议、通用接口协议、标准数据协议等通用标准的制定,使不同的制造业厂商设备之间实现数据共享、互操作等能力。届时工业互联网内部的硬件、软件之间基于标准的数据流将实现智能交互。通过工业互联网集成，物理系统与信息系统之间紧密耦合，甚至实现能源、医疗、运输、制造等不同工业部门与实体间的全面整合，提升整个工业产业链的效率。与智能制造一样，工业互联网也成为美国相关产业利用新兴信息技术发展先进制造业、为制造业赋能的重要抓手。

进一步地，2016 年 2 月，NIST 发布了《智能制造系统现行标准体系》（*Current standards landscape for smart manufacturing systems*）报告，该报告指出，智能制造是面向下一代的制造，并从产品、生产和商业三个维度及制造金字塔等方面描述智能制造的内涵。在该系统中数据能够最大限度地在全企业流动和重复使用。其认为智能制造具体包括 5 个核心特征。

（1）将制造企业全面数字化，获得互操作性并增强生产力。

（2）采用设备互联和分布式智能，实现实时控制和小批量柔性生产。

（3）实现供应链协同管理，快速响应市场变化和供应链失调。

（4）提供集成和优化的决策支持，帮助提升能源和资源使用效率。

（5）具备产品全生命周期数据采集和大数据分析能力，实现快速的创新循环。

基于上述特征构建的智能制造生态系统（smart manufacturing ecosystem，SME），包含了丰富的制造业内容。智能制造生态系统架构模型展示了整个智能制造系统的三维（产品维、生产维、商业维）空间及三维汇聚的制造金字塔，如图 2-8 所示。

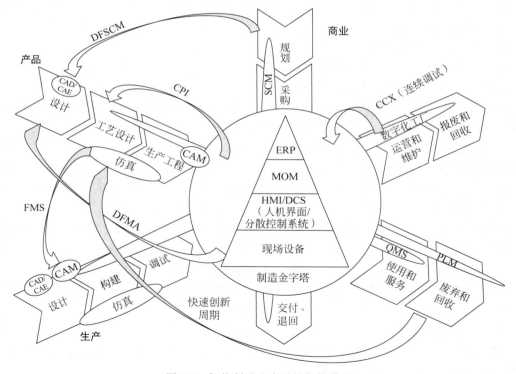

图 2-8　智能制造生态系统架构模型

1）系统运行方式与组成

智能制造生态系统的第一维度是产品维度，产品生命周期管理包括 6 个阶段：设计、工艺设计、生产工程、制造、使用和服务、废弃和回收。

智能制造生态系统的第二维度是生产维度,生产系统生命周期阶段分为5个部分:设计、构建、调试、运营和维护、报废和回收。

智能制造生态系统的第三维度是商业维度,智能制造生态系统模型中将制造业供应链管理的商业周期分为5个部分:规划、采购、制造、交付、退回。

制造金字塔是智能制造生态系统的第四个维度,也是其核心,金字塔中层级模型来自《企业系统与控制系统集成国际标准》(ISA-95)中企业控制系统集成的层次模型,分为企业层、制造执行层、监控与数据采集层、设备层。产品生命周期、生产周期和商业周期都在制造金字塔处聚集和交互,每一维度集成的提升都有助于制造金字塔内部从设备到车间、从车间到工厂、从工厂到企业的纵向集成。

4个维度呈现出智能制造系统的运行方式,也描述了智能制造系统中需要的相应组件,包括底层设备、控制设备、顶层应用等。

2)技术实现

为实现企业竞争力目标,智能制造系统着重提升四大关键能力:生产率、敏捷性、质量和可持续发展,如图2-9所示。

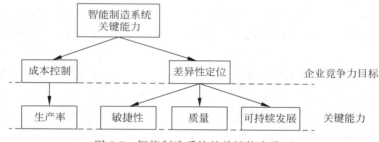

图 2-9 智能制造系统的关键能力模型

随着致力于提升企业关键能力的各种集成技术的不断发展,集成范围不断扩大,维度内部的组织之间及各维度之间的联系更紧密,这也使产品创新周期更短、供应链效率更高、生产系统更灵活。当然,随着集成范围的扩大,未来的智能制造系统必将越来越复杂,系统各要素之间的联系也越来越紧密。而为满足系统的竞争力目标、关键性能和能力指标,智能制造生态系统强调先进信息技术和集成技术对智能制造发挥的重要作用,包括 PLM、SCM、DFSCM(面向供应链管理的设计)、CPI(持续性流程改进)、CCX(持续试车)、DFMA(面向制造和装配的产品设计)、FMS、RMS(可重构制造系统)、Fast Innovation Cycle(快速创新周期)等。这些集成技术在产品、制造系统及业务生命周期的各阶段发挥着不同的作用,同时将不同的阶段集成,实现快速创新、敏捷制造等新能力。其映射关系如表2-1所示。

表 2-1 集成技术和关键能力的映射关系

智能制造集成技术	关键能力映射
PLM	质量、敏捷性、可持续发展
SCM	敏捷性、质量、生产率
DFSCM	质量、敏捷性
CPI	质量、可持续性、生产率

智能制造集成技术	关键能力映射
CCX	生产率、敏捷性、可持续性、质量
DFMA	敏捷性
FMS/RMS	质量、敏捷性、生产率、可持续发展
Fast Innovation Cycle	质量、敏捷性

3）技术标准

除对应的信息技术和集成技术外，NIST 还判定了现有标准是否对四大关键能力有所提升，确认了当前与智能制造有关的技术标准。

（1）将与产品有关的标准分为五类：建模实践、产品模型和数据交换、制造模型数据、产品类别数据和产品生命周期数据管理。

（2）将与生产系统有关的标准分为生产系统模型数据和实践，生产系统工程，运营和维护，以及生产生命周期管理。

（3）与业务有关的标准，NIST 强调了 APICS 供应链运营参考标准（SCOR）、开放应用程序组集成规范（OAGIS）和 MESA 的 B2MML 这三组标准。

（4）对与制造金字塔相关的标准按照层级进行了分类，并增加了一组跨级标准。

（5）除已有标准外，NIST 还确认了一组标准机会，包括网络安全、智能机器及通信标准等。

可以发现，SME 对智能制造系统运行的方式和组成进行了抽象描述，分析了可能的使能技术与技术标准。但它对智能制造系统的抽象较为简单，只是简单地把生产系统、产品、业务按照生命周期展开。技术支持方面过于强调 CAD 等信息技术，导致在 SME 中很难见到工业技术对智能制造的作用，如 3D 打印、智能机器人、新材料等，云计算、大数据、物联网、CPS 等新技术也难以见到。因此 SME 常被诟病为与当前基于制造控制系统集成的制造方式无区别。

除智能制造生态系统外，美国还提出了工业物联网的参考体系架构。2012 年，美国宣布实施"再工业化"战略后，GE 公司提出了"工业互联网"概念，为其向更依赖数字化转型行动打造了一个全新的理念。

美国"工业互联网"的愿景是通过建立信息物理系统，融合物理世界和信息世界，以信息世界中的数据为纽带，将物理世界中的人与机器连接，从而形成全球化的开发协作的工业网络。通俗来讲，工业互联网就是实现机器、人和数据的协作。巧合的是，工业互联网联盟五大发起公司的业务正好包括电信（AT&T、思科）、数据处理（Intel、IBM）与制造（GE），对应人、数据与机器的结合，构成典型的三元系统。

2015 年 6 月，IIC 发布《工业互联网参考体系结构》（Industrial Internet Reference Architecture，IIRA）；2017 年 1 月，IIC 又发布了《工业物联网参考体系结构》，对 IIRA 进行了改进升级，如图 2-10 所示。

1）工业部门与生命周期维度

不同于 RAMI 4.0 中的系统等级维度，工业部门维度描述工业互联网将支持的工业部门及相关工业活动，与工业互联网实现企业间数据互联的战略愿景相符。

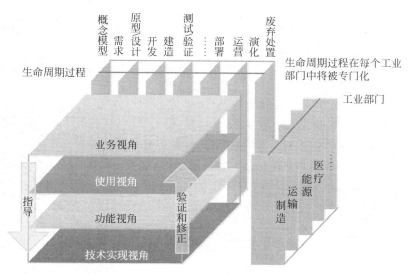

图 2-10　IIRA 模型

IIRA 生命周期维度参考了 GERAM 模型,描述各工业部门从设计实施到运行的过程,在整个工业互联网的范畴下,它仍是对系统运行阶段活动的描述。因此这两个维度是对工业互联网系统运行阶段的抽象描述。

2）视图维度

IIRA 在辨识了大量的工业物联网(industrial internet of things,IIoT)系统的利益相关者之后,确定了 IIoT 描述的 4 个视角:业务视角、使用视角、功能视角和技术实现视角,具体如下。

（1）业务视角。关注点包括识别利益相关者,并在商业和监管环境下,识别利益相关者的商业愿景、价值,建立一个 IIoT 系统的目标。此外,还用于识别 IIoT 系统如何通过将目标映射到基本系统能力,以实现规定的目标。这些关注点是面向业务的,商业决策者、产品经理和系统工程师应对此特别关注。

（2）使用视角。关注点是预期的系统使用,典型的代表是有人或逻辑上的(例如系统或系统组成部分)使用者参与的活动序列,这些活动序列通过基础的系统能力实现目标功能。这些关注点的利益相关者主要是系统工程师、产品经理和系统的用户。

（3）功能视角。主要关注点包括 IIoT 系统的功能组件,这些功能组件的结构及相互间的关系,它们的接口和交互,以及系统和外部环境中元素之间的关系与交互。系统和组件架构师、开发人员和集成商对这些关注点特别感兴趣。

进一步地,在功能视角下,可将 IIRA 分解为 5 个功能域——控制域、操作域、信息域、应用域和业务域,它们之间存在数据流和控制流。为更好地理解其原理,将其与 RAMI 4.0 功能层级对照,如图 2-11 所示。

物理系统与 RAMI 4.0 中的资产层对应,代表工业互联网系统中物理实体部分。控制域与 RAMI 4.0 中的集成层对应,是信息世界对物理系统感知与控制的接口。操作域包括准备和部署、管理、监视和诊断、预测和优化等功能,这与 RAMI 4.0 中的功能层对应。应用域指实现特定业务功能的逻辑应用,它也与 RAMI 4.0 中的功能层对应。它与操作域的

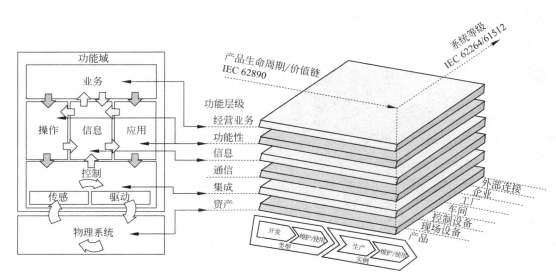

图 2-11　IIRA 功能视角与 RAMI 4.0 功能层级对照

区别在于,操作域功能强调对底层对象的控制,应用域功能强调基于应用实现上层业务逻辑。信息域的主要功能是从各域收集数据(最重要的是来自控制域),并转换、储存、建模或分析这些数据,以获取关于整个系统的高级智能,它与 RAMI 4.0 中的信息层对应。业务域指支持工业互联网各系统间端到端操作的功能。这些功能通常可以通过传统或新型的工业互联网业务系统实现,比如企业资源管理(ERP)、客户关系管理(CRM)、资产管理、服务生命周期管理等,它与 RAMI 4.0 中的业务层对应。数据流与控制流指各功能域之间通过数据流与控制流实现集成,在 RAMI 4.0 中对应通信层。

(4) 技术实现视角。关注点包括功能组件实现所需的技术、沟通策略、生命周期过程等,这些要素由使用视角中的活动协调并受到业务视角中的系统能力支持。系统和组件架构师、开发人员、集成商和系统运营商对这些关注点尤感兴趣。

IIRA 作为参考架构,是一个普遍性的架构框架,因此其中的模型和概念都是从一个较高层的角度描述且非常抽象。当在实际工业场景中应用时,需要将抽象的架构概念和模型扩展为具体的结构,以处理特定的工业互联网问题,因此上一个视角可以指导下一个视角中的架构和系统设计。同时,IIC 也会评估来自各工业部门实际技术实现的结果反馈,以验证 IIRA 在辅助系统设计中的可靠性和有效性,并在必要的情况下修改和提高该参考体系结构。

2.2.3　我国智能制造系统体系架构

我国工业化与信息化起步较晚,从 863 计划开始推进计算机集成制造相关技术到今天,与发达国家相比,仍然呈现覆盖范围少、基层层次低、信息化孤岛众多等问题。另外自改革开放以来,虽然我国经济高速发展,但是存在工业环境污染、人口老龄化、经济发展模式过于粗放等问题。这使当前制造业的盈利能力越来越低。为了谋求利益最大化,大量制造企业纷纷将工厂迁至东南亚等劳动力成本低廉地区,我国产业空心化趋势明显。面对上述问题与趋势,我国提出,必须把握信息化与工业化融合的方向,依托先进的信息技术,通过制造网络化、数字化与智能化,提升制造业的能力,缩小与发达国家的差距,完成制造业的转型升级。为此,我国有针对性地提出了两化融合与中国制造2025制造转型国家战略。

2013年工业和信息化部印发《信息化和工业化深度融合专项行动计划(2013—2018年)》,随着计划中企业两化融合管理体系标准建设与推广等任务的完成,两化融合工作初见成效,并于2016年发布了新的发展规划,指出到2020年两化融合工作应实现如下目标。

(1)基于互联网,完善创业孵化机制,予以制造业创业与创新更多支持。

(2)在重点行业普及新型生产模式。

(3)发展基于互联网的服务业并推动其成为新的增长点。

(4)提升在设计制造智能装备及产品自主创新方面的能力。

(5)基本建立包括工业云、智能服务平台在内的可支撑技术融合发展的基础设施体系。

我国于2015年5月发布了《中国制造2025》。相比两化融合,《中国制造2025》考虑更为全面、具体,主要战略任务如下。

(1)通过核心技术研发攻坚、培养创新设计能力等任务,提高国家自主创新能力。

(2)研究制定智能制造、智能装备、智能产品等发展战略,推进两化融合,实现制造过程的智能化。

(3)强化工业基础能力,必须坚定夯实工业基础建设,推进工业强基工程,完善工业基础设施,为创新升级提供坚实基础。

(4)打造质量品牌,加快品牌建设,为日后中国制造在国际上参与竞争夯实基础。

(5)考虑可持续发展,发展循环经济,建立绿色制造试点项目,推行与环境发展相适应的绿色制造模式。

相较于德国制造战略蓝图式的想象,我国的制造战略扎根于现实状况,更注重实际可操作性,在加强基础建设的同时,着眼未来打造制造业新型能力。

2015年12月30日,出于推进智能制造发展的需求,工业和信息化部与国家标准化管理委员会共同发布了《国家智能制造标准体系建设指南(2015年版)》,其中包含我国智能制造系统架构、标准体系结构和标准体系框架。结合时代发展,相关框架和标准也于2018年和2021年进行了更新。

我国智能制造系统架构包含生命周期、系统层级和智能功能3个维度,如图2-12所示。

1. 生命周期维度

生命周期维度包括设计、生产、物流、销售与服务5个阶段。与RAMI 4.0关注系统中全要素生命周期不同,架构生命周期维度专注产品,描述从产品原型设计开始,经生产、物流、销售,最后提供服务的全过程,突出制造活动对价值的创造。

2. 系统层级维度

系统层级维度分为五层,包括来自IEC 62264制造金字塔的设备层、控制(单元)层、车间层、企业层,协同层是为描述智能制造中企业外部信息互联需求做出的拓展。

3. 智能功能维度

该维度描述智能制造系统运行时表现出的智能特征,分为资源要素、系统集成、互联互通、融合共享、新兴业态五层智能化要求,系统的集成度与智能化水平依次递增。

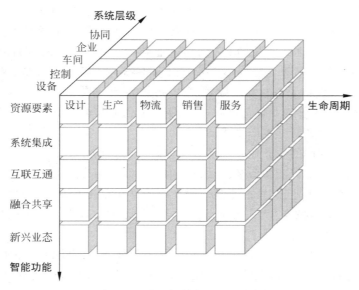

图 2-12　我国智能制造系统架构

　　我国智能制造参考体系结构总体上与 RAMI 4.0 非常相似，其中，"系统层级"维度对应 RAMI 4.0 的"系统等级"维度，借鉴了 IEC 62264/61512 企业系统层级架构的标准，并进行了扩展；"生命周期"维度对应 RAMI 4.0 的"生命周期/价值链"维度，"智能功能"维度对应 RAMI 4.0 的"功能层级"维度，如图 2-13 所示。

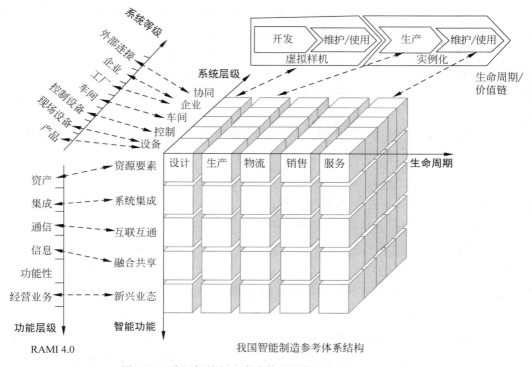

图 2-13　我国智能制造参考体系结构与 RAMI 4.0 对比

另外,《国家智能制造标准体系建设指南(2015年版)》还开发了智能制造标准化体系结构,用以协助标准分类,并指导新标准的开发,如图2-14所示。

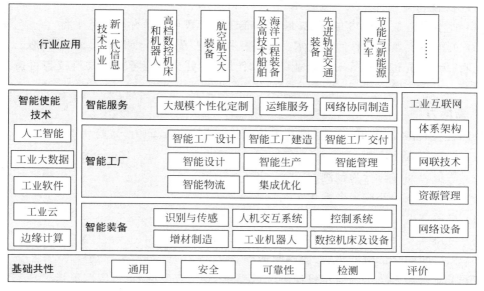

图2-14　智能制造标准化体系结构图

因此,我国智能制造体系架构相比其他智能制造体系架构,特点如下。

(1) 我国智能制造体系架构描述了智能制造系统运行时的系统功能结构并进行了适当的拓展,反映了智能制造在企业协同中的新能力需求。但它仍基于智能制造金字塔,关注系统等级,并未像RAMI 4.0和IIRA那样基于功能进行抽象。

(2) 我国智能制造体系架构描述了系统运行时的生命周期活动,但只考虑了产品从设计到最后服务这一个维度。

(3) 不同于其他参考体系结构,我国智能制造体系架构用智能特征描述智能制造的成熟度,逐级递增体现了逐步实现工业化与信息化两化融合的战略思想。

上述特点反映了我国和德国、美国战略之间的差别。德国和美国较少考虑具体技术实现,侧重于对智能制造系统超前设计,以推动技术与标准开发;我国则更多地关注如何利用现有的技术推进两化融合,逐步实现智能制造的智能特征要求。

2.2.4　各种智能制造体系的合作与互操作

虽然各国的制造转型升级战略有所差异,各有侧重,要解决的问题不同,但都有两个核心共同点——新技术与新能力。

1. 新技术

各国在各自战略中都强调技术对制造转型的驱动作用。

(1) 德国提出工业4.0的使能技术包括CPS、PLC、网络通信技术、大数据、嵌入式系统、机器人等。

(2) NIST指出,应关注物联网、大数据与云制造等新兴技术。工业互联网战略将技术焦点集中于设备通信、数据流、设备控制与集成、预测分析及工业自动化。

（3）我国强调在发展互联网、工业云、智能服务平台等基础技术的同时，要关注 CPS、IoT、智能装备和工业机器人等新技术。

（4）日本强调基于 CPS 的集成，通过标准建立互联互通的智能制造平台。

（5）英国不仅强调信息通信技术、大数据、物联网、先进自动机器人、增材制造、云计算、移动互联、传感、先进材料等对制造业的驱动作用，还更长远地考虑生物科技与可持续绿色科技等。

2．新能力

各国在各自战略中均指出，这些技术将赋予制造业新型能力，简要列举如下。

（1）产品故障前诊断。

（2）消费者偏好与行为预测。

（3）面向大众的低成本个性化定制。

（4）自适应工厂。

（5）可持续发展的制造、绿色工厂。

（6）工厂间的全价值链集成、协同制造等。

（7）工业机器人技术的应用将使生产过程更安全、效率更高、适应性更强。

（8）自组织、自适应物流等。

基于以上分析，虽然在此次制造业转型升级浪潮中，各国所处的历史阶段与工业发展基础不同，要解决的问题不同，但各国面临的竞争环境与技术基础是相同的。各国都希望以此次技术浪潮为契机，以新兴技术为驱动力，打造具备新型能力的先进制造系统，实现制造业转型，保持并提升自身竞争优势。

上述各国制造业转型升级发展战略的侧重点各有不同，其差别如下。

（1）美国是拥有完整工业体系的国家，制造业发展战略的重点是再工业化，通过一系列措施与创新项目，推进再工业化有条不紊地进行。尤其是美国在信息技术、自动化技术领域具有明显的技术和市场优势，利用这些优势提升整个制造业的竞争优势，就成为美国制造业国家战略的立足点。

（2）德国的制造业优势主要体现在装备制造和高端制造领域，我国工业转型升级直接影响的就是德国工业的竞争力，因此德国立足高端制造业，通过 CPS、IoT 等使能技术的发展提升其在全球制造业的竞争优势。工业 4.0 侧重于蓝图描绘，考虑未来工业场景下智能工厂可能的运作模式、业务形式、生产方式等。

（3）经过 40 多年改革开放，我国已建立了最全的工业体系，涵盖不同的制造业行业领域，覆盖高、中、低端产品的制造，目前需要解决的核心问题是提升制造业的整体发展水平和国际竞争力，进一步提高生产率与效率。因此我国的制造业发展战略必须考虑实际情况，通过各项举措推进工业化与信息化融合，缩小历史遗留的差距。同时也要放眼未来，争取未来在先进制造领域争得一席之地。

（4）虽然日本进入工业化比西方晚，但它在生产实践中产生的精良生产、持续改进等管理思想与方式使其在全球竞争中保持优势。因此日本工业价值链计划具有鲜明的特色，强调通过信息技术实现互联制造，同时融合精益管理等哲理，强调人是制造中的关键因素。

（5）虽然英国制造业出口的全球占比下滑，但是其在高技术产品出口方面仍占据优势，因此其战略举措仍围绕其竞争优势展开，强调产业研发的集群、高技术人才培养等。

各国面临信息技术革命、工业技术革命、管理变革采取的发展战略由其发展阶段决定。如图 2-15 所示，各国工业化进程伴随的技术浪潮是不同的，欧美分别在机械化、电气化时代伴随第一次、第二次工业革命完成了工业化进程；日韩抓住自动化的机遇实现了工业化；我国的工业化进程则伴随着信息化进程。历史发展的差异使各国当前发展阶段、工业基础存在差异，所以各国制造转型战略也存在差异。由于我国大部分制造企业工业与信息化水平仍处于 1.5～2.0 阶段，面对人口红利逐渐消失、环境压力过载、能源产出比过低等问题，必须把握此次信息技术发展浪潮，通过信息技术与工业技术结合，为制造业赋予新的能力，并缓解上述问题。这就使两化融合上升为我国工业转型的国家战略。

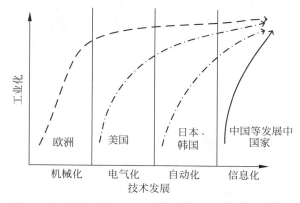

图 2-15　不同国家工业化发展与技术发展关系对比图

世界各国提出的参考体系结构各有特点，应综合分析其优势与不足，取长补短为我所用。在人类命运共同体的影响下，世界各国都在积极推动不同参考体系的互认与互操作。

1. 战略规划层面

作为德国的国家战略，工业 4.0 基于德国强大的工业制造能力，旨在充分利用不断突破的新兴信息技术，将广大的德国中小制造企业联合起来，实现生产的分散化、网络化和个性化，从整体上提升德国制造业的核心竞争力。"工业互联网"是美国工业界自发形成的一个愿景，旨在利用先进的网络通信技术、自动控制技术和计算处理技术，形成一个广泛的信息物理系统，从而联合多工业领域，形成开放协作的工业网络。

美国 NIST 提出的"智能制造生态系统"模型定义了一个全新的核心，以信息为中心的智能制造系统，其中的三个主体（产品、生产系统、业务）在各自维度上纵向集成，实现不同维度间的集成，从而使企业中的数据实现最大流动及在全企业的重复使用。通过数据驱动的方式，应对制造业面临的各种不断增长的差异化需求及生产挑战，达到优化能源和资源使用、提升产品质量的目的。

而对比工业 4.0 和工业互联网发现，二者各有侧重。工业互联网联盟提出的 IIRA 模型，主要是基于软件及互联网的核心技术，对未来工业互联网思考的结果，更强调跨领域集成，侧重于工业物联网中的跨领域性与互操作，掌控跨领域资源与数据；德国工业 4.0 工作组提出的 RAMI 4.0 模型，聚焦制造业，侧重于面向下一代制造价值链，深入制造业各环节，直接依托 IEC 的相关标准，从多维度凸显工业 4.0 的多面性。

从上面的对比分析可以看出，美国和德国均注重结合本国优势，但战略重点各有不同：德国基于强大的工业基础，自下而上（制造业为下，信息技术为上）积极推动工业 4.0 战略，希望通过新一代信息技术在制造业中的应用，保持其制造业优势地位；美国则基于领先的互联网创新能力，强调软件、网络和数据，注重互联互通和互操作，自上而下打造工业互联网，期望重新夺回制造业霸主地位。

2. 体系结构要素层面

详细对比各参考体系结构中对运行系统的抽象模型，得到表 2-2。通过对比不难发现以下结论。

表 2-2　各参考体系结构对智能制造系统运行阶段要素的抽象

体系结构的维度	体系结构的子维度	SME	RAMI 4.0	IIRA	IMSA
集成关系	制造系统集成	✓	✓	✓	✓
	企业间集成		✓	✓	✓
	业务驱动		✓	✓	
	工业部门			✓	
生命周期	生命周期产物		✓		
	通用生命周期			✓	
	产品	✓		✓	✓
	生产系统	✓			
	业务/服务	✓			
功能层次分解	业务		✓	✓	
	功能		✓	✓	
	信息		✓	✓	
	通信		✓	✓	
	集成		✓	✓	
	资产		✓	✓	
系统发展水平	智能特征等级				✓

各参考体系结构均描述了制造系统的纵向集成。SME 与我国智能制造体系架构直接使用或拓展 ISA 95（IEC 62264）制造金字塔描述制造系统集成；RAMI 4.0 将制造金字塔分解为功能层次维度与系统等级维度；IIRA 使用与功能层次相似的功能域概念。

RAMI 4.0 与我国智能制造体系架构通过拓展系统层级描述了企业间价值链的横向集成，这是智能制造的重要特征与要求之一；SME 中没有体现；IIRA 则强调企业级不同工业部门之间的集成。

RAMI 4.0 与 IIRA 强调业务驱动，认为业务目标决定系统组成与运行方式，底层各设备、组件之间通过有序运行实现业务目标；SME 不强调业务的驱动作用，仅将业务描述为运行活动的一部分；我国基于自身的实际情况，关注系统集成水平的逐步提高（我国智能制造体系架构中的智能特征维度），也不强调业务的驱动作用。

系统各生命周期阶段表现为"活动"与"产物"两种形式。RAMI 4.0 基于产物对生命周期进行分类，分为"类型"和"实体"，体现信息世界与物理世界融合的思想；SME 和我国智能制造体系架构基于活动对生命周期进行描述：SME描述产品、生产系统与业务生命周期，我国智能制造体系架构只强调产品生命周期。IIRA使用GERAM中生命周期的表述方式，是对工业互联网在不同工业部门实施过程的抽象。

RAMI 4.0与IIRA描述了制造系统中不同组件的功能等级划分，是对制造金字塔各层功能的抽象表述，SME、我国智能制造体系架构（IMSA）中没有针对功能的抽象表述。

进一步地，通过上述对比可以得出结论，各国在构建智能制造参考体系结构时遵循了共同的原则。

（1）按维度分解，所有的体系结构都通过多维度描述智能制造系统。

（2）焦点集中，所有的体系结构都专注于智能制造系统的某些维度，并非所有智能制造的要素、概念都包含其中，它们都专注于自己的核心概念。例如，RAMI 4.0强调系统组件的功能分配；中国强调智能特征成熟度的逐级提升。

（3）战略一致，这些体系结构体现了各国的制造转型升级战略。德国力求在系统集成方式与模式上有所创新，进而推动技术的发展，保持领先地位；我国则更关注当前阶段下如何实现技术与系统集成，既要补课，也要创新。

综合以上论述，虽然不同国家对智能制造任务的战略出发点、技术手段、集成方式存在差异，但其根源上存在较多相似之处。因此，这也成为未来世界各国智能制造体系与标准化互认、互操作的基础。

2.3　结论

本章沿着工业革命的几次先进制造业运行模式的变革路径，揭示了工业技术、信息技术、管理技术的变革系统推动了制造业的转型升级。智能制造是新的技术条件和生产环境下制造业发展的解决方案。各国基于不同的技术基础、产业基础和社会环境，形成了不同的解决方案。

目前我国处于工业转型升级的关键时期，应抓住数字化转型的机遇，形成与我国产业环境相适应的技术体系，落实走新型工业化道路的国家战略。

参考文献

［1］唐骞璘.工业与信息化融合体系结构、参考模型与标准化技术研究［D］.北京：清华大学，2018.

［2］LI Q，FANG Z，QU M.Cyber-Physical-Social System（CPSS）architecture framework and methodology［C］//Proceedings of the 3rd International Conference on Innovative Intelligent Industrial Production and Logistics.2022.

［3］吕铁，韩娜.智能制造：全球趋势与中国战略［J］.人民论坛，2015（11）：8-19.

［4］周济，李培根，周艳红，等.走向新一代智能制造［J］.Engineering，2018，4（1）：28-47.

［5］Executive Office of the President. A Framework for Revitalizing American Manufacturing［R/OL］.［2024-12-12］. https://obamawhitehouse. archives. gov/sites/default/files/microsites/20091216-maunfacturing-framework.pdf.

［6］Office A M N P.National network for manufacturing innovation：A preliminary design［R/OL］.［2024-12-12］. https://www. manufacturing. gov/sites/default/files/2018-01/nnmi prelim design exec summary.pdf.

［7］ Cyber Physical Systems Public Working Group. Framework for cyber-physical systems，release 1.0［R/OL］.［2024-12-12］. https://nvlpubs. nist. gov/nistpubs/SpecialPublications/NIST. SP. 1500-201. pdf.

［8］ Industrie 4.0 Working Group. Securing the future of German manufacturing industry. Recommendations for implementing the strategic initiative INDUSTRIE 4.0. Final report of the Industrie 4.0 Working Group［R/OL］.［2024-12-12］. https://www. ups. com/assets/resources/media/knowledge-center/Final report Industrie 4.0 accessible. pdf?msockid = 10a2e18cdb9e6759200af4bada8b66cb.

［9］ 中国电子学会.信息化和工业化深度融合专项行动计划(2013—2018 年)［J］.中国信息界，2014(1)：1.

［10］ 人民论坛.中国制造 2025：智能时代的国家战略［M］.北京：人民出版社，2015.

［11］ 中国电子技术标准化研究院，等. 信息物理系统白皮书［EB/OL］.(2017-03-02)［2024-12-12］. http://www. cesi. cn/images/editor/20171010/20171010133255806. pdf.

［12］ Industrial Value Chain Initiative. Industrial Value Chain Reference Architecture（IVRA）［R/OL］.［2024-12-12］. https://docs.iv-i. org/doc 161208 Industrial Value Chain Reference Architecture. pdf.

［13］ THORLEY J. The Future of Manufacturing：a new era of opportunity and challenge for the UK［J］. Operations Management，2015：1501-1755.

［14］ 工业 4.0 工作组，译者：康金城. 实施"工业 4.0"攻略的建议［R/OL］.［2024-12-12］. http://admin. bmcap. com/upload/file/% E6% 8A% 80% E6% 9C% AF% E6% 96% 87% E7% AB% A0/% E5% BE% B7% E5% 9B% BD% E5% B7% A5% E4% B8% 9A% E6% 88% 98% E7% 95% A5% E8% AE% A1% E5% 88% 92% E5% AE% 9E% E6% 96% BD% E5% BB% BA% E8% AE% AE% E4% B8% AD% E6% 96% 87% E7% 89% 88. pdf.

［15］ ADOLPHS P. RAMI 4.0：An Architectural Model for Industrie 4.0［R/OL］.［2024-12-12］. https://ec. europa. eu/futurium/en/system/files/ged/a2-schweichhart-reference ＿ architectural ＿ model ＿ industrie_4.0_rami_4.0. pdf.

［16］ BRUINENBERG J，COLTON L，DARMOIS E，et al. CEN-CENELEC-ETSI Smart grid coordination group：smart grid reference architecture report 1.0［R/OL］.［2024-12-12］. https://energy. ec. europa. eu/document/download/9ddd45d7-52eb-4541-85e4-ea58cfe9089b ＿ en?filename = xpert ＿ group1_reference_architecture. pdf.

［17］ 江鸿震.大数据环境下模型驱动的两化融合评价［D］.北京：清华大学，2017.

［18］ KARSTEN S. Reference Arc hitecture Model Industrie 4.0（RAMI 4.0）［EB/OL］.［2024-12-12］. https://ec. europa. eu/futurium/en/system/files/ged/a2-schweichhart-reference architectural model industrie 4.0 rami 4.0. pdf.

［19］ LU Y，MORRIS K C，FRECHETTE S. Current Standards Landscape for Smart Manufacturing Systems［R/OL］.［2024-12-12］. https://nvlpubs. nist. gov/nistpubs/ir/2016/NIST. IR. 8107. pdf.

［20］ 林雪萍.美国智能制造三部曲 制造范式解读［EB/OL］.(2016-08-03)［2024-12-12］. https://bbs. gongkong. com/d/201608/683603/683603 1. shtml.

［21］ Industrial Internet Consortium. The Industrial Internet of Things-Volume G1：Reference Architecture［R/OL］.(2019-06-19)［2024-12-12］. https://www. iiconsortium. org/pdf/IIRA-v1.9. pdf.

［22］ 李铁霞.“中国制造”在后经济危机时代的现状及发展方向［J］.时代金融，2011(12Z)：2.

［23］ 工信部网站.《信息化和工业化融合发展规划(2016—2020 年)》解读［J］.福建轻纺，2016(12)：3.

［24］ 国家标准化管理委员会. 国家智能制造标准体系建设指南［EB/OL］.(2021-11-17)［2024-12-12］. https://www. gov. cn/zhengce/zhengceku/2021-12/09/5659548/files/e0a926f4bc584e1d801f1f24e a0d624e. pdf.

［25］ 李清，唐骞璘，陈耀棠，等.智能制造体系架构、参考模型与标准化框架研究［J］.计算机集成制造系统，2018，24(3)：539-549.

第3章

中国航空工业集团智能制造架构解析

上一章介绍了典型国家的智能制造体系架构,那么对于一个企业尤其是超大型企业集团而言,如何推动和指导其下属大大小小各类企业开展智能制造,使其遵循一些共性的规律,探索出一些标准化的手段,这就涉及企业层级的智能制造架构。

中国航空工业集团有限公司(以下简称中国航空工业集团或集团公司)2014 年起组织专家团队开展航空工业智能制造顶层规划研究,建立航空工业智能制造架构,提炼重点任务,指导相关企业开展智能制造实践,取得了较好的效果。本章将从以下方面解析航空工业智能制造架构。

(1)中国航空工业集团开展智能制造顶层规划的背景和历程。主要分析航空制造企业的特点和产品特征,面临的形势和任务,以此为背景开展智能制造顶层规划,具体内容包括研究航空工业智能制造特征,研究集团层级的智能制造总架构和分架构,以及智能制造的重点任务。

(2)航空智能制造的特征。"动态感知、实时分析、自主决策、精准执行"。

(3)典型企业智能制造架构及分解。航空工业智能制造架构分为总架构和 5 个分架构,本章将具体解析总架构及各分架构之间的关系、关注重点等。

(4)智能制造架构在企业智能制造实践中的应用。作为一个集团层级的架构,如何指导具体的企业开展智能制造实践? 本章将从工厂、车间/生产线的层面,通过案例进行描述。

3.1　中国航空工业集团开展智能制造顶层规划的背景和历程

飞机作为一种复杂产品,涉及的学科多、工艺复杂、传递路径长,其研制生产过程具有研制周期长、涉及单位多、协调内容多且复杂等特点。在全球进入百年未有之大变局的大形势下,国家对新一代航空装备的研制生产提出了新的需求,飞机的研发生产面临新的形势、任务和需求,需要飞机制造企业采用智能制造的思维和方法,实现工业转型升级,提升解决异常复杂问题的能力。中国航空工业集团作为我国航空装备研制生产的主力军,将智能制造作为落实创新驱动发展、实现工业转型升级的关键举措。2014 年 11 月,集团公司组织专家团队开展航空工业智能制造总体发展思路研究,在国内率先提出"动态感知、实时分析、自主决策、精准执行"的航空智能制造特征,构建包含企业联盟、企业管理、生产管控和控制执行 4 个层面的航空工业智能制造架构,提出了"建立一个创新中心、突破三大关键技术、落实七项重点任务"的航空智能制造推进计划,选择智能制造试点单位,开展智能制造关键技术突破和应用实践。

3.1.1 航空制造业的特点及航空装备特征分析

航空制造业处于装备制造业的高端，具有技术密集度高、产业关联范围广、军民融合性强、辐射带动效应大、工业化和信息化融合程度深等显著特点，是国家工业基础的重要标志、科技水平的集中体现、国防实力的重要体现和综合国力的典型体现。

航空装备包括飞机、发动机和各类机载设备，具有如下特点：一是系统复杂程度高，数量多，结构复杂。飞机零部件数量多，达到 500 万量级水平；零部件之间关系多，协调性要求高；零部件结构复杂，整体化前提下精度要求高；系统高度综合、系统间关系多。二是品种多、批量少、变批量。航空装备型号多达几十种，单一型号飞机年产量不超过百架。但是随着形势的变化，需求可能发生激变。

从产品研制生产的角度看，航空装备的制造过程路线长。从零件、组件到部件、成品，工件制造工序多、误差累积环节多、基准协调量大；装配过程以人工为主，表面接插控制、零部件协调操作难度大；模型、数据多，数据有时间性与准确性要求。同时，航空装备研制的生产组织管理复杂。航空工业企业的设计、研制、生产单位分散在全国各地，且生产单位层级多、配套链长；成品供应商遍布世界各地，管理链条长且复杂，管理难度剧增。

3.1.2 航空装备研发生产面临的形势和需求

航空装备越来越复杂，越来越呈现易变性、不确定性、复杂性和模糊性的特征，航空装备种类多，型号和构型之间批量差异大，对工艺设计、生产、管理、质量管控的精准、精益、精细水平要求较高，对生产线的快速、柔性、高效要求高。具体体现如下。

（1）为保证大批量装配的质量、效率和零部件制造的一致性，需要较强的过程质量保障能力。

（2）为满足多品种混线生产，需要生产线具有较强的柔性能力，生产排产需要先进的智能排产，工艺设计与验证需要虚拟化手段，质量控制需要数字化在线检测与反馈。

（3）关键零部件制造过程中，人为因素对质量影响大的环节，需要智能化装备，需要保障装备的质量和可靠性。

（4）未来航空装备的产量将大幅提升，装备成本将成为焦点，为了满足军民融合、平战结合的需要，应在提高制造系统能力的前提下降低制造系统成本，为装备的生产提供用得起的制造系统，为降低装备成本做出贡献。

3.1.3 智能制造架构研究过程和成果

2013 年 4 月，德国在汉诺威工业博览会上正式发布《实施德国工业 4.0 战略的建议》，核心是通过一系列的设计和措施，持续维持德国的制造业领先地位，并降低能源消耗、应对城市生产和人口结构变化等挑战。为此，在顶层设计方面要形成创造价值的新方式和新商业模式，在落实方面要提高生产线的柔性，为初创企业和小企业提供发展良机，提供下游服务，减少生产过程中人的参与，使人专注于创新、增值活动，实现工作和生活之间更好的平衡，提高幸福感。

德国工业 4.0 战略要点包括建立一个网络（信息博物理系统）、研究两大主题（智能工厂和智能产品）、实现三项集成（通过价值链及网络实现企业间横向集成、贯穿产品生命周期的端到端数字化集成、企业内部灵活且可重新组合的纵向集成和网络化制造系统，见图 3-1）、实施八项计划（参考体系架构的标准化和开放标准、管理复杂系统、宽带基础设施、安全保障、数字工业时代的工作组织和设计、培训和持续专业发展、监管框架、资源利用效率）。

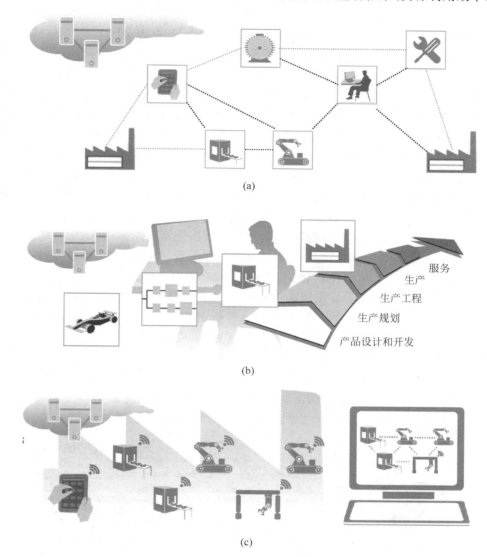

图 3-1　德国工业 4.0 描述的三项集成

（a）通过价值网络实现的横向集成；（b）跨越全价值链的端到端集成；（c）纵向集成和网络化制造系统

工业 4.0 具有更强的灵活性和健壮性，以及工程、计划、制造、运营和物流流程中的最高质量标准，将促使动态、实时优化、自组织的价值链的出现，这些价值链可以根据成本、可用性和资源消耗等各种标准进行优化。工业 4.0 描述的智能工厂可以满足用户的个性化需求，并在产品数量很少甚至单件产品制造时仍能盈利。

几乎同一时期，2011 年，美国政府出台《先进制造业伙伴计划》（*Advanced Manufacturing Plan*，AMP），先后推出《保障先进制造业的国内竞争优势》《确保美国制造业的领先地位》

《加速美国先进制造业》等系列报告,将以数字线为基础的智能制造关键技术研发与产业化应用作为重要方向,提出建设国家制造业创新网络,加快技术转化,并在 2012 年 8 月设立了第一个国家制造业创新中心——增材制造创新中心(该中心于 2013 年 12 月更名为美国制造,America Makes),2014 年成立了数字化制造与设计中心(Digital Manufacturing and Design Innovation Institution,DMDII;2018 年 2 月更名为 MxD——Manufacturing Times Digital),目的是突破智能制造的共性关键技术,实现技术的成熟化和应用推广。

2013 年,美国 GE 公司发布了工业互联网白皮书——《工业互联网:突破智慧和机器的界限》,将工业互联网定义为用于连接物、机器、计算机和人的开放的、全球化网络。它利用先进的数据分析实现智能工业运营,促进业务转型。工业互联网的精髓在于通过智能机器、高级分析和员工三种元素的融合,形成包含上述三种元素的数据环路,利用美国强大的传感器系统基础和大数据分析能力,实现提高效率、减少维护、降低成本的目标。

同样是在 2013 年,中国工程院会同工业和信息化部、国家质检总局,联合组织开展了"制造强国战略研究"重大咨询研究项目,针对我国从制造大国向制造强国发展中亟待解决的重大问题,深入研究机械、航空、航天、轨道、船舶、汽车、电力装备、信息电子、冶金、化工、纺织、家电、仪器 13 个领域的制造业发展,提出建设制造强国的指标体系,明确中国跨入制造业强国行列的"三步走"战略目标以及实现制造强国的发展思路、顶层设计、技术路线、产业化路径、政策建议,为国家研究制定《中国制造 2025》提供科学支撑。

中国航空工业集团成立了以冯培德院士为组长的专家组,全程参加工程院制造强国战略研究,针对航空行业的发展需求,提出了航空装备制造强国的主要标志、发展目标、发展路径和重点任务,形成《航空装备制造强国战略研究》报告,同时制定了《航空装备数字化、网络化、智能化制造技术路线图》,提出航空智能制造的总体目标、关键技术和重点项目实施路线图。在研究过程中,集团公司敏锐地认识到,新一代工业革命的核心汇聚点将是以数字化、网络化和智能化为标志的智能制造(图 3-2),其将对航空企业的研发生产及航空装备本身产生极大的带动作用,集团公司亟须开展智能制造顶层架构和相关关键技术的研究。

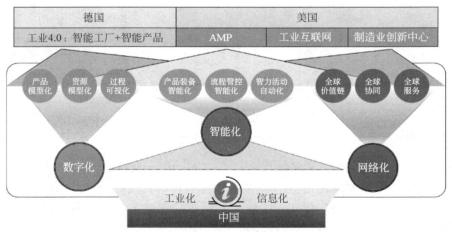

图 3-2　新一代工业革命的核心汇聚点

2014年11月,集团公司组建了航空工业智能制造论证组,启动顶层架构研究工作。

论证组对飞机主机企业、发动机主机企业、机载系统企业和其他企业进行了现状调研,结合德国工业4.0的特征(图3-3),对照航空工业的特点,从3.0的自动化、精益化、柔性化,到4.0的数字化、网络化、智能化等分析现状,得出航空企业制造能力状况,即总体处于2.0~3.0的转型期,重点企业处于进入3.0状态(图3-4)。

阶段	1.0	2.0		3.0			4.0		
关注	工位	+生产线		+企业			+价值链		
特征	机器化	电气化	专业化	自动化	精益化	柔性化	数字化	网络化	智能化
主要表现	蒸汽驱动的机器	电力驱动的机器	生产线上的工人更简单的重复劳动	数字控制的机器仪表	JIT 零库存 零浪费	柔性单元	产品工艺数字化	网络化设计	各层级的智能活动:识别、确认、判断、监控、决策
	取代工人部分力量型活动	能源远距离传输		离散事件可编程控制	六西格玛	柔性生产线	实物工厂数据实时化	网络化制造	
				计算机辅助	人因工程	大规模定制	虚拟与实物世界融合	网络化服务	
					精益化管理	企业经营管理数字化		全球化	
执行平台	机械设备	流水生产线		自动生产线、FMS、CIMS			CPS		

图3-3　德国工业4.0的特征

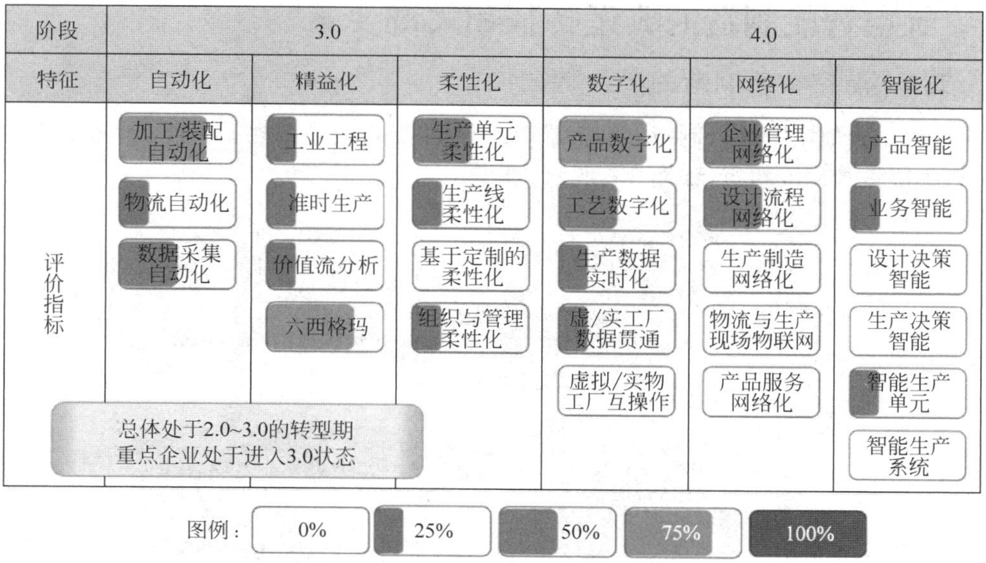

阶段	3.0			4.0		
特征	自动化	精益化	柔性化	数字化	网络化	智能化
评价指标	加工/装配自动化	工业工程	生产单元柔性化	产品数字化	企业管理网络化	产品智能
	物流自动化	准时生产	生产线柔性化	工艺数字化	设计流程网络化	业务智能
	数据采集自动化	价值流分析	基于定制的柔性化	生产数据实时化	生产制造网络化	设计决策智能
		六西格玛	组织与管理柔性化	虚/实工厂数据贯通	物流与生产现场物联网	生产决策智能
				虚拟/实物工厂互操作	产品服务网络化	智能生产单元
	总体处于2.0~3.0的转型期 重点企业处于进入3.0状态					智能生产系统

图例:　0%　25%　50%　75%　100%

图3-4　航空工业制造能力发展现状(2015年)

在分析现状的基础上,还要找到智能制造的发力点,这也是集团公司推进智能制造的动机,体现在以下方面。

(1)降低"人"的技能对产品质量的影响,提高产品的稳定性和一致性。通过将知识结构化形成规则,嵌入机器,部分或全面代替"人"进行决策,提高决策质量,由此对"人"的技能水平要求降低，"人"的工作变得更"高级"。

（2）提高效能，大幅提高生产效率、降低成本。希望通过智能制造缩短不增值生产准备时间 40%以上。通过发挥产品数字模型的潜力，实现基于模型的制造，使装配的测量、定位、紧固件安装等工作由机器代为完成。

（3）用机器代替人在恶劣环境中工作，提高人的幸福感。如避免铆接工人因锤击铆接噪声带来的听觉损伤、振动引起的肌肉和神经损伤。

（4）提高生产系统的"柔性"，适应小批量、定制需求。这样一套生产系统可以适应多种型号的生产制造，从而不必每个型号都增加固定资产投入。

（5）实现产品全生命周期的信息集成。通过对设计、制造和使用信息进行集成，提高用户服务质量；通过分析后端数据，改进设计和制造。

（6）通过智能制造缩短与领先者的差距，提高核心竞争力。将智能制造的优势转化为航空产品性能和功能的提升，进而提升企业和集团公司的核心竞争力。

经过近半年的研究，论证组于 2015 年 6 月在航空工业第二届"科技月"智能制造论坛上首次发布了航空智能制造架构，并提炼出"动态感知、实时分析、自主决策、精准执行"的航空智能制造特征。在反复征求意见和开展部分验证后，2016 年 3 月 16—17 日，集团公司在中航西安飞机工业集团股份有限公司召开中国航空工业集团智能制造推进会，正式发布航空智能制造架构和推进计划，成立中国航空工业集团智能制造创新中心和智能制造专家组。

3.2 航空智能制造的典型特征和关键要素

3.2.1 航空智能制造的典型特征

论证组结合航空产品研制特点和需求，提出航空智能制造的典型特征：动态感知、实时分析、自主决策和精准执行，如图 3-5 所示。

图 3-5 航空智能制造的典型特征

1. 动态感知

动态感知是指全面感知、监测供应链、企业、车间/生产线、设备以及产品的实时运行状态。具体而言，动态感知是指实时感知物理空间和信息空间的对象所处的行为状态和数据。感知的对象包括通过传感网、工业物联网、广域网、工业软件等获取的物理运行数据、状态数据、周边环境参数及组织的绩效类数据，为实时分析提供数据。

2. 实时分析

实时分析是指对获取的实时状态数据进行及时、快速的聚合与分析。具体而言，实时分析是对感知获取的各类数据进行进一步处理，是对获取的数据赋予意义的过程。基于业务场景和实际需求，构建基础理论、部件、工艺、故障、仿真等机理模型或基本数据分析、机器学习、智能控制结构等数据分析模型，使数据不断"透明"，满足业务场景需求。根据系统的复杂程度，可以采取边缘计算、云端分析等方式进行数据分析，如通过边缘侧对数据进行过滤处理、信息融合、智能控制等预处理，提高数据传输和处理效率。

3. 自主决策

自主决策是指按照设定的规则，根据分析结果，自主做出判断决策。具体而言，自主决策是指在限定条件下，为达成目标所做的最优决定。通过决策系统帮助机器或系统做出合适的选择，决策系统的决策机制（规则）来源于系统运行过程中积累的规律、经验和知识。决策规则可以是固定的，也将随着知识的积累和模型的进化，面向复杂、未知的问题，由机器自主生成或更新（机器认知模型），实现机器认知模型能力的提升。

4. 精准执行

精准执行是指执行决策，控制产品、设备、生产线、企业和供应链的运行，实现自适应调整。具体而言，精准执行是将决策赋予执行系统，控制或调整执行系统操作的过程。执行系统可以是高可信、低时延的工业级执行环境、工业CPS的执行指令闭环流程及智能设备的末端执行系统，也可以是生产线、车间、企业、供应链上的人或系统。

动态感知、实时分析、自主决策、精准执行是一个循环和再循环的过程，也是一个系统递进提升的过程。通过持续感知各层级运行的状态数据，形成工业大数据；随着数据的不断完善及人工智能等先进技术的应用，数据分析的模型也会不断迭代优化，提炼的数据也会转化为各类可供决策的信息，通过系统归纳和演绎沉淀为知识，并不断推进决策规则的进化，伴随互联互通的执行设备/系统性能不断提升，使智能化进入更高的层次。

3.2.2　航空智能制造的关键要素

在提炼出航空智能制造典型特征的基础上，论证组对航空工业智能制造的核心要素进行归纳，包括数字化、网络化和智能化，其中数字化是手段，网络化是基础，智能化是方向。如图3-6所示。

1. 数字化是手段

利用数字技术，可建立产品、研制生产系统的数字模型，加速大数据技术的研究应用。将数据作为新的生产要素，通过软件定义加速产品、业务过程和资源的数字化，实现数据驱动的决策。包括数字孪生和数字主线构建、工业大数据技术应用、先进数字技术和设备研发应用等关键技术。

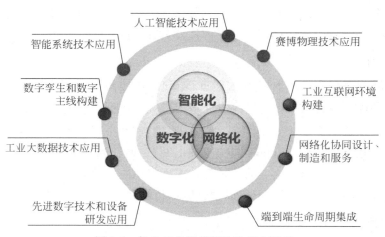

图 3-6 航空工业智能制造的核心要素

2. 网络化是基础

通过构建工业互联网环境,可建立人、机、物互联互通的环境,实现端到端生命周期集成和网络化协同设计与制造,支撑全价值链的数字主线链接及数据流动,建立新型协同模式,实现跨地域、跨厂所、多层次协同。包括端到端生命周期集成、网络化协同设计/制造/服务、工业互联网环境构建等关键技术。

3. 智能化是方向

构建信息物理系统,通过虚拟环境中的仿真和优化,指导物理环境中设计、制造、试验、服务的全过程,实现设计制造服务的一体化、生产过程的自主化、工业系统演进的自优化,提升研制生产一次成功率。包括信息物理技术应用、人工智能技术应用、智能系统技术应用等关键技术。

3.3 航空工业智能制造架构及分解

航空工业智能制造架构由总架构和企业联盟层架构、企业管理层架构、生产管理层架构和控制执行层架构 4 个分架构构成。

3.3.1 总架构

智能制造总体架构主要包括企业联盟层、企业管理层、生产管理层和控制执行层 4 个业务层。其主体要素、主要功能、核心业务及各业务层之间的相互关系如图 3-7 所示。企业联盟层涉及内、外部资源协作网络的动态组织;企业管理层涉及产品研发、企业资源规划和企业业务管理;生产管理层涉及计划排产、生产调度和生产过程保障;控制执行层涉及生产现场及设备的过程感知、过程监测和过程控制。

智能制造总体架构包括产品生命周期维度和生产生命周期维度的集成(图 3-8)。

从产品规划、需求工程、产品设计到快速原型制造阶段,通过数字环境中的多层次建模与仿真分析,逐步形成价值链规划、工厂和生产线配置方案,其支持环境是协同制造工程、虚拟

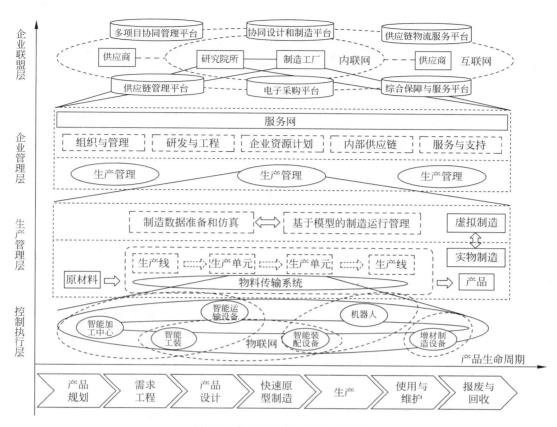

图 3-7 航空工业智能制造总架构

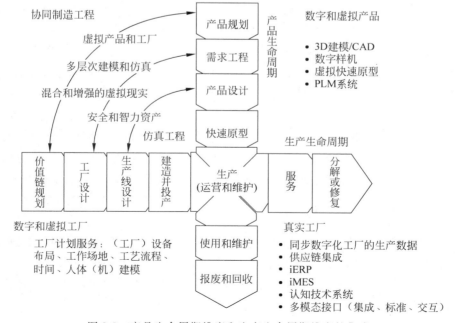

图 3-8 产品生命周期维度和生产生命周期维度的集成

产品和虚拟工厂的集成；产品生产、工厂运营和维护是制造活动的主体过程，实现物理环境下的真实工厂集成运行；产品使用和维护、报废和回收（或称退出）过程，对应生产生命周期中服务、分解或修复阶段的工作内容。

3.3.2　企业联盟层架构

企业联盟层是为企业联盟中各企业提供设计制造协同、供应链协同、客户服务协同的业务层次，其架构如图 3-9 所示。企业联盟层基于价值网络集成和配置产业最优能力单元，通过内联网连接航空工业的主机厂、设计所、专业所和配套厂；通过互联网连接外部的利益共享供应商、商业产品供应商、零部件转包商、设备供应商、第三方物流服务商和产业金融服务商。

企业联盟层开展面向产品研发、生产、服务的企业间全价值链协同，包括跨地域、跨厂所的产品设计制造协同，上下游之间的垂直供应链协同，以及面向综合保障和运行支持的服务网络协同。基于集团级工业互联网的广域互联，实现对客户采购需求、生产订单状态、物流运输状态、产品运行状态与服务需求等状态信息的动态感知；综合运用大数据分析和处理技术、人工智能技术，在供应链风险、产业资源配置合理性、供应商评价、产品远程诊断等方面实现实时分析；基于价值集成网络的资源优化配置模型，实现能力单元动态配置、订单分配、供应商选择、产品主动保障等方面的机器辅助决策，支撑基于云架构的企业联盟辅助决策和运营；基于集团级云平台与企业云平台的集成，支持动态企业联盟高级供应链与服务保障计划的敏捷执行。

3.3.3　企业管理层架构

企业管理层是在企业内部提供面向产品生命周期、生产生命周期和价值链集成服务，以及企业组织和管理公共服务的业务层次，其架构如图 3-10 所示。企业管理层以建设基于模型的智能企业为目标，以敏捷响应客户需求为中心，集成管理企业内部的主要工程和管理活动，涉及产品研发工程、工厂规划运行、企业资源协同、企业综合管理等多方面。

企业管理层集成产品生命周期、生产生命周期与价值链，集成管理企业内部的主要工程和管理活动，涉及产品研发工程、工厂规划运行、企业资源协同、企业综合管理等多方面，用于构建基于模型的企业，实现需求的自动跟踪、设计的快速迭代、生产的稳定控制和维护的实时管理。企业管理层以敏捷响应客户需求为目标，通过微服务应用支撑平台构建企业敏捷业务架构，实现机器辅助的业务流程自动化，支持企业服务自适应与动态演进。

3.3.4　生产管理层架构

生产管理层是在企业内部产品制造过程中，围绕产品制造活动完成制造数据处理、生产系统运行管理，实现信息流、物流在生产系统中集成和融合的业务层次，其架构如图 3-11 所示。主要功能是处理生产制造过程中的多维度信息，利用工艺管理知识构建计算机辅助决策能力，从而实现人机高度协同、制造过程高度柔性的生产过程管理。

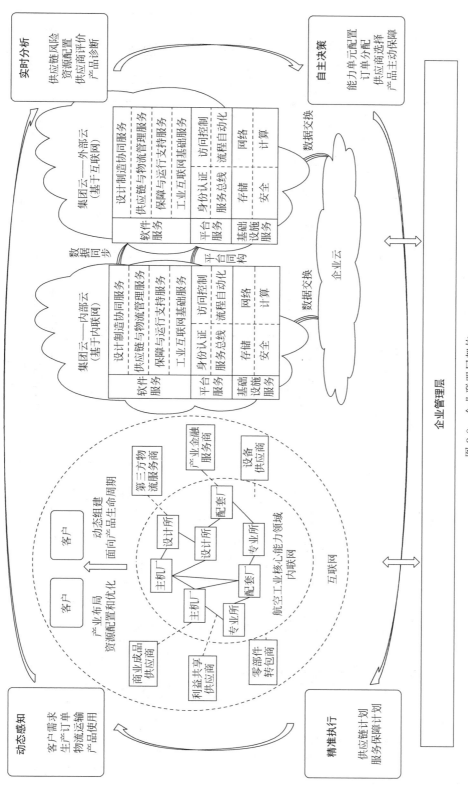

图 3-9　企业联盟层架构

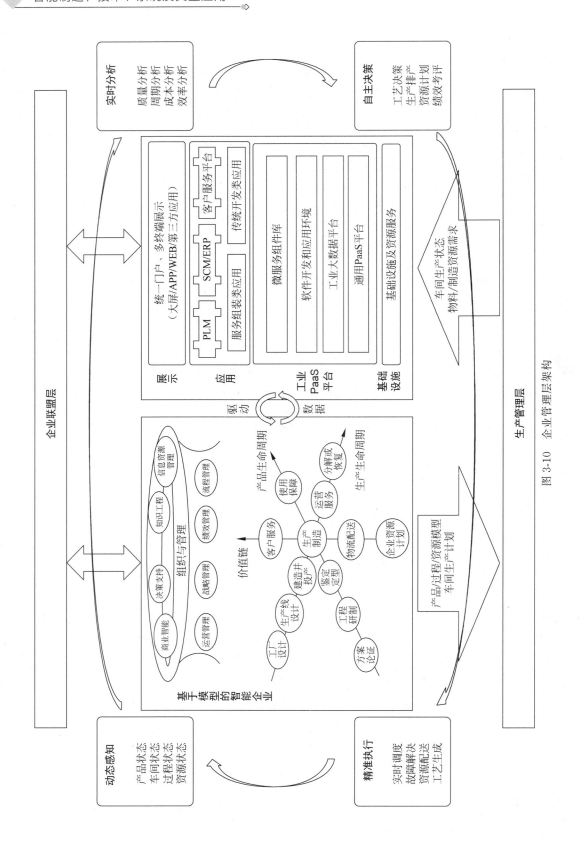

图 3-10　企业管理层架构

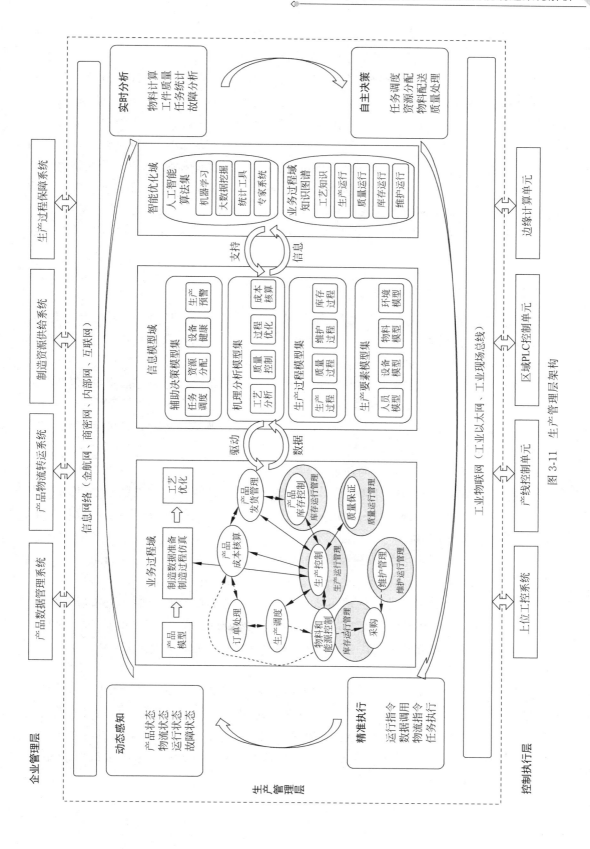

图3-11 生产管理层架构

生产管理层通常面向企业内部的生产车间或制造分厂级别的组织单位。一方面基于产品模型，通过工艺设计、制造仿真工具集实现面向具体生产资源的工艺优化设计，形成驱动生产线、生产单元、工艺装备的数据集（如作业指令/工艺规程、数控程序、检验规程/程序、工艺模型及可视化模型等）。同时，与产品设计过程协同，积累工艺知识，向设计过程反馈优化设计数据。另一方面基于企业管理层主生产计划、产品制造工艺，通过智能化制造运行管控平台（实时分析、自主决策）建立生产系统（包括生产线、生产单元、物流系统等）的作业计划和资源规划，形成生产系统运行的调度模型、资源模型和驱动数据，分配实物制造过程中的执行指令。在生产过程中，围绕信息流、物流的协调运行，以智能设备为基础构成的生产系统在数字量的驱动下完成产品的制造活动。通过现场传感网络、物联网络、集成自动化实现制造过程的智能监测和控制，实现制造过程"动态感知—实时分析—自主决策—精准执行"的全闭环管控。

3.3.5　控制执行层架构

控制执行层是面向设备层面以智能控制为核心的人机交互、机机交互、控制信号传递、驱动设备运行的过程，在产品实物上体现出物料流动、设备运转、数据使用/产生/存储/传递的业务层次，其架构如图 3-12 所示。

控制执行层包括生产作业活动中人机交互、设备控制和运行过程中数字量（包括产品模型、工艺模型、资源模型、调度模型、控制模型、驱动数据等）的传递和使用，数字量通过工业现场总线驱动智能设备、物流系统的运行，同时通过现场传感器监测设备的运行状态，实时与各种模型进行对比，决策产生优化的驱动指令并执行。

控制执行层接收生产管理层的作业计划、资源调度指令/作业指令、数控程序/驱动数据等，控制的对象是智能设备。控制执行层主要实现产品线内有序、高效的生产，保证产品按生产计划完成，同时最大限度提高设备的利用率。其主要功能模块包括生产过程控制、现场可视化、数据统计分析和生产线健康管理。

控制执行层通过工业互联网与智能设备连接，向制造设备/设备下达执行指令，获取设备的运行状态与参数，实现生产现场各种状态采集反馈和运行控制。

设备是实现智能制造活动的物理主体。智能设备由物理层、控制层和决策层构成，其架构如图 3-13 所示，物理层指设备的执行单元、传动单元、感知单元、测量单元等物理结构；控制层指具备自适应控制和一定自主决策能力的控制系统；决策层指基于工件状态在线感知测量的加工编程和优化修正系统。

三层结构的智能设备架构构成了两个智能闭环控制环路：由控制层和物理层构成的控制系统闭环实现设备运动过程的自主和自适应控制，由决策层、控制层和物理层共同构成的加工决策闭环系统实现工件加工状态的在线测量、加工优化等。智能设备具有基于统一交换协议的系统接口，能实现异构系统之间的信息互联和交互操作。系统接口包括人-机接口、机-机接口和物-机接口。

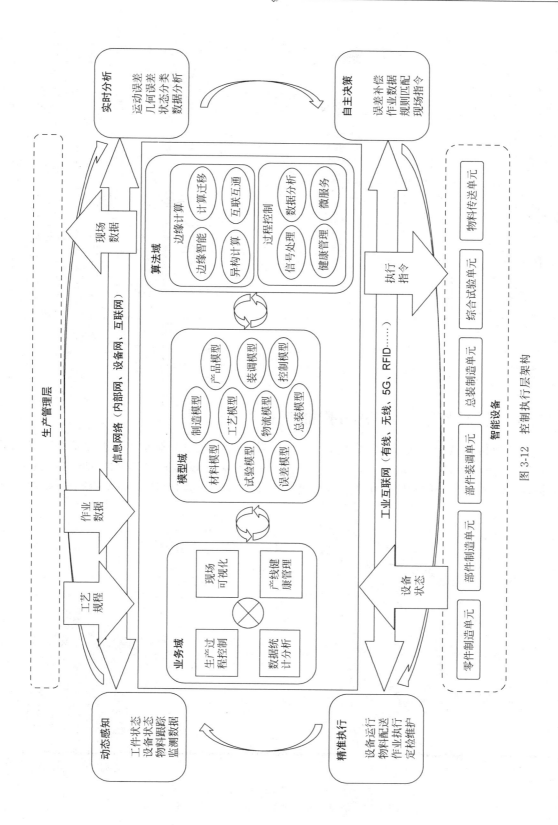

图 3-12 控制执行层架构

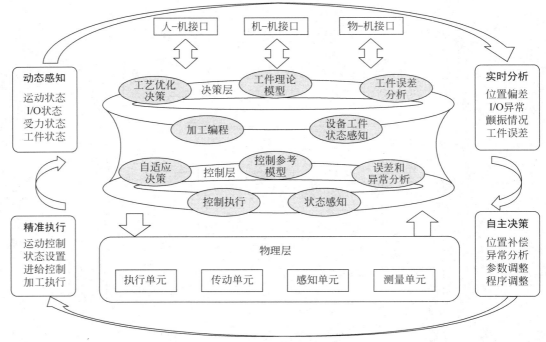

图 3-13　智能设备架构

3.4　中国航空工业集团智能制造实施要点

在架构的基础上，论证组还研究制订并下发了中国航空工业集团智能制造推进计划，提出了"需求导向、顶层规划、示范带动、整体推进"的发展思路，2020 年和 2025 年的发展目标，以及"建立一个创新中心、突破三大关键技术、落实七项重点任务"的具体内容（图 3-14）。

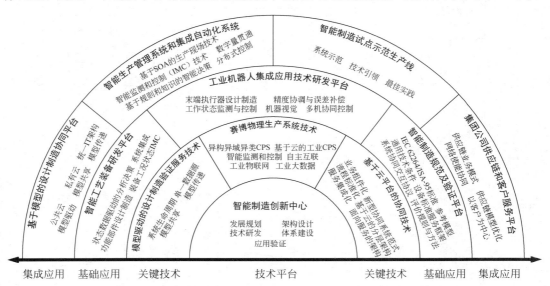

建立一个创新中心、突破三大关键技术、落实七项重点任务

图 3-14　航空工业智能制造推进计划的主要内容

3.4.1　建立一个创新中心

组建中国航空工业集团智能制造创新中心,作为集团公司智能制造工作推进的技术和管理依托机构,在集团公司统一领导下,统筹开展智能制造发展规划、架构设计、技术体系建设、关键共性技术研究和验证、试点示范项目的筛选和推荐、解决方案开发、技术交流、国际合作和培训、服务实施,以及最佳实践模式的总结、提炼与推广。

3.4.2　突破三大关键技术

1. 模型驱动的设计/制造/验证/服务技术（MBx）

模型驱动的设计/制造/验证/服务技术(图3-15)应用于系统生命周期各阶段的业务流程和活动,关注系统生命周期内各种模型的生成、共享和连续传递,业务流程的结构化、显性化和标准化及基于模型的系统工程在系统生命周期中的扩展应用,是建立先进工程环境、实现基于模型的企业(MBE)的核心技术。

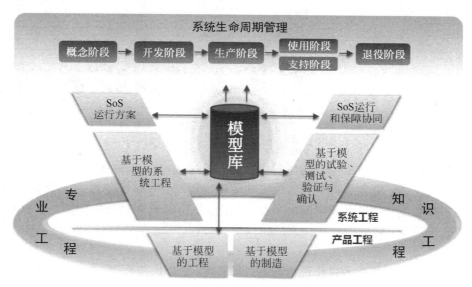

图 3-15　模型驱动的设计/制造/验证/服务技术

模型驱动的设计/制造/验证/服务技术用于支撑需求工程和架构设计、面向装配/制造/运行的产品设计和仿真分析、基于特征自动生成的工艺设计和工装设计、基于可视化作业指导书的制造执行和检验检测、供应链最优能力配置和集成、基于单一数据源的企业管理和生产管理及数字量在"数字线"上的连续传递等。

模型驱动的设计/制造/验证/服务技术具体包括基于模型的系统工程、基于模型的工程、基于模型的制造、基于模型的服务、基于模型的供应链管理、单一数据源管理、模型转换和传递等技术。

2. 信息物理生产系统技术

信息物理生产系统技术(图3-16)应用于数字空间和物理空间的互联互通,生产过程的模型化表达、数字化处理和实时优化等方面,关注通过面向服务的架构(service-oriented architecture，SOA）将异构、异域、异类的 CPS 连接为基于云的工业 CPS，通过对数据、信息、知识的逐级提炼和深入理解逐步形成制造智能并不断优化，是建立自组织、自学习、自适应和自优化的生产系统的核心技术。

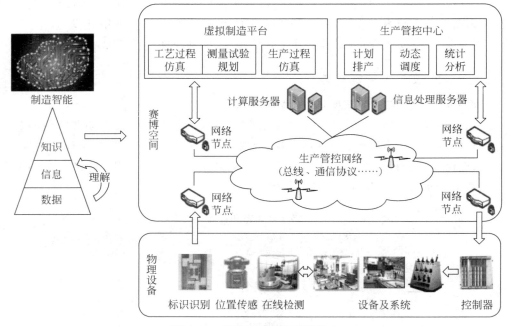

图 3-16　信息物理生产系统技术

信息物理生产系统技术用于支撑制造过程的设计、仿真和验证优化；生产资源计划、动态调度和过程控制；物理空间中数字量驱动的精准运行；对多源信息的全面和实时采集，以及多源信息在生产系统各要素间的动态通信；数据资源聚合和分析决策；基于工况的自适应生产过程控制，人-机/机-机交互的协同生产运行；人在生产环境中安全感和幸福感的提升。

信息物理生产系统技术具体包括制造过程管理、制造执行系统、集成自动控制、工业物联网、工业大数据、智能工艺装备及工业机器人等技术。

3. 基于云平台的协同技术

基于云平台的协同技术（图 3-17）应用于协同研制、协同制造、协同服务和协同供应等业务领域，关注 SOA、基于云的分布式异构系统实现过程自动化，基于云的分层架构实现业务组件化、流程标准化和服务集成化，以及基于云的业务动态组合提高协同敏捷性。它是建立资源优化配置和最优能力集成模式、支撑新型协同系统范式的核心技术。

基于云平台的协同技术用于支撑基于统一企业业务模式的软件应用；基于统一技术框架的软件开发；基于硬件虚拟化的资源部署和共享；业务组件的系统性规划和建设，协同工作模式的标准化；面向生命周期的业务流程自动化和持续优化；面向供应链的端到端的业务协同。

基于云平台的协同技术具体包括基础设施即服务、平台即服务、软件即服务、架构开发、流程建模、企业应用集成等技术。

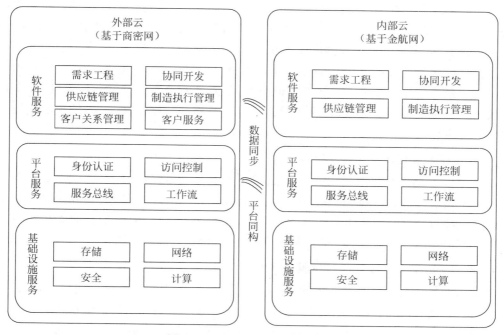

图 3-17　基于云平台的协同技术

3.4.3　落实七项行动计划

1. 建立基于模型的设计制造协同平台

基于模型的设计制造协同平台是为支撑复杂产品跨专业、跨组织、跨地域的生命周期协同设计制造模式而规划建立的,以集团公司公共云服务和各单位私有云服务相互协同为主要方式,具有 IT 架构统一、基础资源共享和信息系统集成等重要特征。

该平台主要任务是构建集团公司顶层公共应用云环境的基础框架,加强以基础数据资源库、知识库、产品库为代表的公共资源建设,强化各最优能力中心的先进工程环境建设,以统一的 IT 架构进行多层次的应用和集成,共同形成以统一设计制造协同业务模式为特征的全局协同的环境。

重点突破基于模型的设计/制造/验证/服务技术和基于云平台的协同技术,在统一应用架构、数据架构、技术框架和业务流程的基础上,形成以模型驱动为主要特征的创新环境,提升创新探索设计和高效敏捷开发能力,有效支撑产品开发、制造的广域实时协同和精益研发,发展网络化众包众创等新业态。

2. 建立智能生产管理系统和集成自动化系统

智能生产管理系统和集成自动化系统面向生产管理层与控制执行层,应用人工智能方法和基于 SOA 的生产现场技术、智能监测和控制(IMC)技术,通过选择和组合自动化云中的服务快速构建工业应用,及时协调现场制造资源、精准控制生产执行过程,实现生产的柔性化、动态化和集成化管理;通过公共的通信基础设施实现从控制执行层到企业管理层的纵向集成。

该系统的主要任务是结合产品对象和专业特点，以基于运行状态的动态监测和控制为核心建立智能生产管理系统，以数字量贯通、分布式控制为核心建立集成自动化系统，形成针对性解决方案，并根据技术成熟度逐步推广示范。

重点突破多信息采集与分析、基于模型的分析与处理、智能监测和控制、基于规则和知识的智能决策等智能生产涉及的共性关键技术，建立实时分布式网络化制造环境，实现制造单元的集成化管理、生产线的柔性化配置及生产过程的智能化控制，提供满足智能生产需求的自主可控的核心系统。

3. 建设智能制造试点示范生产线

围绕建设一批相互集成、具有国际先进水平的智能企业的总体目标，在军民用航空产品与非航空民品领域，选择基础条件好的企业和具有代表性的产品，规划并建立智能制造生产线，形成最佳实践，为集团整体推进提供技术引领和应用示范，同时满足军民用航空产品与非航空民用品的快速研制与敏捷制造需求，大幅缩短产品研制周期、降低生产成本。

4. 建立航空工业供应链和客户服务平台

航空工业供应链和客户服务平台以客户为中心，服务于产品生命周期的各阶段，支持多级网络的云接入，按照统一的供应链业务模式规范管理互联网上的供应链协同和内联网上的研制协同，实现整个企业联盟范围内的智能监测与控制，形成以系统集成商为核心的新型价值创造网络。

该平台的主要任务是建立统一的供应链业务模式，形成标准化的业务组件和业务流程；通过采集和分析制造大数据，不断优化供应链模型，促进价值创造网络的持续优化配置；通过与物联网实时互联，实现对供应商及供应过程的动态掌控，支持高级供应链计划的精准执行，实现可重构、可扩展、可互操作的网络协同。

重点突破基于云平台的协同技术、工业物联网技术、工业大数据技术等，支持快速形成以系统集成商为核心的供应链网络，全面支撑产品生命周期中的协同开发、协同制造和协同服务，重点满足资源优化配置、物流集中管控等核心需求。

5. 建立智能工艺装备研发平台

智能工艺装备是指具有感知、分析、决策和控制功能的加工及装配设备或装置，涉及的关键技术包括几何量和物理量的测量、状态数据驱动的分析决策、装备工况状态监测与控制、数控系统开发、人机协同、机械结构模块化设计及机电一体化综合集成等。

围绕航空产品零部件加工、装配和检测等关键环节，建立工艺装备自动化、智能化的关键技术研发平台。重点突破功能部件设计制造和系统集成技术，与先进加工工艺结合，为企业提供整体解决方案；提升研发多轴数控机床、复合材料自动铺层、增材制造、特种焊接和成形、自动制孔、大部件自动对接等航空专用工艺装备的能力，提高航空专用工艺装备的自主保障水平，带动传感器、数控系统和基础零部件的国产化。

6. 建立工业机器人集成应用技术研发平台

围绕提升工业机器人在航空产品制造中的应用水平，开展共性技术研究，针对航空产品制造中特有的制孔、铆接、焊接、去毛刺、涂装、喷涂打磨及搬运等工序，突破末端执行器设计制造、轨迹规划和系统集成技术，建立工业机器人技术验证平台，提升技术成熟度，形成工业机器人成套系统的技术研发能力,为集团整体推进工业机器人的应用提供技术支撑,同时带动国产工业机器人技术的发展。

面向工序操作的工业机器人系统的关键技术包括末端执行器设计制造、精度协调与误差补偿、工作状态监测与控制、机器视觉、多机协同控制等。

7. 建立智能制造规范及验证平台

智能制造规范是以 IEC 62264/ISA-95 标准(企业与控制系统集成)的架构为基础,指导智能制造规划、建设和运行的基础方法和约束条件,验证平台是智能制造规范基本内容的展示和测试环境。

该平台的主要任务是研究航空产品设计、制造、服务过程中关键环节的智能制造要素、智能技术方法、工业安全要求等内容,形成覆盖控制执行、生产管理、企业运营、协同研制等层面的智能系统参考模型、通用技术条件、设备标准服务框架、系统协同交互协议、智能系统评价规则与方法,开发具有自主互联的"智能组件"参考模型,建立航空典型工艺的状态感知网络模拟测试平台、协同交互测试验证系统、智能控制测试平台和典型航空智能制造演示验证系统。

重点突破智能制造体系架构设计、智能要素分解与表达、智能制造参考模型构建、交互协议定义等关键技术,形成系统化的智能制造规范体系。

3.5　智能制造架构在企业智能制造实践中的应用

2015 年,西安飞机工业(集团)有限责任公司(西飞)"新一代涡桨支线飞机协同开发与云制造平台"、昌河飞机工业(集团)有限责任公司(昌飞)"直升机旋翼系统智能制造生产线"、中航力源液压股份有限公司(力源液压)"液压泵核心零件智能制造车间"入选工业和信息化部 2015 年首批 46 家智能制造试点示范项目;西安飞行自动控制研究所(自控所)"微小惯性器件智能制造试点示范"入选工业和信息化部 2016 年智能制造试点示范项目。2015—2017 年航空工业共有成都飞机工业(集团)有限责任公司(成飞)"飞机大型复杂结构件数字化车间"、沈阳飞机工业(集团)有限公司(沈飞)"飞机座舱盖、风挡智能装备生产线建设"、陕西飞机工业(集团)有限公司(陕飞)"飞机脉动式总装智能车间"、自控所"航空飞行控制伺服动作器智能制造"、新乡航空工业(集团)有限公司(新航)"航空关键零部件数字化车间"、江西洪都航空工业集团有限责任公司(洪都)"航空复材零部件智能制造新模式应用"、中航宝胜电气股份有限公司(宝胜)"环保节能电气设备智能制造"获批工信部智能制造专项项目。各单位在航空智能制造架构的指导下,结合企业实际情况,开展智能制造系统建设工作,形成了多个可复制的最佳实践。从 2017 年开始,航空智能制造创新中心组织相关单位开展智能制造最佳实践与模式提炼工作,从最通用的机加工车间/生产线入手,通过总结提炼飞机典型结构件数控车间和直升机旋翼系统智能车间的最佳实践经验,制定了航空智能机加工车间/生产线实施指南和航空智能机加工车间/生产线成熟度评价标准。2018 年 4 月举办了航空工业首次智能制造最佳实践交流会,集团公司 27 家单位的 65 名代表参会。2018—2020 年,航空智能制造创新中心分别组织编制了飞机总装、航空电子系统/机电系统装配、复合材料构件成形智能车间/生产线实施指南,指导相关企业开展智能制造实践工作。

下面基于航空企业开展智能制造实践活动的案例，介绍智能制造架构在企业的应用。

3.5.1　智能工厂建设实践中智能制造架构的应用

昌飞公司积极投入智能制造实践。按照国家关于智能制造的定义，依据航空集团智能制造架构，从企业自身发展出发，面向企业联盟层、企业管理层、生产管理层和控制执行层4 个层级建立具有动态感知、实时分析、自主决策、精准执行特征的智能制造系统，其实施架构如图 3-18 所示，打通产品研制生产的设计、制造、试验和管理智能处理流程，形成航空制造企业智能制造新模式。

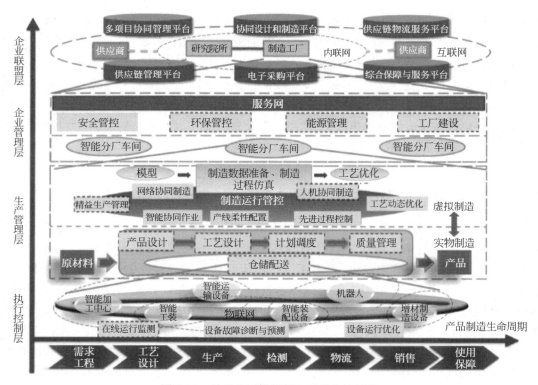

图 3-18　昌飞公司智能制造系统实施架构

在企业联盟层，昌飞公司建立面向大型复杂产品直升机智能制造的产业链运行机制。构建协同共享的网络环境，通过数据采集与分析实现产品全生命周期质量的精准追溯，与上下游供应商建立高效的信息交流和资源共享模式，提高供应商交付率和产品合格率，确保跨地域跨厂所的产品制造协同、上下游之间的垂直供应链协同，以及面向综合保障和运行支持的服务网络协同，实现具有"动态感知、实时分析、自主决策、精准执行"特征的企业间全价值链的协同和资源整合。

在企业管理层，昌飞公司建立目标管控、经营管控、全局管控、过程管控四位一体的运营管控体系，搭建涵盖了八大业务域的企业运营管控中心，开发产品状态、车间状态、过程状态、资源状态等要素的可视化分析功能模块，实现具有"动态感知、实时分析、自主决策、精准执行"特征的企业资源计划和企业业务动态管理。

在生产管理层,昌飞公司自主开发产品生产条码系统和型号 GO 脉动式生产管理系统,建立以拉式生产、节拍生产、准时化配套为核心的精益生产管理模式,提升产品加工效率和型号准时化配套。通过数字孪生技术建立车间级数字孪生体,实现虚拟信息与物理空间的虚实相映与深度融合。在知识和数据驱动下,及时预测、发现生产过程中存在的问题,迭代运行与双向优化,从而使车间管理的资源配置达到最优,实现具有"动态感知、实时分析、自主决策、精准执行"特征的生产过程管理。

在控制执行层,昌飞公司部署数字基础设施、智能传感和控制装备,自主开发智能制造系统,实现信息流与实物流的互联互通。通过建模仿真、数字孪生、产线柔性配置等技术建立产线、装备等层级的数字孪生体,构建覆盖产品设计、计划调度、产品加工、质量检测等重要场景的全物理仿真环境。并通过工厂数字化建模仿真、机器视觉、智能传感等新一代信息技术与现场设备的融合,实现自适应加工、物料与工件自动识别、机器人装卸与自动对接装配、制造过程主动调度、运行管理与现场控制等功能,提高生产效率,实现具有"动态感知、实时分析、自主决策、精准执行"特征的生产现场过程控制。

1. 昌飞公司智能制造发展历程

从 20 世纪 90 年代开始,昌飞公司依次经历了单元应用及信息共享、信息集成、过程集成、数字化工厂 4 个发展阶段,基本形成了数字化信息平台、数字化设计体系、数字化生产制造、精益生产管理模式等,正朝着智能化工厂迈进。昌飞公司立足智能制造工厂总体实施架构,制定了"点-线-面-体"的智能制造推进实施路线(图 3-19),先选取瓶颈车间和关键产品构建智能车间进行试点,后逐步推广打造智能工厂,最终实现企业联盟。

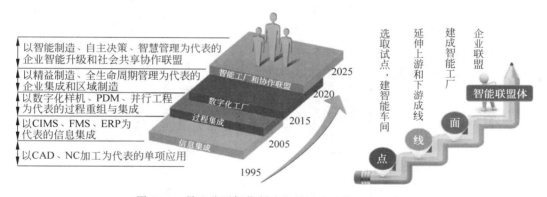

图 3-19　昌飞公司智能制造发展历程及推进实施路线

2. 信息化集成环境搭建

1）基于集成构架的企业运行信息工作平台

昌飞公司坚持自主创新,构建了贯穿并行设计、生产计划、制造执行、经营销售、综合保障等中心业务的企业运行信息工作平台,并持续优化迭代,实现全业务域实物流、信息流和价值流的统一(图 3-20)。

此外,昌飞公司还建设了工业数据中心,对智能工厂中的数据进行统一存储,形成了单一数据源,不仅为智能工厂构建了可信、集成、高效的数据空间,加快了企业内部数据的传输和沟通,而且为公司实施大数据治理提供了数据支撑。

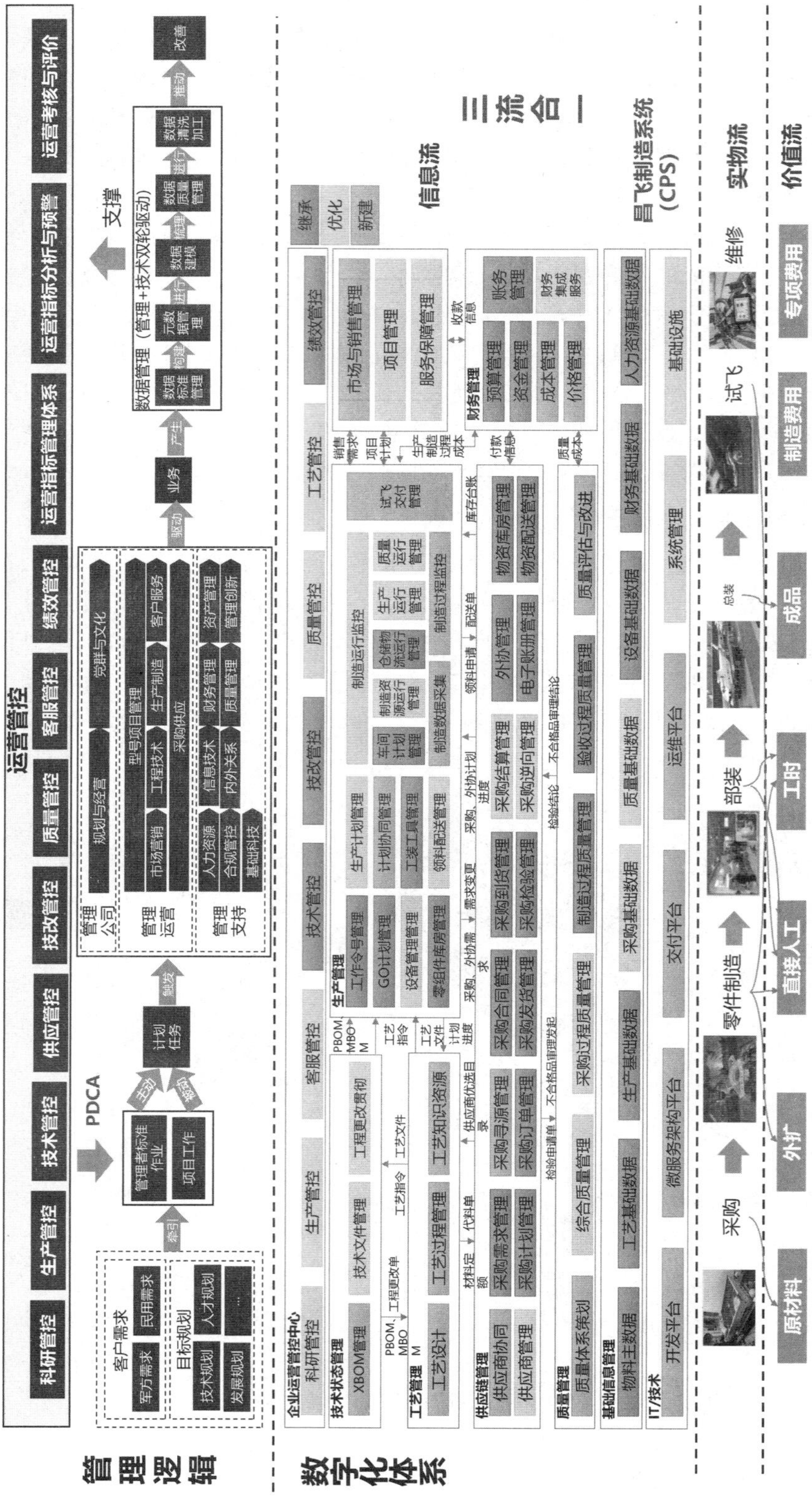

图 3-20　基于集成构架的企业运行信息工作平台

PDCA：计划－执行－检查－行动。

2) 数字化一体化集成系统

昌飞公司自主开发了产品数据管理系统(CHPM)和计算机辅助工艺系统(CHCAPP),形成了包含产品数据、产品分析、制造仿真、工艺设计等内容的数字化工艺设计体系。在此基础上,进一步开展集团云ERP、基于知识赋能的计算机辅助工艺系统(CAPP),以及基于物质供应、生产、工艺、质量、服务保障等的大数据治理及挖掘应用,实现深度的集成化、智能化应用(图3-21)。

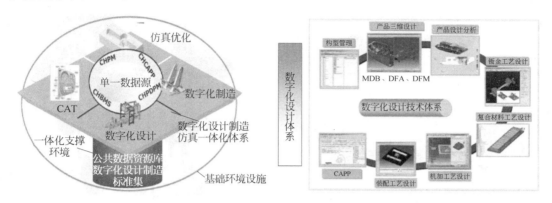

图 3-21 数字化一体化集成系统

3. 智能工厂建设

1) 数字化生产制造

机加、复材、装配等专业形成了完整健全的数字化制造能力(图3-22)。2016年昌飞公司构建了直升机核心部件旋翼系统智能制造车间,工业和信息化部授牌首批智能制造试点示范单位,之后继续开展了企业物流中心等多个智能制造实践项目,2021年以来,昌飞公司先后获得国家级"智能制造标杆企业""智能制造优秀场景""智能制造示范工厂""卓越级智能工厂"等荣誉称号。

图 3-22 机加、复材、装配等专业数字化制造能力

2) 精益生产信息化管理

昌飞公司自主开发了产品生产条码系统和型号GO脉动式生产管理系统(图3-23),建立了以拉式生产、节拍生产、准时化配套为核心的精益生产管理模式,提升了产品加工效率

和型号准时化配套。

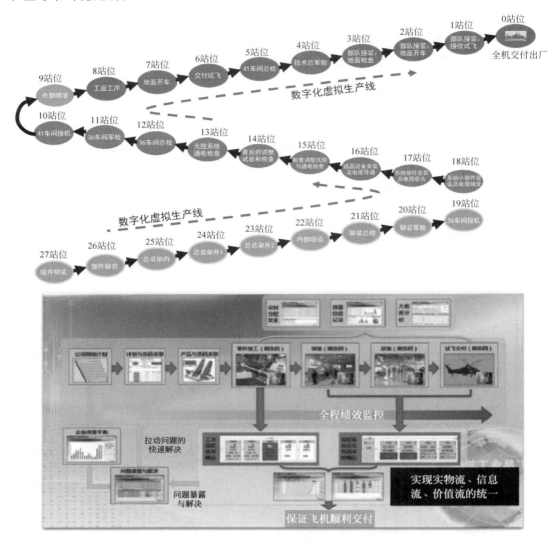

图 3-23　产品生产条码系统和型号 GO 脉动式生产管理系统

3）全过程质量信息化管控

昌飞公司建立了从产品设计、生产准备、零部件加工、铆装、总装、试飞交付、服务保障、重大问题处理等全过程质量信息化管理系统（图 3-24），实现了整机质量信息的有效建档和快速精准追溯。

4）企业运营数字化管控

昌飞公司建立了目标管控、经营管控、全局管控、过程管控四位一体的运营管控体系，搭建了企业运营管控中心，中心涵盖公司八大业务域的管控数据，实现了企业运营的可视化动态管理（图 3-25）。

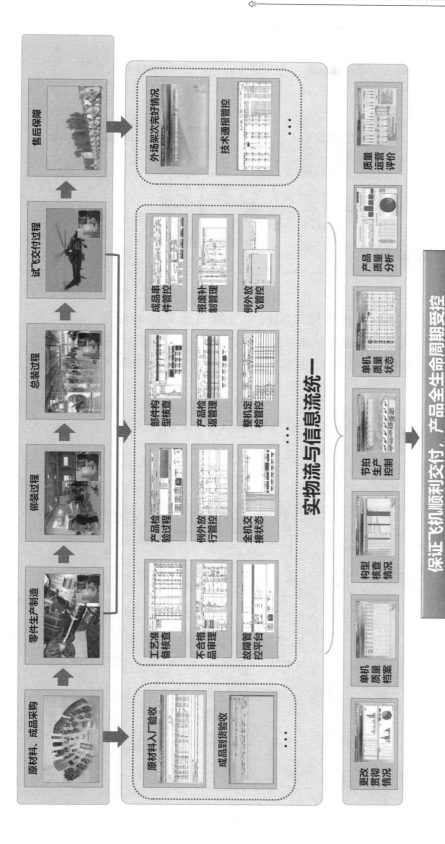

图 3-24 全过程质量信息化管理系统

图 3-25　企业运营的可视化动态管理

3.5.2　智能车间/生产线建设实践中智能制造架构的应用

1. 昌飞公司旋翼系统动部件智能车间建设案例

旋翼系统作为直升机核心部件，直接关系直升机飞行的安全性和可靠性，代表直升机制造整体水平，一直备受业界关注。同时，系统中关键零件结构复杂、制造精度高，是历年来制造中的瓶颈。2015 年，昌飞公司作为工业和信息化部首批智能制造试点示范单位，选取旋翼系统作为智能制造的切入点，建成了旋翼系统动部件智能车间。

1）旋翼系统制造智能车间总体布局

旋翼系统智能车间包括 7 条专业化生产线、5 条装配生产线、3 个数字化库房和 1 套智能物流与制造执行智能管控系统（图 3-26）。其中，7 条专业化生产线中有 4 条为单件流生

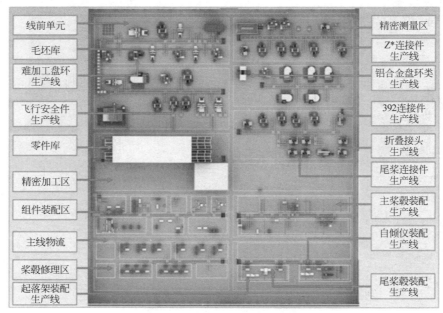

图 3-26　旋翼系统制造智能车间总体布局

产线,1 条为单向流生产线,2 个柔性制造单元;5 条装配生产线为脉动式生产线,按节拍站位推进;3 个数字化库房分别为毛坯库、刀具库和零件库;智能物流与制造执行智能管控系统贯穿车间的全生产过程。

旋翼系统制造智能车间基本具备了自适应加工、物料与工件自动识别、机器人装卸与自动对接装配、制造过程主动调度、运行管理与现场控制集成等典型智能功能,形成了以"动态感知、实时分析、自主决策、精准执行"为特征,以数据驱动、交互识别、自主决策为核心的智能制造系统(图 3-27),通过增强关键工艺装备自适应加工能力、扩展生产运行的智能管控能力和优化生产资源配置,提高了产品质量与生产效率,降低了生产成本。

2)旋翼系统制造智能车间建设内容

(1)生产线设备选型和布局。旋翼系统制造智能车间分为机加与装配两个独立车间,其中机加车间生产线涉及的产品含动部件、飞行安全件等,共计 65 项零件,分簇、分类后,规划了 7 条生产线(制造单元),根据工艺特点,分为单件流、单向流、制造单元 3 种形式。7 条生产线分别为难加工盘环类单向流生产线、铝合金盘环类柔性生产线、飞行安全件柔性生产线、主桨连接件单件流生产线(两条)、尾桨连接件单件流生产线和折叠接头单件流生产线。

根据零件的加工及装夹特点,各类生产线选择适用的加工设备,设备结构及功能尽量简洁,其中,粗加工设备全部选择国产三轴/四轴设备;考虑到零件精度及结构复杂程度,精加工设备可根据各线不同需求,选择相应的五轴进口设备;因加工零件均为难加工材料(TB6 钛合金、高强度合金钢等),设备需高刚性、大功率、大扭矩,并具有主轴中心内冷等功能;为满足零件尺寸及形位公差加工要求,设备需要自带在机测量探头。

确定生产线设备后,工艺人员根据设备结构优化数控加工程序确定加工参数,并在 CAM 软件中对加工全过程进行仿真,核查刀具、夹具、机床的干涉情况,并通过仿真结果进一步优化加工程序。仿真是生产线加工前必不可少的一个环节,是生产线加工安全的保障。

(2)生产组织管理。智能生产管控系统(图 3-28)用于实现智能车间的生产组织管理。该系统是智能车间的核心组成部分,依托物联网数据采集系统和智能制造系统,构建对生产执行全过程进行实时动态分析管控的平台,实现制造过程的智能调度、制造指令的智能生成与按需配送,以及制造过程的建模与仿真。

在制造过程的智能调度方面,面向车间生产任务,综合分析车间内设备、工装、毛料等制造资源,按照工艺类型及生产计划等将生产任务实时分派到不同的生产线或制造单元,使制造过程中设备的利用率达到最高;在制造指令智能生成与按需分配方面,面向车间内的生产线及生产设备,根据生产任务自动生成并优化相应的制造指令,并根据制造需求将其自动推送至加工设备、物流系统、立体库等。智能生产管控系统搭建了一个涵盖智能计划排产、生产准备管控、刀具配送、零件配送、生产执行管控、现场动态调度、入库、出库、统计报表的完整的生产管控系统,对车间生产各环节进行感知、分析、决策和精确执行,实现车间资源的优化配置,确保生产的顺利进行。

应用多媒体技术、自动网络控制技术等科技手段,将生产现场的动态数据在生产管控中心集中演示。生产管控中心全面反馈物流流转动态、生产作业动态、产品质量动态、设备状态信息、现场问题、经营运行指标等,同时具备远程调用与指挥功能。

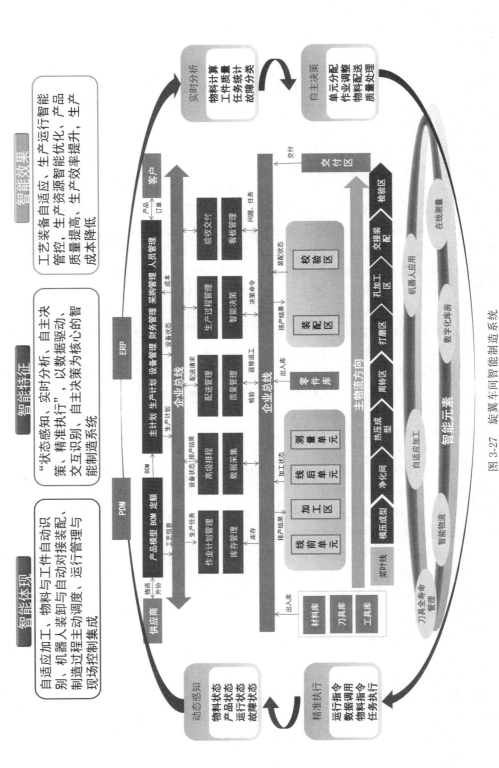

图 3-27　旋翼车间智能制造系统

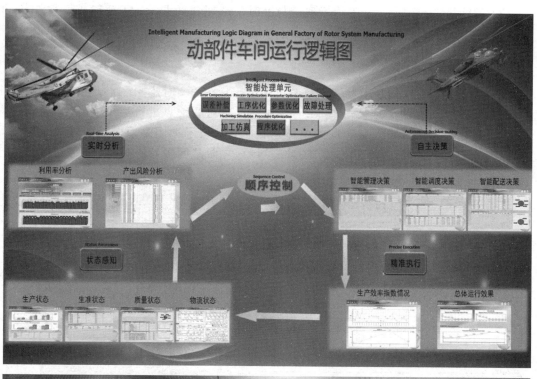

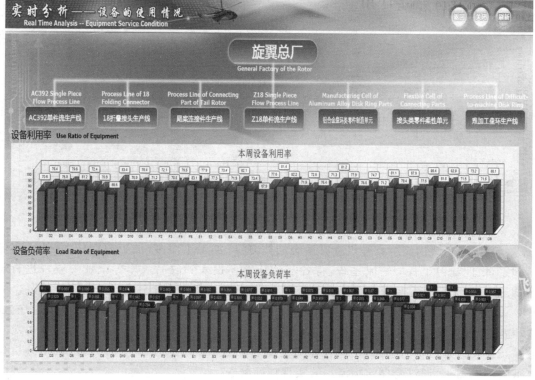

图 3-28 智能生产管控系统

（3）智能排产和调度。基于约束理论与准时生产理念自主开发了智能排产软件，实现了系统智能生成排产计划，当生产工序转移时，自动刷新后续工序的理论开工时间和完工时间。同时自动生成对应的材料、毛坯、刀具需求计划，拉动材料准备；将推式与拉式相结合。

通过设备物联实现对所有物流设备和机床运行状态的实时监控；通过生产管理数字化实现对现场执行情况的实时感知，并在电子地图上对这些信息进行集中展示，生产管理人员从电子地图上即可清晰了解车间的整体运行状态。电子地图是面向设备、产品、物流等生产全过程设计开发的，具有状态感知、动态展示、异常透明等特点，可实现实物流与信息流的高度融合（图3-29）。

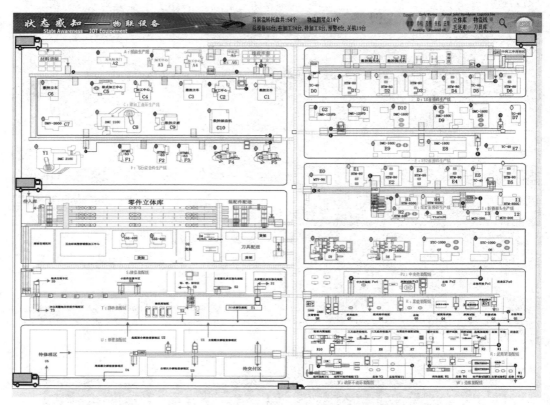

图3-29　通过电子地图实现设备、零件状态的动态感知

（4）智能仓储物流。直升机旋翼系统结构复杂、加工工序多、加工周期长，零件之间流转频繁，因此建设了智能物流系统，将各零件从毛坯投入到成品入库等全加工流程进行智能物理连接，采用高度集成的信息化管控平台，智能管控整个制造过程。

该系统包括由刀具库、毛坯立体库、零件立体库构成的数字化仓储，智能化的物流线（主物流和线内物流），中央控制系统，以及仓储与物流系统（图3-30）。利用射频技术对仓储系统各元件进行实时感知，中央控制系统对各站位反馈信息进行实时分析，自主分析各执行终端的需求，通过仓储与物流系统实现精确配送。

智能物流系统将物流流转和CPS系统的条码工序流无缝集成，通过对物流线、零件库、

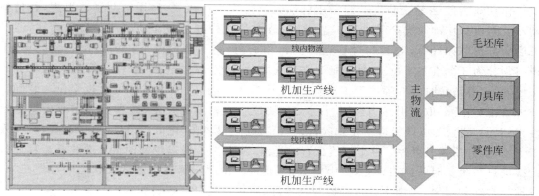

图 3-30　旋翼系统制造智能车间智能物流系统

毛坯库、刀具库系统接口进行集成和开发,打通物联设备的互联互通,形成物理系统与信息系统的融合。通过主线物流和支线物流构建物流系统,优化主线物流和支线物流总体设计、托盘回收、线内物流快速流转等,突破主线物流与支线物流对接技术,实现多生产线、多产品同时在生产线运行;根据作业计划精确配送各执行终端,实现通过刷条码知路径并指挥现场物流流转。通过对物流线的所有设备进行逻辑监控、控制和管理,使物流线的所有设备按照工艺和作业流程协调运行,实现自动化物流线全部设备的联机在线自动控制和实时监控,实现生产工序的智能流转和智能配送。在管控系统的决策下,根据新的作业计划和运行轨迹,物料(刀具、毛坯、零件)完成自动出入库,经主物流系统配送至分支口,由升降机将托盘转移到各生产线支线,再由滚筒式支线将物料配送至各执行终端。加工和检测程序通过 DNC 系统配送至加工终端。

在旋翼车间的建设中,还解决了锻件毛坯智能余量均匀分配及基准制备、在机检测及补偿加工、自适应控制加工等关键工艺制造技术,确保了零件上线和加工过程的精度。

3)旋翼系统智能车间的建设成效

通过智能车间建设,桨毂关键零部件的制造周期缩短了 40% 以上,数控设备利用率提高了 50%,生产效率提升了 43%,产品不良品率降低了 80%,全车间年质量成本节约超8000 万元,车间单位产值综合能耗降低 22% 以上。

2. 庆安公司作动筒智能装配试验生产线建设案例

1)建设背景及总体布局

航空工业庆安集团有限公司(以下简称庆安公司)是我国专业从事飞机/发动机作动系

统、货运系统和制冷系统科研生产的大型企业，主要产品包括飞机高升力系统、辅助飞控系统、主飞控作动系统、舱门作动系统、发动机作动系统、悬挂发射系统、货运系统及机载压缩机等9个领域，产品具有典型的多品种、小批量、变状态的特点，多以人工手动装配为主，采取单人单干的形式生产，导致资源配置不平衡、生产作业标准化程度低、产品质量对操作者的技能水平要求高、质量一致性差等问题，急需引入智能制造新模式。为此庆安公司建设了作动筒智能装配试验生产线，通过优化生产组织方法，引入先进生产手段，采用数字化、自动化手段，实现人机协同的快速脉动生产，提升装配效率和质量，突破目前的产能瓶颈。

作动筒智能装配试验生产线采用脉动式单件流生产模式，运用精益制造思想，经过前期对公司所有作动筒类产品进行工艺分析，选取某型号的相似作动筒产品进入产线，通过工序划分及节拍计算，对装配过程进行优化和平衡，实现按设定节拍的站位式装配作业。产线划分为3个准备工位、5个装配工位和6个自动化试验工位，涵盖作动筒类产品90%的工序内容，除清洗、配钻、喷漆等工序外，全工序线上运行，产品下线后可直接交付。装配工位配备视觉检测、取料引导、自动拉压机、自动拧紧等自动化设备，减少手工作业质量一致性差问题；试验工位设置自动化试验台，一键启动，全程自动化试验，自动上传数据，减少人工干预，提升质量及效率；整个产线配置输送线，减少工人搬运物料时间；产线全流程通过产线信息系统实时管控，自动采集上传数据，通过高精度传感器实现产线状态的动态感知，发现异常立刻报警，实现生产过程透明化管理、质量数据全流程追溯。

产线总体布局根据生产环境与建设需求设计，满足38型产品的装配及试验流转需求，设备根据物料流转顺序进行规划，整体工艺流程顺序与设备顺序相同，线上流转方式主要为输送线，下线工序的工站边设置用于流转的物料配送车(图3-31)。

2)主要建设内容

(1)自动化装备辅助装配。作动筒产线装配工位(图3-32)配置了取料引导、视觉检测、自动拧紧、自动压装等装备，辅助装配工人进行产品装配工作。

取料引导：开始装配后，产线系统根据订单亮灯提示取料料道，防止错装漏装，若拿取错误位置物料，则灯变红提示；若正确取料则灯灭(图3-33)。

视觉检测：产线配有视觉检测系统，通过摄像头拍照，由计算机判断密封件装配位置，以及是否错装、少装或多装。

自动拧紧：利用自动拧紧设备，配合模块化设计工装夹具，可以对拧紧作业进行理想的调节，实现从 0.3～500N·m 可控的高精度拧紧作业。

自动压装：利用自动拉压装置将活塞杆装入外筒，配合快换工装保证活塞与筒体同心，改变人工敲击的装配方式，提升质量；并可通过压机实时监控力值曲线，保证下压过程无异常，当力值曲线变化异常时，设备自动停机，保护产品不受损。

(2)全自动试验台提升效率。产线配有游隙、磨合、强度、静压、高温及冲洗全自动试验台(图3-34)，除装夹产品需人工参与外均为全自动测试，配有80多个高精度传感器，实时监控并采集设备数据，保证试验设备正常运行，产品试验数据全程记录，为后续质量追溯提供数据支持。

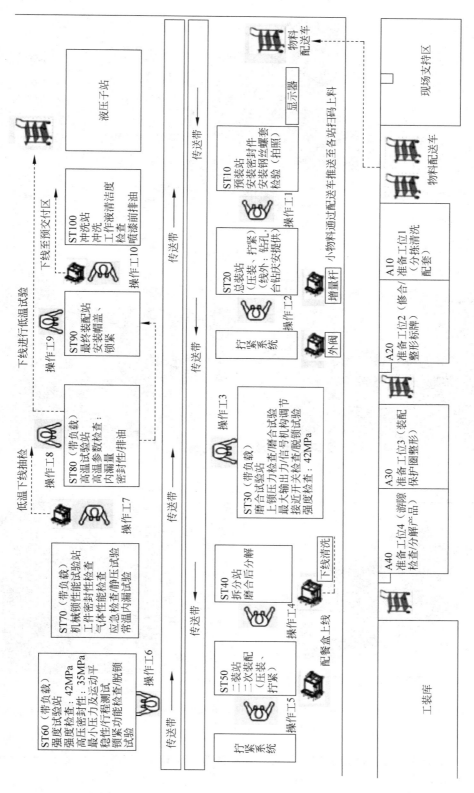

图3-31　作动简智能装配试验生产线规划布局

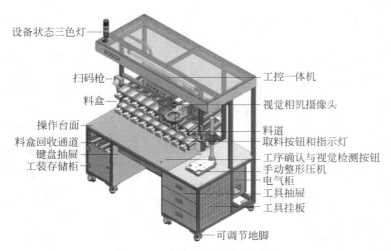

图 3-32 作动筒产线装配工位

图 3-33 装配工位上的取料引导

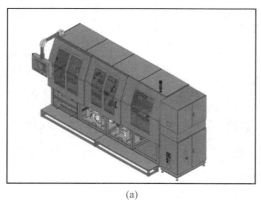

(a)   (b)

图 3-34 全自动试验台

(a) 试验台模型；(b) 试验台实物

（3）产线系统实现生产过程透明化管理。产线管控系统架构（图 3-35）设计贯彻集团智能制造架构思路，分为设备层、控制执行层及生产管理层，通过数据实时采集与控制，工艺数据管理、计划管理、产品装配试验数据采集与记录、设备数据、质量数据等,实现作动筒生产全过程透明化追溯和数字化管理。

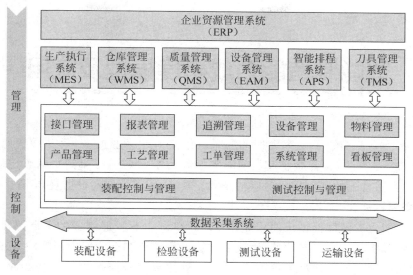

图 3-35 产线管控系统架构

3)取得的成果

产线实现了以 30min 为平均生产节拍的均衡化生产,产量从原有人工装配时的年产 4000 套提升为年产 8000 套,装配环节自动化率提升了 40%,测试环节自动化率提升了 90%。

第4章

智能制造能力成熟度模型及应用

　　智能制造为企业描绘了一个美好的愿景。但是对于企业而言,要开展智能制造实践,面临着几大难题:首先,不清楚企业当前的水平怎么样;其次,不知道如何设定智能制造建设的目标,并利用有限的资源做出适宜的规划;最后,不了解如何根据规划有序实施相关的建设项目,实现目标。

　　智能制造能力成熟度模型可使用成熟度理论刻画企业智能制造的发展路径,解决企业智能制造现状分析和能力提升问题,解决企业在开展智能制造实践中面临的上述问题。

　　智能制造能力成熟度模型不仅可用于企业,还可针对政府机构及系统解决方案提供商的需求,为各级主管部门提供智能制造实践活动相关的分析依据,为系统解决方案提供商和咨询商提供解决途径。

4.1　模型提出的背景及研究过程和成果

4.1.1　模型提出的背景

　　纵观 200 多年的工业制造史,形成了 4 种主要制造方式:手工生产方式、大批量生产方式、大规模定制方式和个性化定制方式(图 4-1)。

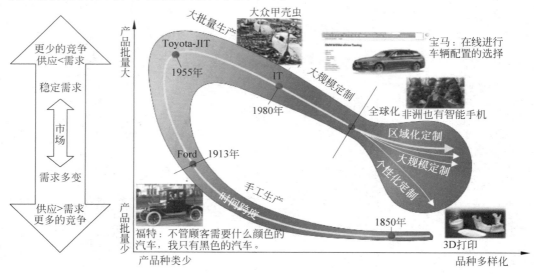

图 4-1　工业产品制造方式的形成过程

(图片参考——约拉姆·科伦《全球化制造革命》,机械工业出版社)

当前,工业生产总体处于大批量生产、大规模定制和个性化定制3种方式共存的状态,由于3种制造方式具有不同的特点(图4-2),尤其是个性化定制的出现使产品的不确定性越来越大,要想产品能做、能做好,并且低成本、高质量地快速做好,就要解决产品的不确定性问题。

智能制造是基于新一代信息通信技术与先进制造技术深度融合,贯穿设计、生产、管理、服务等制造活动的各环节,具有自感知、自学习、自决策、自执行、自适应等功能的新型生产方式。

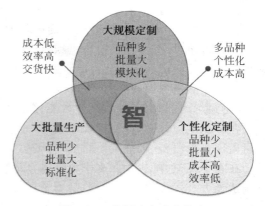

图4-2　3种制造方式的特点

智能制造的目标是解决产品的复杂性和不确定性带来的问题。对于离散行业而言,使单件定制的成本也能与大规模定制一样或大致相当。

当前,制造企业面临的挑战体现在以下4个方面。

(1)保证所需的质量,减少生命周期内的维修维护。这里的质量包括研发、材料、制造、使用过程的质量。强化提高质量,以质取胜。

(2)提高生产的效率。通过制造过程效率的提升,减少人员投入和设备投入,降低成本。强化提高效率,以快取胜。

(3)缩短上市的时间。提高产品研发能力,不断开发新产品,缩短研发周期,尽快抢占市场、吸引客户,引领市场变化,提高产品竞争力。强化引领市场,以新求胜。

(4)增强生产的柔性。产线能同时适应大规模定制、多品种小批量和个性化定制的需求,通过数字化定义,确保各种情况下都能高效优质,以适应市场的变化。强化适应变化,以变求胜。

当前企业实施智能制造过程中在提升制造能力方面存在的问题可以归纳为以下6个方面(图4-3)。

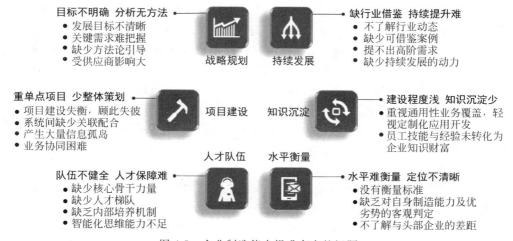

图4-3　企业制造能力提升存在的问题

在战略规划方面,存在目标不明确、分析无方法等问题,造成发展目标不清晰、关键需求难把握、缺少方法论引导、受供应商影响大等情形。

在项目建设方面,存在重单点项目、少整体策划等问题,造成项目建设失衡,顾此失彼;系统间缺少关联配合;产生大量信息孤岛;业务协同困难等状况发生。

在人才队伍方面,存在队伍不健全、人才保障难的问题,缺少核心骨干力量和人才梯队,同时缺乏内部培养机制,企业智能化思维能力不足。

在知识沉淀方面,存在建设程度浅、企业知识沉淀少的问题。由于大部分建设内容重视通用性业务覆盖,轻视定制化应用开发,员工技能与经验未转化为企业知识财富。

在水平衡量方面,存在水平难衡量、定位不清晰等问题。由于缺少衡量标准,缺乏对自身制造能力及优劣势的客观判定,不了解与头部企业的差距。

在持续发展方面,存在缺少行业借鉴,持续提升难的问题。由于不了解行业动态,缺少可借鉴案例,提不出高阶需求,缺少持续发展的动力。

要解决这些问题,需要一套科学的评估方法,指导企业的现状评估和建设。

智能制造能力成熟度模型和评估方法可用于解决企业推进智能化升级过程中面临的"我在哪儿、干什么、怎么干"的问题。具体如下。

我在哪儿? ——评价问题。认清企业现状及基础条件,精准定位企业当前的数字化智能化水平。

干什么? ——痛点问题。从企业发展的关键痛点切入,明确推进智能制造的发展方向和项目实施重点。

怎么干? ——打法问题。通过项目实施推进智能制造建设,最终提升企业各层级的智造能力。

4.1.2　模型研究过程和成果

智能制造能力成熟度模型研究过程的主要节点如下。

(1) 2015 年,中国电子技术标准化研究院(以下简称电子四院)牵头承担工业和信息化部智能制造专项项目《智能制造评价指标体系及成熟度模型标准化与试验验证系统》。

(2) 2016 年,发布《智能制造能力成熟度模型白皮书》(1.0 版)。

(3)《智能制造能力成熟度模型》(20173534-T-339)、《智能制造能力成熟度评估方法》(20173536-T-339)国家标准立项,中国智能制造评估公共服务平台同时上线。

(4) 2018 年,《智能制造能力成熟度模型》《智能制造能力成熟度评估方法》修订完善并试点应用,公开征求意见,形成送审稿。

(5) 2019 年 3 月,《智能制造能力成熟度模型》《智能制造能力成熟度评估方法》形成报批稿。

(6) 2020 年 10 月,以上两项标准正式发布,于 2021 年 5 月 1 日正式实施。

标准发布前(截至 2020 年 9 月底),电子四院已组织对 40 家企业开展了第三方试点评估,其中四级 9 家、三级 15 家、二级 16 家。同时培训了一批评估师,为两项标准的推广应用奠定了良好基础。

标准发布后,很快在企业得到推广应用。很多地方的工信部门发布鼓励和奖励政策,带动各地开展智能制造能力成熟度评估。截至 2024 年 12 月,全国已经有 1100 余家企业通过智能制造能力成熟度评估,对企业推进数字化、智能化改进发挥了重要作用,同时,标准的应用呈现出良好的发展态势。

4.2 模型的构成

智能制造能力成熟度模型由等级、能力要素和成熟度要求构成(图4-4)。

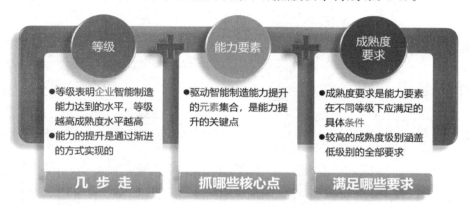

图 4-4 智能制造能力成熟度模型的构成

4.2.1 成熟度等级

成熟度等级表明企业智能制造能力达到的水平,等级越高能力成熟度水平越高。能力的提升是通过渐进的方式实现的。等级的存在说明企业的智能化水平需要分阶段提升,考虑的是分几步走的问题。

成熟度等级分为五级,由低到高分为一级(规划级)、二级(规范级)、三级(集成级)、四级(优化级)和五级(引领级)。各等级的主要特征如图4-5所示。

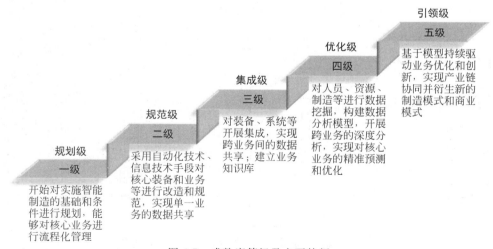

图 4-5 成熟度等级及主要特征

4.2.2 能力要素

能力要素体现了智能制造能力提升的关键方面,代表驱动智能制造能力提升的元素集合,是能力提升的关键点。能力要素的选取表示企业开展智能制造应重点抓哪些核心点。

能力要素包括人员、技术、资源和制造。人员包括组织战略和人员技能两个能力域。技术包括数据、集成和信息安全3个能力域，资源包括装备和网络两个能力域。制造包括设计、生产、物流、销售和服务5个能力域，其中设计能力域包括产品设计和工艺设计两个能力子域，生产能力域包括采购、计划与调度、生产作业、设备管理、仓储配送、安全环保、能源管理7个能力子域，服务能力域包括客户服务和产品服务两个能力子域（图4-6）。

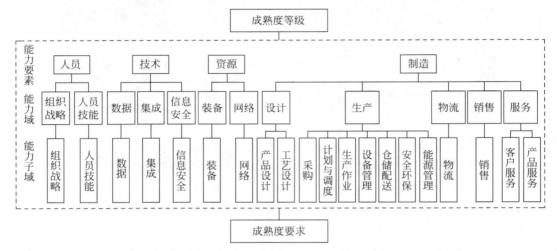

图 4-6　智能制造能力成熟度模型的能力要素和能力（子）域

为了将国家标准与航空工业的实际情况相结合，中国航空工业集团在国家标准的基础上，组织制订了《航空智能制造能力成熟度模型》，总体遵循国标的等级特征，在能力域和能力子域的划分上，结合集团公司的实际情况进行了局部调整（图4-7）。

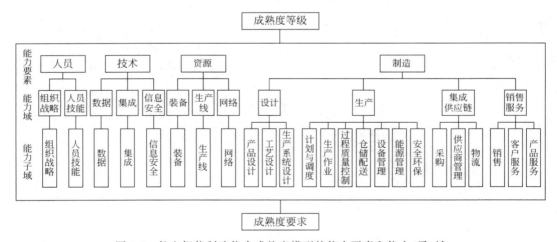

图 4-7　航空智能制造能力成熟度模型的能力要素和能力（子）域

在能力域方面，在资源要素中增加了生产线能力域；在制造要素中按照集团公司运营体系 AOS 的模型，将能力域划分为设计、生产、集成供应链和销售服务。

在能力子域方面，增加了生产线能力子域。在设计能力域中增加了生产系统设计能力子域；生产能力域中将过程质量控制从生产作业中剥离出来，形成过程质量控制能力子域，同时将国标中的采购能力子域分解为采购和供应商管理能力子域,与物流能力子域共同形成集成供应链能力域;将国标中的销售和服务能力域整合为销售服务能力域。

因此,航空智能制造能力成熟度模型包含 4 个要素、12 个能力域和 24 个能力子域。

从等级要求上,航空智能制造能力成熟度模型与国标的要求基本对应,因此以下以国标为基础进行介绍。

4.2.3 成熟度要求及其递进关系

《智能制造能力成熟度模型》(GB/T 39116—2020)中规定了能力要素在不同等级下应满足的具体条件,即成熟度要求,详见标准。

1. 人员

人员能力要素包括组织战略和人员技能两个能力域,其中组织战略的要求分布在一级到三级,人员技能的要求分布在一级到四级。

组织战略主要考察企业制定和执行智能制造战略规划和计划的情况,从没有规划到规划并执行,再到对执行情况进行监控和优化,涉及战略规划/计划以及组织结构两个层面。

人员技能主要考察企业人员的知识、技能是否能够满足企业发展智能制造的需要,有无构建全员创新的文化,以及对企业内部知识的管理方面。在企业内部知识管理方面,从三级到四级,涉及隐性知识显性化、显性知识结构化和结构化知识软件化三个层次。从二级到三、四级,关注人力资本向智力资本的转变。

2. 技术

技术能力要素包括数据、集成和信息安全三个能力域,其中数据的要求分布在一级到五级,集成和信息安全的要求分布在一级到四级。

数据能力域主要考察企业对数据的应用,其中一级到三级对数据采集、分析和应用手段的要求不断递进,四级则考察企业是否具有数据分析的基础设施,是否建立数据分析用的共性基本模型(包括数学模型、机理模型和业务模型),是否基于这些模型建立业务应用、开展大数据分析,并对制造状态进行预测和优化。

集成能力域主要考察企业的设备间、系统间,以及设备与系统间如何通过集成建立业务关联,使不同业务间实现数据和信息的共享,提升跨业务分析能力。包括集成的规划/架构、集成的规范和集成方法。

信息安全能力域主要考察企业如何通过管理和技术手段保障工业控制系统/网络及其设备安全运行。从制度、单机、网络边界等层面提出相关要求。

3. 资源

资源能力要素包括装备和网络两个能力域,其中装备的要求分布在一级到五级,网络的要求分布在一级到四级。

装备能力域主要考察企业外购/自制设备本身的能力。在智能制造时代,对设备的要求除了满足加工/测量等技术要求外,还要扩展到设备的联网功能、通信功能、人机交互功能,以及预测性维护功能、远程运维功能等。所以要将这些要求纳入设备采购的要求项。

网络能力域主要考察企业网络的覆盖程度、网络及其安全域的划分、网络之间的防护及网络设备灵活组网的能力,还包括 5G 等新一代信息通信技术在企业各级网络中的应用。

4. 制造

制造能力要素包括设计、生产、物流、销售和服务5个能力域。

1）设计

设计能力域包括产品设计和工艺设计两个能力子域，都是从新产品开发及产品改进改型的角度考察企业的设计水平。

产品设计从设计规范、设计工具、设计知识库的构建及应用、基于模型的定义（model based definition，MBD）及其应用、设计仿真和验证、产品设计与工艺设计的协同，以及产品全生命周期跨业务之间的协同等方面考察企业的新产品设计能力；工艺设计同样从设计规范、设计工具、工艺知识库、工艺模型、产品设计与工艺设计的协同，以及工艺设计与制造的协同等方面考察企业的工艺设计能力。

2）生产

生产能力域包括采购、计划与调度、生产作业、设备管理、仓储配送、安全环保和能源管理7个能力子域。

采购能力子域包括采购过程和供应商管理两个维度。采购过程主要考察企业从采购需求到采购计划、采购模型到采购风险预测与管控的能力。供应商管理则从供应商准入、过程管理、退出的全生命周期角度，考察企业对供应商的管理水平和协同供应链的能力。图4-8和图4-9分别描述了采购执行过程和供应商管理从二级到四级要求的递进关系。

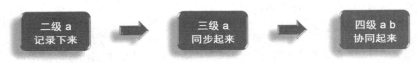

二级 a
记录下来
三级 a
同步起来
四级 a b
协同起来
• 应通过信息系统制订物料需求计划，生成采购计划，并管理和追踪采购执行全过程。
• 应将采购、生产和仓储等信息进行系统集成，自动生成采购计划，并实现出入库、库存和单据的同步。
• 通过与供应商销售系统进行集成，实现协同供应链。
• 基于采购执行、生产消耗和库存等数据，建立采购模型，实时监控采购风险并及时预警，自动提供优化方案。
应用信息系统实现基于生产计划和库存的采购计划，并对进度进行跟踪。确认采购计划生成的规则、进度跟踪和先进先出的合理性。
对采购、生产和仓储信息相关的系统进行集成，关联实现从库存查询锁定、物料需求、到货入库、生产领料发料等过程，依据生产计划和库存自动生成采购计划。
通过与供应商系统进行集成，实现上游原材料的生产进度、质量、发运状态等信息的实时反馈。
建立采购模型，并且有相应的措施。
采购模型：主料备份、单一供应商——供应商管理库存(VMI)、安全库存、战略储备等。

图4-8 采购执行过程要求的递进关系

计划与调度能力子域从企业的主生产计划及其执行、详细生产作业计划及其执行两个维度考察企业的生产计划管理能力。其中主生产计划主要体现在一级到三级的要求中，详细作业计划的制订及调度体现在一级到五级的要求中。图4-10描述了详细作业计划编制要求的递进关系。

生产作业能力子域从生产作业标准化（工艺文件、生产指令的下发和接收方式）、生产过程管控和优化、质量数据/信息管控、过程追溯等方面考察企业对生产现场的管控能力。图4-11和图4-12分别描述了生产作业标准化要求的递进关系和生产状态数据采集监控要求的递进关系。

二级 b 将供应商相关 信息记录下来	三级 b 运用系统数据 开展量化评价	四级 c 根据不同情况 调整评价模型
●应有供应商寻源、评估认可和优化的规范性文件，建立供应商寻源、评估和确认的信息管理库。	●供应商业务表现度对应量化值。 ●系统内评价模型维护。 ●基于信息系统数据反馈自动计算。	●主材、辅材供应商评价模型不同。 ●战略供应商评价模型不同。 ●一定时期内加严模型（质量加严、价格加严、交期加严）。 ●通用模型调整优化。
应通过信息技术手段，实现供应商的寻源、评价和确认。	应通过信息系统开展供应商管理，对供应商的供货质量、技术、响应、交付、成本等要素进行量化评价。	应基于信息系统的数据，优化供应商评价模型。

图 4-9 供应商管理要求的递进关系

二级 b	三级 b	四级 a
应基于信息技术手段编制详细生产作业计划，基于人工经验开展生产调度。	应基于约束理论的有限产能算法开展排产，自动生成详细生产作业计划。	应基于先进排产调度的算法模型，系统自动给出满足多种约束条件的优化排产方案，形成优化的详细生产作业计划。

图 4-10 详细作业计划编制要求的递进关系

二级 a	三级 a	四级 a
应通过信息技术手段，将工艺文件下发到生产单元。	应根据生产作业计划，自动将工艺文件下发到各生产单元。	应根据生产作业计划，自动将生产程序、运行参数或生产指令下发到数字化设备。
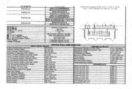		
通过信息化手段传输生产作业的相关标准化文件（包括图纸、工艺文件、配方、作业指导书等），以提升信息传递效率、管理效率和质量。	动态实时获取当前制造产品在本工位或产线的相关工艺文件或数据，确保自动或人工制造过程中对工艺要求准确执行。	在完成加工程序设计和生产制造执行系统集成后，实现工艺指令、运行参数等数据向生产设备的直接下达。

图 4-11 生产作业标准化要求的递进关系

设备管理能力子域重点考察企业针对设备的状况，通过设备关键运行参数采集，设备保养、运维等手段，有效利用设备、提升设备使用效果的能力。该能力子域的三级到四级提出统计设备综合效率（overall equipment effectiveness，OEE）和通过 OEE 分析进行工艺优化与生产作业优化的要求，在四级提出建立设备运行模型，并基于设备运行模型和设备故障知识库构建设备预测性维护能力的要求，这是对装备本身能力不足的一个补充。

仓储配送能力子域重点考察企业各类仓库的管理模式和管理手段，以及从仓库到生产现场的配送方式和手段应用，保障基于生产需求的物料配送。

安全环保能力子域主要考察企业生产现场安全（从培训到技术手段）和"三废"（废液、废气、固废）管理的手段，提升全员安全意识，实现安全生产和环境保护。

能源管理能力子域重点关注企业高耗能设备的管理，实现节能降耗的目标。

二级 b

应基于信息技术手段，实现生产过程关键物料、设备、人员等的数据采集，并上传到信息系统。

企业对关键操作工位的人员信息、关键工艺设备的运行参数、关键物料的性能参数、批次信息等数据进行采集和存储。

三级 b

应实现对生产作业计划、生产资源、质量信息等关键数据的动态监测。

实现对生产制造过程中相关要素的信息化收集和可视化展示，动态掌握生产过程状态和问题。

四级 b

应构建模型，实现生产作业数据的在线分析，优化生产工艺参数、设备参数、生产资源配置等。

实现生产作业数据的采集并进行优化，基于大数据分析、算法、模型等，将优化结果反馈到生产线，进行优化调整。

图 4-12　生产状态数据采集监控要求的递进关系

3）物流

物流能力域关注企业产品从成品库到用户的过程，涉及出库的时机、物流运输过程的信息共享、物流路线的优化、装载能力和运输能力的优化等。

4）销售

销售能力域主要考察企业市场分析、预测，销售拉动采购、生产、物流等业务的过程，以及对不同销售方式的统一管理能力。

5）服务

服务能力域包括客户服务和产品服务两个能力子域。

客户服务以提升客户满意度为目标，考察企业客户服务体系建设和应用情况。包括客户满意度分析、客户分类管理、实时在线客服和精准客服服务的能力。

产品服务能力子域主要考察企业在产品使用过程中的管理水平及产品的智能化水平。从三级开始要求产品具有数据采集和存储通信功能，四级提出智能产品的要求。智能产品及其应用可以推动企业从产品制造向产品使用过程拓展，支撑企业从制造型企业向制造服务型企业转型。

4.3　智能制造能力成熟度评估方法

智能制造成熟度评估方法包括智能制造能力成熟度的评估内容、评估过程和等级判定方法。

4.3.1　评估内容

智能制造成熟度评估的对象是具有生产业务的制造企业，根据企业的业务范围确定评估的内容，称为评估域。评估域应包含人员、技术、资源和制造 4 个能力要素的内容，其中人员、技术和资源要素下的能力域和能力子域为必选内容，不可裁剪；制造要素下生产能力域的各能力子域不可裁剪，其他能力域及能力子域可裁剪。

离散型制造企业的评估域中包含全部 20 个能力子域。流程型制造企业按照其特点，评估域中不包含产品设计和产品服务能力子域。

4.3.2　评估过程

智能制造能力成熟度评估流程包括预评估、正式评估两个阶段(图 4-13)。在正式评估完成后,现场发布现场评估结果和对评估较弱的能力子域的改进建议。

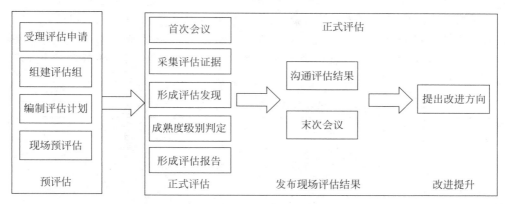

图 4-13　评估流程

1. 预评估

评估方对企业提交的申请材料进行评审,根据企业申请的评估范围、申请等级及其他影响评估活动的因素,综合确定是否接受评估申请。

预评估要组建评估组,确定一名评估组长和多名评估组员,评估人员数量应为奇数。评估组长根据评估范围和规定时间编制预评估计划,并与企业确认。

评估组按照评估计划对企业开展现场评估,了解企业智能制造基本情况和可提供的直接或间接证据,对企业提出的裁剪能力子域进行确认,判断是否具备正式评估实施的可行性(就绪状态),并确定评估域,调整各能力子域的评估权重。

2. 正式评估

经预评估确认企业具备正式评估实施的可行性后,组建正式评估组,编制正式评估计划,并与企业确定合适的时间,开展正式评估。

在正式评估中,评估组通过现场巡视、人员访谈、文件与记录查看、系统演示等方法收集并验证与评估目标、评估范围、评估要求有关的证据,重点采集各能力域满足企业申请的评估等级有关要求的证据。对照评估准则,将采集的证据与其满足程度进行对比,形成评估发现,并对评估范围内的每一项要求进行打分,结合各能力域权重值计算最终得分,判断企业的成熟度等级。

正式评估应形成评估报告,并在末次会上发布。内容包括评估活动总结、评估结论及分析、评估弱项及改进方向。评估组长在末次会前就评估结果与企业评估发起人进行沟通,取得一致性意见。

4.3.3　等级判定方法

1. 打分方法

评估组将采集的证据与成熟度要求进行对比,按照满足程度对评估域的每一项要求进行打分。根据满足程度，得分分为全部满足（1分）、大部分满足（0.8分）、部分满足（0.5分）和不满足（0分）4个档位。如果某项要求企业不适用，经协调后可以将此项要求裁剪（不参与打分）。

2. 评估域权重

根据制造企业的业务特点，《智能制造能力成熟度评估方法》（GB/T 39117—2020）分别提供了离散型制造企业和流程型制造企业全评估域状态下各能力域/子域的推荐权重，如表4-1和表4-2所示。《航空智能制造能力成熟度评估方法》的推荐权重如表4-3所示。

表 4-1　离散型制造企业全评估域及推荐权重

能力要素	能力要素权重/%	能力域	能力域权重/%	能力子域	能力子域权重/%
人员	6	组织战略	50	组织战略	100
		人员技能	50	人员技能	100
技术	11	数据应用	46	数据应用	100
		集成	27	集成	100
		信息安全	27	信息安全	100
资源	6	装备	50	装备	100
		网络	50	网络	100
制造	77	设计	13	产品设计	50
				工艺设计	50
		生产	48	采购	14
				计划与调度	16
				生产作业	16
				设备管理	14
				仓储配送	14
				安全环保	13
				能源管理	13
		物流	13	物流	100
		销售	13	销售	100
		服务	13	产品服务	50
				客户服务	50

表 4-2　流程型制造企业全评估域及推荐权重

能力要素	能力要素权重/%	能力域	能力域权重/%	能力子域	能力子域权重/%
人员	6	组织战略	50	组织战略	100
		人员技能	50	人员技能	100
技术	11	数据应用	46	数据应用	100
		集成	27	集成	100
		信息安全	27	信息安全	100
资源	15	装备	67	装备	100
		网络	33	网络	100

续表

能力要素	能力要素权重/%	能力域	能力域权重/%	能力子域	能力子域权重/%
制造	68	设计	4	工艺设计	100
		生产	63	采购	12
				计划与调度	14
				生产作业	23
				设备管理	15
				安全环保	12
				仓储配送	12
				能源管理	12
		物流	15	物流	100
		销售	15	销售	100
		服务	3	客户服务	100

表 4-3　航空智能制造能力成熟度评估方法全评估域及推荐权重

能力要素	能力要素权重/%	能力域	能力域权重/%	能力子域	能力子域权重/%	权重值/%
人员	6%	组织战略	50	组织战略	100	3
		人员技能	50	人员技能	100	3
资源	6%	装备	25	装备	100	1.8
		生产线	25	生产线	100	1.8
		网络	50	网络	100	2.4
技术	11%	数据	45.4	数据	100	5
		集成	27.3	集成	100	3
		信息安全	27.3	信息安全	100	3
制造	77%	设计	15.1	产品设计	30	3.5
				工艺设计	40	4.6
				生产系统设计	30	3.5
		生产	47.1	计划与调度	16	5.8
				生产作业	16	5.8
				过程质量控制	14	5.1
				仓储配送	14	5.1
				设备管理	14	5.1
				能源管理	13	4.7
				安全环保	13	4.7
		集成供应链	20	采购	30	4.6
				供应商管理	20	3.1
				物流	50	7.7
		销售服务	17.8	销售	40	5.5
				客户服务	30	4.1
				产品服务	30	4.1

3. 计算方法

能力子域得分为该子域每项要求得分的算术平均值,能力子域得分按下式计算:

$$D = \frac{1}{n} \sum_{1}^{n} X \tag{4-1}$$

式中，D 为能力子域得分；X 为能力子域要求项得分；n 为该能力子域的要求项数。

能力域的得分为该能力域下各能力子域得分的加权求和，能力域得分按下式计算：

$$C = \sum (D\gamma) \tag{4-2}$$

式中，C 为能力域得分；D 为该能力域中的能力子域得分；γ 为该能力子域的权重。

能力要素的得分为该能力要素下能力域的加权求和，能力要素的得分按下式计算：

$$B = \sum (C\beta) \tag{4-3}$$

式中，B 为能力要素得分；C 为该能力要素中的能力域得分；β 为该能力域的权重。

成熟度等级的得分为该等级下能力要素的加权求和，能力要素的得分按下式计算：

$$A = \sum (B\alpha) \tag{4-4}$$

式中，A 为成熟度等级得分；B 为该等级的能力要素得分；α 为该能力要素的权重。

评估组打分时，采用基于标准的专家打分法。每个子域在相应等级是 FI、LI、PI，甚至于 NI，取决于评估组在评估中获得的证据以及对证据满足程度的分析和判断，所以评估时提供证据非常重要。评估组内部采用讨论、投票的方式进行打分。

4. 成熟度等级判定方法

当评估对象在某一等级下的成熟度得分高于评分区间的最低分时，认为满足该等级要求，反之，则不满足。在计算总体得分时，已满足等级要求的成熟度得分取值为 1，不满足等级要求的成熟度得分取值为该等级的实际得分。企业智能制造能力成熟度总分 S 为各等级评分结果的累计求和。评分结果与能力成熟度对应关系如表 4-4 所示。

表 4-4　分数与等级的对应关系

成熟度等级	对应评分区间
五级（引领级）	$4.8 \leqslant S \leqslant 5.0$
四级（优化级）	$3.8 \leqslant S < 4.8$
三级（集成级）	$2.8 \leqslant S < 3.8$
二级（规范级）	$1.8 \leqslant S < 2.8$
一级（规划级）	$0.8 \leqslant S < 1.8$

4.4　模型在制造企业中的应用

4.4.1　模型对制造企业的应用价值

智能制造能力成熟度模型对制造企业的应用价值体现在以下方面。

1. 引导企业能力全方位均衡发展

智能制造能力成熟度模型不仅关注产品实现的制造环节，还包括组织、资源、技术等环节。模型的 20 个能力子域都对企业各项业务的智能化水平提出建设要求，这不同于单项、亮点能力培养，而是更注重企业能力全方位均衡发展，每个等级都包含 20 个能力子域的相应建设要求，可以指导企业一步一个脚印地从一个台阶迈向上一个台阶。

2. 指导企业能力建设递进式提升

成熟度模型的等级特性不仅有助于企业识别所处的发展阶段,同时针对同一业务能力子域的不同等级提出逐级提升要求,这种逐级提升反映在阶段性、有序性、纵深性等方面。

在上面的成熟度要求及其递进关系一节介绍了部分要求的提升过程,这里再举几个例子。

1) 生产作业能力子域中工序质量检测的要求递进

一级:应记录关键工序的生产过程信息。

二级:应在关键工序采用数字化质量检测设备,实现产品质量检测和分析。

三级:应通过数字化检验设备及系统集成,实现关键工序质量在线检测和在线分析,自动对检验结果进行判断和报警,实现检测数据共享,并建立产品质量问题知识库。

四级:应基于在线监测的质量数据,建立质量数据算法模型,预测生产过程异常,并实时预警。

一级要求对关键工序的生产过程信息有记录,包含质量信息,未规定记录的方式,理解为人工记录即可;二级要求对关键工序采用数字化质量检测设备进行检测,并能单独开展工序质量的检测和分析,对质量检测和分析的实时性和数据共享没有要求,理解为单机即可;三级要求数字化检测设备/系统集成在生产系统中实现关键工序质量的在线监测和在线分析,关键是"在线",能够实时给出合格与否的检验结果,避免有问题的在制品流入下一工序,同时监测数据要与生产管控系统的其他数据共享,以便进行事后的分析;四级则要求质量分析由事后变为事中,即在生产过程中及时进行产品质量趋势分析,预测生产过程中的异常,以便及时采取措施。从人工记录到实时预警,跨越 4 个等级,与智能制造能力成熟度模型的 5 个等级基本逻辑一致。

2) 从周期性设备维保计划到设备预测性维护的要求递进

设备计划性维保的要求体现在设备管理能力子域的二级。

二级 a:应通过信息技术手段制订设备维护计划,实现对设备设施维护保养的预警。

二级 b:应通过设备状态检测结果,合理调整设备维护计划。

二级 c:应采用设备管理系统实现设备点巡检、维护保养等状态和过程管理。

设备预测性维护的要求体现在设备管理能力子域的四级。

四级 a:应基于设备运行模型和设备故障知识库,实现包含自动预警的预测性维护解决方案。

要实现设备从计划性维保到预测性维护的转变,需要三级相关要求的支撑。

三级 a:应实现设备关键运行参数(温度、电压、电流等)数据的实时采集、故障分析和远程诊断。

三级 c:应建立设备故障知识库,并与设备管理系统集成。

其中,三级 a 采集并积累设备关键运行参数,对其进行分析并找寻设备运行规律,是建立设备运行模型的基础,即使设备厂商能够将设备运行模型提供给企业使用,也要在设备运行中实时采集运行参数,才能及时了解设备的运行状况。三级 c 建立设备故障知识库,就是要对设备可能的故障现象、出现故障时的参数情况、故障处理方式和预防方式等进行分类、整理和分析,一旦发生故障,能够准确判断故障部位,并获得故障解决方法。有效的设备运行模型和设备故障知识库，是实现设备预测性维护的基础（图4-14）。

对常见设备故障现象、排障方式进行总结，通过
知识库排障处理知识复用，快速解决设备故障

周期性设备维保计划
- 周期性维保
- 使用工控不同
- 周期合理性

设备运行参数采集
设备故障知识库

设备故障预测维护（预测性）
- 趋势分析 预测故障
- 数学模型 迭代验证

- 设备分类
- 故障类型
- 故障部位
- 故障现象
- 表现因素
- 处理方式
- 防止对策

- 加装传感器
- 报警故障数据收集
- 分析潜在影响因素

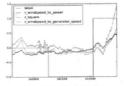

过保养 成本增加

适度保养 效费比高

图 4-14　设备维保方式的递进关系

3）从设备综合效率统计到优化的要求递进

OEE 是指设备的实际生产能力与理论产能的比率，它是一个独立的测量工具。其计算公式为

$$OEE = 时间开动率 \times 性能开动率 \times 合格品率$$

OEE 的内容如图 4-15 所示。

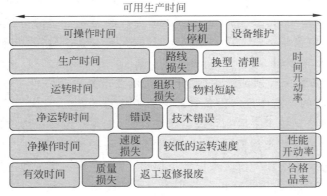

图 4-15　OEE 的计算

其中，时间开动率＝开动时间/负荷时间

负荷时间＝日历工作时间－计划停机时间

开动时间＝负荷时间－故障停机时间－设备调整初始化时间（包括更换产品规格、更换工装模具、更换刀具等活动所用时间）

性能开动率＝净开动率×速度开动率

净开动率＝加工数量×实际加工周期/开动时间

速度开动率＝理论加工周期/实际加工周期

合格品率＝合格品数量/加工数量

在设备管理能力子域中，与设备 OEE 相关的两项要求如下。

三级 b：应依据设备关键运行参数等，实现 OEE 统计。

四级 b：应基于设备综合效率的分析，自动驱动工艺优化和生产作业计划优化。

为提高设备使用效率，首先要对 OEE 进行统计，实现可视化，使设备的运行效率一目了然。其次通过分析找到提高 OEE 的方式和手段。模型中提出通过工艺优化和生产作业计划优化两个方面提升 OEE，希望对企业有所启发，只有找到解决问题的办法并加以落实，才能实现预期的目标。

4.4.2　制造企业应用模型的具体场合

对于制造企业而言，可将智能制造能力成熟度模型作为现状评估的依据和项目实施的指南。

1. 现状评估的依据

企业可以对照智能制造能力成熟度模型，定期（如 1～2 年）或在实施相关项目建设半年后对现状进行全面评估，判断当前相关能力子域达到的水平，并与之前的水平进行比较。图 4-16 展示了某企业三次开展现状评估的结果，从中可以看出哪些能力域提升较大，哪些能力域还有差距。

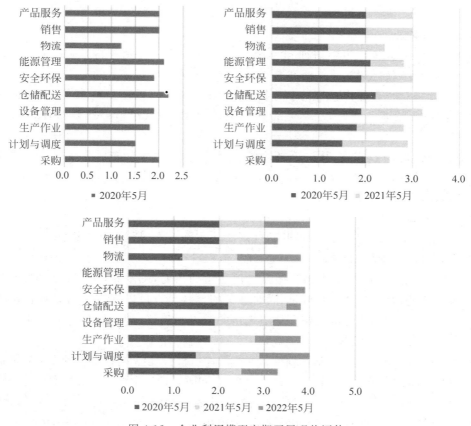

图 4-16　企业利用模型定期开展现状评估

评估可以是外部第三方评估，也可以是企业自行组织评估，还可以是集团级企业组织对其下属企业进行评估。不管是哪种方式，都要组建评估组。如果是企业自行组织评估，评估组和准备评估的企业评估工作团队人员应有所区分，不能既当运动员，又当裁判员。

准确评估企业现状，首先需要企业高层领导重视，将评估工作当作一项全局性工作，而不仅仅是 IT 部门的工作。在此基础上，组建由与企业产品全生命周期过程相关的部门代表组成的评估工作组，组长应由企业高层中分管智能制造的领导担任，组长同时担任评估发起人。

评估工作组建完成后，可以开展评估工作。评估的步骤分为评估前准备、评估实施和评估后总结三个步骤，如图 4-17 所示。

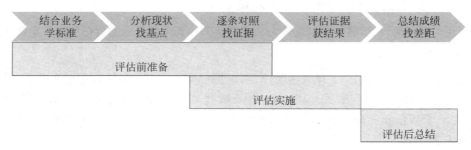

图 4-17　评估工作步骤

1）评估准备阶段

评估工作组成员通过集中培训和分散学习的方式导入评估标准，将标准和业务相结合，从业务的角度理解标准，并将标准的要求贯彻到业务的对标中。

下一步就是对企业现状进行初步分析，大致分析企业目前所处的水平（能够达到的等级），并结合企业的业务实际，决定是否对标准的范围进行裁剪，由此确定评估的范围和等级。

针对评估的范围和等级，从该等级的低一等级开始，对涉及的标准条款满足情况进行举证，从业务过程中查找相关的证据，整理出各能力子域的评估材料。至此完成了评估前的准备工作，可以进入评估实施阶段。

2）评估实施阶段

在评估准备阶段的后半程，可以开始规划评估实施工作，评估工作按照《智能制造能力成熟度评估方法》（GB/T 39117—2020）的评估流程进行，包括预评估、正式评估两个阶段。

在预评估过程中，评估工作组应加强与评估组的沟通，确定企业预判的评估范围和等级是否合理、合适，是否需要进行调整，同时准备的材料是否足以支撑评估组对企业满足能力子域的要求。评估工作组应根据评估组提出的意见和建议，进一步组织补充支撑材料和证据，以便正式评估顺利开展。

正式评估前，企业应按照评估计划准备相应的评估材料，包括首次会上的企业智能制造整体进展介绍、各能力子域举证材料及准备系统演示，同时合理规划评估组现场巡视的路线。

正式评估访谈完成后，评估组将与评估发起人沟通评估结果和存在的主要问题（弱项或建议项），评估发起人对评估组得出的结论和提出的问题可提出异议，评估组根据评估发起人的意见，结合评估组的判断决定是否修改。评估结论、评估弱项、评估建议项等将在末次会上发布。

3）评估总结阶段

评估完成后，评估发起人应组织评估工作组开展评估工作总结，根据评估组发布的评估报告,针对评估扣分项、评估弱项、评估建议项,结合企业自身情况,安排相关改进工作。评估工作组成员应结合自身的职责和评估过程中存在的问题,从业务角度出发深入分析原因和改善点,组织所在部门集思广益,提出改善方案或规划。归纳汇总各部门的方案和规划,形成企业下一步的改善方案,转入后续工作。

　　至此评估工作全部结束。

2. 项目实施的指南

　　这里以某企业实施 MES 为例,说明如何利用模型中的要求指导项目的实施。

　　企业通过现状评估,生产能力子域的得分为 1.7 分,企业对标三级要求,实施 MES,希望项目完成并投入运行后,能够将生产作业能力子域的得分提高到 3.0 分。

　　当前二级 4 条要求,得分分别为要求 a:1.0 分;要求 b:0.5 分;要求 c:0.8 分;要求 d:0.5 分(图 4-18);二级得分为(1.0 + 0.5 + 0.8 + 0.5)/4 = 0.7 分。

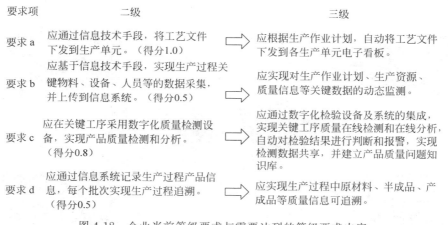

图 4-18　企业当前等级要求与需要达到的等级要求内容

　　可以看到,对照二级的要求,主要扣分点为要求 b 和要求 d。由于企业缺少生产管理相关系统,所以生产过程中相关的数据只能通过电子表格的方式进行记录和保存,也无法实现生产过程的批次追溯。而三级的要求几乎全部覆盖二级的要求,因此,在 MES 的实施过程中,需要全面考虑三级的要求,实现相关的功能。

　　MES 的实施中,不能仅针对生产作业的要求,还要考虑计划与调度、仓储配送、能源管理等能力子域中与生产管控相关的要求,将这些要求纳入 MES 的功能模块。

　　(1) 计划与调度三级要求 c:应实时监控各生产环节的投入和产出进度,系统实现异常情况(如生产延时、产能不足)自动预警,并支持人工对异常进行调整。

　　(2) 仓储配送三级要求 a:应基于仓储管理系统与制造执行系统集成,依据实际生产作业计划实现半自动或自动出入库管理。

　　(3) 能源管理三级要求 c:应实现能源数据与其他系统数据共享,为业务管理系统和决策支持系统提供能源数据。

　　对于智能制造系统解决方案供应商,在为企业提供系统解决方案时,也可参照上述方式利用智能制造能力成熟度模型。

4.4.3　案例分析——昌飞公司智能仓储配送中心

在直升机旋翼系统智能制造车间取得成功以后，为进一步提升产能，昌飞公司于2019年建设了集"采、储、配"等功能于一体的智能仓储配送中心，从提升装配物流配送入手，将立体库、物流线与采购系统、生产系统、配送系统等有机集成，统一调配资源的使用、规范标准业务流程，实现铆装、总装的按需配送，保障其节拍生产，形成工厂级智能配送物流系统。迈出了从建设"智能车间"到建设"智能工厂"的重要一步。

1. 智能仓储配送中心布局

智能物流配送中心有 6 条专业分拣配套流水线、3 条地下配送物流线，4 个库区共18 000 个货位和 16 000 个托盘，以及物流配送智能管控系统（图 4-19）。其中，库区包括全自动无人仓库区、大部件仓库区、温湿度控制库区、升降回转仓库区，地下物流配送通道长300m，连接配送中心 A109 厂房、总装 501A、铆装 502 和 502A 厂房。

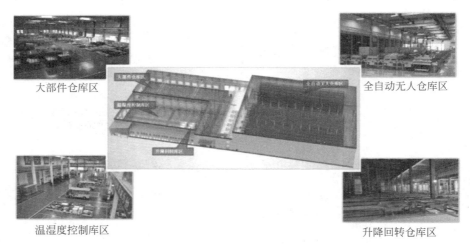

大部件仓库区　　全自动无人仓库区

温湿度控制库区　　升降回转仓库区

图 4-19　智能仓储配送中心布局

2. 智能仓储配送中心建设内容

1）搭建高效的软硬件平台，解决协同平台问题

昌飞公司以铆装、总装生产需求为导向，开展智能配送管理新模式应用规划和设计、智能仓储设备选型和配送线构建，构建一体化的智能配送软硬件平台，实现配送体系与制造系统间数据的自主实时交互。

为满足对零部件仓储物流的全生命周期信息化管控，设计并开发了"实物流、信息流和资金流"三流合一的智能配送系统，核心在于流程驱动、标准规范动作和信息化联动，具备站位组盘策略、配送路径优化选择及自动配送、库存资产智能控制、缺件自动预警等主要功能。其逻辑架构如图 4-20 所示。

系统主要包括计划管理层和运行监控层两方面。计划管理层承接昌飞制造系统的宏观计划决策并具备将计划分解转化为作业指令的功能；对设计更改、现场排故、返修、报废、试验等异常计划输入格式进行规范设计，解决过程留痕和统一作业指令问题。运行监控层通过管理规则的创建形成监控标准，再通过抓取设备运行的结果分析并解决问题。

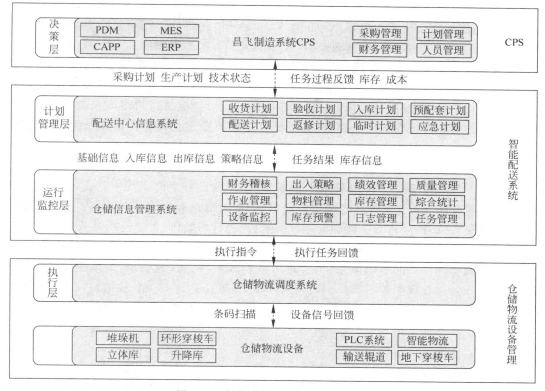

图 4-20 智能仓储配送中心逻辑架构

为提高柔性生产过程中生产准备与装配生产的紧密协同效率,昌飞公司构建了适应生产全流程的硬件布局,通过地下物流轨道使仓库与装配现场建立物理连接,将部装生产线、总装生产线和零部件配送中心有机整合,形成整体,保证超过 90% 的零部件通过地下物流通道,不受外界环境干扰地准时配送至生产现场。

2)业务流程重构,解决配送能力问题

业务流程重构是通过减少重复冗余的中间过程,将各分库的领用模式调整为总库直接配送生产线的模式,并不断规范进出库物流的标准,实现仓库准时、准确配送能力的全面提升。

首先,开展组织结构的重构与职能分工的调整。在组织结构上,首先分离采购部门的总库业务,回归部门管理协调属性。分离装配车间的分库业务与配送职能,回归装配集成生产主业。其次,通过部门总库与车间分库的合并,组建零部件配送中心,将原来重复两次的仓储进出库过程合并为一次,减少不增值的动作浪费,缩短流程路径。最后,在信息交互上,将零部件配送中心定义为服务性质的车间,将传统的上下级资源审批模式调整为以现场需求为中心的主动式配送模式,直接从机制上解决信息交互效率的问题。同时,在主管部门、装配车间、配送中心等单位的业务职能调整后,对重构后的组织分工进行适应性定义,初步形成车间一线工人按工序流水作业,车间二线管理者承接计划,管控执行、主管部门按技术、质量、采购、生产业务域分工支持的良性互动机制。

然后,按流程部署人力资源。首先,对分散在各仓库的计划员、保管员、配送工等人员进行收编。在组织结构调整的基础上，装配车间不再保留分库职能，采购部门不再保留库房管理职能，原配置的相应人员根据职能的划分统一划拨到新组建的配送中心统一管理。其次，将按专业分工配置人力资源的方法，改为按流程需求配置相应人力资源，以作业流量大小配置相应的作业能力，将收编的人力资源，根据验收入库、分拣出库、配送、返修分班组配备，用班组的组织合力，解决个人能力不足造成的瓶颈。最后，将流程涉及的表单、操作动作进行细化，形成专业技能矩阵，并根据人员初始能力情况进行班组人员初步分工。建立动态的人力资源考评和培训机制，在业务磨合期内不断优化调整班组人员组合，快速形成合力。

3）用统一标准初始化库存资源

公司传统模式管理的仓库管理水平参差不齐，部分已经全面实现信息化，部分还停留在手工记账管理阶段；仓库管理的零部件在编码、型号写法方面也不尽相同。实现库存零部件资源的统筹管理，需用统一的标准，对库存资源进行初始化，主要包括以下方面。

首先，建立外购成附件的编码数据库，统一识别标准。基于军工行业的特性，外购的成附件没有形成全国统一的编码体系，为实现对外购成附件的快速识别，需要建立统一的编码规则。昌飞公司在成熟的零部件编码规则基础上，依托设计BOM、技术协议及实物交付状态，对所有外购成附件建立数据库，统一写法规则，形成物料代码；对成品及其附件的组套关系进行信息反向重构，利用成品编码标识组套关系，独立形成了一套可快速识别成品的编码系统。

其次，在保证生产持续运行的前提下，采用数据迭代法，对各仓库的零部件资源进行移库。移库过程中，以生产车间需求为主，自留可维持生产的资源，多余的库存资源以计划用途为索引，向零部件配送中心移交。外购成附件部分，以合同执行情况为主，核清交付状态，向零部件配送中心移交。同时在移交过程中根据系统新的数据规则采集和补齐基础信息。

最后，对移交过程中存在问题的零部件资源进行分类隔离，按"拉条挂账"的方式，设置责任单位与责任者，限期进行处理归零。

4）优化出入库流程效率

传统配送一般在零部件出库阶段，根据生产线的需求进行分拣配套，往往为生产线配套缺件预警、配套问题处理预留的周期不够。为此需要对入库和出库流程进行优化。

入库流程的优化是指将生产线需求的初步配套工作前置到入库阶段，使保管工在进行入库操作时，对相同计划需求、装配顺序和使用用户的零件进行组合存放，通过目视化管理很容易识别配套的缺件，拉动问题的快速协调解决，提升出库阶段的配套效率。具体措施是将技术要求、计划、质量管理等要求融入流程，通过系统指令的调度反馈到设备端执行。昌飞公司通过对2.8万余项零件数模及其装配关系进行分析比对，确定了零件的组套策略（图4-21），尽可能将同一时间出库的零组件组合存放，将一次分拣出库作业效率提升3.4倍。

出库流程优化是以"推式计划"和"拉式计划"为导向的作业流程组合，"推式计划"也叫"预配套计划"，是通过以高级计划与排程（advanced planning and scheduling，APS）系统为代表的排程模型计算，在装配生产开工以前按照公司宏观计划，提前对产线装配指令的需求进行分析，比较库存资源的情况，形成准确度高、实施性强的配送计划。"拉式计划"是通过对生产线异常的识别，比如开工装配指令的缺件、插单、技术变更、故障返修等，推送应急

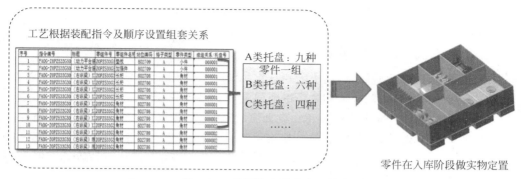

图 4-21 前置装配需求定置策略

流程,以流程促发应急响应,以表单确保信息准确传递,并由系统自动提升优先等级,确保"急事急办",做到准时配送。

5)多工具融合,实现过程防错,确保高质量配送效果

通过航空工业运营管理体系(AOS)管理工具的使用,创新多种防错方法,解决过程中各类操作的标准化,提升配送的准时率、准确率,同时保证库存各类数据统计的准确性。

验收管理与操作指令融合,是将各类技术规范要求、管理规定要点、注意事项集成融入系统操作指令,形成可编辑的点检表,统一数据的采集标准,规范零部件与采购计划符合性检查过程,同时留下操作痕迹,用于信息共享(图 4-22)。

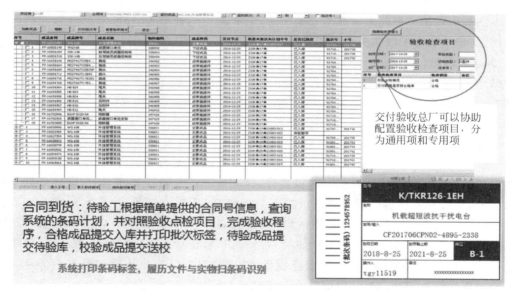

图 4-22 验收管理与操作指令融合示意图

交叉互检机制是指在仓储管理与分拣配送专业分工的基础上,将零部件的到货验收、入库上架、分拣组套及配送上线按流程进行拆分,形成独立的操作单元,各单元之间的操作人员需对上一单元的工作结果进行稽核盘点,确保工作过程中每一步操作的准确性。

目视化技防机制是指将分拣出库的操作图示化,结合信息系统定置的托盘存储位置目视化标识和实物条码,指导操作人员分拣出库工作。同时,系统结合自主决策的运算结果,

将配送任务推送到人、将零部件存货推送到人、将分拣出库的结果推送到人，大大降低对员工专业素质的依赖，提高配送的准确性。

3．智能仓储配送中心运行成效

通过智能配送物流中心建设，昌飞公司探索出了一套适用于航空制造业的智能配送新模式，大幅提升了直升机装配环节的生产准备效率等。具体表现如下。

（1）仓储配送管理全面迈入精准化。全面实现铆装、总装生产线按日计划准时配送，各生产线、各构型提前 8h 准时配送，且持续稳定运行。进一步改善了外部供应链的稳定性及其与内部物流配送的关系，基本解决并放宽了对供应商 100% 齐套交付的限制，构建了供应商的成套成品分类打包、分阶段交付能力。

（2）装配组织效率大幅提升。在昌飞公司科研、批产、加改装、修理各类任务量增加超过 40%，大量总装工人抽调外场加改装的情况下，提前超额完成了年度各项生产任务，实现了集团公司"2332"均衡生产目标。组织生产效率提升近 23%，生产准备效率提升 91%，综合准时配送率提高到 97.3%，装配车间人均工作负荷降低 11%，各项指标再创历史新高。

（3）仓储配送管理水平实现跨代升级。全面实现各类零部件的可识别和信息共享，库存存货总额同比下降 27.5%，库存周转效率提升 25.8%。

（4）业务运营成本显著降低。管理人员的资源配置缩减 40% 以上，一线工人的劳动负荷以加班工作时长统计同比降低 25%。

4．能力成熟度分析

本案例包含的主要能力子域是仓储配送，但从案例内容上看，还同时支持组织战略、人员技能、数据等能力子域相关要求的举证。

1）仓储配送

昌飞公司构建了适应生产全流程的硬件布局，通过地下物流轨道建立仓库与装配现场的物理连接，将部装生产线、总装生产线和零部件配送中心有机整合，形成整体，超过 90% 的零部件通过地下物流通道运送，不受外界环境干扰，确保准时配送至生产现场。

为提高出入库流程效率，昌飞公司对 2.8 万余项零件数模及其装配关系进行分析比对，制定了零件的组套策略（仓储模型），尽可能将同一时间出库的零组件放在一起。针对零部件出库流程，提出了以"推式计划"和"拉式计划"为导向的作业流程组合："推式计划"通过 APS 运算，提前对产线装配指令的需求进行分析，比较库存资源的情况，形成准确度高、实施性强的配送计划，通过与仓库控制系统（warehouse control system，WCS）的集成保证配送的及时性；"拉式计划"通过对生产线异常进行识别，比如开工装配指令的缺件、插单、技术变更、故障返修等推送应急流程，以流程促发应急响应，以表单确保信息准确传递，并由系统自动提升优先等级，确保"急事急办"，做到准时配送。

通过 AOS 管理工具的使用，采用交叉互检、目视化技防设施等多种防错方法，解决过程中各类操作的标准化，提升配送的准时率、准确率，同时保证库存各类数据统计的准确性。

对以上内容进行分析可以看出，昌飞公司智能仓储配送中心的建设确保了公司在仓储配送能力子域全面满足三级和四级的要求。

2）组织战略

从案例中可以看出，昌飞公司为减少重复冗余的中间过程，将各分库的领用模式调整为总库直接配送生产线的模式，这样涉及组织结构的重构与职能分工的调整。满足组织战略三级 b 的要求。

3）人员技能

组织结构调整后，人力资源需要按照新的流程重新部署，并对人员进行技能培训，同时建立动态的人力资源考评和培训机制，在业务磨合期内不断优化调整班组人员组合，快速形成合力。满足人员技能二级 c 的要求。

4）数据

为实现库存零部件资源的统筹管理，昌飞公司在成熟的零部件编码规则基础上，依托设计 BOM、技术协议及实物交付状态，对所有外购成附件建立数据库，统一写法规则，形成物料代码；对成品及其附件的组套关系进行信息反向重构，利用成品编码标识组套关系，独立形成了一套可快速识别成品编码系统。结合公司已经建立的物料编码体系，实现了各类数据交换格式的统一。满足数据三级 b 的要求。

4.4.4 案例分析——庆安公司 MES

1. 建设背景及目标

庆安集团有限公司（以下简称庆安公司）按照集团《航空工业数智航空能力建设指南》要求，规划建设航空机电产品柔性精益智能制造工厂，针对高度离散的飞机高升力系统关键部件、发动机反推力作动器、武器发射装置关键部件、货运系统部件、制冷装置等产品的制造过程，以 CAPP、过程仿真、面向制造的设计 DFM、CAD/CAM 等数字化工艺为基础，以工艺装备成组柔性自动化升级为条件，以精益作业单元、检测单元、作业准备单元、物流单元构建物联制造网络，以 ERP、PLM、MES 和大数据平台的集成和升级，建设具有动态感知、实时分析、自主决策、精准执行特征的智能化制造车间。

MES 作为庆安公司智能车间的"大脑"，是实现智能车间过程管控的核心。它从 ERP 系统中接收生产指令，通过生产调度生成作业计划，对生产现场的实际进度进行跟踪管理，并根据生产实际对作业计划进行修改和调整以指导生产现场活动，减少浪费活动的发生。同时为 ERP 系统提供准确、及时的生产现场信息，形成整个生产系统的闭环。

2. 总体架构

庆安公司根据集团智能制造总体架构构建了适合本企业的智能制造总体架构，并在此基础上设计构建了庆安公司智能制造信息架构（图 4-23），建立了工厂智能管控系统，实现了设计、工艺、制造、检验、物流等制造过程各环节之间信息的互联互通。

MES 处于总体架构中的生产管理层，承接企业管理层制造计划，通过融合层采集反馈的生产数据实现对现场生产过程、制造资源、作业人员的管理和过程质量追溯，为生产安排提出决策支持，并对车间现场进行监控与调度。

庆安公司 MES 架构及功能模块（图 4-24）参考 MESA 定义的 11 个功能模块构成，涵盖 ERP 接收计划后的作业计划排程、调度、进度跟踪、质量管理等制造过程，主要包括基础数据管理、生产计划管理、生产准备、生产过程管理、质量管理等模块。

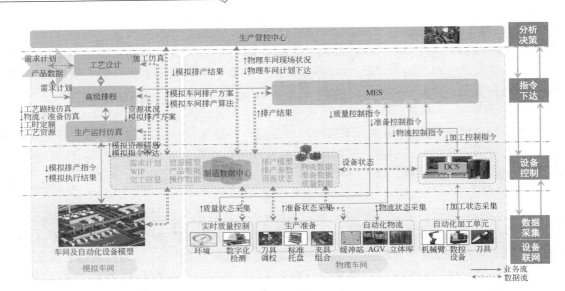

图 4-23 庆安公司智能制造信息架构

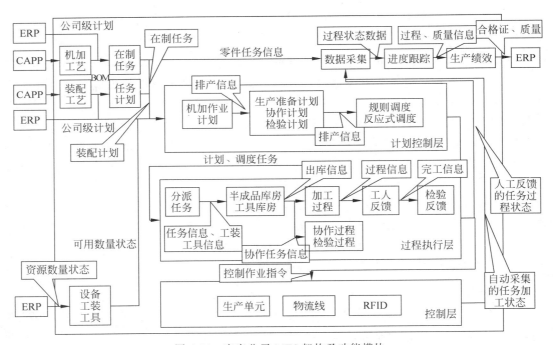

图 4-24 庆安公司 MES 架构及功能模块

3. 建设内容

1）基础数据管理

MES 的基础数据管理模块贯穿整个应用过程，通过集成 CAPP 获取结构化工艺数据、集成 ERP 获取物料及库存等数据，形成四位一体的制造数据管理，为实施生产计划和控制奠定基础。基础数据管理中包括生产现场管理有关产品、工艺数据、生产计划数据、物料类型、物料信息、工种、人员、组织机构、设备、工作中心等各方面的数据定义。

2）生产计划管理

生产计划管理模块主要包括生产指令管理模块和有限能力计划管理模块。

生产指令管理模块（其功能树如图4-25所示）协助企业生产管理部和分厂之间实现"两下一上"的生产计划下达流程，包括年计划、月计划，指令变更，还能协助生产处了解分厂在制品生产进度、生产指令完成情况等信息。

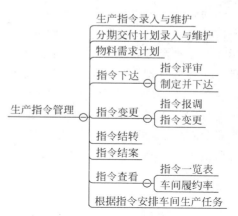

图4-25 生产指令管理模块功能树

有限能力计划管理模块包括计划排产及调度管理，主要协助分厂编制工序进度计划，在考虑零件工序复杂的网络图和零件交付期等约束下，合理制订分厂生产作业计划，从而可以按计划主动控制生产；事先进行生产准备，提前通知交接单位，从而大大提高生产管理的效率。系统提供有限能力计划工具，协助排产，全面考虑资源和所有型号的任务，实现年生产任务均衡安排。

基于约束理论（theory of constraints，TOC）的自动排产，通过色带规则、交付节点、零件重要性及松弛率、新品最大惩罚规则、加工平顺等约束配置的规则组合，实现有限生产能力和多约束满足的工序级作业排产（图4-26），并将任务下发至对应设备，指导现场生产。

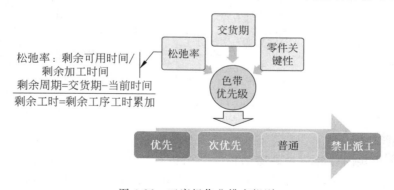

图4-26 工序级作业排产规则

3）生产准备

生产准备模块主要将依据分厂制定的月、周、双日生产计划发布给各生产相关部门，由工艺部门负责技术准备工作；由分厂计划调度员进行原材料准备工作；由工装管理人员等进行生产准备工作；由工段长进行生产准备的检查工作；MES自动进行生产准备的提醒和报警，从而达到提高生产管理规范性和效率的目的。

4）生产过程管理

生产过程管理模块包括任务管理、协作管理及反应式调度功能。主要是协助车间建立一套从分厂主管、工段到工人的生产指挥管理体系，实时采集分厂生产进度数据，形成协助各生产管理人员的报表和单据，协助分厂和生产管理部门对协作任务进行管理。

任务管理主要包括领料投产和派工反馈两大流程。结合上游ERP、下游DNC及自动化产线数据，将计划排产后的任务下发投料生产并实时监控制造过程情况，包括进度、生产过程数据记录、质量情况、异常问题等。

协作管理分为厂内和厂外两种，厂内协作是不同分厂间的协作，通常为机加、装配中涉及的热处理、表面处理工序，这时通过协作管理将主制的任务派发到协作分厂进行管理，连通整个生产流程，各分厂也能通过系统管理自己的任务。厂外协作是对委托其他公司生产部分工序的管理，主要记录物料的流转信息及完成时的状态情况。

反应式调度（其原理如图 4-27 所示）是在生产过程中实时监控生产情况，从现场快速向上游反馈加工过程中的问题，并根据问题类型将分析结果通过 MES 反馈至计划员、工艺、准备、质量人员处，辅助各领域负责人员及时处理生产问题，缩短设备停机时间，减少异常导致的效率下降，有效驱动生产有序高效进行。

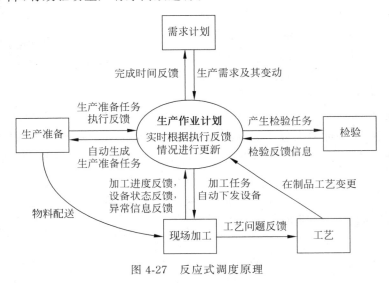

图 4-27　反应式调度原理

5）质量管理

质量管理模块的目的首先是协助检验部门进行单据信息采集，控制不合格品处理流程；其次是按照 MES 制订的生产计划，检验部门可以提前进行检验准备，检验主管可以制订检验室的人员安排计划；最后是可以对某段时间的检验数据进行统计分析，以便进行质量改进。

质量管理模块功能如图 4-28 所示。

4. 取得的成果

在产品生产制造方面，MES 实现了投产、过程卡、出入在制品库、外协、交库等制造执行的全过程监控，逐步形成了企业级、全过程的制造执行现场管理应用平台。

零部件加工、产品装配过程信息的采集和实时共享实现了作业计划下达与完工反馈的闭环管理。作业排产的应用使计划员排产过程周期由原来的 1.5d 缩短为 1.5h，作业排产结果的实际完成率达到 82%，车间计划控制到周；车间生产调度可借助信息化系统进行信息获取和了解；车间计划与调度排程通过信息化系统实现，并根据车间生产经验和逻辑进行软件编制；能够实时上传生产能力信息、排产计划信息；能够上传订单状态信息；按照接

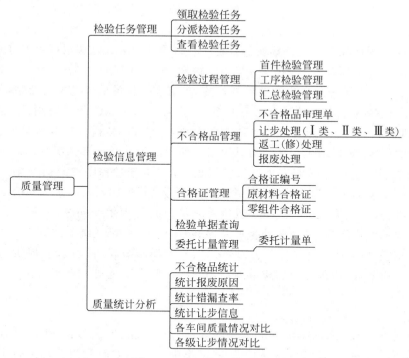

图 4-28　质量管理模块功能

收指令生成车间任务,并在系统内进行流转管理,直至任务完工,完成指令闭环管理;能够实时获取工序进展信息、物料使用状态信息;能够将排产计划下达至生产制造过程控制系统,基本按照计划进行执行。MES 成为生产作业级计划的有力支撑平台。Android 终端的现场应用为 MES 的生产准备和现场可视化管理提供了有效的信息反馈手段。装配方面实现了装试履历的电子化管理,为数字化装配管理模式提供了数据基础。

通过 MES 的建设应用,庆安公司生产管理打通了零部件制造全流程数据链,精准管控各环节数据及状态,使生产过程更透明,进而同步提升生产模式和管理模式。

5. 能力成熟度分析

由 MES 包含的功能可知,本案例包含的主要能力子域是计划与调度、生产作业,同时支持数据能力子域相关要求的举证。

1) 计划与调度

庆安公司采取企业生产管理部和分厂之间"两下一上"的生产计划下达流程,计划包括年计划和月计划,这是作为主计划的内容。分厂排产计划全面考虑资源和所有类别任务情况,基于 TOC 的自动排产,通过色带规则、交付节点、零件重要性及松弛率、新品最大惩罚规则、加工平顺等约束配置的规则组合,实现有限生产能力和多约束满足的工序级作业排产。全面满足三级 a 和三级 b 的要求,部分满足四级 a 的要求。

MES 中的派工反馈流程,结合上游 ERP、下游 DNC 及自动化线数据,将计划排产后的任务下发投料生产并实时监控制造过程情况,包括进度、生产过程数据记录、质量情况、异常问题等。满足三级 c 的要求,但是由于系统尚不能支持对异常问题的自动处置方案,所以还不能满足四级 b 的要求。

2）生产作业

从生产计划管理和生产准备模块的描述中可以看出，MES 能够根据生产作业计划自动进行生产准备的提醒和报警，通过进一步了解得知，生产计划通过 MES 直接下发生产机台和装配产线，MES 中系统预置生产工位的标签，带有工位标签的工艺文件生成后，系统直接推送至生产工位指导生产。对于机加工工序，工艺人员通过 NC 程序编制、审批和导出，传递给 RPA 机器人和光盘摆渡机，传递到工控网，再通过 DNC 机加工数控分布式控制系统下发给对应的机台，实现加工程序的自动下发。所以满足三级 a 和四级 a 的要求。

庆安公司创建了反应式调度生产管控模式，即在生产过程中实时监控生产情况，从现场快速向上游反馈加工过程中的问题，并根据问题类型将分析结果通过 MES 反馈至计划员、工艺、准备、质量人员处，辅助各领域负责人员及时处理生产问题，缩短设备停机时间，减少异常导致的效率下降，有效驱动生产有序高效进行。满足三级 b 的要求。

质量管理模块实现了检验任务、检验信息、检验结果分析等功能，从提供的功能看，可以满足三级 c 的要求（不包含产品质量问题知识库），但尚不能进行趋势预测，不满足四级 c 的要求。

3）数据

从基础数据管理的描述看，对生产现场管理有关产品、工艺数据、生产计划数据、物料类型、物料信息、工种、人员、组织机构、设备、工作中心等各方面的数据均进行了定义，并实现了与 ERP 等的集成，说明相关数据编码和交换规则均有统一的定义。满足三级 b 的要求。

参考文献

[1] 国家市场监督管理总局，国家标准化管理委员会.智能制造能力成熟度模型：GB/T 39116—2020[S].北京：中国标准出版社，2020.

[2] 国家市场监督管理总局，国家标准化管理委员会.智能制造能力成熟度评估方法：GB/T 39117—2020[S].北京：中国标准出版社，2020.

第2篇　智能制造技术

引言

随着物联网、大数据、云计算、人工智能等新一代信息技术的快速发展和广泛应用，信息技术对制造业的发展起到了重要的支撑作用。在企业层面，将信息技术与先进制造、工业自动化、现代管理等传统的工业技术相结合，通过信息化手段打通企业产品开发、生产制造、经营管理和售后服务等各环节，智能工厂的建设和智能生产的实现以深入的信息化应用为基础。

智能制造是一种综合集成技术，数字化技术是企业实现智能制造的基础。集成化经历了信息集成-过程集成-企业集成，数字化从部件的数字化定义到产品的全数字化模型，虚拟化从建模仿真到虚拟制造，再到基于建模仿真的数字孪生系统构建。以 CAD/CAE/CAPP/CAM/PLM、ERP、MES、DCS 为代表的数字化设计制造系统，正是这些贯穿研发、生产、物流各环节的信息化系统，使企业所有的技术图纸、产品数据、物料流等都可以通过数字手段实现，打通了从研发到生产、物流各环节通过数据共享的信息壁垒，实现全数字化的设计制造和数字化管理。

智能制造是利用传感器、工业软件、网络通信系统、新型人机交互方式，实现人、设备、产品等制造要素与资源的相互识别、实时联通、有效交流，企业各业务信息系统、信息系统与制造自动化系统之间需要实现深度集成。在智能感知层，通过大规模部署、泛在感知、类型多样的传感器，实时全面感知各种物体和现实世界的状态。智能传感器通过工业总线、物联网、Wi-Fi、5G、PLC、工控机等，与数字化系统或智能生产系统连接，使工业过程监测数字化、网络化和智能化。

在工业互联网时代，数据的作用会逐渐加强，数据成为工业系统运行的核心要素。利用开放的分布式信息网络、传感设备、数据采集和人工智能的高度结合，通过万物互联实现智能机器间的连接，结合软件、云计算和大数据分析，增强生产设备自动化的维护、管理、运营能力，升级传统制造业的信息化、数字化和智能化水平。

本篇介绍智能制造的关键技术，共分7章，第5章介绍信息采集与数据处理技术；第6章介绍产品数字化建模、单一数据源构建与设计制造集成技术；第7章介绍产品设计仿真、制造工艺过程仿真、生产系统的建模与仿真技术；第8章介绍数字孪生技术及其在飞机智能制造领域的典型应用；第9章介绍工业领域的先进制造技术与机器人在航空制造中的典型应用；第10章介绍工业数据体系与数据治理、工业大数据与人工智能技术；第11章介绍智能制造中的工业软件与知识工程。

第5章

信息采集与数据处理技术

10多年前出现的工业4.0概念在嵌入式系统、互联网连接和数据分析的发展过程中不断演变。制造系统中的智能传感技术在整个行业中可能差异很大,但无论具体应用如何,所提供的信息在制造过程中始终占据着至关重要的位置。

智能制造业涉及的生产环节范围广泛,有些应用场景极为复杂。智能制造系统中往往部署了大量不同类型的传感器,尽管传感器的成本、尺寸、技术和利用率各不相同,但有一点是相同的——为制造过程的现代控制技术及科学的数据分析提供实现的可能性。从传统制造向智能制造演化的过程中,传感技术始终扮演了重要角色。可以毫不夸张地说,以现代传感技术为基础的设备一直在持续不断地对制造工业进行重塑。

传感器进入制造业的历史可追溯到20世纪80年代。很多公司用计算机连接控制设备,并开始使用工业机器人进行原材料的自动化处理。工厂自动化紧随其后,实现了材料运输等重复制造过程的自动化。随后出现了智能制造的理念。传感技术实现了与物联网、数据分析和人工智能技术的有效协同,在优化流程、灵活生产、缩短交货时间、提升人力质量与效率等方面实现了蜕变式的变革。与此同时,更多的计算能力、先进的控制算法、可靠的连接与稳定的状态识别技术也成为新的挑战。

传感器是连接物理世界与数字世界的关键部件。智能传感器不仅要从物理环境中获取模拟输入信号,还要用专门的技术提取原始信号中的有效信息,才能成为数字世界中可用的数字量。因此,传统意义上仅能提供模拟电信号输出的传感器已经无法满足现代制造业的需求,智能制造业中的传感器不仅是环境感知器件,还要有足够的数据处理能力。智能传感器输出的不再是模拟信号,也不是简单的数字信号,而是可直接用于生产过程测量与控制的信息。

"信息"已经成为这个时代几乎每天都会遇到的关键词。对真实世界发生的物理事件进行建模与分析,是信息采集与数据处理技术的核心。信号是物理事件的原始表达方式,传感器将信号转换为计算机可识别的数据流,信息处理则借助各种数学工具对捕获的数据进行解释,给出一种更适合的表达方式,满足可视化、分析、操作与控制等实际应用需求。

5.1 信号中的信息

白居易的诗中有个典故,叫作"老妪能解"。《冷斋夜话》中记载:"白乐天每作诗,问曰解否?妪曰解,则录之。不解,则易之。"

如果白居易是读给这位老婆婆听的,这里的"解"就有几种可能的境界。一是能将白居易的声音转换为自然语言,二是能将这种语言转换为能书写到纸上的文字,三是能构想出诗句描述的情景,四是能理解通过这种场景表达的情感。从测量角度看,白居易读诗的声音就是原始的物理信号。"解"的第一步就是这位老婆婆必须能听到这种信号。全部在老婆婆脑海中完成的后续转换过程,就是信息采集与数据处理技术涉及的内容。观看一段无字幕的古装影视剧,对信号与信息之间的关系就会有所体验。

简单来说,可认为信号是某种信息的载体。对这种信号进行采集与分析后,得到的有实际意义的结果就是信息。

5.1.1 信号的生存域

信息的采集与数据处理一定是在某一系统中进行的。因此,信号与系统经常是一起出现的词汇,测控领域中最经典的教材是奥本海姆的《信号与系统》。

《信号与系统》中,奥本海姆对系统的定义与一般教材是不一样的。常见的系统定义如下:**系统是由若干相互作用和相互依赖的事物组合而成的具有特定功能的整体**。

文字没问题,也很容易理解,但有"看得见,摸不着"之嫌。这样定义的系统,是完全独立在客观物理世界的系统。

奥本海姆给出了一个比较"狭隘"的定义,尽管这样定义的系统不那么"通用",但这样的系统是可以人为操控的,因此更适合现实应用。

系统可看作一个过程。在这个过程中,输入信号被系统转换,成为另一个输出信号;或者,输入信号会导致系统产生某种方式的响应,从而产生另一个信号作为输出。

根据奥本海姆的定义,可以为信号的采集与处理画一个直观生动的"像":信号采集与处理是一个信号加工过程,将环境中的原始信号加工成更容易解读的电信号。

既然是加工,就需要寻找一个合适的加工场所,这个加工场所就是"域"。

实际测量中得到的原始信号,大部分是时间的函数,称作时域信号。如果时间变量是连续取值的,则称为连续时间信号或模拟信号 $x(t)$。计算机中能够处理的是离散取值(一般以等时间间隔的方式取值)的信号,称为离散时间信号或时间序列 $x(n)$。

时域信号的信号幅值是时间的函数,或者说信号是"生存"在时间轴上的。这种信号的处理方式就是时域信号处理。如图 5-1 所示,如果只是想得到脉冲发生的时刻,就可以直接在时域中进行处理。

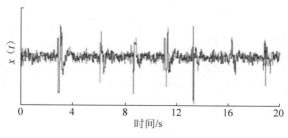

图 5-1 时域信号举例

然而,有些信号在时域中并不容易观察出规律,如图 5-2(a)所示的信号:
$$x(t) = 2\sin(16\pi t) + 1.5\sin(30\pi t) + 0.5\sin(60\pi t) + n(t)$$
式中,$n(t)$ 为高斯噪声。傅里叶变换后的信号(图 5-2(b))是"生存"在频率轴上的,所以称为频域信号。

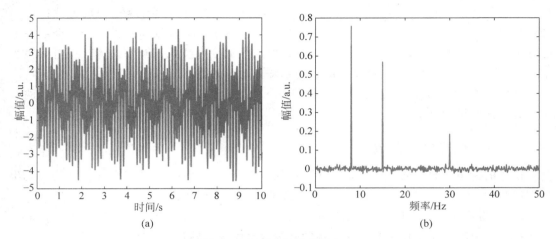

(a)　　　　　　　　　　　　(b)

图 5-2　周期信号的频域表达

　　将时域信号转换为频域信号，最明显的好处是更容易表达，也更容易理解。图 5-2（a）中需要用很长一段曲线表示的时域信号变换到频域后，仅在 3 个频率点处有值。曲线中出现的峰表示信号在该频率处有更多的能量，因此分析起来更方便。比如发动机的振动信号，频域曲线中的峰往往是与发动机内部运动部件的工作状况（如转速）对应的。对一些关键峰值频率进行分析，就可得到发动机运行状态的信息。

　　对比图 5-1 与图 5-2，不难发现一个共同之处：适合信号"生存"的域中，信号的能量是集中在有限个"点"上的。这种现象叫作"稀疏"。信号变换的一个重要目标，就是为原始信号寻找到一个有"稀疏"特性的生存域。如果信号在时域是稀疏的，就不需要变换。如果信号在频域是稀疏的，傅里叶变换就是非常好用的数学工具。如果信号在时域、频域都不稀疏，短时傅里叶变换或更复杂一些的小波变换，即所谓的时频联合分析，就成为一种更合理的选择。

　　如图 5-3 所示，相比时域、频域的表达方式，将信号变换到时间-频率轴共同组成的空间中，可更明显地观察信号中 7.5s 附近的突变，因此时频域是更合适的信号生存域。

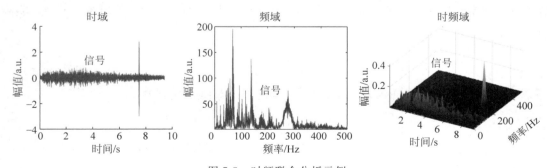

图 5-3　时频联合分析示例

5.1.2　传感器与信号转换

　　从数学角度看，传感器与测量系统的定义是相同的。假设物理信号是随时间连续变化的 $x(t)$，传感器与测量系统的功能就是在这种信号的激励下给出合适的响应。

　　传感器与测量系统的输入信号是 $x(t)$，输出则是电信号 $y(t)$，$y(t)$ 是 $x(t)$ 的函数，$y(t)=f(x(t))$。测量系统的作用是建立一种映射关系，将真实世界的物理信号映射到用电压或电流等电信号表达的空间中。传感器作为连接物理世界与测量系统的中间媒介，尽可能真实反映物理信号的变动情况，是最基本的要求。线性非时变这一通常在控制类教材中出现的概念，就成为传感与测量系统的首选映射关系。

　　生活中的很多测量系统都具有线性非时变特性。用体温计测量体温，相同的人体体温，当然希望每次测出的体温值都是相同的。也就是说，体温计的输入与输出之间的映射关系，不应该随时间的变化而改变，这种特性就是非时变。买水果时的电子秤单独称两个苹果，与两个苹果一起称，得到的结果也应该是相同的。这种"先加后加一个样"的特性就是线性。同时满足上述两种特性的系统就是线性非时变系统，简称为 LTI（linear time-invariant）系统。相伴而来的是人工智能时代开始广为人知的另一个专业概念——卷积。

　　用冲激响应函数 $h(t)$ 刻画 LTI 系统的输入输出特性，输出信号 $y(t)$ 等于输入信号 $x(t)$ 与 $h(t)$ 的卷积：

$$y(t)=\int_{-\infty}^{+\infty}x(\tau)h(t-\tau)\mathrm{d}\tau=x(t)*h(t) \tag{5-1}$$

　　系统的冲激响应函数 $h(t)$，就是输入为 $\delta(t)$ 时系统的输出响应：

$$h(t)=f(\delta(t)) \tag{5-2}$$

LTI 系统兼具线性、时不变特性，因此 $h(t)$ 具有图 5-4 所示的特性。

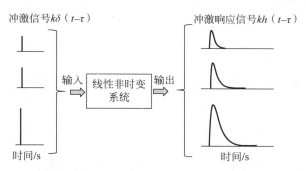

图 5-4　LTI 系统的冲激响应

　　系统的输入信号 $x(t)$ 可视为一系列 $\delta(t)$ 的线性组合：

$$x(t)=\int_{-\infty}^{\infty}x(\tau)\delta(\tau-t)\mathrm{d}\tau \tag{5-3}$$

　　考虑 LTI 系统的线性、时不变特性。既然输入信号 $x(t)$ 是一系列 $\delta(t)$ 的线性组合，输出信号 $y(t)$ 自然就是一系列 $h(t)$ 的线性组合：

$$y(t)=f\left[\int_{-\infty}^{\infty}x(\tau)\delta(\tau-t)\mathrm{d}\tau\right]=\int_{-\infty}^{\infty}x(\tau)f[\delta(t-\tau)]\mathrm{d}\tau=\int_{-\infty}^{\infty}x(\tau)h(t-\tau)\mathrm{d}\tau$$
$$\tag{5-4}$$

　　对比公式最右侧与式(5-1)不难发现，LTI 系统输入与输出之间的映射关系就是卷积。卷积具有互换性：

$$y(t)=\int_{-\infty}^{\infty}x(\tau)h(t-\tau)\mathrm{d}\tau\equiv x(t)*h(t)=h(t)*x(t) \tag{5-5}$$

注意这里的卷积运算符"*"。尽管在计算机编程时经常被用作乘法符号，但这里则是完全不一样的运算。由于输出是输入信号与每一时刻 $h(t)$ 的乘积与积分，卷积运算比乘积运算复杂很多。

图 5-5 展示了信号通过 LTI 系统时的卷积运算过程。$x(t)$ 最左侧的信号最先进入系统，产生最初始的输出，因此存在一个"反卷"的过程。

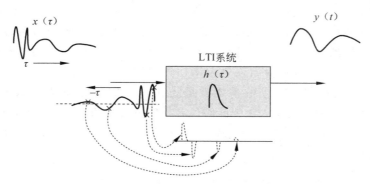

图 5-5　信号通过 LTI 系统时的卷积运算

幸运的是，当变换到频域时，这种烦琐的卷积运算会变换为简单的乘积运算。对式(5-5)进行傅里叶变换：

$$\text{FT}\left[h(t) * x(t)\right] = \text{FT}\left[\int_{-\infty}^{\infty} h(\tau)x(t-\tau)\mathrm{d}\tau\right] = \int_{-\infty}^{\infty}\left[\int_{-\infty}^{\infty} h(\tau)x(t-\tau)\mathrm{d}\tau\right]\mathrm{e}^{-\mathrm{j}\omega t}\mathrm{d}t$$

$$= \int_{-\infty}^{\infty} h(\tau)\left[\int_{-\infty}^{\infty} x(t-\tau)\mathrm{e}^{-\mathrm{j}\omega t}\mathrm{d}t\right]\mathrm{d}\tau$$

右侧方括号内的积分，就是将 $x(t)$ 时移后的信号 $x(t-\tau)$ 的傅里叶变换 $X(\omega)\mathrm{e}^{-\mathrm{j}\omega\tau}$，因此

$$Y(\omega) = \text{FT}\left[h(t) * x(t)\right] = \int_{-\infty}^{\infty} h(\tau)X(\omega)\mathrm{e}^{-\mathrm{j}\omega\tau}\mathrm{d}\tau$$

$$= X(\omega)\int_{-\infty}^{\infty} h(\tau)\mathrm{e}^{-\mathrm{j}\omega\tau}\mathrm{d}\tau = X(\omega)H(\omega) \tag{5-6}$$

有意思的是，这种"卷积–乘积"的变换特性反过来也是成立的。如果两路信号在频域中为卷积，则在时域中同样会变换为简单的乘积运算。

$$X_1(\omega) * X_2(\omega) \leftrightarrow x_1(t) \cdot x_2(t) \tag{5-7}$$

因此，LTI 系统的映射关系可简单总结如下：

(1) 时域中，输入与输出之间是卷积关系，$y(t) = h(t) * x(t)$。

(2) 频域中，输入与输出之间是乘积关系，$Y(\omega) = X(\omega)H(\omega)$。

再来看传感与测量系统，很容易建立更直观的概念。输入信号函数、输出信号函数、系统的映射函数中只要知道两个，就可以借助这种映射关系计算得到第三个。

5.1.3　信号的采集与加工

考虑图 5-6 的情形。小明必须及时获得箱内液位的数值，才能合理地调整阀门开度。液位数值来自以下两个元件的共同作用：箱体侧面的液位观察管与小明的眼睛，两者共同

组成液位传感器。观察管上需要标记刻度线,小明才
能读出液位数值。刻度线的精细程度决定了读出液
位数值的精准程度。如果观察管本身设计得当,可非
常迅速地反映液位的变化,则传感器具有快速响应特
性。如果观察管的内径太小,而箱内的流体黏度又很
大(比如黏稠的油),则观察管中的液位可能低于箱中
的液位。这种时间上的延迟就是传感器的动态响应
特性。

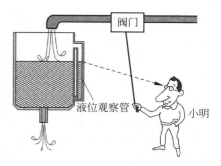

图 5-6　液位测控系统示例

　　进一步考虑更复杂的情形。箱体与阀门距离较
远,小明负责观察液位,将读出的液位数值告诉小华,小华再去调节阀门。小明与小华需用
都能听懂的语言进行交流。小明与小华之间的信息传递媒介(比如对讲机)就是测量系统
中的接口。而沟通用的语言及表达方式,需要事先协商好,就是数字通信系统中的协议。

　　图 5-7 给出了测控系统的基本框架。小明需要将连续不断的液位波动信号转换为一个
个离散的读数,这种从连续信号到离散读数的转换,就是模拟数字转换(ADC)。小华则需
要将小明发送过来的读数转换为连续变化的阀门开度,才能很好地控制液位。这种从离散
读数到连续信号的转换,就是数字模拟转换(DAC)。至于如何将液位读数转换为控制阀门
开度的数值,可以由小明负责,也可以由小华负责。在测控系统中则由位于中间位置的计
算机(或有计算功能的单元)完成。

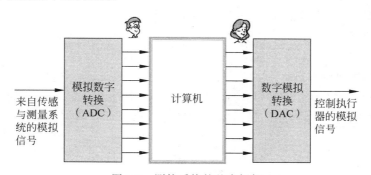

图 5-7　测控系统的基本框架

　　传感器获取的原始信号绝大部分不理想。传感器本身可能是非线性的,噪声也不可避
免地存在。在将这些信号发送到后续处理单元之前,必须设法去除或尽可能削弱这些非理
想因素。此外,输出信号的幅度(过高或过低)及形式(模拟/数字)也需要进行修饰,以适应
后续接口的要求。这种对信号的修饰操作统称为信号调理,如图 5-8 所示。

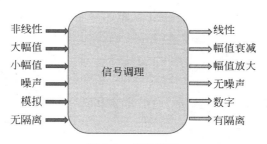

图 5-8　信号调理

不难发现，图 5-8 中的信号调理绝大部分是针对模拟信号的。实际上，随着集成电路及微机电系统（MEMS）技术的进步，很多商品化的传感器已经将这部分信号调理功能集成到芯片中，传感器的输出直接就是兼容各种通信协议的数字信号。从某种程度上来说，教科书中定义的那种将非电量转换为电信号的传感器，在真实应用中出现的机会已经非常少了。

对采样后的信号进行数字滤波，相对而言更常见。与模拟滤波相似，常见的数字滤波器也是线性非时变系统。由于这里的时间变量是离散的采样时刻，所以一般称为线性非移变系统，简称 LSI(linear shift-invariant) 系统。

数字滤波器处理的 $x(n)$ 默认是 $x(t)$ 经等时间间隔、等幅值间隔 ADC 的采样结果。

与模拟电路器件构建的模拟滤波器相比，数字滤波器只是对 $x(n)$ 进行数学运算，所以操作起来更方便，可以实现很多在模拟电路中难以实现的复杂滤波特性。需要强调的是，数字滤波器处理的是 ADC 后获得的 $x(n)$，因此"默认" $x(n)$ 有效保留了原始模拟信号 $x(t)$ 中的信息。换句话说，信号采集系统中位于 ADC 之前的模拟电路与数字滤波器的作用是完全不同的，因此不存在相互替代问题。

数字信号是离散的时间序列。因此输入信号 $x(n)$ 与输出信号 $y(n)$ 之间的关系是差分方程：

$$\sum_{k=0}^{n} a_k y(n-k) = \sum_{k=0}^{m} b_k x(m-k) \tag{5-8}$$

将当前输出信号 $y(n)$ 单独写在左侧，取 $a_0 = 1$：

$$y(n) = \sum_{k=0}^{m} b_k x(m-k) - \sum_{k=1}^{n} a_k y(n-k) \tag{5-9}$$

考虑如下两个简单的例子。

例 1 $y(n) = ay(n-1) + x(n)$，公式右侧不仅有输入 $x(n)$，还有前一时刻的输出 $y(n-1)$。也就是说，前一时刻的输出会反馈到输入端。这种有反馈的数字滤波器称为递归滤波器。

例 2 $y(n) = a_0 x(n) + a_1 x(n-1) + a_2 x(n-2)$，公式右侧仅有输入 $x(n)$，没有前面时刻的输出 $y(n-k)$。也就是说，这种 LSI 系统是没有反馈的，称为非递归滤波器。

用 $\delta(n-k)$ 替代差分方程中的 $x(n-k)$，用 $h(n-k)$ 替代 $y(n-k)$，即可得到滤波器的单位冲激响应 $h(n)$：$h(n) = ah(n-1) + \delta(n)$，$h(n) = a_0 h(n) + a_1 h(n-1) + a_2 h(n-2)$。

例 1 的系统中存在由输出到输入的反馈，单位冲激响应 $h(n)$ 是无限长的，即

$$h(n) = \begin{cases} 0 & n < 0 \\ ah(-1) + \delta(0) = 1 & n = 0 \\ ah(0) = a & n = 1 \\ ah(1) = a^2 & n = 2 \\ a^n & n \geq 0 \end{cases}$$

相比之下，例 2 的单位冲激响应 $h(n)$ 则是有限长的，即

$$h(n) = \begin{cases} 0 & n < 0 \\ b(0) & n = 0 \\ b(1) & n = 1 \\ b(2) & n = 2 \\ 0 & n > 2 \end{cases}$$

因此,根据单位冲激响应 $h(n)$ 的长度,数字滤波器分为两种类型:递归滤波器的 $h(n)$ 无限长,因此称为无限冲激响应滤波器,简称 IIR(infinite impulse response)滤波器;非递归滤波器的 $h(n)$ 有限长,因此称为有限冲激响应滤波器,简称 FIR(finite impulse response)滤波器。

由于系统中不存在反馈环节,FIR 滤波器不仅系统稳定,而且很容易实现线性相位,因此在实际应用中更常见。相比之下,存在反馈环节的 IIR 滤波器,尽管需要考虑稳定性及相位非线性等问题,但实现相同高频滚降需要的滤波阶数较低,计算过程中对内存与计算量的要求不高,因此在一些对相位特性要求不高的场合,也能取得很好的应用效果。

线性相位是信号滤波中的一个重要概念。信号通过滤波器后,幅值与相位均可能发生改变。如果输入信号的频率成分均处于滤波器的通带范围内,滤波器的相位特性是线性的,则输出信号会完美保持输入信号的波形形状,而不会发生时域波形的畸变,即实现不失真测量。

所谓不失真,大致相当于音乐爱好者追求的高保真,关注的是信号时域信号波形的保持程度。

这里要提到傅里叶变换。在信号的频域分析中,一般更关注信号中究竟包括哪些频率成分,因此经常见到傅里叶变换后的幅值谱。然而相同的幅值谱,不同的相位谱,得到的时域信号波形可能是完全不同的。

线性相位滤波器的传递函数可写为

$$H(\omega) = \frac{Y(\omega)}{X(\omega)} = H_0 \mathrm{e}^{-\mathrm{j}k\omega} \tag{5-10}$$

在滤波器的通带范围内,对所有频率成分的增益是相同的,因此 H_0 为常数。线性相位是指相位 $k\omega$ 与频率 ω 成正比,所以 k 也是常数。式(5-10)变换到时域,即可得到输入输出之间的关系:

$$y(t) = H_0 x(t - k) \tag{5-11}$$

显然,与输入信号相比,输出信号仅仅是幅值增加为 H_0,时间延迟了 k,但信号的波形不会发生改变。也就是说,信号通过线性相位滤波器后,时域信号的波形可以得到完美保持。

再回到卷积的概念。信号通过线性非时变系统后,输出是输入信号与系统冲激响应函数的卷积。数字滤波器也是一种线性非时变系统,所以这种卷积关系依然存在:

$$y(n) = \sum_{-\infty}^{\infty} x(n)h(n-k) \equiv x(n) * h(n)$$

换一个角度看,上面的公式可以解读为:数字滤波器的输出就是输入时间序列 $x(n)$ 某种形式的加权和。所以,计算机中对 $x(n)$ 的任何计算操作,都可以看作一种数字滤波。

下面来看一种常见的操作,即互相关。两路实信号 $x(t)$ 与 $y(t)$ 的互相关函数定义为

$$R_{xy}(\tau) = \int_{-\infty}^{\infty} x(t)y(t-\tau)\mathrm{d}t \tag{5-12}$$

与卷积公式非常像。也正因如此，计算机中通常会借助快速傅里叶变换在频域计算互相关，以提高计算速度。

将 LTI 系统中的卷积公式改写为

$$y(t) = x(t) * h(t) = \int_{-\infty}^{\infty} x(\tau)h(t-\tau)\mathrm{d}\tau = \int_{-\infty}^{\infty} x(\tau)h[-(\tau-t)]\mathrm{d}\tau \tag{5-13}$$

对比式(5-12)与式(5-13)，两式的区别仅在于一个负号。也就是说，卷积多了一个"时间反卷"的环节。将两者结合起来，就可以得到一种在测量中很有用的计算方式。

LTI 系统，输入信号 $x(t)$ 与输出信号 $y(t)$ 之间的互相关为

$$R_{xy}(t) = \int_{-\infty}^{\infty} x(\tau)y(\tau-t)\mathrm{d}\tau = \int_{-\infty}^{\infty} x(\tau)\int_{-\infty}^{\infty} x(\tau)h(t-\tau)\mathrm{d}\tau\mathrm{d}\tau$$

$$= \int_{-\infty}^{\infty} h(\tau)\int_{-\infty}^{\infty} x(\tau)x(t-\tau)\mathrm{d}\tau\mathrm{d}\tau = \int_{-\infty}^{\infty} h(\tau)R_{xx}(\tau-t)\mathrm{d}\tau = h(t) * R_{xx}(t)$$

即

$$R_{xy}(t) = h(t) * R_{xx}(t)$$

也就是说，LTI 系统输入与输出信号之间的互相关，等于输入信号自相关与系统冲激响应函数 $h(t)$ 的卷积。如果输入信号的自相关近似于 $\delta(t)$ 函数，则有

$$R_{xy}(t) \approx h(t)$$

因此，可借助输入与输出之间的互相关，计算系统的冲激响应函数。

现实应用中，锤击产生的 $\delta(t)$ 信号是测试 $h(t)$ 的常用手段。然而这种短时脉冲的持续时间及信号能量都是有限的。相比之下，线性调频(linear frequency modulation，LFM)的信号，即俗称的 chirp 信号，自相关函数恰好近似于 $\delta(t)$ 函数，且幅值与持续时间均可根据需要调节，因此应用起来更方便。

图 5-9 给出了一个例子。利用扬声器发射时长 40ms，线性调频范围 18～22kHz 的 chirp 信号，通过计算发射信号与麦克风接收的回波信号之间的互相关，可得到人体呼吸乃至心跳导致的微小运动信号。

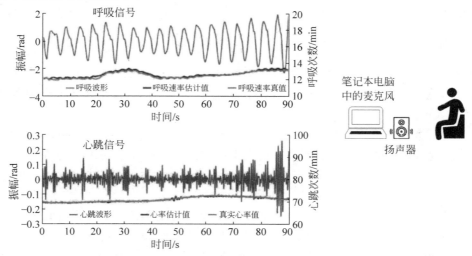

图 5-9　利用 18～22kHz 的声信号测量人体呼吸与心跳

5.2 物理世界与网络世界中的数据流

多年以前,曾经有个惊人的说法叫作消失的计算机。计算机的功能当然不会消失,消失的是计算机的直观形象。比如,智能手机有强大的计算功能,但很少有人意识到手机中计算机的存在。类似的,传感器会消失,并不是功能层面的消失,而是感官层面的消失。实际应用中直接接触的是嵌入式系统。嵌入式系统将传感器的输出信号转换为数据流。许多连接到网络的嵌入式系统,将物理世界与网络世界联通到了一起。

统一考虑物理世界与网络世界的协同工作,就是工业 4.0 的核心概念——CPS。CPS是建立在嵌入式系统之上的系统,是系统之系统。现代测量与控制技术直接应对的是 CPS中的数据流。

5.2.1 嵌入式系统与设备间的信息互联

信息时代带来的突出印象之一,就是很多产品名称中出现了"智能"字样。智能传感器的一种常见定义如下:智能传感器是由微处理器驱动,具有本地运算及通信功能,可向监测系统和/或操作员提供信息,以提高操作效率并降低维护成本的传感器。这里的"本地运算"应该是最核心的功能。既然是运算,就要有保存在本地的计算公式,还要对采集的数据流有一定的存储能力。因此,将器件本身是否存在记忆环节作为判定"智能"器件的简单标准,尽管不很严谨,但对于大部分情形而言,还是合理的。

实际上,以单片机为代表的嵌入式微处理器从一开始进入市场,就与传感器应用技术紧密结合,将传统测量系统中分立实现的"敏感单元 + 信号调理 + ADC + 算法 + 通信"功能,集成于同一电路板甚至同一芯片中。

如图 5-10 所示,虚线框内的功能环节,都可用嵌入式微处理器来实现。借助大规模集成电路制造技术,不仅数据通信模块可以集成到嵌入式系统中,通常采用模拟电路实现的信号调理,乃至一些可以用 MEMS 技术实现的敏感元件(如温度、压力、加速度等),也可以集成到同一芯片中,以元件形式成为整套测量系统中的一个基本单元,实现待测参量到数据流的转换。

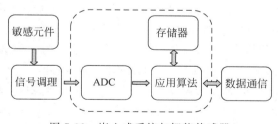

图 5-10 嵌入式系统与智能传感器

实际上,1998 年起,用于嵌入式系统中的微处理器,市场出货量就已超过用于个人计算机的处理器。以微处理器为核心构建的嵌入式系统,已经成为现代测控系统的基本单元。嵌入式系统本身具有足够强大的计算功能,不仅为构建功能复杂的智能传感器提供了技术基础,也直接导致测控系统架构及运行方式的根本性变革。系统中流动的不再是简单的模拟/数字信号，而是经过计算处理后的数据流。相应地，软件成为影响系统复杂度及开发成本的主要因素。据统计，嵌入式系统开发过程中，软件开发成本占 70%～80%。现代测控系统中的智能传感器，不仅要收集、存储、传输数据，还要有足够强的数据管理能力。

现代嵌入式系统几乎可以实现一台简单工控机的所有功能。可以说，嵌入式系统已经替代了传统形式的传感器，成为连接物理世界与网络世界的实际可见的器件。将许多嵌入式系统通过网络连接，就是工业 4.0 的核心概念——CPS。直观来看，嵌入式系统关注物理世界，传统意义上的物联网更关注互联的网络世界。CPS 的位置则更高一些，统一考虑了物理世界与网络世界的协同工作。

除了物理世界与网络世界，现代信息技术还有其他领域吗？貌似没有了。所以，信息物理系统是一个庞大无比的"筐"，几乎所有现代技术与设备的研究开发与应用，都可以在这里找到自己的位置。

实际物理系统的功能总是由很多部件或设备互相连接，协同工作实现的。因此，即使在互联网出现之前，也存在数据传输需求。互联网出现之后，这种互联技术变得更重要，也更复杂。然而新技术进入工业品的生产需要一个过程。尤其是在大型设备中，考虑到成本、安全等方面的因素，通常采用保守设计的原则，新技术向产品的转移速度更慢一些。相应地，器件或设备间的连接方式也呈现多种技术并存的现象。

在信号传输方面，以气体/液体为传输媒介的压力信号，已经有上百年的发展历史。在一些特殊场合，比如石油行业的井下信号传输中，还能见到应用。与实验室中常见的电压信号不同，工业现场常用 4～20mA 的电流信号进行传输。由于电流为功率信号，尤其适合存在电磁干扰或需要进行长距离传输的场合。4～20mA 可用模拟信号的方式传输，也可用模拟/数字的混合方式传输。例如，现场总线中的可寻址远程传感器高速通道（HART）协议就是采用混合方式进行数据传输。以总线形式进行传输，是最常见的数字信号传输方式。不需要布设电缆的无线信号传输方式则是无线传感网的核心技术。

器件或设备间的互联技术也是如此。尽管测控网络越来越复杂，但基本的连接方式依然呈共存状态。在人们印象中技术先进与否，更多地出现在学术研究领域。在实际应用中，能解决问题的方案就是合理的方案。

例如，上位机下位机系统的说法，2000 年之后在文献中就不常见了，但这种架构的测控系统还广泛应用于工业现场。布设在现场的测控设备称为下位机，通过电缆线与位于控制室的中央计算机（上位机）相连。数据的复杂处理均由上位机完成。由于所有的数据处理及管理功能均集中在上位机中，可将上位机和下位机系统视为一种最简单的中心化系统。

更复杂的中心化系统则是以中央计算机（服务器）为核心的监控和数据采集（supervisory control and data acquisition，SCADA）系统。SCADA 系统的中心设备是一台服务器及一台大容量的数据存储设备。网络时代有个很重要的名词，叫作"去中心化"。从时代发展的角度看，SCADA 应该算是一种非常不合理的存在，但在某些领域中依然是一种非常主流的架构，主要应用于侧重大型组态软件的数据采集与监控系统。这类系统的应用对象一般有两个特征：一是测控设备的地理位置分散，二是需要进行大量的数据计算，运行大型的组态软件。这类系统常应用于分布式水、电、气资源的远程管理。在大型放疗设备中，也常采用这种架构。

DCS 是最常见的分布式测控系统架构。名字中之所以没有"测"是由历史原因导致的。

早期的 DCS 用于管理分布于不同空间物理位置的数字式控制设备。现在的 DCS 则广泛用于多台分布式测量与控制设备的中心化管理,由功能与物理上独立的多个测量、控制、数据处理、数据存储、人机交互等设备组成。所有设备都通过速度足够快的数字网络相互连接,以确保相关信息的及时传输与共享,因此也成为生产企业信息化的基本架构。

CPS 是一种连接多个计算实体、实现协同运算的系统。这里所说的计算实体可以是个人计算机或服务器,也可以是功能相对简单的嵌入式系统。从测量与控制的角度看,CPS包括图 5-11 所示的 3 个部分,即物理过程、接口、信息系统。物理过程是指需要监测或控制的具体物理现象,信息系统包括嵌入式系统以及在分布式环境中进行信息处理与通信的全部器件。接口则是连接信息系统与物理过程的那些通信网络与中间器件,包括彼此连接的传感器、执行器、ADC、DAC 等。

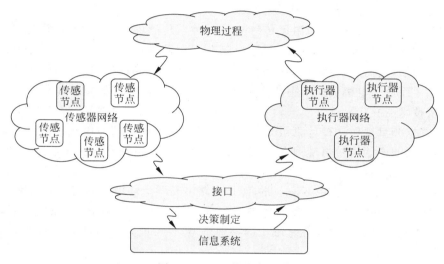

图 5-11　CPS 的基本组成

从测控系统研究开发的角度看,CPS 带来的更重要的变革是"开源"。

嵌入式系统成为信号,从物理世界进入网络世界的入口,占据 70%～80% 的软件开发成本,成为产品研发的重要考虑因素。传统形式的嵌入式系统开发通常面向大批量生产的产品,采用专用硬件和软件开发工具。这样设计出的嵌入式系统能够实现所有软/硬件资源的充分优化,比如最小的尺寸和重量、最小的能耗、最低的价格及最高的运行速度。然而缺点也是明显的:开发时间长,开发成本高。相比之下,基于开源软/硬件平台的嵌入式系统开发可以充分利用现有的网络资源,相当于很多技术人员在虚拟空间进行合作开发,在开发周期与开发成本方面具有明显的优势。对于一些小批量甚至单件产品的研发来说,可以取得更大的经济效益。

从这一角度看,不受知识产权限制的 Linux 操作系统、网络上有大量代码资源的Python 语言等现象的出现,背后的驱动力量未必仅是知识产权,还可能是一种跨地域技术合作的现实需求。

5.2.2　直接测量与软测量技术

在传感器这一名词出现之前,传感技术被称作"非电量的电测量"。顾名思义,传感器就是将位移、速度、加速度等物理量转换为电信号的器件。

从外部功能上看，传感器工作方式非常专一，输出的电信号直接与被测物理量成线性关系。比如，压力传感器（注意：由于历史原因，压力传感器测量的是流体的压强，中文中没有压强传感器）直接测量气体或液体的压强，温度传感器直接测量待测对象的温度。

这种直接将待测物理量转换为电信号的方式，就是直接测量。

然而，从内部工作原理看，传感器真正的敏感参量未必是需要测量的物理量。比如，用热敏电阻测量温度，真正测量的是电阻值，再经过计算转换为温度值。所以，严格意义上的直接测量非常少。也正因为如此，测量同一种物理量，才会出现多种原理的传感器。

与直接测量相对的是软测量。这里的"软"是指"软件"。也就是说，从传感器获取的信号需要经历一个软件计算的环节，才能得到感兴趣的测量结果。相应地，建立在软测量技术基础上的传感器称为软传感器或虚拟传感器。

按照这样的定义，也可认为温度传感器是一种软传感器，但一般不这样称呼。软传感器的核心是软件算法，面向的应用问题是如何在不直接测量的情况下，获得某物理参量的测量结果。例如，滚筒洗衣机中的衣物称重问题。如果直接用称重传感器，实现的技术难度会相当大。而借助电机负荷功率的测量间接实现软测量，实现就非常方便。

软测量技术的核心是软件算法，一般是基于控制理论的软件算法，因此有时也称为"观测器"。可将软测量视作一种计算过程，输入的原始信号是借助简单易实现的传感器获取的数据流，涉及的原始信号可能有几十路甚至数百路。与常规意义上的传感器相比，软传感器的特点可总结为如下两个方面。

（1）流入计算过程的往往不是一路，而是多路容易测量的信号形成的数据流。

（2）这些容易测量的信号与感兴趣参量之间的映射关系可能是线性的，也可能是非线性的。可能是建立在第一性原理基础上的物理模型，也可能是直接建立在数据驱动基础上的经验模型。

软传感器更多用于需要进行在线测量的场合，比如大型工业过程、食品加工过程的监控。典型的软传感器如卡尔曼滤波器，而新型的软传感器则可能用到神经网络、模糊计算或更复杂的人工智能算法。

如图 5-12 所示，利用软件算法实现的估计器是软传感器的核心。对过程变量 x、y 的估计需要一个计算模型。计算模型是系统先验知识的整合，也是保证测量精度的关键。模型的复杂程度取决于软传感器开发的目标与系统的复杂性，可以涉及从零到数千个动态变量的计算。简单的模型只需要很小的计算能力执行估计算法，在嵌入式系统中即可实现。如果是更复杂的模型，则需要部署更强大算力的计算单元。

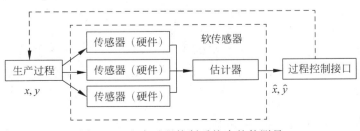

图 5-12　生产过程控制系统中的软测量

软测量方案的设计必须收集尽可能多的先验知识,进而确定最根本的测量问题:为计算出感兴趣的参量,需要考虑哪些参量?如果忽略一些重要的参量,则计算模型的品质可能会很差。如果包括一些与输出无关的参量,则这些参量很可能会干扰计算结果。

需要特别注意的是,数据分析尤其是大数据分析得到的结果是相关关系,而不是因果关系。常规传感器的计算模型通常是建立在第一性原理上的。尽管实际操作中只是分析输入与输出之间的相关关系,但背后的物理原理可为因果关系提供足够的依据。软测量的间接测量特征则更倾向于数据间的相关关系,无形中淡化了因果关系在测量中的影响。例如,夏季冰激凌的销售量与空调的销售量是正相关的,但这种相关关系不是因果关系。更高的环境温度导致更高的冰激凌销售量,这才是因果关系。所以,尽管理论上可以用空调的销售量估计冰激凌的销售量,但用环境温度估计冰激凌的销售量,计算结果的可信度会更高一些。

建立在数值计算基础上的软测量,本质上是无法区分相关性和因果关系的。因此,原始信号的合理选取是成功的关键。经验丰富的领域专家、合理的物理运行机制分析等都有助于提高软测量的性能。当然在某些情况下,单纯依赖数据分析的软测量也可能得到不错的结果。比如罗切斯特大学的 Henry Kautz 小组研发的 Twitter Health,可以根据发表在 Twitter 微博上的文字内容计算出季节性流感的分布和传播,得到的结果完全不亚于疾病控制中心。

随着信息物理系统的出现,软传感器的应用越来越广泛。当需要考虑测量的可用性、成本、质量和实用性时,尤其是在一些因存在经济或技术限制(例如空间不足、环境条件恶劣、操作条件极端)而无法采用物理传感器进行在线测量的场合,软传感器往往可以提供满足需求的解决方案。典型示例如下。

(1)单次测量成本非常昂贵,因此只能定期进行。比如,设备中的润滑油品质监测,取样检测成本高且实时性差。软传感器的估计精度尽管不是很高,但可以提供一种在线测量的解决方案。

(2)无法直接测量的过程变量。比如系统热负荷的测量,利用系统动力学知识,软传感器可以根据冷却剂质量流量与系统温度的测量数据,计算得到热负荷的测量结果。

(3)环境条件差或空间狭小,无法在目标位置部署传感器。比如前文所述的滚筒洗衣机的例子。在一些文献中,冠以 sensorless(无传感器)字样的测量系统往往属于这类软传感器。

5.2.3 时间序列分析与智能感知

传感器逐渐隐身于嵌入式系统,带来的一个重要转变是数值计算功能的位置前移。测量直接面对的往往不再是模拟信号,而是网络中的数据流,尤其是 A/D 采样后得到的时间序列。特别地,各种各样的数值算法往往是以某种迭代运算的方式进行的。这种类似反馈机制的迭代运算,将传统课程体系中分开学习的测量与控制理论很好地融合在了一起。

从本质上讲,所有的测量都是一种猜测。测量追求的目标是尽可能提高这种猜测的准确程度,也就是尽可能测得更准一些。

之所以说所有的测量都是一种猜测,是出于两方面考虑:一是测量系统都是有模型的。既然是模型,就一定是物理系统实体的简化,所以具有猜测性质。二是所有的测量都是有误差的。如何缩减误差范围是提高测量性能的关键。所以，在以时间序列分析为代表的测量理论中最常出现的是统计学中的"估计"一词，最重要的概念是随机变量。

首先介绍一下随机变量的概念。考虑生活中的两个例子。第一个例子是硬币面值的平均值。5 枚不同面值的硬币，可以通过均值计算轻松得到硬币的平均面值。第二个例子是人体体重。用电子秤称量同一个人的体重，5 次称量得到不同的数值，同样可以用平均的方法得到体重的估计值。从计算方式上看，这两个例子没有什么不同。然而从测量角度看，两者是有本质区别的。所有 5 枚硬币的面值，或者说观测对象的真实状态是明确的，所以平均计算结果就是真值。人的体重是未知的，或者更专业一些说，体重是一个隐藏变量。平均计算得到的是体重的（数学）期望值。

拓展到测量领域，需要测量的物理量是永远不知道真值的变量，也就是随机变量。所谓测量，就是从一组观测结果中"计算"（估计）出测量目标的实际状态。例如，希望跟踪某物体的当前位置，不同的应用采取的方案不同，但基本的信息来源是相似的，如来自机械、惯性、光学、声学或磁性传感器的信号，并且是有噪声的电信号，A/D 采样后，信号就成为以时间序列形式出现的随机变量。

再比较传感技术与状态感知之间的区别。传感技术关注的是具体的参量，状态感知关注的则是对象当前的情况。所以，状态感知肯定不是测量单个变量就能实现的。

传统教材中涉及状态感知的是状态空间表达式，它是现代控制理论的起点。很多人在本科阶段学过的控制工程基础，即波特图、比例-积分-微分（PID）校正等内容，是以拉普拉斯变换为基础的，属于古典控制理论。现代控制理论是以状态空间为起点的。所以，状态一词本来是属于控制的，进入测量领域的起因，一是导航，二是机器人。因为这两种情形都是测控一体的。

考虑一台机器人在室内运动的场景。在某一时刻 t_k，机器人的状态可以用当前位置、速度等状态变量组成的状态向量 $\boldsymbol{x}_k$ 刻画。因此，状态感知问题可以描述如下：

如何借助传感器的输出 z_k 及操控机器人的输入 u_k，准确估计出 t_k 时刻机器人所处的状态 x_k？

首先，需要有一个可以模拟过程状态转移的模型，称为过程模型，通常用线性随机差分方程表示，称作状态转移方程或运动方程：

$$\boldsymbol{x}_k = \boldsymbol{A}\boldsymbol{x}_{k-1} + \boldsymbol{B}\boldsymbol{u}_k + \boldsymbol{w}_{k-1} \tag{5-14}$$

另外，还有一个描述状态与观测信号之间关系的观测模型，通常也是线性的，称作观测方程

$$\boldsymbol{z}_k = \boldsymbol{H}\boldsymbol{x}_k + \boldsymbol{v}_k \tag{5-15}$$

式中，$\boldsymbol{w}_k$ 与 $\boldsymbol{v}_k$ 是代表噪声的随机变量；$\boldsymbol{z}_k$ 可简单理解为当前时刻传感器输出组成的向量，传感器的输出未必是状态向量中的某些变量，可以是状态变量的线性组合。

观察式（5-14）与式（5-15），可以发现一个特点：差分方程中的所有变量，涉及的只有两个时间步，即下标中仅出现了（$k-1$）与 k。也就是说，系统在下一时间步的状态，仅取决于当前时间步的状态 $\boldsymbol{x}_{k-1}$ 及在这个时间步采取的行动 $\boldsymbol{u}_k$。

这种计算方式有些反直觉。我今天能有这样的体重，当然不是上一顿饭吃得太多或太少造成的。这个问题可以换一种角度看。假如知道饭前的体重，加上吃饭时摄入的食物量及运动习惯，就可估计出当前的体重。

这种只考虑上一时间步的假设,叫作马尔可夫过程。马尔可夫过程是状态感知理论体系中一个重要且非常实用的假设。比如,追踪一辆运动汽车的位置。知道当前时刻汽车的位置和速度,即使不做任何测量,根据运动方程也能估计出下一时刻的位置和速度。但是我测了,尽管测量得不那么准。将这种不太准的测量结果考虑进去,就会比单纯的估计结果更准确。

将这种思想用专业语言表达出来,就可利用式(5-14)与式(5-15),将状态感知问题转换为一个两步递归运算问题。

(1) 根据上一个时间步估计当前时间步的状态: $x_k = Ax_{k-1} + Bu_k + w_{k-1}$。

(2) 根据当前观测到的结果 z_k,对上一步的估计结果进行修正。

进入下一个递归循环。

再回到测量问题。从数据处理的角度看,测量可简单理解为一个估计问题:

如何根据现有的观测结果,尽可能准确地"猜测"出待测对象当前所处的状态?

贝叶斯估计的基本思想就是上面的两步递归运算。借助当前时刻及之前的历史观测数据,加上待测对象的先验知识,通过逐步递归运算,给出待测对象当前状态的估计结果。

文献中还有一个经常出现的说法,叫作贝叶斯滤波。实际上,用"滤波器"一词描述系统状态的测量问题是非常令人困惑的做法。通常认为滤波器是信号处理领域的专用术语,比如基于傅里叶变换的低通、高通、带通滤波器,用于滤除或衰减信号中那些不感兴趣的频率成分。然而在以跟踪系统状态为目标的测控系统中,滤波器确实是一个常见的专业术语。

简单来说,在测控系统中贝叶斯估计与贝叶斯滤波是一回事。这一现象可以这样解释:估计问题的核心算法也是一种主要针对测量信号的数据处理。从这一角度看,这里的滤波器与信号处理中遇到的滤波器,并没有本质区别。

既然是"估计",贝叶斯滤波给出结果的形式就不再是确定的数值,而是概率。贝叶斯滤波的核心是条件概率的计算。

贝叶斯滤波包括两个步骤:预测与修正。

(1) 预测步的递归方程: $\overline{\text{bel}}(x_t) = \sum p(x_t \mid u_t, x_{t-1}) \text{bel}(x_{t-1})$。

(2) 修正步的递归方程: $\text{bel}(x_t) = \eta p(z_t \mid x_t) \overline{\text{bel}}(x_t)$。

上面两个公式看似复杂,其实并不很难懂。先看一下公式中符号的物理意义。

x_t——系统在当前时刻 t 的状态,x_t 是空间状态表达式中的状态向量(为方便起见,这里没有用加粗字体)。因此,x_{t-1} 就是前一个时间步($t-1$)的系统状态。

u_t——系统当前时刻的输入信号。类似的,同样可以是向量。

z_t——当前时刻的观测结果,或者当前时刻传感器的输出,比如位移、速度。

再看公式中可以看懂的运算符号,条件概率 $p(x_t \mid u_t, x_{t-1})$ 与 $p(z_t \mid x_t)$。

$p(x_t \mid u_t, x_{t-1})$——给定所有输入信号 u_t 及历史状态 x_{t-1},当前时刻状态 x_t 发生的概率。

$p(z_t \mid x_t)$——给定当前时刻的状态 x_t,传感器当前输出 z_t 发生的概率。

最后,$\text{bel}(x_t)$ 及 $\overline{\text{bel}}(x_t)$ 不是很常见的符号。运算符 bel 可认为是英文单词"信心"(belief)的缩写。因此,$\text{bel}(x_t)$ 是指对当前时刻处于 x_t 的"信心",专业一些的说法是"信度"。也就是说，贝叶斯滤波的计算结果会给出两个数值：一是当前时刻的状态 x_t，二是当前时刻处于状态 x_t 的信度 $\text{bel}(x_t)$。

再回头看前文的两个贝叶斯公式。预测公式 $\overline{\text{bel}}(x_t) = \sum p(x_t \mid u_t, x_{t-1}) \text{bel}(x_{t-1})$ 中，条件概率 $p(x_t \mid u_t, x_{t-1})$ 是根据建立的系统模型（状态转移矩阵）计算得到的，$\text{bel}(x_{t-1})$ 是上一个时间步计算得到的概率。因此预测公式的右侧就是输入动作 u_t 将系统从前一个状态 x_{t-1} 变为当前状态 x_t 的概率。

注意此时并没有考虑当前的观测结果 z_t，因此仅仅是一种对当前状态的"预测"。这一预测是先于观测"实验"的，所以称为"先验概率"，用 $\overline{\text{bel}}(x_t)$ 表示。

再考虑修正公式 $\text{bel}(x_t) = \eta p(z_t \mid x_t)\overline{\text{bel}}(x_t)$。显然，这里的条件概率 $p(z_t \mid x_t)$ 是根据建立的观测模型计算得到的，η 是常数。因此公式的右侧是根据当前观测结果 z_t，将预测得到的先验概率 $\overline{\text{bel}}(x_t)$ 修正为估计概率 $\text{bel}(x_t)$。此时考虑了当前的观测结果 z_t，因此得到的结果是后于观测"实验"的，所以称为"后验概率"。

总结一下，贝叶斯滤波分为以下两个步骤。

（1）预测：从上一个时间步的后验概率 $\text{bel}(x_{t-1})$ 预测当前时间步的先验概率 $\overline{\text{bel}}(x_t)$。

（2）修正或更新：从先验概率 $\overline{\text{bel}}(x_t)$ 更新到后验概率 $\text{bel}(x_t)$，进入下一个递归循环。

简单来说，贝叶斯滤波就是先根据系统的先验知识确定 $p(x_t \mid u_t, x_{t-1})$ 和 $p(z_t \mid x_t)$，给定初始状态 x_0，再利用传感器数据 u_t、z_t 不断进行预测和更新的递归运算，就可得到当前时刻目标的状态估计结果。

实际应用中，直接用贝叶斯滤波的公式计算 $p(x_t \mid u_t, x_{t-1})$ 与 $p(z_t \mid x_t)$ 的难度很大，特别是预测公式中还包括一个加和（积分）运算，运算会更复杂。所以，经常用到的贝叶斯滤波有两种形式：卡尔曼滤波和粒子滤波。

卡尔曼滤波为解决线性系统的贝叶斯滤波问题提供了一套高效解决方案。卡尔曼滤波器中，系统的动力学模型及观测模型是线性高斯模型。也就是说，卡尔曼滤波器假设所有噪声都为高斯分布，并且系统是线性的，当前状态是前一状态及输入操作的线性函数。通过在工作点处的线性化处理，卡尔曼滤波器也可用于非线性模型，称作扩展卡尔曼滤波器。然而，本质上的线性要求依然是卡尔曼滤波器的一个重要应用限制。

粒子滤波器可在一定程度上弥补卡尔曼滤波器的这一缺点。粒子滤波器考虑的感知对象不满足卡尔曼滤波器要求的线性、高斯噪声假设，因此粒子滤波器的状态方程与观测方程都是非线性的。粒子滤波的基本思路有些像是"头脑风暴"。既然不知道答案，就先猜测多种可能的方案，再对这些方案进行评估。

由于这种"猜测"过程是随机的，所以涉及一个著名的词汇——蒙特卡罗（Monte Carlo）。蒙特卡罗是用计算机模拟随机过程的数值计算方法。这个方法始于 20 世纪 40 年代，与原子弹制造的曼哈顿计划密切相关，当时的几位重量级的人物，包括乌拉姆、冯·诺依曼、费米、费曼、尼古拉斯·梅特罗波利斯（Nicholas Metropolis），在美国洛斯阿拉莫斯国家实验室研究裂变物质的中子连锁反应的时候，开始使用统计模拟的方法，并在最早的计算机上进行编程实现。再加上前文提到的马尔可夫假设，MCMC（Markov Chain Monte Carlo）就成为这一领域最常见的英文缩写。

显然，与卡尔曼滤波相比，建立在蒙特卡罗基础之上的粒子滤波器的运算量大很多。

所以,粒子滤波器一般无法用于需要在嵌入式系统或边缘设备中实现的在线监测。

5.3 可解释的状态感知技术

与传统的测量与信号处理相比,人工智能最突出的特点,就是增加了一个学习的环节。所谓"有多少智能,就有多少人工"。人工智能算法的第一步是训练。从大量人工获取的先验数据中学习必要的知识以后,再经过验证测试,才能最终应用于实际测量。换一个角度看,人与机器的关系究竟应该是怎样的?人工智能系统究竟是要替代人,还是要帮助人做得更好?至少从目前来看,后者的目标或许更现实一些。人工智能的测控系统不是要替代最好的测控专家,而是能帮助普通现场维护人员成为最好的专家。因此,可解释性成为传统"黑盒"式人工智能算法面临的新挑战。仅告诉我结论是不够的,还要告诉我为什么是这样的结论。

人类对于一种新知识、新现象的理解,更倾向于对比性的解释方式,即执行一种"如果……就会怎样"的思维逻辑。这种解释方式可以是基于事实的,也可以是基于反事实(未发生的事实)的。例如,万有引力定律导致苹果落地。基于事实的解释是因为存在万有引力,所以苹果落地了。而基于反事实的解释是如果不存在万有引力,则苹果不会落地。

在测控领域的应用中,即使不涉及人工智能算法,也往往涉及这类可解释的问题。比如,利用振动信号检测构件中的裂纹,首先要知道信号中是否存在关于裂纹的信息,这种信息是出现于低频段还是高频段,在哪个频段更容易分辨,什么物理机制导致了这样一种现象?等等。

5.3.1 测量中的数据可视化

传统概念中的可视化不过是一种数据的展示技巧,利用某种方式将数据表达为更适合人类观察的形式。随着传感、网络和数据管理技术的进步,可视化已经成为探索、关联与交流数据的一种重要手段,帮助人们从铺天盖地的数据中寻找可用的信息。

可视化的直接目标是利用人类视觉系统的高度调整能力查看模式、发现趋势和识别异常值,从而更好地理解数据。将数据表达为一种更易于访问与解读的形式,需要直接面对如下挑战:

针对特定的数据,如何创建一种有效且引人入胜的可视化表达。

尽管大部分测控类教材中都会假设实验数据符合正态分布,但实际取得的实验数据往往未必真的如此。尤其是在测试样本量较少时,一两个野点的数值往往会对均值、方差等统计分析结果产生严重影响。因此,最常见的可视化操作是分析数据的分布规律。

最简单的数据结构分析手段应该是中学数学中学过的茎叶图。这是一种不需要计算机也能手工完成的分析方式。科学研究中更常见的则是图 5-13 所示的直方图及箱线图。实际上,将茎叶图逆时针旋转 90°,就可得到与直方图类似的结果。

箱线图的一种改进方式是图 5-14 所示的小提琴图。显然,从直方图中能够看到数据分布有两个峰值或模式,表明可能存在两种影响数据分布的机制。箱线图不具备多个分布峰值的表达能力,从小提琴图中则可以识别出分布的细微差别。小提琴图经常与箱线图绘制在一起,如图 5-14(d)所示,借助这种形式,可更好地探索数据中的信息。

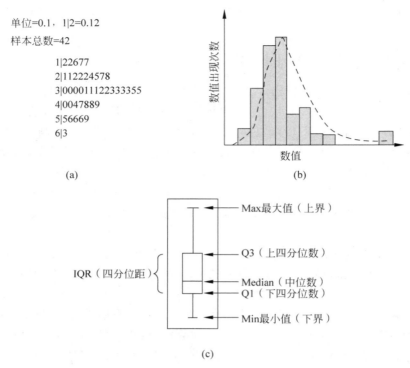

图 5-13 茎叶图、直方图、箱线图

（a）茎叶图；（b）直方图；（c）箱线图

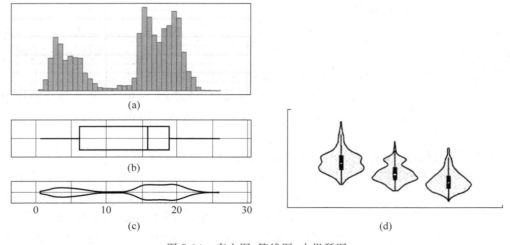

图 5-14 直方图、箱线图、小提琴图

（a）直方图；（b）箱线图；（c）小提琴图；（d）小提琴图与箱线图的组合

对于数据的可视化,可供选择的方式及工具软件有很多。图 5-15 给出了两组数据的不同表达方式。可视化的基本目标在于通过展示数据的分布方式,为数据解读提供更大的透明度,以方便准确而清晰地理解、解释和比较数据。可视化过程中,保持足够的警惕和批判性非常重要。数据是客观的,可视化方式的选取则是主观的。带有主观倾向甚至某种偏见的可视化,很可能产生误导性的图表。

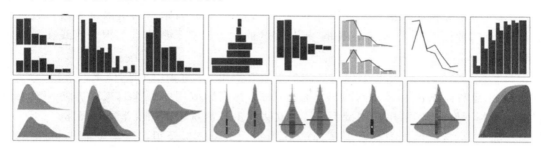

图 5-15 两组数据的不同表达方式

5.3.2 数据的相关与因果

所有的测量都是有误差的。图 5-16 是传感器或测量仪器中经常出现的情形:线性回归。在传感器或测量仪器的研发过程中,或者产品出厂之前,通常需要对传感器的敏感特性进行标定测试。"标定"有时也称为"校准"。一般来说,实验室中的参考输入值取点较多,往往称为"标定"。生产或应用过程中,参考输入值的取点一般不是很多,甚至只有一个或两个点,通常称为"校准"。实际应用中,主要关注图中实线表示的回归直线及两对虚线表示的置信区间。相关内容可以从专业书籍中找到。

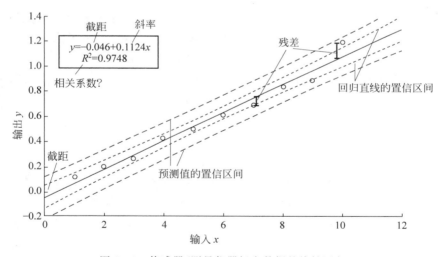

图 5-16 传感器/测量仪器标定数据的线性回归

这里我们关注左上角的 $R^2 = 0.9748$。文献中经常出现两个名词,一个叫作相关系数,另一个叫作决定系数(或拟合优度)。一般认为,R^2 就是常用的皮尔逊相关系数(Pearson's correlation coefficient)的平方。但是,很多工具软件中给出的 R^2 实际上是决定系数,或称作拟合优度。两者的区别在于,相关系数是由两组数据 x_i、y_i 直接计算得到的,而决定系数是从拟合直线的角度出发,衡量拟合直线与数据点之间的符合程度。如果拟合直线是通过最小二乘法得到的,决定系数 R^2 就等于相关系数的平方。正是由于存在这种数值上的相等关系,在许多文献中决定系数与相关系数往往是不加区分混同使用的。

决定系数 R^2 反映的是拟合直线与数据点"彼此一致"的程度。$R^2 = 0.9748$ 表示 97.48% 的输出数值变动由输入数值变动导致，其余的 2.52% 则由随机因素导致。直观理解，数据点的数值是"因"，拟合直线是"果"。R^2 的大小反映了数据点与拟合直线在数值上的因果关系。

需要特别强调的是，这种数值上的因果关系并不是 x_i 与 y_i 之间的因果关系！

但是，这种从数值计算得到回归方程的方式，在实际应用中操作起来很方便。如果环境变量控制得好，确实可用作测量手段。前文讲到的软测量采用的就是这种思路。

实际上，直接从数据中获取信息的方法，包括大数据分析及很多人工智能算法，得到的都是数据之间的相关关系，而未必是因果关系。这种相关关系只能提醒我们什么事情正在发生，但无法准确地告诉我们它们为什么会发生。换句话说，如果希望减少某种事情发生的概率，相关关系只能为我们提供一种思考方向，真正解决问题，还要更深入地分析变量之间的因果关系。

实际测控系统中，往往涉及多个传感器产生的多路信号。如能获取信号彼此之间的因果关系，就能更好地预测及控制系统的状态。这种因果关系的分析叫作因果推断。

因果推断概念的提出者最早可追溯到维纳滤波的提出者诺伯特·维纳（Norbert Wiener，1894—1964）。1956 年，维纳定义了两时间序列之间的因果关系：

两个同时测量的时间序列 X_1、X_2，如果使用第一个序列 X_1 的知识，可以更好地给出第二个序列 X_2 的预测，则第一个序列 X_1 称为第二个序列 X_2 的因。

遗憾的是，真正推动时间序列因果关系研究的标志性人物并未出现在测控领域。2003 年诺贝尔经济学奖获得者克莱夫·格兰杰（Clive W. J. Granger）给出了因果关系的统计学定义。后来这一定义也以他的名字命名，称为格兰杰因果关系。

已知两个时间序列，$X: x_1, x_2, \cdots, x_n, \cdots$，$Y: y_1, y_2, \cdots, y_n, \cdots$，格兰杰的因果关系计算思路与维纳是相同的。假定存在两个线性预测模型，模型 1 仅用 X 的历史数据预测当前状态 x_n、偏差 e_x：

$$x_n = a_1 x_{n-1} + a_2 x_{n-2} + \cdots + a_m x_{n-m} + \cdots + e_x$$

模型 2 同时用 X 和 Y 的历史数据预测 X 的当前状态 x_n、偏差 $e_{x|y}$：

$$x_n = b_1 x_{n-1} + b_2 x_{n-2} + \cdots + b_k x_{n-k} + \cdots + c_1 y_{n-1} + c_2 y_{n-2} + \cdots + c_k y_{n-k} + \cdots + e_{x|y}$$

格兰杰因果关系是通过比对两种模型的计算偏差得到的。如果 $\mathrm{var}(e_{x|y}) < \mathrm{var}(e_x)$，则 Y 是影响 X 的因。其中，$\mathrm{var}(\cdot)$ 为方差运算符。更一般地，因果关系用对数形式给出数值计算结果，即 $F_{Y \to X} = \log[\mathrm{var}(e_x)/\mathrm{var}(e_{x|y})]$。

显然，这样的格兰杰因果关系是在时域中计算的。测量领域中，更多的分析是在频域中进行的。推动格兰杰因果关系进入测控领域的，是另一个标志性人物，美国爱荷华大学的约翰·戈韦克（John Geweke）。1982 年，约翰·戈韦克将格兰杰因果关系由时域拓展到频域，并给出了频域计算方式，得到了格兰杰因果谱。

从前面的计算方式可以看出，这样的因果关系还是从数据计算中得到的，因此只能算是格兰杰定义的因果关系，能反映也可能无法反映真实物理世界的因果关系。格兰杰因果关系最突出的贡献，就是让因果关系变得可以定量计算。因果推断的一个重要特点在于，变量之间的关系是"有方向"的。

2021 年，马德哈万（Madhavan）将格兰杰因果关系用于转子系统的失效评估。根据

NASA 公开的数据,分别计算了转子振动系统从健康(12 Feb)到失效前一天(18 Feb)4 只轴承振动信号之间的因果关系。从图 5-17 中可见,正常情况(左下图)下的因果关系比较简单,临近失效时因果关系变得复杂起来。与常规的信号处理方式相比,这种因果关系分析可以为系统的健康评估及失效预测提供另一个思考维度。

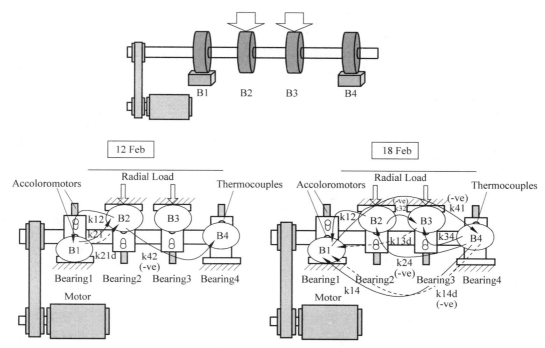

图 5-17　转子系统格兰杰因果关系的演化

5.3.3　时间序列与可解释人工智能

人工智能取得的重大突破,比如在各种竞技游戏中战胜对手、图像内容识别、根据书面提示生成文本和图片等,都是由深度学习推动实现的。通过研究大量数据,人工智能系统可以学习到一个事物与另一个事物之间的相关关系。

随之而来的是人工智能算法的一个重要障碍:相关关系不等于因果关系。

一直致力于推动因果关系进入人工智能视野的是朱迪亚·珀尔(Judea Pearl),2011 年图灵奖获得者。珀尔描述了推理的三个层次。最基本的层次是"看",建立事物之间联系的能力。现在的人工智能系统在这方面做得非常好。下一个层次是"做",对某事做出改变,并注意发生了什么。此时就要用到因果关系。将人类如何做出决定的过程数学化,是因果推断的主要目标。

测量过程中可能涉及多路原始信号或数据,从这些原始数据到最终决策,最后一步往往是得到某一单项指标(比如损伤程度),再根据该项指标是否超过阈值得到最终决策。这种单项指标往往只是对测量任务的一种不完整表述。例如,对于设备运行状态的监测系统,仅仅给出"应该停机维修了"的预测结果(果)是不够的,还必须解释是如何得到这种预测结果的(因),才能更好地指导设备的维护工作。

这种因果关系的分析推理是可解释人工智能需要解决的一个关键问题。

反事实解释是时间序列分析中比较常用的手段之一。反事实解释的推理逻辑很简单。比如，如果喝热咖啡，则会被烫到舌头。事实是甲喝了一口热咖啡，被烫到了，反事实则是如果甲没有喝热咖啡，就不会被烫。

再来看一下维纳定义的因果关系。前文给出的定义可以分成两部分考虑：事实与反事实。事实是预测 X 需要考虑 Y，反事实则是如果不考虑 Y，X 的预测就不准确。

实践中的反事实更倾向于定量的计算。比如甲的贷款申请被拒，事实是甲申请贷款被拒，反事实则是如果甲收入增加 1000 元，就能申请贷款成功。收入增加 1000 元就能通过贷款申请，收入增加 2000 元当然也可以，但是增加 900 元就不行了，所以 1000 元才是希望得到的解释。

反事实解释的另一个特点是仅考虑部分原因。比如上面的例子，收入增加可以通过贷款申请，获得一份稳定的工作或者补充一项财产担保，同样可以通过申请。然而，反事实仅关注可操作的、导致预测反转的最小改变。反事实思维需要想象一个假想的但可实现的现实（收入增加），再就某一实际发生的具体事件（贷款），找出能导致反事实发生的最接近的参数值。

反事实的推理过程如下。

（1）假设一种与实际条件不同的输入得到的预测结果与实际发生的结果恰好相反（反事实）。

（2）输入与实际条件的差异很小。

（3）输出对这种输入条件存在依赖性。

显然，第（3）步中依赖性背后的机制就是因果关系。因此，借助因果关系可以进行反事实推断。

与格兰杰因果的突破类似，反事实的突破同样在于可计算。2017 年 S. Wachter 发表的文章中给出了计算公式，成为反事实解释的里程碑之作。

测量领域中更多的分析对象是时间序列。反事实解释针对的是由 m 个连续数据点组成的信号片段。比如，轴承振动测量中，出现的异常现象往往对应某段信号"片段"发生的异常。

考虑下面的分类问题。

用沿时间轴滑动的窗口，将时间序列分割为长 m 的片段，得到数据集合 $X = \{x_1, x_2, \cdots, x_n\} \in \mathbf{R}^{n \times m}$。集合中的元素可视为在 m 个连续时间点采样得到的时间序列片段 $x = \{t_1, t_2, \cdots, t_m\} \in \mathbf{R}^m$。$Y$ 为 X 对应的分类结果（加标签）。X 中的每个 m 维向量都对应一个标签数值。假设这样得到的片段有 l 类，对应的分类集合为 $Y = \{y_1, y_2, \cdots, y_n\} \in \mathbf{R}^{n \times l}$。

直观来看，如人工神经网络之类的"黑盒"分类算法的目标，是为每个 x 向量赋予一个标签，即 $b(x) = y$，因此分类模型可表达为 $\{b(x) \mid x \in X\} = Y$。相应地，反事实希望解决的问题可简单表达为

为决策算法 $b(x) = y$（记 $\{b(x) \mid x \in X\} = Y$ 为 $b(X) = Y$）提供一种容易理解的解释。

更具体的定义如下。

设 $b(x)$ 是一个不可解释的时间序列分类器，x 是一段时间序列，其决策 $y = b(x)$ 需要

被解释。**时间序列黑箱输出的解释问题在于，在一个人类可理解的解释域 E 中，为决策 $y = b(x)$ 寻找一个解释 $e \in E$。**

这样讲可能有些费解，下面结合实例进行说明。针对 ECG（心电图）信号分类问题，图 5-18 是 Delaney 给出的反事实解释。如果将图中的蓝色片段（事实）替换为粉色片段（反事实），就是心梗对应的 ECG 信号。这里的片段被称为子波形（shapelet）或模体（motif）。在整段 ECG 信号中，这段波形的改变最容易导致分类结果的改变。因此可以得出结论：影响分类结果的最重要的时间片段是这段波形。对于时间序列的分类而言，每个片段产生的影响程度当然是不同的。因此，这种反事实计算可寻找到每段信号的"鲜明"程度，从而为信号分类算法提供更好的指导。

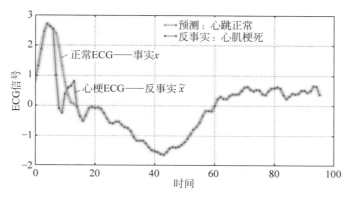

图 5-18　ECG 信号分类的反事实解释（见文前彩图）

机械设备的状态监测系统中往往需要部署多路传感器，从多路信号中得到设备的状态信息。这种多变量时间序列的反事实解释算法中最典型的是 CoMTE（counterfactual multivariate time series explainability）算法。一般来说，反事实范例的生成思路如下：

给定标签为 Y_1 的样本 X，寻找不属于 Y_1 的反事实样本 X'。

CoMTE 的反事实生成思路则不同：

给定不属于标签 Y_1 的样本 X，寻找属于 Y_1 的反事实样本 X'。

这里的反事实样本 X' 包括 n 路变量，有些变量不影响分类，有些则会产生重要影响。CoMTE 的目标在于找到一个小的变量集合，对该集合中的变量数值进行替换，可改变分类情况。

由于设备状态监测领域中的反事实很难获取，因此，Schemmer Max 等借助纽约城市出租车的运行数据集，对这种算法的可用性进行了验证。

在纽约城市出租车运营数据集（New York City Taxi dataset）中，每条行程记录包含 19 个特征，如上下车时间和地点、行程距离、支付方式、票价、乘客人数等。数据整理后，将数据维度降到 6 维（6 路信号）。利用 2016—2017 年数据作为训练集，得到分类模型后，用 2018 年数据进行测试。部分结果如图 5-19 所示。标注高亮处为异常日期，从左到右共 4 段。

图 5-20 给出了极端天气的反事实解释。实线是事实，虚线是反事实。4 种特征（实线与虚线差别大的）影响最大，即行程数量、行程距离、从市中心开始和结束的行程比例、小费额度占比。剩余两条完全一样的特征曲线是 CoMTE 算法未涉及的特征量，因此实线、虚线

是完全相同的。在极端天气日打车次数及平均距离减少，可解释为在极端天气下，更多的人选择待在家里，放弃长途旅行（比如去其他城区探亲访友）。此外，人们只有在紧急情况下才会离开家打车。小费占比增加则可解释为到达目的地后，会用更多的小费感谢出租车驾驶员。

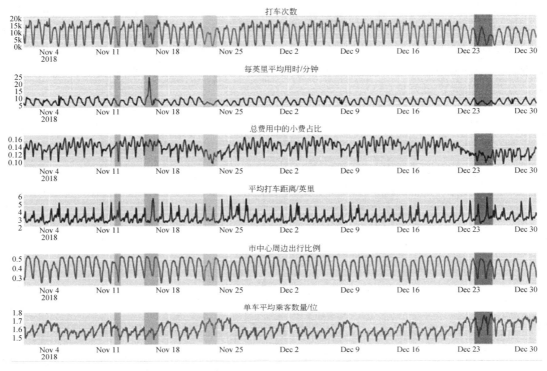

图 5-19　纽约出租车运营异常检测结果（见文前彩图）

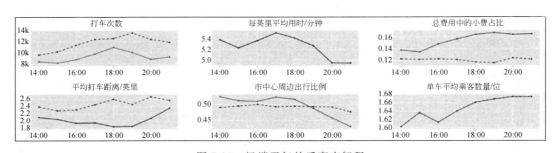

图 5-20　极端天气的反事实解释

　　想象一下这样的情形：如果用肉眼观察图 5-19 中的 6 路信号进行异常日期标注，与仅观察图 5-20 中的 4 路信号进行极端天气日期标注，当然后者效率更高一些。

　　这就是 CoMTE 算法的基本思想：用最少数量的变量改变，获得反事实的效果。

　　这种减少变量数量的结果对于设备状态监测来说是非常重要的。最简单的情形，某种状态异常发生时，如果将全部信号（比如上例中的 6 路信号）降低到 3 路，人工分析时就可以重点观察这 3 路信号。如果是自动识别算法，则这种结果对于算法的改进乃至传感器的空间布局,也能提供有效的指导。

参考文献

［1］ OPPENHEIM A V,WILLSKY A S,NAWAB S H. Signals and systems［M］.2nd ed. Upper Saddle River：Prentice-Hall,Inc.1997.

［2］ 董永贵,传感与测量技术［M］.北京：清华大学出版社,2022.

［3］ ZHANG F,WANG Z,JIN B,et al. Your smart speaker can "hear" your heartbeat［J］. Proceedings of the ACM on Interactive Mobile Wearable and Ubiquitous Technologies,2020,4(4)：1-24.

［4］ BLUMENSCHEIN M,DEBBELER L J,LAGES N C,et al. v-plots：Designing Hybrid Charts for the Comparative Analysis of Data Distributions［C］. Eurographics Conference on Visualization (EuroVis) 2020.

［5］ MADHAVAN P G. Evidence-based Prescriptive Analytics,CAUSAL Digital Twin and a Learning Estimation Algorithm［J］. arXiv：2104.05828,April 2021.

［6］ WACHTER S,MITTELSTADT B,RUSSELL C. Counterfactual explanations without opening the black box：Automated decisions and the GDPR［J］. Harvard Journal of Law & Technology, forthcoming,2017,31-841.

［7］ DELANEY E,GREENE D,KEANE M T. Instance-based counterfactual explanations for time series classification［C］//Case-Based Reasoning Research and Development：29th International Conference, ICCBR 2021,Salamanca,Spain,September 13-16,2021,Proceedings 29. Springer International Publishing,2021：32-47.

［8］ ATES E,AKSAR B,LEUNG V J,et al. Counterfactual Explanations for Multivariate Time Series［C］. International Conference on Applied Artifcial Intelligence (ICAPAI). IEEE,2021：1-8.

［9］ SCHEMMER M,HOLSTEIN J,BAUER N,et al. Towards meaningful anomaly detection：The eff ect of counterfactual explanations on the investigation of anomalies in multivariate time series［J］. arXiv：2302.03302,2023.

第6章

产品数字化设计制造技术

6.1 产品数字化建模技术

6.1.1 数字化建模技术

产品数字化建模技术的研究最早可以追溯到 20 世纪 60 年代初期。从计算机图形学技术的诞生开始,随着人们对零件信息描述和表达完整性的追求,产品模型经历了几何模型、特征模型和集成模型的发展过程。从产品数字化设计制造的角度看,要求根据产品整个生命周期各不同阶段的业务需求描述产品,形成完整、全面、动态演化的产品信息描述模型,使各应用系统可以直接从零件模型中抽取所需的信息,从而支撑企业实现数字化设计制造的发展要求。

数字化产品模型(digital product model)是基于计算机技术,在现代设计方法学的指导下,定义和表达产品生命周期中产品数据内容、数据关系及活动过程的信息模型。产品数字化建模是实现数字化设计制造的基础,而数字化技术是企业实现智能制造的基础。

产品建模的基本步骤是将人们头脑中构思的产品模型转换为用图形、符号或算法表示的形式,然后形成计算机内部数据模型,即产生、存储、处理和表达产品的过程。建模过程如图 6-1 所示,最终形成计算机内部模型,这是一种用符号或算法表示的数据模型。

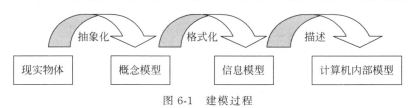

图 6-1　建模过程

1. 产品几何建模

在 CAD 发展初期,产品模型仅仅是产品的几何表示。产品的几何模型包括产品的几何定义、外形设计和必须满足的约束条件。虽然产品的几何形态各异,但产品的几何模型是用一些最基本的几何元素(点、直线、曲线、平面、曲面、简单体素等)描述这些设计对象的几何形态。设计人员按照一定的设计意图,对这些几何元素进行几何或逻辑的组合或布尔运算,产生各种几何模型,将其作为设计对象的几何定义。

几何建模系统的一般作用是进行产品的几何定义和外形设计,建立产品的零件图和装配图,并提供结构分析的特征点,通过有限元分析的前置程序生成有限元分析网,产生有限元分析所需的各种数据；提供数控加工所需的几何数据，或提供与加工特征相联系的几何元素的特征信息，以满足工艺部门对工艺信息和检测信息等的需求；提供产品的几何形体，根据设计意图模拟产品的某些运动状态，即动态模拟。它可用于检查产品的运动状态、干涉与碰撞现象。

由于产品形状各异，复杂程度和多样性相差甚远，使用的目的也不一样，因此几何定义方法也可以不同。

1）线框模型

线框建模是将形体的棱边或交线作为形体的数据结构进行定义。这种数据模型实际是规定各点的坐标或规定每条棱边两个端点的坐标。对于平面形立体，其轮廓线与棱边是一致的，此时线框模型可以比较清楚地表示一个形体的形状。但对于曲面体，只画出棱边并不能完整地表示这个形体的形状。

用线框建立的物体模型比较容易处理，而且数据存储量小，对硬件的要求不高，易于掌握。但由于线框模型用棱边表示物体的形状，所以信息是不完整的。线框模型只能表达基本的几何信息，不能有效地表达几何数据间的拓扑关系。由于缺乏形体的表面信息，CAE及CAM均无法实现。

2）曲面模型

20世纪70年代，正值飞机和汽车工业蓬勃发展的时期，但飞机及汽车的设计制造中遇到了大量的自由曲面问题，当时只能用多截面视图和特征纬线的方式进行表达。由于工业领域应用需求的推动，法国人率先提出贝赛尔算法，用于计算机处理曲线及曲面问题，法国达索飞机制造公司也采用此算法，在二维绘图系统CADAM的基础上开发出以表面模型为特点的三维造型系统CATIA（计算机辅助三维交互式应用），将原有的计算机辅助设计技术从单纯模仿工程图纸的三视图表达中解放出来，首次实现用计算机完整描述产品零件的主要信息，也为CAM的技术开发提供了基础。

曲面建模是对物体各种表面或曲面进行描述的一种三维建模方法，主要适用于表面不能用简单的数学模型表达的物体。曲面建模系统通过给出的离散数据点构造曲面，并使该曲面通过或逼近这些离散点。由于曲面模型中具有形体各面的定义，这样与形体有关的许多问题都可进行处理，如求两个形体交线、消除隐藏线等。采用曲面模型，形体的边界可以得到完全定义，但每个面都是单独存储的，并未记录面与面之间的邻接拓扑关系，形体的实心部分在边界的哪一侧也不明确，因而从信息的完整性来说还是不够的。曲面模型可以基本满足CAM的要求，但它只能表达形体的表面信息，难以准确表征零件的其他特性，如质量、重心、惯性矩等，无法满足CAE的要求。

3）实体模型

实体建模是通过对基本体素进行组合、集合运算和基本变形等操作构建三维立体模型。其特点在于该方法可以表达一个物体完整的形状模型，包括明确的物体包容空间、全封闭空间和面的信息，且各种表面间存在严格的拓扑关系，形成一个整体。根据在计算机内部定义实体的方法，实体建模法可分为边界表示法、实体结构几何法（又称体素构造法，constructive solid geometry，简称CSG法）、半空间法和八叉树表示法。实体造型技术带来算法改进的同时，也带来了数据计算量的极度膨胀。后来，随着计算机硬件性能的提高，实体造型技术才逐渐被众多CAD系统采用。

实体模型是用计算机表示机械零件三维形体，可以在一个完整的几何模型上实现零件质量计算、有限元分析、数控加工编程和消隐立体图生成。由于实体造型技术能够精确表达零件的全部属性，在理论上有助于统一 CAD、CAE、CAM 的模型表达，给设计带来很大的便利。因此，它在设计与制造中广泛应用，尤其是在运动分析、干涉检验、机器人编程、五坐标数控铣削过程的模拟、空间技术及有限元分析方法等方面。

4）参数化/变量化模型

传统的产品模型都是用固定的尺寸值定义几何元素，输入的每个几何元素都有确定的位置。几何元素及其属性之间没有相互关联的关系，如果修改几何元素及其属性，则必须重新进行绘制，而产品设计不可避免地需要反复修改，进行零件形状和尺寸的综合协调优化。

参数化模型是指设计对象的结构形状比较定型，可以用一组参数约定尺寸关系，参数的求解比较简单，参数与设计对象的控制尺寸有显示地对应，设计结果的修改受尺寸驱动。

参数化实体造型方法的主要特点包括基于特征、全尺寸约束、全数据相关、尺寸驱动设计修改。

变量化模型是指设计对象的修改需要更大的自由度，通过求解一组约束方程组确定产品的尺寸和形状。约束方程可以是几何关系，也可以是工程计算条件。约束结果的修改受约束方程的驱动。变量化模型可应用于公差分析、运动机构协调、设计优化和初步方案设计等方面。变量化技术既保持了参数化技术的原有优点，又克服了它的许多不足，可为 CAD 技术的发展提供更大的自由表示空间。

2. 产品特征建模

产品特征建模方法是为弥补传统体素造型方法的不足而提出的，现有的特征技术是在实体模型基础上开展的。特征建模是指使用特征构造产品模型，利用用户熟悉的专用术语表达设计意图。产品信息是建立特征模型的依据，根据参数化设计原则，结合产品的特点、设计过程和特征定义，获得有用的产品信息。目前在提供产品信息时，对形状特征采用特征参数化设计方法，即要求设计人员输入少量几何参数，使大量的几何特征信息由参数自动生成。

特征与零件的几何形状描述相关，具有一定的工程意义。在不同的工程活动中，特征的形式和内涵不同，在各种应用中特征应覆盖该项应用的全部要求。

特征模型继承了实体建模方法完善的几何表达能力，着眼于完整地表达产品技术和生产管理信息，应用特征是在更高层次上具有工程语义信息，可为建立集成产品模型进而支持 CAD/CAPP/CAM 系统集成提供基础。

3. 产品装配建模

产品是一组零件，经过一系列的装配操作后生成具有确定装配关系的产品装配体。产品装配模型表示产品中零件之间的相对位置和配合关系。产品装配属性是指装配对象、设计参数、装配层次及装配位置等。装配模型包含的信息分为两个层次：一是零件相关信息与零件之间的装配关系，二是约束信息。装配关系是零件之间相对位置关系的描述，反映零件之间的相互约束关系。装配关系包括几何关系、运动关系和连接关系。几何关系主要描述实体模型集合元素（点、线、面）之间的直接相互关系，运动关系主要描述连接之间的相对运动关系,连接关系主要描述零件、部件之间的位置和约束关系。

4. 产品集成建模

产品数字化模型需要为工艺规划、数控编程和加工检测等后续环节提供基本信息。为实现集成化要求,产品建模系统必须完整、全面地描述零件的信息。除有关几何信息和拓扑信息外,还需包含有关工艺特征、材料、加工精度及表面粗糙度等方面的信息。集成产品模型中不仅包括与生产过程有关的信息,还能在结构上清楚地表达这些信息之间的关联。

产品集成建模是关于产品数据的形式化描述方法,用于产品开发过程的各阶段,如需求分析、设计开发、工程分析、工艺设计、生产制造等阶段涉及的信息,对产品对象的各种特征进行描述。集成产品模型是 CAD/CAPP/CAM 系统集成和数字化设计制造的核心。

6.1.2　产品的数字化模型表示方法

企业的生产对象是产品,企业的经营活动以产品为核心,而产品数据是企业信息资源管理的主要对象和交汇点。

对于制造企业而言,其数字化设计制造过程中涉及的有关产品数据包括客户需求、销售订单,以及产品图样、设计模型、工艺文档、物料清单、工装数据、原材料库存、在制品状态、排产计划、作业调度、工时和材料定额数据,甚至供应商信息等,因此需要对产品数据进行有效的组织。

1. 产品数据

产品数据是指在产品生命周期的不同阶段,关于产品的一个或一组事实、概念、相关过程和技术要求的形式化描述,使之适用于计算机处理。一般认为,产品数据全面定义产品及其构成(部件、组件、零件、标准件等)的几何形状、拓扑关系、尺寸公差、功能、性能和属性等信息,包括产品的几何描述、特征描述、制造约束描述、材料属性描述、构成关系描述及说明文档等。产品数据覆盖产品生命周期中的各应用定义的所有数据。

产品模型是指将 CAD 设计环境中产生的产品数据,以计算机表达的信息模型。它包括几何信息、非几何信息、拓扑关系及相关信息等,通常以 3D 结构模型表示,可支持产品生命周期中的各种相关活动。

2. 产品数据的表现形式

产品数据是产品对象的属性信息描述数据,是对产品对象的几何形状、拓扑关系、制造约束、基本属性及标准化信息等进行的描述和定义。采用数字化设计制造技术的企业希望产品数据一次性生成,并直接用于下游的生产制造过程。图 6-2 表示企业应用计算机系统产生的与产品数据相关的各种描述文档。通常产品数据的定义信息包括以下内容。

(1) 3D/2D 几何信息模型的描述:几何形状及拓扑关系描述。

(2) 非几何信息的描述:基本属性信息描述。

(3) 产品结构关系描述:产品结构关系 BOM 描述。

(4) 工程更改信息描述:产品数据版本变化信息描述。

(5) 标准化规范描述:产品描述规范文档。

数字化产品定义(digital product definition,DPD)支持产品整个生命周期中与设计、工艺、制造、销售和维护过程相关的信息需求,包括工装设计与制造、零件的加工与成形、产

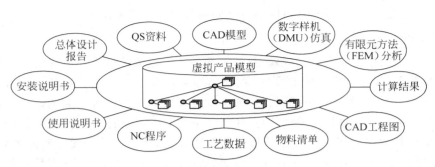

图 6-2　产品数据相关的各种描述文档

品的数控装配、先进检验及先进工艺方法等要求。对产品数据的定义包括产品对象的全部信息，集成地描述了产品的几何特征、拓扑关系、制造约束、材料属性、构成关系等信息。如图 6-3 所示，其数据类型包括几何数据集、非几何信息、BOM 表数据、标准信息文档和工程更改信息。

图 6-3　数字化产品定义数据类型

3. 产品结构的层次模型

产品结构反映产品及其组成部分之间的逻辑关系，是企业产品设计与生产制造过程中进行产品数据管理的重要依据。围绕产品结构对产品数据及其相关信息进行组织，是对产品生命周期数据进行有效管理的前提，也是企业的一项基础性工作。

复杂产品的结构关系必须采用树形结构方式或网络图结构形式表达。而具有层次关系的树形结构是对产品结构进行描述的常用方法。人们习惯用一树形结构表达产品组成的总体结构，利用产品结构树可以有效、直观地表示产品及其零部件之间的层次关系，进而表达所有与产品相关的信息。

产品的结构关系构成产品数据的基本组成框架，图 6-4 所示为常用的产品数据定义的层次关系模型。产品结构树以树状方式描述产品的结构组成与配置关系。这样，产品可分解成一棵分层次的装配树，零件—零件、零件—子装配件、子装配件—子装配件之间的位置关系由产品的装配关系确定。这种层次模型的优点是能方便地表达装配体的层次信息，层次模型下层零部件的装配总是优先于上层零部件的装配。

制造企业产品生命周期中的所有相关数据需要按照一定的方式进行组织和结构化处理。产品数据模型采用产品层次分解的方式组织，类似产品结构树，在每一节点附加属性关联信息。这样可以有效、直观地表达产品及其零部件之间的层次关系以及所有与产品相关的信息。产品结构的基本组成元件为产品、部件和零件。产品、部件和零件中的产品数据最终都由模型、工程图和文档组成。图 6-4 中各节点表示的部件、零件、模型、工程图和文档等，均称为数据对象。各节点之间的链接表示数据对象之间的关系，称为关系对象。因

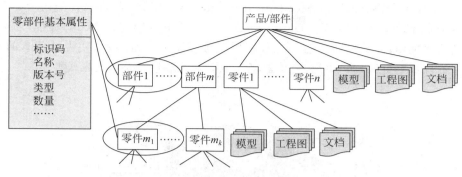

图 6-4　产品数据定义的层次关系模型

此,产品数据模型由产品及其零部件的模型、工程图、文档等数据对象,以及它们之间的各种链接关系等关系对象组成,产品数据模型结构则是由以上数据对象和关系对象组成的结构树。

6.1.3　基于 MBD 的产品数字化定义

MBD 采用集成的三维实体模型完整表达产品定义信息,详细规定三维实体模型中产品的定义、公差的标注规则和工艺信息的表达方法。MBD 将三维实体模型作为生产制造过程中的唯一依据,改变了传统以工程图纸为主、以三维实体模型为辅的制造方法。图 6-5 表示产品定义方式的演变。

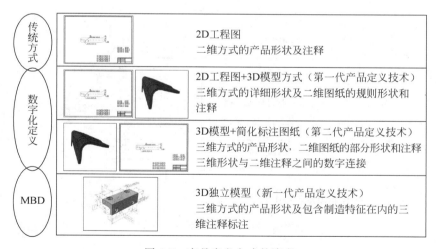

图 6-5　产品定义方式的演变

MBD 应用于产品数字化定义需要针对产品定义、工艺设计和制造特点,建立三维标注的标准和规范,将各工序必需的表达意图添加到三维模型中,如图 6-6 所示。MBD 数据集集成了原来见于传统图纸的公差、标注和文本类信息,并依靠一系列的标准规范将这些信息集成在三维 CAD 模型中。虽然三维模型包含二维图纸不具备的 3D 形状信息,但以前的三维数模中不包含几何公差、尺寸公差、表面粗糙度、材质、热处理和表面处理要求的规格与标准等,这些非形状或非几何信息仅靠形状是无法表达的。基于这一情况,美国机械工程师学会（American Society of Mechanical Engineers，ASME）联合波音公司于 2003 年制定了"Digital Product Definition Data Practices"（ASME Y14.41—2003）标准，即《数字化产品定义数据规程》。其主导思想是充分利用三维模型的直观表示，使设计信息的表达方式便于理解且效率更高，而不只是简单地将二维图纸的信息反映到三维模型中。

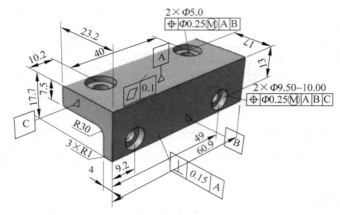

图 6-6　MBD 应用于产品信息定义

MBD 数据集应包括精确的实体模型、3D 尺寸标注、注释和公差标注等信息，以完整定义一个产品。如图 6-7 所示，MBD 数据集的组成信息如下。

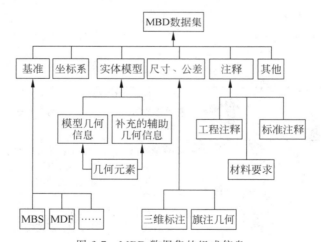

图 6-7　MBD 数据集的组成信息

（1）设计基准数据

（2）零件坐标系统

（3）实体模型

（4）三维标注尺寸、公差和注释

（5）工程注释，材料要求

（6）其他定义数据及要求

例如，波音公司在波音 787 项目中全面采用 MBD 产品定义方法，用 CATIA V5 软件作为模型设计工具，采用 ENOVIA 模型存储仓库，并采用 DELMIA 作为数字化制造工具，连接工程物料清单(E-BOM)和制造物料清单(M-BOM),基本避免了因图纸错误引起的装配错误,这是在波音767和波音777项目中未实现的。同时,要求其全球合作伙伴将MBD模型作为整个波音787飞机产品制造过程中的唯一依据。该技术将三维制造信息与三维设计信息共同定义到产品的三维数字化模型中,使产品加工、装配、测量、检验等实现高度集成,数字化技术的应用得到进一步的发展。

6.2 产品数字化设计方法

6.2.1 CAx/DFx

产品数字化设计需要采用各种计算机辅助工具,通过数字化产品模型的定义,在产品数据管理技术的支持下,实现各团队之间的协同工作及各阶段、各部门之间的过程集成和信息集成。CAx/DFx指广义的数字化工具集,其中x代表生命周期中的各种因素,如设计、分析、工艺、制造、装配、拆卸、检测、维护、支持等,它们被广泛应用于产品数字化设计制造的各环节。

1. CAx方法

CAx是指各种计算机辅助工具,最典型的如CAD/CAE/CAPP/CAM。

1) 基于三维CAD的产品设计

计算机辅助设计包括的内容很多,如概念设计、优化设计、真实感仿真、计算机辅助绘图、设计过程管理等。基于三维CAD进行产品数字化的定义是企业集成化产品设计与制造的关键。制造企业采用三维CAD技术进行产品数据定义和描述,所产生的产品数据具有以下特点。

(1) 产品数据定义的全面数字化,企业可以实现产品数据的100%数字化定义。

(2) 基于三维CAD的产品建模真实感强,定义的产品几何信息来源于实体模型。

(3) 产品数据一次定义,多次使用,可重用性强,以满足复杂产品设计和生产制造过程中对信息集成的要求。

2) CAE

CAE技术在工程中得到了广泛的应用。工程领域中的机械系统是由大量零部件构成的,在对这些复杂系统进行性能分析与优化设计时,通常将其分为两大类:一类为结构,其特征是正常工况下构件间没有相对运动,如建筑钢结构、桥梁、航空航天器与各种车辆的壳体、各种零部件,人们关心的是这些结构在受到载荷时的强度、刚度与稳定性;另一类为机构,其特征是系统运动过程中这些部件间存在相对运动,如航空航天器、机车与汽车、操作机械臂、机器人等复杂机械系统。目前,计算机仿真技术在机械系统设计中的应用非常广泛,包括机械结构分析、多体动力学仿真、碰撞仿真、空气动力学仿真等,通过对各种产品性能(如汽车碰撞性、空气动力特性、可操作性、耐疲劳性)进行仿真分析,实现对机械系统设计的性能验证与优化。

3) CAPP

工艺过程设计的任务是在给定的资源(机床、刀具、夹具等)约束下,为实现期望的目标(可行的工艺计划、优化的费用等),选择和确定详细的工艺过程,使零件毛坯经过确定的形状、性质和表面质量的改变，成为所需的成品。工艺过程设计的内容根据企业规范和生产要求的不同而不同。CAPP 系统应具有以下功能：①选择加工方法，安排加工路线，选择装夹方式和装夹表面；②选择机床、刀具、量具、夹具等；③确定工序尺寸和公差，优化选择切削用量；④计算加工时间和加工费用；⑤检索标准工艺文件，绘制工序图并编写工序卡。

4）CAM

目前，CAM 通常是指根据被加工零件的技术特性、几何形状、尺寸及工艺要求，确定加工方法、加工路线和工艺参数，再进行数值计算获得刀位数据。然后根据工件的尺寸、刀具中心轨迹、位移量、切削参数（主轴转速、刀具进给量、切削深度等）及辅助功能，根据数控机床采用的代码及程序格式，编制工件的数控加工程序。而 CAM 的广义概念包括的内容则广泛得多，除了上述计算机辅助生产计划、工艺设计、数控编程、加工过程控制等内容外，还包括制造活动中与物流有关的所有过程（加工、装配、检验、存储、输送）的监视、控制和管理。

2. DFx 方法

DFx 指面向某一应用领域的计算机辅助设计方法及工具，可使设计人员早期就考虑设计决策对后续的影响，以避免产品设计对下游生产制造过程的不可预见性，避免或减少设计错误。在现代产品设计中，DFx 方法的主要思想是利用三维 CAD 模型，在产品开发的前期通过计算机辅助手段进行产品生产制造过程中的可制造性、可装配性、可维护性等分析。

1）DFA

DFA 是在产品设计阶段考虑并解决装配过程中可能存在的问题。DFA 工具通常用于制定装配工艺规划，考虑装拆的可行性，优化装配路径，在结构设计过程中通过装配仿真考虑装配干涉。

装配序列规划、装配公差分析、装配机构仿真则从不同侧面对装配结构进行分析，以确定结构设计的可装配性和结构设计的有效性，从而避免这些后续问题导致的再设计。装配仿真是指以动画的形式在计算机上模拟产品的装配过程。对于设计阶段的产品来说，装配性能最直观的效果莫过于在计算机上仿真产品的实际装配过程。

在复杂结构的产品设计过程中，设计人员需将设计的零部件与其他相关零部件进行数字化预装配，以检查零部件之间的干涉情况。除此之外，还需在设计的各阶段，在更大范围内对大量的零部件进行数字化预装配，以便从更高层次发现和解决干涉问题。基于三维实体的数字化预装配技术是在计算机上模拟装配过程，主要用于干涉检验及可装配性分析。数字化预装配以零件三维实体造型、产品数据管理及设计共享为基础，可协调产品结构设计、系统设计，检查零部件的装配与拆卸情况，有效减少设计错误引起的设计返工和更改。DFA 的应用将有效减少产品最终装配向设计阶段的大返工，缩短产品开发周期。

2）DFM

DFM 的实质是在产品设计的同时考虑与制造相关的因素，使设计者在制造工艺和制造资源环境的约束下进行零件形状结构设计，同时基于有关制造约束对零件进行一定的工艺信息分析和处理。在产品详细设计阶段即可考虑零件的结构工艺性、资源约束、可制造性及加工制造的成本、时间等，以实现产品设计与产品制造过程设计的并行，满足最低成本和最短时间等要求。

可制造性评价包括结构工艺性评价和加工可行性评价。产品的设计应该考虑企业的制造资源现状,设计要求应符合设备的加工能力,并尽量降低加工要求。零件的结构工艺性分析是在满足功能要求的前提下,对所设计零件的结构工艺性进行检验,以及时发现问题。零件的加工可行性分析是评估零件的表面形状、尺寸、精度和表面粗糙度等需求能否在企业现有设备资源和加工条件下实现。通过评价可以早期发现零件设计中不合理或过高的加工要求。

6.2.2　产品模块化设计

产品结构和功能的模块化、通用化和标准化是企业快速更新产品的基础。在机械类产品中,大约70%的功能部件存在结构与功能的相似性。模块化产品便于根据不同要求快速重组,更新一个模块,或在主要功能模块中融入新技术,都能使产品成为换代产品。

1. 基本思想

产品模块化设计方法的基本思路在于,基于产品族零部件和产品结构的相似性、通用性,利用标准化、模块化等方法降低产品的内部多样性,有效扩大相似零件、部件和产品的范围,实现模块化设计。以产品模块化为基础,通过产品和过程重组将产品定制生产转化或部分转化为零部件的批量生产。这样不仅能促进产品多样化,还能降低制造成本,使全新设计的产品开发和增加品种的变型设计速度更快。

企业要以多样化的产品满足个性化的市场需求,可定制的产品设计不再针对单一产品进行,而是面向产品族进行设计。它的基本思想是开发一个通用的产品平台,利用产品平台高效地创新和开发一系列派生产品。而模块化设计是在对产品进行功能分析的基础上,划分出一系列通用的功能模块,然后根据客户的要求,选择和组合不同模块,从而生成具有不同功能、性能或规格的产品。模块化设计可将产品的多样化与零部件的标准化有效地结合起来。

2. 产品模块化设计

产品模块化设计涉及两个层面:一是产品的系列化设计,二是单个产品的模块化设计。模块划分一般需要考虑系列化产品中产品的基本组成、具有共性的功能模块,以及这些模块的标准化程度。

在设计环节,有些产品可以采用面向系列产品开发的方法,根据客户群的需求和定制变型方法,设计整个产品族(产品系列),而不只是单个产品。按照产品功能进行划分并进行模块化设计,建立产品族和零部件族,设计出一系列功能模块,通过模块的选择和组合构成不同的产品。通过建立的产品族模型,表达产品族结构及其变型方法。

产品族设计的思想是利用通用的产品平台,通过匹配功能、性能等不同的定制模块,以最短的开发周期、最低的成本向市场提供不同系列的产品,以满足不同客户群的需求。因此,通用化、模块化和标准化是产品族设计的核心。

模块化设计是在一定范围内,对不同性能、不同规格的产品进行功能分析,在此基础上划分一系列功能模块,将产品结构设计成许多相互独立的模块,再通过选择和组合不同的模块构成不同的产品。将产品划分为不同的功能模块后,建立模块系列型谱,按照型谱的不同排列组合进行设计,确定设计参数。采用功能分析法建立不同性质的功能模块,设计基本模块、辅助模块、特殊模块和调整模块及其结合部位要素，并进行排列组合与编码，进而设计基型与扩展型产品。

3. 零件库的建立方法

企业零部件的标准化工作是产品模块化设计的基础。零件库是通过标准化、系列化的标准件和通用件，对企业中相似零件进行合并、分类而形成的。零件的标准化可以减少零件的种类，提高零件的使用频率，有效控制企业的零件数量。根据使用频率和通用性，可将企业的零部件分为 A、B、C 三种类型，即通常所说的 ABC 分类法。

在整个企业范围内对零部件进行有效的分类和管理，建立企业级共享资源库，通过有效利用现有零件库，可以简化设计过程，提高设计效率，减少后续工艺工装设计和制造的工作量。为实现配置设计的参数化，必须建立参数化的零部件 CAD 模型。该模型的建立，实际上是对零件设计模块化、标准化的数字化表述，可为配置设计的实现提供坚实的基础。

4. 西门子工业汽轮机的模块化设计案例

工业汽轮机是典型的技术密集型产品。其产品结构复杂，可靠性要求高，每台工业汽轮机产品有近万个零部件。其主要零部件，如转子、气缸等，要求耐高温、耐冲击和高精度。工业汽轮机通常根据客户的需求定制，产品开发和工艺设计周期长。

西门子在工业汽轮机的开发中，基于模块化设计的思想，采用组合产品的设计原理，将产品分解成不同的标准模块，这样就可以根据客户的个性化需求，将有限数量的标准模块像搭积木一样组合起来，形成不同的定制产品，以最低程度的内部多样化产生尽可能多类型的工业汽轮机产品。图 6-8 表示工业汽轮机气缸的模块化结构组合原理。根据客户的不同要求，可以用基本结构模块组合成不同型号的工业汽轮机产品。

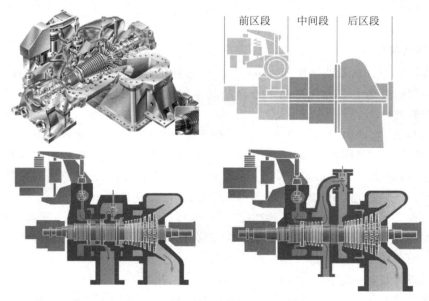

图 6-8 工业汽轮机气缸的模块化结构组合原理

5．波音公司的飞机产品模块化设计案例

波音公司在民用飞机产品开发中，基于模块化设计对零部件进行分类。所有零部件可分为基本件与稳定件（TBS1）、可用件（TBS2）和专用件（TBS3）三类，并尽可能增加 TBS1 类和 TBS2 类零部件，减少 TBS3 类零部件。

TBS1：基本件与稳定件，波音公司每种飞机型号都采用的零部件。例如，构成机翼、垂尾等组件的梁、框、型材、蒙皮等零部件。这类零部件数量很大，一般不再进行工程或工艺更改，根据预测安排生产计划。

TBS2：可用件，这类零部件是用户的可选件，已经完成设计制造并向客户提供的选项。例如，发动机、起落架轮胎等，主要是波音公司以前生产过的产品。它由用户订单驱动生产，但不需要设计。

TBS3：专用件，该类零部件是用户特定的零部件，需要先重新进行工程设计，再组织生产和装配。例如，航空公司特制的座椅、厨房、厕所等，它也是由用户订单驱动生产的。

波音公司在并行协同的数字化产品开发模式下，在产品定义阶段只需对 TBS1、TBS2 进行确认，而 TBS3 需要定义新构型，进行设计开发；在生产阶段，TBS1、TBS2 根据预测直接投入生产，而 TBS3 需要安排工艺计划，重新组织生产。也就是说，TBS1 类零部件进入简单的生产流程，TBS2 类零部件进入相对简单的流程，TBS3 类零部件则需要进入复杂的流程系统。

6.2.3　并行协同设计

传统的产品开发一直沿用顺序设计方法，遵循"概念设计→详细设计→工艺设计→加工制造→试验验证→设计修改"的大循环。这种传统的串行产品开发过程是一种"抛过墙"式的产品开发方式，它根据市场及销售者对产品的需求，向设计部门提出产品设计任务书，设计部门完成设计后，将设计结果传给生产规划部门，然后进行生产准备并组织生产。由于设计早期不能很好地考虑下游的可制造性、可装配性、质量保证等多种因素，所以不可避免地造成产品设计改动量大、开发周期长、成本高，难以满足企业快速响应市场的需要。

1987 年，美国国防部提出并行工程方法并将其应用于武器系统的研制。将并行工程定义为对产品及下游的生产及支持过程进行设计的系统方法。

并行工程是一种将先进技术与现代管理相结合的工程方法论。它站在产品设计与制造全过程的高度，打破传统的部门分割和封闭模式，强调参与者群体协同工作，重构产品开发过程，并运用先进的设计方法和技术，在产品设计的早期阶段就考虑到后期发展的所有因素，提高产品开发的一次成功率。并行工程作为现代产品开发中新发展的系统化方法，吸收了集成制造技术中的许多精髓，并着重于产品开发过程的集成。串、并行产品开发过程的对比如图 6-9 所示。

并行工程是对传统产品开发模式的一次变革。这种变革是多方面的，不但体现在组织和管理方面，还体现在技术方面。它以 CIMS 的信息集成技术为基础，通过组建多学科产品开发队伍、改进产品开发过程、利用各种先进的计算机辅助工具和产品数据管理等技术手段，实现产品全生命周期的数字化定义和信息集成，在产品开发的早期阶段即考虑下游的各种因素，促进产品开发过程的协同，以达到缩短产品开发周期、提高产品质量、降低产品

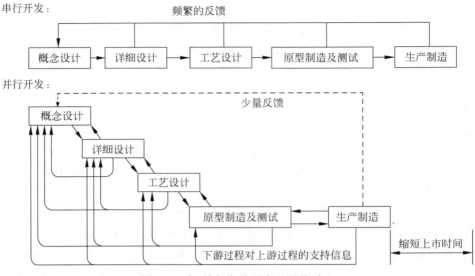

图 6-9　串、并行产品开发过程的对比

成本的目的。

并行工程强调产品设计时尽早考虑生命周期中的所有后续过程，如制造、装配、检测、设备能力、人力资源、使用、维修和报废等。并行工程强调以下几点。

（1）产品设计时考虑企业现有手段和条件下的可制造性、可装配性和可检测性。

（2）产品设计时考虑可生产性，即批产时设备生产能力和人员能力能否达到要求。

（3）产品设计时考虑后续的可使用性、可维修性和可报废性。

为实现并行协同的产品开发，必须采用各种计算机辅助工具，即广义的 CAx/DFx 数字化工具集。例如，DFA 工具用于制定装配工艺规划，考虑装拆的可行性，优化装配路径，在结构设计过程中通过装配仿真考虑装配干涉。CAx/DFx 工具被广泛用于 CE 产品开发的各环节，通过数字化产品模型的定义，在产品数据管理技术及基于特征的信息集成系统支持下，实现各团队之间的协同工作及各阶段各部门之间的过程集成和信息集成，从而达到集成、并行的产品开发。

从产品开发过程集成化组织的角度看，并行工程具有以下特点。

（1）并行交叉：强调产品设计与工艺设计、生产准备、采购供应、生产计划等活动的并行交叉进行。

（2）尽早开始：强调信息不完备情况下尽早开始工作，下游活动提前参与，进行信息预发布。

（3）整体优化：着眼于整个过程，聚焦产品目标，进行系统集成、整体优化。

并行工程强调及早考虑下游活动对产品设计的影响，强调各种活动并行交叉进行，强调面向过程和以产品为中心的系统集成与整体优化，这些都离不开灵活的组织形式和快捷的信息交流。因此，建立一个有利于信息交流沟通的组织管理模式是实施并行工程的首要条件。PDM 是一种跨平台的计算机管理工具，它提供了一种结构化方法，有效地、有规则地存取、集成、管理、控制产品数据和数据的使用流程。PDM 作为实施并行工程最重要的支撑平台,可支持并行工程中的产品、过程、组织、资源的集成化管理,提供并行设计的运行支撑环境,实现并行化产品设计。

6.3 单一产品数据源构建方法

6.3.1 基本思想

企业每天都要产生大量与产品相关的各种数据。首先,由于设计人员通常分属不同部门甚至不同地域,可能生成不同类型的产品数据,这些数据以不同的格式和介质动态地存储在不同的地点。其次,不同部门有不同形式的 BOM,企业经常要花费大量的人力和时间才能维护 BOM 数据的一致性。如果设计和制造的材料清单不一致,就会产生返工和浪费。因此,需要建立一个跨平台的数据和过程管理系统,将相关独立的信息处理系统集成到一个总体框架中,使庞大的数据流、数据和过程的管理透明化。

1. 企业产品数据管控的复杂性

为确保有效的产品协同开发和生产制造,需要将产品模型、数据和技术文档安全、可靠地进行共享,这样就存在不同厂、所之间产品数据的管理、数据之间的协调及一致性问题。如图 6-10 所示,企业的数字化设计制造需要一个跨地域的信息共享与协同支撑环境,以满足企业之间大量数据交换的需要。在多个企业的协同开发环境下,为使产品数据实现共享,必须保持产品开发过程中不同协作单位之间数据管理业务流程的通畅,同时保证数据的完整性和一致性。

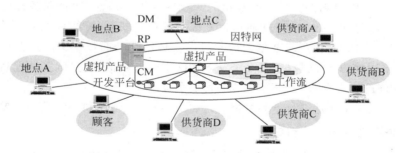

图 6-10 企业异地的产品协同开发环境

2. 单一产品数据源的基本思想

单一产品数据源(single source of product data,SSPD)的核心思想是将制造企业中原来分布于多个物理数据库的产品数据,经过精心组织形成一个逻辑上单一的数据库,并在不同数据库的产品数据之间建立严格的关联和约束关系,以保证产品数据一致性、最新性、完整性、可靠性和无冗余。企业的产品数据包括产品生命周期中的各种相关信息,如图 6-11 所示,SSPD 中存放着产品的几何数据、工艺计划数据、工艺装备数据、服务支持数据、质量数据和物料清单等。通过建立 SSPD,将企业中与产品生命周期相关的所有数据以一定的方式组合起来,进行统一管理,保证并行产品开发过程中数据共享的实时性和一致性。

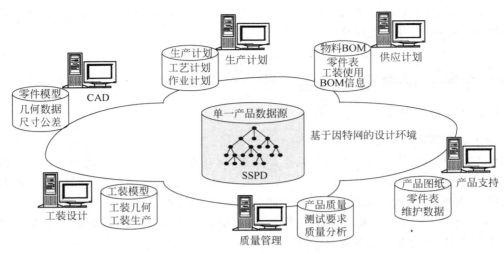

图 6-11   制造企业的 SSPD

SSPD 的概念表达了一种产品数据的组织方式，并不代表进行产品数据管理时采用一个集中式的数据库。SSPD 可以保证分布式数据库环境中数据的一致性，形成建立在分布式系统基础上的统一数据管理与控制。也就是说，SSPD 是将制造企业中分布于不同部门的各应用系统数据库中的产品数据，建成一个逻辑上单一的产品数据库，作为所有相关产品数据的共同访问资源。

SSPD 的建立和实施能够确保企业产品数据多流向和各节点数据的同步，使各部门的数据唯一、无冗余，同时确保全部产品数据的一致性和可追踪性，使企业各部门的数据能够及时进行共享、跟踪和更改。SSPD 通过建立统一的逻辑联系，将物理上分布的产品数据形成逻辑上的单一数据库，为产品数据的访问与操作提供唯一的数据源。企业的所有信息系统都将 SSPD 作为数据访问目标，各系统从 SSPD 中读取数据，进行信息处理后将其生成的新数据按 SSPD 的要求存放到 SSPD 中，供其他系统使用。

因此，企业的 SSPD 是进行产品数据管理、保证数据完整性和一致性的重要手段。

3．单一产品数据源的典型案例

波音公司在其定义与控制飞机的配置/制造资源管理（define and control airplane configuration/manufacturing resource management，DCAC/MRM）项目中采用单一产品数据源管理技术，并将 SSPD 作为整个系统的底层数据核心及所有相关产品数据的共同访问资源。

6.3.2   单一产品数据源技术

企业在产品设计及制造过程中定义的各种类型数据是以产品结构为核心进行组织的。产品结构是 SSPD 进行数据组织的主线，而产品结构存在于各种类型的 BOM 中，因而对 BOM 的支持是 SSPD 的主要内容。以 SSPD 作为底层支持，BOM 为组织核心，构建 BOM 对象模型，并应用于产品结构与配置管理。

BOM 是企业生产经营活动中的关键技术文档，它贯穿企业产品生命周期的各种活动，如客户订单确定、产品零部件提前期计算、主生产计划编制、采购计划安排、可选装配件确定、成本核算、技术竞标和产品创新设计等,是制造企业各种生产经营活动的重要技术文件。BOM体现了数据共享和信息集成的性质。

产品生命周期的不同阶段存在不同的BOM。设计、工艺和制造是产品生命周期中的主要阶段,分别对应E-BOM、P-BOM和M-BOM。建立这三个BOM的逻辑联系是基于SSPD管理BOM的基础。利用面向对象方法和系统组织策略,基于产品结构树,建立SSPD中的BOM,如图6-12所示,将产品、部件、零件等映射为对象组件,建立基于SSPD的BOM对象模型,用文件集对象组织和存放与产品项目相关的所有文档,并在企业的产品生命周期管理框架下进行管理,成为制造企业的共同访问数据资源。因此,基于SSPD可以实现BOM的一致性、完整性、最新性、可靠性和无冗余,其关键在于不同BOM之间的逻辑联系。

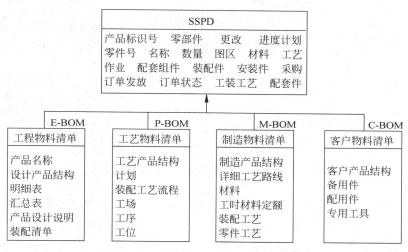

图6-12 基于SSPD的BOM对象模型

例如,波音公司在DCAC/MRM项目中实施SSPD,为每架飞机定义一个单一的数据源,成为飞机产品生命周期中的单一BOM,这种数据的结构化组织方式可以保证相关人员根据权限直接获取所需的数据。每个职能部门可以根据本部门的需要使用专门的软件工具进行配置管理并选用合适的数据版本。在波音定义与控制飞机的配置/制造资源管理(DCAC/MRM)项目中,仅PDM/Metaphase平台就取代了原有的30多种管理系统和14种BOM系统。DCAC/MRM项目由ERP/Baan系统、销售配置/Trilogy系统、生产计划系统/CIMLINC和PDM/Metaphase系统4个部分进行系统集成,获得了项目实施的成功。

6.4 产品生命周期集成技术

6.4.1 产品生命周期管理的技术框架

20世纪80年代,企业数字化设计制造技术主要是围绕CAD、CAE、CAPP、CAM等应用工具产生的产品数据和业务流程进行管理的C4P集成技术。90年代,企业逐渐转向支持生命周期中不同应用领域和生命周期各阶段的集成和协作。为实现数字化设计与制造,企业建立了一个能够满足产品生命周期中不同领域和开发阶段的信息管理与业务协作的整体框架，如图6-13所示，使产品设计、开发、制造、销售及售后服务等信息能有效地进行交换、协同和管理。

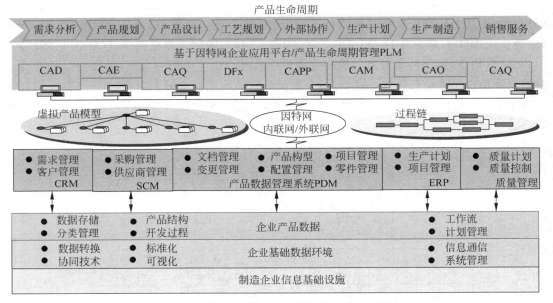

图6-13　制造企业产品生命周期管理的技术框架

（1）企业以产品数据管控为核心，建立产品生命周期中包括产品设计、开发、制造、销售及售后服务等环节的工程图档、BOM结构、工作流程、生产计划、产品质量、企业资源的管理体系，构成制造企业产品信息管理的框架。

（2）建立单一的企业产品数据源和一致的产品信息管理机制，形成包括所有产品相关数据和主要业务过程的协同工作环境，产品数据可供管理、销售、市场、维护、装配和采购等不同部门的人员共享和使用，协调产品的计划、制造和发布过程，保证正确的人在正确的时间以正确的方式访问正确的信息。

（3）基于企业级的产品生命周期管理支撑环境，将制造企业、合作伙伴、子承包商、供应商与用户连接，实现安全管控下的产品数据共享，使企业联盟中不同部门、不同地域的人员和组织可以方便地进行协同。将PLM支撑环境作为一个信息桥梁，允许制造企业及其合作伙伴，在整个生命周期内对产品进行设计、分析、制造和管理。

6.4.2　产品结构与构型管理

产品由很多零部件组成，通过建立统一的产品结构模型描述产品所有相关数据的关系，以便进行产品数据的组织和查询。同时，企业的设计、生产、采购等不同部门对数据有不同的BOM视图要求，当工程设计、生产制造、采购供应的BOM不一致时，就可能造成某一环节数据的错误。如果产品配置信息不准确，将直接影响下游的采购、制造和装配等部门，造成不应有的损失。因而企业围绕产品信息的管理需要解决产品结构与构型管理问题，可以快速准确地为各部门提供不同形式的BOM信息和一致的物料清单。

1. 基于产品结构的产品数据组织与管控

以产品结构为中心可以更有效地组织和管理产品信息,同时,产品结构模型是实现产品配置管理的基础。制造企业进行产品结构与配置管理的主要作用如下。

(1) 以产品结构为框架组织产品的零部件数据及相关文档,层次关系清晰,可以方便地基于产品结构进行企业数据资源的查询、更改和管理。

(2) 在产品结构管理的基础上,根据产品生命周期不同阶段的需要,生成不同形式的BOM,将产品的设计数据和生产信息向生产计划管理系统和制造执行系统传递,为生产制造提供依据。

(3) 产品结构与配置管理也是 PLM 系统进行流程和任务管理的基础。工作流管理主要是控制工程设计活动,而实现工程设计活动管理和控制的前提是需要足够的产品结构与配置信息,在此基础上才可以定义活动执行所需的各种资源。

(4) 企业为实现多品种混流生产方式,需要提供产品配置功能,并基于产品结构与配置管理提供准确的相关产品数据。

(5) 产品结构与配置管理是企业之间实现项目协作的基础,只有有效管理和维护必要的产品全局信息,才能利用网络环境进行分工合作,实现跨企业的协同。

2. 产品结构与配置管理

采用产品结构作为管理和组织数据的框架,可以将产品对象与其定义数据关联,通过产品的结构关系使产品数据之间的关系在逻辑结构上保持一致。以这种方式维护产品本身的构成关系,以及组织与产品相关数据的方式,称为产品结构管理(product structure management,PSM)。在产品结构的基础上,通过配置条件形成产品结构的不同配置,称为产品配置管理(product configuration management,PCM)。

产品结构管理与文档管理、版本管理、零件管理等密切相关,PLM 系统提供了产品结构管理的功能,可以直观地描述和管理与产品相关的所有信息。如果对产品结构与配置管理的一些主要功能进行进一步划分,可以得到如图 6-14 所示的产品结构管理系统的主要功能。

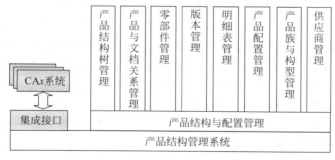

图 6-14 产品结构管理系统的主要功能

PLM 系统中的产品结构与配置管理作为产品数据组织与管理的一种形式,可对产品对象及其相互之间的联系进行管理,实现产品数据的组织、管理与控制。

(1) 产品结构树管理。以产品结构视图的方式建立和管理产品结构的层次关系,用户可以方便地浏览产品结构树的整体层次结构并查询各节点的描述信息。

（2）零部件明细表 BOM 管理。对产品所包含的零部件基本属性进行管理，并维护 BOM 的层次关系，可对产品结构树上的任意节点生成 BOM 表与零部件使用表，提供给其他应用系统。

（3）产品与文档关系的管理。由于与产品相关的数据种类繁多，如设计模型、工程图档、分析数据、工艺卡片、材料报表、技术规范等，需要进行文档的分类管理，将文档管理与产品结构管理关联，实现对产品所有相关文档的统一管理，提高管理与查询的效率。

（4）产品结构配置与多视图管理。在产品结构管理的基础上，以 BOM 为核心，使定义产品的工程数据与文档联系起来，实现产品数据的组织、管理与控制。并通过一定的转换规则，向用户提供产品结构的不同视图和描述，如设计视图、装配视图、制造视图、计划视图等。

（5）集成技术。产品结构管理作为 PLM 系统的一个组成部分，可与产品配置管理、文档管理等功能模块集成，是产品数据管理协同实现与 CAD、MRP Ⅱ 和 ERP 等系统集成的关键。

3. 基于 PLM 的产品结构管理

在产品数字化设计制造过程中，围绕产品对象形成了各种各样的数据和文档，产品数据的结构化组织是产品数据管理的一个重要特征。在实际应用中，通常采用产品结构树的形式统一组织产品数据和工程图档，从而使数据的组织和管理变得相对容易，数据关系更清晰，提高信息搜索效率。同时可为各种产品数据的组织、检索和统计提供支持。

通过对产品数据的结构化描述，依据产品结构关系，PLM 系统对产品、部件或零件的每项信息进行定义和管理，可以对产品结构树进行任何层次的展开，产品结构树上的节点具有多种属性，可通过关系对这些节点进行查询，比如零部件的名称、材料、类型（外购件、自制件），有需要时还可以对任意设定层次的 BOM 表进行输出。

4. 基于 PLM 的构型管理与控制

产品构型管理是指对产品构型创建和更改过程的管理。由于用户需求的多样性，产品模型中会包含若干带有各种选项的零部件。在 PLM 系统中，将构型单元定义为构件。基于 PLM 的构型控制，可以将产品定义数据分解为产品构型单元集，并用统一的更改过程控制产品构型在创建、发放和维护过程中的信息。产品构型管理是 PLM 关键技术之一，它与 PLM 系统的信息建模、过程管理、数据存取、更改管理和工作流程等功能密切相关。

利用 PLM 系统进行产品构型管理，可使企业的不同部门在产品的整个生命周期内共享统一的产品构型，并定义不同阶段的产品，生成相应的产品结构视图，如设计视图、装配视图和工艺视图等，为实现单一产品数据源提供工具。

6.4.3　x-BOM 集成

产品的结构关系构成了产品数据的基本框架，而产品结构树反映了产品的构成关系。在产品结构树的基础上，企业各部门可以从不同的侧面对 BOM 信息进行使用和管理。

1. x-BOM 的内涵

产品开发过程历经工程设计、工艺规划、生产制造等主要阶段。这些阶段分别涉及不同的物料清单，如 E-BOM、P-BOM、成本物料清单 C-BOM。如表 6-1 所示，这些 BOM 在企业的不同部门和产品的不同阶段具有不同的信息表示。

表 6-1　生命周期不同阶段的物料基本信息

部　门	基 本 信 息
设计部门	产品(零件)：物料号、图号、物料名称、净重、机型、规格、设计更改说明、更改顺序号、关键件标志等
工艺部门	工装/刀量具/毛坯：物料号、图号、物料名称、净重、设计更改说明、更改顺序号等 产品(零件)：提前期、编码、装配工艺标识、工艺路线等
生产计划部门	需求时间、计划时间、订货方针、批量标识、计划员、统计编码、累计提前期等
采购、供应、仓库等部门	计量单位、标准批量、ABC分类码、物料类型、采购员、质量检验码、用户标识、库位码、库存控制码、盘点频率等
财务部门	成本、不变价、标准成本、销售价格、销售单位等

设计阶段配置得到的产品结构信息就是 E-BOM。在企业实际应用中，E-BOM 信息需要传递给下游的各环节，作为企业其他部门开展业务的依据。例如，生产部门根据 BOM 表中的信息生产自制件，供应部门根据 BOM 表的信息组织采购，原材料仓库根据 BOM 发料，财务部门根据 BOM 计算成本，计划部门根据 BOM 计算能力需求，装配部门根据 BOM 表装配部件等。因此，需要对设计阶段产生的 E-BOM 进行调整和补充，这样就会产生不同的 BOM 视图，称为 x-BOM。

2. E-BOM

E-BOM 是产品工程设计阶段使用的产品数据结构视图，可精确地描述产品设计中的产品、部件、组件、零件、标准件之间的关系。

企业在产品设计完成后，经过配置首先得到的 BOM 是 E-BOM。PLM 系统可以直接从 CAD 的相关文件(属性文件、设计结构文件)中提取零件属性和产品设计结构数据，从而形成 E-BOM，也可以靠手工方式完成 E-BOM 的编制。

3. P-BOM

P-BOM 是企业生产管理非常重要的输入数据之一。

从 E-BOM 到 P-BOM 的转换是在工艺部门进行的，是产品从设计开发到实际生产必不可少的信息转换环节。工艺部门首先要接收设计部门发放的产品设计信息，包括产品结构信息、零件的几何、材料等信息；其次，对设计部门的设计结果进行可制造性分析，对不合理的设计结构(如结构、尺寸、公差等)提出修改意见；最后，对产品的设计结构(E-BOM)进行分解和转换，变成可用于指导生产的工艺结构(P-BOM)。与此同时，对于每个要生产的零部件，设计其加工工艺(包括加工方法和加工步骤，机床设备的选择和参数，刀具量具的选择等)，制订工装方案，指定原材料并计算材料定额，统计标准件、外购件等非生产零件的需求，编排工时定额等，将其存储在对应零部件的产品信息库中。P-BOM 保留了 E-BOM 中的基本信息，又加入了其他工艺信息。

4. M-BOM

M-BOM 是工艺设计与生产制造部门根据企业的生产水平和加工能力在 E-BOM 的基础上制定的，用于工艺设计和生产制造管理。

M-BOM 是一种描述装配件的结构化零件表。它明确描述了零件、部件、产品之间的制造关系，跟踪零件是如何制造出来的，在哪里制造、由谁制造、用什么制造等信息。装配BOM是由 E-BOM 转换为 M-BOM 的中间阶段。装配工艺设计的内容是确定零部件的装配结构及其装配方法，构造装配 BOM 主要是将确定的零部件装配关系以装配 BOM 的形式明确表达出来。与 E-BOM 相比，二者的产品层次结构不同，E-BOM 的产品层次结构是设计视图，装配 BOM 的产品层次结构是实际装配时的制造视图，且装配 BOM 增加了零部件的工艺信息，如制造、装配工时等。从 E-BOM 到装配 BOM，主要变化是确定了零部件之间的装配关系和时序，并根据需要增加了中间件，以及每个零部件的工艺信息。

此外，还包括其他类型的 x-BOM，如 C-BOM（costing bill of materials）是由 MRP Ⅱ 或 ERP 系统产生的，当企业定义了零件的成本管理标准后，系统通过对 P-BOM 和加工中心的累加生成 C-BOM。它将物料与资金集成在一起，用于制造成本控制与成本分析。

5. x-BOM 多视图管理

BOM 作为企业进行设计、生产、管理的核心，不同部门有不同的形式和要求。例如，生产部门只需要描述自制件情况的制造 BOM 表，采购部门需要原材料及其标准件的采购BOM 表，财务部门关心的是反映零部件成本核算情况的财务 BOM 表。针对不同部门对BOM 信息进行重新编排，称为 BOM 多视图管理。PLM 系统具有视图管理功能，通过定义不同的视图，可使不同部门从不同角度配置 BOM，为企业各部门实现信息集成和业务协同提供便利。

产品结构的多视图管理是产品配置的重要内容。产品的 BOM 信息在其生命周期的不同阶段具有不同的内容，从而形成产品结构的多视图。产品视图是产品结构树的映射和子图。对应产品生命周期的不同阶段，不同的 BOM 代表同一产品从不同角度定义的信息。

从产品信息形成的角度看，产品的结构信息、属性信息、关联信息等是分阶段形成的。在产品生命周期的信息集成系统中，首先要求在产品设计阶段生成产品的结构关系及相关信息的设计 BOM，后续制造过程的组织和管理能够从设计 BOM 中提取企业制造产品的构成和所有涉及的物料，并通过 PDM 将 BOM 表传入工艺设计系统和生产管理系统等。产品生命周期的不同阶段会产生不同视图的 BOM。

从某种程度上说，设计 BOM 表信息与其他 BOM 表信息的关系相当于总体与局部的关系。在实际应用中，由于 P-BOM 和 M-BOM 数据为企业进行产品生产规划的大多数部门使用，因而从工程设计信息的 E-BOM 到生产制造信息的 P-BOM 和 M-BOM 的转化尤为重要。

6.4.4　C4P 应用系统集成技术

目前，制造企业的应用软件越来越多，这些应用系统具有异构环境，可处理产品定义、流程描述和生产控制中的异构信息，各种数据信息分别存放于不同的物理系统中。在产品生命周期中，需要将这些物理上分布的应用系统及其处理的相关信息进行有效的集成。

1. C4P 技术及其相互关系

C4P 集成即 CAD/CAE/CAPP/CAM/PDM 集成的简称。它是制造业信息化的基础，CAD、CAE、CAPP、CAM 都是一些单项应用技术和软件系统，但系统之间的信息联系密切。CAD 是 CAE、CAPP 和 CAM 的数据源头，在 CAE 中无论是单个零件，还是整机的有限元分析及机构的运动分析,都要以 CAD 的三维模型为基础;在 CAM 中需要 CAD 进行曲面设计、零件造型和模具设计;在 CAPP 中则需要 CAD 的 2D 工程图、3D 模型、明细表和技术文件等。

PDM 用于统一管理整个产品生命周期中所有的产品定义信息,通过 C4P 集成技术,CAD、CAE、CAPP、CAM 系统都通过 PDM 进行信息交换,从而实现 CAD、CAE、CAPP、CAM 之间的数据交换和信息集成。PDM 自身不产生数据,仅管理 CAD/CAE/CAPP/CAM 产生的数据,为 CAD/CAE/CAPP/CAM 提供基础数据和设计平台。

2. 产品生命周期中的应用集成问题

制造企业在产品生命周期中应用了很多计算机软件系统,如 CAx、PDM、PLM、ERP 等,要求实现异构计算机环境下的应用系统集成,保证企业人员能方便地共享信息和协同工作。由于 PLM 系统和 CAx、ERP 等应用系统在功能和特性上存在较大差异,因此如何将这些系统结合起来,构造统一的企业信息共享与协作平台,是产品生命周期集成的主要内容。

在实现 CAx、PLM 的系统集成过程中,需要重点考虑以下问题。

(1) 对于某一对象的数据,在不同应用系统中进行的信息定义和描述方式并不相同,如何进行数据的统一定义和描述。

(2) 数据的控制问题,即哪些数据是由哪些人员产生的,以及由谁控制,需要共享的信息资源。

(3) 异构计算机应用系统集成的实现问题。

对于应用系统集成而言,根据不同的需求,可以采用不同的系统集成模式。有人将系统集成问题分为两个层次,即逻辑集成和物理集成。逻辑集成是基于产品信息模型,研究不同应用系统之间的集成时对相关数据的组织方式和结构化方法;物理集成是在一定的技术支持下,实现数据之间的通信和传递。

3. CAx/PDM 的应用系统集成

PDM 主要用于产品数据的存储和查询,即控制数据的储存与检索、按用户定义属性查找数据、协调不同类型数据之间的关系、管理文件的进出、提供产品结构和配置管理、跟踪产品开发过程、转换不同应用之间的数据流等。企业大量的产品数据由 CAD 及其他应用系统生成,实现 PDM 与 CAD 系统的应用集成,可以在 PDM 环境下实现 CAD 文档的检入/检出,展示产品结构和 CAD 文档的所属关系。

当进行 CAD 与 PDM 系统的封装集成时,PDM 系统并不管理 CAD 文件的内部数据。此时,CAD 与 PDM 两个应用系统集成的核心任务是,将 CAD 用户的工作结果连同有关的元数据对象一起构建到 PDM 数据模型中,使产品信息模型中描述的零部件视图、模型、工程图等对象、元数据对象和数据成为一个整体。

CAx 为 PDM 提供了工程数据的来源,CAx 与 PDM 的应用系统集成要求解决两方面的问题:一是 CAx 系统之间的数据交换,二是基于 PDM 实现对 CAx 信息的有效管理。但是产品开发过程是一个复杂的过程,CAx 自身还不能提供有效管理这种复杂信息的方法。通过与 PDM 系统的集成,PDM 系统可以为 CAx 系统提供数据管理与协同的工作环境。

6.5 应用案例

6.5.1 波音飞机数字化设计制造案例

大型民用飞机极其复杂，产品开发过程协调关系多，涉及多领域、多专业的协同，参与协作的企业和供应商多。波音公司从 20 世纪 90 年代开始全面推行数字化设计制造技术，其大型客机数字化设计制造具有很高的水平，至今仍有重要的借鉴作用。

1. 波音 767-X 的数字化产品定义

产品设计制造过程中存在巨大的发展潜力，节约成本的有效途径是减少更改、错误和返工带来的损失。某个零件设计完成后，还要经过工艺规划、工装准备、生产制造和各级装配等过程。在产品开发过程中，设计约占 15% 的成本费用，制造占 85% 的成本费用，任何在零件图纸交付前正确的设计更改都能节约其后 85% 的生产费用。

波音公司在波音 767-X 型飞机的产品开发中，基于并行工程的思想，根据飞机的部件组成了多功能产品开发队伍，以改进产品开发流程。采用"设计→计划→制造→保障"集成化产品开发，实现了三维数字化定义、三维数字化预装配和并行设计。概括地说，波音 767-X 的数字化设计制造中采取了以下措施。

1）大量应用 CAD/CAE/CAM 技术，做到 100% 全数字化产品定义

飞机零部件设计采用 100% 数字化技术，利用 CATIA 系统设计零件的 3D 数字化模型。这样易于在计算机上进行装配，检查干涉与配合情况，也可利用计算机精确计算重量、平衡、应力等零件特性。由于全面应用 CAD/CAM 系统作为基本设计工具，使设计人员能够在计算机上设计出所有的零件三维图形，并进行数字化预装配，获得早期设计反馈。同时，数字化设计文件可以被后续设计部门共享，从而在制造前获得反馈，减少设计更改。波音 767-X 中的所有零部件都采用数字化技术进行设计，所有零件设计都只形成唯一的数据集，提供给下游用户。

此外，波音 767-X 开发过程中建立了大量的飞机设计零件库与标准件库，存储于 CATIA 标准图库中，并与标准件库相协调，设计人员可以方便地查找零件库，充分利用现有的零件库资源，可有效减少零件设计、工艺计划、工装设计、NC 加工程序等产生的费用。

2）采用 DFA/DFM 等工具，在产品设计早期尽快发现下游各种问题

数字化预装配过程利用 CAD 模型进行有关 3D 飞机零部件模型的装配仿真与干涉检查，确定零件的空间位置。数字化预装配要求共享有关设计人员完成的零件、部件或子装配件，每个设计员参照数字化预装配要求检查干涉、配合、同轴度和飞机各段的区域设计。对修改后的模型反复进行数字化预装配检查，直到所有零件设计满足要求。作为对数字化预装配过程的补充，设计员接收工程分析、测试、制造的反馈信息。

数字化整机预装配是在计算机上进行建模和模拟装配的过程，利用各层次中的零件模型进行预装配，用于检查干涉和配合问题，这个过程以设计共享为基础。利用数字化预装配技术，可以有效减少因设计错误或返工而引起的工程更改。工程设计要验证所有设计干涉和配合情况，这使设计更改次数大幅减少。数据集在没有进行最后的审批前不能发图，这一最后的检查过程可降低项目风险，确保发图后无零件干涉情况出现。

3）仿真技术与虚拟现实技术，采用 CAE 工具进行工程特性分析

（1）应力分析。利用 3D 数字化零件模型进行应力计算、载荷数据分析和元件安全系数计算等。

（2）重量分析。利用 3D 数字化零件模型进行重量分析，可获得精确的零件重量、重心、体积和惯性矩等数据。当进行全机数字化模型总装时，分析人员能跟踪各部件重量、重心的装配情况。

（3）可维修性分析。设计人员在设计时还应考虑飞机维修时对飞机结构、系统的空间要求，设计相应的维修口盖，保障维修顺利进行。这一步在进行数字化设计时完成。

（4）噪声控制工程。利用飞机外形详图进行飞机外形鉴定和噪声数据分析。

4）计算机辅助工装设计与 NC 编程

利用 3D 零件数字化模型设计工装的 3D 实体模型或 2D 标准工装，建立工装的数字化预装配系统，利用 3D 数字化数据集检查零件—工装、工装—工装之间的干涉与配合情况。工装数据集提供给下游用户，如工装计划用于工装分类和制造计划、NC 工装程序提供给NC 数据集，用于 NC 验证或发至车间生产。在工程发图前，NC 程序员利用 CATIA 工具进行零件线架和表面的数控编程，必要时在计算机上模拟数控加工过程，从而减少设计更改、报废和返工。

5）利用巨型机支持的产品数据管理系统辅助并行设计，保证并行、协同的产品设计，共享产品模型和设计数据库

波音 767-X 采用一个大型的综合数据库管理系统，用于存储和提供配置控制，控制多种类型的相关工程、制造和工装数据，以及图形数据、绘图信息、资料属性、产品关系、电子签字等，同时对接收的数据进行综合控制。它保证将正确的产品图形数据和说明内容发送给使用者。通过产品数据管理系统进行数字化资料共享，实现数据的专用、共享、发布和控制。管理控制包括产品研制、设计、计划、零件制造、部装、总装、测试和发送等过程。数据集是设计过程唯一的设计依据。

此外，组织集成化产品开发团队，基于数字化设计技术，改进产品开发过程。在产品开发过程中，制订集成化计划。集成化计划管理过程不但制订一些专用过程计划，而且对整个开发过程的各种计划进行综合。该计划参与设计、计划、制造、测试、飞机交付等过程的管理。

2. 波音 777 的数字化样机与单一产品数据源构建

1）并行工程

1991 年，波音公司开始开发新型的波音 777 双发动机大型客机。波音公司在波音 777的开发过程中沿用并扩展了并行工程的思想，应用了"并行产品定义"。并行产品设计是对并行设计及其相关过程的集成（包括设计、制造、保障等），并行设计要求设计者在设计初期就考虑与产品开发过程相关的所有因素，包括质量、成本、计划、用户要求等，通过优化设计过程，采用新的项目管理办法，大幅减少了干涉、配合、安装等问题带来的设计更改，提高了飞机生产质量，降低了成本，大大缩短了产品开发周期，实现了三年内从设计到一次试飞成功的目标。

波音公司以波音 777 为标志，建立了世界第一台全数字化样机，全面采用数字化技术，实现了三维数字化定义、三维数字化预装配和并行工程，取消了全尺寸实物样机，极大地提

高了工程设计水平和飞机研制效率。

2）飞机构型定义控制与制造资源管理

波音公司从 1992 年开始酝酿，1994 年正式形成并上马了称作 DCAC/MRM（飞机构型定义控制与制造资源管理）的公司级大型工程项目，以单一产品数据源为基础，以精简业务流为主线，组织飞机的设计构型、工艺规划、生产制造和服务支持的全过程，这一大型全面技术改造项目是继波音工程设计领域全面推行"无纸设计"（全数字化产品定义）技术后的又一大计算机应用项目。该项目开始实施于波音 757、737、747、767 系列飞机，在波音 777 系列中得到全面应用，对业务流程、飞机构型管理、物料管理和信息管理进行了大幅简化。

在 DCAC/MRM 项目开始之前，波音公司基本的产品信息存储在公司范围分布的几百个应用系统中。波音的 DCAC/MRM 项目主要是寻求从根本上简化与飞机结构定义及产品开发有关的流程，提出 SSPD 的概念，基于 PLM/Teamcenter 系统实现对 SSPD 的定义，并将其作为整个系统的底层数据核心，以及所有相关产品数据的共同访问资源，能够从一个单一的系统环境中可靠、精确、实时和完整地获取产品结构数据。

飞机制造数据源管理一般包括 3 个方面，即工程数据管理、工艺数据管理和制造资源管理，但从总体看又处于以 SSPD 为基础的产品数据管理的支持环境中。SSPD 是产品数据管理、生产计划管理、制造资源管理的核心，是提供单一产品数据的存取点，它是产品数据的唯一管理源，能提供多种正确而清晰的数据表，如满足工程设计要求的 E-BOM、控制生产的工艺计划 P-BOM、用于生产制造的 M-BOM、控制生产计划的进度计划等。对所有零件、工装、原材料的计划、订单、采购、库存采用一个系统进行统一管理。按照在 BOM 表中的位置，确定零件、工装、原材料的采购或生产需求，并编制计划进度，使波音公司原有的800 多个子系统、14 种 BOM 表、30 多种变更管理精简为 400 多个子系统、1 种 BOM 表、一致的变更管理。

波音基于 PLM/Teamcenter 系统为波音 737、747、757、767 和 777 系列飞机提供了SSPD 支持。目前，公司中任何一个需要飞机结构数据的人员都可以在同一个单一的系统上访问这些数据，使遍布全球的设计、工程、市场和采购人员、承包商和各级管理人员，都可以在全球各地实时访问、获得精确的 BOM 数据。统一采用集成的 PDM 和 ERP 系统，替代原有的众多应用程序，保证处理的协调性和有效性。

3. 波音 787 中基于模型的产品定义方法

1）基于模型的产品定义方法

波音公司在波音 787 飞机研制项目中全面采用 MBD，将 CATIA V5 软件作为模型设计工具，利用 ENOVIA 模型存储仓库，采用 DELMIA 软件作为数字制造工具，连接E-BOM 和 M-BOM，基本避免了图纸错误引起的装配错误，这是在波音 767 和波音 777 项目中未实现的。波音公司飞机产品定义方法的变革历程如表 6-2 所示。

表 6-2　波音公司飞机产品定义方法的变革历程

方　　法	使　用　状　况	代　表　机　型
基于图纸的定义	制图错误（尤其是不同工作组之间的）造成装配问题	波音 767-100 系列
3D 实体模型＋图纸	仍然存在因图纸错误引起的装配问题	波音 767-400 系列
3D 模型定义	很少或没有装配问题	波音 767 Tanker，波音 787

2）生命周期管理的应用策略

波音 787 飞机产品生命管理的解决方案包括电子构型、关联设计、功能集成、虚拟制造、集成全球供应链、精益工厂、改善交付、数字化面向客户的数据。波音公司飞机产品生命周期管理策略的比较如表 6-3 所示。

表 6-3　波音公司飞机产品生命周期管理策略的比较

项目	波音 777	波音 737 NG	波音 787
物理综合	数字化产品定义,数字化预装配	透明的数字化预装配	基于上下文设计,关联设计
建造综合	N/A	数字化工装定义,硬件变异性控制,数字化装配次序	基于几何的工艺过程规划,工厂仿真
功能综合	N/A	N/A	逻辑预装配,需求跟踪
支持综合	N/A	N/A	维护仿真,飞机健康管理
团队	设计—建造团队	集成产品团队	生命周期产品团队

4. 波音公司数字化设计制造技术分析

从信息化的角度看,波音公司在信息化工程实施过程中的数字化设计制造技术有力支撑了公司的发展战略。同时,以产品数据为核心的信息资源在产品生命周期的业务协同过程中发挥了巨大作用。波音 767-X、波音 777 及波音 787 系列客机的产品设计与制造过程可以清楚说明这一点。

（1）波音 777 是无图设计的第一架商用飞机,实现从设计到制造的全数字化,所有数据纳入公司的数据库资源,并作为公司全球数十家合作伙伴企业的相关技术人员均可访问的数据资源。

（2）波音公司在波音 777 开发过程中采用模块化设计方法,面对结构复杂、品种繁多、零件数以百万计的大型客机,将零部件对象分为基本件、可选件、特定件三种不同类型,使大量零部件可以方便地被重用。

（3）产品数据模型的标准化对波音公司成功实施数字化设计和制造至关重要。产品数据交换采用产品模型数据交互规范（STEP）标准的中性文件交换,这样的产品数据一方面方便在企业间或企业内的各种活动之间交换,提高产品数据资源的使用效率;另一方面可使该数据独立于应用系统,达到产品数据共享及持久存档保存的目的。

（4）SSPD 的成功建设,保证了波音公司产品生命周期各阶段使用的产品数据相关信息的唯一性、完整性、有效性、协调性和无冗余。SSPD 包含的主要信息如下:以飞机制造顺序号为基础的飞机构型数据,以零件号为基础的零件、计划、工装与文档的配套表,订单/批量/库存信息库,作业计划,支持服务,技术文档,工程更改等。

（5）DFx 方法与虚拟制造技术的应用,可确保在没有制作原型机的情况下飞机产品一次开发成功。例如,通过数字化预装配等虚拟制造技术,事先发现各种可能出现的零部件装配问题。这样可节省大量的设计、改进时间和费用。

（6）采用并行工程的协同工作小组。在三维数字化模型开发的基础上,构建计算机软件和网络系统的集成化协同工作环境,在广域网上实现异地设计和协同制造。

6.5.2　西门子公司数字化设计制造案例

德国西门子公司是世界上规模最大的电子和电气工程公司之一,其火力发电集团为西门子能源领域的主要部门，全球电厂总容量约 1/5 的设备来自西门子。这里以其石油、天然气与工业应用（PG I）部门的 PG I2 汽轮机系列产品为案例进行分析。

西门子火力发电集团制造的汽轮机产品的输出功率为 8.5～1900MW，如图 6-15 所示。其中，PG I2 主要负责工业汽轮机的生产制造，其产品的输出功率为 8.5～130MW。

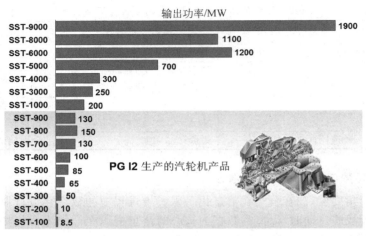

图 6-15　西门子火力发电集团制造的汽轮机产品输出功率

长期以来，西门子公司在信息化技术与数字化制造领域开展了系统、深入的工作，它在工业汽轮机领域的应用具有以下特点。

1）工业汽轮机模块化设计与多学科设计优化

工业汽轮机是典型的机、电、液、控、信息等技术综合一体化集成产品，每台工业汽轮机产品由近万个零部件组成。产品结构复杂、可靠性要求高，其主要零部件（如转子、气缸等）要求耐高温、耐冲击和高精度。工业汽轮机的最大特点是完全按照客户的需求定制，导致产品开发和工艺设计周期很长，有时甚至占生产周期的 60%。

西门子公司在工业汽轮机的产品开发中，最重要的特点是按照模块化设计的思想，采用组合产品的设计原理，将产品分解为不同的标准模块，这样就可以根据客户的个性化需求，将有限数量的标准模块像搭积木一样组合起来，形成不同的定制产品，以最小程度的内部多样化产生尽可能多类型的工业汽轮机产品。其工业汽轮机气缸的模块化结构组合原理如图 6-8 所示。根据客户的不同要求，可以用基本结构块组合成不同型号输出功率的工业汽轮机产品。

工业汽轮机产品的开发涉及多个不同的专业领域，需要进行多学科并行设计和性能优化。多学科设计优化（multidisciplinary design optimization，MDO）是一种对复杂工程系统进行分析和优化设计的方法，通过研究复杂工程系统与子系统之间的交互影响和协同作用，把一个复杂优化问题分解为多个子优化问题协同求解，达到系统级整体性能优化的目标。西门子公司在工业汽轮机设计开发过程中，综合采用 CAD/CAE/MDO 技术，在数值计算和仿真分析的基础上进行产品性能的优化，提高了复杂工程系统的设计质量和设计效率。

2）工业汽轮机数字化制造技术

工业自动化技术是西门子工业领域的重要部分。除了各种自动控制系统和功能元器件,还可以向全球用户提供综合自动化技术及产品,包括从原料入库至产品出库,从现场级、控制级和 MES 直至与企业资源计划(如 SAP 的企业应用软件)的系统集成。西门子火力发电集团很多下属企业都采用了这种系统集成的技术架构,而该系统中包括一个功能完善、用于车间层的管理控制系统——运动控制信息系统(MCIS),其主要功能包括机床数据及信息管理(MDA)、直接数字控制(DNC)、刀具信息管理(TDI)、生产数据管理(PMT)、生产订单控制及信息反馈(PDA)、全面设备维护(TPM)、自动数据管理(ADM)等。由于蒸汽轮机和燃气轮机零部件(如叶片、转子等)的加工精度要求高,这些关键零部件的加工过程中大量采用了数控系统,其中主要包含西门子工业自动化技术部门开发的 SINUMERIK系统。

3)工业汽轮机的产品生命周期管理

西门子火力发电集团很多下属企业都采用西门子 IT 技术部门提供实施的 PLM 整体解决方案,如图 6-16 所示。西门子在工业汽轮机的 PLM 整体解决方案中,则采用由德国SAP 公司提供的 PLM 系统 mySAP PLM。该 PLM 系统提供了一个在产品全生命周期中管理、跟踪、控制所有产品和项目信息的协同工作环境,以及面向质量的扩展供应链管理平台。在 mySAP PLM 中,全生命周期产品数据管理(PDM)处于核心地位。PDM 提供了全面的产品数据管理功能,有助于企业对用户需求、BOM、CAD 模型及各种相关技术文档进行管理,并提供系统集成、更改管理和配置管理等功能。此外,mySAP PLM 还可实现对电子集市、数据仓库、客户关系管理系统及供应链管理系统等的无缝集成。

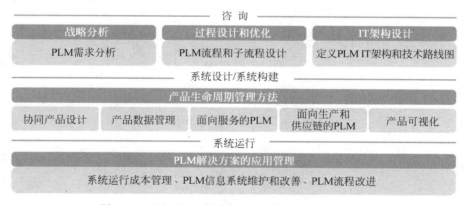

图 6-16　西门子 IT 技术部门实施的 PLM 解决方案

参考文献

[1] 吴澄.现代集成制造系统导论:概念、方法、技术和应用[M].北京:清华大学出版社,2002.

[2] 张和明,熊光楞.制造企业的产品生命周期管理[M].北京:清华大学出版社,2006.

[3] 范玉顺.i 时代信息化战略管理方法[M].北京:清华大学出版社,2015.

[4] 朱文海,郭丽琴.智能制造系统中的建模与仿真:系统工程与仿真的融合[M].北京:清华大学出版社,2021.

[5] 熊光楞.并行工程的理论与实践[M].北京:清华大学出版社,2001.

[6] 吴澄.信息化与工业化融合战略研究:中国工业信息化的回顾、现状及发展预见[M].北京:科学出

版社,2013.

[7]　乌云,尚凤武.基于 PDM 的应用系统集成过程中 BOM 表的讨论[J].工程图学学报,2002(1)：37-42.

[8]　吴丹,王先逵,魏志强.飞机产品数字化定义技术[J].航空制造技术,2001(4)：21-25.

[9]　杨雷.新一代波音 737 尾段单一产品数据源管理[J].新工艺·新技术·新设备,2003(9)：59-63.

[10]　冯斌.波音 787 的新技术[J].航空维修与工程,2005(5)：37-39.

[11]　于勇,陶剑,范玉青.波音 787 飞机装配技术及其装配过程[J].航空制造技术,2009(14)：44-47.

第7章

产品设计与制造的仿真技术

7.1 仿真技术基础

7.1.1 计算流体动力学方法

计算流体动力学(computational fluid dynamics,CFD)是一种基于计算机利用数值方法对流体力学控制偏微分方程进行求解的技术。它通过离散化流体领域后的各单元描述流场的定量特征,从而模拟流体流动和传热行为规律。19世纪末就有学者提出使用数值方法解决流体力学问题的构想,然而当时受限于计算工具,这一想法仅停留在理论层面。随着计算机技术的飞速发展,将数值方法与计算机模拟相结合,为解决复杂的流体力学问题提供了全新的途径。20世纪60年代以来,计算流体动力学方法迅速崛起,并发展出各种通用CFD软件(如ANSYS Fluent、ANSYS CFX、STAR-CCM、Comsol等),在航空航天、汽车工程、生物医学、能源工程等诸多领域得到广泛应用。这些软件为分析各种三维复杂流动情况提供了便捷的计算工具,展现了出色的应用效能。

CFD方法作为一种流体力学研究方法,被广泛用于解决传统流体力学和流体工程领域的多种问题。例如,在宏观尺度上,它能进行载具空气动力学和建筑物风力抗力的连续流体模拟,同时耦合热力学性质,分析冷热空气的流动、预测洋流变化,设计电子产品的散热器风道,等等。这些宏观尺度的计算流体动力学应用主要集中在工业领域,已经取得相对成熟的发展。可以明显看出,CFD方法在揭示基本物理规律和解决实

图 7-1　采用 CFD 方法研究电子设备过热现象的示例

际工程问题方面发挥着积极的推动作用。图7-1是采用CFD方法研究电子设备过热现象的示例。

通常CFD方法的主要步骤包括以下几个阶段。

(1)建立模型:模型建立阶段的首要任务是针对具体的计算流体动力学问题创建模拟流体领域的几何模型,比如流体管道或载具外形等。将其抽象为可供研究的数学或力学模型,并确定后续分析的求解域。

(2)离散化:离散化阶段涉及在模型中生成合适的网格,对流体领域进行离散化处理。根据问题需求,可采用三角形、四边形、四面体、六面体等不同的网格形式。网格的粗细和单元形状对模拟结果的准确性至关重要,不同的算法对网格划分也有各自的要求。

（3）边界条件：边界条件指的是为使模拟结果更接近真实情况，需要设定在几何模型边缘上的一些特定条件。这意味着在流体运动的边界上，要确定控制方程应该满足的条件，比如流场的进口和出口处，需要设定相应的流动变量，如温度、压力等数值。

（4）数值模拟：在数值模拟阶段，基于基本的物质守恒、动量守恒及能量守恒原理，建立描述流体流动的控制方程。这些基本原理分别由连续性方程、Navier-Stokes 方程和总能量方程表述。在实际应用中，可能需要考虑不同组分之间的相互作用或特定的湍流状态，这时还需遵循组分守恒定律及额外的湍流输运方程。

CFD 求解的数值方法主要包括有限差分法、有限单元法及有限体积法，后者又称控制体积法。控制体积法将计算区域划分为网格，并针对每个互不重叠的控制体积对待解的微分方程进行积分，从而得到离散的方程组。这种方法适用于流体计算，例如 ANSYS Fluent 就是基于有限体积法进行计算的。然后，通过 Gauss-Seidel 迭代法（高斯-赛德尔迭代法）、TDMA 方法（tridiagonal matrix algorithm，三对角矩阵算法）、SIP 方法（strong implicit procedure，强隐过程迭代法）、LSORC 方法（line successive overrelaxation with Chebyshev，带有切比雪夫加速的线逐次超松弛法）等获得收敛的数值解。

（5）后处理：后处理指的是数据结果输出完成后，选用适当的应用程序实现计算区域、网格和结果的可视化，以更清晰直观的方式展示和分析 CFD 模拟的结果。

CFD 方法是一种重要的流体仿真分析手段，相比实验测量方法，有着不可比拟的优越性。具体来说，这种方法的优越性主要体现在以下方面。①成本低：部分物理实验成本极高，难以实施，而 CFD 方法可以通过计算机技术大量降低实验成本。②周期短：CFD 方法所需的时间比实际实验短很多，能够及时获取仿真结果并做出有效调整。③数据获取方便：相比实际实验难以获得完整的数据，CFD 方法可获取各个位置的数据，便于后处理。④适用于复杂场景：CFD 方法可以很容易地模拟常规条件下难以达成的场景，排除场景干扰，可以理论上准确模拟多数流动和传热过程，针对单独的物理现象进行探究，并对相应条件进行理想化处理。

当然，CFD 方法的模拟结果并不总是可信的，因为它会受到如下客观因素的制约。①特定物理模型的不准确性：CFD 的求解精度严重依赖物理模型的准确性，对于流动和传热过程的建模往往不清楚，因此，其准确性受限于相关实验结果和理论研究；②边界条件的困难性：CFD 的结果精度同样受到对初始值和边界条件设置的影响，但在部分实际问题中数据的获取难度较高，导致数值模拟结果可靠性下降；③存在数值误差：求解方程时可能引入计算机的数值误差，其中主要是限制字符数字的舍入误差和数值模型的近似截断误差，后者可通过使用适当的网格改进；④需要高计算资源：随着模拟情况复杂性的增加，计算机硬件条件也限制了 CFD 的求解速度和精确性。

未来 CFD 方法的发展方向之一是为复杂流场情况提供高效而科学的数值模拟算法，兼顾结果准确性和计算效率。这方面需要集成多学科领域的内容，比如流体力学、计算机科学、偏微分方程和数值分析等。通过算法的改进，进一步提升 CFD 方法模拟流动和传热过程的可靠性和便捷性。

7.1.2　有限元方法

有限元方法(finite element method，FEM)也是一种常用的数值计算方法，用于近似求解偏微分方程。对于许多时空相关的问题，基于相关物理规律建立的偏微分方程通常难以获得精确的解析解。有限元方法将计算域分解为离散的单元，并将整个计算域表述为离散方程组，使用数值方法求得这些离散方程组的解，从而得到原始偏微分方程的近似解。

有限元方法最初是由美国数学家 Richard Courant 在 20 世纪 40 年代初提出的。其核心思想是通过"数值近似"和"离散化"的方式求解偏微分方程。例如，以某函数 u 作为偏微分方程因变量，如果无法求出其解析解，则可将其离散为一组基函数 ψ_i 的线性组合，得到函数 u 的近似函数 u_h，u_i 则是各基底函数对应的系数，如式(7-1)所示，系数 u_i 可以通过 Galerkin 法等方法确定，最终组合起来的函数 u_h 便是对原函数 u 的数值近似。在图 7-2(a) 中，可以看到离散化产生的若干大小一致的单元；而在图 7-2(b) 中，离散化产生的单元大小不同，这可以更好地近似原函数中梯度更大的部分(例如复杂的几何边界)。因此，有限元方法的优势之一在于离散度选择的自由性。这个例子采用了线性基底函数，对于更复杂的问题，还可以适当选择其他类型的函数作为基底函数。

$$u \approx u_h = \sum_i u_i \psi_i \tag{7-1}$$

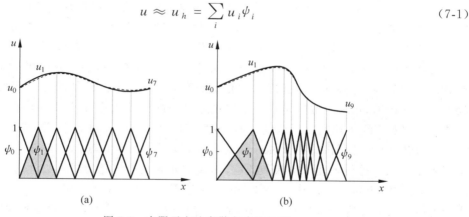

图 7-2　有限元方法离散方式的示例

(a) 相同单元大小的离散方式；(b) 不同单元大小的离散方式

上述示例中的函数 u 可以是相应物理过程中的因变量，如温度、压力、电势等，用有限元方法可以获得这些物理过程的近似解。在计算机技术尚不成熟的时代，有限元方法的物理模型主要是单一物理场，例如仅模拟结构力学、传热或电磁场。然而，随着技术的迅猛发展和所需求解问题的复杂化，有限元方法逐渐被用于多个物理场耦合的模拟。在工程、科学及工业领域，有限元方法的应用也越来越广泛，并出现了一些商用的有限元分析软件，例如 ABAQUS、ANSYS、Hyperworks、Comsol 等。这些软件为复杂物理问题的模拟和求解提供了解决方案。

以弹性力学的求解为例，有限元方法的基本步骤包括以下 5 个。

(1) 对结构进行离散化：将复杂的几何模型转化为有限个规则单元，进而将连续域分割为离散域，便于建立数值模型。

（2）确定位移函数：对于每个已划分的单元，需要定义形函数，通常用插值函数近似未知函数，以求解整个计算域的结果。

（3）建立单元刚度矩阵。

（4）构建总体刚度矩阵：在建立单元刚度矩阵的基础上，根据单元和节点的关系及相应的规则，将这些单元刚度矩阵组合为总体刚度矩阵，以建立结构对载荷响应的关系式。

（5）求解平衡方程组：通过总体刚度矩阵与载荷之间的关系，加上适当的边界条件，计算各节点的位移，并进行二次计算以获得其他力学相关结果。

可见，有限元方法具有以下突出优势。①适用范围广：有限元方法非常灵活，可应用于多种物理现象的分析，如结构力学、热传导、电磁场分析、流体力学等，还可进行多物理场的耦合分析。②几何模型的处理简单：有限元方法在问题域的离散过程中，可以处理一些几何形状复杂、边界不规则的问题，使建模和分析更容易。③灵活的网格划分策略：有限元方法可以在关键的求解区域提高网格密度，从而提高精确度；在不关注的区域采用粗网格，以降低计算成本。另外，有的程序还有网格自适应细化功能，兼顾计算效率和精度。④可获得精确的计算结果：通过增加单元数量（细分网格）并采用高阶插值函数，可提高计算的精度，但可能会牺牲一部分计算效率。

由于算法本身的特点和软硬件的限制，目前有限元方法还存在一些亟待解决的问题。①实际操作的复杂性：实际问题的有限元建模和网格细化策略的确定，对计算量和仿真结果的准确性影响较大，因此对于操作人员来说，确定适当的有限元模型和网格细化策略是具有挑战性的任务。②在物理量梯度较高的局部误差较大：有限元方法在单元内采用插值函数近似物理量在空间的变化，因此可能在物理量梯度较大的部位或边界变化复杂处产生较大的局部误差，这可以在一定程度上通过适当的网格细化降低计算的误差。③潜在的计算成本：随着实际工程问题复杂度的提高，为获得更可靠的仿真结果，通常需要对模型和网格进行细化，这对计算机的内存和计算量提出了更高的要求；对于一些高度非线性的问题，可能需要大量的迭代才能获得收敛的解，加大了计算成本和复杂度。

综上所述，有限元方法作为一种数值计算工具，可适用于多领域。然而，应用时需要解决模型复杂性和计算资源有限的矛盾，需要选择适当的有限元模型和参数设置，从而高效地获得准确的仿真结果。

7.1.3 无网格方法

无网格方法最初是由 Lucy 等在 20 世纪 70 年代提出的，最早用于模拟无边界的天体现象。相比传统的基于网格的数值方法，无网格方法可以避免在处理大变形、动态裂纹扩展、材料破坏及失效等不连续问题时需要不断重新划分网格的问题，因此可避免结果准确度降低、计算量增大的问题。无网格方法的核心思想是摒弃网格结构，用一系列节点对求解域进行离散，如图 7-3 所示。在这种方法中，基于节点建立逼近函数，对该节点影响域内的函数值进行积分变换或最小二乘法拟合，得到节点的函数值，从而保证其连续性。对前述问题进行求解时，应用这一方法可大大提高计算的精度和方便性。

与有限元方法的基本步骤相似，无网格方法主要研究的内容包括试函数的构造、微分方程的离散和边界条件的施加。其主要不同之处在于无网格方法的形函数构造方法，包括光滑粒子法、移动最小二乘法（moving least square，MLS）、径向基函数法（radial basis

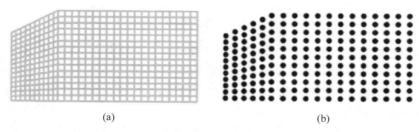

图 7-3　有限元方法和无网格方法的直观区别
（a）有限元方法的求解域；（b）无网格方法的求解域

functions，RBF）、重构核粒子法（reproducing kernel particle method，RKPM）等。此外，在边界条件的施加方式上，无网格方法与其他数值方法也存在差别，因为构造的试函数不具有插值特性，因此函数在某一点的近似值并不等于该点的真实值。为解决这一问题，通常采用 Lagrange 乘子法、直接配点法和罚函数法等引入边界条件。

相比有限元方法，无网格方法在处理大变形、动态裂纹扩展等问题时具有更强的适用性和优越性。由于无网格方法摒弃了网格结构，节点排布自由度更高，能更精确地描述复杂的几何形状，而且能根据需要增减关键部位节点，提高计算的灵活性。此外，无网格方法不需要对特定问题进行网格的初始划分和重构，因而大大降低了计算难度并保证了结果的精度。

尽管在某些领域无网格方法具有显著的优势，但在数学理论、工程应用等方面，该方法仍然存在一些未能解决的难题。首先是计算量过大的问题，无网格方法在构造形函数方面具有独特性，但其计算量也往往比有限元方法大，因此需要探索并行计算等方式提高计算效率。其次是通用软件的缺乏，相比成熟的有限元方法，无网格方法的通用软件还比较缺乏，这使其在复杂工程问题中的应用受到了限制。最后是数学理论还不完备，无网格方法的收敛性和稳定性等问题缺乏充分的理论支撑，同时节点设置策略也缺乏相应的数学验证，使其应用难以深入，这也是需要进一步研究和探索的领域。

无网格方法作为新兴的数值方法，在科学和工程计算中扮演着越来越重要的角色。特别是在传统有限元等方法难以处理的大变形和动态裂纹扩展等复杂领域中，无网格方法具有显著的优势。当然，无网格方法的广泛应用依赖于其理论研究和硬件设施的进一步发展。不仅如此，还要加强对无网格方法的应用研究和算法优化等方面的探索，以更好地提升其效率和精度。

7.2　产品设计仿真技术

在复杂产品开发过程中，仿真技术均可提供强有力的支持。例如，在产品设计阶段，设计人员在建立三维数字化模型的基础上，利用仿真技术进行整机的动力学分析、运动部件的运动学分析、关键零件的热力学分析等，开展模型试验分析和优化设计。在系统设计阶段，设计人员可以利用仿真技术建立系统模型，进行模型试验、模型简化和优化设计。产品复杂性的提高使多领域协同仿真技术逐渐受到企业关注。

7.2.1 基于接口的 CAE 联合仿真技术

复杂产品具有机、电、液、控等多领域耦合的特点，如飞行器、工程车辆、大型装备等，其集成化开发需要在设计早期综合考虑多学科协同和模型耦合问题，通过系统层面的仿真分析和优化设计，提高整体的综合性能。要对这些复杂产品进行系统层面的仿真分析，传统的单学科仿真技术难以满足要求。在这种背景下，人们提出了多学科协同仿真技术，将机械、控制、电子、液压、软件等不同学科领域的子系统作为一个整体，进而实现子系统在不同仿真工具之间的模型集成和联合仿真。

从 20 世纪 90 年代中期开始，人们开始关注多学科设计优化技术，利用多个领域 CAE 软件实现联合仿真，将不同子系统领域的仿真模型组合为多学科联合仿真模型，实现各 CAE 仿真工具之间的集成接口和信息交互，进而实现子系统在不同学科领域的联合仿真和集成优化，为这类问题的解决提供了一种比较实用的技术方法。

1. 基于接口的协同仿真方法

现有成熟的商用 CAE 软件工具只着重解决传统的单学科建模与分析计算问题，而多学科协同仿真需要将多个不同的子系统模型组合为一个系统层面的仿真模型，作为一个整体进行仿真分析。在复杂产品开发中，往往需要采用不同的仿真软件进行建模，模型之间存在密切的交互关系，一个模型的输出可能成为另一个模型的输入。在仿真运行过程中，这些用不同仿真软件建模得到的不同模型在仿真离散时间步，通过进程间通信等方式进行数据交换，然后利用各自的求解器进行求解计算，以完成整个系统的协同仿真。基于接口的多领域建模方法首先采用某领域商用仿真软件进行该学科领域的建模，其次利用各领域商用仿真软件之间的接口实现多领域建模（图 7-4），最后通过协同仿真运行获取联合仿真结果。

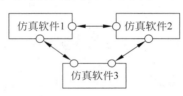

○—仿真软件之间接口。

图 7-4 基于接口的多领域建模

这种基于商用 CAE 软件接口的方法，分别完成各自领域仿真模型的构建，然后基于各不同领域商用仿真软件之间的接口，实现多领域建模。当多领域建模完成之后，不同学科领域的模型需要相互协调。这些不同子系统的仿真模型在仿真离散时间点，通过进程间通信等方法进行相互的信息交换，然后利用各自求解器（或称积分器）进行求解计算。

2. 利用常用的多领域 CAE 接口，实现联合仿真与集成优化

下面是一些常用的利用多领域 CAE 软件的接口实现复杂产品多学科联合的仿真方法。

1）ADAMS（机械系统动力学自动分析）与 MATLAB 联合仿真

机电一体化的复杂产品大多包含一个或多个控制系统，机械系统的系统设计中又可能涉及液压、电子、气动等，控制系统的性能往往会对机械系统的运动学/动力学响应性能产生至关重要的影响，基于多领域的系统建模与联合仿真技术可以很好地解决这个问题。机械系统与控制系统的联合仿真可应用于许多工程领域，例如，汽车自动防抱死系统（ABS）、主动悬架控制、飞机起落架、卫星姿态控制等。联合仿真计算可以是线性的，也可以是非线性的。

ADAMS 与 MATLAB 是机械系统和控制系统仿真领域应用广泛的分析软件。ADAMS 具有强大的机械系统运动学和动力学分析功能,提供比较友好的建模和仿真环境,能够对各种机械系统进行建模、仿真和分析。MATLAB 是一种应用广泛的计算分析软件,具有强大的计算功能、高效的编程效率及模块化的建模方式。因而,将 ADAMS 和 MATLAB 进行联合仿真,可以充分利用两个软件的优势,实现机电一体化条件下机械系统与控制系统的联合仿真分析。

ADAMS 软件提供了两种对机电一体化系统进行仿真分析的方法:①利用 ADAMS/View 的控制工具箱,这种情况适用于简单的控制系统建模;②利用 ADAMS/Controls 模块,并与 MATLAB 联合计算,适用于复杂的控制系统建模。

ADAMS 与 MATLAB 软件之间具有专门的集成接口。ADAMS/Controls 模块可将机械系统的运动模型与控制系统的控制模型进行集成,实现联合仿真。机械系统模型以机械结构为主体,不仅包括各部件的质量特性,还包括摩擦、重力、碰撞等因素。用户可以方便地将 MSC.ADAMS 中的机械系统模型置于控制系统软件定义的框图中,建立模型之间的关联。接下来可以使用 ADAMS 求解器,也可以使用控制软件中的求解器进行模型的数值计算。这种联合仿真可以获得优化的机电一体化系统整体性能。

2)AMESim 与 MATLAB/Simulink 联合仿真

利用 AMESim 软件与 MATLAB/Simulink 软件进行联合仿真,一般考虑在 Simulink 中建立控制系统模型,而在 AMESim 软件中建立机械液压系统模型,再利用 AMESim 与 Simulink 之间的接口定义模型的输入/输出关系。

AMESim 与 Simulink 进行联合仿真时,既可以将 AMESim 模型导入 MATLAB/Simulink,也可以将 MATLAB/Simulink 模型导入 AMESim 进行仿真计算。若将 AMESim 模型导入 MATLAB/Simulink 进行仿真计算,则通过将 AMESim 子模型编译为 Simulink 模型支持的 S 函数,再将编译的 S 函数导入,就可以用 Simulink 支持的方式任意调用。

3)ADAMS 与 AMESim 联合仿真

ADAMS 与 AMESim 之间的接口可用于连接前者建立的动力学模型与后者建立的仿真模型,通过将这两种模型耦合进行联合仿真,获取更高的仿真精度。这两种软件的联合仿真在考虑液压或气动力学系统与机械动力学系统的交互作用时尤其实用。例如,车辆悬架、飞机起落架、传动链等液压系统与其动力学系统之间的联合仿真。

ADAMS 与 AMESim 联合仿真可采用 AMESim 作为仿真主界面,也可采用 ADAMS 作为仿真主界面。使用 ADAMS 与 AMESim 之间的接口时,通常需要同时运行 ADAMS 软件和 AMESim 软件,以便使用它们提供的工具包。通常 AMESim 可以求解微分方程(ODE)和微分代数方程(DAE),后者含有隐含变量,而 ADAMS 只支持求解 ODE,因而将 AMESim 模型导入 ADAMS 之前需要消除代数环,消除 AMESim 模型中的隐含变量。

4)基于 ADAMS 与 ANSYS 的刚柔耦合动力学仿真

刚柔耦合是指刚体运动模态与柔性体振动模态之间的惯性耦合。它是多体动力学与结构动力学协同仿真的典型问题,而柔性体接口技术(约束处理与模态截取)是刚柔耦合系统的首要问题和技术难点。为满足多领域协同仿真的工程应用要求,大型刚柔耦合动态仿真必须应用结构动力学相关理论,解决三个方面的柔性体接口处理技术:①约束与模态;②模态力与预载;③惯性耦合与模态截取。

利用有限元分析软件 ANSYS 和机械系统动力学分析（ADAMS）软件相结合的方法，可以实现刚柔耦合的动力学仿真分析。ANSYS 早期应用于结构静力学分析领域，其有限元建模功能十分强大，常用于结构静力学和结构动力学分析，但对于机械系统的瞬态动力学分析比较困难。与之相反，ADAMS 软件针对的主要领域是机械系统的运动学/动力学仿真，而它并不具有有限元建模功能，一般必须通过 ADAMS/Flex 接口从 ANSYS 之类的有限元分析软件中获取有限元模型数据，再集成到机械系统的动力学模型。这样可以利用 ANSYS 和 ADAMS 各自的功能特点，实现机械系统的弹性动力学仿真分析。

ADAMS/Flex 是 ADAMS 软件包中的一个集成可选模块，它提供 ADAMS 与有限元分析软件 ANSYS、NASTRAN、ABAQUS、I-DEAS 之间的双向数据交换接口。该方法分为两个具体步骤：①采用 ANSYS 等有限元分析软件生成柔性构件的各阶模态，获得包含各阶模态信息的模态中性文件；②在 ADAMS 中，利用模态信息并结合刚性运动进行仿真分析与后处理。

以上介绍了一些常用的多领域 CAE 软件联合仿真和集成优化方法，限于篇幅本书不作具体的内容展开，有兴趣的读者可以进一步查阅相关专业书籍。

3. 基于接口的 CAE 联合仿真实例

例如汽车的耐疲劳性仿真，首先建立整车多体动力学模型、路面模型、驾驶模型；其次利用整车多体动力学仿真得出在各种路面、各种驾驶条件下车辆关键零部件的动态负载；再次将得到的动态负载输入关键零部件有限元模型，进行该零部件的应力、应变分布分析；最后将应力、应变分布及材料属性输入疲劳分析软件进行分析，从而预测该关键零部件的疲劳寿命。

在汽车姿态控制（vehicle attitude control，VAC）系统的仿真中，可对整车多体动力学模型和汽车姿态控制模型进行集成，实现机械、控制（包含液压）多学科协同仿真。其中，整车动力学建模采用 ADAMS，而控制系统和前、后液压作动器采用 MATRIXx/Xmath 软件建立模型。利用 MATRIXx/Xmath 与 ADAMS 之间的接口，实现机械、控制（包含液压）多学科模型集成，并基于软件接口的方式实现在单台计算机上的集中式协同仿真运行。

4. 基于接口的 CAE 联合仿真方法的局限性

基于接口的多学科建模方法有比较多的商用 CAE 仿真软件支持，利用各仿真软件之间的接口，即可实现机械、控制、液压等多学科领域的建模和协同仿真运行。但该方法还存在一些技术方面的不足，在应用领域存在诸多的局限性，主要体现如下。

（1）商用 CAE 仿真软件必须提供相关接口才能实现多领域建模。如果某仿真软件没有与其他仿真软件的接口，就不能参与协同仿真。

（2）实现多学科建模的接口往往属于某 CAE 专门开发的接口，它们不具有标准性、开放性，而且扩充困难。

（3）受商用 CAE 仿真软件功能的限制，基于接口方式实现的联合仿真应用，其建模和仿真运行通常只局限于在单台计算机上进行，即各商用 CAE 仿真软件开发的模型只能在单台计算机上进行集中式仿真运行，并不支持分布式环境下的协同仿真。

为更好地支持对机械、控制、电子、液压、软件等多个不同学科领域子系统综合组成的复杂产品进行完整的仿真分析，需要一种具有标准性、开放性、可扩充性，支持分布式仿真，基于商用仿真软件的多学科协同仿真方法,将产品模型、环境模型和行为模型分布在不同计算机上进行分布式仿真运行。下一节将介绍分布式协同仿真技术。

7.2.2　分布式仿真技术

分布式仿真技术出现于 20 世纪 80 年代,起初主要用于美国军事领域。当时随着美国军事需求与技术的发展,军事部门考虑将已有分散在各地的单武器平台仿真系统通过信息互联构成多武器平台的仿真系统,进行武器系统作战效能分析的研究。1983 年,提出通过SIMNET(simulation networking)计划的开发与实施,将分散在各地的坦克仿真器通过计算机网络连接起来,进行各种复杂作战任务的训练和演习。在武器系统研制过程中,用虚拟样机代替物理样机试验,在虚拟战场中反复进行试验和分析比较,而且武器研制部门与未来的武器使用部门通过互联网加强早期协作,用户尽早介入武器研制过程,可使新装备更适合军方需要。

1. 基于 IEEE HLA/RTI 的分布式协同仿真技术框架

高层体系结构(high level architecture,HLA)是分布式交互仿真的总线标准,它定义了一个通用的仿真技术框架,适用于各种模型和各类应用。在该框架下,可以接受现有各类仿真成员的共同加入,并实现彼此的互操作。它不但可用于军事领域的分布式仿真,而且可用于工程领域的仿真应用,还可实现复杂产品的分布式协同仿真。

为实现复杂产品的分布式协同建模与仿真,必须有一套相应的支撑软件工具,使分布于不同地方的仿真建模人员,能够透明地访问与仿真相关的信息、重用已有的仿真模型并参与分布式协同建模。如图 7-5 所示,HLA 应用层程序框架是针对复杂产品多领域建模和协同仿真的一个公共程序框架,它是在各领域仿真软件与 HLA/RTI 的基本服务之间增加的一个公共层。该程序框架同时考虑了仿真运行管理的一些基本功能,如联邦成员的同步推进等。通过该程序框架,可以将各领域商用仿真软件开发的仿真模型封装成为仿真联邦成员。

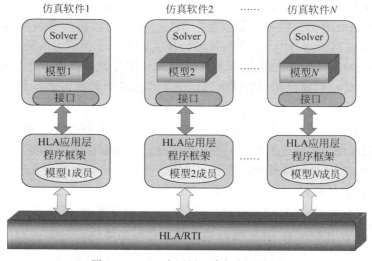

图 7-5　HLA 应用层程序框架示意图

2. 基于模型代理的领域模型封装与转换方法

在基于 HLA/RTI（运行时刻支撑环境）的分布式仿真环境下，如何将不同领域的商用 CAE 仿真软件开发的模型，以 HLA 接口规范的形式实现领域模型接口的转换和封装，使仿真系统能够兼容各类异构的 CAE 领域模型，是多学科协同仿真系统实现中需要解决的关键问题之一。

对于协同仿真应用而言，通常领域模型的种类众多，并且大多数模型都依赖对应的商用 CAE 仿真软件，可以利用商用 CAE 仿真软件与 HLA 应用层程序框架的接口，定义接口标准，封装学科模型的技术细节。在复杂产品多学科协同仿真系统中，接口标准包括 HLA 标准和其他扩展的接口标准；封装领域模型的技术细节指的是通过某种技术屏蔽领域模型的内部运行机理，对外显示为符合接口标准的黑箱模型，用户不需要了解接口后面的技术细节，即可对领域模型进行相关操作。如图 7-6 所示，采用基于模型代理的转换方法，可以将领域模型封装成为符合 HLA 标准接口的协同仿真联邦成员。模型代理本质上是一个符合 HLA 规范的应用程序，是领域模型与 RTI 仿真总线之间的中间环节。基于商用 CAE 外部编程接口的封装方法，从外部接口对领域模型进行封装，即通过 CAE 软件接口提供的变量输入、仿真推进、结果输出等函数从外部对仿真引擎进行控制。

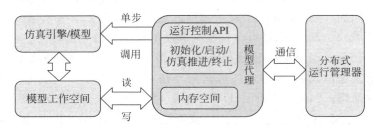

图 7-6　基于 CAE 外部编程接口的领域模型封装方法

3. 基于 HLA/RTI 的 CAE 软件适配器技术

为实现异构 CAE 系统的协同仿真，需要通过 CAE 软件适配器的开发，将领域模型封装为符合 HLA 规范的仿真联邦成员。基于 HLA/RTI 的协同仿真适配器的基本结构如图 7-7 所示，主要包括两部分内容：学科模型转换主要涉及学科模型的操作、数据接口的映射和交互关系的维护；仿真时间推进算法主要处理仿真实践的推进策略、学科模型和联邦成员的时间推进算法，它通过适当的插值算法解决联邦成员的推进步距与学科模型内部步距不匹配的问题。

由于适配器需要通过商用软件提供的外部接口对学科模型进行控制，因此适配器的开发对商用仿真软件提出了一定的要求：①必须能通过外部编程接口控制学科模型仿真过程的步进；②必须能通过外部编程接口设定和读取学科仿真模型中各种参数的数值。尽管目前各种商用 CAE 软件提供的外部编程接口在适用性、开发难度等方面各不相同，但在工程实际应用中，大多数商用 CAE 仿真软件都可以满足这两点要求。

4. 商用 CAE 仿真软件与 HLA/RTI 应用程序框架的接口

在基于 HLA/RTI 的应用程序框架下，为实现不同领域的商用 CAE 仿真软件开发的子系统模型之间的动态信息交互，需要利用商用 CAE 仿真软件与 HLA 应用层程序框架提

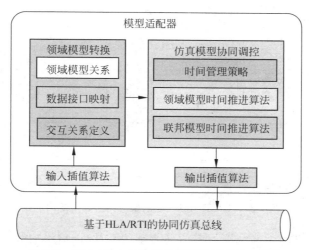

图 7-7　基于 HLA 的协同仿真适配器的基本结构

供的接口方法,将模型输出变量的新值从模型运行工作空间内取出,并将模型输入变量新值置入模型运行工作空间。协同仿真运行过程中,领域模型实际上仍然运行在对应的 CAE 仿真软件中,模型代理通过这些商用 CAE 仿真软件提供的外部编程接口对学科模型进行相关操作,并负责与 RTI 之间的通信。

HLA 作为一种先进的仿真体系结构,在标准性、开放性、可扩充性和支持分布式仿真方面具有诸多优点。将 HLA/RTI 作为"仿真总线",这样各领域商用仿真软件只需开发与HLA/RTI 的接口,即可实现不同领域商用仿真软件的多领域建模和协同仿真。

7.2.3　基于 HLA 总线的协同仿真应用

复杂工程系统设计中存在大量多学科耦合建模与协同计算的实例,例如,不同路面、各种驾驶条件下的汽车姿态控制和整车多体动力学仿真问题;高速列车运行安全性分析中的流场动力学、姿态稳定性、气动载荷和系统响应的耦合建模与计算问题;飞行器飞行过程中的动力学性能、姿态稳定性和系统控制问题;大型燃气轮机流—热—固多场耦合计算问题;复杂机电装备机—电—液协同参数设计问题等。这些复杂产品设计变量多、关联关系复杂、系统高度耦合,往往难以对复杂产品进行直接求解和整体优化设计。协同仿真通过对物理系统的耦合建模和协同计算,实现复杂工程系统的综合分析和性能优化,在复杂产品开发领域有着非常广泛的应用需求。

1. 某飞机起落架的协同仿真应用案例

起落架是飞机的一个重要子系统。它要求在各种路面、大气环境的条件及飞机起飞、降落带来的过载情况下,保证飞机安全、平稳地起飞和降落。这里以航空某大型飞机的起落架系统为对象,通过对起落架机械、控制、液压等多学科虚拟样机的建模和协同仿真,全面分析和评估在各种路面、起飞、降落条件下该型号飞机起落架的各项性能。

1)模型组成

飞机起落架是一个复杂的机电液系统,其协同仿真系统涉及机械、控制、液压等不同学科,如图 7-8 所示,系统仿真主要涉及 4 个子系统,分别是起落架多体动力学系统、起落架液压系统、起落架收放控制系统和可视化显示系统。

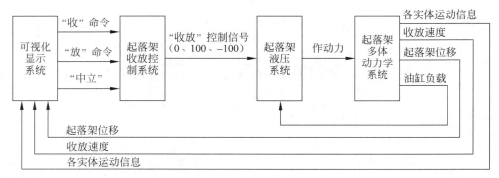

图 7-8　某大型飞机的起落架协同仿真系统组成

（1）起落架多体动力学系统采用多体动力学仿真软件 ADAMS，对该型号起落架的支柱、轮胎、液压作动筒等动力学模型进行专业领域的建模和仿真。

（2）起落架液压系统采用液压仿真软件 EASY5，对起落架的支柱油缸等液压系统进行建模。其中，EASY5 模块作为一个 S-function 被 MATLAB/SIMULINK 调用。

（3）起落架收放控制系统采用控制仿真软件 MATLAB，对飞行员操纵起落架的控制模型进行专业领域建模和仿真。

（4）可视化显示系统通过三维动画模拟飞行员操纵起落架的主要人机界面，同时对起落架的起落状态进行显示。

2）协同仿真系统的技术架构

起落架多学科协同仿真系统总体技术架构如图 7-9 所示。采用 IEEE HLA 高层体系结构的仿真建模标准，基于 HLA/RTI 仿真总线技术框架，将各专业领域的仿真应用集成到统一的仿真系统框架中。在多学科协同仿真系统的构建过程中，采用 HLA 适配器技术，即 Adams/HLA 适配器、MATLAB/HLA 适配器，实现专业领域的学科模型与 RTI 仿真总线之间的互联和交互。

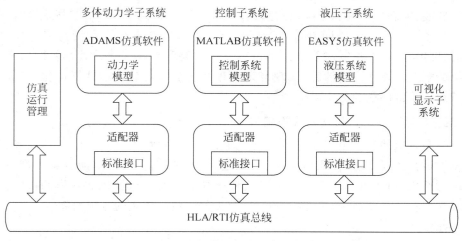

图 7-9　起落架多学科协同仿真系统总体技术架构

在这一应用案例中,目的是通过基于 HLA 的分布式多学科协同仿真,为复杂产品的设计开发提供有效的支持。

2. 某航天飞行器多学科协同仿真案例

这里讨论某航天飞行器开发中的协同仿真原理。如图 7-10 所示,飞行器发射后在发动机推力的作用下,要求准确定位到空中。在该飞行器开发过程中,设计人员建立飞行器主体的受控体模型和控制系统模型,利用协同仿真对飞行器的关键性能指标(包括响应时间、定位精度等)进行仿真分析,使开发出的航天飞行器能满足实际使用要求。

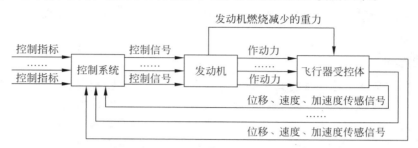

图 7-10 某型飞行器系统构成示意图

该航天飞行器系统主要子系统的构成如下。

(1)控制系统:由 6 个通道的控制器构成。这 6 个通道分别是空间位置通道(包括 X 通道、Y 通道、Z 通道)、偏航通道、滚转通道、俯仰通道。

(2)发动机:在控制系统的控制下,产生所需的若干对推力。同时,对航天器飞行过程进行仿真时需要考虑发动机不断燃烧,携带的燃料重量不断减小,导致整个飞行器重量也会不断减小。

(3)飞行器受控体。飞行器在发动机推力的作用下,位移、速度和加速度都发生相应的变化,有关传感器将位移、速度、加速度等反馈回控制系统,通过控制系统的控制使飞行器按要求准确定位到空中。

仿真模型主要由控制系统模型、发动机模型和飞行器受控体三大部分模型构成。其中,控制系统和发动机仿真模型采用 MATLAB/Simulink 进行建模,而飞行器受控体采用多体动力学仿真软件 ADAMS 进行多体动力学建模,为提高多体动力学建模精度,直接利用 Pro/E 建模得到机械 CAD 模型。通过 ADAMS 和 MATLAB/Simulink 的协同仿真,在开发过程中对该航天飞行器的响应时间、定位精度等性能进行了仿真分析,加快了飞行器的开发进程。

7.3 制造工艺过程仿真技术

7.3.1 制造工艺过程模拟仿真的特点

制造工艺过程模拟仿真是现代工程领域中至关重要的一项技术,它可以帮助工程师更好地理解和优化制造过程。在进行制造工艺过程模拟仿真时,需要考虑一系列复杂的特点,这些特点直接影响仿真的准确性和可行性。本节将介绍制造工艺过程模拟仿真的主要特点,包括高梯度温度场、高非线性、复杂的边界条件、计算量与时间步长、多物理场耦合和求解过程中的挑战。

1. 高梯度温度场

高梯度温度场是制造工艺过程仿真中的显著特点之一。它涉及在空间上快速变化的温度分布，如焊接、增材制造等工艺。在针对这一特点的模拟中，首先需要建立合适的数值模型，通常使用有限元法。这将工件或结构分成小的有限元，并在每个元素内建立温度方程，以描述温度的分布。这种方法对于复杂的几何形状非常灵活，但通常需要高分辨率的网格准确捕捉梯度变化，这会增加计算负担。在建立模型和定义边界条件后，需要进行数值求解。由于高梯度温度场通常涉及快速变化的情况，因此需要使用小时间步长以确保准确性。这增加了计算的复杂性和计算时间。

2. 高非线性

高非线性是制造工艺过程仿真中的重要特点，它涵盖材料的非线性行为和结构的几何非线性。在高非线性模拟中，首先需要考虑材料的非线性特性，包括弹性-塑性行为、温度依赖性及材料的力学和热力学非线性。这要求使用适当的材料模型，如 von Mises 屈服准则，并需要准确的材料参数。此外，材料的温度依赖性需要考虑材料的热膨胀系数、导热性和热传导系数等因素。另一个关键方面是结构的几何非线性，包括大变形和屈曲行为。这需要使用几何非线性模型，如有限应变理论，以准确描述结构的形状变化。高非线性模拟通常使用高级数值方法解决非线性方程，如迭代求解方法和显式或隐式时间积分方法，以处理非线性动态问题。通过充分理解和模拟高非线性行为，工程师可以更准确地预测和优化制造过程，从而提高产品质量和性能。

3. 复杂的边界条件

在制造工艺过程模拟中，复杂的边界条件是需要仔细处理的关键因素之一。这些边界条件涉及物理边界如何与外部环境相互作用，包括移动热源、散热、接触和多相流（如固-液-气流动）等情况。移动热源的模拟涉及如何处理制造过程中移动的焊接或加热工具，如焊枪或激光束。这要求追踪热源的位置和热通量，以实时更新温度场的分布。散热是另一个重要的因素，特别是在高温工艺中。自由对流和强制对流是两种不同的散热机制，需要通过适当的对流换热系数进行建模，以描述热量如何从物体表面传递到周围环境。有些制造过程中的物体接触也非常重要，包括材料之间的接触、零部件的装配、焊接接头等。模拟接触需要考虑接触区域的压力、摩擦系数和热传导等因素，以准确描述接触界面的行为。最后，多相流问题可能出现在一些工艺中，在这些情况下，需要处理不同相之间的相互作用，包括固体、液体和气体相的传热、质量传递和相变现象。满足这些复杂的边界条件要求采用高级数值方法和复杂的模型，以确保模拟的准确性。同时，需要仔细选择数值方法、网格分辨率和时间步长，以满足模拟的特定要求，保证仿真结果的可靠性。

4. 计算量与时间步长

在制造工艺过程模拟中，计算量与时间步长是需要精心考虑的关键因素。模拟复杂工艺通常需要处理大规模的三维结构模型，同时需要考虑时间变化。为准确捕捉温度、应力和形状等变化，通常需要使用高分辨率的网格，这也会进一步增加计算量。时间步长是影响模拟的关键因素之一。由于许多制造工艺是瞬时的，即温度、应力等属性在时间上迅速变化,因此需要选择足够小的时间步长,以确保模拟的准确性。然而时间步长的选择需要权衡,太大可能导致数值不稳定,而太小会增加计算时间。因此,工程师必须根据具体问题和模型的稳定性选择适当的时间步长。在应对这些挑战时,可以采用并行计算和适应性网格等技术,提高计算效率。选择合适的数值方法和模型简化技术也至关重要,确保在保持模拟准确性的同时提高计算效率,从而更好地理解和优化制造过程。

5. 多物理场耦合

多物理场耦合是制造工艺过程仿真中的显著特点之一,它涉及多个物理场的相互作用,如温度场、应力场、组织场和电磁场等。这些物理场之间的耦合关系对于准确模拟和优化制造过程至关重要。首先,温度场与应力场之间存在密切的耦合关系,因为温度变化会导致材料的热膨胀和应力产生,而变形热又会影响温度场的分布。其次,在热处理等工艺中,温度场会导致材料的组织结构发生变化,例如晶粒长大或相变发生。这些组织变化会影响材料的力学性质,从而影响应力场。解决多物理场耦合问题需要将不同物理场的方程耦合在一起,并在同一有限元网格上求解,以实现多物理场耦合模拟。

6. 求解过程中的挑战

在制造工艺过程模拟中,求解过程是整个仿真工作的核心部分。然而,由于多种复杂的因素,求解过程中可能遇到各种挑战。首先,收敛是一个重要挑战,因为制造过程通常涉及非线性问题,需要在每个时间步或迭代步中不断调整模型参数和边界条件,以确保求解过程收敛到正确的解。另外,求解过程中可能遇到数值不稳定性,特别是在高梯度温度、高应力条件下。数值不稳定性可能导致模拟结果不准确,甚至模拟崩溃。值得注意的是,精度与计算效率之间存在权衡。一些应用需要非常高的精度,以确保模拟结果与实验数据一致,但提高精度通常需要更多的计算资源和时间。因此必须仔细权衡模拟的准确性和计算效率,并选择适当的数值方法和模型简化技术,以满足具体需求,保证仿真结果的可靠性。

制造工艺过程模拟仿真是一项复杂且关键的工程任务,需要充分考虑高梯度温度场、高非线性、复杂的边界条件、计算量大、多物理场耦合和求解过程中的挑战。只有通过充分理解和应对这些特点,才能在制造工艺的优化和改进方面取得成功。

7.3.2　制造工艺过程模拟仿真的应用举例

本节以电子束粉末床增材制造形貌缺陷的预测和计算为例,说明制造工艺过程的模拟仿真的关键方法与研究内容。电子束粉末床熔融(EB-PBF)是成形复杂精密金属构件的关键增材制造技术之一,具有重要应用价值。然而,EB-PBF 成形过程涉及多层多道循环热载下的诸多复杂物理现象,易产生缺陷,目前其制造可重复性和质量稳定性仍然有待提高,亟须深入研究缺陷形成的物理机制和主要影响因素。

1. EB-PBF 过程的传输现象建模

采用数值模拟和试验研究结合的方式开展 EB-PBF 成形形貌的研究,其中,通过细观尺度多物理场模型进行数值模拟,以分析多层多道成形过程中的形貌演变过程,这是现有试验手段难以直接观测的;而试验研究分析得到的成形件的表面和内部形貌可验证计算结果的准确性并补充数值模拟结果的不足。

首先是电子束选区熔化细观尺度多物理场耦合模型建立，包括粉末床生成模型、电子束热源模型与熔池传热流动耦合模型。相比焊接过程的模拟，粉末颗粒的存在是粉末床熔融最显著的区别。在多物理场耦合模型中，首先要在基板或前序沉积层上设置随机分布的粉末颗粒。在二维模拟框架内，目前文献中一般使用雨滴模型生成随机分布的粉末颗粒。雨滴模型垂直向下随机下落粒子，下落粒子接触别的颗粒后围绕接触的粒子旋转，直到达到更稳定的位置。注意，雨滴模型中的粒子是逐个下落的，某一粒子下落、旋转稳定后，在后续粒子下落过程中不再运动。这一方法没有考虑实际铺粉过程，仅生成随机分布粉末颗粒，作为后续熔池模拟的初始条件。而从逼近实际物理过程的角度出发，目前最主流的模拟方法为基于离散元方法（discrete element method，DEM），如图 7-11 所示。它直接对铺粉过程进行建模，研究粉末铺送过程中的力学过程（粉刷对粉末的作用、粉末间的作用）及铺粉参数对粉末床相对密度、表面粗糙度等指标的影响。这一方法包括两个要点：力-距离

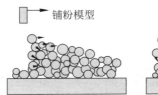

图 7-11　粉末床生成模型（基于 DEM）

函数考虑粉末间、粉末和壁面间作用力；牛顿第二定律考虑粉末运动。DEM 方法可为熔池模拟提供初始粉末分布，也可研究铺粉过程粉末运动规律和机理、铺粉参数影响规律，从而优化铺粉参数、提高铺粉质量。这里使用基于离散元方法的落粉算法，可快速生成指定粉末粒径和相对密度的粉末层。

对于电子束热源模型，由于粉末颗粒尺寸非常细小，传统体热源不能精细地反映粉末颗粒受热不均匀性。为准确描述粉末颗粒的受热过程，采用可考虑电子束与复杂表面形貌相互作用的热源，采用光线追踪的方式将电子束分解成大量子束，并描述热源作用深度方向上的能量密度分布。对于熔池的传热传质模型，在焊接领域已经具有比较成熟的发展。在增材制造过程的仿真中，可建立熔池传热流动耦合的 CFD 模型（图 7-12（b）），其基本框架通过求解 Navier-Stokes 方程描述熔融金属的流动行为。

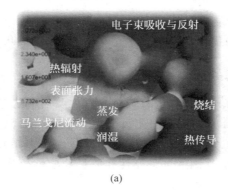

(a)　　　　　　　　　　　　　　(b)

图 7-12　传热流动耦合的 CFD 模型

（a）电子束与粉末床相互作用过程示意图；（b）电子束辐照下粉末颗粒温度的不均匀性

有了以上粉末床和熔化两个模型，要想实现 EB-PBF 成形过程的模拟，乃至多层多道连续仿真，还需要粉末几何数据到基于网格的求解器的映射。每一层开始生成粉末层前，需要提取上一层的上表面形貌，作为落粉的下边界。通过开发子程序，将所有这些环节集

成到一个模型中,基于商业软件 ANSYS Fluent 实现多层多道的自动连续仿真过程。以上述模型为基础,可以针对不同研究目标、不同工况进一步开发模型,如用于研究熔道成形形貌的单道扫描模型,用于研究上表面形貌的多道单层模型,用于研究侧表面形貌的单道多层模型,以及用于研究内部形貌的多层多道模型(图7-13)。

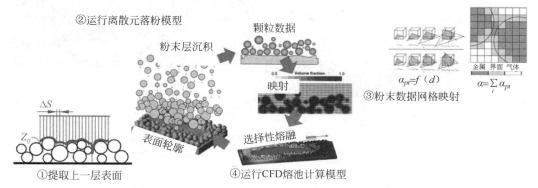

图 7-13　电子束选区熔化多层多道仿真流程(见文前彩图)

出于对计算效率的考虑,建立的选区熔化三维模型的计算效率难以胜任多层多道成形过程的模拟,需进行简化。对于 EB-PBF 而言,其成形过程的扫描速度往往较高,显著高于焊接;这种情况下可以考虑采用二维模型近似。由于移动热源扫描经过某一点的时间尺度明显小于热传导的时间尺度,因此可以将移动热源等效成线热源。在简化的二维模型中,热源热输入应该与三维情况中横截面内热输入一致,由此推导出简化模型中的热源。针对不同扫描速度,在导热模型中试算多个算例,对比三维模型和二维模型的熔池宽度发现,当扫描速度约为 0.05m/s 以上的时候,两者吻合较好,这也可被视为简化模型的适用工艺参数区间,而 EB-PBF 常用扫描速度均大于此。再选取速度为 1m/s 和 0.5m/s 的两个算例,计算多道扫描,不同扫描线长度下的熔池宽度。可以看到简化模型仍然与三维模型吻合良好。将简化模型用于 EB-PBF 传热流动耦合模型中,并与试验结果比较,两者同样吻合,再次验证了简化模型的准确性。

2. EB-PBF 多层多道间的相互作用

对于 EB-PBF 多层多道沉积,其主要特点如下:前序熔道形貌可能对当前熔道成形产生影响,一侧为随机粉末,一侧为已经成形的熔道;前序熔道热积累对当前熔道有预热作用,甚至可能未完全凝固;当前熔道对前序熔道成形有重熔作用;前序沉积层形貌异常,如表面产生孔洞等,可能对当前层熔道成形产生影响。

前序熔道形貌对当前熔道的影响主要表现为当前熔道向前序熔道偏向,在热输入不足、成形质量不良时表现得更明显,甚至直接体现在熔道形貌的纹理上,如图7-14所示。第一道时,熔道未体现出明显偏向;但第二道之后,粉末颗粒熔化后成团汇聚的熔体总是与上一道的团聚位置相连,由此产生总体而言沿垂直扫描方向(熔道间距方向)的纹理。这是由于当前熔道熔化的粉末颗粒往往最先接触上一熔道凸起的球化团聚体,并黏附在上面。如前面分析的粉末颗粒熔化与团聚机理,周围熔化的其他粉末颗粒来不及与底部集体熔合便被已与前序熔道团聚体融合的熔池拖拽过来。

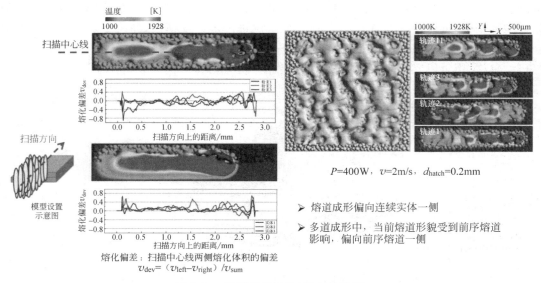

$P=400\text{W}$，$v=2\text{m/s}$，$d_{\text{hatch}}=0.2\text{mm}$

➤ 熔道成形偏向连续实体一侧

➤ 多道成形中，当前熔道形貌受到前序熔道影响，偏向前序熔道一侧

熔化偏差：扫描中心线两侧熔化体积的偏差

$$v_{\text{dev}}=(v_{\text{left}}-v_{\text{right}})/v_{\text{sum}}$$

图 7-14　熔道形貌干涉（见文前彩图）

　　前序熔道热积累对当前熔道有预热作用，当前熔道对前序熔道也有重熔作用。实际上，当某熔道成形后，其形貌无法一直保持，因其在多层多道过程中必定在某种程度上被后续熔道重熔，从而对已成形的形貌产生影响。在高热积累条件下后续熔道对前序熔道一侧的成形不良形貌具有明显的重熔修复作用。尽管后续熔道本身在远离前序熔道一侧仍然产生明显的成形不良，但其在重熔前序熔道侧成形良好，因此各熔道合并的最终成形区域内部成形良好，仅边缘轮廓较为粗糙。熔道间的预热与重熔如图 7-15 所示。

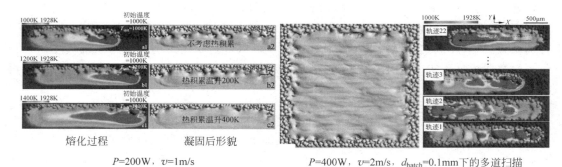

$P=200\text{W}$，$v=1\text{m/s}$　　　　　　$P=400\text{W}$，$v=2\text{m/s}$，$d_{\text{hatch}}=0.1\text{mm}$ 下的多道扫描

图 7-15　熔道间的预热与重熔（见文前彩图）

　　在一定扫描参数下，沉积层间的缺陷发展和修复与缺陷尺寸、熔道的相对位置等因素均有关系。熔道中心线位置的缺陷尺寸达到 $40\mu\text{m}$ 即可能在后续沉积层继续发展，较难被修复。沉积层间的缺陷对当前层熔道成形的影响，本质上造成了局部粉末层厚的变化，若缺陷尺寸较大导致其上方较大区域的粉末层厚增加，则需要更大的热输入熔透粉末层以形成良好连接，此时原先的热输入可能变得相对不足，导致球化、熔道波动等现象产生，严重时甚至导致熔道断裂，无法连续成形，从而无法修复层间缺陷。前序沉积层形貌的影响如图 7-16 所示。

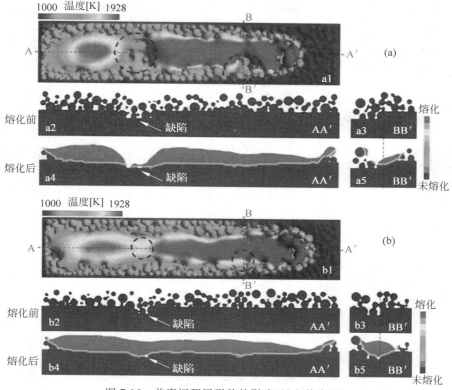

图7-16　前序沉积层形貌的影响(见文前彩图)

3. 电子束粉末床熔融成形表面和内部形貌演变

计算分析了 EB-PBF 中典型上表面形貌的形成过程及其物理机制,包括多孔上表面、平整上表面、波浪形上表面和迷宫形上表面 4 种。研究发现,熔池形态和流动行为差异导致上表面形成不同类型的形貌。多孔上表面存在大量未熔合缺陷,是由于热输入不足使熔道成形不连续所致。平整上表面则在热输入适中情况下形成,成形过程熔化充分且熔池稳定。特别地,波浪形上表面是由于过热条件下,熔道成形时前序若干道熔道均未凝固,熔池在马兰戈尼效应作用下沿垂直于扫描方向向前序熔道回流,并最终凝固产生"鼓包"所致。而迷宫形上表面一般发生在高扫描速度配合高功率的情况下,此时相邻若干熔道熔池均未凝固,熔池迅速横向扩展并在垂直于扫描方向上连成一片,但回流作用较弱,熔池在表面张力作用下破裂,从而形成中间凹坑、四周突起的迷宫形图案。模拟所得不同功率下的上表面形貌如图7-17 所示。

计算模拟出了 EB-PBF 中不同热输入下的侧表面形貌,并与试验观测的形貌对比分析,结果发现,侧表面形貌主要由各层熔道堆积而成的复杂表面和黏附在侧表面的熔化不完全的粉末颗粒构成,且存在水平向的纹理特征;侧表面形貌随热输入增大而趋于平整,且侧表面的纹理间距逐渐增大。通过逐层逐道分析成形过程,研究侧表面形貌的演变过程与形成机制发现,侧表面形貌与各层熔道成形形貌具有直接关联,熔道成形不规则性是导致侧表面粗糙度的核心原因,侧表面的形貌突起或内凹往往对应该位置沉积层熔道成形时熔道产生横向波动。热输入增大改善侧表面粗糙度的基本机制是通过改善熔道成形形貌的不规则性,减小侧表面突起或内凹产生的概率,从而减小侧表面粗糙度;且由于此时熔道形

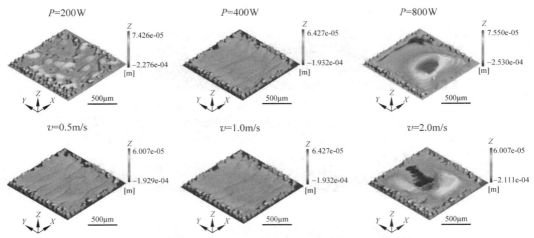

图 7-17　模拟所得不同功率下的上表面形貌（见文前彩图）

貌异常减少，侧表面形貌纹理的间隔层数相应增大，从而导致纹理间距逐渐增大。模拟所得不同功率下的侧表面形貌如图 7-18 所示。

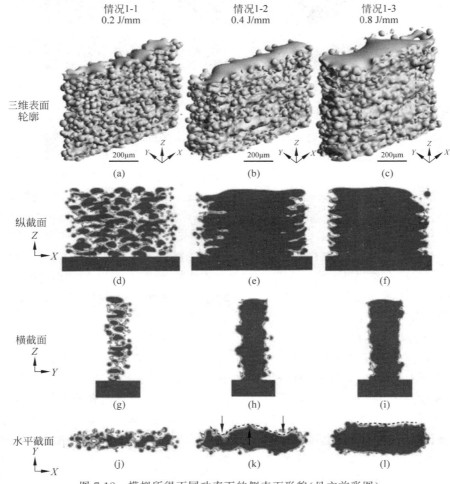

图 7-18　模拟所得不同功率下的侧表面形貌（见文前彩图）

计算了多层多道成形典型内部形貌并分析了内部未熔合孔洞的产生机制。结果发现，未熔合孔洞产生的根本原因是热输入不足，多层多道中各熔道熔化区域之和未能覆盖整个成形空间，导致局部区域未熔合，但熔道成形的不规则性加剧了层内道间出现未熔合区域的可能性。通过统计分析多层多道成形过程各熔道扫描中心线两侧的熔化体积偏差，发现成形内部质量与熔道不规则性具有明显相关性，内部质量较高时，对应各熔道熔化偏差更集中地分布在零点位置附近，即熔道成形规则性强，反之熔道熔化偏差分布较为离散，存在大量不规则性较强的熔道。通过追踪多层多道过程中的缺陷发展过程，揭示未熔合孔洞缺陷的跨层发展机制，研究发现，前序沉积层产生的缺陷即使被新一层粉末颗粒填充，仍可能无法闭合，其中离散粉末颗粒的团聚行为及其导致的缺陷上方熔道成形不良是关键原因。从模型考虑粉末颗粒熔化行为的能力出发，细观尺度模拟相比基于连续体假设的模拟能更好地预测内部形貌和其中的孔洞缺陷。不同热输入下模拟与试验所得内部形貌如图 7-19 所示。

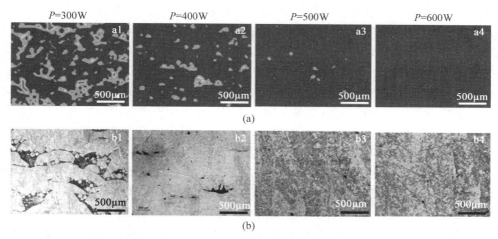

图 7-19　不同热输入下模拟与试验所得内部形貌（见文前彩图）
（a）细观尺度模拟的内部形貌；（b）试验成形试样横截面形貌（光镜照片）

7.4　生产系统的建模与仿真

生产系统是离散事件系统建模与仿真的重要应用领域之一。一般情况下，生产系统仿真是根据生产系统的实际情况，如生产线设备的布局、生产系统的配置、生产计划的目标、生产作业的排产、生产过程的调度等，建立生产系统的计算机仿真模型，通过对该模型在多种可能条件下的仿真试验和性能分析，研究一个正在设计或已存在的系统。仿真不仅能对生产系统的性能进行评价，还能辅助决策，实现生产系统的优化运行。在生产系统的规划设计阶段，通过仿真可以选择生产系统的最佳布局和配置方案，以保证系统既能完成预定的生产任务，又具有较好的经济性、生产柔性和可靠性，避免因设备使用不当造成巨大经济损失。在生产系统运行阶段，通过仿真试验可以预测生产系统在不同调度策略下的性能指标，从而确定合理、高效的作业计划和调度方案，找出系统的瓶颈环节，充分发挥生产系统的生产能力，提高生产系统的产能效率和经济效益。

7.4.1　生产系统建模与仿真的特点

生产系统主要由制造设备、生产物流、制造信息系统等组成。制造设备是生产系统的设备硬件主体，根据生产需要由各种机床、加工中心、柔性制造单元、柔性生产线等加工设备及测量系统、辅助设备、工装、机器人等辅助系统组成；生产物流系统主要负责生产过程的物料运输与存储，通常包括传送带、智能小车、立体仓库、搬运机器人、工业托盘等；制造信息系统是整个生产系统能否正常运行和系统管控的关键，主要涉及上层的生产计划与生产调度系统和下层的制造执行系统。

生产过程是在一定空间内由许多生产单元实现的，生产系统应建立合理的生产单位，配备相应的机器设备，采用一定的专业化方式，组织这些生产单位。生产系统的组成与运作具有以下特点。

（1）生产系统通常涉及诸多制造资源和作业任务，某些加工设备和生产工艺具有柔性，作业任务之间相互影响，使加工资源的优化配置和路径选择问题复杂化。

（2）生产系统的多目标性。生产系统的运作要求往往是多目标的，如交货期、在制品数量、设备利用率、生产成本等，而这些目标之间可能存在冲突。例如，为减少在制品库存量，因机器之间生产速率存在差异，在没有在制品缓冲的情况下，可能会降低机器的利用率。

（3）生产过程的动态随机性。生产系统在实际运作过程中存在很多不确定因素，生产系统中常出现一些突发偶然事件，要求车间作业调度具有动态事件响应能力。

（4）生产系统强调系统性能的整体均衡，需要从全局的角度考虑问题。在建立多目标优化模型时，需要考虑的约束条件众多，计算量会随着问题规模的增大而呈指数级增长。

生产系统建模需要定义问题的范围及详细程度。合适的范围和详细程度应该由研究的目标及提出的问题来确定。一旦将某个部件或子系统看作模型的一部分，通常就可以在不同详细程度上对其进行模型描述和性能仿真。

生产系统仿真的主要目标是规划问题域及量化系统性能，常用的性能度量目标如下。

（1）平均负荷和高峰负荷时的产量。

（2）某种产品的生产周期、交货期和平均生产流程时间。

（3）机器设备、工人和制造资源的利用率。

（4）设备和系统引起的排队和延迟。

（5）在制品工件（work in process，WIP）的平均数量。

（6）工作区的工件等待数量。

（7）人员安排的要求。

（8）调度系统的效率。

（9）生产切换与调整费用。

（10）生产费用和工人成本。

生产系统的规划设计和运行管理是一项十分复杂的任务，尤其是大型生产系统。生产系统建模与仿真作为一种系统分析方法，通过建立生产线模型，能够将生产资源、产品工艺路线、库存、运作管理等信息动态结合，基于仿真对生产线的结构布局、生产计划、作业调度及物流情况进行分析，通过对分析结果进行综合评估，来验证结构布局、生产计划和作业调度方案的合理性,评估生产线能力和生产效率,分析设备的利用率,平衡设备负荷,解决生产瓶颈问题,从而为工厂、车间或生产线规划、资源配置、设备布局、生产计划制订及作业调度安排提供可靠的科学依据。

下面以一个实际生产系统为例,讨论生产系统建模与仿真技术在智能制造领域的应用。

7.4.2　生产系统仿真的应用案例

生产系统仿真主要是对生产线布局、制造过程、生产物流等进行建模与仿真,在虚拟环境下对复杂的生产系统进行性能分析与系统优化。例如,产线布局需要充分考虑每道工序的生产效率与时间定额,满足各工序之间的生产平衡,尽量利用设备产能,考虑在制品暂存区、原材料存放区、缓冲区等作业单元合理化,提高生产柔性以满足多品种生产的要求,同时在满足生产工艺的前提下,尽量缩短生产物流的运输距离与搬运时间。这里以某企业的轿车总装生产线为例,讨论仿真技术在生产系统领域的应用。

汽车装配线是由输送设备和专业设备构成的有机整体,使输送系统、随行夹具和在线专机、检测设备形成一种生产设备的合理化布局。在汽车总装生产线这类专业化生产系统的规划上,柔性与多样性是其重点和难点问题。结合市场需求的变化特点和智能制造的发展方向,汽车装配线需要适应多品种变批量的生产方式,面临生产任务的变化、订单灵活的插入、快速响应市场需求的问题。因此,针对单一品种生产目标建设的轿车生产线,长远来看需要考虑混流生产,以最终建立一个灵活的柔性制造系统,随时响应用户订货和多品种乃至个性化生产的需求。

生产系统仿真过程总体上可分为三个阶段:仿真规划、系统建模和仿真优化。在仿真规划阶段,要明确通过仿真解决的问题,收集需要的资料;系统建模阶段包括对生产系统及涉及的生产流程进行建模;仿真优化阶段是根据仿真分析的结果对整个生产系统进行优化调整。生产系统的建模与仿真是一个非常复杂的过程,不仅需要专业生产线仿真软件的支持,而且需要对生产线的布局、工艺、流程等进行比较深入的了解。目前生产线仿真的相关软件较多,如 Plant Simulation、Flexsim、Delmia 等,本书因篇幅所限不展开介绍。

生产系统仿真是以离散事件仿真技术为工具,对生产系统进行系统运行、调度及优化,验证不同的生产计划和工艺路线。同时,很多生产系统在某些主体方面表现为离散系统,而在另一些方面表现为连续系统,对系统的完整描述应包含这两方面的特征。因而,对复杂系统进行的连续系统仿真和离散系统仿真相结合的混合仿真是现代仿真技术研究领域的重要内容,虚拟仿真环境需要集成连续系统仿真和离散系统仿真,以支持混合仿真的复杂应用。

针对该轿车的实际总装生产线仿真问题,首先在计算机内建立该总装生产线的虚拟三维制造环境,进行机床、机器人、工具库、工件库、物料输入输出装置的布局和选配,检验布局的合理性;其次,根据每个工位的类型,检验它们的工作空间;再次,对不合理的工作台和机床布局进行调整;最后,进行生产作业过程和物流输送过程的动态仿真。图 7-20 为轿车总装车间生产线后视图的仿真场景。

在该实例中,对总装生产线的动力总成模块(包括分装线、合装线)进行重点分析,这是目前实际生产中遇到问题最多也最难规划的地方,包括工作空间分析、布局重组分析与优

图 7-20　轿车总装车间生产线后视图的仿真场景

化、多品种小批量的实现、与合装线的匹配等问题。通过动态仿真，及时发现了该实例在设计和布局上的一些缺陷，解决了瓶颈问题，经过修改，最终顺畅实现了系统的作业要求。

还可以通过仿真确定工作单元布局、验证生产线的运作、分析静态工作点、开展图形化的线平衡分析、分析工作站性能、优化工作站配置、调试调度方案，确定工作间内所有部件的精确位置及人的碰撞检测、可及性校验。

生产过程仿真与优化可以基于数字化建模与仿真技术，对车间级、调度级、具体的加工过程及各制造单元等层次的生产活动进行仿真验证，并对企业生产车间的设备布置、物流系统进行仿真设计，达到缩短产品生命周期与提高设计、制造效率的目的。根据新产品的工艺仿真实现新产品的装配过程，既可以分析评价新产品设计的装配工艺在工位负载、资源分配、生产时间上的安排是否合理，也可以仿真分析现有生产过程对新产品的适应程度。根据生产作业计划、产品装配工艺等具体参数，以动画方式动态、直观显示总装生产过程的运行状态，为生产过程性能分析提供基础数据。

总之，生产系统是离散事件系统建模与仿真的重要应用领域之一。生产系统仿真有很多具体的应用场景，如生产线设备的布局、生产系统的配置、生产计划的排产、生产作业的调度、生产过程的优化等，需要根据生产系统的实际情况建立计算机仿真模型，并结合该模型在多种可能条件下的仿真试验和数据分析，对生产系统的性能进行评价，找出系统的瓶颈环节，实现生产系统的优化运行，提高生产系统的产能效率。

参考文献

[1]　熊光楞，郭斌，陈晓波，等.协同仿真与虚拟样机技术[M].北京：清华大学出版社，2004.

[2]　中国仿真学会.2049 年中国科技与社会愿景：仿真科技与未来仿真[M].北京：中国科学技术出版社，2020.

[3]　朱文海，郭丽琴.智能制造系统中的建模与仿真：系统工程与仿真的融合[M].北京：清华大学出版社，2021.

[4]　李剑峰，汪建兵，林建军，等.机电系统联合仿真与集成优化案例解析[M].北京：电子工业出版社，2010.

［5］ 张和明.虚拟仿真技术与应用［M］.北京：清华大学出版社,2023.

［6］ 梁思率.面向复杂产品的多学科协同仿真算法研究［D］.北京：清华大学,2009.

［7］ 崔鹏飞.多学科异构 CAE 系统的协同方法与实现技术研究［D］.北京：清华大学,2011.

［8］ 陈晓波.面向复杂产品设计的协同仿真关键技术研究［D］.北京：清华大学,2003 .

［9］ 赵佳馨.复杂耦合系统的模型分析与仿真计算方法研究［D］.北京：清华大学,2019.

［10］ 张和明,曹军海,范文慧,等.虚拟样机多学科协同设计与仿真平台实现技术［J］.计算机集成制造系统,2003,9(12)：1105-1111.

［11］ 吴潮潮,电子束粉末床熔融成形表面及内部形貌演变与质量预测［D］.北京：清华大学,2022.

［12］ COMSOL.有限元法（FEM）详解［EB/OL］.（2017-02-21）［2024-12-16］.https://cn.comsol.com/multiphysics/finite-element-method.

［13］ 王福章,林继.边界节点法及其应用［M］.北京：科学出版社,2018.

［14］ 程玉民.无网格方法（上册）［M］.北京：科学出版社,2016.

［15］ 丁欣硕,刘斌.Fluent 17.0 流体仿真从入门到精通［M］.北京：清华大学出版社,2018.

［16］ 曾攀.有限元分析及应用［M］.北京：清华大学出版社,2004.

［17］ 刘更,刘天祥,谢琴.无网格法及其应用［M］.西安：西北工业大学出版社,2005.

［18］ 张和明.虚拟仿真［M］.北京：清华大学出版社,2024.

第8章

数字孪生及飞机制造应用

8.1 数字孪生发展概况

8.1.1 数字孪生的产生背景

随着物联网、大数据、云计算、人工智能等新一代信息技术的发展,制造业数字化转型升级的基本思想是建立 CPS,通过对制造系统的多源感知、实时分析、动态控制和优化运行,实现信息系统与制造工厂深度融合和交互协作下的智能制造。近年来,数字孪生(DT)作为实现虚实融合的集成技术,已经成为研究开发和工程应用的热点领域,受到国内外学术界和企业界的高度重视。

业界一般认为,数字孪生的概念最初源自美国密歇根大学的 Michael Grieves 教授,他于 2003 年提出"与物理产品等价的虚拟数字化表达"的观点,其定义的三维模型包括实体产品、虚拟产品及二者间的连接,称之为镜像空间模型(mirrored space model,MSM)。当时,数字孪生的模型属性应该是指一个数字化的模型。后来,NASA 将其命名为 Digital Twin。

2011 年,美国空军研究实验室和 NASA 合作提出构建未来飞行器的数字孪生体。2011 年,美国空军研究实验室将数字孪生技术用于飞行器的结构可靠性分析和健康状况监测,飞行器寿命预测过程中需要建立流体动力学模型、结构动力学模型、热力学模型、应力分析模型和疲劳裂纹模型,借助数字孪生,这些模型及其他的材料状态演化模型可被无缝链接在单个统一结构的超高保真模型中,所涉及的物理原理也将无缝地链接在一起,更能真实地映射物理飞行器的运行状态。2012 年,NASA 将数字孪生的模式引入其下一代战斗机和飞行器中,用数字孪生将超高保真度模型与飞行器内置的健康管理系统、维护历史记录系统、所有可用的历史记录及机队数据集成,以真实映射物理飞行体的寿命,从而保证机体的安全性和可靠性。2013 年,美国发布《全球地平线》技术规划文件,对数字孪生技术进行展望,认为数字孪生未来可以改变世界科技格局。2014 年,美国国防部、NASA 等对数字孪生展开一系列研究,数字孪生理论体系初步建立。

从 2017 年起,全球权威咨询公司 Gartner 连续三年将数字孪生列入当今世界"十大战略技术趋势"。美国工业互联网联盟(IIC)于 2020 年发布《工业应用中的数字孪生:定义、商业价值、设计、标准及应用案例》白皮书,将数字孪生作为工业互联网落地的核心和关键,考虑将数字孪生加入工业互联网参考架构。德国工业数字孪生协会(IDTA)也将数字孪生作为工业 4.0 的核心技术,并在德国工业 4.0 参考架构中融入了数字孪生空间层。ISO 制定了 ISO 23247 制造系统数字孪生国际标准。NIST 针对此标准于 2021 年制定了《基于

ISO 23247 的数字孪生实施应用场景案例》,并于同年制定了《数字孪生技术与标准(草案)》。工业和信息化部电子技术标准化研究院也于 2020 年 11 月发布《数字孪生应用白皮书》,针对当前数字孪生的技术热点、应用领域、产品情况和标准化工作进展进行了系统分析。

数字孪生技术的重要意义在于,提供对物理系统的准确模型化描述,实现物理系统与信息系统中数字化模型的交互,将物理系统的状态回馈到信息系统,基于数字化模型进行各类仿真、分析、数据挖掘甚至人工智能的应用。智能系统的所谓智能,首先要对系统进行感知、建模,然后才能对系统性能和状态进行分析、决策和控制。这就是 Digital Twin 对智能制造的意义所在。

数字孪生技术在我国的应用已经覆盖工业制造、医疗健康、智慧城市、交通物流等多个领域。其中,制造业是数字孪生技术应用的主要领域,企业通过数字孪生技术可以实现产品的优化设计、生产过程的优化及设备的智能维护,发展前景广阔。

8.1.2　数字孪生的概念与内涵

2012 年,美国 NASA 给出的 Digital Twin 概念指出,数字孪生是充分利用物理模型、传感器更新、运行历史等数据,集成多学科、多尺度的仿真过程。它作为虚拟空间中对实体产品的镜像,在计算机虚拟空间对物理系统进行仿真分析和优化控制。

我国学者发展了这一概念的内涵,认为数字孪生作为实现虚实之间双向映射、动态交互、实时连接的关键途径,可将物理实体和系统的属性、结构、状态、性能、功能和行为映射到虚拟世界,形成高保真度的动态多维/多尺度/多物理量模型,为观察物理世界、认识物理世界、理解物理世界、控制物理世界、改造物理世界提供了一种有效手段。

数字孪生技术包括以下三个组成部分:物理系统,虚拟空间的信息系统,物理系统与虚拟系统之间的数据接口和信息交互。数字孪生技术的内涵可以着重从模型、数据和连接三个角度来理解。

1. 模型角度

数字孪生中的模型是从不同尺度对物理系统的数字化描述,也有学者认为其是一种虚拟样机。数字孪生的虚拟模型应该具有如下特点:模型具有高保真、高可靠、高精度等特征;模型可以与实体进行虚实交互,能够进行实时更新与演化;模型可以真实反映物理世界或部分物理世界。数字孪生的核心是对物理系统进行数字化建模和仿真,目的是优化物理系统的性能和运行状态。

2. 数据角度

数字孪生需要利用物理系统中的各种传感器实时感知多源数据和物理系统运行的历史数据。有观点认为,数据是驱动数字孪生的核心,或认为数字孪生就是大数据,就是数字主线。这些观点侧重于数字孪生在数据分析、数据集成、产品全生命周期管理等方面的应用价值。对数字孪生来说,数据是核心驱动力。在物理实体联动虚拟实体时需要数据的支持,在虚拟实体进行仿真时也需要数据进行系统的优化。

3. 连接角度

数字孪生需要物理系统和虚拟系统的信息交互,建立真实物理世界与信息虚拟世界的连接。从虚实交互与实时通信的角度出发，数字孪生应支持不同协议、不同接口甚至不同平台之间的连接，强调信息的实时互动，实现物理系统与数据、数据与虚拟实体、虚拟系统与相应服务之间的双向信息交互。随着物联网技术的成熟和传感器成本的下降，从大型装备到消费级产品，都使用了大量的传感器，以采集其运行过程的状态和环境信息，并通过算法和模型监控、预测、管理物理系统的健康状态，实现对物理系统进行监测与优化，提升物理系统的能力。

数字孪生背后是建模和仿真技术。数字孪生技术充分运用数据、模型、仿真、虚实交互融合等多学科的综合技术，通过构建物理实体对应的虚拟模型，利用物理系统运行过程数据不断更新信息模型的运行状态，最终目的是将模型打磨得更接近真实系统。物联网技术为建模提供了一种新的强有力的手段，并且在对复杂系统机理缺乏足够认识的情况下，还可基于采集的数据利用人工智能技术对系统进行建模，这是对建模技术的发展和补充。而基于模型的分析、预测、训练等活动是传统仿真领域需要解决的问题。因此，也有学者认为，数字孪生本质上是新一代信息技术在建模和仿真中的应用。

在智能制造领域，数字孪生是顺应数字化、智能化的发展趋势，通过虚实结合、实时交互、智能分析、精准执行，构建综合监测及决策能力，推动工业企业及产业链供应链全流程闭环优化的创新应用。基于工业数字孪生技术，工业企业可以建立与实体生产设备、工艺流程或完整生产线对应的数字影像，实时监控生产过程、追踪产品状态、优化工艺参数，并通过大数据分析和智能决策支持进行实时调整，从而实现各环节运营的高度仿真和智能化管理，进而提高自身生产效率、降低运营成本、优化信息和物质资源配置。

数字孪生是由物联网、大数据、云计算、人工智能等组成的复杂系统。人工智能、大数据、云计算等相关技术的创新成果可以为数字孪生提供强大的技术支撑。推进数字孪生技术创新和产业发展，也面临着标准不统一问题。而在数字孪生领域，可供参考借鉴的标准规范较少，亟待整体规划，联合产学研用各界，共建数字孪生标准化生态。

8.2 数字孪生技术框架

8.2.1 数字孪生系统组成

从数字孪生的基本概念看，它主要是将物理实体对象或系统的结构、状态、行为、功能和性能等映射到数字化虚拟世界，构建与实体对应的数字孪生体。数字孪生体不仅要与物理实体有相同的结构与外形，还要与物理实体具备相同的功能和性能。

Michael Grieves 教授认为，通过物理设备的数据，在虚拟信息空间构建一个可以表征该物理设备的虚拟实体和子系统，并且这种联系不是单向和静态的，而是与整个产品的生命周期联系在一起。起初的数字孪生含义主要指产品的设计阶段，通过数字化建模、虚拟仿真、数字化预装配加快产品的设计开发。显然这一概念不仅指产品的设计阶段，而且延伸至产品的生产制造和运维服务阶段。2014 年以后，随着物联网技术、大数据、人工智能和虚拟现实技术的发展，更多的制造装备、生产过程和工业产品具备了智能特征，而数字孪生也逐步扩展到包括制造和服务在内的产品周期各阶段，并且数字孪生的内涵不断丰富。

数字孪生系统的构建涉及多种因素。早期 Michael Grieves 教授和 NASA 提出了数字孪生三维模型,该数字孪生系统由以下三部分组成。

(1)物理空间的物理实体。该空间为真实空间,是数字孪生的基础。

(2)虚拟空间的虚拟模型。该空间又称"信息镜像模型",由物理空间映射而来,是数字孪生研究的主体。

(3)虚实之间的连接数据和信息。这一部分连通了物理空间和虚拟空间,为虚实交互融合打下基础,是数字孪生的驱动力。

数字孪生三维模型结构简单,可以说是数字孪生系统的最小组成结构。也就是说,任何应用场景下的数字孪生系统,至少要包括物理实体、虚拟实体及虚实之间的连接,这三部分构成了数字孪生系统。因此,三维模型是数字孪生研究的基础。

北京航空航天大学陶飞教授团队对三维模型进行扩展,增加了孪生数据和服务两个维度,提出了数字孪生五维模型,如图 8-1 所示。该模型提出参与数字孪生的各主体及数字孪生驱动的应用需遵循的准则。

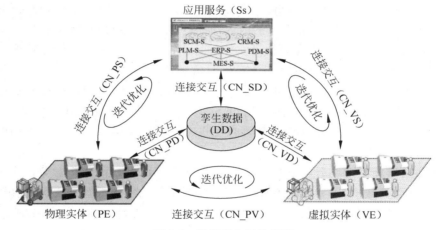

图 8-1 数字孪生五维模型

数字孪生五维模型包括五个组成部分:物理实体、虚拟实体、应用服务、孪生数据和连接交互,其形式化表示为 $M_{DT} = (PE, VE, Ss, DD, CN)$。

(1)物理实体(PE):数字孪生系统的物理对象。根据物理系统的复杂程度,物理实体可分为单元级、系统级和体系级 3 个层级,包括人、机、料、法、环 5 个主要因素。例如,生产系统中的设备、机器人、物流小车,生产线上的操作人员,生产任务作业场景,生产过程涉及的工艺流程、操作规程等。

(2)虚拟实体(VE):包含几何模型 G_v,物理模型 P_v,行为模型 B_v 和规则模型 R_v。这些模型从不同方面对物理实体进行刻画。其中,几何模型由三维建模软件构建,用于描述虚拟实体的形状、大小等几何参数关系及其运动拟合关系。物理模型在几何模型的基础上增加了物理属性、机械约束、结构特征等信息。行为模型描述物理实体在受到不同时空干扰等外部环境的变化及内部运行机制发生变化时的反应,比如与时间有关的演化行为、不同任务下的运动轨迹等。规则模型主要包括相关领域的标准与准则。虚拟实体从多个维度对真实物理系统进行描述,以最大限度地逼近物理实体的本身特性。

(3)应用服务(Ss):在数字孪生中,它是构建数字孪生的目的,即根据需求对数据、模型、算法、仿真结果等进行封装，实现相应的服务功能，如模型管理服务、数据管理服务、接口协议服务、仿真评估服务、产品体验服务等。

（4）孪生数据（DD）：主要包括物理实体数据 D_p、虚拟实体数据 D_v，以及知识、服务和融合衍生等信息数据 D_i。其中，物理实体数据包括静态数据与动态数据，这类数据可以通过传感器、物理实验等方式获得。虚拟实体数据包括虚拟模型的模型数据、加工数据及检测数据等。信息数据包括专家知识、行业标准、算法库等知识数据，数据模型、基本算法、产品管理等服务数据，以及对数据进行整合等处理产生的衍生数据。

（5）连接交互（CN）：数字孪生模型通过连接实现各组成部分的互联互通。①PE 和DD 的连接可实现物理实体与孪生数据的交互，通过传感器对物理系统进行数据采集，将采集数据通过接口传递给孪生数据，孪生数据可对原始数据进行处理，再反馈给物理系统，从而实现物理系统的运行优化。②PE 和 VE 的连接可实现真实设备与虚拟实体的连接，设备数据传输给虚拟实体，可构建并实时更新相应的模型，虚拟系统经仿真分析后将数据传递给物理系统，实现对物理系统的控制和优化。③PE 和 Ss 的连接实现实体与服务的交互，物理实体数据可传输至服务中，更新服务的内容，服务产生的专业分析、决策指导等结果可提供给用户，方便用户根据服务内容对物理实体进行调控。④VE 和 DD 的连接可实现虚拟实体和数据的交互，通过接口将虚拟实体产生的仿真数据存储到孪生数据中，也可将孪生数据中的相关数据提供给虚拟实体进行仿真和优化。⑤VE 和 Ss 的连接可实现虚拟实体与服务的实时连接、数据交互和信息同步。⑥Ss 和 DD 的连接可实现服务与数据的交互，实现物理实体、虚拟实体、服务及数据之间的互联，从接口、数据传输处理上支持虚实的实时交互与融合。

数字孪生五维模型是一个通用的表示框架，适用于不同领域的应用对象。该五维模型框架可与物联网、大数据、人工智能等新技术融合，满足信息物理系统集成、数据融合、虚实连接与交互的需求。VE 从多维度、多空间尺度及多时间尺度对物理实体进行刻画和描述。DD 集成融合了信息数据与物理数据，满足信息空间与物理空间的一致性与同步性要求，能够提供全要素/全流程/全业务的数据支持。Ss 对数字孪生应用过程中不同领域、不同层次用户、不同业务所需的各类数据、模型、算法、仿真、结果等进行服务化封装，实现对服务的便捷、按需使用。CN 实现物理实体、虚拟实体、服务及数据之间的工业互联，进而支持虚实实时互联与融合。

8.2.2　数字孪生的总体框架

数字孪生系统构建需要以实际场景和应用需求为基础。在此基础上，根据数字孪生系统基本组成和技术特征，并参照复杂产品数字孪生体系架构的国家标准《自动化系统与集成复杂产品数字孪生体系架构》（GB/T 41723—2022），提出一种智能制造环境下数字孪生系统的体系架构，如图 8-2 所示。该技术架构从底层数据采集到顶层应用分为物理实体层、建模计算层、数字孪生功能层和沉浸式体验层 4 层，逐层递进，实现物理空间和数字空间的相互映射和虚实交互。

1. 物理实体层

物理实体层是数字孪生体系的最底层，描述真实场景下物理空间的相关因素，如设备、

图 8-2　数字孪生系统的体系架构

机器人、物料、人员及环境等。其中,设备是执行生产任务的装备;物料是制造过程的原材料、半成品和成品;环境是完成任务的空间环境,包括现场环境、设备布局和材料放置等,建模时需要尽可能地还原生产环境。这一层主要由实体部件和功能部件两部分组成,包括专用加工设备、机床、机器人、自动导引运输车(AGV)、立体库、传送带、产品/零部件及人员等实体,以及传感器、实现数据采集的工控机、射频识别(RFID)读写器、可编程控制器(PLC)等功能组件。两部分相结合,实现产品加工、装配、运输和仓储等生产活动。

2. 建模计算层

建模计算层是数字孪生的技术核心层，数据和模型结合构成了孪生模型。它是对制造系统（包括生产现场的实体、位置、动作及其相互关系）到虚拟的数字空间的映射，对物理系统的数据和物理实体进行建模。孪生模型是通过模型建立、模型验证及模型演化，在信息物理环境中建立可信、高保真度的模型，孪生模型既可模拟物理系统的运行状态、行为与功能，还可对模型的使用、更新和维护进行管控。

数据部分主要包括数据采集、数据处理及数据储存三部分。数据采集包括离线数据收集和实时数据采集。离线数据收集指采取离线的方式收集已产生的数据，比如 PLC 的历史数据、上位机中存储的有关数据、传感器产生的历史数据等。实时数据采集通常通过物理系统的传感器采集实时数据，并通过接口进行数据汇集，这些实时数据既可直接储存使用，也可实时参与某些算法过程，改善算法参数。数据处理包括对采集的原始数据进行预处理、数据清洗、数据融合、数据挖掘等。在数字孪生中，数据处理是数字孪生的基础，它将采集的实时数据或历史数据进行整理、清洗、分析和转化，用于模型构建、仿真和决策支持。数据存储是指对设计、制造、服务等过程中产生的各类数据进行存储与管理，从而提升数据查询和分析效率，保证数据的可复用性。

3. 数字孪生功能层

数字孪生功能层以用户需求为主线，基于实时映射的孪生模型实现制造系统的实时监测。这一层是数字孪生系统应用价值的直接反映，需依据系统的实际要求设计，以建模计算层提供的模型、数据信息为基础，达到高可靠性、高准确度、高实时性及智能辅助决策的目的。

仿真是数字孪生层功能实现的主要手段之一。根据数字孪生系统的业务需求及物理实体提供的历史数据、实时数据，在数字孪生模型中仿真模拟制造单元、子系统、整个系统等不同层级的性能参数、运行状态、制造过程、故障诊断等物理活动过程，根据仿真结果对物理空间与虚拟空间进行修正，对孪生模型进行性能评估，对物理实体与虚拟模型进行一致性检验，并通过智能终端、人机交互界面等方式输出仿真结果。

4. 沉浸式体验层

沉浸式体验层是基于数字孪生功能层提供分析预测、人机协同、智能决策等服务。通过人机交互环境，用户可以通过语音和肢体动作访问数字孪生体功能层设定的功能，辅助用户完成分析和决策。在有些应用场景下，还可集成触摸感知、压力感知、肢体动作感知、重力感知等多种感知器件，同时通过人工智能技术，使用户使用时能够完全还原真实系统场景，全方位优化系统设计、生产、使用、维护等各环节。

8.2.3　数字孪生的实现流程

在智能制造领域，数字孪生是指将现实中制造系统的各生产要素互联，通过虚实交互链接，形成能够实时、动态反映实体运行情况的虚拟模型。数字孪生系统的实施及评价通常包括如下步骤。

1. 明确数字孪生系统建立的目的，确定数字孪生系统的物理对象

根据数字孪生系统研究和开发的目的，首先需要明确数字孪生的对象是什么，比如一个工厂的生产线、生产单元或某一设备系统等；其次，分析其几何、属性、行为和规则等，明确数字孪生系统建立的目标；再次，定义和分析数字孪生系统的边界、约束条件与系统结构等；最后，制定数字孪生系统具体需要实现的目标。

2. 构建数字孪生系统

对物理实体进行数字化建模，建立数字孪生模型。在数字孪生中，高保真数字孪生虚拟模型的创建是十分重要的步骤。数字孪生体模型不仅要与物理实体在结构上保持一致，还要模拟物理实体的时空状态、行为、功能等，真实地再现其几何特征、物理特性、行为耦合关系及演化规律等。在工业制造领域，数字孪生模型的构建主要来自制造需求和运维需求。通过分析制造流程，数字孪生模型可以优化工厂布局、装配流程、加工过程、工厂物流等。目前，制造领域数字孪生模型构建可利用一些商用软件实现。

3. 数字孪生设计评估，进行模型验证与优化

模型验证是确保所构建数字孪生模型和物理实体输出一致的重要步骤。为确保模型的准确性，首先进行单元级模型的验证，确保其有效性。其次，在保证高保真的基础上，对模型展开深层次的验证。如果模型验证结果仍达不到要求，则需要校正模型，使其更接近实体的实际运行或使用状态，并保证模型精度。模型验证与校正是一个迭代的过程，直至满足使用或应用的需求。在构建数字孪生系统后先进行数字孪生设计评估，如果设计不可信，则不必进行后续的评估过程，可直接结束；若设计可信，则进行数字孪生系统的实际运行。

4. 数字孪生系统运行

根据数字孪生系统构建的目的，在不同初始条件和参数取值下试验系统的响应或预测系统对各决策变量的响应，对模型进行多方面试验，相应地得到模型的输出。在数字孪生系统仿真中，可以改变模型的输入信息和参数，多次运行以优化系统结构和参数。

5. 数字孪生系统评估

数字孪生系统运行后需要进行评估。数字孪生的成熟度评估决定了数字孪生系统有无泛化能力、能否与其他系统相结合、对未来的相关工作有无帮助等方面。借助数字孪生评价模型，既可确保数字孪生系统平稳运行，满足客户的需求，又可对数字孪生系统的能力进行评价，为之后的系统改进和应用拓展打下基础。

8.3 数字孪生关键技术

数字孪生是各种相关技术支撑下的综合集成，涉及建模仿真、物联网、数据处理、人工智能、虚拟现实等多种技术。数字孪生技术伴随着这些相关技术的发展和交叉融合不断推进和迭代升级，是一个动态演进的发展过程。

8.3.1 数字孪生模型构建技术

从模型描述的角度看，数字孪生模型涉及物理实体的几何模型、物理模型、行为模型、规则模型等多维、多时空、多尺度模型，且具有高保真、高可靠、高精度等特征。此外，数字孪生模型还强调虚实之间的交互，能实时更新与动态演化，从而实现对物理世界的动态真实映射。建立物理实体的数字化模型是创建和实现数字孪生的核心问题之一。

1. 数字孪生模型的构建流程

基于数字孪生虚拟模型需要完成的模型构建工作及与物理实体进行交互的角度，结合国家标准《自动化系统与集成复杂产品数字孪生体系架构》（GB/T 41723—2022），在数字孪生虚拟模型构建过程中，需要遵循一些基本原则。数字孪生虚拟模型的构建流程如图 8-3 所示，主要包括需求分析、模型构建、模型校验和模型演化 4 个部分。

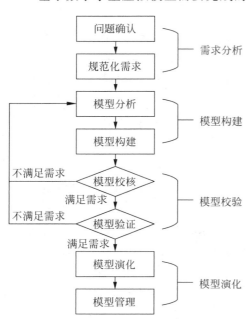

图 8-3　数字孪生虚拟模型的构建流程

1）需求分析

模型应面向需求，虚拟模型只能描述物理实体某些方面的特性，需要根据目的建立满足需求的模型。在需求分析阶段，首先根据工程实际进行问题确认，明确建模仿真的目的，该部分不要求明确描述，只要求将问题描述清楚即可。之后用需求工程或形式化的方式对描述的问题提炼出规范化的需求，这些规范化的描述是构成孪生模型任务需求目标的基础。

2）模型构建

模型构建应分为两个阶段：模型分析与模型构建。模型分析是模型构建的基础，根据规范化的需求分析模型构建的方式，比如用机理建模还是用数据建模、分析几何模型的构建尺度与误差、根据需求与行业特点对建模的方案进行相关设计等。模型构建在模型分析之后进行，根据分析的结果确定模型类型，该阶段可分为构建数学模型和构建计算模型两部分。首先，根据模型分析的结果构建数学模型，可构建机理模型，也可通过数据驱动等方法构建非机理模型，如果有多个子模型需要构建，则可先单独建模，之后再进行融合建模；其次，根据数学模型设计相应的求解算法，以及相应的可运行的计算机程序，这一部分属于计算模型。

3）模型校验

模型校验分为两部分，即模型校核和模型验证。模型校核考察是否正确建立了模型，也就是验证模型的内部逻辑是否正确、模型的结构是否正确；如果有多个子模型，也要校核子模型之间的连接是否正确、子模型的运行逻辑是否正确。模型验证在模型校核完成之后进行，考察是否建立了正确的模型，一方面验证模型中存在的参数等，确保模型无参数错误问题；另一方面进行仿真验证，运行模型，将模型输出与真实输出进行对比，检验是否满足需求。对于数字孪生而言，其模型构建过程比较复杂，且与实体互动较多，动态性较强，所以每个环节都需要对模型进行验证、校正和确认。

4）模型演化

模型演化分为模型演化与模型管理两部分，是在模型构建后进行的，模型演化是随着模型的运行不断修正和完善的。模型演化是指模型随着运行其结构或参数发生变化的现象。数字孪生模型演化由浅入深分为三个层次。第一个层次是在运行过程中参数不断更新的渐进演化；第二个层次是运行过程已无法调整参数满足需求，从而调整结构的结构演化；第三个层次是进行重用时要适应新需求的重构演化。模型管理是指在建立了满足需求的数字孪生模型的基础上，通过合理分类存储与管理数字孪生模型及相关信息，为用户或后续研究人员提供便捷的服务。为使用户可以快捷查找、构建、使用数字孪生模型，模型管理需具备模型知识库管理、多维可视化展示、运行操作等功能，这就需要将模型保存在模型库中。

2. 数字孪生的多尺度模型表示

数字孪生虚拟模型的建立主要是为了实现仿真任务，而各种仿真任务往往具有多分辨率的特性。由于仿真任务的多样性，在数字孪生系统的建立过程中，物理层、数据层、孪生层和服务层对仿真模型的要求也各不相同。对于物理实体在不同阶段、不同环境中的不同物理过程，单一的数字孪生模型显然难以描述。

所谓多分辨率建模仿真，是指针对同一实体对象建立不同层次的分辨率模型，根据实际需求，在不同条件下用不同分辨率的模型进行仿真。其中，模型分辨率描述的是一个实体对象在结构、功能等方面的抽象程度。低分辨率模型抽象程度较高，关注比较宏观的层面，但细节较少；而高分辨率模型抽象程度较低，重视细节。一般而言，细粒度数据和模型更有利于描述物理实体及其运行过程。多分辨率仿真模型对同一实体进行不同分辨率模型的构建，这样在实际仿真过程中，可以根据不同需求进行不同分辨率的仿真。数字孪生虚拟模型不是由某个单一模型组成的，而是由多个模型集成的，在数字孪生系统的构建运行过程中，需要集成不同分辨率的模型进行仿真。

3. 数字孪生的融合建模与模型集成

当前针对物理实体的数字化建模主要集中在对几何模型与物理模型的构建上，而同时反映物理实体几何、物理、行为、规则及约束的多维模型，需要从不同空间尺度刻画物理实体不同粒度的属性、行为、特征等的"多空间尺度模型"，从不同时间尺度刻画物理实体随时间推进的演化过程、实时动态运行过程、外部环境与干扰影响等的"多时间尺度模型"。

数字孪生是物理实体在虚拟空间的高保真度映射，而每个对象的物理特性都有其特定的模型，如动力学模型、流体力学模型、热力学模型、应力分析模型、疲劳损伤模型及材料状态演化模型。建立数字孪生模型，需要将这些基于不同物理属性的模型关联在一起。基于多物理集成模型的仿真结果能够更精确地反映镜像物理实体在现实环境中的真实状态和行为，使虚拟环境中产品的功能和性能能最终替代物理样机。多物理建模是提高数字孪生拟实化程度、充分发挥数字孪生作用的重要技术手段。

基于数据驱动的数字孪生建模方法，融合机器学习、深度学习和强化学习等人工智能技术，并通过跟踪和动态学习物理空间的信息，迭代进化数字孪生模型，通常是针对物理对象中"黑盒模型"的建模方法。而在很多应用场景，采用模型与数据联合驱动的建模方法，将定量分析的机理模型与数据驱动的人工智能模型融合建模，形成统一结构、高逼真度的数字孪生模型。

8.3.2　数据融合与虚实交互

从系统连接的角度看，数字孪生需要从物理系统到虚拟系统的感知接入、可靠传输、智能服务。数字孪生不仅要支持跨接口、跨协议、跨平台的互联互通，而且要实现物理实体、虚拟实体、孪生数据、应用服务之间的连接与交互，并强调虚实交互及虚实之间的同步性。

数字孪生系统采集了多类数据信息，包括从物理系统与传感器中采集的数据，从工厂的 MES、WMS、DCS、ERP、PLM 等信息化系统中获取的数据，从海量工业要素的泛在链接采集的数据。与传统数字化技术相比，数字孪生更强调信息物理融合数据。

目前，数字孪生多元化信息与多维度物理空间的融合研究仍处于初始阶段。对于工业数字孪生构建中的数据融合问题，既要保证物理工业场景中物联网采集数据的集成规约，也要实现各要素之间的互联互通及制造资源的有效协同，可以采用多源异构数据的分层式融合架构，如图 8-4 所示。

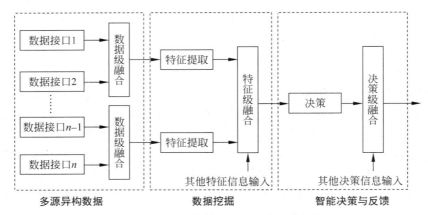

图 8-4　多源异构数据的分层式融合架构

针对多源异构实时数据融合问题，将生产环境中采集的多源异构数据实时传输至处理层；通过数据级融合，将生产要素作为融合单元，规约集成异构数据，以数字孪生生产要素单元进行实时数据融合，构建每个生产要素单元的数据模型，最大限度地消除数据冗余。通过特征级融合，抽取各生产要素单元中的特征信息，通过特征信息关联生产要素的物理对象与孪生模型，实现人、机、物、环境诸多要素的连接交互。针对生产系统典型物理对象的多维、多尺度、多学科数字化模型，行为模型，领域知识和仿真模型等，考虑数字孪生系统构建的需求，进行不同时空尺度的多元化信息要素的连接、集成与融合，形成物理系统"感知端-单元级-系统级"的分层次、多粒度精准信息映射空间，满足信息空间与物理空间的一致性与同步性要求。

数据级融合和特征级融合是物理信息融合的重要组成部分，而决策级融合是更高层次的数据融合，其融合过程是针对具体的决策目标，融合结果将直接影响系统的决策水平，因此对于数字孪生工厂需要将决策级融合置于服务环节，以适应不同的决策目标。

数字孪生在理想情况下需要实现物理系统与虚拟系统之间的实时动态交互，从虚到实这个环节看，可以将数字孪生系统的仿真分析与性能优化数据转化为控制指令，实现对物理系统的实时控制和优化运行。

8.3.3　大数据分析技术

从数据处理的角度看，数字孪生体现在产品全生命周期数据管理、数据分析与挖掘、数据集成与融合等方面。数据是数字孪生的核心驱动力,不仅包括贯穿产品全生命周期的全要素、全流程、全业务等相关数据,而且强调相关数据的融合,如信息物理虚实融合和多源异构融合等。此外,数字孪生在数据维度还应具备实时动态更新、实时交互、及时响应等特征。

大数据与数字孪生系统之间的关系可以这样理解,制造系统在生产和运作过程中会产生大量的数据,通过对这些数据进行分析和挖掘,可以了解制造系统问题产生的过程、产生的影响和可能解决的方式,利用工业大数据挖掘的知识认识、解决和避免问题,从以往依靠人的经验方式转向依靠挖掘数据中隐含的关联特征,形成制造知识,被更有效地利用。例如,通过智能生产线上数量众多的传感器,探测温度、压力、振动和噪声等状态信息,并对现场采集的数据进行特征分析,如设备诊断、能耗分析、质量事故分析等,实现生产过程的状态监控和改进优化。

工业过程本身的确定性很强,也为工业大数据的因果性分析奠定了基础。为将数据分析结果用于改进生产工艺和优化工业过程,工业大数据的分析不能仅止步于发现一些数据之间的相关性,而是要通过各种可能的手段逼近工业系统各种数据之间的因果性问题。这种数据之间的复杂关系,需要进行全面、科学、深入的数据建模与特征分析。特别是对于动态的工业过程,其数据关联性强,工业大数据的分析和应用要求准确性高。

在工业设备生产过程异常检测与故障预测智能算法方面,工业过程通常是基于"强机理"的可控过程,通常是小故障样本条件下的生产过程高维和非平衡数据处理问题,可以采用智能故障检测算法,其框架如图 8-5 所示,其可采集的故障样本相对正常样本较少。如果可以采集的故障样本较少,可采用不平衡故障诊断方法解决。如果可以采集的故障样本只有 1~20 个,可以采用长尾故障诊断方法解决。如果故障模型在使用阶段遇到未知故障,可以采用开集故障诊断方法。大数据分析是一种通过收集、存储和分析大规模数据集的技术,运用机器学习、深度学习等人工智能技术,发现隐藏的模式、关联和趋势。数字孪生可以利用大数据分析技术处理实时数据,并将其应用于虚拟模型,以实现对物理实体的监测和预测。

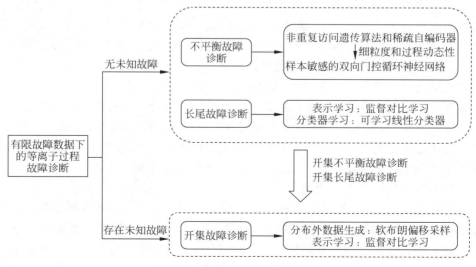

图 8-5　智能故障检测算法框架

推动智能制造并不依靠大数据本身，而依靠工业大数据的分析和处理技术。工业领域的不可见问题通常表现为设备的性能下降、健康衰退、零部件磨损、运行风险升高等现象。大数据应用、建模与仿真技术则使动态性预测成为可能。例如，在波音的飞机上，发动机、燃油系统、液压和电力系统等数以百计的变量组成了在航状态，有的变量可以微秒级测量和发送一次数据，波音公司获取的发动机运转数据对于确定飞机的运行状态起到了关键作用，这些工程遥测数据不仅能针对某个时间点进行分析，还能促进实时自适应控制、燃油使用、零件故障预测和飞行员通报，有效实现故障诊断和预测。

8.3.4　系统仿真技术

仿真技术是实现数字孪生的重要支撑技术之一。随着制造业数字化技术的不断发展和深入应用，仿真技术在工业领域中的应用越来越广泛。虚拟仿真通过模拟真实环境和过程，可以使设计者在虚拟环境中进行多种方案的试验和比较，快速调整设计并选择最佳方案，评估产品设计的性能参数，模拟生产过程的各环节，帮助企业分析和优化生产流程。仿真技术已应用于工业过程的各环节，帮助企业优化产品设计、提高生产效率、降低试验成本。对于数字孪生而言，开发数字孪生系统的目的是实现虚实共生，需要使用仿真技术进行相关的模拟分析。事实上，可将数字孪生系统看作建模与仿真的结合，数字孪生系统的构建过程基于各种建模技术的系统模型，而数字孪生系统的运行过程本质是对系统模型进行相关的仿真分析。

从技术角度看，建模和仿真是一对伴生体，数字孪生模型建立以后，需要通过仿真运行结果了解系统的性能。数字化模型的仿真技术是创建和运行数字孪生体，保证数字孪生体与对应物理实体实现有效闭环的核心技术。针对数字孪生紧密相关的工业制造场景，可能涉及的仿真技术如下：产品仿真，如系统仿真、多体运动学与动力学仿真、多物理场仿真、虚拟实验与分析等；制造仿真，如工艺流程仿真、装配过程仿真、数控加工仿真等；生产仿真，如离散制造工厂仿真、生产线节拍仿真、物流仿真、流程制造仿真等。

对于数字孪生体来说，需要将仿真实时化。数字孪生在运行过程中，从过去相对静态的仿真变成了实时的动态仿真。数字孪生的仿真场景往往是数据与模型的结合，需要人工智能技术对数据进行实时性分析，在非机理模型或机理模型不明确的场景下，人工智能可以在数据和机理模型相结合甚至数据样本不完备时使用。这在计算速度、算法性能、降阶能力等方面对传统的仿真技术提出了更多的要求。

与传统的建模仿真技术相比，数字孪生更强调以下三点。

（1）数字孪生模型的高保真度。数字孪生系统旨在创建一个相对实际物理系统具有高逼真度的虚拟系统，在真实系统的整个生命周期中完成对多种特征和属性的分析与预测。

（2）融合建模方式。由于数字孪生系统要求实时交互，不可避免地需要数据驱动，并且数字孪生系统是实际物理系统的映射，需要通过物理系统的相关机理进行建模，之后通过数据的驱动对模型进行更新与优化。

（3）演化方式是不断迭代更新。模型演化是指模型的参数或结构不断更新的过程。数字孪生系统要求与物理对象的状态随时保持一致，通过来自物理对象的数据自动进行实时的模型演化。而传统的仿真模型演化不会实时进行，一般在模型运行完毕后的模型更新阶段完成。

此外,数字孪生还可能涉及物联网、人工智能、虚拟现实/增强现实/混合现实(VR/AR/MR)、5G、边缘计算与云计算等技术,通过多种先进技术的深度融合,更好地实现物理系统的全面感知、多维多尺度模型的精准构建,实时、可靠、高效的虚拟模型与物理实体之间海量数据的低延时传输,全要素、全流程、全业务数据的融合处理,多源、海量、可信的孪生数据智能分析,实时动态的虚实交互和可视化逼真展示。数字孪生的应用场景可大可小,单元级数字孪生可能在本地服务器即可满足计算与运行需求,而系统级和复杂系统级数字孪生则需要更大的计算与存储能力。云计算按需使用与分布式共享的模式,可使数字孪生使用庞大的云计算资源与数据中心,满足数字孪生不同的计算、存储与运行需求。结合云计算技术,针对不同需求的"云-边数据"协同处理,提高数据处理效率,减少云端数据负荷,降低数据传输时延,为数字孪生的实时性提供保障。

8.4 数字孪生支撑平台

数字孪生平台集成了多种技术的工具和套件,向上可为各类应用开发提供服务接口,向下可连接各类物理对象,作为构建和运行数字孪生应用的基础。目前,数字孪生平台的发展与应用还处于探索阶段,不同系统的技术水平、平台能力、开放性和实现手段差异较大。

1. 数字孪生平台应具备的基本功能

近年来,数字孪生技术的应用场景不断扩展,越来越多的制造企业开始应用数字孪生技术实现产品、服务的创新应用。面临企业对数字孪生技术的应用需求,国内外主流厂商纷纷推出数字孪生平台,从提供几何与物理模型构建,设备定位、运行数据和物联网数据接入,到提供数字孪生数据分析、仿真分析和优化等功能。

数字孪生平台利用多项关键使能技术,对现实世界中的实体、过程或系统以数字化的形式进行建模和虚实映射,支持现实世界与虚拟世界的实时与同步。企业在使用数字孪生平台的相关应用时,无须考虑支持数字孪生应用的底层技术。结合学术界的技术研究和制造企业的应用实践,数字孪生平台应具备以下能力。

(1) 建模与集成。数字孪生平台应具备基本的建模与集成能力,能够对工业场景中的设备、产品和环境等物理对象进行数字化模型构建,并融入数据和算法,形成模型数据与计算集成的数字孪生模型。

(2) 接入物联网数据。支持通过传感器和其他数据采集设备,收集物理实体或系统的实时数据,如位置、状态、温度、压力、振动等信息。

(3) 数据接口。提供多种数据接口,可以接入各类数据,连接各种传感器和物联网数据,实现实时的数字孪生数据展现。例如设备传感器、PLC控制器、MES、ERP、能耗系统、环境参数等数据。

(4) 数据处理。包括孪生数据处理器、算法生成适配器、孪生仿真求解器、孪生基础库、场景应用模板集、虚实交互配置、孪生应用部署等功能。

(5) 虚实融合。通过对物理实体构建数字孪生模型,实现虚拟模型与物理实体的双向映射。用户借助平台可实现虚实交互同步及反馈控制需求,包括动作行为配置、状态同步配置、规则配置、数模关联配置和虚实一致性验证等。

（6）可视化。通过对多源、异构数据进行可视化，有助于数据的理解与展示，进而实现数据的可视化交互。

2. 国际主流数字孪生平台概览

目前，国际主流数字孪生平台如表 8-1 所示。这些数字孪生平台不仅支持有关设备、流程和系统的历史数据，还能实时接收来自各种传感器和物联网数据的持续更新。此外，这些平台一定程度上支持人工智能、机器学习、数据分析等技术对制造数据的分析和预测。

表 8-1　国际主流数字孪生平台

平台名称	产品定位	核心技术
Altair：ONE TOTAL TWIN	用于产品全生命周期的数字孪生平台	仿真、高性能计算、人工智能、数据分析和物联网等技术
Ansys：Twin Builder	面向工业的系统级多物理域数字孪生平台	高精度降阶模型（ROM），系统模拟仿真，基于仿真的部署到 IoT 物联网平台的数字孪生落地应用
AVEVA：AVEVA Process Simulation	面向流程行业的工艺数字孪生平台	流程模拟，兼顾稳态、动态、水力学、优化计算，基于现代标准的响应式直观界面，实时数据库接口，架构开放等
AWS：IoT TwinMaker	数字孪生平台即服务（PaaS）服务平台	数据连接、知识图谱创建、模型生成、场景编辑等
IBM：Digital Twin Exchange	面向资产密集型行业的数字孪生资源平台	AI、IoT、数字孪生体、云计算等
Maplesoft：MapleSim	面向机器层级的数字孪生虚拟调试	符号和数值求解器，基于方程的自定义建模元件、多体技术、单位管理、客户化分析、可视化等
Microsoft：Azure Digital Twins	数字孪生 PaaS 服务平台	空间智能图谱，数字孪生对象建模、计算、API 等
PTC：ThingWorx + Vuforia	工业物联网平台和增强现实平台	数据采集、大数据分析、VR/AR 等
SAP：SAP Predictive Asset Insights	面向工程领域的数字孪生解决方案	机器学习、数字孪生技术
Siemens：MindSphere + Mendix	工业物联网平台和低代码开发平台	人工智能、高级分析、可视化开发、云原生、多端体验、数据集成、流程自动化等
Unity：Unity Manufacturing Toolkit	智能制造数字孪生工具包	交互式 3D、多用户协作、人工智能、机器学习等

3. 国内主流数字孪生平台概览

近年来，数字孪生平台发展迅速，国内主流数字孪生平台如表 8-2 所示。

表 8-2　国内主流数字孪生平台

平台名称	产品定位	核心技术
安世亚太：工业数字孪生产品平台	面向工业的数字孪生平台	知识图谱、可视化引擎、数据交互框架、数字线程、建模与仿真等
华龙讯达：木星数字孪生平台	面向工业企业的数字孪生平台	仿真过程数据管理、边缘计算、工业 PC 的自动化、系统集成等

续表

平 台 名 称	产 品 定 位	核 心 技 术
卡奥斯：D³OS	工业数字孪生	物联网、大数据、人工智能、仿真等
力控科技：ForceCon-DTwin	面向企业的数字孪生平台	虚拟仿真、物联网等
摩尔元数：Wis3D	三维可视化开发平台	WebGL、3D 加速渲染等
神州龙空间技术：longmap 数字孪生云平台	面向智慧城市应用	地理信息系统（GIS）、建筑信息模型（BIM）、城市信息模型（CIM）等
腾讯：数字孪生云	开放的数字孪生底座	游戏科技、云计算/云渲染、人工智能和音视频传输技术
同元软控：MWORKS.TwinSim（复杂装备数字孪生平台）	复杂装备行业	高保真机理模型构建技术、机理-数据融合建模技术、高效高精度行为仿真技术、虚实精准映射技术、孪生体全生命周期管理技术、仿真驱动的沉浸式体验技术
优锘科技：ThingStudio	一站式数字孪生开发平台	数字孪生引擎 ThingJS
子虔科技：X-Fusion	企业统一数据引擎	实现异构数据协同的技术

　　从应用来看,产品数字孪生和工厂数字孪生对数字孪生平台的应用重点差别很大。产品数字孪生的应用重点在于高端装备的运行监控、故障预警、性能调优、预测性维护及服务生命周期管理。工厂数字孪生的应用重点在于产线的虚拟调试,以及工厂的生产、设备、质量、物流、能耗等关键指标的可视化与优化。例如,实时展示各种生产设备的运行状况、AGV 和叉车等物流装备的实时位置和状态、各产线和关键设备的设备综合效率（OEE）、工厂物流配送情况、生产合格率等,通过工厂仿真优化工厂运营、保障工业安全。

　　从行业需求来看,不同行业对数字孪生平台的需求重点明显不同。在流程工业和混合制造行业,由于对工控系统安全、设备维护等方面具有更高要求,面向数字孪生工厂的应用需求更为紧迫。而在离散制造企业中,高端装备制造业对产品数字孪生应用的需求更为迫切。从长远来看,数字孪生作为驱动数字化转型与创新的技术,已经开始助力生产力的变革,改变人们的生产和生活方式。随着数字孪生技术生态系统的不断完善,将出现更多先进的数字孪生平台,产生更丰富的应用场景,促进各行各业的数字化、智能化转型与创新。

8.5　数字孪生在飞机制造中的应用案例

　　在应用领域,NASA 于 2010 年首先提出将数字孪生应用于未来航天器的设计与优化、伴飞监测及故障评估,美国空军研究实验室于 2011 年提出在未来飞行器中利用数字孪生实现状态监测、寿命预测与健康管理,从此引发数字孪生在航空航天及其他工业领域的广泛关注,并在飞行器产品设计、制造装配、运维使用等方面开展了大量技术研究和应用实践。

8.5.1　飞机制造业对数字孪生的应用需求

　　数字孪生在工业领域的应用场景,可以贯穿工业制造全生命周期,包括产品设计、生产制造、装配过程、运行服务、故障预测、预测性维护等环节。数字孪生主要围绕制造业务链展开,包括研发设计环节的三维仿真验证、虚拟调试与装配,产线装备的故障监测分析、预测性维护、健康性诊断等,生产过程环节的调度优化、质量分析、在线统计、生产控制,车间与工厂的供应链优化、人员管理、能耗监测等。在飞机全生命周期中，数字孪生面临的侧重点不同。针对飞机的研制特点，在设计、生产制造和运行维护等不同阶段，构建连接实现虚实信息数据的动态交互，并借助孪生数据的融合与分析，实现基于孪生的诊断、预测、控制和优化。

数字孪生体是指现实世界的物理对象在数字空间中对应的数字体。根据飞机设计制造业务的特点，其数字孪生体大致可分为飞机、工艺、设备、产线和绩效 5 类孪生体。

1. 飞机孪生体

飞机孪生体是指在飞机设计和开发阶段，利用数字孪生对飞机实体进行建模、仿真、模拟和优化，形成的虚拟数字模型。飞机孪生体的技术实现包含以下 5 个方面。

(1) 基于模型的架构设计。通过给定的约束条件，根据飞机设计者的设计意图，通过创成式设计产生多种可能的可行性架构设计方案，然后通过机器推理技术或其他技术进行综合对比，由此决策并筛选出最佳设计方案。

(2) 基于模型的综合仿真进行架构方案优化设计。根据客户需求与设计规范，利用三维软件进行飞机结构设计，通过数字孪生将其转化为虚拟模型，并通过仿真预测产品性能。同时，对不同设计方案进行综合仿真，选出最优方案。

(3) 基于模型的电子电气(E/E)架构设计。建立 E/E 系统的数字模型，对其进行仿真模拟与测试，预测系统的性能并进行优化，为电气和电子系统的逻辑、软件、硬件和网络生成架构方案，提高产品的性能和质量。

(4) 基于模型的 RAMS 评估。即在产品的开发前期，对产品的 Reliability(可靠性)、Availability(可用性)、Maintainability(可维护性)和 Safety(安全性)的评估。建立基于模型的 RAMS 分析方法，飞机模型中的每个分系统和部件都与关键属性/参数相关联，包括功能描述、故障信息、各分系统/部件的故障物理信息(原因、机制、故障、条件、症状)等，生成基于模型和设计的健壮且安全/可靠的产品。

(5) 基于模型的试验与测试。构建基于系统模型的闭环试验测试系统，实现模型验证、模型更新、系统在环测试、混合测试、人在环仿真的闭环迭代。

2. 工艺孪生体

工艺孪生体是指描述相关产品及零部件生产工艺的数据集合，其涵盖工艺规划、验证和执行的闭环制造，以及虚拟装配和工艺作业指导书等功能。

(1) 工艺规划、验证和执行的闭环制造。将制造规划(从工艺规划设计、工艺过程仿真和验证到制造执行与产品设计)连接起来，实现 3D 环境下制造工艺过程设计，用数字化手段验证产品的制造工艺可行性，分析未来生产系统的能力表现，快速输出各种定制类型的工艺文件。

(2) 虚拟装配。通过模型及公差采集设备可收集的高质量数据，以建立数字孪生真实对应物的几何及标识，由零部件数据驱动的数字孪生应用程序，远程装配零件、验证设计并模拟最终产品，在飞机装配过程中，生产阶段获得的公差实测结果用于数字孪生指导机翼和机身的实际组装。

(3) 工艺作业指导书。在直观的 3D 可视化作业指导书基础上，利用工业 VR/AR 等个性化和适应性强的多媒体驱动视觉辅助，实现混合现实技术在车间现场的应用，可视助手工具利用多媒体指导用户完成任务,实施稳健而精确的增强现实工作指令,以融合数字世界和物理世界。

3. 设备孪生体

设备孪生体是指针对自动化设备或生产过程的数字化表示,即构建一个与实际设备或生产过程在各种特征、性能和行为等方面完全相同的数字模型,如数控设备与机器人。

(1) 数控设备。虚拟加工对现实制造活动中的人、物、信息及制造过程进行全面仿真,以发现制造中可能出现的问题,在产品实际生产前采取预防措施,从而实现产品一次性制造成功。

(2) 机器人。建立机器人数字孪生体,实现物理单元建模,以及孪生数据的采集、传输与解析,进而同步映射物理单元与虚拟单元,实现对工业机器人的透明、实时可视化监控。

4. 产线孪生体

产线孪生体是指以全数字化方式展现产品生产所需的生产线和装配线,集成生产计划仿真计算及关键参数策略应用、工厂数字孪生等多项技术。

(1) 生产计划仿真计算及关键参数策略应用。在真实条件下检查生产计划的可行性,并评估各种生产方案。基于当前操作数据,对给定任务范围的精确计划进行动态评估。扩展价值流图(VSM)分析,评估因批量大小、装夹、产品变型和故障产生的生产波动,减少在制品(WIP)数量,验证生产并确保波动不影响交货期。

(2) 工厂数字孪生。建立工厂、车间、单元、设备、人员、仓储、物流的数字孪生模型,提供基于 Web 和 3D 的实时访问。利用相关信息在工厂位置环境中进行制造问题互动。

5. 绩效孪生体

绩效孪生体是指利用数字孪生对飞机的制造成本、生产效率和质量进行全面管理与监控。绩效孪生体使用数字孪生捕获、分析和践行操作数据,实现真实世界中产品、工厂、机器和系统的连接,以提取并分析真实的性能和应用数据,从而形成一个完整的解决方案。

8.5.2　基于数字孪生的产品设计应用

在飞机产品的设计阶段,利用数字孪生可以提高设计的准确性,验证产品在真实环境中的性能。这个阶段的数字孪生关键技术包括数字模型设计,使用 CAD 工具开发出满足技术规格的产品虚拟原型,精确地记录产品的各种物理参数,以可视化的方式展示,并通过模拟和仿真手段检验设计的精准程度,由一系列可重复、可变参数、可加速的仿真试验,验证产品在不同外部环境下的性能和表现,在设计阶段就可验证产品的适应性。产品数字孪生将在需求驱动下,建立基于模型的系统工程产品研发模式,实现"需求定义-系统仿真-功能设计-结构设计-物理场仿真-数字样机"全过程闭环管理。

在基于数字孪生的产品设计应用中,尤其是以虚拟样机为主体的应用拓展。数字孪生与虚拟样机的区别在于,虚拟样机在产品设计阶段形成,主要服务于产品设计研发阶段,其价值在于在物理样机形成之前对设计方案进行优化,从而保证物理样机一次制造成功。数字孪生不仅包括产品构造、功能和性能方面的描述,还包括产品全生命周期中形成过程和状态的描述,如对产品制造或维护的过程和状态的描述。数字孪生更强调忠实于物理产品的动态演进。当物理样机出现以后,虚拟样机与物理样机或产品进行数据交互,并保持同步演化，这时虚拟样机就演变成了数字孪生。数字孪生和虚拟样机在产品全生命周期中具有互补关系，数字孪生并不能代替虚拟样机，前者是后者的延伸，后者是前者的基础。从数字孪生和虚拟样机的分析可以看出，实现数字孪生还需要在虚拟样机技术基础上，突破多项关键技术，如产品全生命周期数字主线构建技术、物理-数字双向协同仿真与控制技术、自主演进技术、高效运行支撑技术和模型履历管理技术。

例如，在 NASA 的阿波罗项目中，使用空间飞行器的数字孪生对飞行中的空间飞行器进行仿真分析，监测和预测空间飞行器的飞行状态，辅助地面控制人员做出正确的决策。在这一应用中，数字孪生创建了与物理系统对应的数字化虚拟模型，虚拟模型能对物理实体进行仿真分析，并能根据物理系统运行的实时反馈信息对其运行状态进行监控，依据采集的物理系统运行数据完善虚拟系统的仿真分析算法，从而对物理系统的后续运行评估和改进提供更精确的决策依据。

波音公司在波音 777X 客机的设计制造中采用先进的数字孪生技术，通过建立该机型的虚拟模型，精确模拟飞机的每个组件和整个装配过程。在设计阶段，工程师可以利用数字孪生技术进行虚拟测试，从而减少对物理测试模型的需求。在制造过程中，可以对各部件的装配过程进行虚拟验证和调整，从而确保生产过程的精度和效率。通过虚拟测试和模拟，显著提高了生产过程的问题发现和解决速度，大幅减少了生产中的不确定性，缩短了生产时间。

欧盟"地平线 2020"计划资助的"下一代工业空气动力学仿真代码（NextSim）"项目，如图 8-6 所示，为超大规模并行计算平台开发用于航空设计的下一代大型 CFD 工具。目前，最先进的工业仿真工具并不能充分利用高性能计算（HPC）架构的巨大算力（例如流处理器或众核平台）。因此，NextSim 专注于为空客公司开发用于空气动力学的数值流解算器，其主要开发内容包括三个方面：数值效率算法、数据管理算法，以及这些算法在最先进的 HPC 平台中的高效实施。

NextSim 项目旨在到 2050 年利用虚拟设计和仿真显著降低认证成本，具体目标包括：①通过重新设计超大规模并行计算平台，提高当前用于航空设计的数值模拟工具的功能；②推广 HPC 在航空产品设计循环中的使用，满足欧盟提出的性能和环境目标；③通过更好的算法以更好的方式利用可用硬件，提高 CFD 软件效率，从而降低计算成本、缩短数值模拟时间并改善硬件能源消耗。

图 8-6　NextSim 项目的飞机设计应用场景

8.5.3　基于设备数字孪生的应用

通过采集生产线上各种生产设备的实时运行数据，实现生产过程的可视化监控，并基于数字孪生实时仿真的设备监测将离线仿真与 IoT 实时数据结合，实现基于实时数据驱动的仿真分析,能够实时分析设备哪个关键部位出现了问题,给出最佳响应决策。基于数字孪生的智能仿真诊断分析,将传统仿真技术与 AI 技术相结合,极大地提升了传统仿真模拟的准确度。数字孪生不仅能预测设备可能发生故障的时间,还能精确定位故障发生的位置,从而极大地提高运维过程的可预测性、安全性和可靠性。

1. 数控加工过程智能控制

在飞机制造过程中,数控机床是加工飞机零部件的关键设备,其稳定性可保证加工工件的质量和生产线生产过程的顺利进行。在数控机床工作时,如果出现故障引起非计划停止,则会导致加工工件报废。上海飞机制造有限责任公司联合北京航空航天大学肖文磊团队针对传统数控加工面临的问题,利用数字孪生增强数控系统数字化与智能化水平,并从感知、理解、推理和服务 4 个层面实现智能化,开发了数字孪生系统 GrapeSim 系统,如图 8-7所示,在上海飞机制造有限责任公司制造车间测试验证了数字孪生系统对数控加工辅助智能方案的可行性。

(1)基于数字孪生的感知智能。虚实结合的首要条件是接口统一化,方便对数控机床的加工过程进行数据分析,提高数控设备的数据感知能力。

(2)基于数字孪生的理解智能。理解智能是指获取全要素的加工工艺信息,进而深入理解加工任务,是提升数控加工智能化的数据基础。

(3)基于数字孪生的推理智能。基于加工过程数据,推理出实时加工状态,包括加工进度、零件几何形状等,在虚拟场景中完成的智能推理可以在任何时刻回溯加工过程的中间状态。

(4)基于数字孪生的服务智能。通过加工过程状态的精准追踪和生产指导信息的推理,基于虚拟仿真场景的构建和算法开发的应用,提供面向实际加工车间的智能化服务。

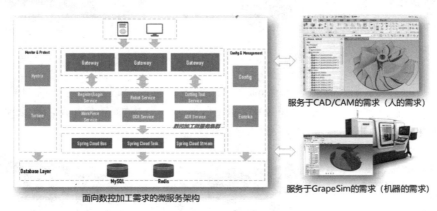

图 8-7 数控加工过程的智能服务

2. 工装在线定检

我国研制的 C919 大飞机的平尾工装是飞机制造过程中的重要设备,具有尺寸大、装配变形、多物理场耦合(应变、位移)、局部结构复杂、测量周期长等特点。这些特点对工装在线定检提出了更高的要求,如需要高精度的测量、实时监控等。传统的工装在线定检方法主要依赖人工检查和记录,无法满足这些要求。因此,基于设备数字孪生的工装在线定检应用被引入 C919 平尾工装的定检。如图 8-8 所示,上海飞机制造有限责任公司与大连理工大学合作开发了基于设备数字孪生的工装在线定检技术,提出全局几何量、局部微位移量、应力应变状态在线高精协同监测方法，变周期定检为在线测量。

（1）建立设备数字孪生模型。利用传感器等设备采集 C919 平尾工装的实际运行数据，如温度、压力、转速等，然后通过数字化平台将这些数据与工装的数字模型进行集成和整合，建立工装数字孪生模型。

（2）实现实时监控和预测。建立工装数字孪生模型后，利用数字化平台实现对工装状态的实时监控和预测。在实时监控中，技术人员可以清晰地看到工装的运行状态和参数，以及设备的故障信息和预测结果。此外，可以根据采集的数据对工装的状态进行预测，提前发现潜在的故障和问题。

（3）在线高精协同监测方法。该方法包括三方面的监测内容：①通过双目视觉测量系统全局几何量监测工装的整体位置和变形情况；②通过局部微位移量监测工装的关键部位和易变形部位的微小位移变化；③通过应力应变状态监测工装的受力情况和变形情况。该方法可以实现高精度的测量和实时监控，提高工装在线定检的准确性和效率。

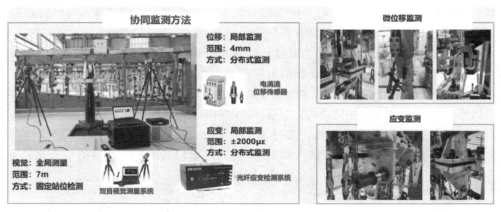

图 8-8　C919 工装协同检测方法

如图 8-9 所示，基于设备数字孪生的工装在线定检应用可以实现高精度的测量和实时监控，提高工装在线定检的准确性和效率。同时，该方法可提前发现潜在的故障和问题，减少生产线停机时间和维修成本，提高生产效率和产品质量。

图 8-9　C919 工装在线定检

8.5.4 基于产线数字孪生的应用

当涉及工厂和产线新建、改造时,首先要考虑如何设计最合理的产线布局、最大化利用空间、提高产能,避免产线实施落地后才暴露诸多设计问题。按照真实工厂布局与工艺流程,建立设备的三维模型,可将工厂内每个作业设备按空间属性映射到三维平台中。通过对工厂物联网、MES、ERP等系统进行集成,将设备实时数据、关键工艺节点的动态数据、设备采购订单数据等对应到设备模型。通过对设备参数、运行状态等信息、作业数据进行实时监控,对历史和异常数据进行回溯和分析,将真实设备的状态变化实时反馈至虚拟模型,实现基于产线数字孪生的应用。

1. 基于数字孪生的装配制造应用

1) 空客 A350XWB 的数字孪生总装线

数字孪生工厂将现实工厂中的各生产要素互联,形成能够实时、动态反映工厂运行情况并自适应管理的数字工厂。例如,法国空中客车公司在 A350XWB 总装线上部署了 Ubisense 公司(UBI)的企业定位智能解决方案,如图 8-10 所示,实时连接其工业物体对象,使工业流程和设备应用更透明化,尤其是工艺设备及其在部装厂和总装厂内的分布情况。目前,该系统提高了对工艺装备、工具等的实时跟踪和定位能力,自动更新 ERP 系统的装备位置和状态数据,提升报告的精度和时效性。

图 8-10　空客数字孪生总装线

为提高装配的自动化程度,空客在飞机组装过程中使用了数字孪生技术。在机身结构的组装过程中,因为碳纤维增强基复合材料组件要求在组装过程中剩余应力不得超过阈值。为减小剩余应力,专门开发了基于数字孪生技术的大型构件装配系统,对装配过程进行自动控制。该系统的数字孪生模型具有以下几方面特点:一是其数字孪生模型除实际零部件的三维 CAD 模型外,还包括传感器、组件的力学模型及形变模型;二是在该装配系统中,不仅对各组件建立相应的数字孪生体模型,还对系统本身建立了相应的数字孪生模型,后者可为每个装配过程提供预测性仿真;三是虚实交互与孪生体的协同工作。在装配过程中,多个定位单元均配备传感器、驱动器与控制器,各定位单元在收集传感器数据的同时,还与相邻的定位单元相配合。传感器将获得的待装配体的形变数据与位置数据传输到定位单元的数字孪生体,孪生体通过对数据的处理计算相应的校正位置,在有关剩余应力值的限制范围内引导组件的装配过程。

2) 洛克希德·马丁项目(Polaris & StarDrive)

洛克希德·马丁臭鼬工厂与势必锐航空系统公司合作,使用先进数字制造技术和机器人装配技术，如图 8-11 所示，将装配质量提高了一倍。项目命名为北极星（Polaris），新型演示器从初始设计到最终装配阶段使用全尺寸确定装配（FSDA）技术，并使用 X-59 静音超音速飞机为试验机。该技术使用精确的数字工程生产精密零件，可节约手工生产的成本。北极星项目还使用了集成数字环境（IDE），使信息在数字环境中从设计到维护无缝传递。合作预期成果将所需装配时间减少 70%，初始装配质量提高 95%。

图 8-11　Polaris & StarDrive 项目

2. 产线仿真和生产规划

面向大型客机 C919 批产任务，在装配产线运行过程中，目前普遍存在以下问题：①缺乏可监控工位、工艺数据，难以实现基于数据分析的可视化系统；②不能及时提示产线维护保养需求；③无法实现故障的快速定位及故障的快速排除。基于数字孪生的工厂仿真和生产规划系统（图 8-12）可以实现生产过程的可视化、预测和优化，提供实时监控和预测分析能力，使其能够及时发现问题并采取相应的措施，提高生产效率和产品质量。

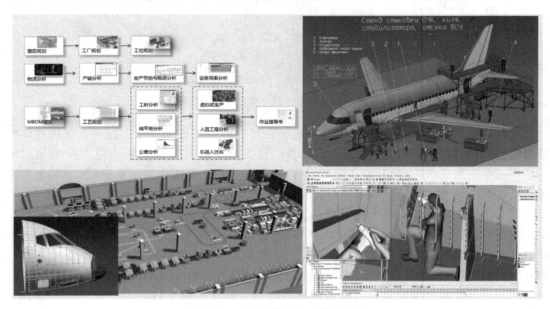

图 8-12　工厂仿真和生产规划系统

（1）数字化装配仿真。利用数字化仿真技术，在虚拟环境中预览装配过程，发现潜在的问题，优化装配流程，帮助技术人员在物理制造之前发现并及时解决问题。

（2）脉动线物流产能仿真。通过模拟物流流动与产能情况,预测和优化生产线的性能,以确保满足生产计划。同时,采取产能仿真,评估生产线的设计和布局是否满足生产需求,并优化物流运输和库存管理。

（3）机器人编程及仿真。利用数字孪生在虚拟环境中编程和测试机器人,优化机器人的运动路径和程序,以确保其在现实环境中的有效性和安全性,提高生产效率并避免潜在的安全问题。

（4）装配工位设计与人因工程。通过模拟工人的操作流程,优化工位设计与工作环境,以提高工作效率和工人舒适度,并结合人因工程分析,确保工人的操作符合人体工学要求。

（5）生产线虚拟调试。在真实生产线调试之前,完成虚拟环境中的调试,以避免实际操作中的问题,提高生产安全性,并通过生产线虚拟调试,检测生产线各设备之间的协同问题和潜在故障,提前采取措施,避免实际生产中的问题。

3. 产线运行透明化管控

飞机制造车间中生产装备多、占地面积大、工序长、转运流程多。车间生产装备的自动化、数字化、智能化是实现飞机制造业数字化转型的关键。当前普遍存在以下问题:①物流装备运行监控二维平面化,缺乏直观的三维可视化监控;②装备故障多,难以提前预测并及时处置;③物流作业策略缺乏自适应调度,难以实现运行效率最优。基于数字孪生的工厂运行透明化管控可将工厂的实际运行数据与虚拟模型进行实时映射和交互,提高工厂运行效率、降低成本、优化生产流程、提高产品质量、实现远程监控和管理。

（1）产线数据透明化。基于数字孪生集成与算法,对飞机生产线数据透明化进行构建,采用车间生产数据、生产策略感知采集方法,实现生产线实时数据与生产策略的透明化展示。

（2）生产进程管控。基于生产进程实时状态的映射,实现产品制造过程执行状态及流转路径的同步驱动,反映产品的实时位置信息与当前加工状态信息,以实控虚与可视化显示。

（3）布局重构和参数定量分析。采用孪生仿真与优化算法相结合,对飞机产线布局进行重构,通过瓶颈、资源利用率、设备利用率与物流效率等性能指标,实现车间布局重构的仿真优化。

8.5.5 基于飞机数字孪生的应用

1. 基于数字孪生的运行维护应用

对于飞机、船舶等高价值装备产品,基于数字孪生的产品远程运维是必要的安全保障。例如,美国空军研究实验室与 NASA 联合打造了战斗机数字孪生体,开展基于数字样机的产品远程运维,优化了 F-15 战斗机的远程运维水平,如图 8-13 所示。基于数字样机的产品运维将产品研发阶段的各类机理模型、IoT 实时数据、AI 分析相结合,实现更可靠的运维管理。特斯拉 SpaceX 飞船、NASA 航天探测器等均基于数字孪生开展产品自主控制应用,实现"数据采集—分析决策—自主执行"的闭环优化。

洛克希德·马丁公司在 F-35 战斗机的设计生产中广泛应用了数字孪生技术。通过创建每架战斗机的数字孪生模型,工程师可以在虚拟环境中进行装配测试和流程优化,提前

美国空军研究实验室与NASA联合打造战斗机数字孪生体，优化
F-15战斗机远程运维水平

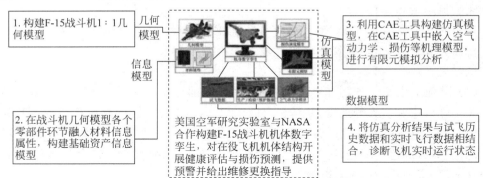

图 8-13　基于数字样机的产品远程运维

识别潜在的装配问题并进行调整，减少装配错误导致的返工，并确保每架战斗机的高质量交付。数字孪生还可用于战斗机的日常维护和升级，通过实时数据监控和分析，预测战斗机的维护需求，优化维护流程，降低运营成本。

空客公司推出了 Skywise 平台。它是一个集成的数字孪生系统，专为管理飞机全生命周期的各种数据而设计。通过该平台能够实时获取和分析来自飞机传感器的数据，从而监控飞机的健康状况、预测可能出现的故障，并优化维护计划。通过实时数据分析和预测性维护，航空公司能够提前识别潜在问题，避免很多意外停机事件，提升飞机的安全性和可靠性。Skywise 平台的使用，使空客及其客户显著提升了运营效率，减少了停机时间和维护成本。

法国达索系统通过其 3DEXPERIENCE 平台为航空公司提供数字孪生解决方案，帮助企业优化飞机设计、生产和维护的全过程。该平台整合了虚拟设计、数据管理和仿真分析功能，使航空公司能够在一个集成的环境中进行产品开发和测试。通过这种集成化的数字孪生技术应用，可以在产品投产前识别和解决潜在问题，减少了研发和生产成本。

2. 装配协调性预测与尺寸优化

在飞机制造过程中，装配协调性预测和尺寸优化（图 8-14）是非常重要的环节。传统的飞机制造过程中，由于缺乏有效的预测和优化工具，常常出现装配协调性不足、尺寸偏差等问题，导致生产效率低下、产品质量不稳定。因此，基于飞机数字孪生的应用可以为飞机制造提供更有效的解决方案。

（1）建立数字孪生模型。在飞机制造过程中，建立数字孪生模型是至关重要的第一步。该模型基于实际制造过程中的各种数据，可以全面反映飞机的物理特性、制造流程和制造环境。该模型还可将各种信息集成到虚拟环境中，以便进行装配协调性预测和尺寸优化。

（2）实现装配协调性预测。基于数字孪生模型，采用仿真技术对飞机制造过程中的装配协调性进行预测。通过模拟飞机制造的实际过程，预测各环节之间的配合关系及可能出现的问题。

（3）尺寸优化。基于数字孪生模型，利用各种算法对飞机制造过程中的尺寸进行优化。通过对飞机制造过程中的各种数据进行深入分析，找出影响尺寸精度的关键因素，并对其

图 8-14　装配协调性预测与尺寸优化

进行优化。

该数字孪生应用案例通过预测和优化装配协调性和尺寸,避免因协调性不足和尺寸偏差导致的停工与返工,缩短生产周期,提高生产效率,降低生产成本。

3. 大部件对接优化与预测性修配加工

传统的飞机制造方法往往难以精确控制大部件的对接质量和修配加工效率。此外,随着飞机设计的不断更新和制造工艺的复杂化,传统的经验主义方法已经难以满足现代飞机制造的需求。因此,基于飞机数字孪生的应用可为大部件对接优化和预测性修配加工(图 8-15)提供更有效的解决方案。

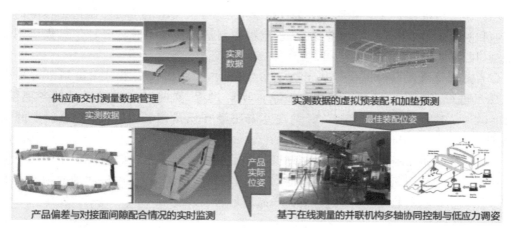

图 8-15　大部件对接优化与预测性修配加工

(1)建立数字孪生模型。基于采集的数据建立飞机大部件的数字孪生模型。该模型可以模拟大部件的实际制造过程,并预测其对接质量、修配加工效率。

(2)大部件对接优化。通过数字孪生模型模拟不同对接方案下的质量情况,并根据优化目标(如对接精度、生产效率等)选择最佳对接方案。此外,还可以实时监控对接过程中的关键参数,及时发现和解决问题,提高对接质量和效率。

（3）预测性修配加工。通过数字孪生模型，根据未来的飞行任务需求，预测飞机大部件的磨损情况和修配加工需求，提前制订加工计划，优化加工流程，提高加工效率和产品质量。

该数字孪生应用案例通过数字孪生模型的预测和优化，可以显著提高大部件的对接质量和效率。避免因对接误差导致的后期维护和修理成本，提高飞机的可靠性和使用寿命。

4. 整机质量可视化与波动控制

传统的飞机制造过程中，由于缺乏有效的质量可视化和波动控制工具，常常出现质量问题难以发现、质量波动难以控制等问题，导致生产效率低下、产品质量不稳定。因此，基于飞机数字孪生的应用可以为整机质量可视化与波动控制（图 8-16）提供更有效的解决方案。

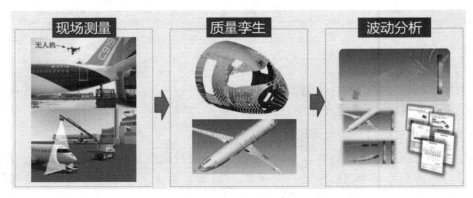

图 8-16　整机质量可视化与波动控制

（1）建立整机数字孪生模型。建立数字孪生模型，该模型基于实际制造过程中的各种数据，可以全面反映飞机的物理特性、制造流程和制造环境。同时将各种信息集成到虚拟环境中，以便进行整机质量可视化和波动控制。

（2）实现整机质量可视化。基于数字孪生模型，采用仿真技术对飞机制造过程中的整机质量进行可视化。通过模拟飞机制造的实际过程，实时监测整机质量的各项指标，如几何尺寸、重量、材料属性等，及时发现并解决潜在质量问题，减少生产过程中的错误和返工。

（3）实现波动控制。基于数字孪生模型，采用各种算法对飞机制造过程中的质量波动进行控制。通过对飞机制造过程中的各种数据进行深入分析，找出质量波动的主要影响因素，并对其进行控制，稳定生产过程，提高产品质量的一致性。

8.5.6　飞机试飞站的数字孪生应用

飞行试验是航空武器装备研制过程中不可或缺的关键环节，是在真实环境下对飞行器、航空武器系统的战术技术性能、作战能力和保障能力进行全面验证的重要手段。而航空武器装备的先进性和复杂性决定了试飞组织实施的复杂性，亟须利用数字孪生技术，构建一种新的试飞组织实施模式，在确保试验安全和试验质量的前提下，提高试飞效率，压缩试验周期，降低试验成本。

本案例利用数字孪生技术,构建试飞站数字孪生模型,在场务保障、地勤保障、任务陪试保障等资源有限的条件下,建立飞行试验组织实施流程的调度优化模型,合理优化试飞组织流程和环节,提升飞行试验资源利用率,达到提高试飞效率、缩短试飞周期、确保试飞安全的目的。以时空数据整合、处理和分析为基础,实现试飞站业务的态势感知及全景可视化,有效支持试飞调度辅助决策、资源调配、预测预警、优化控制等运行功能要求,实现试飞站一体化协同、高效运营的目标。

1) 试飞站数字孪生模型的构建

试飞资源是指试飞站在开展飞行保障工作中所需的人力、物资、装备和设施。根据飞行保障工作的具体内容和相关要求,可将保障资源分为"静态"保障资源和"动态"保障资源进行研究。"静态"保障资源主要包括塔台指挥系统、场道保障系统、资源供给系统和气象雷达、进近/进场保障系统等。"动态"保障资源主要包括保障人员、特种车辆、测试系统、任务保障系统等。

试飞站数字孪生模型是将物理试飞站的现实世界信息通过数字孪生技术转化为虚拟模型,通过数据信息交换,实现物理试飞站与数字试飞站之间的相互映射,从而形成一个动态的试飞站数字化表示模型,并通过模拟仿真、实时监控、预测分析和辅助决策等功能,辅助相关人员及时进行合理资源调配,综合优化试飞保障资源,提高试飞站组织实施效率和安全性。

2) 资源调度模型的建立

在试飞站运营中,设定目标是最大化一周内总试飞次数,同时满足每个试飞机型的资源要求和试飞环节的耗时。考虑试飞资源要求约束、试飞耗时约束、试飞窗口期约束等约束条件,建立资源调度模型。根据以上目标函数及约束条件,收集试飞站的历史运营数据,包括机型、架次、资源使用情况、实际耗时等。

3) 试飞站数字孪生的应用

基于试飞站数字孪生模型,通过整合物理模型、实时数据采集、历史运维数据等多种信息,实现试飞站业务流程的数字化映射。该模型能够模拟试飞站的日常运营,包括飞行任务调度、资源配置、风险预测等多方面,为试飞站的高效管理和决策提供强有力的支持。

通过数字孪生技术,试飞站能够实现更精确的资源调度和飞行任务规划,显著提高试飞效率。数字孪生模型的应用,使试飞站在有限资源条件下能够更好地优化试飞组织流程,缩短试飞周期,降低试飞成本。因此,试飞站数字孪生模型构建技术研究为航空试飞领域带来了创新的管理方法和工具,对提升试飞效率和保障试飞安全具有重要意义。

参考文献

[1]　GRIEVES M. Virtually intelligent product systems:Digital and physical twins,in complex systems engineering:theory and practice[R/OL]. [2024-04-30]. https://event. asme. org/Events/media/library/resources/digital-twin/ Digital-and-Physical-Twins. pdf.

[2]　TUEGEL E J,INGRAFFEA A R,EASON T G,et al. Reengineering aircraft structural life prediction using a digital twin[J]. International Journal of Aerospace Engineering,2011(10):1687-5966.

[3]　GLAESSGEN E,STARGEL D. The digital twin paradigm for future NASA and US Air Force

vehicles［C］. 53rd AIAA/ASME/ASCE/AHS/ASC structures，structural dynamics and materials conference 20th AIAA/ASME/AHS adaptive structures conference 14th AIAA，2012：1818.

［4］ 陶飞，刘蔚然，张萌，等.数字孪生五维模型及十大领域应用［J］.计算机集成制造系统，2019，25(1)：1-18.

［5］ 陶飞，张辰源，戚庆林，等.数字孪生成熟度模型［J］.计算机集成制造系统，2022，28(5)：1267-1281.

［6］ 李玮.基于数字孪生的复杂产品仿真系统建模方法与技术研究［D］.北京：清华大学，2023.

［7］ 张霖，陆涵.从建模仿真看数字孪生［J］.系统仿真学报，2021，33(5)：13.

［8］ 庄存波，刘检华，熊辉，等.产品数字孪生体的内涵、体系结构及其发展趋势［J］.计算机集成制造系统，2017，23(4)：753-768.

第9章

先进制造技术与机器人应用

9.1 增材制造技术及应用

9.1.1 增材制造技术

增材制造技术是一种基于离散堆积成形思想的新型成形技术,将三维模型沿一定方向离散成一系列有序的二维层片,根据每层轮廓信息进行工艺规划,选择加工参数,自动生成数控代码,按照光固化、挤压、熔融、烧结、喷射等方式逐层堆积,得到三维物理实体。该技术具有高柔性,可以制造任意复杂形状的三维实体、CAD 模型直接驱动,设计制造高度一体化、成形过程无须专用夹具或工具,是一种自动化的成形过程。与传统等材、减材制造技术相比,增材制造技术为实现空心点阵、随形流道、多通道、多零件集成等新型结构的快速设计及验证,以及定制化生产提供了一种先进制造技术。

20 世纪 80 年代中期,美国首次提出基于光固化的快速成形技术,随后提出三维打印(3D printing)、实体自由制造等类似技术,随着不同快速成形工艺的发展及各行业模型的快速研制,又被称为快速制造技术和增量制造技术。21 世纪以来,为区别等材、减材技术,提出了增材制造技术的概念。

增材制造技术是集材料、工艺、装备高度一体化的高新技术,涉及光学、力学、材料学、机械、控制、数学、软件等学科,主要包括材料、3D 模型、能源、装备、软件等基本内容。材料可包括金属、陶瓷、高分子材料及复合材料,其材料形态可分为液态、气态、粉末、丝材、板材及块材等;3D 模型可通过逆向和正向设计获得;能源主要包括高能束与特种能场,高能束主要包括激光、电子束、等离子体等,特种能场主要包括超声、微波、磁场、电化学能、搅拌及摩擦热能等;装备是集成高能束与特种能场、送料及回收材料及相关辅助装置的高端机床;软件主要包括 3D 模型数据处理和控制软件。

增材制造技术对人的思维影响尤其深远,打开了设计束缚的"枷锁",在我国航空航天、舰船、兵器等武器装备的轻量化、集成化、多功能化方面发挥着重要作用,可满足高质量产品研制低成本、短周期的需求。随着相关技术配套产业的发展,增材制造技术逐渐应用于医疗、教育、珠宝、汽车、高铁、电子等民用领域,为未来个性化网络化批量化生产提供先进手段,是未来定制化制造业的主流,对国家竞争力具有重大影响。

金属增材制造技术(其体系图如图 9-1 所示)根据材料沉积时的状态分为三大类。第一类是材料在沉积过程中实时送入熔池,这类技术以激光近净成形制造、金属直接沉积和电子束自由成形技术为代表,高能激光或电子束在沉积区域产生熔池并高速移动,材料以粉末或丝状直接被送入高温熔池，熔化后逐层沉积，称之为直接沉积增材制造技术，该技术只能成形出毛坯，然后依靠数控加工达到其净尺寸。第二类是金属粉末在沉积前预先铺粉，这类技术以金属直接激光烧结、电子束熔化制造为代表，粉末材料预先铺展在沉积区域，其层厚一般为 $10\sim50\,\mu\mathrm{m}$，利用高亮度激光或电子束按照预先规划的扫描路径轨迹逐层熔化金属粉末，直接净成形出零件，其零件表面仅需光整即可满足要求，称之为选区熔化精密增材制造技术。该技术直接用于制造任意复杂形状的零件，特别适合曲面形腔、悬空薄壁及变截面等复杂结构制造，可大幅减少制造工序、缩短生产周期，节省材料及经费。第三类是固相增材制造技术，以超声能、搅拌摩擦、高速气流等能源形式，使块体、板材及粉末等材料无须经过熔化即可实现材料堆积，可用于大尺寸铝合金、铝锂合金异形结构、异质材料、多材料等结构件的低成本、高效率制造。

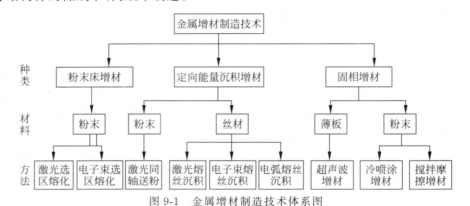

图 9-1　金属增材制造技术体系图

激光直接沉积增材制造技术（其原理图如图 9-2 所示）以粉末或丝材为原材料，以激光或激光复合能场为热源，利用数据处理软件对零件的 3D 模型进行切片并预先设定扫描路径和工艺参数，在惰性气氛或真空条件下，利用数控机床实现激光与基板之间的相对运动，激光照射并熔化基板表面局部区域形成熔池，丝材或粉末被同步送入熔池，熔池随激光热源的移动而快速凝固，通过离散堆积，逐道、逐层成形出零件毛坯。电弧增材制造技术（其原理图如图 9-3 所示）是以电弧为热源，基于三维数字模型在程序的控制下，按设定成形路径将金属丝材熔化后层层堆积，由线-面-体逐渐成形出金属零件，它是一种"自下而上"材料累加的制造方法。成形零件由全焊缝金属制成，具有加工周期短、柔性好、成本低等特点。

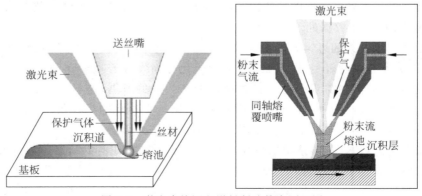

图 9-2　激光直接沉积增材制造技术原理图

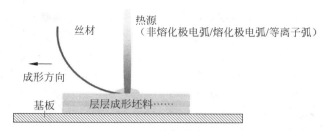

图 9-3　电弧增材制造技术原理图

9.1.2　增材制造技术的典型应用案例

激光选区熔化增材制造技术主要涉及高亮度激光束源、激光传输及聚焦、粉末床系统、金属基板、控制系统、3D 模型数据处理系统等。成形材料可以是金属、多金属、金属陶瓷基复合材料等。激光选区熔化成形技术（图 9-4）具有零件成形精度高、可成形制造任意复杂零件、工艺稳定性和自动化程度高等优点，可应用于航空、航天、船舶、兵器等领域的金属减振结构、格栅结构、复杂冷却结构、空间点阵结构、复杂流道结构等难加工结构的制造，以及新结构设计的低成本、快速响应验证制造。该技术在医疗、工模具、发动机、汽车、珠宝等行业领域具有广阔的应用前景，对国家创新发展和高质量发展、生产模式、商业模式和贸易模式具有颠覆性影响。图 9-5 给出激光选区熔化成形典型结构件照片。

图 9-4　激光选区熔化成形 AlSi10Mg 点阵宏观形貌
（从上到下杆径依次为 0.5mm、0.75mm、1mm、1.25mm、1.5mm）

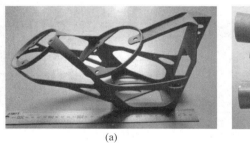
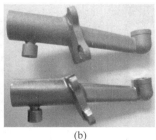

（a）　　　　　　　　　　　　　　　（b）

图 9-5　激光选区熔化成形典型结构件照片
（a）复杂薄壁 TC4 钛合金支架；（b）GH4169 高温合金喷嘴壳体

电子束选区熔化成形技术是基于粉末床，以电子束为热源，根据每层轮廓信息逐层熔化预置金属粉末，直接制造复杂制件的增材制造技术。具体为：利用计算机设计出零件的三维实体模型，对其进行分层处理，生成加工路径，在真空环境中通过偏转线圈控制电子束流进行逐行扫描，熔化预先铺放的金属粉末，实现层层堆积，直接制造出近净成形的金属零件。电子束选区熔化成形技术具有真空环境、功率高、扫描速度快、能量吸收高、高温预热成形且缓冷、热应力小等特点。成形尺寸精度低于激光选区熔化技术，低熔点元素烧损量大，需要开发专用粉末材料。电子束选区熔化可用于航空航天、核工业、发动机等极端载荷工况的难加工材料制备成形，如航空发动机金属间化合物叶片、轻质耐熔耐高温喷管等极端工况零件；也可用于医疗种植体、汽车、工模具等难加工材料的成形制备。图9-6 给出了电子束选区熔化增材制造典型构件照片。

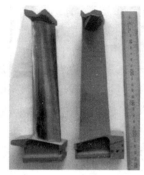 

TiAl金属间化合物　　　　　　　　TC4钛合金闭式叶轮

图 9-6　电子束选区熔化增材制造典型构件照片

电子束熔丝沉积成形技术主要涉及电子枪束源系统、真空系统、送丝模块、控制系统、模型数据处理系统、观察系统等模块。电子束熔丝成形技术可解决大型钛合金、高温合金及耐熔高温合金等难加工的材料结构成形制备。电子束熔丝沉积成形技术具有以下优势：成形速度快，可加工尺寸大，适合大型金属结构的高效率制造；保护效果好，不易混入杂质，能够获得比较优异的内部质量；丝材熔化效率高、易清洁，储运安全；工艺方法控制灵活，可实现大型复杂结构的多工艺协同优化设计制造；低消耗、低污染、高效、节能、环保，是一种具有广阔应用前景的绿色制造技术。图9-7 给出了电子束熔丝增材制造典型结构照片。

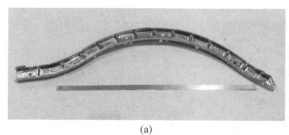 

(a)　　　　　　　　　　　　　　(b)

图 9-7　电子束熔丝增材制造典型结构照片
（a）TC4 钛合金框制件实物照片；（b）TC18 钛合金滑轮架

9.2　结构功能一体化制造技术

9.2.1　多孔层板燃烧室火焰筒

为满足新型航空战机高性能的需求，发动机研制不断采用新材料和新结构，以提高发动机工作温度和效率、减轻重量、降低油耗。发动机热端部件长期服役于高温环境,在推重比 10 一级的航空发动机中,涡轮前工作温度达 1988K 以上,冷却空气温度达 800K,在更高推重比的发动机中,涡轮前工作温度将进一步提升,如果不采用冷却结构,常规金属材料无法满足相关环境的使用要求,因此发动机热端部件需要采用冷却性能优异的新结构。多孔层板结构是集冲击-对流-气膜等多种冷却方式于一体并综合优化的复合冷却结构,具有冷却效率高、需要冷气流量少的优点,该结构的冷却效率可达 0.8 以上,冷却效率远高于已服役的多种类型的冷却结构,是未来航空发动机热端部件的优选结构,因此结构功能一体化的多孔层板燃烧室火焰筒是发动机热端部件研制的关键技术之一。

1. 多孔层板冷却工作原理和特点

多孔层板结构是内部带有冷却通道的两层或多层结构。以两层多孔层板(图 9-8)为例,多孔层板包含发散板和冲击板,发散板上有密集的扰流柱,冲击板和发散板均密布气膜孔,冲击板和发散板经过焊接形成整体结构。工作时(图 9-9),冷气通过冲击板一侧气膜孔进入多孔层板件,这个过程中气流对发散板壁面形成冲击冷却;之后进入多孔层板间的气流在内部循环,这个过程中气流和多孔层板充分换热,带走多孔层板壁面热量;最后气体从发散板一侧的气膜孔排出,并在壁面形成一层气膜,阻隔高温燃气对多孔层板的直接烧蚀。因为多孔层板结构在工作过程中复合了多种冷却方式,才使这种结构具有优异的冷效性能。

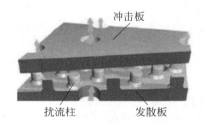

图 9-8 多孔层板基本单元

图 9-9 多孔层板结构工作原理图

国外开展多孔层板结构研究始于 20 世纪 60 年代末,对冷却机理、结构设计、构件材料、制造技术等进行了深入、系统的研究,其综合制造技术成熟于 80 年代并达到工程应用水平。NASA Lewis 研究中心、美国 AADC 公司、英国 Rolls-Royce 公司、俄罗斯喀山图波列夫航空学院等开展了大量的研究,研制出的典型结构包括 AADC 公司的 Lamilloy 多孔层板结构(图 9-10)等。

国外对多孔层板的冷却有效性、设计灵活性、制造工艺复杂性及工作耐久性进行了系统的研究,在传热风洞试验装置上对 Lamilloy 多孔层板结构进行了冷却效果试验,建立了较为完善的传热试验数据库,还采用全气膜多孔层板制成的不同型号燃烧室进行试验。国外对十多种多孔层板结构图形(包括绕流柱与冷却孔分布间距、绕流柱高度、绕流柱形状(圆形、四方形、菱形等)等)开展了冷却效率和流阻特性试验研究,优化出了冷却效率达 0.8 以上的多孔层板图形结构。

2. 多孔层板结构燃烧室火焰筒制造

多孔层板结构燃烧室火焰筒(图 9-11)加工过程包括照相电解、过渡液相(TLP)扩散焊、热成形等工艺,并结合超声检测等理化检查方式实现最终产品的质量控制。接下来以浮动壁结构多孔层板结构燃烧室火焰筒为例介绍其制造过程。

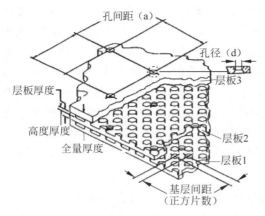

图 9-10　AADC 公司的 Lamilloy 多孔层板　　　图 9-11　F136 多孔层板结构燃烧室火焰筒

1）照相电解

照相电解工艺属于电化学加工的一种，该工艺采用绝缘保护膜对金属工件表面非加工部位进行保护，利用阳极"溶解"的原理实现加工部位的去除，可实现包括群孔在内的复杂图形结构的加工。照相电解是多孔层板加工的重要工艺之一。多孔层板密布气膜孔和扰流柱，这些气膜孔和扰流柱尺寸较小，并且数量多，单件多孔层板上有时会分布超过 1 万个直径为 1mm 左右的扰流柱，其他机械加工方式效率低，并且质量得不到保证，照相电解可以高效加工出单多孔层板上的上述特征（图 9-12）。

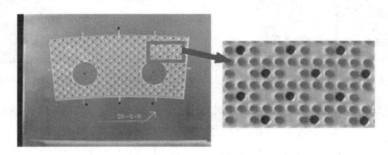

图 9-12　照相电解后多孔层板试验件

2）TLP 扩散焊

照相电解加工后的冲击板和发散板需要通过焊接的方式实现连接，焊接需要保证冲击板和发散板之间的流道尺寸不会发生明显变形，同时不能出现堵塞气膜孔流道的情况，过渡液相扩散焊（transient liquid phase diffusion bonding，简称 TLP 扩散焊）是诸多焊接方法中为数不多的可实现上述要求的一种。同时 TLP 扩散焊具有较好的高温性能，因此是多孔层板加工的另一种重要工艺，图 9-13 为 TLP 扩散焊后的多孔层板和局部剖切照片。

TLP 扩散焊是 20 世纪 70 年代提出并发展起来的一种焊接方法。TLP 扩散焊一般在惰性气体保护环境或真空环境下进行，工艺过程主要包括零件表面处理、中间层铺置、装配、入炉焊接、焊接质量检查等。

3）集成制造和试验考核

TLP 扩散焊后的多孔层板需要根据火焰筒的结构特征进行后续加工，对于浮动壁多孔

图 9-13　TLP 扩散焊后的多孔层板和局部剖切照片

层板燃烧室火焰筒而言,后续的加工包括热成形、螺钉焊接与承力骨架装配等工序。图 9-14 为我国早期研制的浮动壁多孔层板燃烧室火焰筒内环,该火焰筒在四川燃气涡轮研究院试验基地设备 SB412 的中压试验台进行了考核试验。试验结果表明,浮动壁多孔层板燃烧室火焰筒较冲击气膜燃烧室火焰筒平均壁温低 70K,冷却效果突出。

图 9-14　浮动壁多孔层板燃烧室火焰筒内环

9.2.2　航空发动机整体叶盘结构制造技术

整体叶盘是现代航空发动机的一种新型结构,它将发动机转子的叶片和轮盘设计成一个整体,采用整体加工或焊接(叶片和轮盘材料可以不同)方法制造而成。与传统榫卯结构的航空发动机叶盘相比,整体叶盘省去了起连接与固定作用的榫头、榫槽和锁紧装置。

整体叶盘的轮缘径向高度、厚度和叶片原榫头部位尺寸均可减小,转子重量显著减轻;发动机转子部件的结构大为简化,有利于装配和平衡,增加发动机的可靠性;消除传统结构榫齿根部缝隙中气体的逸流损失,提高发动机工作效率,增加推力;避免叶片和轮盘装配不当造成的微动磨损、裂纹及锁片损坏带来的故障,有利于提高发动机工作效率,进一步提升可靠性。

下面介绍航空发动机整体叶盘结构制造技术。

整体叶盘结构制造可通过以下技术实现:数控铣削加工技术、电火花加工技术、线性摩擦焊接技术、电解加工技术、电子束焊接技术。

1. 数控铣削加工技术

整体叶盘数控加工工艺主要包括两种:①五坐标数控加工实体坯料成形工艺;②叶片先焊接到盘上,再进行数控机械加工,去除焊缝的多余材料工艺。美国 GE 公司和普惠公司、英国罗尔斯·罗伊斯公司等均采用五坐标数控加工技术开展了整体叶盘研制,充分利用数控加工快速反应和可靠性高的特点，保证了整体叶盘型面精度。在国内，西北工业大学提出了一种整体叶盘复合制造工艺方案及五坐标数控加工关键技术，包括叶盘通道分析与加工区域划分，最佳刀轴方向的确定与光顺处理，通道的高效粗加工技术，型面的精确加工技术，加工变形处理和叶片与刀具减振技术等；四川燃气涡轮研究院针对五坐标加工中心加工整体叶盘叶片表面质量差的问题，提出了一套利用软件自身功能光顺曲线和曲面的方法，使造型曲面的光顺度得到大幅提高，从整体叶盘数控加工工艺源头上保证了加工质量。

2. 电火花加工技术

电火花加工即利用电火花放电时的瞬时高温熔化、气化材料，进而蚀除多余的金属，满足零件尺寸的加工要求。上海交通大学开发出具有整体叶盘造型、电极 CAD/CAM、工具点击轨迹搜索功能的电火花加工专用软件，并利用该软件成功获得了型面精度较高的整体叶盘。采用五轴数控电火花加工技术制造了整体叶盘，并优化了电极进给路径。该技术的加工精度和加工稳定性较高，但加工速度慢，表面有再铸层，且由于电极损耗影响成形精度，需经常更换电极或采取其他措施，这使加工速度更慢、加工成本更高，因此一般仅应用于带冠整体叶盘及小型翼型叶轮等极难加工结构的试验性加工。

3. 线性摩擦焊接技术

线性摩擦焊是将两个待焊件表面相互接触并施加一定的压力，同时使两接触面以一定频率和振幅做直线往复运动产生摩擦热实现的焊接。线性摩擦焊属于固相焊接方法，焊缝是致密的锻造组织，接头性能优异，工艺适应性强，可焊接材料面广。其最大的优势是可实现特殊结构，如空心叶片整体叶盘结构、异种材料的焊接；焊接过程无电弧、射线辐射等污染，是一种高效、节能、环保的绿色焊接技术。整体叶盘线性摩擦焊主要工艺过程如图 9-15 所示。

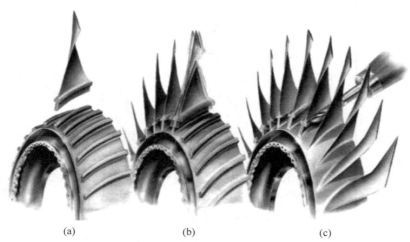

(a)   (b)   (c)

图 9-15　整体叶盘线性摩擦焊主要工艺过程
（a）焊接前叶片/轮盘；（b）叶片/轮盘焊接；（c）焊根清除

英国罗尔斯·罗伊斯公司和德国 MTU 公司推动和发展了这种新设备与新技术，2000 年开始用于 EJ200 和 F119 等发动机部分整体叶盘的制造。F119 的 2、3 级风扇和 6 级高压压气机及 EJ200 发动机的 3 级低压压气机的整体叶盘都是线性摩擦焊接技术成功应用的标志。中国航空制造技术研究院自 20 世纪 90 年代末期着手开展线性摩擦焊技术及装备探索性研究,针对航空常用钛合金材料(TC4、TC17、TC11 等)、高温合金、低碳钢、不锈钢等材料开展了同质、异质材料线性摩擦焊工艺研究,进行了线性摩擦焊微观连接机理研究,对线性摩擦焊接头进行了组织及性能测试分析,同时开展了线性摩擦焊接过程数值模拟等方面的研究,在线性摩擦焊工艺技术及设备研制方面都积累了丰富的经验。为整体叶盘结构线性摩擦焊制造技术研究奠定了良好的硬件条件。西北工业大学在小吨位设备上(机械式)对线性摩擦焊接头的性能和组织进行了分析,并采用热力耦合有限元方法,建立了线性摩擦焊过程三维有限元计算模型,分析了摩擦焊过程中的不同产热机制及转化规律。

4. 电解加工技术

电解加工是基于金属在电解液中电化学溶解的原理去除材料的一种特种加工技术。它具有阴极无耗损、加工表面质量好、生产效率高、无残余应力等诸多优点,在航空、航天尤其是整体叶盘制造领域得到了广泛应用。

美国 GE 公司采用该技术加工了 T700 的钢制整体叶盘、F22 的 GE37/YF120 发动机钛制整体叶盘及 F414 发动机的高温合金整体叶盘,与原先用五坐标数控铣削叶片方法相比,加工时间减少了 50%～85%,还避免了叶片加工中产生残余应力。中国航空制造技术研究院在大型电解加工设备和脉冲电解加工新技术方面进行了深入研究,脉冲电解加工技术已从初步探索逐渐走向工程应用,实现了压气机超薄弯扭叶片从方料一次成形到叶身尺寸,达到了近无余量加工的水平。另外,在整体叶盘振动电解加工技术方面也开展了探索性研究。南京航空航天大学采用数控展成电解加工方法,实现了各种难切削金属材料的复杂构件、薄壁件。

5. 电子束焊接技术

电子束焊接技术是指利用加速和聚焦的电子束轰击置于真空或非真空中的焊接面,使被焊工件熔化实现焊接。中航工业黎明航空发动机有限责任公司对 TC4 整体叶盘电子束焊接工艺中的变形控制方法进行大量研究,提出了综合应用焊接工艺优化、刚性固定、真空热处理和电子束局部加热相结合的变形控制方法,并通过相关试验有效控制了焊接变形,实现了电子束焊接整体叶盘结构的制造。电子束焊接整体叶盘技术因其较高的稳定性,在国内整体叶盘制造领域已得到广泛应用,而其局限性在于只适用于钛合金叶盘的焊接工艺,对高温合金整体叶盘焊接存在较大的技术缺陷,尚需进行更深入的研究。

9.3　金属壁板类结构制造技术

由蒙皮和加强筋条构成的壁板结构具有壁厚薄、重量轻、承载效率高等优点,广泛应用于飞机制造中,如机翼、机身和尾翼等。采用轻量化、整体化壁板结构是满足现代航空运载工具高可靠性、长寿命和低成本等要求的重要手段。针对金属壁板类结构,目前广泛采用的整体化壁板结构类型为超塑成形/扩散连接金属壁板和金属蜂窝壁板。

9.3.1　超塑成形/扩散连接金属壁板类结构制造技术

1. 超塑性概念

所谓超塑性,是指多晶材料以相对均匀的方式变形达到很高延伸率的能力,或者应变速率敏感性指数高的材料（$m \geqslant 0.3$）准均匀变形的能力，当延伸率大于100%时，可称为超塑性。实际上，有的超塑材料的伸长率可达到百分之几百甚至百分之几千，也不会产生缩颈现象，同时变形抗力很小。

金属材料在超塑性状态下的宏观变形特征可用大变形、小应力、无缩颈、易成形等描述。从现象上观察，变形后的样品表面平滑，没有起皱、凹陷、微裂及滑移痕迹等现象。从金相组织方面观察，当原始材料为等轴晶粒组织时，变形后几乎仍是等轴晶粒，但有一定程度的长大，带棱角的晶界圆弧化。从变形机制看，超塑性变形也不同于一般金属的塑性变形。后者的变形主要发生在晶粒内部，如滑移、孪晶等，其原子的相对移动量不易超过两个原子的间距，因而延伸率不大。而对于超塑性变形来说，晶界行为则起到了主要作用，如晶粒转动、晶界滑动、晶粒换位等。有的超塑合金晶界滑动的应变量与总应变量之比高达$50\% \sim 70\%$。

2. 超塑成形/扩散连接原理

超塑成形是指在特定的条件下利用材料的超塑性能使材料成形的方法。超塑成形包括气压成形、液压成形、体积成形、板材成形、管材成形、杯突成形、无模成形、无模拉拔等多种方式。其中，气压成形又称吹塑成形，是目前航空航天工业应用最广泛的超塑成形方法（图9-16）。吹塑成形是一种用低能、低压就可获得大变形量的板料成形技术。利用模具在坯料的外侧形成一个封闭的压力空间，薄板被加热到超塑性温度后，在压缩气体的气压作用下，坯料产生超塑性变形，逐渐向模具型面靠近，直至与模具完全贴合为止。

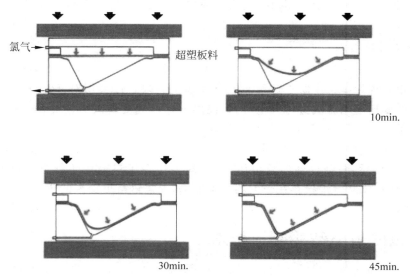

图9-16 超塑成形原理示意

扩散连接是被连接的表面在不足以引起塑性变形的压力和低于被连接工件熔点的温度条件下，使接触面在形成或不形成液相状态下产生固态扩散而实现连接的方法。

超塑成形/扩散连接（SPF/DB）技术是将超塑成形与扩散连接相结合，用于制造高精度大型零件的一种先进的近无余量的整体结构件制造技术。当材料的超塑成形温度与该材料的扩散连接温度相近时，可以在一次热循环过程中完成超塑成形和扩散连接两道工序，从而制造出局部加强或整体加强的结构件及构形复杂的整体结构件。钛合金 SPF/DB 结构件的四种基本形式如图 9-17 所示。

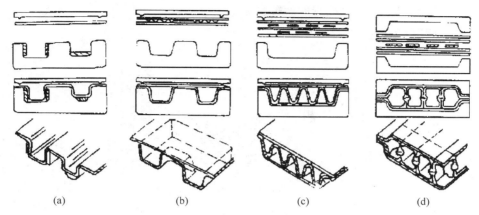

　　　　(a)　　　　　　　　(b)　　　　　　　　(c)　　　　　　　　(d)

图 9-17　钛合金 SPF/DB 结构件的四种基本形式

（a）单层结构；（b）两层结构；（c）三层结构；（d）四层结构

3. 典型结构形式

　　用于 SPF/DB 的材料常为钛合金（如 Ti-6A1-4V），钛合金 SPF/DB 构件已得到广泛应用。钛合金 SPF/DB 结构件形式多种多样，习惯按毛坯板料层数分类，最常见的有以下 4 种基本形式（图 9-17），各形式结构件的特点和适用范围如表 9-1 所示。

表 9-1　钛合金 SPF/DB 各形式结构件的特点和适用范围

编号	结构形式	特　　点	适 用 范 围
（a）	单层板局部加强结构	用于加强的板可以是普通的钛板,也可以是经机加工的钛合金加强件,加强件事先放入模腔,通过扩散焊与主体材料连接在一起	适用于加强框和肋等内部结构
（b）	双层整体加强或局部加强结构	基本由两层板组成,在成形之前,两板之间不希望连接的区域要涂止焊剂,经 SPF/DB 后,没有涂止焊剂的区域被扩散连接在一起	适用于各种口盖、舱门和壁板等外部结构
（c）	三层板夹层结构	基本由三层板组成,在成形之前,板与板之间的适当区域涂止焊剂,经 SPF/DB 后,上下两块板形成面板,而中间的一层板形成波纹板,起加强结构作用	适用于内部带纵向隔板的夹层结构,如进气道唇口、导弹翼面、叶片等
（d）	四层板夹层结构	基本由四层板组成,在成形之前,板与板之间的适当区域涂止焊剂,经 SPF/DB 后,上下两块板形成面板,而中间的两层板形成垂直隔板,起加强结构作用	适用于内部带纵向隔板的夹层结构,如导弹翼面、舵面、飞机缝翼、腹鳍、发动机整流叶片、可调叶片等

9.3.2　金属蜂窝壁板结构

1. 技术原理

　　典型金属蜂窝夹层结构一般由薄的上下面板及中间蜂窝芯体通过钎焊而成,如图 9-18 所示。采用金属蜂窝夹层结构可以有效减轻飞机结构重量,提高结构效率及飞机的机动性、灵活性。与传统的加筋壁板结构相比，在承受相同载荷的情况下可减重 15%～20% 以上，是一种新型的轻质高强结构，在制造上可大大减少零件数量及零部件间的连接件数量，降低零部件的制造成本，提高结构的疲劳寿命。

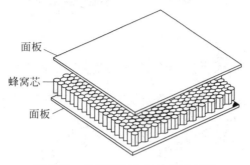

图 9-18　典型蜂窝夹层结构示意图

2. 典型结构形式

金属蜂窝夹层结构常采用的蜂窝芯格形状有正六角形、菱形、四边形、正弦波形等，如图 9-19 所示。在这些蜂窝形式中，从力学角度分析，封闭的六角等边蜂窝结构相比其他结构能以最少的材料获得最大的受力，正六角形蜂窝结构效率最高，制造简单，应用最为广泛。

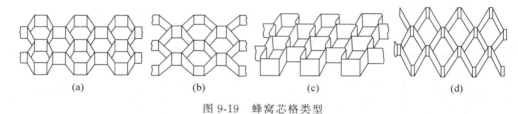

图 9-19　蜂窝芯格类型
(a) 正六角形；(b) 菱形；(c) 四边形；(d) 正弦波形

根据飞机不同部位、不同功能的要求，采用不同型式的金属蜂窝夹层结构。目前常用的金属蜂窝夹层结构如表 9-2 所示。

表 9-2　常用的金属蜂窝夹层结构

序号	零件类型	结构型式	应用部位
1	机身壁板类	板板区　蜂窝等高区　转角区　斜角区	飞机机身壁板、口盖、防火墙等

续表

序号	零件类型	结构型式	应用部位
2	全高度蜂窝舵翼面	边框 蜂窝芯体 边框	高速飞机副翼、方向舵、操纵面等
3	筒体类	门 窗	导弹壳体、排气导管等

3. 工程应用

国外对金属蜂窝夹层结构制造技术的研究工作开展较早,技术比较成熟。早在 20 世纪 50 年代中期,超声速的 B-58 轰炸机首先要求生产钎焊的全金属蜂窝夹层结构,约有 $111.5m^2$ 的发电机机舱和机翼面板都是用很薄的 17-7PH 不锈钢板制作的。美国空军的马赫数为 3 的 XB-70 型飞机大量使用了蜂窝夹层结构件,约 $1858m^2$ 钎焊的不锈钢蜂窝板用于机身、机翼和机尾的外壳。为实施阿波罗计划,在 20 个指挥舱上采用钎焊的不锈钢蜂窝结构,制出了外部锥体壳和尾部热屏蔽。F-14 双座双发变后掠翼舰载多用途重型战斗机短舱也采用钛合金蜂窝壁板结构,长约 4.88m。F-15 发动机机罩也采用钛合金蜂窝壁板结构,由两个曲面面板和蜂窝夹芯经钎焊连接而成。第四代战斗机 F-22 猛禽发动机左右前后 4 个舱门均采用了钛合金蜂窝壁板结构,左右两个前舱门尺寸为 $1.22m×0.762m$,左右两个后舱门尺寸为 $1.83m×1.22m$,其蜂窝壁板的面板采用 3.2mm 厚的 TC4 钛合金,蜂窝芯的高度达 25mm,蜂窝壁板结构采用液相界面扩散(LID)焊接方法连接而成(图 9-20)。

图 9-20 F-22 发动机舱门

金属蜂窝夹层结构具有防热、隔热功能及高效的承载能力,可作为一种承载的防、隔热结构使用。俄罗斯在"70 型"飞机的防火隔墙上采用面积达 $30m^2$ 的钛合金蜂窝夹层结构,每块尺寸达 2000mm×1000mm,蜂窝芯体及蒙皮材料均为 BT6 钛合金,蜂窝芯壁厚度为 0.08mm,芯格尺寸为 8mm,芯格高度为 15mm,蒙皮厚度为 0.5～2.0mm,采用钎焊方法连接。采用钛合金蜂窝夹层结构的防火隔墙使整个结构重量降低了 30%,减少了机加与装配工时的 40%,材料利用率提高到 0.7。美国 X-33 可重复使用运载器(RLV)迎风面采用 1333 块 Inconel 617/MA754 蜂窝预封装式热防护结构,如图 9-21 所示。日本 HOPE 号航天飞机在 550～1100℃温区,采用镍基合金面板防热结构。荷兰与俄罗斯等国合作,开展了"Delflt"航天再入试验飞行器研究,该飞行器表面全部采用 PM1000 镍基高温合金蜂窝热防护结构。

我国自 20 世纪 70 年代起,就开始针对高刚度、轻质蜂窝壁板结构工程应用开展探索研究。近年来开展了不同规格钛合金、不锈钢及高温合金等材料蜂窝壁板结构的性能测试,

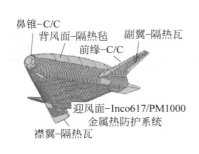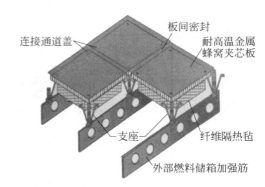

图 9-21　X-33 金属热防护结构

积累了大量的数据，并针对各种金属蜂窝芯体制造、加工，蜂窝壁板结构钎焊，无损检测，大面积变截面、变曲率蜂窝壁板结构制造等开展了系统研究，目前金属蜂窝夹层结构已应用于多个型号，如钛合金蜂窝机身腹部口盖、钛合金蜂窝副翼、方向舵等。

9.4　金属基复合材料结构制造技术

9.4.1　金属基复合材料的概念

金属基复合材料（metal matrix composite，MMC）是以金属及其合金为基体，与一种或几种金属或非金属增强相人工合成的复合材料。它与聚合物基复合材料、陶瓷基复合材料及碳/碳复合材料一起构成现代复合材料体系。其品种繁多，按基体可分为铝基、镁基、钛基、铜基复合材料等；按增强体类型可分为连续纤维增强和非连续增强两大类，后一类又可分为颗粒增强、晶须增强、短纤维增强等。

9.4.2　金属基复合材料的优缺点

金属基复合材料具有高比强度、高比模量，良好的导热性、导电性、耐磨性、高温性，较低的热膨胀系数、较高的尺寸稳定性等优异的综合性能，使金属基复合材料在航天、航空、电子、汽车及先进武器系统中具有广泛的应用前景。由于金属基复合材料制作工艺复杂、成本高，在一定时期内其发展规模一直落后于树脂基复合材料。SiC 颗粒增强铝基复合材料比强度、比刚度与其他金属及复合材料对比如图 9-22 所示，SiC 纤维增强钛基复合材料比强度与疲劳性能如图 9-23 所示。

9.4.3　金属基复合材料结构制造技术

金属基复合材料结构制备工艺复杂，且需在高温下进行，因此金属基复合材料结构制备难、成本高，根据成形过程可分为一体化成形和非一体化成形。

1. 一体化成形技术

1）铸造成形

铸造成形是一种制备复杂形状构件的低成本、高成材率工艺，其中常用的是熔模铸造，又称"失蜡铸造"和搅拌铸造，即将颗粒直接加入基体熔体，通过一定方式搅拌使颗粒均匀

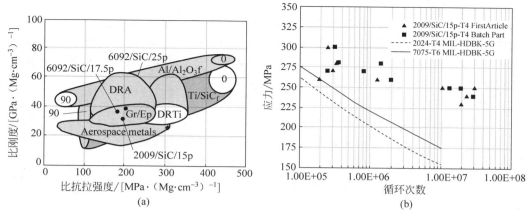

图 9-22　SiC 颗粒增强铝基复合材料比强度、比刚度与其他金属及复合材料对比

（a）比强度、比刚度对比；（b）疲劳寿命

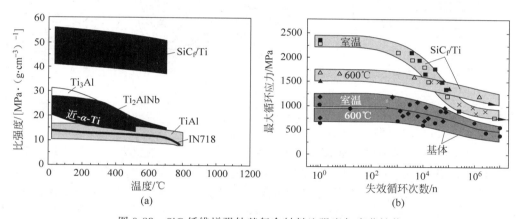

图 9-23　SiC 纤维增强钛基复合材料比强度与疲劳性能

分散到基体熔体中,然后浇铸成锭坯或铸件。根据铸造时加热的温度可分为全液态搅拌铸造、半固态搅拌铸造和搅熔铸造 3 种。铸造成形的材料利用率可达 75%～90%,这对材料价格高、机加工难的金属基复合材料来说十分重要。

　　熔体浸渗法通常包括两种形式:无压浸渗和压力浸渗。无压浸渗相对简单,就是将基体合金在可控气氛炉中加热,使其超过液相线温度,然后在不加压力的条件下,使合金溶液自行浸渗到预制体中。压力渗透则加上压力条件,方法接近挤压渗透铸造。浸渗法成本较低且工艺简单,可实现近似无余量成形,特别适用于复杂精密的构件。可适用于颗粒增强铝基复合材料、长纤维增强铝基复合材料、长纤维增强镁基复合材料构件的制备。真空气压浸渗示意图如图 9-24所示。

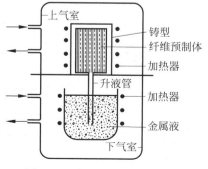

图 9-24　真空气压浸渗示意图

2）粉末冶金法

粉末冶金法是最常用且最早用于制备颗粒增强金属复合材料的工艺之一，一般包括混粉、冷压、除气、热压和挤压过程。其优点在于烧结温度一般低于合金熔点，可大大降低发生界面反应的可能性，易于调控增强体的体积分数及分布，可成形大尺寸构件。缺点在于工艺相对烦琐，生产成本高等。

3）复合成形法（热压＋热等静压）

固相复合成形法包括热压法和热等静压法，利用高温高压下金属基体的塑性变形与扩散连接将增强体与固态金属基体复合，是一种材料结构一体化成形方法。热压法在单方向上机械加压，而热等静压用惰性气体加压，预制坯在各方向受到均等的静压力作用。最常见的工艺包括两种：箔-纤维-箔法（图9-25）和纤维涂敷基材法（图9-26）。

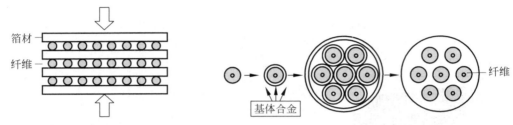

图9-25　箔-纤维-箔法示意图　　　　　　图9-26　纤维涂敷基材法示意图

2. 非一体化成形技术

1）热成形与超塑成形

热成形与超塑成形是对金属基复合材料板材进行成形的主要方法。热成形是在高温下对零件毛坯进行冲压成形的技术，主要利用金属材料加热软化的性质，降低板料的变形抗力。热成形示意图如图9-27所示。其优点在于可提高板料成形过程中所能达到的变形程度，减少弹性回弹，提高零件的成形精度。缺点在于难以成形金属基复合材料的复杂结构。超塑成形是指在特定条件下利用材料的超塑性能使零件成形的方法，包括气压成形、液压成形、体积成形、板材成形、管材成形等，其中气压成形是应用最为广泛的超塑成形方法。超塑成形过程流动应力小，用小吨位设备成形大尺寸结构件，同时超塑成形与扩散连接相结合用于制造高精度复杂整体结构。该技术的优点是制造的构件残余应力小、无回弹且成形精度高、整体性好，同时构件具备良好的刚度，在满足承载条件下大幅降低整体重量。

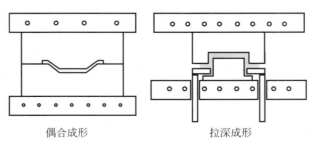

偶合成形　　　　　　　　　拉深成形

图9-27　热成形示意图

2）热锻成形

热锻是指金属终锻温度在再结晶温度以上的锻造工艺，可分为热模锻造与自由锻造两种。热锻时模具温度低于工件温度且均无保温措施；等温模锻是指工件与模具处于相同的温度范畴，尤其适用于铝基复合材料类塑性差的材料。锻造时需充分考虑复合材料的变形能力及再结晶行为，锻造过程能够消除缺陷、调控颗粒分布状态、增强体/基体界面状态及基体显微组织。

9.4.4　金属基复合材料的典型应用

1. 铝基复合材料结构

颗粒增强铝基复合材料首先在航空航天领域展示出巨大的应用潜力。美国 Lockheed Martin 公司用 SiC/Al6061 替代 2214A 铝合金制造舱门蒙皮与燃油口盖（图 9-28），蒙皮刚度提高了 50%，服役寿命由几百小时提高到 8000 小时，提高了 17 倍；使燃油口盖刚度提高了 40%，整体机身承载能力提高了 28%，平均翻修寿命提高了 4 倍，裂纹检查周期延长为原来的 4～6 倍，还使战斗机在高角度上升过程和其他制动过程更加平稳。

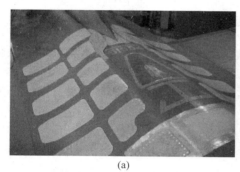 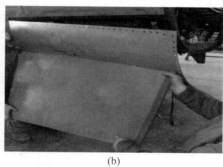

(a)　　　　　　　　　　　　　　　　(b)

图 9-28　F-16 腹鳍与燃油口盖

（a）F-16 燃油口盖；（b）F-16 腹鳍

在航天制造领域，中国科学院金属研究所长期跟踪国外技术并自主创新粉末冶金法制备铝基复合材料，40 余种规格的高强高模、高尺寸稳定性复合材料零件成功应用于嫦娥 5 号钻取装置核心部件、高分与风云系列卫星相机的光学平台、遥感与高分系列卫星星箭连接段、导弹的惯性导航平台、高温气冷堆核燃料运输容器等十余个系列重大型号，如图 9-29 所示。

以北京航空材料研究院有限公司 LH2 铝基复合材料技术为基础，借助锻造厂的生产条件，先后完成了铝基复合材料饼形锻件（轮廓直径为 915mm）和动环模拟件锻件（轮廓直径为 650mm）的研制。在航空制造领域，北京有色金属研究总院研制出了直径为 920mm 的铝基复合材料直升机自动倾斜器锻件，并完成了全尺寸零件加工与疲劳试验验证。北京航空材料研究院股份有限公司等单位研制成功了直升机的铝基复合材料动环，零件满足各项检测指标并通过了整盘疲劳测试。中国航空制造技术研究院研制了大型动环构件、夹板构件、可调叶片等铝基复合材料锻件和前缘蒙皮、舱门特征件等铝基复合材料钣金件，积累了体积成形与钣金成形两方面数据，奠定了工艺基础。

2. 钛基复合材料结构

连续 SiC 纤维增强钛基复合材料是新一代高推重比航空发动机的关键材料之一。SiC

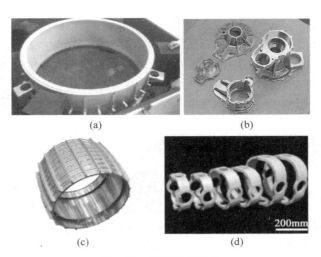

图 9-29　航天应用构件

（a）星箭对接段（定型批量供货）；（b）嫦娥 5 号取样机构部件；（c）火星车行走机构部件；（d）导弹惯组部件

纤维增强钛基复合材料空心叶片是一种用超塑成形/扩散连接工艺制成的风扇叶片，其重量轻、刚性好、耐撞击强度高，可使发动机的风扇级再减重约 14%。用等离子喷涂条带热压复合成 F-16 战斗机上 F110 发动机的风扇叶片及尾喷部分的压缩连杆可以减重 43%，并已在 F-16 上成功试验。随着各国相继推出自己的高超声速飞行器研究计划，SiCf/Ti 复合材料在未来 RLV 飞行器中的重要作用逐渐凸显，美国设立了 NASP（national aero-space plane）研究计划，用于推动 SiCf/Ti 复合材料蒙皮结构制造技术的发展。

相比国外，我国本世纪初才开始对复合材料典型结构件进行设计与研制，复合材料整体叶环结构是我国设计部门提出的第一个 SiC 纤维增强钛基复合材料结构件。中国科学院金属研究所、北京航空材料研究院股份有限公司等单位都对 SiC 纤维增强钛基复合材料叶环进行了研究，中国科学院金属研究所制备的 SiC 纤维增强钛基复合材料叶环试验件实物图如图 9-30 所示。2017 年，研制的全尺寸 SiC 纤维增强钛基复合材料环件进行了地面强度验证试验，试验结果符合设计预期。此次考核验证工作的完成标志着复合材料环件的研制已经从基础性研究阶段正式进入工程化应用阶段。中国航空制造技术研究院针对钛基复合材料叶片、蒙皮及起落架等结构开展了多项研究，其研制的钛基复合材料构件实物图如图 9-31 所示。

图 9-30　中国科学院金属研究所制备的 SiC 纤维增强钛基复合材料叶环试验件实物图

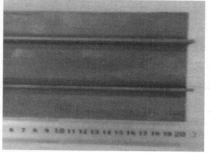

图 9-31　中国航空制造技术研究院研制的钛基复合材料构件实物图

9.5　表面加工技术

表面加工技术是材料科学与工程中发展最迅速的学科之一，在机械制造、冶金、电子、汽车与船舶制造、能源与动力、航空航天等工业领域发挥着举足轻重的作用，主要满足重要构件极端服役环境下的高可靠、长寿命应用需求。

9.5.1　表面改性技术

表面改性技术主要用于满足关键零部件表面抗疲劳、耐磨与防腐等需求，包括激光冲击强化、喷丸强化、离子注入、热扩渗、电子束表面改性等。

1. 激光冲击强化技术

激光冲击强化技术是利用纳秒强脉冲激光诱导产生等离子体冲击波的力学效应，使材料表层发生微塑性变形的一种新型表面强化技术。激光冲击强化残余压应力深，强度和区域易于控制，可对零部件边缘实行精准激光冲击强化，获得穿透性残余压应力。另外容易与超声波滚压、低塑性抛光等工艺复合，保持低粗糙度、低变形和深层残余压应力，特别有利于抗外物损伤性能和高低周疲劳性能。

2. 喷丸强化技术

喷丸强化技术是利用高速弹丸流喷射到零件表面，使零件表层发生塑性变形，形成一定厚度的强化层，强化层内形成较高的残余应力，由于零件表面存在压应力，当零件承受载荷时可以抵消一部分应力，从而提高零件的疲劳强度。

3. 离子注入技术

离子注入技术是指当真空中有一束离子束射向一块固体材料时，离子束将固体材料的原子或分子撞出固体材料表面，这种现象叫作溅射；而当离子束射到固体材料时，会从固体材料表面弹回，或者穿出固体材料，这些现象叫作散射；另一种现象是，离子束射到固体材料后，受到固体材料的抵抗而速度慢慢降低，并最终停留在固体材料中，这一现象叫作粒子注入。

4. 热扩渗技术

热扩渗技术是利用加热扩散的方式使欲渗金属或非金属渗入金属材料或工件表面，从而形成表面合金层的工艺。其突出特点是扩渗层与基材之间通过形成合金结合。形成热扩渗层的基本条件有三个：渗入元素必须能与基体金属形成固溶体或金属间化合物；欲渗元素与基材之间必须直接接触；被渗元素在基体金属中要有一定的渗入速度。渗入元素的原子在金属中的扩散分为两类：形成连续固溶体的扩散（纯扩散），随着溶质浓度增加形成新相的扩散（反应扩散）。反应扩散也可以一开始就形成某种化合物。扩渗层的相组成和各相化学成分取决于组成该合金系的相图。二元合金的渗层一般不会出现两相共存区，反应扩散形成的渗层总是由浓度呈阶梯式跳跃分布、相互毗邻的单相区组织组成。

5. 电子束表面改性

电子束表面改性是利用电子束的高能、高热特点对材料表面进行改性处理，使材料表面组织及结构得到改善，强度和硬度得到大幅提升，耐腐蚀性和防水性得到增强。主要改性手段包括电子束表面合金化、电子束表面淬火、电子束表面熔覆、电子束表面熔凝等。由于电子的质量远高于光子，金属对电子束的吸收率远高于激光束，因此电子束加工效率远高于激光加工，其有效功率可比激光大一个数量级，在真空中进行表面改性时，电子束的工作效率比激光高得多。但电子束处理必须在真空中进行，这虽然可以减小氧化及氮化的影响，得到纯净的表面处理层，但真空系统的庞大与复杂，会使电子束表面处理的工作效率大幅降低，不适宜大批量流水线生产。

9.5.2 表面沉积技术

针对关键零部件表面耐磨、减摩、防腐、热防护、红外隐身及光电功能等需求，表面沉积技术主要包括物理气相沉积、化学气相沉积、电镀、化学镀和多能场复合沉积等技术。

1. 物理气相沉积技术

物理气相沉积主要包括阴极电弧蒸发沉积、磁控溅射沉积及其复合沉积等。阴极电弧蒸发沉积的特点是电离程度高、镀膜层硬度高、结合强度大、耐磨，但蒸镀的弧斑颗粒大，成膜质量较低。磁控溅射沉积的特点是成膜速率高，基片温度低，镀膜层硬度低、致密均匀但应力大，厚度较薄。电子束物理气相沉积是在真空中利用大束斑高能电子束对所沉积材料进行轰击并使之熔化、沸腾进而蒸发，然后蒸汽原子或粒子流在基体或零件表面重新凝结、堆垛形成新的材料（涂层）的物理过程，工艺过程在真空状态下涂层材料污染小，涂层与基体之间具有较高的结合强度、较高的沉积速率，可以制备难熔及蒸汽压很低的材料（如陶瓷，金属钽、钨、钼等）。

2. 化学气相沉积技术

化学气相沉积技术是指利用含有薄膜元素的一种或几种气相化合物或单质，在衬底表面进行化学反应生成薄膜的方法，可用于提纯物质、研制新晶体、沉积各种单晶、多晶或玻璃态无机薄膜材料。大致包括三步：形成挥发性物质；将上述物质转移至沉积区域；在固体上发生化学反应并产生固态物质。特点如下：①在中温或高温下，通过气态的初始化合物之间的气相化学反应形成的固体物质沉积在基体上；②可以在常压或真空条件下进行；③采用等离子和激光辅助技术可以显著促进化学反应，使沉积在较低的温度下进行；④涂层的化学成分可以随气相组成的改变而变化，从而获得梯度沉积物或混合镀层；⑤可以控制涂层的密度和纯度；⑥绕镀性好，可以在复杂性质基体及颗粒材料上镀膜；⑦沉积层通常具有柱状晶体结构,不耐弯曲,但可通过各种技术对化学反应进行气相扰动;⑧可以通过各种反应形成多种金属、合金、陶瓷及化合物涂层。

3. 电镀技术

电镀是利用电解原理在某些金属表面上镀一薄层其他金属或合金的过程,利用电解作用使金属或其他材料制件的表面附着一层金属膜的工艺,从而起到防止金属氧化,提高耐磨性、导电性、反光性、抗腐蚀性及增进美观等作用。电解装置包括可以向电镀槽供电的低压大电流电源,以及由电镀液、待镀零件(阴极)和阳极构成的电解装置。其中电镀液包含提供金属离子的主盐、能络合主盐中金属离子形成络合物的络合剂。电镀过程是镀液中金属离子在外电场的作用下,经电极反应还原成金属原子,并在阴极上进行沉积的过程。

4. 化学镀技术

化学镀又称无电解镀或自催化镀,是在无电流的情况下借助合适的还原剂,使镀液中的金属离子还原成金属,并沉积到零件表面的一种方法。与电镀相比,化学镀具有镀层均匀、针孔小、不需要直流电源设备、能在非导体上沉积、具有某些特殊性能等特点。另外,由于化学镀废液排放少,对环境污染小且成本较低,在许多领域已取代电镀,成为一种环保型表面处理工艺。该技术的原理主要是利用强还原剂,在含有金属离子的溶液中将金属离子还原成金属,沉积在各种材料表面,形成致密镀层的方法。

9.5.3 表面喷涂技术

针对关键零部件热防护、耐磨、减摩、防腐、绝缘、隐身等功能需求,表面喷涂技术主要包括等离子喷涂技术、超声速火焰喷涂技术、高能等离子喷涂技术、超声速冷喷涂技术、复合喷涂技术等。喷涂技术的主要特点如下:可在各种基体上制备各种涂层;基体温度低;操作灵活;涂层厚度范围宽;喷涂效率高、成本低;对环境污染小。

1. 等离子喷涂技术

等离子喷涂技术是采用直流电驱动的等离子电弧作为热源,将陶瓷、合金、金属等材料加热到熔融或半熔融状态,并高速喷向经预处理的工件形成表面涂层的方法。根据焰流中粒子的飞行环境,可分为大气等离子喷涂和真空等离子喷涂,真空环境下可保护喷涂粉末免受空气氧化,且真空中粒子飞行速度不受空气阻碍,涂层结合强度与致密度较大气等离子喷涂更高。目前针对高功率的需求,开展了高能等离子喷涂技术的研发,可实现涂层与基体的半冶金结合状态,因此涂层结合强度比传统等离子喷涂更大。

2. 超声速火焰喷涂技术

超声速火焰喷涂将氧气和乙炔燃料连续燃烧产生的热量作为热源,通过压缩气体雾化并加速喷涂材料,使焰流速度超过声速的热喷涂方法,又称高速火焰喷涂。根据喷涂材料的形式,可将火焰喷涂分为线材火焰喷涂和粉末火焰喷涂。

3. 超声速冷喷涂技术

超声速冷喷涂通常在常温或较低的温度下,由超声速气、固两相气流将涂层粉末射到基板形成致密涂层。由于喷涂过程中不存在高温加热涂层材料粉末颗粒,也就不存在高温氧化、汽化、熔化、晶化等影响涂层性能的效应。可在金属、玻璃、陶瓷的工件表面产生抗腐蚀、耐磨损、强化、绝缘、导电和导磁的涂层。

4. 复合喷涂技术

复合喷涂技术将激光与等离子喷涂热源复合，同步作用于基体与待喷涂粉末，可实现待沉积表面粒子与喷涂粒子液液面结合，突破传统热喷涂涂层机械结合方式的局限性，实现冶金结合模式，大幅提升涂层结合力、组织致密性和耐磨耐蚀等性能，满足对防护涂层提出的更高需求。实现涂层冶金结合模式，大幅提升涂层结合力致密性，提升涂层耐磨损、抗腐蚀性能，特别适用于苛刻环境及高温条件下耐磨、耐蚀等防护涂层的制备。可应用于齿轮轴、衬套、制动装置等。

9.5.4 表面造型技术

针对关键部件耐磨、防除冰、减阻、多频谱兼容隐身及光学窗口增透/电磁屏蔽等复合功能需求，表面造型技术主要包括超快激光表面微纳加工技术、电子束微纳加工技术、离子束微纳加工技术、卷对卷的涂层微纳加工技术、柔性压印涂层微纳加工技术等。

1. 激光表面微纳加工技术

激光表面微纳加工技术是指利用纳秒、飞秒、皮秒等超快激光对基体实现表面加工处理。其具有以下特点：可突破衍射极限，实现纳米级尺度加工，通过近场原理实现纳米级尺度 $1\sim100\,\mathrm{nm}$；几乎能够微纳加工任何材料，如高熔点材料、高反射率材料、硬脆性材料、复合材料等；类冷加工，热影响区极小；可以双光子激光直写光敏材料三维结构，可采用多束激光干涉，实现不同材料的多种三维结构。

2. 电子束微纳加工技术

电子束微纳加工技术是通过具有一定能量的电子束与固体表面相互作用改变固体表面的物理、化学性质和几何结构的精密加工技术。加工精度可达微米、亚微米直至纳米。广泛应用于芯片制造和半导体制造中，可将电子束精确地控制在微米内，然后通过对其进行调控精确刻蚀出需要的芯片和器件的形状、大小。

3. 离子束微纳加工技术

离子束微纳加工技术是利用离子束的高能量和高精度，对材料进行微小尺寸的加工和改性，已广泛应用于微电子、光电子、生物医学、纳米材料等领域。工作原理是离子源产生的离子束经加速器加速后，通过聚焦系统聚焦成束，然后照射到待加工的材料表面，离子束在材料表面产生相互作用，可使材料表面发生化学反应、物理变化及结构改变，从而实现微纳加工及改性。

4. 卷对卷的涂层微纳加工技术

卷对卷的涂层微纳加工技术是指利用超快激光制备热固化模具，并将模具在聚合物基材上进行放卷(图9-32)，可实现微纳米结构的大面积、高效率、低成本和高精度的成形。

5. 柔性压印涂层微纳加工技术

柔性压印涂层微纳加工技术与传统光刻技术不同，它通过模板与压印材料直接物理接触在硅衬底或其他衬底上制备纳米图形。具体步骤如下：采用低黏度光固化树脂单体(又称刻蚀阻挡层)预置于衬底底面；将透明膜板压在单体之上，并用单体材料填充满整个模板

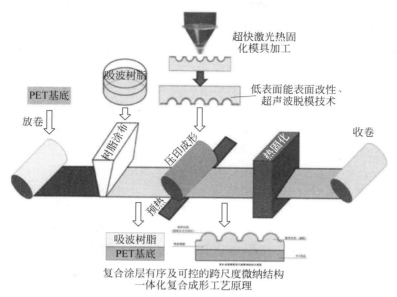

超快激光热固化模具加工

吸波树脂

PET基底

放卷

低表面能表面改性、超声波脱模技术

收卷

树脂涂布

压印成形

热固化

预热

吸波树脂
PET基底

复合涂层有序及可控的跨尺度微纳结构
一体化复合成形工艺原理

图 9-32　卷对卷的涂层微纳加工

的凸起位置;采用高能束流辐照树脂单体,使其发生聚合反应,此时凸台上的单体因无辐照而未发生聚合反应,其余部位因辐照而聚合成高分子材料,并将模板脱模;采用化学刻蚀移去聚合成高分子材料的部分,实现图形转移。

9.6　机器人应用

9.6.1　引言

随着当今航空航天装备结构设计的越发复杂,加工制造的难度不断提升,越来越多依靠人力手工完成的制造工作已无法继续按照传统制造方式实现,而在全球智能制造发展热潮的背景下,以机器人为代表的智能制造装备的发展受到航空航天制造业的高度关注。机器人是提高航空航天装备部件智能化水平的重要载体,也是当前航空航天领域的前沿与难点。机器人技术在航空航天领域的广泛应用,不仅提高了加工质量与研究效率、降低了制造成本,使航空航天装备的综合性能得到极大提升,而且对于转变生产与研究模式、提升航空航天制造智能化水平,进而实现产业转型升级有着重要意义。

9.6.2　机器人在航空制造中的应用

航空航天装备构件种类繁多,形状复杂、制造要求迥异,作业精度要求高,机器人具有操作空间大、自动化程度高、协作能力强、响应速度快等优点,可突破传统作业方式局限,实现大范围内的高效率、高精度、高柔性和自适应装配作业,有效解决航空航天装备零构件装配中任务量巨大、小批量生产,以及柔性化要求高的难题。

1.自动铺丝技术

先进复合材料已成为新一代大飞机的主体结构材料,其在飞机上的用量和应用部位已成为衡量飞机结构先进性的重要标志之一。随着飞机的大型化，飞机上使用的复合材料构件的结构尺寸不断增大，用量也不断增多，用于制造大型复杂复合材料构件的自动铺丝技术（automated fiber placement，AFP）得到快速发展并实现工业化应用。自动铺丝技术兼备纤维缠绕和自动铺带的优点，能极大地提高产品质量和可靠性，降低产品报废率和辅助材料消耗，而且能高效地制造出复杂型面的复合材料构件，实现复合材料结构的"低成本、高性能"制造。20 世纪 90 年代，欧洲国家开始着力研究自动铺丝技术。法国科里奥斯复合材料公司（Coriolis Composites）是基于商用机器人平台进行自动铺丝机研究与开发的先行者，图 9-33 为 Coriolis 公司开发的机器人式自动铺丝机，集成了预浸纱的储藏、输送、引导与切断等功能。21 世纪初期，美国 Electroimpact 公司（简称 EI）率先实现模块化铺丝头（图 9-34），该公司研发的机器人式自动铺丝机中铺丝头与机器人相对独立，在实现铺放模块快速更换的基础上，极大地提高了铺放效率，使其自动化铺放速度达到传统 AFP 接头的 2 倍，生产的复合材料产品质量提升了近 3 倍。新的高速 AF 接头还具有更高的加工精度，同时具备自动铺放过程实时监控功能，支持更多样化、复杂、精密的复合材料零部件自动化生产。

图 9-33　Coriolis 公司开发的机器人式自动铺丝机

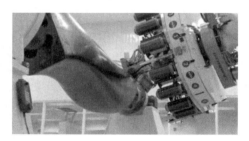

图 9-34　美国 EI 公司机器人式自动铺丝机

2. 机器人自动制孔加工技术

装配过程中的零组件装配、部件装配和部件对接装配都需要进行大量的制孔工作。在大型飞机机身壁板上进行连接，采用人工钻铆方式完成紧固件制孔、铆接耗时耗力，而采用机器手带动钻铆末端执行器或采用爬行机器人可以轻松实现，并且效率比人工高很多倍。现代飞机大量采用复合材料、钛合金等难加工材料，大型飞机对大尺寸孔的制备精度提出了更高的要求，因此普遍采用自动化制孔技术以满足结构的长寿命、隐身性和互换性要求。飞机装配过程中蒙皮制孔是飞机制造的关键环节。由于飞机结构的特殊性，飞机装配需要在型架的协助下完成部件装配，装配环节包括零件定位、加紧、制孔、连接等步骤，传统的手工制孔方法不仅制孔位置精度低，而且制孔质量不稳定、制孔效率低。美国 EI 公司 ONCE 航空制孔机器人如图 9-35 所示，中国航空制造技术研究院航空制孔机器人如图 9-36 所示。

3. 机器人抛磨技术

飞机制造和装配中很多零件都要求高精度制造，包括表面打磨和抛光等，工业智能机器人在这方面具有独特的优势。例如，飞机发动机叶片中一道重要的工序是表面打磨、抛光，在新一代航空发动机中，叶片制造技术属于国际性难题。叶片的磨抛加工是影响全制造周期质量和性能的瓶颈环节，主要用于去除叶片表面铣削刀纹、修正型面尺寸、改善叶片表面质量等，而现有加工手段无法满足航空发动机叶片磨抛的高效、高精加工需求。

图 9-35　美国 EI 公司 ONCE 航空制孔机器人　图 9-36　中国航空制造技术研究院航空制孔机器人

自动化技术的高速发展使机器人砂带磨抛成为手工磨削的有效替代方案之一。在多传感器的协同作用下，机器人不仅可以按指定程序精确控制打磨位置与打磨压力，保证产品之间的一致性，还可以大大降低人工成本，减少环境污染，提高打磨效率与打磨质量。打磨机器人具有定位精度高、复杂路线设定、打磨受力可控、可在危险环境下持续工作等优点，视觉、温度及力觉传感器的引入使机器人对外界环境的感知能力大幅提升，相比人受到的外界干扰更小、稳定性更强，因此加工出的叶片一致性更好。从 20 世纪 90 年代开始，多家机器人生产企业已经开始研究如何将机器人与配套的机器人末端执行器构成的机器人磨抛系统应用于打磨抛光，并通过各种方法提高机器人打磨抛光的质量。

4. 机器人焊接技术

焊接是国内产品制造业中一门经典的工业连接技术，在船舶、航天、交通运输、建筑、电子等行业的制造和修理领域有着广泛应用。工业机器人取代人的手工焊接，可减轻焊工的劳动强度，还可保证焊接质量、提高焊接效率。作为同时拥有自动化焊接技术和智能焊接设备的工业焊接型机器人，以其高稳定性和高便捷性的优势得到众多工业型企业的青睐，该机器人不仅能带来可观的工业经济效益和高质量的产业成品，还能改善焊接作业的周边环境、降低人工成本。焊接机器人拥有高超的技术，如自主智能技术、计算机控制技术、以太网技术等。该机器人内部结构复杂，携带多种高端设备，其智能化程度高于一般的工业机器人，有着广阔的发展空间和巨大的发展潜力。

美国 RTT 公司针对船舶焊接通用性问题，推出了履带式移动焊接机器人，如图 9-37 所示，其焊接质量与速率已达到美军标准，不仅可应用于焊接领域，还可通过更换末端执行器应用于清洁领域。日本学者 Suga 等早在 20 世纪 90 年代便开发出了管道移动焊接机器人，其先令轮式移动焊接机器人本体沿管道路线自主移动，到达焊接位置，再通过电荷耦合器件图像传感器对平面薄板上的焊缝进行精准识别。国内方面，上海交通大学针对大型非结构件设备的多目标焊接作业问题，设计出一款新型六轮式全方位移动焊接机器人，如图 9-38 所示。其外部结构中的轮腿复合式磁性移动平台和红外超声组合式传感器使其不仅能自主定位和识别焊缝，还能轻松越过障碍物，安全抵达焊缝处。

图 9-37　RTT 公司履带式移动焊接机器人　　　图 9-38　上海交通大学新型六轮式全方位移动焊接机器人

9.6.3　关键技术

1. 多机/人机协同加工技术

目前，复杂加工场景通常涉及多工具、多过程，依靠单一机器人进行加工难以完成，需要多机协同作业。相比单机器人系统，多机器人系统通过协调部署多个机器人执行任务，具有高效、高容错性、高灵活性等优势。多机器人协同作业广泛应用于制造业，相比单机器人制造单元，多机器人系统配置灵活，可根据加工对象进行重构，而且多机器人系统在时间和空间分布上更具优越性，检测传感信息可有效互补、自适应实现多种加工需求，基于先进的协作架构和协同策略完成复杂的加工任务。例如，KUKA 为波音公司研制了一套飞机蒙皮多机器人装配系统（图 9-39）；卡内基梅隆大学、CTC 公司和美国空军研究实验室联合开发了多机器人军机表面涂层激光剥离系统（图 9-40）。

图 9-39　Boeing-KUKA 飞机蒙皮制孔系统　　　图 9-40　CMU-CTC 涂层剥离系统

2. 机器人移动加工系统的定位

目前在航空大型零部件自动化生产作业中，移动工业机器人得到广泛应用，然而大部件与移动台之间的相对位置难以实时监测，其空间定位精度影响整个加工装配的精度，进而直接影响飞机的动力学外形。为提高航空零部件的加工装配精度，移动机器人加工系统的大部件高精度定位与检测问题亟待解决。移动加工机器人系统定位的进一步发展主要包括同步定位和建图（simultaneous localization and mapping，SLAM）、机器人导航控制两部分。飞机装配的厂区环境通常不存在高精度预制地图，但存在人员和车辆的流动，对移动工业机器人而言是动态复杂环境，这就要求机器人系统具备较好的实时感知和反馈控制能力。高精度定位是实现机器人规划导航的基础，同步定位和建图技术为实现机器人高精度定位提供了重要手段。谷歌公司的 Hess 等基于 2D 激光雷达实现了 2D SLAM 建图,提出了一种子图扫描与图形匹配优化的算法,该地图的分辨率可达 5cm。

3. 多功能末端执行器技术

机器人作业任务不断呈现出产品结构复杂、开敞性差、材料体系多的特点,对末端执行器的加工环境状态感知与作业状态的监控能力提出了更高的要求,末端执行器不再仅是作业执行装备,还应支持机器人控制系统对作业状态进行在线精准把控与智能决策。因此,研制智能末端执行器是实现智能化作业的必由之路,未来研究重点应包括多传感器集成策略、多源感知信息融合处理、多功能组件模块化设计、结构轻量化小型化优化几个方面。

国外对机器人末端执行器的研究较早,相关技术已比较成熟,可以投入实际生产应用,而对于我国目前的航空航天领域来说,末端执行器研究才刚刚起步,目前还没有形成成熟的末端执行器设计技术,虽然进展较快,但大多仍处于理论研究和实验测试阶段,距离实现真正的自动化还有很长的路要走。

9.6.4　发展与展望

当前,国内外航空航天技术发展迅猛,特别是国内各大飞机项目已紧锣密鼓地展开,运输机、民用客机等国家重大项目要求采用更先进的制造技术与国际接轨。工业机器人技术在快速发展方面表现得尤为突出,国外制造项目中机器人应用已达到实施阶段,我国现代航空航天制造机器人诸多环节还处于探索阶段,而航空航天装备产品的发展正处于加速创新阶段,装备性能的提高和功能的拓展,对材料、工艺、质量、效率、可靠性等要求不断出新,推广应用机器人的需求迫切、意义重大,迫切需要加工精度高且灵活的制造装备提高效率、降低成本,因此以工业机器人为代表的智能制造是未来航空航天制造业发展的方向。一方面,大力发展我国工业机器人,可以促进航空航天制造业结构升级,提升产品质量和生产效率,降低生产成本,实现我国航空制造业的跨越式发展;另一方面,工业机器人技术和高自动化装配生产线在航空航天制造业中的应用经验也可为其他大型制造业(如船舶、高铁等)借鉴,提高其数字化和自动化程度,并可带动更多数字化、自动化技术的发展,因而具有更深远的意义和更广阔的发展前景。

参考文献

[1] 宋雪琪.移动焊接机器人仿生路径规划算法研究[D].唐山:华北理工大学,2022.

[2] 屈润鑫.移动焊接装备机械臂设计与分析[D].沈阳:沈阳理工大学,2015.

[3] SUGA Y,MUTO A,KUMAGAI M. Automatic tracking of welding line by autonomousmobile robot for welding of plates[J]. Tranactiong of the Japan Society of Mechanical Engineers Series C,1997, 612(63):2918-2924.

[4] 张宇飞.无轨道埋弧焊小车焊缝自动跟踪系统研究[D].沈阳:沈阳工业大学,2020.

[5] CMU. Laser coating removal for aircraft[EB/OL]. [2019-10-23]. https://www.nrec.ri.cmu.edu/ nrec/solutions/defense/laser-coating-removal-for-aircraft.html.

[6] 陶永,高赫,王田苗,等.移动工业机器人在飞机装配生产线中的应用研究[J].航空制造技术,2021, 64(5):32-41,67.

[7] 卢禹江.多功能铣削末端执行器结构设计与优化研究[D].哈尔滨:哈尔滨理工大学,2022.

第10章

工业大数据与智能技术

10.1　工业大数据与智能技术概论

近年来,工业大数据与人工智能技术的快速发展使工业领域产生了革命性变化。工业系统变得日益复杂,并在运行中产生了大量数据,这些数据中蕴含着丰富而宝贵的信息,基于新一代信息技术的工业大数据分析可以很好地处理这些数据,并从中获取有价值的信息。工业智能则进一步利用人工智能技术对工业大数据进行深度挖掘和分析,发现数据中的深层次规律和知识,为工业生产和管理提供决策支持。工业大数据和人工智能的深度融合可以实现智能感知、维护和决策优化,推动企业的智能升级,实现工业系统智能感知、运营和决策优化,提高生产效率和质量。

10.1.1　工业大数据分析

1. 工业大数据分析的概念

工业大数据分析是利用统计学、机器学习技术、信号处理技术等技术手段,结合业务知识对工业过程中产生的数据进行处理、计算、分析,并提取其中有价值的信息和规律的过程。工业数据分析多领域交叉示意图如图 10-1 所示。大数据分析应以需求牵引、技术驱动的原则开展。在实际操作过程中,应以明确用户需求为前提、以数据现状为基础、以业务价值为标尺、以分析技术为手段,针对特定的业务问题,制订个性化的数据分析解决方案。

工业大数据分析的直接目的是获得业务活动所需的各种知识,贯通大数据技术与大数据应用之间的桥梁,促使企业生产、经营、研发、服务等各项活动精细化,促进企业转型升级。

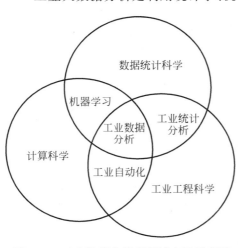

图 10-1　工业数据分析多领域交叉示意图

工业大数据分析要求用数理逻辑严格定义业务问题。由于工业生产过程中本身受到各种机理约束条件的限制,利用历史过程数据定义问题边界往往达不到工业生产的要求,需要采用数据驱动＋模型驱动的双轮驱动方式,实现数据与机理的深度融合,能较大程度地解决实际工业问题。

2. 工业大数据分析的软件架构

近年来,大数据的兴起有两种原因:一是传统业务的发展遭遇数据存储量大、采集速度频率快、结构复杂等瓶颈问题,需要采用新的技术解决,即"大数据平台技术",如时序数据采集技术、海量数据存储技术等;二是随着数据存储量的增大和处理能力的增强,催生了新的应用和业务,即"大数据应用技术",如智能制造、现代农业、智能交通等。

图 10-2 是工业大数据系统参考框架,下层的数据采集和数据存储与管理是工业大数据平台技术,数据分析、数据服务和数据应用是工业大数据应用技术。

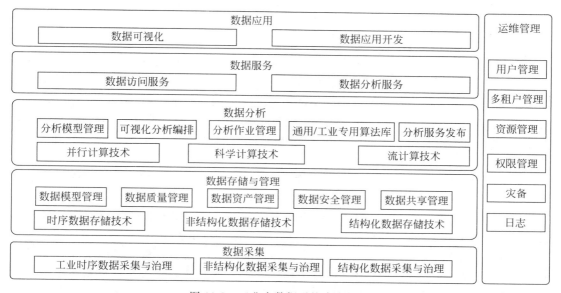

图 10-2 工业大数据系统参考框架

总体上看,大数据平台技术关注的重点主要是 IT 技术,大数据应用技术关注的重点主要是业务和领域知识,而大数据分析技术则是深度融合这两类技术知识,并结合机器学习等数据分析技术,解决实际业务问题的技术统称。

3. 工业大数据分析的基本过程

工业数据分析的基本任务和直接目标是发现与完善知识,企业开展数据分析的根本目标却是创造价值。这两个不同层次的问题需要一个转化过程进行关联。为提高分析工作的效率,需事先制订工作方案,如图 10-3 所示。

数据分析起源于用户的业务需求,相同的业务需求会有多个可行方案,每个方案又有若干可能的实现途径。例如,面对减少产品缺陷的业务需求,可分为设备故障诊断和工艺优化等方案。而设备诊断又可进一步根据设备和机理,分为更明确的途径,如针对特定设备特定故障的诊断。遇到复杂问题,这些途径可能会被进一步细分,直至明确为若干模型。首先了解输入/输出关系,如特定参数与设备状态之间的关

图 10-3 工业数据分析任务的工作方案

系，这些关联关系即为知识的雏形；其次需要寻找适当的算法，提取并固化这些知识。

知识发现是一个探索的过程，并不能保证每次探索都能成功，上述计划本质上罗列了可能的方案。只要找到解决问题的办法即可，并非每种方案或途径都要进行探索。在不同的途径中，工作量、成功概率和价值成本都是不一样的，一般尽量挑选成功概率大、工作量相对较小、价值大、成本低的路径作为切入点，尽量减少探索成本。在项目推进或探索过程中，还会根据实际进程，对预定计划及顺序进行调整。

计划制订和执行过程本质上体现了领域知识和数据分析知识的融合。其中，方案和途径的选择要兼顾业务需求和数据条件。

4. 工业大数据分析的类型

根据业务目标可将数据分析分为 4 种类型。

（1）描述性分析：描述性分析用于回答"发生了什么"、体现的"是什么"。工业企业的周报、月报、商务智能分析等，就是典型的描述性分析。描述性分析一般通过计算数据的各种统计特征，将各种数据以方便人们理解的可视化方式表达出来。

（2）诊断性分析：诊断性分析用于回答"为什么会发生这样的事情"。针对生产、销售、管理、设备运行等过程中出现的问题和异常，找出问题的原因，诊断分析的关键是剔除非本质的随机关联和各种假象。

（3）预测性分析：预测性分析用于回答"将要发生什么"。针对生产、经营中的各种问题，根据现在可见的因素，预测未来可能产生的结果。

（4）处方性（指导性）分析：处方性（指导性）分析用于回答"怎么办"的问题。针对已经和将要产生的问题，找出适当的行动方案，有效解决存在的问题或将工作做得更好。

业务目标不同，需要的条件、对数据分析的要求和难度也不一样。大体上说，4 种问题的难度是递增的：描述性分析的目标只是便于人们理解；诊断性分析有明确的目标和对错；预测性分析不仅有明确的目标和对错，还要区分因果和相关；而处方性分析，则往往要进一步与实施手段和流程创新相结合。

同一业务目标可以有不同的实现路径，还可以转化成不同的数学问题。比如，处方性分析可以用回归、聚类等多种办法实现，每种方法采用的变量也可以不同，故而得到的知识也不一样，这就要求对实际业务问题有着深刻的理解，并采用合适的数理逻辑关系描述。

5. 工业大数据分析价值

工业大数据分析的根本目标是创造价值。工业对象的规模和尺度不同，价值点也不同，数据分析工作者往往要学会帮助用户寻找价值。价值寻找遵循这样一个原则：一个体系的价值，决定于包含这个体系的更大体系。所以确定工作价值时，应该从更大的尺度看问题。对象不同，隐藏价值的地方也不尽相同。下面是常见的价值点。

1）设备尺度的价值点

船舶、飞机、汽车、风车、发动机、轧机等都是设备。设备投入使用后，首先面对的问题是如何使用，包括如何使用才能使性能更优、消耗更低，如何避免可能导致损失的使用；其次是如何保证持续正常使用，也就是如何更好、更快、更高效地解决设备维修、维护、故障预防等问题。除此之外，从设备类的生命周期看问题，分析下一代设备进行设计优化、更方便使用等问题。

2）车间尺度的价值点

按照精益生产的观点，车间中常见的问题可分为 7 种浪费：等待的浪费、搬运的浪费、不良品的浪费、动作的浪费、加工的浪费、库存的浪费、制造过多(早)的浪费。数据分析的潜在价值也可以归结为这 7 种浪费。一般来说,这 7 种浪费的可能性是人发现的,处理问题的思路是人类专家给出的。人们可以通过数据确定它们是否存在、浪费多少,并进一步确定最有效的改进方法。

3) 企业尺度的价值点

除了生产过程,工业企业的业务还包括研发设计、采购销售、生产组织、售后服务等多方面的工作。相关工作的价值多与跨时空的协同、共享、优化有关。比如,将设计、生产、服务的信息集成起来;加强上下级之间的协同、减少管理的黑洞;记录历史数据,对工业和产品设计进行优化;将企业、车间计划和设备控制、反馈结合起来;等等。随着企业进入智能制造时代,这一方面的价值将越来越多。然而,问题越复杂,落实阶段的困难越大,应在价值大小和价值落地之间取得平衡。

4) 跨越企业的价值点

跨越企业的价值点包括供应链、企业生态、区域经济、社会尺度的价值。这些价值往往涉及企业间的分工、协作,以及企业业务跨界重新定义等问题,是面向工业互联网的新增长点。

10.1.2 工业智能

工业大数据分析的目标是挖掘知识并产生智能,本节着重探讨工业体系中智能的载体和表现形式。

1. 智能体的定义与特征

Andrés Iglesias 等认为,智能体是指被一个小的规则集合驱动、不具备高水平智能、可以局部通信并能通过合作履行复杂任务与分工的个体。Dautenhahn 认为,社会智能体应当具备 5 个方面的特征:具体的、独立个体、可以感知并与别的智能体交互、有记忆功能、个体与群体相互影响。Damon Daylamani-Zad 等认为,一个智能体应当满足自主行动、感知环境、能保持一段时间、适应变化、创造并实现目标 5 个方面的基本要求。

综合以上智能体的各种定义,可以概括地总结,群体智能的构成单元应当具备以下特征和属性。

(1) 感知,是智能体的基本能力要素,是对环境变化的掌握了解能力。

(2) 通信,是与群体保持信息沟通的基本能力。蚁群算法中的"信息素"等都是对智能体间通信能力的抽象。

(3) 决策,是智能体智能行为的内在结果,是对外展现智能特征的基础,也是实现群体认知一致性的过程。

(4) 行动,前面 3 种基本能力的最终目的都是行动,即对决策的执行能力。

(5) 变化,通过协作智能体等方式在从感知到行动的闭环迭代中实现智能的增强。智能的增强可以是群体层面的,也可以是个体层面的。

2. 基于 HCPS 的智能制造体系

人-信息物理系统(human cyber physical system,HCPS)是周济等提出的新一代智能制造体系,如图 10-4(a)所示。其中物理系统是生产制造活动的主要载体,包括机器(如生产设备、工具)、物料、环境等,人既是物理系统的创造者也是使用者。在人与物理系统组成的传统制造体系中,人是智能的主要载体,其知识融入对机器的设计和使用过程中。随着传感器的大量使用和自动化技术的发展,在数字化制造时代信息系统逐渐成为新的智能载体,通过制造执行系统下发任务,利用控制软件驱动物理系统做出行动,而人在其中扮演了信息系统中智能的"导师"角色。而智能化时代的智能制造,随着人工智能技术的深入应用,信息系统不但可以被动地接受人的知识传递,而且可以自主地思考和学习,让机器也具有智能,这也使群体智能在智能制造中的应用变为可能。图 10-4(b)展示了以智能机床为例的人–物理–信息系统自主智能体系。

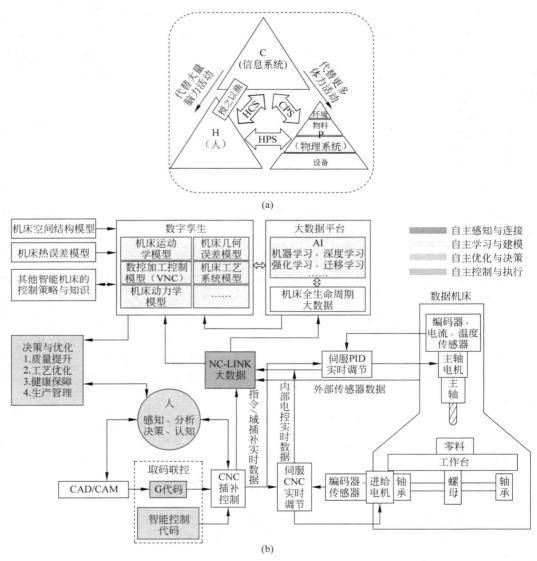

图 10-4　人–信息物理系统下的智能制造体系
(a) HCPS；(b) 智能数控机床

3. 工业要素的智能属性

在智能制造体系中,人有决策者和执行者两种角色,具有智能体全部五种特性,但决策与行动范围、智能表现强弱程度和智能的变化区间既与角色相关,又取决于人的个体性差异。人可以表现为一定范围内的决策者,例如企业层面的经营管理人员、产品的工艺设计人员、车间层面的生产计划调度员等,通常不负责具体的执行工作。执行者主要负责任务的执行,例如装配工人、设备操控人员、物流运输驾驶员等,其对当前执行的任务具有一定的决策能力,但调整空间有限,相比决策者智能程度相对较弱。

信息系统中的基础工业信息化软件,例如 ERP 系统、MES 等,按照业务流程设计实现了功能的输入/输出,但绝大部分决策是根据开发者预设的业务规则得出的,并不具有真正意义上的智能。工业控制软件是 PLC、DCS 等控制系统的嵌入式软件,属于工业自动化系统的一部分,是工业设备智能的来源,既有中心化的集控系统,也有分布在每台设备上的独立控制系统,虽然控制逻辑由人预先设定,由于具有反馈调节机制,其智能表现出一定范围的变化特性。机器学习方法引入信息系统后,使其逐步具有了自主决策和自主学习能力,有望变成真正意义的智能体。同时出现了单纯以智能识别和决策为主要功能的智能应用,例如工业机器视觉软件、设备故障诊断应用等,既可用于云化部署的全局性决策,也可分布式部署于边缘侧。

相比而言,物理系统更复杂。工业产品(包括生产设备、工具本身和制成品)由原材料、零配件、组合件等各种物料生产而成,其结构在其生命周期的不同阶段都用 BOM 描述,也叫产品结构表,如图 10-5(b)所示。BOM 是指由父零件和子零件组成的关系树,其本身和组成的物料并不具有感知、通信和决策能力。

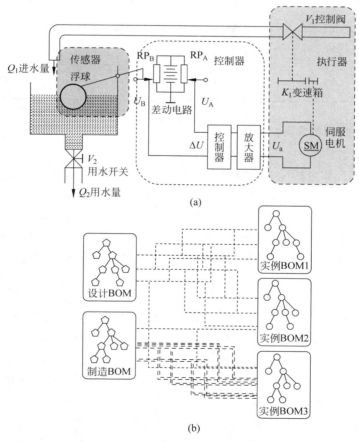

图 10-5　物理系统的内部结构

(a) 水箱液位控制系统示意;(b) 产品 BOM 结构示意

工业设备加上控制系统后便具备了智能体的特征。图 10-5(a)以水箱液位控制系统为例展示了其传感器(负责感知)、控制器(负责决策)和执行器(负责驱动行动)三个组成部分。其中,浮球作为传感器用于测量水箱中的液面位置,差动电路、控制器、放大器作为控制器用于进水及进水量大小控制,伺服电机、变速箱和控制阀作为执行器用于执行进水动作。设备通常还包括 I/O 模块负责通信,控制软件生成更复杂的控制逻辑。

表 10-1 总结了工业场景中各要素的智能属性。人是智能体,但是根据决策者和执行者区分了智能程度。装有控制系统的工业设备是智能体,例如数控机床、风力发电机等,但其组成部分包括物料、传感器、控制器、执行器等,由于只具有智能体的部分特性,因此这里暂不把它们作为智能体。同样,设备之外用于测量物理环境和质量检测的传感器也只作为智能体所处环境的一部分。信息系统特别是加入自学习和决策能力的智能化系统属于智能体,但控制软件往往是与设备绑定的。

表 10-1 工业要素与智能要素的矩阵关系

	感知	通信	决策	行动	变化
人	√	√	√	√	√
信息系统	√	√	√		√
机械设备	√	√		√	
控制器		√	√		√
传感器	√	√			
执行器		√		√	
物料	√				
智能设备	√	√	√	√	√

4. 工业智能应用场景

1) 产线层的智能体

在产线层,智能体包括从事现场操作的人员、生产设备、仓储物流设备和以 MES 为代表的工业软件,在一个车间内,以生产单元为单位,通常有众多同类生产设备(单元)并行工作。此类生产设备(单元)虽然可能属于不同的品牌和型号,但通常都具备相同或相近的功能和智能水平,与此类似,设备操作人员的工作内容也大致相同。MES 和集控系统在这个层次扮演着中心化的强智能体(调度者),同时负责整体生产工艺控制的人员,从角色承载的智能角度也显著强于操作人员。

产线级的智能应用应以协同控制为主要特征。以风力发电为例,风机作为基本的生产单元,在目前主流的运营方式中都采用集中控制的方式,由控制中心实时控制每台风机的运作。通过群体智能的应用,每台风机都能被近似地抽象为相同的风电生产"智能体"。在这样的情况下,风机组成的智能群体每个单元可以与临近单元开展交互,感知其工况,包括其所处地形、转速、对风角等工况数据,由此计算扩散到自身处空气尾流的影响,从而计算得到适合自身运转的参数最优化取值。

由于场级生产控制系统掌握着整体发电负荷、风功率预测等全局信息,分布式群体智能与中心化智能之间的协同也是整体优化的一个关键问题。与此类似,工厂内部未来 AGV 和 IGV(智能型导引运输车)智能调度也需要与 MES 之间根据生产计划进行协同控制。

面向产品质量的设备优化控制与设备健康管理是另外两类重要的产线级群体智能应用场景,在这类场景中知识迁移可以发挥较大的作用。因为设备与生产的工艺在一个车间内的不同生产单元内是高度相似的,但设备与设备之间因使用强度、维修周期、加工品类之间存在区别而又存在一定的差异。面对这种每台设备数据都不够充足的挑战,构建设备间的知识迁移模型、跨设备的联邦学习及持续学习的策略,都是解决设备级智能制造问题的潜在方法。

2)企业层智能体

在企业层,生产车间、管理决策人员、生产调度人员、仓储系统、物料流转系统等成为工业群智融合计算的参与单元。工业系统作为一个层层嵌套分割的系统,企业级群体智能构建在产线级的整体智能之上,即关注将产线抽象为"智能体"之后的相互作用。可称之为"嵌套群智",即以上单元既构成了企业级的群智融合计算"智能体",其本身又是包含若干下级产线层"智能体"的融合集群。

在企业层,群智的主要应用场景是生产调度,其动态扰动不仅存在于车间内部,更多需要考虑生产环节之间的不确定性。此外,工厂级、公司级、集团级等不同级别的生产优化目标均不同,例如车间更关注换牌次数和生产均衡性,而工厂层面现货满足率可能成了更重要的指标。不同层级之间,生产调度的颗粒度也从月计划一直细化到生产班组。因此,以车间级的生产排程为基础的群体智能需要考虑更多的因素和更强的鲁棒性。

跨产线的知识迁移是企业级智能制造的另一个应用场景。在小批量柔性化制造场景下,一条花费长时间精心调试的产线可以逐渐适应某类个性化定制活动带来的频繁变化,这种在生产过程中训练的"智能"可以动态、实时地迁移到其他同类产线中,为企业节省大量的调试、测试成本。

3)产业层智能体

在产业层,智能体的抽象层次更宏观,内部功能结构更全面,智能体间的相互联动机制也更复杂。产业层智能体应当包含产业链各种独立运行的实体,包括上下游企业、用户、竞争性企业等,这些成为基本的智能体单元,同时需要考虑原材料供应、各类基础设施、宏观环境影响等环境因素。产业层智能体之间的关联关系往往覆盖群智的全部模式,包括协作、竞争、博弈和对抗。

产业层相对于前面两层,是更复杂的巨系统,其智能制造以产业链价值优化为目标,通过构建全局动态优化体系实现。要实现产业层的群智融合计算,需要更多更强的感知设备、算力、控制能力作为基本支撑,也要打通企业之间的数据链路。群体智能方法在这个层次的应用价值更高,需求更强烈,但技术挑战也更大。

以工业的代工生产为例,代工企业与设计企业是该场景的两个主要参与者,代工企业拥有的大量同类别生产设备可被看作智能体,如机械领域的数控机床、电子领域的光刻机、汽车领域的生产线等。代工企业面临来自不同设计企业的个性化订单,将其整体作为一个智能体,排产又需要考虑宏观层面原材料库存、产品交期、产品运输、质量要求与报价的一个复杂博弈优化问题,需要在产能一定的条件下最大限度地满足不同设计企业的需求,同时争取利益最大化。

10.2 工业数据体系与数据治理

在新一代信息技术的引领下，数据已经成为新生产要素，激发出一批新模式、新业态，引发着工业的新变革。从信息化时代到大数据时代，再到数据要素时代，数据从仅被视为业务的"附属品"，提高为具有潜在价值的"资产"。工业数据体系构建是工业企业高质量发展的重要保障，是开展工业数据分析和应用的前提。数据治理以释放数据价值为核心目标，是工业数据分析的基础性工作，数据价值的充分发挥离不开数据治理。

10.2.1 工业大数据与业务的关系

工业大数据即工业数据的总和，一般包括三类，即企业信息化数据、工业物联网数据和外部跨界数据。业务流程伴随着数据，流程既是数据的消费者，也是数据的生产者，数据伴随着业务流程，流程与数据是对偶关系。

在理想情况下，数据可以在信息空间刻画出工业系统及其运行轨迹的完整映像。但是现实条件下，在数据种类、精度、频度、数量、对应的准确性等方面往往存在很多不理想的地方。这时数据只能部分地刻画工业对象，也只能记录工业对象运行的部分痕迹。

实际工作中，往往不能单纯通过数据理解工业对象及相关业务，而需结合一定的专业领域知识理解数据的含义。业务理解是数据理解的基础，也是数据理解的起点；反过来，离开数据，人们对对象的理解将是粗糙的、模糊的，不利于对系统和业务进行精准控制和优化。所以，数据理解支撑对业务理解的深化。

1）离散行业

离散行业主要通过对原材料物理形状的改变、组装等形成产品，使其增值。离散制造的产品往往由多个零件经过一系列并不连续的工序加工最终装配而成。加工此类产品的企业称为离散制造型企业。例如火箭、飞机、武器装备、船舶、电子设备、机床、汽车等制造业，都属于离散制造型企业。高端装备是指技术含量高、资金投入大、涉及学科多、服役周期长，一般需要组织跨部门、跨行业、跨地区的制造力量才能完成的一类技术装备。

在互联网与大数据环境下，分散化制造对网络化协同制造的需求日益加剧，企业的生产要素和生产过程必将进行战略性重组，从而引发企业内和跨企业业务过程的集成、重构、优化与革新。当前，围绕制造跨生命周期业务过程集成与优化方面的研究主要集中在异质业务过程匹配与共享、跨企业业务过程整合与改进、企业间业务过程的外包机制等方面。未来，还需要针对互联网大数据环境下智能制造跨生命周期异质业务过程柔性集成、基于海量运行日志的高端装备制造、跨生命周期业务流程智能优化等方面进行深入研究。

2）流程行业

流程行业是指生产过程中具有明确生产流程和连续性的行业。流程行业的生产规模往往较大，信息系统的完备性较好，自动化水平相对较高，具有较好的数据条件。流程行业的计算机系统是分层次的，最常见的是把信息和控制分成基础自动化（BA）、MES、ERP三层。等级越低，对实时性要求越高，数据采集的频度也越高，但数据保存的期限却非常短；等级越高，则数据覆盖范围越大，数据保存时间相对较长，但很少采集高频数据。过去，各级计算机主要服务于生产、管理的具体业务，而计算机的存储能力是有限的。故而这些系统存储的时间周期大体上略长于相关的业务周期,而不是长期存储,很多企业专门配置了数据仓库或者商业智能系统以存储历史数据。

在流程行业,上下工序之间、人机料法环之间有着密切的关联。比如,许多质量问题在下工序被发现,而问题的源头却在上工序。有些问题看似与机器、工艺相关,其实是特定产品质量要求高导致的,而不是生产中出现异常。弄清这些问题,就要搞清问题发生的因果关系。要搞清因果关系,就要完整地建立信息之间的联系关系,为深入分析奠定基础。

比如,要提高产品质量,就要尽快找到质量问题出现的原因;要找到原因,就要用数据支撑生产过程的可追溯性。所谓可追溯性,就是当特定产品出现问题时,能将产品在各生产工序时与之对应的人机料法环等情况找出来,即生产过程相关的数据要与出现质量问题的特定产品关联起来。特别地,如果质量问题的出现本身是小概率事件,则对应要非常严格,否则容易产生根因定位错误。所以,数据之间的关联关系与数据本身同样重要。

再如,设备出现故障时,可能涉及流水线上的很多设备,为了将问题分析清楚,需要寻找故障的源头。因果关系是有时序性要求的,故障的源头是最先出现问题的地方。

分析数据时数据之间的联系非常重要。比如,分析产品的质量问题时,要保证数据追溯能力。这时需要将该产品在各生产环节的操作方式、物料、机器状态、控制参数等数据与产品质量相关数据对应起来,数据与业务对齐十分关键。

10.2.2 工业大数据的特性

工业系统一般可以描述为输入、输出和内部状态三种要素之间的关系。当希望用数据描述一个系统时,就需要对数据的特征进行更深入的描述。

1) 可检测性

系统的很多参数、状态是存在的,但是没有检测数据。可检测数据是有意义的,不可检测数据同样也是有意义的,有助于更好地理解对象及业务,并为未来的优化奠定基础。许多数据分析工作本质上就是要推断一些无法检测的变量。另外,可检测的数据也有很多属性,有可连续完整检测的,有偶尔抽检的;有实时检测的,也有延后若干时间或工序检测的;有生产线上必须检测的,也有实验室抽样检测的。

2) 可控性

系统的输入有控制型输入和干扰型输入之分,控制型的变量可用于优化系统的运行,而干扰型的输入往往会对系统的运行产生不利影响,需要进行抑制。另外,系统的状态有可以直接控制、间接控制的,也有难以控制的。了解这些特性,有利于分析业务的聚焦。

3) 数值型变量和上下文变量

在进行数据分析时,人们常常仅寻求数值型变量之间的关系,而逻辑型变量的重要性往往被忽视。事实上,维修、设备、班组等逻辑变量发生变化时,对应不同的场景可能成为不同的系统,而某些连续变量实际上也成了另一个变量。对于复杂的工业系统,一般难以一次得到完美的分析结果,而要分场景进行分析,再将不同场景下的结论综合起来,得到更完整的结论。

4) 时间变化量和常数(快变量和慢变量)

在某些数据分析中,从数据变化的速度上区分变量也是很有必要的,常数一般没有绝对的,而是会在某些场景下发生变化,所以这些常量也可用于区分场景。

5）设定目标值和实际值

许多工业系统都是受控的,对于同一个变量,往往会有目标值和实际值两组数据。两组数据的偏差情况可以大体反映系统运行的稳定性。

10.2.3 工业数据质量

1. 数据质量的定义

数据质量的本质是满足特定分析任务需求的程度。从这种意义上说,需求与目标不同,对数据质量的要求就不一样。为避免数据分析工作功亏一篑,在进行分析之前,应根据需求对数据质量进行评估。业务需求分析要"以终为始",即从"部署"和应用开始。这就不仅要考虑数据的实时性、稳定性,还要考虑是否会出现"假数据",如果确实存在这种情况,应如何预防、识别,甚至修改等。当然,这些做法都与具体的应用场景相关。

企业收集数据的目的,一般是用于满足特定的管控要求。数据的收集都是有成本的,业务管控流程之外的数据往往疏于维护,很容易出现这样或那样的问题,在数据分析过程中,这样的数据很可能是有价值的,但数据质量未必能满足分析的需求。

2. 数据质量的组成要素

具体地说,数据质量包括以下几方面的内容。

(1) 完整性:用于衡量数据是否因各种原因采集失败,有丢失现象。

(2) 规范性:用于衡量数据在不同场景下的格式和名称是否一致。

(3) 一致性:用于度量数据产生的过程是否有含义上的冲突。

(4) 准确性:用于衡量数据的精度和正确性。

(5) 唯一性:用于度量数据或属性是否重复。

(6) 关联性:用于度量数据之间的关联关系是不是完整、正确的。

此外,对于工业大数据分析,数据分布的覆盖范围也是很重要的,如果数据的分布相对集中或数据项之间的关联度过高,有些要素的作用就无法凸显出来。

3. 数据质量的影响因素

稳定可靠是工业界追求的目标。在信息与通信技术(ICT)手段落后的时代,往往更多地依靠物理手段来保证。如果对象或过程相对稳定,测量的技术难度大或成本高,就不一定有数据标识相关的状态。即便有数据记录的项目或者活动,往往也是为了满足特定时间段管理和控制的需要,记录保存的历史数据未必很多。有些管控活动是针对局部设备或操作的。所以,即便相关数据保存下来,数据之间的关联关系也经常丢失,使数据质量大大降低。另外,数据采集过程中往往忽视采集的上下文,比如测量的手段、测量设备自身精度等,这些都会影响数据质量。

生产过程或设备越重要,数据质量往往相对越高。但是,受到物理条件和技术手段的约束,能通过数据观察和记录的信息仍然会受到限制。以钢厂为例进行说明,现代化高炉上会布置成百上千的传感器,但这些传感器往往只记录外部的相关信息,高炉内部的真实情况难以观察到;另外,受到成本、技术等因素的约束,转炉的成分和温度难以连续测量,而且每次的测量误差都相对较大、稳定性差。再如,连铸坯表面温度对质量影响很大,但受环境干扰的影响,根本无法准确测量,也就无法用于生产的管控。总之,数据往往间接地反映我们想解决的问题。

对于可以测量的数据,数据质量也常常出问题。工业生产过程常常运行于某些工作点附近,这时人们总希望生产过程越稳定越好,故而采用各种控制手段减少参数的波动。这样在控制回路中,参数仅仅在一个很小的范围内波动,然而参数测量的精度往往成为控制精度的制约瓶颈。发生这种情况时,数据承载的有效信息和测量误差往往在一个量级上,这意味着数据的信噪比非常低。这种现象会对数据分析造成很大的干扰,典型问题之一是导致统计中的"有偏估计"。

另一个造成数据质量问题的因素是人为因素。一方面,人作为数据的生产者,主观或客观因素会导致其产生的数据存在质量问题。例如,需要工人进行的某些自动化工艺的确认,可能由于疲劳等因素产生错误判断,这些判断属于数据的一部分,降低了数据的"准确性",会对后续分析产生影响。另一方面,人作为数据的消费者或中转者,在分析数据时可能会对数据进行转化等操作,而在这个过程中操作失误造成转化后数据出现问题,可能会降低数据的"规范性"和"一致性"。

10.2.4 工业数据治理与处理

1. 数据预处理

工业过程中产生的数据由于传感器故障、人为操作因素、系统误差、多异构数据源、网络传输乱序等因素极易出现噪声、缺失值、数据不一致等情况,直接用于数据分析会对模型的精度和可靠性产生严重的负面影响。在工业数据分析建模前,需要采用一定的技术对数据进行预处理,消除数据中的噪声,纠正数据的不一致,识别和删除离群数据,以提高模型鲁棒性,防止模型过拟合。在实际数据分析工作中,数据预处理相关技术主要包括数据的异常值处理、数据的缺失值处理、数据的归约处理等。

2. 数据异常处理

异常数据点往往被称为离群点或孤立点。异常检测也称偏差检测和例外挖掘。孤立点是一个明显偏离其他数据点的对象,它就像一个完全不同的机制生成的数据点一样。

不同的环境,异常值可以有不同的类型,包括点异常值、背景异常值和集体异常值。点异常值是与分布的其余部分相距甚远的单个数据点。背景异常值可以是数据中的噪声,例如进行语音识别时实现文本分析或背景噪声信号时的标点符号。集体异常值可以是诸如指示发现新现象的数据的新颖性子集。

异常数据的处理方法包括基于统计学的方法、基于多元高斯的方法、基于相似度的方法、基于密度的方法、基于聚类技术的方法、基于模型的方法等。

3. 数据缺失处理

现实世界的数据往往是不完整的,实际的工业大数据更是如此,但部分数据缺失不意味着数据错误。造成数据缺失的原因是多种多样的,如空值条件的设置、业务数据的脱密、异常数据的删除、网络传输丢失与乱序等,都会造成一定程度的数据缺失。

处理数据缺失的方法很多,根据数据的基础情况或数据的缺失情况综合选择。如果数据量足够大、缺失数据比例小,则缺失数据可以直接删除;如果数据连续缺失,则可以利用平滑方法填补。数据的插值方法主要包括:利用纵向关系进行插值,如线性插值法、拉格朗日插值法、牛顿插值法、三次样条函数插值法等；利用横向关系进行插值，如多元插值法等；内插值法，如 sinc 内插值法等。

4. 数据归约处理

工业数据具有数据量极大、价值密度低的特点，容易导致数据分析过程变得复杂，计算耗时过长。数据归约技术可以在保持原有数据完整性的前提下得到数据的归约表示，使原始数据压缩到一个合适的量级，同时不损失数据的关键信息。数据归约的主要策略有数据降维和数量归约。

数据降维的基本原理是将样本点从输入空间通过线性或非线性变换映射到一个低维空间，从而获得一个关于原数据集紧致的低维表示。数据降维的方法很多，如主成分分析、T-SNE 方法、流形学习降维等。

数量归约是用较小的数据集替换原有的数据集，方法主要有参数方法和非参数方法。参数方法是利用模型进行数据估计，非参数方法则是利用聚类、数据立方体等技术进行归约表示。

10.3　工业大数据分析与智能制造

随着以新一代信息技术为核心的第四次工业革命的悄然开始，智能制造已成为制造业的核心趋势，驱动着工业生产的数字化转型，而工业大数据是智能制造的基石。工业大数据分析是智能制造的关键技术，它通过深入挖掘海量工业数据，为产品设计、生产制造、管理运营、供应链优化等多领域提供技术手段和支撑。

10.3.1　机器学习在工业中的应用

数据分析是人工智能在工业上应用比较多、比较成熟的领域，例如基于图像模式识别的产品缺陷检测，除了分析之外在工业过程中人工智能更需要面临的是决策问题，即通过学习的过程产生知识，根据知识、数据等进行分析，然后进行决策，例如生产过程中对控制参数的调校。当前，从学习到知识再到决策的链条中，机器学习或人工智能技术发挥最重要作用的两个点在于知识生成和决策。

人工智能在工业中的应用关键是利用智能化方法，通过模型推导出知识，而不仅仅是模型输出，这有三个要求。

（1）可解释性，从原理、现象上可以解释，并不是黑盒子出来的结果，工业中不能解释的模型或知识往往是不敢用的。

（2）确定性，对于任何场景必须给一个确定的解，即使不能给出确定的解，也要给出确定的误差边界。

（3）因果性，输入与输出之间一定是有因果的，工业问题的每种现象都是如此，例如设备发生故障或产品的良品率下降等，这些一定是由某种原因造成的。

上述要求也是人工智能在工业中应用与在其他领域中应用的显著区别，工业智能的应用和落地难，往往就难在这几个要求。

10.3.2 工业常用机器学习算法介绍

机器学习算法主要包括：分类算法，例如决策树算法、随机森林算法、梯度提升树算法、Bayes 类算法等；聚类算法，例如基于网格的聚类算法、基于距离的聚类算法、基于密度的聚类算法、谱聚类算法等；回归算法，例如线性回归算法、广义线性回归算法、弹性网络回归算法、岭回归算法、样条函数回归算法等；优化算法，例如梯度下降算法、遗传算法、模拟退火、粒子群优化等；关联规则挖掘算法，例如 Apriori 算法、FP-Growth 算法等。

1. 分类算法

分类算法是机器学习中最常用的一类算法，其主要目的是从数据中发现规律并将数据分成不同的类别。分类算法通过对已知类别训练集进行计算和分析，从中发现类别规则并预测新数据的类别。常见的分类算法包括决策树、朴素贝叶斯、逻辑回归、K-最近邻、支持向量机等。分类算法在工业中广泛应用于缺陷识别、故障诊断、状态监控等。

2. 聚类算法

聚类算法是机器学习中一种进行"数据探索"的分析方法，帮助人们在大量的数据中探索和发现数据的结构。常见的聚类算法包括 k 均值聚类、高斯聚类、基于密度的聚类、凝聚层次聚类、基于滑动窗口聚类等。聚类算法在工业中常被用于图像识别、能耗分析、状态监测、模式挖掘等。

3. 回归算法

回归算法是根据输入数据预测数值的一种机器学习算法。回归算法试图通过对数据拟合数学模型找到输入变量与输出变量之间的关系。回归的目标是找到输入特征和目标变量之间的数学关系，可用于对新的、看不见的数据进行准确预测。常见的回归算法包括线性回归、逻辑回归、多项式回归、岭回归、拉索回归、弹性网回归等。回归算法在工业中常被用于需求预测、趋势统计、质量检测、故障诊断与状态监控等。

4. 优化算法

优化算法本质上是一种数学方法，本质都是建立优化模型，通过优化算法对损失函数（优化的目标函数）进行优化，从而训练出最好的模型。常见的优化算法包括梯度下降算法、遗传算法、模拟退火、粒子群优化等。优化算法在工业中常被用于任务规划、生产排程、调度优化、库存管理等。

5. 关联规则挖掘算法

关联规则挖掘是用于发现数据集中不同属性之间关联关系的方法。这些关联关系有助于理解属性之间的相互作用，从而更好地进行数据分析和决策制定。常见的关联规则挖掘算法包括 Apriori 算法、FP-Growth 算法等。关联规则挖掘算法在工业中常被用于机理分析、行为发现、管理优化等。

10.3.3 工业大数据的智能制造应用

1. 大数据与工业的结合

在工业领域，智能制造根据实施对象范围大致可分为三个层次：第一个层次是设备层面，包括设备的故障监测、优化运行等；第二个层次是产线、车间层面，即在工厂内部的生成加工等过程中进行运行优化、智能决策等；第三个层次是工业互联网，即企业/产业的协同。

当大数据和工业相结合的时候，数据发挥的作用简单来说就是"加减乘除"四象限。其中，加和减是智能制造，即通过智能化的手段对现有的流程进行加法或者减法，从而实现"提质、增效、降本、控险"的目标。乘法和除法是工业互联网，工业互联网更多的是支撑企业跨越自身边界，现今的制造并不是所有环节都由单一企业完成，而是产业链协同，上游有协同研发的企业、供应商及供应商的供应商，中游有协同制造的各企业，下游有大量的服务商、维修商、零配件供应商、众多客户及客户的客户，工业互联网将这些联结成了一个大工厂，这时企业的边界就有了很大的想象空间，如果形成这样的平台并把整个平台体系中的数据全部打通，就可以产生一个像乘法一样实现指数级增长的业务流，这就是数据的乘法作用。此外，企业基于该平台可仅着重于自身的核心竞争力，而去除非核心竞争力，专业的分工和高效的协同更有利于提升企业的专注度，这就是除法作用。

2. 数据驱动的智能制造

如前所述，工业应用应该是确定性的，工业系统是极为复杂的动态系统，虽然其在设计之初都是确定性设计，但工业系统在执行过程中具有很多不确定性，这是其动态性和复杂性导致的，例如环境温湿度每时每刻都在变，设备每天都在老化，而设备完成一次保养或维修后又恢复到了之前的某个状态，这样就不能假设其他条件都不变而研究某个变量，此时就要用人类经验或知识进行补充。工业大数据的应用过程就是把积累和经验中不能精确描述的东西进行量化，尝试消除其中的不确定性，从而追溯想要的确定性，构建输入和输出间的定量模型。

面向工业问题，特别是复杂的工业问题，一般有"What、Why 和 What is"三个层次的解析，即"有什么问题、为什么出现问题、机理如何"。

当企业仅仅具有自动化和信息化手段时，这些自动化系统、信息化系统都是围绕流程建造的，虽然能够使整个流程更高效，且能较为及时地发现问题，但往往很难定位问题的根源。比如钢厂在生产钢轨时，在最后的钢轨检测环节发现钢轨的表面不平整，面对这种问题，自动化系统和信息化系统就无法解决。传统的解决方式是工艺专家依据经验分析哪个环节出了问题，然后试着调整后再试验性生产，看下一个批次的生产结果，如果不行再多次反复调整。因此，单纯依靠自动化和信息化仅仅能够解决 What 的问题，却回答不了 Why 和 What is 的问题。

在上面的基础上再往前一步，可以将这根钢轨全生命周期的所有数据沿着这根钢轨上的每一米集成起来，当工艺专家诊断问题时，所有数据都能通过组态软件按照生产流程有序地展现，清晰展示出任一时刻任一物料在每个工序上都发生了什么，由此构成数字孪生的数字空间。有了这些数据及其关联关系后，经过大量的数据积累，通过机器学习构建分析模型，就可以帮助专家给出问题可能性清单，并按照这个顺序进行排查。需要指出的是，这往往仅是猜测，因为数据方法提供给我们的永远只是相关性，而不是因果性。用相关性的分析只是帮助专家做一些过滤，虽然工作效率变得更高，甚至开始尝试定位这个问题，但专家还是要根据自身知识，由果及因地对问题进行分析，尝试解决 Why 的问题。

工业领域中，更想解决的是如果这个时候出现问题，那么问题的原因出在哪？需要调整的方法是什么？如果这么调整得到的效果怎样？这是我们正向的机理模型，机理模型不仅仅是仿真，还可以是操作型的、交互型的，是理解正向逻辑的。在工业领域，这是通过大量知识和经验的积累才能得出的，整个这样的空间就是从 What 到 Why，再到 What is。构建出来的这种空间，是区别于传统自动化和信息化驱动的智能制造，是智能制造中智能化的部分，由数据驱动。

10.3.4　工业智能分析案例——挖掘机液压泵故障预测

1. 案例背景

挖掘机又称挖掘机械，是用铲斗挖掘高于或低于承机面的物料，并装入运输车辆或卸至堆料场的土方机械。挖掘机挖掘的物料主要是土壤、煤、泥沙，以及经过预松的土壤或岩石。从近几年工程机械的发展来看，挖掘机的发展相对较快，挖掘机已经成为工程建设中重要的工程机械。由于挖掘机常处于恶劣的工作环境下，故障率持续上升，一旦出现重大故障造成停机，轻则造成延误工期等经济损失，重则危害车上人员的生命安全。因此通过机器学习手段提前预测挖掘机零部件故障具有至关重要的意义。

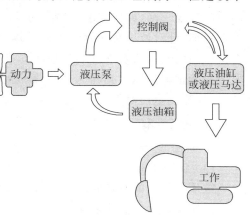

图 10-6　挖掘机工作示意图

发动机、液压泵、分配阀是人们常说的挖掘机三大件，挖掘机不像汽车一样由发动机提供动力并经过变速箱、传动轴驱动整车前进，而是通过发动机带动液压泵转动，由高压液压油通过液压马达、液压油缸等液压执行元件带动整车动作（图 10-6）。

液压泵是为液压传动提供加压液体的一种液压元件，是泵的一种（图 10-7）。它的功能是将动力机（如电动机和内燃机等）的机械能转换为液体的压力能。影响液压泵使用寿命的因素很多，除了泵自身的设计、制造因素外，与泵使用相关的元件（如联轴器、滤油器等）、试车运行过程中的操作等也有关系。

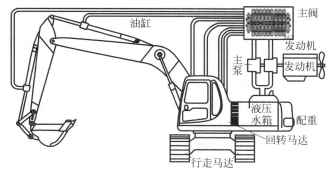

图 10-7　液压泵系统组成元件

液压泵是液压挖掘机中发生故障最多的元件，而液压泵一旦发生故障，就会影响挖掘机液压系统的正常工作，甚至无法工作。液压泵对于挖掘机的重要性不言而喻，因此预测挖掘机液压泵的故障是一个相当重要的课题。

液压泵主要包括叶片泵、齿轮泵、柱塞泵三种类型，其常见故障如下。

（1）齿轮泵的常见故障大部分由其内部摩擦副的磨损引起。其正常磨损使径向间隙和轴向间隙（断面间隙）增大，齿轮泵内泄漏现象加重，严重时泵体内孔或两侧板无法修复。此外，轴的密封也是经常损坏的部件。

（2）叶片泵的正常磨损量很小，零部件使用寿命较长。造成叶片泵故障的主要原因是油液污染，这是因为叶片泵的运动副配合较精密，当污染物进入摩擦副后，容易产生异常卡滞或磨损。另外，叶片泵的自吸性能不如齿轮泵，特别是小排量的叶片泵，所以油液是否清洁及吸油是否畅通，是叶片泵运行中需要特别注意的两个问题。

（3）柱塞泵中的径向柱塞泵在结构和运动性能上的弱点是径向力较大、自吸能力较差，以及柱塞与柱塞孔的配合精度高；轴向柱塞泵的零件加工精度要求高。所以柱塞泵对油液的清洁度要求高，即柱塞泵对油液的过滤精度要求比齿轮泵高。

目前，针对液压泵的故障维修采用的多是事后维修。与之不同的是，预测检修可通过对液压泵之前的状态进行故障预测安排检修活动，具有自动化、高效率等显著优势。液压泵的故障预测利用传感器采集挖掘机的数据信息，借助合适的算法评估液压泵的健康状态，在故障发生前对其进行预测。

2. 解决方案

1）业务理解

（1）认识工业对象。

液压泵常见的故障原因可归纳为油品质低或油污染程度高、零件磨损两方面。

液压泵常见的故障表现如下。

① 液压泵磨损严重，液压泵的转动不均衡，产生异响。

② 液压泵磨损，内泄量增大，液压泵的出油量减少，流量低到一定程度导致压力低（流量低会导致压力低，但不是唯一原因）。

③ 液压泵磨损后，壳体的泄漏量增大，因为壳体泄漏的液压油直接返回油箱，没有经过散热器散热，所以可能导致液压油温高。

（2）理解数据分析需求。

① 数据分析需求：判定挖掘机液压泵是否存在故障。

② 需求理解：液压泵故障常与液压泵磨损或油液污染有关，且其动力来自发动机，因此特征选取方面需选取发动机的参数及油液的相关参数。若液压泵产生故障，根据故障的三个表现，结合目前传感器的数据，可采用预测泵压的方式进行分析：若液压泵故障，产生的泵压（P）则会与正常情况时的泵压（P'）产生偏差（ΔP），若当天偏离度（$\Delta P / P'$）超过某个值（w）的占比超过某个阈值（threshold）时，则判定为液压泵故障。

假设每天的泵压为 y_{real}，对应的预测值为 y，则：

$$\frac{\displaystyle\sum_{i=0}^{N}\left(\frac{y_i - y_{\text{real}i}}{y_{\text{real}i}} > w\right)}{N} > \text{threshold}$$

式中，N 为当天采集的数据量；w 为高偏离度的设定值；threshold 为设定阈值。

即当计算结果大于设定阈值时,预测为故障;否则,预测为正常。

(3) 数据分析目标及评估,如图 10-8 所示。

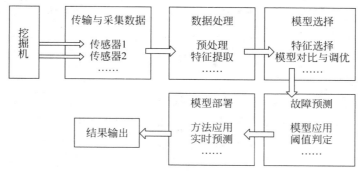

图 10-8 数据分析目标架构图

数据分析目标如下。

① 根据传感器每天传入的数据选择合适的特征及模型,计算得到预测泵压值。

② 根据预测值和实际值计算得到每条数据的偏离度。

③ 计算每天不同偏离度的占比。

④ 根据不同偏离度占比随时间的变化图结合故障信息,得到 w 和 threshold。

⑤ 保存得到的模型和阈值。

⑥ 根据每日数据得到并保存当日故障预测结果。

评估:预测准确度,最终预测结果的混淆矩阵查准率和查全率。

2) 数据理解

(1) 数据来源。

传感器是一种检测装置,能感受被测量的信息,并能将感受的信息,按一定规律变换为电信号或其他所需形式的信息输出,以满足信息的传输、处理、存储、显示、记录和控制等要求。

本案例采用的数据均来自某台挖掘机传感器 2020 年 6 月 1 日至 2020 年 10 月 7 日传入的每分钟实时数据,共计 101 359 行,包括 47 列参数值。

(2) 数据分类及相互关系。

采集的数据按数据取值范围分为离散型变量和连续型变量。连续型变量的值代表数值含义,离散型变量的值虽然可能是数值型,但并没有数值意义,需要处理后使用,常见的处理方式是将其转变为哑变量。

数据集主要变量描述如表 10-2 所示。

表 10-2 数据集主要变量描述

变 量 名	描 述	单 位	类 型
动作	挖掘机动作编码		数值
动作类型	动作类型		二进制字符串
工作模式	当前发动机工作模式		字符串
扭矩	当前实际扭矩值	N·m	数值
扭矩百分比	实际发动机输出扭矩与发动机最大输出扭矩的比值	%	数值(0~100)
水温	水箱温度	℃	数值(0~100)

续表

变 量 名	描　　　述	单　位	类　型
泵压	液压泵提供的压力	MPa	数值
转速	发动机每分钟回转数	r/min	数值（0～2500）
输出功	挖掘机输出功率	kW	数值

（3）数据质量。

① 完整性：通过数据采集率热力图查看数据采集的完整性。

② 规范性：查看每个字段数据类型及取值范围是否合理，将不合理的取值作为异常值。

③ 一致性：检查每个字段的数据类型。数据读入后，对应每个字段的数据类型也会变化，需要调整成正确的数据类型。

④ 准确性：观察变量的分布图，结合挖掘机技术知识，判断数据是否符合实际。

⑤ 唯一性：每分钟传入的数据有且只有一个。

⑥ 关联性：结合挖掘机工程技术知识，根据变量之间的相互关联、约束等条件，检查数据的规范性。

参数分布直方图如图 10-9 所示。

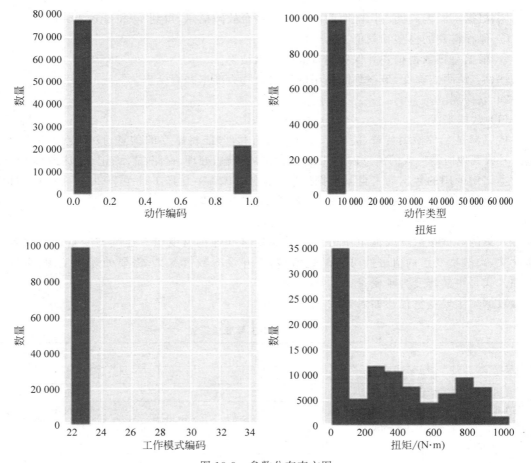

图 10-9　参数分布直方图

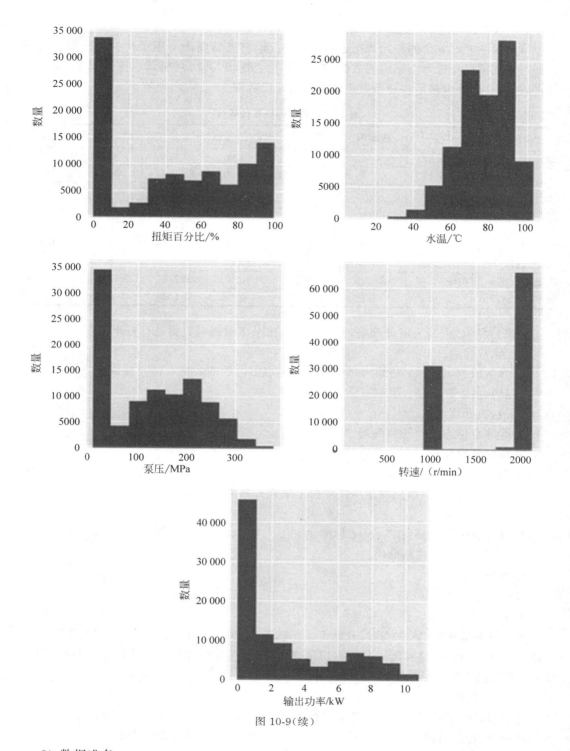

图 10-9（续）

3）数据准备

建模数据需选取挖掘机正常状态下的实时数据。根据正常状态下的数据建立预测模型，利用这个模型预测状态未知情况下的泵压数据。

（1）数据预处理。

该阶段主要对采集的原始数据进行校验、处理，将其转变为可用于建模的干净、完整的数据。首先需要校验每个字段的数据类型是否符合逻辑，其次判断其取值范围是否符合实际，经过一系列处理最后将原始数据转换为需要的数据。

表 10-3 数据的描述性统计

变量名	均值	标准值	最小值	25%分位数	50%分位数	75%分位数	最大值
动作	0.22	0.41	0.00	0.00	0.00	0.00	1.00
动作类型	96.31	308.55	0.00	0.00	70.00	89.00	65 535.0
工作模式	22.00	0.07	22.00	22.00	22.00	22.00	34.00
扭矩/(N·m)	345.76	308.72	0.00	38.97	289.54	620.58	1038.84
扭矩百分比/%	44.15	35.61	0.00	4.50	44.50	78.50	100.00
水温/℃	77.56	13.59	8.08	68.58	77.18	89.84	103.21
泵压/MPa	131.87	89.58	10.00	34.00	127.00	208.00	378.00
转速/(r/min)	1697.89	476.75	113.50	1002.6	1997.4	2042.0	2144.80
输出功/kW	2.73	3.12	0.00	0.02	1.35	5.06	10.82

在进行异常值、缺失值处理前，先根据机号按采集时间对数据进行升序排序。

（2）异常处理。

① 异常值判定方法：将超出每个字段实际取值范围的数据看作异常值。

② 异常值处理方法：删除。

（3）缺失处理。

① 删除空值占比＞70%的列。

② 删除除空值外只有一个值的列。

③ 删除空值占比＞70%的行。

④ 连续型变量、离散型变量均使用向上填充方法填充缺失值。

（4）归约处理。

① 连续型变量：采用 Z-score 标准化方法。

② 离散型变量：独热编码。

4）数据建模

（1）特征工程。

① 数据初步筛选。

选择与液压系统相关的参数，且处于工作状态中（满足发动机转速＞0 且扭矩百分比＞0 等限定条件）的数据，这样所选的数据均是有效的，能够反映挖掘机工作状态。经处理后仅剩 98 777 行数据。

② 特征变换。

在很多机器学习任务中，数据集中的特征取值并不都是连续数值，而可能是类别值。由于部分模型只支持数值型数据作为输入，因此，需要提前对数据集中的类别型变量通过独热编码进行预处理。

独热编码即 One-Hot 编码，又称"一位有效编码"，它将一个有 m 个可能取值的特征变成 m 个二元特征，并且这 m 个二元特征每次只有一个被激活。

③ 特征组合。

独热编码后,再结合挖掘机相关模式(P、E 等)信息对变量重组。

对于连续型变量,其内在也存在一些关联关系,可以通过一些运算得到新的重要参数,如扭矩、输出功等。

④ 特征筛选。

首先根据专业知识可知,与泵压关联度较高的参数有液压油温、液压泵流量、液压泵内泄量、发动机转速、扭矩、扭矩百分比等(其中液压油温、液压泵流量、液压泵内泄量等数据目前无法获得),剔除与研究变量无关的干扰参数。

再根据特征的相关系数,只保留一个相关系数超过 85% 的变量。

特征相关系数热力图如图 10-10 所示。

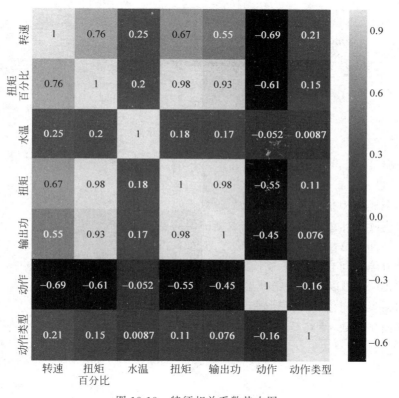

图 10-10 特征相关系数热力图

最终选用的参数为发动机转速、扭矩百分比、扭矩、输出功、模式 P、模式 E、动作、动作类型,共 8 个。

(2)算法介绍:XGBOOST。

XGBOOST(优化的分布式梯度增强库)是在 GBDT(梯度提升决策树)基础上发展起来的,与 GBDT 相比有一定的改进。首先,传统的 GBDT 算法在优化时只用到了损失函数的一阶导数信息,XGBOOST 则对损失函数进行了二阶泰勒展开,同时使用了一阶导数和二阶导数的信息。其次,XGBOOST 借助 OpenMP,能自动利用单机 CPU 的多核并行计算,大大提高运行速度。最后,与 GBDT 算法不同,XGBOOST 支持稀疏矩阵的输入,并且

XGBOOST 集成学习框架自定义了一个数据矩阵类 DMatrix，会在训练开始时对训练集进行一次预处理，从而提高之后训练过程每次迭代的效率，减少训练时间。

本案例采用 XGBOOST，训练数据为 2020 年 8 月 7 日至 8 月 31 日没有任何故障时的数据，80% 作为训练集，20% 作为测试集，采用交叉验证方法进行参数优化。

经过优化后，模型 $R^2 = 0.79$。同时得到了特征重要度分布，如图 10-11 所示。

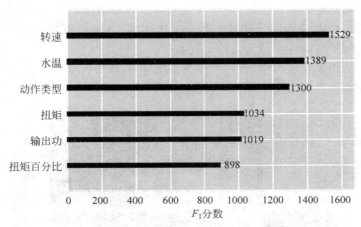

图 10-11　XGBOOST 特征重要度分布

5）模型验证

（1）验证逻辑。

① 根据上述模型获得泵压预测值。

② 根据实际值与预测值计算每条数据的偏离度：$\Delta P / P'$。

③ 计算不同偏离度（±5%、±10% 等）的每日占比。

④ 结合故障时间与偏离度占比趋势图分析。

⑤ 由图 10-12 可以得到一组模型设定值：$w = 20\%$，threshold $= 20\%$。

⑥ 根据模型设定值，验证其他机号的预测精度。

⑦ 调整模型参数，使其具有一定的泛化能力。

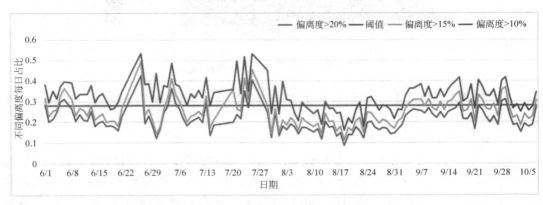

图 10-12　泵压偏离度占比趋势图（见文前彩图）

（2）方法评估。

该项目最终的分析目标是预测液压泵是否故障，这是一个二分类问题。混淆矩阵是评价分类问题精度的一种方法，对于二分类问题，根据真实类别与预测类别的组合可划分为真正例、假正例、真反例、假反例4种情况，用 TP、FP、TN、FN 分别表示对应的样例数。

在该案例中，假设在故障报修时间前5天已经发生故障，这样得到的混淆矩阵如表 10-4 所示。

表 10-4　预测结果混淆矩阵

真 实 情 况	预 测 结 果	
	正　　例	反　　例
正例	12	6
反例	23	74

查准率：$P = \text{TP}/(\text{TP} + \text{FP}) = 12/(12 + 23) = 0.34$

查全率：$R = \text{TP}/(\text{TP} + \text{FN}) = 12/(12 + 6) = 0.67$

结果显示，样例中的3次液压泵系统故障均被预测到，但误报情况也时有发生，因此今后需要在判定方法方面进行优化，减少误报。

3. 实施效果

1）模型部署

（1）模型部署的自动化。

考虑到实际机器型号不同，其参数、性能也有一定的差别，在模型存储方面，将不同型号的车辆单独存储，运行中自动调用对应的模型。在自动化部署方面，实现了批处理程序的自动化，减少了人为干预，节省了人力时间成本。

（2）实施和运行中的问题。

在实施和运行中普遍面临的一个问题是：建立分析模型所用的数据和运行中所用的数据存在差异，其原因包括数据质量问题、精度劣化问题、范围变化问题等。针对这些问题将在数据提取阶段检查数据质量，后续根据预测结果对模型进行持续优化。

（3）解决的问题方法。

针对数据质量问题，根据实际情况采取限制应用范围的方法，即当某机器某天的采集数量过少时，停止计算当天的模型并备注。针对精度劣化问题，采用不定期重新修正模型的方法，实现模型的自动修正。

（4）部署后的持续优化。

要想模型有生命力，模型运行过程中就要进行持续优化。优化的内容包括精度的提高、适用范围的扩大、知识的增加等。

模型精度很大程度上取决于数据的质量。特定数据的质量往往取决于基础维护和管理水平，而某些特定项目中使用数据的质量往往很差。因此，对模型所用原始数据、故障数据等进行规范化、标准化是优化过程中的重中之重。

2）应用效果

模型部署后，重点监控了6台模型预测为故障的挖掘机，并进行了现场派工检查。经调查发现：其中 3 台挖掘机液压泵无任何异常，且用户未反馈其他问题，另外 3 台挖掘机液压泵虽无异常，但调查发现了一些不影响挖掘机正常使用，而与液压泵有关联的一些异常表现，如憋车、动作慢等。总体来说，目前的实际应用效果还有待进一步提高，具体原因可能如下。

（1）目前数据缺少与泵压相关的一些重要参数，尤其是液压油的一些参数，如油黏度指数。

（2）实际问题往往不是一个单一的算法可以解决的，需要多个相关算法合理搭配组合，再结合机理模型进行综合考虑。

（3）液压泵故障是一个复杂的问题，液压泵故障会导致泵压降低，反过来泵压降低也可能是其他零部件故障或操作异常等导致的。

由于上述客观问题的存在，当前只能在现有数据条件基础上进行有限的优化，比如扩大样本量、试验不同的模型组合、优化异常判定模型等，以降低预测结果误报率，提升预测结果准确率。

参考文献

[1] ZHOU J，LI P，ZHOU Y，et al. Toward new-generation intelligent manufacturing[J].Engineering，2018，4(1)：11-20.

[2] 王晨，宋亮，王建民，等.智能制造中的群体智能[J].中国计算机学会通讯，2021，17(8)：36-44.

[3] 张尧学.大数据导论[M].北京：机械工业出版社，2021.

[4] 工业互联网产业联盟，大数据系统软件国家工程实验室.工业大数据分析指南[M].北京：电子工业出版社，2019.

[5] "面向高端制造领域的大数据管理系统"项目组.面向高端制造领域的大数据管理系统[M].北京：清华大学出版社，2021.

[6] 中国电子技术标准化研究院，全国信息技术标准化技术委员会大数据标准工作组.工业大数据白皮书(2019 版)[R].北京：工业大数据产业应用联盟，2019.

[7] 工业互联网产业联盟.工业大数据分析典型案例剖析[R].北京：工业大数据产业应用联盟，2021.

第11章

面向智能制造的工业软件与知识工程

11.1 工业软件与知识工程

11.1.1 工业软件及其发展历程

1. 工业软件定义与特点

1）工业软件的定义

目前，业界对工业软件的概念尚未达成一致，缺乏统一的标准描述。根据工业和信息化部电子第五研究所发布的《工业技术软件产业发展研究报告》及工业技术软件化产业联盟长期调研的结论，业界基本上认同工业软件是工业技术软件化的结果。《工业技术软件产业发展研究报告》中对工业技术软件化的定义为：利用软件技术充分实现工业技术/知识的持续积累、系统转化、集成应用和泛在部署的培育和发展过程，其成果是生产出工业软件，支持复杂工业流程，推动工业发展进步。

2）工业软件是工业知识的复用

工业软件具备以下特点：能够在数字空间和物理空间中定义工业产品和生产设备的形状和结构，控制其运动状态，预测其变化规律，优化其制造和管理流程，改变其生产方式，提升全要素生产率，从而被视为现代工业的"灵魂"。对工业软件的判断应当考虑两个关键点：首先，软件中的技术/知识以工业内容为主；其次，软件直接为工业过程和产品赋能增值。因此，在某些情况下，通用软件（如 Office、WPS、微信、钉钉、视频、图片、渲染软件、常用操作系统等）虽然在某些业务过程中可能被使用，但并不属于工业软件范畴。

3）工业软件的基本特征

（1）工业软件是工业技术和知识结合的产物。

工业技术/知识包括工业领域知识、行业知识、专业知识、机理模型、数据分析模型、标准和规范、最佳工艺参数等，构成工业软件的基本内涵。对于图形引擎、约束求解器、图形交互技术、工业知识库、算法库、模型库、过程开发语言、编译器、测试环境等，虽然单独评估时它们可能不具备明显的工业属性，却是构建工业软件必需的数字基础和有机组成部分，共同促进工业软件的发展。工业软件则被视为工业技术/知识的最佳"容器"，其源自工业领域的实际需求，是对工业领域研发、工艺、装配、管理等工业技术/知识的积累、沉淀和高度凝练。

（2）工业软件是对模型的高效最优复用。

软件的生命力在于模型。这些模型源自工业实践过程中的具体场景，是对客观现实事物的某些特征与内在联系进行模拟或抽象的产物。模型由与所分析问题相关的因素构成，体现各相关因素之间的关系。工业软件的核心优势在于对模型的最优复用。工业软件中常用的模型包括机理模型和数据分析模型。机理模型是根据对象、生产过程的内部机制或物质流的传递机理建立的精确数学模型。机理模型表达了明确的数理和因果关系，是工业软件中常用的模型。数据分析模型则是通过降维、聚类、回归、关联等方式在大数据分析中建立的逼近拟合模型。在大数据智能兴起之后，数据分析模型也经常以人工智能算法的形式应用于工业软件中。

（3）工业软件与工业发展息息相关。

工业软件源于工业需求，为工业而生、为工业而用、为工业而优化。业界普遍认可的第一款工业软件是 1957 年由"CAD/CAM 之父"Patrick J. Hanratty 博士开发的名为"PRONTO"的数控程序编制软件。在 20 世纪 60—70 年代，诞生了许多知名的工业软件，大多是工业巨头根据自身产品研制的迫切需求自行开发或重点支持的。例如，美国洛克希德公司开发的 CADAM，美国通用电气公司开发的 CALMA，美国波音公司支持的 CV，法国达索公司开发的 CATIA，美国 NASA 支持的 I-DEAS，等等。各种类型的工业软件都诞生于工业领域的实际需求和应用，并由工业巨头主导整个市场。工业软件作为数字化的产品创新工具，不断吸收最新工业技术和信息通信技术，快速按照工业场景的要求反复迭代，并在工业的各细分领域得到快速部署和应用。如今中国的工业企业几乎全部使用工业软件，即使是在中小企业的工作场景中，大部分也使用了 1~2 种工业软件。工业软件要不断推出新的功能，同时工业界在实践应用中也要对工业软件进行"反哺"和实际打磨，以形成一种双方长期积极互动的双赢局面。

（4）工业软件是现代化工业水平的体现。

工业软件融合了"工业"和"软件"两个要素。我们不应仅从工业或软件的单一角度理解，而应从这两个要素相互影响的角度理解。一方面，工业软件的先进程度受现代化工业水平的影响。工业软件是在工业基础上发展起来的，脱离工业场景，工业软件就会失去支撑，因此工业生产工艺、设备等方面的发展程度决定工业软件的发展程度。另一方面，工业软件的先进程度影响着工业的效率水平。现代化工业需要全过程自动化、数字化的研发、管理和控制，而工业软件则是提升工业生产力和生产效率的手段。

（5）工业软件是先进软件技术的融合。

软件工程领域的技术进展会被迅速吸收、融入工业软件。工业软件不仅展现先进的工业技术，还是各种先进软件技术的交汇融合。以工业软件的人机图形交互界面为例，早期的人机交互界面采用"借用屏幕"模式，一旦进入软件交互界面就无法执行其他操作，但是随着多窗口技术的出现，工业软件也迅速发展出了多窗口发展技术；随着 Web 技术的成熟发展，工业软件也从 C/S 部署迅速发展到 B/S 部署；如今随着云计算的成熟，又从 B/S 迅速发展到基于云的订阅式工业软件（如云 CAD 等）。算力对工业软件的支撑效果也非常显著，特别是在芯片计算速度提高及多主机高性能并行计算技术成熟后。过去需要漫长等待的复杂仿真计算问题，随着算力的极速提升而得到解决。

（6）工业软件的研发成本高。

与一般软件研发不同，工业软件的研发具有难度较大、体系设计复杂、技术门槛高、硬件成本高、复合型研发人才紧缺、可靠性要求较高的特点。据估计，一般大型工业软件的研发周期为 3～5 年,而被市场认可则需要大约 10 年。此外,工业软件的研发投入非常高。以全球最大的 CAE 厂商 ANSYS 为例,他们每年的研发投入约为 20 亿元人民币。这种高额的研发投入形成了较大的行业壁垒,短时间内很难有其他公司超越工业软件巨头。另一个不容忽视的事实是,工业软件的成功经验很难复制。即使有足够的研发经费,也并不意味着可以轻易复制某个工业软件巨头的成功过程。要打破工业软件的现有固化格局,在激烈的市场竞争中生存并脱颖而出,不仅需要高超的技术能力和足够的资金实力,还需要难得的市场机遇和运气。

(7) 工业软件的可靠性和安全性要求极高。

工业软件作为现代工业技术和信息通信技术相互融合的成果,在推动工业产品创新发展、确保产业安全、提升国家整体技术和综合实力方面发挥着至关重要的作用。一行代码在庞大的软件程序中可能微不足道,但软件的特性决定了一行代码的错误可能导致整个软件运行结果的错误,进而引发软件失效、系统宕机,甚至导致某种运行装备停工停产。因此,工业软件作为生产力工具为工业产品的研制和运行提供服务时,对功能、性能效率、可靠性、安全性和兼容性等有着极高的要求。合格的工业软件产品应具备功能正确、性能效率高、可靠性强、数据互联互通等特点。因此,研发合格的工业软件产品,需要针对工业软件研制全生命周期构建测试验证体系,以确保工业软件产品的质量水平。

2. 工业软件发展的三个阶段

可将 60 多年的工业软件发展历史大致分为三个阶段。

1) 多种工业软件的初创与成长(20 世纪 50 年代末到 70 年代)

自 1957 年 PRONTO 面世后,20 世纪 60 年代,美国麻省理工学院的 Ivan Sutherland 及其团队开发出了第一款 CAD 软件 Sketchpad。NASA 于 1966 年开发了世界第一套通用型有限元分析 CAE 软件 NASTRAN,并于 1969 年推出第一个版本。同年,PLC 诞生,梯形图成为机器编程的常规手段,并沿用至今。PLC 被德国人视为第三次工业革命的起点。EDA 工具起源于 20 世纪 70 年代,电路布线布局等工具开始出现,70 年代初期电气工程师 Randy Reed 在加州大学伯克利分校开发了一款名为 Auto-Router 的软件,可以帮助工程师快速、准确地将电路设计转换为 PCB 布局。剑桥大学研究团队从 1968 年开始研究首款三维 CAD 系统 DUCT(动态用户坐标系统),该系统后来商业化并发展为知名的 CAM 软件 Delcam。麦道公司于 1972 年开发 UNIAPT 软件,1978 年发布了 UG R1 版本,UG 软件先被 EDS 公司收购,最终转至西门子旗下。这一时期的工业软件特点是以航空、航天军火商或汽车类工业巨头企业为主体,根据企业产品研制的迫切需求自行研制、重点支持或合作开发。如美国洛克希德公司开发的 CADAM,美国 GE 公司开发的 CALMA,德国大众公司开发了 SURF 系统,法国雷诺公司开发了 Unisurf 系统、西屋电气的业务场景孕育了 STASYS(ANSYS 前身)等。

2) 工业软件形成当今之基本格局(20 世纪 80 年代到 2000 年)

20 世纪 80 年代,三大 EDA 软件 Mentor、Cadence、Synopsys 集中诞生;1981 年 AspenTech 公司成立,专注开发用于工厂生命周期设计、运营和维护的 Aspen 软件;1987 年 Wonderware 公司开发出第一套基于微软视窗操作系统的工业及过程自动化领域的组态软件 InTouch;20 世纪 90 年代,SAP 和 Oracle 推出以财务、人力、生产制造为核心模块的软件产品，同时出现了一批 PDM（产品数据管理）软件，如 Metaphase（Teamcenter 的前身）、Windchill、MatrixOne、Agile、Enovia 等。21 世纪，PDM 软件普遍升级为 PLM（产品生命周期管理）软件。这一时期很多工业软件厂商开始走上资本兼并与重组之路，形成了达索、SDRC、UG、PTC、ANSYS、Cadence、Mentor、Oracle、西门子、Rockwell、ABB 等一大批欧美工业软件领域巨头，形成了传统工业软件格局，基本延续至今。

3）工业软件迈入新工业革命时期（2010 年至今）

计算机软件、硬件、网络等技术的飞速发展，计算框架的快速迭代，使智能制造、工业云平台、工业互联网、工业 App、SaaS、数字孪生等新型工业软件和服务模式登上了历史舞台，开始了工业流程的数字化、网络化、智能化实践，如工业云平台可以帮助企业实现云端的数据存储、计算、分析和服务，工业互联网平台和工业 App 可以帮助企业实现"人-机-料-法-环-侧"等广义工业终端的互联互通和协同作业，数字孪生可以帮助企业实现数字世界与物理世界的精确映射和数据交互，AI、物联网、区块链等新技术可以帮助企业实现智能识别、趋势预测、产品优化和自主决策。这一时期，涌现出了 Predix、MindSphere、ThingWorx、UCloud、Predix、3DEXPERIENCE、Simcenter 等工业互联网平台、工业云平台、工业智能平台。另外，Azure IoT Hub、AWS、Bosch IoT Suite、Hyperledger Fabric、TensorFlow、Rainbird、Infosys Nia、Wipro HOLMES、Dialogflow 等 AI、物联网、区块链平台也开始与工业软件相互融合。基于知识集成与重用的 AI 大模型技术，也逐渐进入工业软件领域。

工业技术软件化的伟大历史进程仍然在持续演进，工业领域的知识工程一直在与工业技术软件化的历史进程同频共振。

11.1.2　工业技术与知识的软件化

1. 工业技术范畴体系

工业技术软件化，由"工业""技术""软件""化"这四个词组成。其中对于工业和技术的理解非常关键。关于工业的定义，国家统计发布的《国民经济分类标准》（GB-T 4754—2017）对工业做了清晰的界定，由 B 门类采矿业、C 门类制造业、D 门类能源业组成，三大门类包含 41 个大类，207 个中类，666 个小类，无论是哪个细分行业，哪种产品，哪个企业的研发、生产、维护与经营，都归属于工业范畴。

关于技术，很多人都尝试给出定义，试图对其进行较为准确的描述。世界知识产权组织在 1977 年出版的《供发展中国家使用的许可证贸易手册》中，给出了技术的定义："技术是制造一种产品的系统知识，所采用的一种工艺或提供的一项服务，不论这种知识是否反映在一项发明、一项外形设计、一项实用新型、一种植物新品种，或者技术情报或技能中，或者反映在专家为设计、安装、开办或维修一个工厂或为管理一个工商业企业或其活动而提供的服务或协助等方面。"由上述定义可知，技术是知识大家族中的一员，是一种系统化、规则化的知识体系，其目的在于引导人们共同协作，完成复杂的任务。从力量上说，知识是技术创新、社会发展的原力。知识原力，千百年绵延发展，赋能于人类社会的方方面面，近三百年来形成了庞大的工业知识体系。没有知识和技术，就没有机器，就没有工业，就没有工业品。从本质上说，工业技术既可以是一种无形的、非物质化的知识（如某些附属于人脑或附属于软件的经验、技能、诀窍等），也可以是一种有形的、物质化的知识（形式化的图文/资料/书籍，较好地表达了设计原理的产品实物、模型等）。

工业技术构成了一个广泛而复杂的体系,涵盖从产品概念设计到市场销售,再到回收报废整个生命周期中的各环节,包括功能需求的确定、机理模型的建立、详细设计的制定、生产制造的实施、工艺工装的设计、检测实验的进行、设备操作的规范、现场安装的执行、维护维修的实施、运营服务的提供、仓储物流的管理、企业管理的运营、市场销售的推广,以及回收报废的处理,同时还要符合标准规范的要求。这些环节构成了企业解决技术、产品、管理和经营问题必需的系统化知识,是企业持续发展的重要生产要素。

2. 产品全生命周期中的工业知识

知识工程在现代工业企业的运作中起着核心作用。例如,工业生产全周期中,各个环节都存在着可挖掘、可存储、可重用的知识,如图11-1所示,在全周期中存在着产品设计知识、产品制造知识、生产调度知识、产品装配知识,以及诊断与维护知识,这些知识各自涉及工业生产的不同环节,又互相紧密关联。为完成这些任务,必须以整体的方式考虑生产和运作多个层面的各种因素。以过程工业中的操作优化为例,由于很难建立准确的数学模型,过程优化和控制的操作参数选择和设置都依赖经验丰富的工程师进行现场控制。这需要工程师能够完成以下知识工程任务:分析工艺机理、判断工况、全面计算能源效率,并做出操作决策。在规划和调度层面,需要考虑人力、机器、材料和能源等生产因素,及其时间、空间分布和相关性。在管理层面,决策过程需要考虑内部生产能力、外部市场环境及相关的法律、法规、政策和标准。为获得竞争优势,企业还需投资开发用于知识获取、存储、检索和

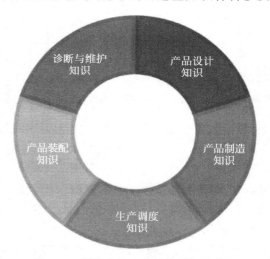

图 11-1　贯穿产品生命周期的知识管理

重复利用的先进工具。随着自然语言处理和知识发现等人工智能技术的发展,这些工具积累的知识记录也可为未来更激动人心的发展铺平道路。

1) 产品设计知识

工程设计是一个知识密集型的过程,设计人员在整个过程中需要大量的信息支持。先前的研究表明,工程师将近60%的工作时间用于各种类型的信息相关活动。这些活动包括使用软件包处理信息、促进基于知识的工程分析,以及与同事分享知识以改进决策。

一种特定类型的计算机系统,可在设计过程中为设计人员提供支持,被称为设计支持系统(DSS)。Mulet 和 Vidal 研究了一个基于知识的 DSS 可能实现的功能:①支持和可视化设计理念的演变;②建立创造力支持环境;③进行知识管理;④支持协作工作。DSS 有助于实现设计过程中的具体操作,以及这些操作之间的过渡。为展示 DSS 在整个设计过程中提供的不同类别的知识支持,从 Pahl 等的经典设计过程模型中简化出了一个流程,在流程中共有 8 个实体,即要求规范、功能、子功能、3D 模型、2D 绘图、分析方法、制造和使用与回收,如图11-2所示。确定了 4 种类型的过渡,用于描述这些实体之间的关系。例如,需求由功能完成,而功能被分解为子功能。然后子功能通过 3D 形状模型实现,这些模型可被下

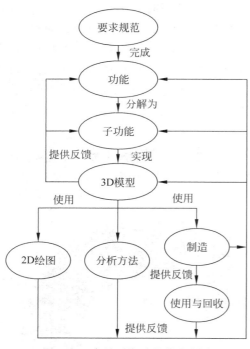

图 11-2　产品开发过程的流程图

游实体使用，比如 2D 绘图、分析方法、制造，甚至产品的使用与回收。此外，实体之间还定义了一种特定的关系，称为"提供反馈"。

2）产品制造知识

产品制造指的是原材料经过多道工艺，在不同的技术过程和生产参数下成为成品的过程。经过多年的发展，现代企业已经具备了良好的信息技术基础，并产生了大量的生产加工数据，如模型、计划、报告等。这些生产过程产生的记录和结果包含丰富的实际经验、加工规则和实施方法。如何将存在于个体中并分散在不同生产阶段的知识转化为公开、有组织、便于传播共享和再利用的知识，是提高生产效率的重要手段。

3）生产调度知识

生产调度是连接生产计划和制造执行的缓冲阶段，对制造效率至关重要。调度是指安排工件的生产顺序并分配相应的生产资源以优化制造成本和完工时间等客观函数的过程，这些函数受特定约束条件的影响，包括工艺顺序、产品交付日期、设备加工能力等。庞大的生产数据中蕴含着丰富的生产调度知识。经过挖掘可以得出有价值的规则，这些规则有助于生产调度领域知识的管理和决策优化，并能提高调度解决方案的可行性和效率。

专家知识系统通常用于处理这些调度问题，通过捕捉调度专家的知识形成知识库。与传统的调度方法相比，专家知识系统可结合定性和定量知识、处理复杂信息关系并具有速度和效率等优势。然而，目前专家知识系统大多基于专家经验，常常存在主观性强、依赖部分属性、多源知识冲突、查找知识存在延迟等缺陷。因此，寻找一种高效灵活的车间作业调度知识获取方法具有重要的理论意义和实用性。

4）产品装配知识

产品装配是机械产品生命周期中最重要的步骤之一，占据总生产时间的 30%～50% 以及总生产成本的 30% 以上。复杂产品的装配过程涉及顺序规划、装配资源分配和路径规划等步骤，每个步骤都需要分布式异构制造资源的协作。其中大部分活动是知识密集型的，并高度依赖长期积累的个人经验。

随着制造产品的迭代和升级，复杂的产品结构和流程给产品装配带来了更大的困难，同时积累并保存了大量的装配历史数据。然而，由于装配数据具有多方面特征且数量庞大，缺乏有效的组织形式，难以为装配工程师提供易于使用的知识获取服务，导致企业的生产流程低效，并影响了企业竞争力。另外，现代工业装配设计大多依赖计算机辅助技术。设计过程依赖设计师的专业知识和经验。装配知识的重复利用可基于装配设计过程中存储在知识库中的装配知识。除了关联关系，它还可为当前装配设计提供辅助建议和决策，这些都有助于提高设计效率。

5）诊断与维护知识

维护和检修对于高精密加工设备等复杂设备的运行至关重要。在维护和检修任务中，故障诊断是一个典型且具有挑战性的任务，涉及多个学科和多个部门。故障诊断的最终目标是根据诊断结论制定合理、有效的设备维护策略，指导生产过程中对诊断和维护的有效实施，从而降低设备维护成本。机械故障的复杂性使自动化故障识别和处理变得困难，通常需要故障诊断专家和维护技术人员的人为干预。主要原因在于存在大量非结构化的故障数据和诊断经验知识，难以标准化和简化故障诊断推理过程。

随着工业自动化和物联网技术的快速发展，对手动操作的依赖逐渐减少，工业场景中的故障诊断对在线分析的准确性、适应性和响应时间提出了更高的要求。诊断和维护过程中的知识和经验具有异质性和多源性的特点，设备维护和故障诊断涉及从设备制造、调试到报废的整个过程，关键的维护要素隐藏在生产环境庞大的信息流中。此外，维护和诊断知识来自设备状态监测数据和维护技术人员的经验思维。其异质和多源的知识结构具有很大的不确定性，需要一种系统、全面的知识管理方法，实现诊断和维护知识的表达和推理。

3. 融入知识的工业技术软件化

工业和信息化部发布的《工业技术软件化白皮书（2020）》给出如下定义：工业技术软件化是一种充分利用软件技术，实现工业技术/知识的持续积累、系统转化、集智应用、泛在部署的培育和发展过程，其成果是产出工业软件，推动工业进步。

工业技术软件化由"工业技术"和"软件化"两个词组组成。

工业技术/知识是一个非常广泛的范畴，如前所述，所有用于工业过程的知识、经验、技巧、原理、方法、标准等都属于工业技术范畴。软件这个术语好理解，而软件化中的"化"字，具有性质或形态改变的意思，因此，软件化的意思有两个：一是将某些事物或要素（如工业技术/知识）从非软件形态变为软件形态，或由软件外变为软件内；二是用软件定义、改变这些事物或要素的形态或性质。软件化，是强调"化"的过程，即要关注如何伴随着工业化的进程实现工业技术软件化的过程，工业技术/知识从哪里来，如何让工业技术/知识进入既有软件，如何将工业技术/知识开发成新软件，如何设计开发过程的流程与模式等。

在智能制造时代，人、软件、机器基本上处于"共生"状态。可将工业技术软件化看作传统的知识管理，它是工业技术/知识的显性化、模型化、数字化、系统化和泛在化，是不断提高人/机使用知识效率的一个综合发展的过程。

工业技术软件化产生了各种形态的工业软件。基于对经典知识发生学的认识，工业技术/知识来源于人，工业技术/知识软件化之后，由人和机器使用，同时为人和机器赋能，以辅助人创造更多、更好的产品。随着包含海量硅基知识的工业软件不断转化和替代碳基知识，软件借助芯片不断进入机器，海量"人智"转为"机智"，机器变得越来越智能，而智能机器（含"软件机器人"）已开始替代人进行思考和推理，自动合成和创造各种知识（例如基于"软件＋算法＋算力"的 GPT-4 等大模型），向人展示和示范某些研究团队见所未见、闻所未闻的工业知识，同时又将这些新知识写入工业软件，由此形成工业技术软件化的迭代发展逻辑。

11.1.3 工业软件是工业技术软件化的结晶

工业技术软件化始于第三次工业革命，它一直是工业化进程中一个先导的、主要的、基础性的组成部分。在工业技术软件化进程中，相继诞生了工业软件、自用软件、定制软件、工业 App、工业互联网平台、数字孪生等支撑智能制造发展的工业"软装备"。

1. 人类知识软件化是总体趋势

传统上，人类习惯于用人脑和纸介质存储、运算和传承知识，业界将这种形式的知识称为"碳基知识"，将计算机中存储、计算和传输的以芯片为载体的数字化知识称为"硅基知识"。人类知识软件化就是将"碳基知识"转化为"硅基知识"的过程，与人类知识的数字化、比特化、计算机化是同一含义。这一过程包含丰富、复杂的内容，带动了各行各业知识的软件化。工业技术软件化是人类知识软件化过程中紧紧围绕工业发展、不断使工业知识进入工业软件的一个发展主干。人类知识软件化大趋势如图 11-3 所示。

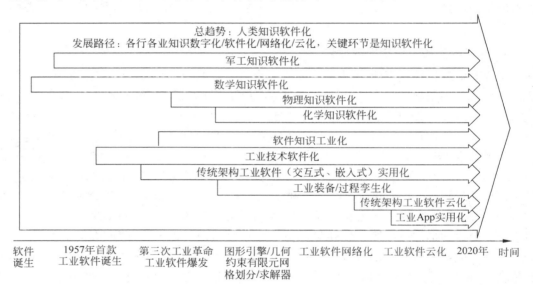

图 11-3　人类知识软件化大趋势

在工业技术软件化主干上，伴随着传统架构工业软件（交互式、嵌入式）实用化、工业装备/过程孪生化、传统架构工业软件云化、工业 App 实用化等过程，同时伴随着"软件技术（图形用户界面(GUI)交互技术、软件工程、架构等)工业化"的发展路径。另外，数字、物理、化学知识的软件化(如分子动力学分析软件)也在蓬勃发展，其发展成果亦以基础知识的模式，不断形成几何建模引擎、几何约束求解器、图形引擎、网格剖分引擎、数据转换引擎、高性能计算引擎等方式，融入各种类型的工业软件。

2. 编程语言决定了人类知识软件化的速度

计算机本身是计算工具，因此，数学知识软件化历史几乎与计算机历史一样长。在第二次世界大战时期(1939—1945 年)，军方率先将计算机用于战争，用数学知识进行弹道计算、报文的加密/解密、后勤支援等，很多国家都开始开发计算机和软件程序，汇编/宏汇编语言是软件早期形态。以美国为例，其在该阶段开发了大约 200 个汇编/宏汇编语言软件，其中 100 个用于军事与国防领域,75 个用于科学领域。

3. 高级语言的出现促成了工业软件的诞生

20 世纪 50 年代中后期,以 FORTRAN 为代表的高级编程语言陆续问世,使软件程序开发工作变得得心应手。高级语言面世后,"工业 + 技术 + 软件"中各项要素均已具备,工业技术软件化迈出了实质性的第一步,工业技术/知识开始"化"入计算机软件:世界上首款工业软件 PRONTO 诞生,它是一个编制数控程序的 CAM 系统,由"CAD/CAM 之父"Patrick J. Hanratty 博士于 1957 年在 GE 工作时开发。

4. 对工业软件分类的若干思考

工业软件的分类维度和方法长期存在多样性,目前国内外尚未形成公认的统一分类标准。因此有必要对其开展系统研究。

1) 国家标准提出的工业软件分类方法

《软件产品分类》(GB/T 36475—2018)将工业软件(F 类)分为工业总线、计算机辅助设计、计算机辅助制造、计算机集成制造系统、工业仿真、可编程逻辑控制器、产品生命周期管理、产品数据管理、其他工业软件,共计九大类。

2) 工业和信息化部运行局给出的工业软件分类

2022 年 11 月,经国家统计局批准、工业和信息化部发布的《软件和信息技术服务业统计调查制度》中,将工业软件划分为产品研发设计类软件、生产控制类软件、业务管理类软件(表 11-1)。

表 11-1　软件和信息技术服务业统计报表中工业软件分类示例

E101050000	1.5 工业软件	备　注
E101050100	1.5.1 产品研发设计类软件	用于提升企业在产品研发工作领域的能力和效率。包括 3D 虚拟仿真系统、CAD、CAE、CAM、CAPP、PLM、过程工艺模拟软件等
E101050200	1.5.2 生产控制类软件	用于提高制造过程的管控水平,改善生产设备的效率和利用率。包括工业控制系统、MES、MOM、PDM、操作员培训仿真系统(OTS)、调度优化系统(ORION)、先进过程控制(APC)系统等
E101050300	1.5.3 业务管理类软件	用于提升企业的管理治理水平和运营效率。包括 ERP、SCM、CRM、人力资源管理(HEM)、企业资产管理(EAM)等

3) 基于存在形式的工业软件分类

根据工业软件的存在形式,可以分为嵌入式工业软件和交互式工业软件两种类型。

嵌入式工业软件是嵌入各种装备控制单元中的工业软件,通常以固件形式出现,大多没有交互式图形界面。交互式工业软件是安装和运行在通用计算机或工控计算机中的工业软件,基本上都有交互式图形界面。

嵌入式工业软件广泛应用于汽车、飞机、船舶、宇航器、工程机械、仪器仪表、电力设备等现代装备或设施中,占装备成本的 20%～60%。然而在统计中,这类费用通常被归入硬件设备销售额,未单独核算。

4) 基于软件架构的分类方法

基于软件架构,可将工业软件分为传统架构工业软件和新型架构工业软件。传统架构工业软件基于单机或局域网本地部署,遵从 ISA95 的五层体系,采用紧耦合单体化架构,软件功能颗粒度较大,同时功能综合且强大。新型架构工业软件往往基于 Web 或云端部署,从传统的五层体系转向扁平化设计,采用松耦合的分布式微服务架构,功能颗粒度较小,聚焦单一或特定场景需求。目前部署在工业互联网平台上的工业 App 或云架构软件就属于新型架构工业软件。基于华为工业云开发的工业软件也属于新型架构工业软件。

5）基于产品生命周期的聚类分类方法

按照产品生命周期业务环节,可将传统架构工业软件大致划分为研发设计类软件、生产制造类软件、运维服务类软件和经营管理类软件,这是一种在业界较为常用的传统分类方法（表 11-2）。

表 11-2　工业软件基于产品生命周期的聚类分类

类　　型	包 含 软 件
研发设计类	CAD、CAE、CAPP、PDM、PLM、电子设计自动化（EDA）等
生产制造类	PLC、DNC、DCS、SCADA、APS、环境管理体系（EMS）、MES 等
运维服务类	资产性能管理（APM）,维护、维修和运营（MRO）管理,故障预测与健康管理（PHM）等
经营管理类	ERP、财务管理（PM）、SCM、CRM、人力资源管理（HRM）、企业资产管理（EAM）、知识管理（KM）等

6）基于工业软件基本功能的分类方法

根据基本功能可将工业软件分为工研软件、工制软件、工管软件、工维软件、工量软件、工试软件、工控软件等,也是一种新型的工业软件分类方式（表 11-3）。

表 11-3　工业软件基本功能分类及内涵解读

软 件 类 别	软件功能或作用
工研软件	以广义仿真为主导的 CAE,包含 CAD、CAT 等软件
工制软件	面向生产制造的加工、工艺、工装等软件,如 CAM、CAPP、MES、3D 打印等
工管软件	以企业管理为主导的工业管理软件,如 PLM、ERP、WMS、QMS 等
工维软件	维护、修理、大修、故障与健康管理等软件,如 MRO、PHM 等
工量软件	工业计量、测量或探测等软件
工试软件	工业试验、实验或测试用软件
工标软件	工业标准与规范软件
工控软件	工业过程控制软件、组态软件、设备嵌入式软件等
工链软件	企业供应链、工业物流、生产物流软件,如 SCM、SRM 等
工互软件	工业云、工业物联网、工业互联网、工业互联网平台软件
工应软件	工业自用、工业 App 软件
工采软件	工业矿山、油田开采（勘探、采矿、采伐、筛矿）类软件
工材软件	工业材料类软件等
工能软件	工业能源、能量、能耗管理软件等
工安软件	工业信息安全软件（杀毒、拒黑客、阻后门、密钥等）
工数软件	工业数据分析软件、工业大数据软件等
工智软件	工业智能软件、工业用 AI 软件等
其他	其他类型工业软件

7）基于企业经营活动特征的分类方法

通常企业的经营包括三个维度：业务执行维、业务管理维和业务资源维。如表 11-4 所示，三个维度的各阶段、各领域及各种资源都有相应的工业软件支撑。

表 11-4 基于企业经营活动特征的工业软件分类

大类/子类		内　容	备　注
业务执行维	业务操作工具	需求工具软件	需求分析（RA）工具
		研发工具软件	包括 CAD、CAE、EDA、系统建模（SysM）、系统分析（SysA）等
		制造工具软件	包括 CAM、PLC、APS 等系统
		营销工具软件	卖场运行（SO）系统
		供应工具软件	仓储管理系统（WMS）
		运维工具软件	设备维护系统（EMS）
	业务过程系统	需求过程系统	需求工程（RE）系统
		研发过程系统	包括研发管理系统 RDPS、MBSE 系统等
		制造过程系统	包括 MES、ALS 等系统
		营销过程系统	CRM 系统
		供应过程系统	SCM 系统
		运维过程系统	维护、维修和运营（MRO）系统
业务管理维		数据管理系统	PDM 系统
		需求管理系统	需求管理（RM）系统
		质量管理系统	质量管理（QM）系统
		项目管理系统	项目管理（PM）系统
		市场管理系统	市场管理（MM）系统
业务资源维		知识管理系统	KM 系统
		设备管理系统	EAM 系统
		采购管理系统	采购管理系统（PMS）
		人力资源系统	人力资源（HRM/HCM）系统
		成本管理系统	成本管理系统（CMS）
		财务管理系统	财务管理系统（FMS）

（备注：业务管理维——PLM 是各分系统集成而成的平台形态；业务资源维——ERP 是各分系统集成而成的平台形态）

8）其他工业软件分类方法

对原材料进行勘探、测量、分析与加工的软件，对电力、燃气、生物等能源进行管理、检测与维修的软件，以及对物料、工具、技术、人力、信息和资金等制造资源进行加工与管理的软件等。此外，按算法类型可分为常规算法软件与人工智能算法软件；按工业信息化与自动化程度则分为工业信息技术软件和工业运营技术软件。

综上所述，工业软件基于不同的维度和侧重点有不同的分类方法，没有统一的标准，业界一般根据应用场景选择适用的分类方法，但从术语简明性、内涵清晰度及行业通用性角度考量，目前较常用的是基于产品生命周期、基于软件架构、基于存在形式的分类方法。

11.2 企业实施知识工程的重要意义

《知识工程与创新》一书较为详细地总结了中国航空工业集团有限公司首次实施知识工程的经验和做法，给出了知识工程的定义：依托 IT 技术，最大限度地实现信息关联和知识关联，并将关联的知识和信息作为企业智力资产，以人机交互的方式管理和利用，在利用中提升其价值，以促进技术创新和管理创新，提升企业的核心竞争能力，推动企业持续发展的全部相关活动。

11.2.1 企业知识是极其重要的智力资产

当今企业的竞争已不再局限于资金和物质资源的竞争，更多地转向知识和智力资产的角力。在信息爆炸的时代，企业拥有的知识资产已成为其最宝贵的财富之一。然而，令人担忧的是，在许多企业中，工业技术和知识的积累却存在严重的缺位。这一现象不仅影响企业的创新能力和市场竞争力，还严重地制约其长期发展潜力。因此，深入认识并有效管理企业的知识资产已成为当今企业管理者亟须面对的重要课题。

1. 工业技术/知识的积累严重缺位

中国工业化进程中，企业普遍不注重甚至完全忽视工业技术/知识的积累，这是一个未得到足够重视的重大问题。工业是一个知识密集的领域，任何工业的具体环节都由相应的工业技术/知识支撑，而且在具体的工作过程和结果中，也不断有新的工业技术/知识产生和涌现。但绝大部分企业都没有进行工业技术/知识积累，工业技术/知识在企业存在各种形式的流失现象，这一问题尚未得到妥善解决。

尽管很多企业都成立了相关的情报室、资料室等，但大多数设施形同虚设，只是一些外部技术资料的堆砌和汇总，本企业的研发成果和工业技术/知识的发现、梳理、汇总基本没有进行。这种现象的形成有多方面的原因：首先，政策上缺乏对工业技术/知识积累的指导，导致企业在这一方面缺乏明确的方向和支持；其次，企业家对工业技术/知识积累的重要性缺乏足够的重视，更多地关注眼前利润和市场竞争，而忽视了长期发展的基础；再次，企业管理缺乏完善的制度和机制，未能有效推动工业技术/知识的积累和传承；最后，在一线员工中，对于工业技术/知识的积累缺乏足够的重视和行动，导致这一问题在实际工作中持续存在并不断加剧。

2. 对工业软件是关键生产要素的重要性认识不足

对工业软件是关键生产要素的重要性认识不足，是制约中国工业发展和创新的一个重要问题。工业技术软件化的结果是工业软件，它不仅是传统生产要素的补充，也是创新发展的重要支撑。技术/产品/管理创新的有效路径与方法，是通过重新组合各种生产要素和生产条件，将其转化为生产力的创新形式。然而，过去人们普遍重视土地、人力、资金等传统生产要素，却长期忽略了知识/技术，特别是承载了工业技术/知识的工业软件的重要作用。

如今，工业软件不仅作为创新工具开发新产品，而且作为创新要素嵌入产品，已成为实现熊彼得提倡的"重新组合生产要素和生产条件"的具体实践。然而，对工业软件是关键生产要素的认识依然不足。许多企业对工业软件的投入仍停留在基础水平，未能充分认识其在提高生产效率、优化生产流程、提升产品质量、拓展市场空间等方面的重要作用。

3. 研发人员遇到的与知识有关的问题

研发人员在工作中面临着诸多与知识扩散相关的问题，这些问题不仅影响研发项目的进展，也影响企业的创新能力和竞争力。截至目前，绝大部分企业未能形成一套完整的工业技术/知识的有效管理体系。特别是企业内的核心知识——研发经验，由于其多属于隐性知识、离散知识甚至是碎片化知识，因此处理知识流失及其有效扩散的实际情况堪忧。《知识工程与创新》一书中列举的工业技术/知识当年在沈阳飞机设计研究所面临的各种问题如下。

（1）研发项目进行时没有及时发现和认真记录问题与解决问题的知识。

（2）项目完成或质量问题归零后没有及时总结和提炼其中产生的知识。

（3）总结和提炼后的知识（项目总结文件）堆放在文件柜或情报室里。

（4）现存的知识缺乏挖掘（显性化）与梳理（公有化）。

（5）挖掘出的知识缺乏良好的知识表达和知识组织（结构化）。

（6）知识只能以传统的纸介质方式记录，难查难记，更难融会贯通。

（7）知识零散分布，高度碎片化，无法集中与分享。

（8）只能依靠人脑的"记忆"与"悟性"使用，理解和消化周期长。

（9）只能依靠专家、学术带头人的"高见"解决问题，影响范围有限。

（10）知识依附于人脑，任何人员的变动（如调动、跳槽、出国、退休、意外等）都可能影响企业知识的完整性和有效性，甚至造成企业智力资产不可挽回的损毁。

（11）提炼出的知识未在全企业得到应用，A科室已经解决的问题，可能又要在B科室解决一遍，甚至A科室几年后重复解决了一次，造成人力、物力和投资的浪费。

（12）企业研发人员习惯于使用常识和本专业知识解决问题，不习惯使用或根本无从了解其他专业或学科的知识。

这些问题的存在，使企业在研发过程中难以有效地积累和传承知识，进而影响企业的创新能力和竞争力。因此，建立完善的知识管理体系，提高知识的显性化和公有化程度，培养员工的跨学科综合能力，是解决这些问题的关键。

4. 传统知识管理工作需要转型升级

传统知识管理工作需要转型升级，即使是已经在开展知识管理工作的企业，它们在工业技术/知识积累和管理方面的水平也各不相同。一些企业建立了"应知应会手册"，通过纸介质进行知识管理，实现了知识的显性化和组织化。另一些企业不仅拥有大量的纸质图文资料，还建立了完善的知识管理制度，做到了制度化管理。更进一步的企业对纸质图文资料进行了数字化处理，形成可以检索的数字化知识库，实现知识的数字化和系统化。甚至有些企业规定，研发流程中的某些环节必须检索有关知识库和相关标准，实现知识的强化与规范化应用。

尽管以上工业技术/知识管理模式在逐步完善，但大部分高价值的工业技术/知识仍然保存在某些知识库中，尚未进入软件使用流程，即没有实现工业技术/知识的软件化。这意味着这些知识无法方便地在研发流程中被研发人员调用，从而限制了知识的有效利用及其价值的发挥。

11.2.2 如何将碳基知识转为硅基知识

企业不断实现工业技术/知识的显性化、组织化、模型化和算法化表达，使机器能够借助人类赋予的算法和知识（"人智"），替代人类进行一些危险、劳累、重复、单调无趣的工作，是完全有可能的。例如律师、记者、部分医生、高危现场的工人等，已经开始出现这种趋势。甚至在某些特定领域，如下围棋、下国际象棋、编写新闻、回答问题等，机器的智能（"机智"）已经超过了人类。如果能够更多地将"人智"转化为"机智"，使传统机器变为"智能机器"，如果能够开发出更多的自主可控工业软件，如果工业技术/知识能够更多地软件化，那么就可能将大量的知识型技术人员从重复性劳动中解放出来，使机器生成产品，而解放出来的技术人员则可以从事知识生产，更轻松地管理机器。

企业中传统的知识形态主要有 4 种：碳基知识、实体固化知识（固化在产品实体中的知识）、实体活动知识和流程知识。这些知识形态在工业生产中扮演着重要角色，而将它们更多地软件化，将有助于提高生产效率、优化资源配置、降低生产成本，并推动企业向智能化、数字化转型迈进。

1. 碳基知识转化为硅基知识

固化、僵化与脆弱的碳基知识属于传统工业要素，受到时空严重限制，不易传播。常见的碳基知识可分为两类：一类是存储在人脑记忆中的隐性知识，另一类是以图形、图像、符号、文字等形式记录和展示在纸面（或其他物理实体）上的显性知识。

将碳基知识转化为硅基知识需要的两个关键步骤如下。

（1）知识管理：企业需要有计划、有组织地采集、汇总、盘点既有的内部和外部碳基知识。内部知识通常从产品生命周期和工厂生命周期的各工作节点中进行提炼和积累，而外部知识则常常通过企业间的合作获取。将员工头脑中的隐性知识转化为显性知识是一个难点，可通过企业内部的线上/线下会议等方式不断交流沟通，创造和改善使隐性知识显性化的条件和环境，持续推动这项工作。

（2）知识数字化：这一步骤涉及将各种碳基载体知识，如资料、模拟量、文档、图纸等，用二进制比特数字表达，从而使其可以进入计算机进行存储和计算，变成可操作的硅基知识。具体实现方式包括扫描转换、传感器采集、人机交互软件生成等技术手段。文字、符号等可以用 ASCII 码表达，而实物、图形、图像、模型等则可以通过计算机软件建立相应的数字映射或数字孪生。

2. 实体固化知识转化为硅基知识

企业制造资源以"产品人机料法环测"为代表，其中人的知识被归类为碳基知识。这些与研发、生产相关的知识已经固化、蕴含在产品实体之中，需要观察者具备一定的制造背景知识，才能进行识别和解读。例如，产品上雕刻的商标与编码符号，经验丰富的人通过眼睛观察就能判断出是手工錾刻、钢印冲压，还是激光烧灼而成的。即使无法直接观察产品材料的微观组成，也可以通过电子显微镜或各种实验物理化学手段间接获得准确的结论（知识）。

3. 实体活动知识转化为硅基知识

实体活动指的是各种机器设备等物理实体类人造系统的各种运行参数，即物理实体信息。这些信息经由传感器进行数字化采集后形成海量数据。在离散型制造企业中,一台机器设备通常配备十几个到成百上千个传感器;比如一家汽车制造厂,一辆汽车可能装备有引擎温度传感器、轮胎压力传感器、油箱液位传感器等,这些传感器每秒都在产生大量数据。而在流程型石化企业中,常常存在数以万计的数据采集点,如管道温度、压力传感器、液位传感器等,每秒产生数百万条数据。这些大数据以实时数据或时序数据的形式存储在数据库中,然后通过分类、降维、回归、聚类等方式处理分析。

传统数据科学方法可将原始数据转化为信息。需要注意的是,数据本身已包含信息量(例如,附加量纲的数据已构成信息)。举例来说,通过分析汽车传感器采集的数据,可以得知引擎的温度、轮胎的压力等信息,从而了解车辆的运行状态。近年来,新兴的机器学习算法通过识别模式对信息进行分组或分类,并寻找信息中的上下文关系,进而从信息中提取知识。比如,通过机器学习算法分析石化企业的管道温度、压力数据,可以预测管道是否存在漏损或需要维修的风险。

4. 碳基流程转化为硅基流程

在硅基知识和实体资源数字孪生体的基础上,将物理实体、人的意识参与的企业实体活动、企业流程和业务活动过程等数字化,使其可以通过计算机软件执行,基本模式是"碳基活动/流程→硅基活动/流程"。具体实施方法如下。

(1)精确定义企业上下游之间通过订单合作对接的知识,明确每个环节的工作流程和业务规则。这可能涉及产品设计、采购、生产、销售等各环节的知识和流程。

(2)建立以业务软件为核心的多元化企业管理信息系统,将各项业务流程数字化,实现从订单接收到产品交付的全流程管理。包括订单管理、生产计划、供应链管理、库存管理、质量控制、客户关系管理等。

(3)将实体/手工执行的线下业务活动/流程转变为数字化系统执行的线上业务活动/流程。通过软件系统实现订单管理、库存管理、生产调度等业务活动的自动化和智能化,提高工作效率和产品质量。

(4)将本地业务放到云端,实现信息的共享和协同办公。通过云计算技术实现企业内外部信息的互联互通,加强与供应商、客户等合作伙伴的沟通与协作,提升企业的竞争力和创新能力。

通过以上措施,企业可以实现碳基活动/流程向硅基活动/流程的转变,实现数字化、智能化管理,提高生产效率和产品质量,适应市场竞争的快速变化和企业发展的需求。

11.3　工业软件是工业知识的顶级容器

工业软件作为工业知识的载体,其核心在于捕获和表现决策路径,工业软件不仅记录设计过程,还整合并呈现知识资源,促进工程师间的交流与合作。通过知识资源的共享和复用,工业软件能够加速产品设计和创新的迭代过程,提高企业竞争力和市场响应能力。因此,工业软件在现代工业体系中扮演着不可或缺的角色,是推动工业发展的重要动力之一。

11.3.1 工业软件中的各种模型知识

词嵌入技术的发展经历了从简单的独热编码到复杂的模型的转变。独热编码是词嵌入技术的初始形式，但随着数据量的增加，其无法高效地处理大规模文本数据。为解决这一问题，人们提出了基于奇异值分解和潜在语义分析的方法以改善词向量的表现。

Word2Vec 模型于 2013 年提出，它采用分布式表示法，将文本从高维空间映射到低维空间。随后双向上下文语言模型 ELMo 作为第一个双向编码器语言模型于 2018 年提出。该模型利用 BiLSTM 的结构，通过特征融合技术生成一个综合的词向量表示。ELMo 在词嵌入方面仍然存在局限性，即无法同时捕捉语言序列中的前向特征和后向特征，因为这两种特征在模型中是独立处理的。基于 Transformer 的双向编码器表示（BERT）采用基于 Transformer 的架构，并通过遮盖语言模型和下句预测任务进行训练，缓解了 ELMo 无法同时捕捉双向语序特征的问题。通过在大量文本数据上进行无监督学习，BERT 能够通过迁移学习的方式，将预训练得到的特征通过微调应用于各种下游任务，极大地提高模型的灵活性和效率。在工业知识软件算法领域，知识抽取技术是构建知识图谱的关键，图 11-4 所示流程涵盖了从原始语料到图谱构建的多个步骤。

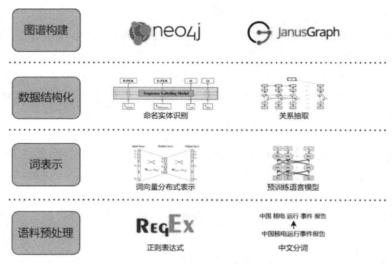

图 11-4　工业软件算法知识抽取处理流程

语料预处理是起点。利用正则表达式清洗文本中的噪声，如标点符号和 HTML 标签等，保留有价值的信息。同时，中文分词技术将连续的文本切分为独立词汇，为后续分析奠定基础。接下来是词表示阶段。通过词向量分布式表示方法，如 Word2Vec，将词汇转化为计算机可理解的数值形式。预训练语言模型则进一步提升了词向量的准确性和丰富性，深入理解了文本的上下文信息。随后，数据结构化阶段进行实体和关系的抽取。从文本中识别出具有特定意义的实体，并抽取这些实体之间的关联关系。这一过程将原始文本转化为结构化的信息，为图谱构建提供了基础。最后是图谱构建阶段。利用图数据库技术，如 Neo4j，导入结构化信息并构建知识图谱。图谱以直观的方式展示实体之间的关系和层次结构，为信息检索、问答系统及数据挖掘和机器学习等任务提供有力支持。

11.3.2　工业软件中的知识工具算法

在制造业的应用场景中,命名实体识别面临的主要挑战是学习专业领域词汇的特征,并需要处理实体嵌套的复杂情况。针对智能制造领域的命名实体识别问题,传统的平面命名实体识别方法需要转变为能处理嵌套实体的识别方法。本节介绍一种简化的预训练语言模型,该模型能够结合通用领域模型,辅助提取和修正专业领域的词向量表示。在特征提取器的设计方面采用基于长短期记忆(LSTM)网络和注意力机制的模型,并采用滑动窗口机制,动态调整实体边界和实体类别两个子任务之间的特征权重。实体抽取框架结构如图 11-5 所示,展示了工业知识软件算法在实体识别方面的创新和应用。

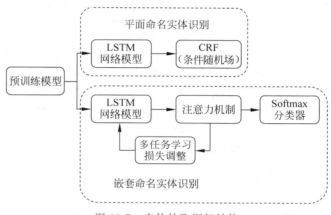

图 11-5　实体抽取框架结构

工业领域的自然语言处理(NLP)应用算法架构主要分为字符级模型和分词级模型两大类。根据最近的研究,字符级模型由于其较低的词汇表外(OOV)词比例,在特征空间中的表现更为密集,通常在 NLP 任务中的表现优于分词级模型,因此在工业软件算法中得到广泛应用。本研究采用的方法也是基于字符级别的,通过将语料库中的文本拆分为字符序列进行处理,这与现有的大规模预训练字符级模型的预处理策略类似。

在工业知识软件算法中,前向 LSTM 模型的输出特征可以通过特定的分布概率在网络中进行表示,这种方法是构建高效文本处理系统的关键。具体来说,前向 LSTM 模型输出的中文字符特征可通过以下公式表示:

$$h_t = P^f(x_t \mid X_{0:T})$$

式中,x_t 是输入文本中第 t 个字符的嵌入表示,h_t 代表前向 LSTM 模型输出的特征向量,P^f 是前向 LSTM 模型计算得到的分布概率,上标 f 特指前向网络。在某些情况下,LSTM 的细胞状态 c_t 通过前向 LTSM 的细胞状态 c_{t-1} 与输入字符的嵌入表示 x_t 进行递归更新,其更新过程可用以下公式定义:

$$h_t = \text{LSTM}(h_{t-1}, x_t; \theta)$$

$$c_t = \text{LSTM}(c_{t-1}, x_t; \theta)$$

式中,θ 表示模型的所有参数。在模型初始化阶段,h_0 和 c_0 被设置为零向量。

Softmax 层接收的输入特征是 LSTM 网络输出的 h_t 特征向量,且不包含偏置项。Softmax 层用于计算字符的最大似然表示,其公式如下:

$$P(x_t \mid h_t; V) = \text{Softmax}(Vh_t + b)$$

式中，V 和 b 分别代表 Softmax 层的权重和偏置项，它们是模型参数 θ 的一部分；$P(x_t \mid h_t; V)$ 表示中文字符序列中第 t 个字符的条件概率，以分布式的形式表示。

后向 LSTM 网络的训练过程与前向网络类似，通过对前向网络的结构进行翻转来实现，其表示可以用以下公式描述：

$$h_t^b = \text{LSTM}(h_{t+1}^b, x_t; \theta)$$

$$c_t^b = \text{LSTM}(c_{t+1}^b, x_t; \theta)$$

其中，上标 b 表示后向 LSTM 网络中的相关操作。

通过这种工业知识软件算法能够有效地处理和分析中文文本数据，为制造业等领域提供强大的自然语言处理支持，进而推动工业知识的深入挖掘和应用。

在工业知识图谱的推理补全领域中，知识图谱（OpenKG）的链接预测扮演着至关重要的角色，尤其是在智能问答和文本理解等应用中。由于制造业数据构建的图谱往往属于领域知识图谱，这些图谱中的名词短语（NP）和关系短语缺乏规范化，给链接预测带来了极大的挑战。传统的知识图嵌入（KGE）模型，如 TransE 和 DistMulti，主要用于本体论的知识图谱链路预测。然而，领域知识图谱的链接预测较少受到关注，且由于领域知识图谱中的实体和关系描述不统一，即多个不同的名词短语或关系短语可能指向同一个真实世界的实体或关系，这使链接预测任务变得更复杂。

11.3.3　工业软件中的知识工具架构

在工业知识图谱引擎架构领域，工业知识图谱分段嵌入（industrial knowledge graph segmented embedding，IKGSE）专门针对制造业数据空间构建的开放知识图谱中的链接预测问题。这些开放知识图谱中包含的名词短语和关系短语未经规范化，给链接预测带来了挑战。IKGSE 方法的核心在于将每个名词短语的嵌入分割为两部分，并分别学习名词短语的聚类信息和每个名词短语的独特信息。这样的分割嵌入方法能够更准确地捕捉和利用同一实体在不同上下文中的多样化描述，从而充分利用规范化信息。同时，IKGSE 在最终的评分函数中整合了图上下文信息，通过设计语义匹配项充分利用名词短语的邻域信息，这在工业知识图谱的推理补全中尤为重要。

11.3.4　工业软件中的知识工具应用

工业软件知识工具的应用是为了确保各环节高效稳定运行，它依赖操作人员的纠正性处理和预见性维护，这些处理和维护活动涵盖广泛的专业知识。在这样的背景下，如何为操作人员提供精确的操作指导成为一个关键问题。本节旨在探讨如何在构建的制造业知识服务引擎中实现面向复杂对象的知识服务，深入挖掘复杂数据中的相关知识，开发出面向复杂对象知识的语境推理算法。

在工业软件中，我们积累了大量机器运行异常事件的报告，这些报告包含丰富的处理知识，如事件摘要、原因、影响及经验总结。为提升事故处理的准确性和效率，需整合这些存储的知识，并实现有效重用。考虑到操作人员的实际需求，需探讨如何高效地查询知识库，借鉴历史事件的处理方法，以辅助当前事件的决策。借助工业软件知识工具，操作人员能迅速访问相关知识，做出明智决策。这些工具利用先进的知识管理和推理技术，提供实时指导和建议,应对复杂工业场景挑战。同时,它们还能基于历史数据和经验预测潜在问题,实现预防性维护,减少意外停机和生产损失。如图 11-6 所示,生产知识可以基于知识图谱系列工具进行构建和存储,并通过检索、查询、匹配等操作有效提升知识重用率和生产效率,增强了工业软件知识工具系统的可靠性和安全性。

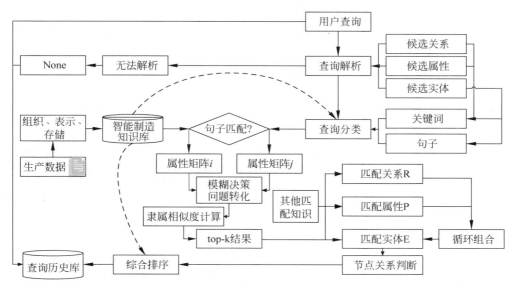

图 11-6 基于知识图谱和模糊理论的产品制造知识应用

在工业领域,事件报告是设备运行的重要记录,通常由工作人员以非结构化文本形式撰写。这些报告遵循固定格式,详细记录事件的各方面情况。要将这些非结构化内容转化为结构化数据,必须抽取信息并将其重组为结构化数据。例如在电厂事件报告中,定义事件名称、摘要、原因、影响和经验总结等实体,并识别它们之间的关系,形成三元组。

在工业领域的知识库中,实体形式各异,有短字符串也有长文本字段。因此,在实体链接过程中,需要采用更先进的技术。通过应用文本检索技术与实体对齐,能更有效地利用长文本字段的信息,提高知识库问答系统的准确性。尽管传统的知识库问答系统主要用于开放领域,但在工业领域,特别是知识密集的子领域(如电厂),仍缺乏完善的框架。

为满足实际操作需求,我们致力于实现一个多价值链协同环境中重用知识的服务系统。传统的关系抽取系统依赖特征工程和自然语言处理技术,但随着深度学习的发展,研究人员开始探索减少手工特征工程需求的方法。例如,Zhou 等提出的基于注意力机制的双向长短期记忆网络,能有效捕捉句子中的关键语义信息,取得显著成果。

知识库问答系统的核心目标是从知识库中检索与查询语句匹配的实体信息,构建以该实体为中心的知识子图,并对答案进行排序。用户问题通常关注特定三元组中的某个实体,因此,准确识别查询中的实体和关系是理解问题的关键。通过这些方法,知识库问答系统能基于用户需求实现高效的知识搜索和推理。

11.4 工业软件如何重新定义制造业

随着科技的飞速发展，工业领域正迈向一个全新的时代——智能制造时代。在这个时代中，工业软件扮演着举足轻重的角色，成为实现智能制造的关键工具之一。工业软件不只是简单的技术工具，更是推动制造业向智能化、高效化、灵活化发展的重要支撑。本节将围绕工业软件对智能制造的重大意义展开综述，从提高生产效率及信息安全性等多方面进行介绍，旨在构建一个全面深入的知识框架。

11.4.1 工业软件是超级工业母机

1. 提高生产效率

工业软件在智能制造中的重要性不言而喻，尤其是在提高生产效率方面扮演着至关重要的角色。工业软件通过自动化、优化和智能化的方式，使企业更高效地利用资源，提升生产能力，降低成本，增强竞争力。以下将从不同角度详细介绍工业软件在提高生产效率方面的重要性。

（1）优化生产计划：工业软件通过对数据进行分析和预测，可以帮助企业优化生产计划，合理安排生产资源。通过实时监控和调整生产计划，工业软件能够更灵活地应对市场需求的变化，避免生产过剩或生产不足的情况，最大限度地提高资源利用率。

（2）智能化设备控制：工业软件可以实现对生产设备的智能化控制，包括设备的远程监控、故障诊断和预防性维护等功能。通过智能化设备控制，企业可以及时发现设备故障并进行处理，减少生产中断的时间，提高生产效率和设备利用率。

（3）实现信息化管理：工业软件可以实现生产过程的信息化管理，包括生产数据的采集、分析和共享等功能。通过实时监控生产数据，企业可以及时发现生产中的问题并进行处理，提高生产效率和产品质量。同时，信息化管理还可以实现生产过程的追溯和溯源，帮助企业提高生产过程的透明度和可控性。

综上所述，工业软件在提高生产效率方面发挥着至关重要的作用。通过自动化、优化和智能化的方式，工业软件可以帮助企业实现生产过程的精细化管理和高效化运作，提高生产效率和产品质量，从而增强企业的竞争力和可持续发展能力。因此，加强对工业软件的研发和应用，对于推动智能制造的发展、提高我国制造业整体水平具有重要意义。

2. 保障信息安全性

工业软件在智能制造中扮演着关键角色，其重要性不仅体现在提高生产效率、降低成本等方面，还体现在保障信息安全方面。在工业化进程中，企业对工业技术和知识的积累不足，导致信息安全方面存在漏洞和风险。通过合理利用工业软件，可以有效保障企业的核心技术和机密信息不泄露且不受攻击。本节将从多角度探讨工业软件在提高信息安全性方面的重要性。

（1）加密与认证技术：通过加密与认证技术，确保数据传输和存储过程中的安全。通过对数据进行加密，可以有效防止黑客和恶意软件的入侵，保障数据的完整性和保密性。同时，通过严格的认证技术限制，只有授权人员才能访问和修改数据，防止非法操作和信息篡改。

（2）网络安全防护：工业软件可以通过防火墙、入侵检测系统等技术，加强对网络的安全防护，及时发现和应对潜在的网络威胁，保障数据的安全传输和交换。

（3）访问控制与权限管理：工业软件可以实现对系统的访问控制和权限管理，确保只有经授权的用户才能访问和操作系统中的数据和功能。通过设定不同级别的权限，实现对不同用户的权限限制，避免敏感信息被未经授权的人员获取或篡改，从而提高信息安全性。

（4）漏洞修复与更新：工业软件通常需要不断更新和修复其中的安全漏洞，以应对不断变化的安全威胁和攻击手段。及时对工业软件进行漏洞修复和更新，可以有效降低系统被攻击的风险，保障系统的安全运行。同时，企业还需建立健全安全管理机制，及时跟踪和应对新的安全威胁，确保系统的安全性和稳定性。

（5）数据备份与恢复：工业软件可实现对数据的定期备份和恢复功能，以应对意外事件和灾难性故障。通过定期备份关键数据，可以最大限度地减少数据丢失风险，同时能够在系统遭受攻击或故障时快速恢复正常运行，保障生产线的稳定性和连续性。

综上所述，工业软件在智能制造中的重要性不仅在于提高生产效率，还在于提高信息安全性。通过加密与认证技术、网络安全防护、访问控制与权限管理、漏洞修复与更新、数据备份与恢复及培训与意识提升等方面的综合措施，工业软件能够有效保障企业的核心技术和机密信息不泄露且不受攻击，实现信息安全的全面保障。因此，企业应高度重视并合理运用工业软件，以提升信息安全水平，推动智能制造的健康发展。

11.4.2　工业软件是核心软装备

知识工程是现代企业管理中的关键手段。波音、空客、罗罗等国际航空企业皆建立了知识工程的战略目标、文化体系、制度规范以及软件系统等，并从中获益许多。以下实践是围绕航空制造领域知识工程开展的部分探索与思考。

1. 基于新知识工程的知识资产管理与应用平台

结合知识工程理论，知识资产管理与应用平台以实现场景化、伴随化、使能化、资产化与内部化（简称"五化"）为目标。充分融合企业内部知识，引入外部知识，结合企业的业务需求，实现知识与知识、知识与业务场景的关联，最终将知识无缝嵌入流程、工具、系统、平台并使之流动，真正帮助科研生产人员解决问题，为企业创造价值。如图11-7所示。

（1）场景化：实现知识与业务场景的深度关联，理解业务场景知识需求，精准推送知识，形成知识全面辅助业务工作及知识快速应用机制。

（2）伴随化：知识管理工具伴随岗位、伴随员工，营造一个分享与应用知识的环境。

（3）使能化：面向特定业务任务中高重复性、低创造性工作，构建面向岗位与任务的使能工具集，伴随岗位与场景，赋能工作业务。

（4）资产化：汇聚业务数据、员工经验、最佳实践、外部知识等各类知识，以知识图谱为核心，标注、理解、组织与关联知识条目，形成企业知识资产。

（5）内部化：以某一技术方向等为专题，精准获取、分析与推送科技情报，包括技术热点与技术趋势等，将外部情报内化为内部知识。

通过构建知识工程平台，搭建面向企业的航空制造领域知识积累、知识分享和知识应用的环境，重点开发以下几方面功能。

图 11-7　新知识工程"五化"建设架构

1）知识汇聚与统一检索

实现标准化网、制度体系网、工艺数据管理系统、工程技术中心任务管理系统、万方等系统中文件的实时集成，提供知识全文统一检索功能，满足技术人员快速查找标准、精准定位的需求。

2）专业知识体系管理

从内部知识管理的角度，参照企业标准建立专业知识体系，对汇聚的知识进行重新组织和分类，并为专业人员提供梳理和管理各专业知识的功能。

从外部知识管理角度，建立机加、复合材料、装配三个专业的专题服务，按照专业体系将外部专利、期刊、论文、专家、制造企业动态等信息引入企业内部，满足技术人员获取技术原理、前沿技术、技术趋势等知识的需求。

3）岗位知识伴随环境

按照岗位→任务→实施→知识的路径，建立岗位知识伴随环境，对知识与岗位进行关联映射，开发岗位知识配置、岗位知识推送、岗位知识积累等功能。

4）知识问答分享社区

提供技术问答、交流讨论、经验教训分享、最佳实践分享的环境。通过知识交流与分享，将专业知识、经验、问题、实践、错误实例等隐性知识转化为显性知识，达到知识积累与沉淀的目的。

5）工艺助手工具箱

研发集成工具平台涵盖飞机标准件手册、公差计算、极限配合公差、中径杆计算、外螺纹计算、内螺纹计算、螺距计算、镀前尺寸计算和渗碳渗氮计算等功能。

最终知识工程平台实现了以下功能。

（1）在工艺编制方面，对装配、民机、制度文件等方面知识进行碎片化处理和关联分析，构建出 14 个知识库。这些知识库使知识条目总量达到 18 余万个，关联条目 150 余万个，进一步完善了知识体系。同时进行了协同编制接口的开发,结合基于模型的工艺规划(MBPP)系统,开发出了2个工艺协同编制服务接口。这些举措提高了工艺知识的复用程度,进而提升了工艺编制效率。

(2)围绕岗位、技术、制造方法、业务流程、零件、知识6个维度构建了装配专业知识图谱。在对知识库现状进行梳理的基础上,以知识资源的应用为目的规划并建设了知识库,聚合公司核心知识资源。通过信息化技术手段,建立了有效的核心专业知识库和系统应用功能,支撑知识的安全有效管理,进一步促进了知识共享交流。

(3)充分发挥技术系统已有平台基础数据的规范管理作用,在此基础上做好数据相关平台间的数据系统集成工作,集成了 PLM 系统、工具管理系统、标准化系统、材料编码系统、万方、超星图书、知识产权系统、AEOS(中国航发运营管理系统)系统流程中的数据。这些集成工作包括建立期刊文件库、图书库,并实现对文档内容的全文检索,以满足资料快速查找需求。同时,加强了数据源管理,逐步解决相同数据多次录入造成的数据集成和协调不便问题,以推进数据分享,提升信息化整体建设水平。

(4)利用平台"百万级"知识资源及便捷的知识检索、传递、收藏与推送功能,逐步提升了企业知识工作岗位的工作效率、知识传递效率、知识沉淀效率。企业知识工程装机量达90%以上,成为有效的知识管理平台,持续推进隐性知识挖掘、经验数据结构化,实现知识管理工程自动化,全面赋能产品研发与企业管理全流程。

2. 基于知识驱动的热表智能工艺生成平台

目前,智能工艺生成方式通常包括检索式、派生式和创成式,如图 11-8 所示。根据热表工艺特点,自主开发了创成式热工艺设计平台,包含表面处理、热处理、电镀3个专业。平台包含逻辑推理工艺知识体系、工艺文件技术状态闭环控制、产品信息和工艺信息的管理等8个功能模块,模型解析、轻量化展示与草图管理3个工艺设计应用的工具。

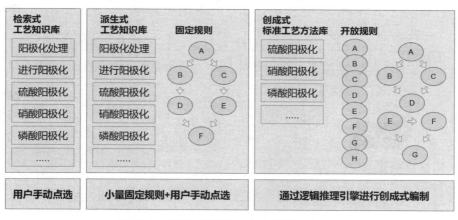

图 11-8　基于知识驱动的热表智能工艺生成

基于自主研发的逻辑推理引擎形成了标准的逻辑推理工艺体系,工艺设计效率至少提高 20 倍。其中,表面处理专业累计录入标准的工艺方法逾 200 种,工艺规则 4 种,热处理专业累计录入标准的工艺方法逾 100 种,工艺规则 3 种,工艺参数逾 30 种。目前,平台全面应用于航空制造热工艺设计领域,达到日均工艺规程编制 1000 种/人以上。

3. 基于软件定义的导管工艺知识自动化工程

管件制造与装配工艺设计任务量大、重复性工作多，亟须有效的数智化技术手段提高工作效率。在管件制造方面，由于涉及工艺特征多、工艺逻辑复杂，无法基于人工梳理出典型工艺过程，也很难通过人工梳理出工艺特征到工艺的推理逻辑，工艺规程编制还是以借鉴历史工作为主，质量与效率难以保证。

针对这一问题提出了通过人工智能等新一代信息技术，构建基于知识驱动的导管装配工艺智能生成技术验证系统的方案。具体来说，首先，构建工艺特征库和工艺知识库，特别针对管件装配工艺知识与推理逻辑难以人工梳理的问题，研究知识自动获取方法。其次，开发有效的工艺知识管理方法，使导管加工与装配工艺在统一模式下进行管理与应用。最后，进行工艺知识推理方法的研究，开发技术验证系统，验证从三维设计数模（MBD）到 MBPP 系统中工艺规程自动生成的技术路线，实现管件从零件加工工艺到装配工艺的智能化生成。

总体方案以历史数模、历史工艺规程、工艺参数表为基础数据资源，通过突破上述三个方面的关键技术，完成面向工艺设计任务理解的工艺特征知识图谱构建及基于数据挖掘的工艺知识图谱推理应用，形成工艺设计的知识图谱、知识推理模型，在此基础上研发基于知识驱动的导管装配工艺智能生成技术验证系统，最终形成智能工艺设计验证系统与接口等。如图 11-9 所示。

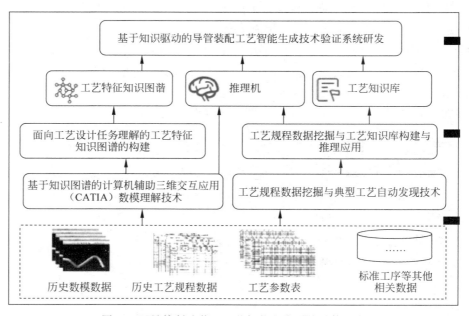

图 11-9　导管制造装配工艺智能生成系统总体方案

基于知识驱动的导管装配工艺智能生成技术验证系统功能如表 11-5 所示，针对导管厂需在一个月左右完成 3000 多项零件的工艺规程编制任务，该系统提出了系统解决方案并进行了应用验证。在传统方式下，为保证生产节点，在不增加工艺人员数量的条件下，编制的工艺文件通常存在诸多问题，反而增加了生产现场处理问题的难度和时间，通过上述关键技术和系统，能快速完成约占全机型 90% 的导管零件工艺规程编制任务，并提高工艺设计效率和质量的一致性。

表 11-5　基于知识驱动的导管装配工艺智能生成技术验证系统功能

一级	功能	二级	功　能	描　述
1	工艺设计任务	1.1	CATIA 数模内工艺特征的提取	本地 CATIA 数模的自动解析,形成结构化文件,传递给本系统
2	工艺知识存储(知识图谱存储)	2.1	标准工序库	构建典型工艺过程存储与展示
		2.2	典型工艺过程模板库	典型工艺过程模板的存储与展示
		2.3	工艺特征库	工艺特征库的存储与展示
		2.4	工艺参数库	工艺参数库的存储与展示
3	工艺知识推理机	3.1	工艺数据应用规则	工艺参数数据的应用规则
		3.2	典型模板应用规则	典型工艺模板的应用规则
		3.3	典型工艺模板内槽自动填充规则	典型工艺过程模板数据槽填充规则,在生成工艺规程时能够自动从工艺数据库中查询数据,填充数据槽
4	工艺知识应用	4.1	工艺规程自动生成	基于 CATIA 数模提取的信息,按照典型工艺过程模板应用规则自动匹配模板,按照模板数据槽填充规则自动填充数据槽,实现工艺规程草稿生成
		4.2	数据检索	系统中各类数据的检索功能
		4.3	数据查看	系统中各类数据的展示功能
5	工艺规程草稿数据推送接口	5.1	工艺规程草稿数据推送接口	能够通过接口支持所生成工艺规程操作的拉取

4. 航空领域知识工程项目实施注意事项

知识工程尤其是知识推理和知识计算任务,已经成功地转化为简单的向量操作,这赋予了它强大的可计算性。因此,基于机器学习的方法在航空领域知识挖掘和自动化管理方面表现出色,因为它们适合批量计算和数据处理。然而,机器学习模型往往是难以解释的"黑盒",而逻辑规则方法由于每一步都有据可循,具有高度可解释性。尽管逻辑规则方法正确时具有高准确度,但其需要逐一处理数据,难以批量化,因此可计算性较差。机器学习和逻辑规则的结合能够克服各自的局限性,使知识工程更实用,同时提高计算的可解释性。

然而,机器学习与逻辑规则相结合还有很大的探索空间。将这一技术应用于大数据知识工程具有巨大的前景,特别是在航空领域产品设计、快速试制和高效生产方面,可能会带来颠覆性成果。

为充分发挥知识工程的优势,需要聚焦以下事项。

(1)培训与宣贯:开展知识管理系列讲座,提升公司各级人员对知识管理的认识,同时包括企业知识工程系统使用培训与推广。

(2)岗位与职责:设立知识管理相关机构与岗位,确立知识管理逐级"一把手"工程,基层科室设立知识管理兼职岗位。

(3)制度与保障:建立知识管理专项制度,基于企业知识工程平台,保障知识管理活动的按章执行,将知识管理活动融入业务活动。

(4)软件平台改进:在应用现有沈飞知识工程平台系统的基础上,对平台进行改进,以进一步适应企业知识工程文化与环境。

（5）评价与最佳实践：收集知识工程平台最佳应用人员、单位与案例，组织分享应用经验，建立评价方法，形成知识管理有效提升工作业绩的最佳实践。

参考文献

[1] CAMARILLO A, RÍOS J, ALTHOFF K D. Knowledge-based multi-agent system for manufacturing problem solving process in production plants[J]. Journal of Manufacturing Systems, 2018(47): 115-127.

[2] KUMAR L S P. Knowledge-based expert system in manufacturing planning: state-of-the-art review[J]. International Journal of Production Research, 2019, 57(15-16): 4766-4790.

[3] GAO Z CECATI C, DING S X. A survey of fault diagnosis and fault-tolerant techniques—Part Ⅰ: Fault diagnosis with model-based and signal-based approaches[J]. IEEE Transactions on Industrial Electronics, 2015, 62(6): 3757-3767.

[4] 施荣明. 知识工程与创新[M]. 北京: 航空工业出版社, 2009.

[5] PANETTO H, WHITMAN L. Knowledge engineering for enterprise integration, interoperability and networking: Theory and applications[J]. Data and Knowledge Engineering, 2016(105): 1-4.

[6] CHAPMAN C, PRESTON S, PINFOLD M, et al. Utilising enterprise knowledge with knowledge-based engineering[J]. International Journal of Computer Applications in Technology, 2007, 28(2-3): 169-179.

[7] STUDER R, BENJAMINS V R, FENSEL D. Knowledge engineering: Principles and methods[J]. Data and Knowledge Engineering, 1998, 25(1-2): 161-197.

[8] FEIGENBAUM E A. Themes and case studies of knowledge engineering[J]. Expert Systems in the Micro-electronic Age, 1979: 3-25.

[9] MIKOLOV T, CHEN K, CORRADO G, et al. Efficient Estimation of Word Representations in Vector Space[M/OL]. arXiv, 2013.

[10] PETERS M E, NEUMANN M, GARDNER M, et al. Deep contextualized word representations[C/OL]// Proceedings of the 2018 Conference of the North American Chapter of the Association for Computational Linguistics: Human Language Technologies, Volume 1 (Long Papers). 2018: 2227-2237. https://www.aclweb.org/anthology/N18-1202.

[11] DEVLIN J CHANG M W, LEE K, et al. BERT: Pre-training of deep bidirectional transformers for language understanding[C/OL]//Proceedings of the 2019 conference of the north American chapter of the association for computational linguistics: Human language technologies, volume 1 (long and short papers). Minneapolis, Minnesota: Association for Computational Linguistics, 2019: 4171-4186. https://aclanthology.org/N19-1423.

[12] ZHANG J QIN B, ZHANG Y, et al. A knowledge extraction framework for domain-specific application with simplified pre-trained language model and attention-based feature extractor[J/OL]. Service Oriented Computing and Applications, 2022, 16(2): 121-131.

[13] QIN B, PENG P, ZHANG J, et al. A framework and prototype system in support of workflow collaboration and knowledge mining for manufacturing value chains[J/OL]. IET Collaborative Intelligent Manufacturing, 2023, 5(1): e12073.

[14] ZHANG J QIN B, ZHANG Y, et al. A Framework for Effective Knowledge Extraction from A Data Space Formed by Unstructured Technical Reports using Pre-trained Models[C/OL]//2021 IEEE International Conference on e-Business Engineering (ICEBE). Guangzhou, China: IEEE, 2021: 120-125. https://ieeexplore.ieee.org/document/9750154/.

[15]　BORDES A，USUNIER N，GARCIA-DURAN A，et al. Translating Embeddings for Modeling Multi-relational Data[C]//Advances in Neural Information Processing Systems. 2013：2787-2795.

[16]　YANG B，YIH W，HE X，et al. Embedding Entities and Relations for Learning and Inference in Knowledge Bases[M/OL]. arXiv，2015. http：//arxiv. org/abs/1412. 6575.

[17]　XIE T PENG P，WANG H，et al. Open Knowledge Graph Link Prediction with Segmented Embedding[C/OL]//2022 International Joint Conference on Neural Networks（IJCNN）. Padua，Italy：IEEE，2022：1-8. https：//ieeexplore. ieee. org/document/9891940/.

[18]　ZHOU K，QIAO Q，LI Y，et al. Improving Distantly Supervised Relation Extraction by Natural Language Inference[J/OL]. Proceedings of the AAAI Conference on Artificial Intelligence，2023，37(11)：14047-14055.

[19]　PENG G CHENG Y，WANG H，et al. Industrial IoT-Enabled Prediction Interval Estimation of Mechanical Performances for Hot-Rolling Steel[J/OL]. IEEE Transactions on Instrumentation and Measurement，2022，71：1-10. https：//doi. org/10.1109/TIM. 2022.3154815.

[20]　PENG G，WANG H，DONG J，et al. Knowledge-Based Resource Allocation for Collaborative Simulation Development in a Multi-Tenant Cloud Computing Environment[J/OL]. IEEE Transactions on Services Computing，2018，11（2）：306-317. https：//doi. org/10. 1109/TSC. 2016.2518161.

[21]　WANG H JOHNSON A L，BRACEWELL R H. The retrieval of structured design rationale for the re-use of design knowledge with an integrated representation[J]. Advanced Engineering Informatics，2012，26(2)：251-266.

第3篇 智能制造系统实施

引言

本书前两篇介绍了智能制造基础知识和主要技术，如何利用这些技术构建一个满足企业要求的智能制造系统，是企业关注的问题。智能制造系统可以是一个智能装置或智能化设备，也可以是智能生产线、智能车间或智能工厂。要构建智能制造系统，必然要考虑系统的体系结构、工艺分析与建模、表达智能的算法、实现智能的软件、系统的输入数据、内部流转数据、输出的数据等，需要遵循基本规律，要有规范化、工程化的方法；多品种、小批量已成为市场的普遍需求，柔性制造系统能够根据制造任务或生产环境的变化迅速调整，已成为智能制造的典型代表之一；智能工厂是业务覆盖更广、体系更复杂的智能制造系统，其规划需要从顶层战略出发，对工厂各种设备及系统的结构、业务流程、应用模式和接口关系进行规划；工业互联网系统是一种新型工业体系，工业互联网平台的打造，代表新型的应用模式，将大大提升企业的生产运营水平；管控一体可以大大提升企业运行的效率，其核心是对管理和控制进行集成，制造执行系统是最重要的集成手段，也是智能制造的核心系统；智能运维是智能制造系统的重要方面，包括自动化故障诊断和处理、预测性维护、资源优化、调度与配置、安全风险评估与自动化运维任务等多方面的内容。飞机被誉为"现代工业的皇冠"，其制造异常复杂，无论是我国航空智能制造示范工厂，还是洛马公司的"智能、灵活的工厂"，都体现了智能制造的最高成就。

本篇通过大量的具体案例，介绍设备级、产线级、工厂级智能制造系统的构建方法。国内外航空工业智能制造的实践案例集中展现了数字化、智能化技术的深度应用。

第12章

智能制造系统构建

智能制造是一个概念,对于企业界而言,需要将概念转变成有用的"东西",如智能设备、智能生产线、智能车间、智能工厂等,这些统称为智能制造系统。从企业调研分析入手,深入理解制造业需要什么样的智能制造;模型、算法、软件、数据是智能制造系统的核心要素;分别以设备级、产线级及虚实融合的 CPS 为例,介绍智能制造系统的工程化实现;IT系统是智能制造系统的中枢,数字化到达一定深度,数据治理就显得尤为重要,并对企业数字化转型的经验与误区进行简述。

12.1　智能制造系统

12.1.1　从系统的角度看问题

为应对制造业面临的新挑战,需要从系统的角度看问题,讲大局——登高望远,目标在于提升企业的价值创造能力,在于 TQCSE(时间、质量、成本、服务、环保);讲优化——追求卓越,优化各工业要素组配,优化社会生产,优化服务过程。

1973 年,美国哈林顿博士首次提出计算机集成制造(computer integrated manufacturing, CIM),指出它是未来制造业企业的生产模式。CIM 包括两个核心观点。

(1) 信息视角:整个生产制造过程实质上是信息的采集、传递和加工处理过程。

(2) 系统视角:企业的各种生产经营活动是不可分割的,要统一考虑。

转眼 50 多年过去了,CIM 涉及的各项技术不断发展,有些已经很成熟,当初的设想正在一步步变成现实。目前广泛流行的"工业 4.0"、工业互联网、智能制造,皆与 CIM 概念一致。

理念先于技术"十年",技术先于产业"十年"。CIM 的两个核心观点对于当前的智能制造时代依然适用,且有相当大的现实意义。

虽然概念一直在更新,但是挑战依然存在。我国自 20 世纪 90 年代到 21 世纪初的"863"计划 CIMS 工程中提出的"信息集成、过程集成、企业集成",依然是大多数企业数字化转型的关键着力点,具有指导性意义。

智能制造是工业技术与信息技术(智能技术)的融合,涉及多个学科概念,与此相关的技术非常多。智能制造系统因对象的粒度而有所不同,形式上呈现为智能设备、智能生产线、智能车间、智能工厂。智能工厂是比较复杂的智能制造系统,其一般体系如图 12-1所示。

各种软件和硬件的合体构成了企业的数字化大厦,这么一个复杂系统的体系结构必须清晰、合理,保证系统互联、互通、互操作,系统运行才会稳健持久。毫无疑问,软件是构建

图 12-1　复杂的智能制造系统一般体系

智能制造系统的重点，有关体系架构的描述很多，DoDAF 是美国国防部给出的面向作战场景的复杂信息系统的体系结构，也是一套先进的系统设计方法，既见森林，又见树木。这对于面向工业场景的复杂信息系统的构建也具有重要借鉴意义，DoDAF 2.0 体系的要点如图 12-2 所示。

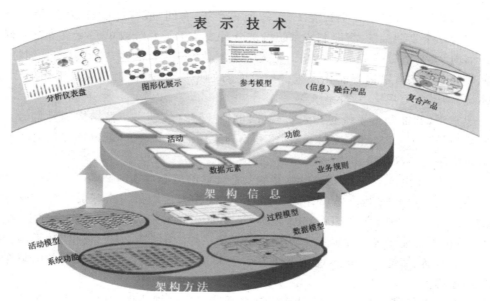

图 12-2　DoDAF 2.0 体系的要点

参考 DoDAF 2.0 体系，智能制造系统的构建"一切为了结果"，这个结果就是为企业 TQCSE 目标的实现提供支撑。重点关注权威数据、元模型、架构方法和表示形式。这样就可以将一个复杂系统刻画得简单明了，异常清晰。

（1）权威数据：在单一数据源支持下，保证设计的一致性，提供面向制造的设计、面向维护的设计（DFx）等。

（2）元模型：由概念数据模型、逻辑数据模型和物理交换规范组成。

（3）架构方法：用于表达系统功能、活动模型、过程模型、数据模型、业务规则等，可用的方法有 IDEF、UML、SysML 等。

（4）表示形式：除了文本、表格、图片外，还包括仪表板图、饼状图、融合视图和组合视图，甚至可以用 VR/AR 工具提供更丰富、生动的信息环境。

目前，不少企业中存在"数据孤岛"问题，往往是因为没有从系统的角度看问题，没有系统地分析企业目标、业务、数据、IT 系统，也没有进行技术与业务的匹配性分析，缺少体系化的规划与设计，造成数据取不到、数据流转中断、系统间数据交换格式不匹配、业务变更后数据与业务不匹配等，使业务很难连续无缝地运转。企业要减少"数据孤岛"，必须进行体系化设计，提供一个坚实、无缝的信息环境，实现数据和服务的可见、可信、可理解和可操作。

构建智能制造系统，应从解决问题入手，关键点在于将现实问题转换为可计算的问题，需要把握几个核心要素：体系、模型、算法、软件、数据。

12.1.2 智能制造系统：机电软融合的 CPS

现代科学思想认为，没有唯一的包罗万象的"世界系统"，一切科学构思都只能反映世界的某些方面或某些视图。各种"系统理论"也是反映不同侧面的模型，它们互不排斥，常常可以组合应用。

智能制造系统可以是一个智能工厂、智能化产线/车间，或智能设备，甚至是一个智能装置。作为一个复杂系统，智能制造系统可被分解成若干子系统或单元模块。如果智能制造系统面向"大制造"，就是一个 CIMS，是覆盖从产品概念设计到生产制造、产品销售、产品报废回收的全链条数字化智能化系统。如果面向的是一台设备，就包含其工作平台、运动控制系统、精密加工系统、软件系统等。

一般来讲，智能制造系统是指包含软件、电控、液压（气动）、机械结构等要素的复杂系统。它应当是一个 CPS，即包含计算、网络和物理实体的复杂系统，是数字虚拟空间与物理空间的有机融合与深度协作。

CPS 也是"工业 4.0"、工业互联网、智能制造公认的核心。美国 2006 年 2 月发布的《美国竞争力计划》，对 CPS 概念做出详细描述，将 CPS 作为美国抢占全球新一轮产业竞争制高点的优先议题。2013 年德国将 CPS 作为"工业 4.0"的核心技术，并在标准制定、技术研发、验证测试平台建设等方面做出一系列战略部署。《中国制造 2025》提出"基于信息物理系统的智能装备、智能工厂等智能制造正在引领制造方式变革"。CPS 成为各国争夺的制造业战略制高点。

目前在企业智能制造实践中，对智能制造系统存在模糊认识，有些人误以为智能制造是机器人自动化生产线，普遍存在"重设备、轻软件"的情况。构建一个智能制造系统，无论是工厂层级的，还是一条产线、一台设备，软件系统都是重点，软件编码指令直接驱动自动化机器，完成产品制造工作。这些软件指令的来源包括三个方面：通过机理分析、建模、抽取作业算法；通过实采数据拟合作业规律；简单地从操作工人的大脑中"复制"作业规程。软件定义制造可更快地构建智能制造系统，会使未来的工厂彻底改观。

为适应人类对工业体系需求的变化，智能制造系统需要不断优化调整。随着未来工业互联网的深入应用，即互联网化工厂的到来，智能制造系统会不断迭代、更新优化，主要体现在平台侧的计算与现场生产的跨空间融合。如图 12-3 所示，互联网化的工厂重点在于实现工厂柔性重构、运营全局优化，是融合了算法、软件、设备的 CPS。

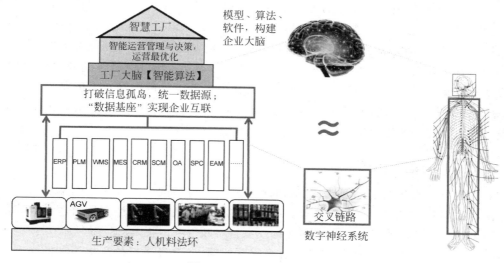

图 12-3　互联网化的工厂

无论如何，智能制造系统存在的根本意义在于将人从繁重的体力劳动或脑力劳动中解放出来，代替或辅助人更有效地完成产品制造过程，延伸人的四肢或脑力。

12.2　构建智能制造系统的道与术

12.2.1　解决问题的思路

抽象通道，具象逐术。道是做事的原理和原则，术是具体的做事方法。只有把握了问题的精髓和本质，才能在解决问题时游刃有余。

构建一个智能制造系统，首先要厘清脉络主线，从头到尾贯穿下来。把握好主线，就不会被各种眼花缭乱的新概念牵着鼻子走，就能对问题有自己的判断，不会人云亦云，不会"迷路"。

从研究者视角（或写论文视角）看，因为需要考虑完备性、严密性，可能会使简单的问题复杂化。而从实现的角度看，构建一个复杂系统，首先要对复杂问题进行分解、简化，需要用逼近方法，而不一定是完备、精确的方法，关键是能解决问题，这是非常重要的一步。解决工程问题和进行科学研究的思维有很大的区别。

解决制造业面临的问题，各行业有各自的技术领域，比如化工、机械制造、服装消费品制造等，其制造技术各有不同。目前这个时代，只靠传统的本领域的工艺改进、制造技术迭代往往很难满足市场急迫的需求。新的信息技术、智能技术在加速进步，用"新技术"解决制造业"老问题"，智能制造被寄予厚望。智能制造系统是新一代信息技术与制造技术深度融合的系统。融合的关键在于连接，涉及人与机器的连接、机器与机器的连接，业务流程与机器的连接。发挥信息的枢纽性作用，实现信息与算法调配下的工业要素的灵活组配，优化制造过程。

构建这样一个复杂系统，需要搞清楚几个核心要素：模型、算法、软件、数据。智能化的物理基础是计算机，信息来源于人类对世界的认知，信息的载体原本是人类本身，计算机的出现使信息有了新的载体。制造过程的相关知识可以在计算机上进行存储、加工和传递。牛顿等将物理的世界转换为数学的世界，使物理世界的知识能够用数学逻辑严密刻画，奠定了计算机对知识进行加工、传递、使用的基础。智能制造系统要将制造过程的问题转换成可计算的问题，而且是现有计算能力可以算出的。因此，必须将问题模型化、模型算法化、算法软件化，进而用计算机代替人或辅助人解决制造面临的问题。智能制造系统是一个复杂的数字化"大厦"，需要从全局入手，采用系统的、规范的符号体系，刻画出良好的体系结构，只有这样才能构建出稳健、持久运行的智能制造系统。

12.2.2　问题-模型化

要解决问题，首先要描述问题，把握问题反映出的物理世界的规律。但是现实问题往往是很复杂的，模型就是对问题的简化。简化的模型是从概念上把握问题所蕴含规律的最有力手段，实际上也是唯一的手段。简化的模型会不断得到修正，以逼近规律。

尤其是从工程角度看，简化问题是解决问题的第一步，发现新的科学原理的速度远远落后于工程实践问题产生的速度，基于现实需求，在面对工程难题时，能简化的尽量简化，不用考虑太多的完备性和严密性，以解决问题为优先任务。即使是从科学的角度看，也需要对问题进行简化。在科学研究方面，使用的模型也存在过分简化的问题，每个科学定律或模型都有着理想化的一面。比如，玻尔的原子模型是人们曾经设想的模型中最武断、最简化的模型，但它却成了现代物理学的基石。孟德尔定律是基因学的开端，伽利略定律是物理学的开端，它们都是从很简单的模型开始的。

模型一般需要采用数学模型，数学模型的建立就是对实际问题不断抽象和概括的结果，只有建立数学模型，才可以把问题"交给"计算机解决。目前很多技术书籍和文献都论述建模理论与技术方法，但是如何将工程问题转换为可计算的问题，对现实问题进行数学建模，在实际工程实践中需求更迫切。我们以在智能制造系统中常见的三类问题及其采用的模型进行说明。

1. 最优路径问题及模型

面对激烈的市场竞争，市场经常要求企业在尽可能短的时间内交货，即排产问题，是产品交期最短路径求解。以往只能凭经验解决（如企业的生产调度会），经常遇到的问题是很多参数纠缠、耦合在一起，而且各单项目标可能还是相互冲突的，靠人工经验处理很难达到好的效果，尤其是市场需要生产快速响应调整时，人工处理往往来不及。其实，企业中这类问题很多，涉及产值、质量、成本、能耗、物耗、排污、合同完成率、关键设备利用率等，都是各种指标（目标）的极大值、极小值问题。从数学角度讲，可以采用动态规划模型寻找最短路径。

在智能制造工程实践中会遇到大量寻求最优路径问题。比如,在有限的时间内安排更多的任务;"如何把钱用好",基于有限预算安排合适比例的物品采购配比;裁剪钢材(或服装领域裁剪布匹)时尽可能减少废料;规划最短的机器作业路径;等等。

智能优化是唯一可行的科学求解方法。这就涉及动态规划模型。将复杂问题分解为子问题,通过求解子问题组合子问题的解,从而得到整个问题的解。面对不同的工程应用问题,可以采用广度优先搜索或深度优先搜索,它们各有优劣。

例如,某装配流水线作业中,在最大负荷生产线布局场景下,针对动态工况和不确定参数的情形,给出填充、密实、卸管、密封、搬运等设备作业组合优化方案,并计算多参数的机器人动态优化路径。

生产线场景可以是虚拟场景,也可以是半实物半虚拟相融合的场景。面临的问题如下。

(1)根据工艺和装置工作时间,填充与密实可能为瓶颈工序,因此生产开始后,应最大限度地减少填充设备的空闲时间。

(2)生产达到稳态后,机器人按照优化的动作顺序周期性重复,直到所有料杯生产完成。

对这个问题进行建模时,重点是对多参数的机器人动态调度问题进行建模。首先,定义参数、符号,并做解释说明;其次,确定目标函数,需要考虑两个方面,一是完工时间最短,二是料杯总暴露时间最短;再次,确定决策变量,决策变量主要是机器人的搬运作业顺序;最后,根据生产过程的特点,设定约束条件,如每个工序开始时其前置工序完成,搬运开始机器人状态为空闲,多个机器人作业时,末端执行器不能同时间出现在同一作业点位等。

机器人在各工序间的搬运情况用转移矩阵表示,如图 12-4 所示。

	1	2	3	4	5	6	7	8
1	0	10	0	0	0	0	0	0
2	t_1	0	150	0	t_2	0	t_3	0
3	0	0	0	15	0	0	0	0
4	0	0	0	0	30	0	0	0
5	t_4	0	0	0	0	10	0	0
6	t_5	0	t_6	0	0	0	35	0
7	0	0	0	0	0	0	0	10
8	t_7	0	t_8	0	t_9	0	0	0

图 12-4　机器人搬运的转移矩阵

2. 近似解问题及模型

许多问题难以建立能精确求解的模型,可以采用"近似"的方法。牛顿和莱布尼茨发现的微积分就是采用"逼近"思维,这是人类文化史上划时代的思想,它不仅是一种方法,更是一种哲学(牛顿的巨著《自然哲学的数学原理》,从取名可见一斑)。在面对工程问题时,常常需要用近似而不是精确求解方法,因为精确求解经常是不可能实现的。把复杂的问题分解成许多小的简单问题,再对小的简单问题进行求解,用所有简单问题解的"组合"逼近复杂问题的解。

有限元模型是最典型的代表。在智能制造中,CAD、CAE 和 CAM 都广泛用到了有限元。有限元是用离散单元对连续介质进行数学建模,该方法的思路一般如下。

(1)对问题域进行剖分,为每个胞腔构造函数基元,用基函数的线性组合得到有限元的函数空间。

(2)对偏微分方程用离散或者变分法进行转化,在有限元函数空间中进行能量优化,从而得到代数方程。

(3)求解代数方程,得到弱解,对剖分过程加密,得到一系列弱解,如果剖分满足特定条件,则系列弱解收敛到光滑解。

采用有限元模型的思维与方法,可以用计算机求解各种物理微分、积分方程,预测机械结构的应力、应变,计算电磁场的分布变化,进行热学分析、流体分析,甚至在芯片设计与分析、增材制造等方面,都可以通过有限元建模并求解。

基于数学逼近理论的支撑,有限元模型的理念与方法才能生根、开花、结果,且硕果累累。

3. 黑箱问题及模型

我们对很多工程问题的机理一无所知,可能是其科学原理尚未被发现,也可能是技术人员找不到与问题相匹配的模型。因为,当技术人员第一次面对问题的时候,往往不了解问题,或者自以为了解,只有经过一段时间的实践才可能知道是怎么回事,所以,经常出现机理建模无从下手的问题,这时可以采用"黑箱"模型,用数据弥补对原理认知的欠缺。

神经网络模型是"黑箱"模型的典型代表,神经网络的设计是指决定网络的层数、每层的规模、哪些神经元彼此连接、权重的初始值、激活函数和训练策略等。神经元连接的强度称为连接的"权重",通过调整权重使同样的输入产生不同的输出。深度学习网络规模都非常大,有些达到上千层,权重参数多达几千个亿。激活函数决定神经元应该产生的输出,常用的非线性函数为

$$y = e^{\alpha_0 + \alpha_1 x_1 + \alpha_2 x_2 + \cdots + \alpha_n x_n}$$

神经网络是一种连接模型,又称"连接主义"。神经网络方法本质上也是逼近法,简化系统复杂性,以取得近似值。在神经网络基础上发展起来的深度学习、强化学习等使人工智能热浪持续高涨。很多文献将生物的神经系统与人工神经网络进行了很多类比和概念嫁接,真正的智能并不体现在神经元上,而体现在神经元彼此的连接(突触)上,神经元彼此相连形成了智能的基础。有科学家认为,"发现突触及其功能的影响堪比发现原子或DNA"。同样,互联网也是连接模型,连接会产生交换,交换即产生价值,连接模型的价值很大。对于工业互联网来说,工业要素全连接后,在信息和算法的调度下,要在较小的粒度上对工业要素进行"重组"和"格式化",使要素重新组配的深度价值得以挖掘。工业全要素包括机器、业务流程、模型、算法、产品、原料、工装、量具等。

智能制造系统中会用到很多模型,如几何模型、动力学模型、静力学模型、运动模型、控制模型、物理模型(温度、场、力等物理变量)、过程模型、行为模型、系统模型等,在此不一一列举。在实际系统中,各种模型应相互结合使用,相互配合解决实际工程问题。

12.2.3 模型-算法化

模型建立以后,要利用计算机系统求解,就必须使模型算法化。算法是用计算机解决问题的方法和步骤。算法源于人们对规律的认识,是智慧的浓缩。

优秀的算法的价值巨大。Google 公司最新市值达 1.14 万亿美元,其技术核心就是算法。其最具影响的网页排名算法 PageRank,采用全局系统视角,将互联网作为一个整体看待,通过民主表决法则,对网页之间的链接数进行加权排名,以选出符合要求的信息。因为这个算法,Google 创始人佩奇当选美国工程院院士,Google 诞生于斯坦福实验室,斯坦福拥有 Google 百分之一的股份,收益超过 10 亿美元。

关于寻找最短路径问题,最著名的莫过于维特比算法。利用动态规划可以解决任一个图中的最短路径问题,维特比算法针对的是一种特殊的图——篱笆网络(lattice),其应用非常广泛。该算法是由安德鲁·维特比(Andrew Viterbi)博士提出的。维特比后来创办高通(Qualcomm)公司,成为最富有的数学家之一,是全世界科学家创业的典范。2007年,维特比被美国总统授予美国科技界最高成就奖——国家科学奖,堪比中国古代的范蠡。

以智能调度算法为例,其相应的问题是:有 n 个工件和 m 台机器,每个工件有 k 道工序,严格按照工序顺序加工,每道工序有且仅由一台机器进行加工,每台机器每一时刻只能同时加工一个工件。假设工件在加工过程中不会中断,工序之间忽略准备时间,即上道工序加工完成之后只要相应的机器空闲,就可马上进行加工下道工序,已知工件各工序在相应机器上的模糊加工时间,如何分配各机器上各工序的加工顺序,使某种调度指标最佳,例如使最大完成时间最小。

乌鸦算法(crow search algorithm,CSA)可作为一种选择,CSA 的原理与流程如图 12-5 所示。CSA 是受藏匿食物的乌鸦搜索机制的启发而提出的,其算法机制如下。

(1)乌鸦以群居的形式生活。

(2)乌鸦能够记住它们藏匿食物的地点。

(3)乌鸦群体中的成员进行盗窃时会跟随对方。

(4)乌鸦对于盗窃同样非常警惕,它们能够在一定概率下保护自己的食物免遭盗窃。

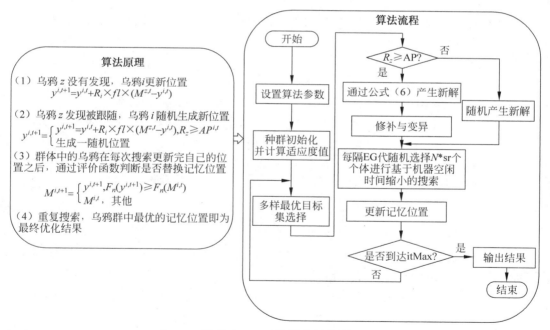

图 12-5　CSA 的原理与流程

12.2.4　算法-软件化

软件用计算机语言实现算法,并使其运行在计算机及其他硬件平台上。软件已经逐渐成为人与物理世界的对话与操作界面。

计算机语言和人类语言一样，它是用于计算机与人类对话，人可以将自己对世界的认知逻辑、知识及目的通过计算机语言"告诉"计算机，计算机执行我们要完成的任务。计算机语言各有特点，选用什么计算机语言开发软件，取决于用途及时代背景，由于 IT 技术发展非常快，计算机语言更新换代也很快，从早期的汇编语言、Aigo60、Basic、Fortran、C/C++ 到 C♯、Java、Python、Go 等，无论选择什么语言，最核心的仍然是知识、物理逻辑、系统运行规则，这些取决于我们对世界的理解，并将这种理解用算法表达出来。对于一个企业而言，从可维护性角度看，软件系统尽可能选择同一平台，方便技术体系与技术团队能力匹配。现在各种商业化开发平台的功能都很强大，有很多比较成熟的框架，开发大型软件越来越容易，也有不少宣称零代码的平台。

数字化程度高的企业软件使用量达到成千上万种。我们列举一组波音使用的工业软件数据：1991 年，波音 777 研制基于 800 种工业软件；2005 年，波音 787 研制基于 8000 种工业软件。的确企业使用的软件越来越多。国内有一定信息化基础的企业使用的软件也有十几种到上千种。

工业软件是现代工业体系的"大脑"（图 12-6），围绕工业问题将工业知识、业务逻辑转换为算法，软件系统能与人对话（接收人的指令，向人反馈结果），能控制硬件及装置（电动、机械、液压、气动），将各种工业系统运行情况以直观的形式呈现。CPS 与 VR 技术的成熟使人机交互界面更丰富，3I（Immersion、Interaction、Imagination）使沉浸感、交互感、想象力更充分。

工业软件种类繁多，就制造企业可用而言，常见的工业软件分类如图 12-7 所示。按照应用领域主要分为以下几类。

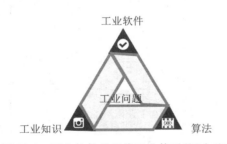

图 12-6　工业软件是现代工业体系的"大脑"

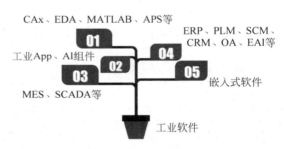

图 12-7　常见的工业软件分类

（1）专业软件：CAD、CAM、仿真解算（CAE）、EDA 等。

（2）管理软件：企业管理（如 ERP、CRM、SCM、PLM、MES），软件系统（信息处理及数据流转）代替人工信息处理，主要是信息的输入、计算、汇集、流转、分解、合并、可视化。

（3）嵌入式软件：嵌入硬件的操作系统和工具软件。

（4）工业现场数据采集及控制类软件：如 DCS、SCADA 等。

（5）工业互联网软件：包括平台软件，如 IAAS、PAAS 等，也包括运行在平台之上的应用软件，如云计算软件、工业互联数据链软件、各种工业 App，以及云化应用，如 ERP、云化 PLM 等。

12.2.5　数据是灵魂

在一个智能制造系统中，看得见的往往是自动化的装备系统，很多机器人、加工机床、

AGV、工装、测量设备等组成工厂的"物理实体",看不见的是系统中数据的流转。系统中的各种模型、核心算法、数据流、软件构成了智能制造系统的"神经中枢",指挥企业各项活动,计算优化企业运营。数据的灵魂作用主要体现在以下三个层面。

(1)通过物理传感器、摄像头等手段,结合物联网技术,实现生产数据的实时采集,并对数据进行收集、汇总、解析、排序、重组织。

(2)通过智能算法、数据分析,获取生产数据中的逻辑关系和知识,解决生产现场的"不可见""不可知""摸不透"等问题。

(3)从解决"可见问题"到避免"不可见问题",提前预警,实时形成决策和行动。

目前有一定信息化基础的企业都积累了大量的数据。数据类型包括设计图纸、档案文字、图片、音频、视频、实验数据、理论计算数据、统计数据等。数据存在的形式为关系型数据库、专有格式数据文件、XML 等。这些数据代表生产实践中的经验知识,用好这些数据,可以实现从经验驱动生产到数据驱动生产的转变。

数据的重要性不言而喻,关键是怎么用好数据。用好数据的重点在于数据的可取得、可视化、可理解、可信、可操作几方面。

1. 数据可取得

在企业数字化或智能制造实践中,首先面临的是数据获取问题。数据获取看上去是技术性问题,一般认为信息通过各种传感器获取,并在系统中进行处理,但在工程实践中,最大的问题往往是非技术性问题,常常被忽略。

企业在信息化过程中会上马一些软件,如 ERP、MES,需要做数据准备;运行过程中要将业务数据输入系统,往往会造成作业人员额外的工作负担;如果手工录入,可能出现信息输入错误。在进行现场设备的数据接入时,也会遇到"哑设备,无数据",或设备有数据,但设备的数据不开放(大多是商务问题)的情况。凡此等等,都取不到数据,使企业数字化推进受阻。这些是企业数字化建设初期阶段往往会忽略但极其重要的问题。

在上马数字化工程或构建智能制造系统时,首先要树立"数据工程"意识,提前布局,进行数据规划,建立统一的企业基础数据标准,确定数据资源规划的实施方案,在购买设备或系统之前,必须考虑数据资产的所有权、存储和交换问题。

2. 数据可视化

我们生活在数据的海洋里。装备的运行如飞机、车辆、运转着的机床、AGV 等,企业商务合作如订单处理、上下游协作、货品供应,人的健康检查,如核磁、CT、体液的理化分析,我们买菜、买车、买房子、导航、看剧,这一切归根结底,都是数据在驱动。看不见、摸不着的数据,勾画了我们的世界。

数据量在剧增,从上网行为的每次点击,到飞机每秒产生 5GB 的数据、一辆自动驾驶车辆一天产生 4TB 的数据,这些超量的数据存在于磁介质、半导体介质的载体上,在信息空间,如何让数据"可见"?传统的数据展现往往是表格、图标、柱状图、饼状图、曲线(曲面)等,当数据量非常大的时候,传统的数据展示就显得不够生动、不易理解。VR/AR 可以提供更丰富的数据呈现,使虚拟化的世界越来越真实。

数字孪生的本质,在于更逼真、具有沉浸感、可交互的数据可视化技术。物理空间与赛博空间的数据所表达的物理属性对齐,系统行为匹配,使数字孪生成为智能制造系统数据展现的高级形式。

3. 数据可理解

知识隐藏于数据之中。将数据的含义挖掘出来，让人们理解和应用，数据的价值才会体现出来。

对于产品全生命周期而言，产品的需求调研数据、研发数据、设计数据（产品设计、工艺设计）、仿真数据、生产制造数据、试验数据、报废回收数据等勾画了完整的模型。这些海量数据被充分利用，以驱动制造，从而彰显数据的意义。

什么是数据驱动制造？对于单台机床而言，工人在操控，刀具在切割，设备在产生大量的振动和电流信号，这些都在产生数据。例如，刀具切削过程中，可以稳定在最佳速度、角度，不产生共振、颤振，而且适合这种材料的加工特点，保证最后的产品质量。如果切削了一段时间，刀具出现磨损，通过数据机床即可判断、预警，甚至在断裂前自动停机，提醒工人更换，既不造成刀具浪费，又能确保加工符合要求。

对于一个工厂而言，若工厂运营了一段时间，突然人事变动，操作工换人了，新来的工人怎么掌握这个机床的参数？这个时候机床就可以显示之前的工人是怎么加工的，不同情况下应怎么做，这样新来的工人就能驾轻就熟地操作设备，避免很多不必要的错误。

所以，当数据积累到一定程度时，不只是要建立数据中心，解决数据存储、数据访问的问题，更主要的是掌握处理和利用数据的方法，如统计数学方法，使数据驱动制造。

4. 数据可信

这里讲的数据可信不是指网络传输中数据安全的概念，主要是指数据与问题的相关性，即数据可靠性、有效性问题。

在企业数字化转型达到一定程度时，有些企业或领域会出现信息泛滥、干扰信息多、数据量太大等问题，且大量数据被污染。取得可靠的数据源，才能使智能制造或数字化转型更好地开展。

基于模型的系统工程 MBSE 和单一数据源技术可以使数据工程规范化、系统化，保证数据可信度。

5. 数据可操作

数据可操作是数据应用的高级要求。对于一般应用而言，数据是用来展示的，展示形式是给人以视觉或听觉的体验。而在全方位、沉浸式数据环境中，数据"作用于人体"，给人以触觉、力感，这就是数据的可操作性。比如，手机触摸屏就是用数据操作替代了机械式键盘。在飞机模拟器中，通过力反馈机构给出飞机姿态的变化，如下落、倾倒感等，都是数据的可操作性。

12.2.6 人在智能制造系统中的作用

从第一次工业革命到现在，制造系统表现出明显的"机器换人"特征。制造技术的进化迭代，就是从人"体力"的机器替代开始，逐渐发展到"脑力"替代。

（1）自动化：危险的、枯燥的、脏乱的、重体力岗位用机器替代，自动化设备及工艺结合，机器延伸人的四肢。

（2）信息化：业务通过软件系统流转，在信息的输入、汇集、流转、分解、合并等方面代替人工处理。

（3）智能化：智能算法辅助或替代人工判断决策，如机器视觉、智能感知、故障预测与设备健康管理、智能排产、智能质检等。

替代一直都在以渐变的形式进行，替代人的手、脚、脑或某一部分器官的作用。人类的文明史就是机器（工具）替代人的历史。如今的年青一代不愿意进工厂当工人，这本身就是合乎人性、合乎社会进步的选择。企业管理、工厂运行必须顺从人性，适应人的变化，适应社会的变迁。这正是科学研究与技术进步的出发点和落脚点。智能制造的目的之一就是去除或减轻人的劳作痛苦。

机器替代人都会经历机器"不会做""做不好""能做好""超越人"几个阶段。从经济性判断，以日本为例，全球一半以上的机器人产自日本。日本采用工业机器人的综合成本，相当于每月付给机器人工资 1.7 万日元（折合人民币 1030 元）。构建一个智能制造系统，无论是全自动设备，还是生产线或工厂，目标往往都是无人化，在条件达不到的情况下，人工介入是现实选择。

机器换人的过程不可能是一帆风顺的，非技术性因素的影响很大。1598 年，威廉·李发明了织袜子的机器，被工人追杀；1765 年，哈格里夫发明了多轴纺纱机（珍妮纺纱机），工人们闯入他家，砸碎了他的机器；1733 年，约翰·凯伊因发明飞梭而遭到织工们敌视、迫害，最后被迫藏在一袋羊毛中逃走；印刷机的发明使《古兰经》抄经人面临失业的风险，在伊斯兰世界受到强烈抵制，苏莱曼一世甚至颁布法令，用印刷机者可以判处死刑；计算机刚开始应用的时候，纽约有工人将咖啡浇到键盘上搞破坏，因为他们认为计算机会抢走人的工作；互联网电子商务的应用使不少实体店业主迁怒于马云；网约车出现的初期遭到出租车司机的群体抵制。如今，大模型系统（如 ChatGPT）的应用使白领（包括老师）的工作受到威胁。因此在企业数字化转型、智能制造系统实施时，必须考虑非技术性因素的影响。

虽然有些工作不断由机器替代人来完成，但这并不一定造成失业增多，技术的进步同样会创造出原本不存在的工作机会，统计数据表明，相比以前（如 1900 年），人类工作时长已有较大延长，就业率也提升了很多。尤其是在互联网智能化时代，出现一个人干几份工作、用"闲暇时光"赚钱的现象，过度就业更需要引起关注。

在目前的条件下，很多任务是机器系统无法独立完成的，或是因为技术达不到，或是经济性不好。现代社会就是人和各种人造物的混杂系统，许多问题的解决需要从系统的角度全局地看待人、设备、物料、辅具等组成的系统。控制论的创始人维纳 1950 年就出过一本著作，书名为《人有人的用处》，试图回答人和机器的关系问题。科技的进步、人工智能的发展，使机器能否超过人、控制人的问题变得越来越敏感，这是一个哲学问题，目前还处于百家争鸣阶段。2012 年 IEEE 组织"System，Man and Cybernetics"学会成立了"计算社会系统"委员会，研究对象就是"人和人造物、机器的混合体"。

12.3 如何构建智能制造系统

12.3.1 智能制造系统的工程化实现

智能制造系统是一个很宽泛的概念，根据对象的粒度可分为智能化设备、智能化产线/

车间、智能化工厂。以下将分别介绍设备级和产线级的工程化实现案例；从较完整、高层级技术角度出发，描述机电软融合 CPS 的工程实现；IT 系统具有中枢性特征，我们将描述其一般性工程实现。对于更高复杂度的智能制造系统（如智能工厂），我们将在其他章专门论述。

1. 智能化设备的实现

案例　全自动智能化碾环机

大型环件轧制是国内核心产业（如核电、风电、航天、航空领域）的关键技术。环件碾扩过程是通过碾环机的轧辊的进给运动使环件壁厚减少、直径增加、截面轮廓成形的塑性加工工艺，其碾扩原理如图 12-8 所示。它比传统的板材轧制过程复杂得多，是非线性、非对称、非稳态的三维变形过程。智能化是保证碾扩质量与效率、提升关键装备能力的必然路径。

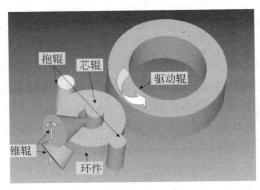

图 12-8　径轴向轧制原理

全自动智能化碾环机涉及数学、软件、自动控制、液压、机械等多学科技术领域，是典型的智能化复杂装备，如图 12-9 所示。构建全自动智能化碾环机，需要建立碾扩过程的数学模型、控制模型、软件系统、控制系统、机械轧制系统等。

1）数学模型

数学模型描述了环件碾扩的几何学和运动学，表达了环件初始尺寸和最后尺寸、碾扩策略之间的联系。由于精确模型难于建立，我们在实际工程中，可以忽略一些次要因素，将碾扩过程简化为一个多道次轧制过程，分为预碾、主轧制、精碾和整圆 4 个阶段。径向轧制与轴向轧制互为初始条件，并不断循环，可建立碾扩过程的动力学、运动学和几何学关系。

在实际系统运行时，由于碾扩过程中有些参数不稳定，如碾扩温度变化时材料属性也发生变化，使数学模型中的参数与实际不符。解决这一问题的方法是通过一些参量的实际检测，修改模型中的变量，使之与实际相符，即具有自适应能力。

2）控制模型

根据数学模型生成控制模型：轧制曲线和 RGS（外径增长速度）曲线。大型环件自动轧制时，由于环件刚度较弱，环件偏心、环件变形失稳、爬升等现象可能很严重，这些都应在控制模型中加以考虑。

轧制曲线为一条 n 次平滑曲线，操作者应在轧制前根据要轧制环件的截面特征手工设置轧制曲线的曲率和弧度。RGS 曲线是计算与各拐点对应的外径及各阶段的环件增长速度曲线，影响因素包括环件初始尺寸、环件轧制中的实时尺寸、径向和轴向进给速度。

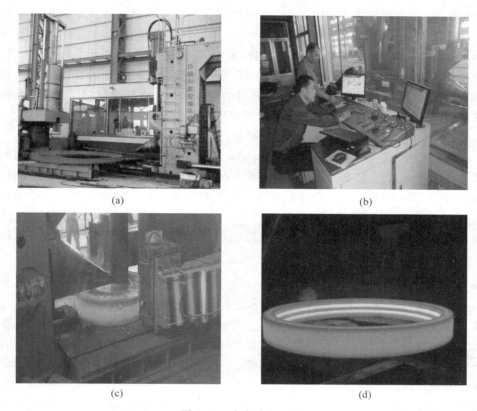

图 12-9 全自动碾环机

（a）自动碾环机；（b）系统控制台；（c）碾扩过程；（d）产品成品

3）软件系统

软件系统是实现碾环机全自动轧制的重要组成部分，其主要功能是将模型算法转化为控制逻辑，并在计算机上执行。用户可在软件中设置碾环机各组成部分的尺寸、毛坯和成品的尺寸。由上位机在离线状态下计算拐点，将拐点、各阶段的斜率及实时控制需要的经验值传给 PLC，并开始轧制；轧制过程中，PLC 负责采集现场的实时信号，并根据这些实时信号计算进给量的给定信号，测量信号和给定信号的差值，计算出控制信号，使各执行机构产生相应的动作。同时，在上位机的人机界面中可以监视环件截面的变化情况及环件的受力情况，并提供异常情况报警功能。

4）电控系统

电控系统总体上可分为上位机部分、数据采集和控制器部分（PLC＋压力比例放大器×2＋VI 转换器×2）、执行机构（比例溢流阀、电液伺服阀）、被控对象（径向和轴向轧制缸）、测量变送机构（径向轧制缸位移传感器、外径传感器）。

5）机械及液压系统

机械及液压系统用于执行对环件的碾扩操作，主要组成如下。

（1）床身：滑块和轴向机架在床身导轨内往复运动，主辊和定心辊安装在床身上。

（2）主传动：将主电机的扭矩传递给驱动辊。

（3）滑块：包括滑块体、支架、油缸、芯辊和托板5部分。滑块在主油缸的带动下在床身导轨内往复运动。

（4）主辊：主辊部件由主辊座、上下支撑、主轴和主辊组成。主辊模具装在主轴上。

（5）轴向机架：轴向机架部分由机架、轴向轧制油缸、平衡缸、随动油缸和上下锥辊组成，机架支撑在4个滚动滑轮上，由随动油缸推动在床身导轨内往复运动。上下锥辊由直流电机驱动，其转速由工件在锥辊母线上的位置相应调速。

（6）定心机构：定心机构由一对抱辊、抱臂，两个油缸及同步齿轮组成。

（7）测量机构：主要由测量滚轮、滑块、油缸和传感器组成，测量滚轮在油缸力的作用下贴紧工件的外缘，当工件的直径增大时，推动其后移。此时工件在锥辊母线上的位置改变，轴向电机的转速相应下调为使锥辊母线上各点的线速度与工件壁厚上各点的线速度相匹配。

（8）液压系统：液压系统大量采用电液比例阀，由五台油泵电机组分别向八种油缸供油。

2. 无人生产线的实现

生产线是单台设备之上、整体工厂之下的生产系统，由多台设备、操作工人、工业机器人组成，完成给定产品的生产流程。无人生产线全部由机器组成，生产过程中没有人工干预。无人化产线的工程实现需要数字化智能化技术、制造工艺、自动化、工装技术及投入核算的巧妙结合。目前只有一些工序比较简单、工件比较标准的产品能够实现无人化生产，典型代表是冲压线。

以某壳体8连冲无人线为例，建设方案分为两部分，一部分是冲压车间物理层的黑灯车间建设（无人化），另一部分是虚实融合的CPS建设，如图12-10所示。冲压黑灯车间在物理空间层面是黑灯的，整个冲压线全自动化作业生产，包括上下料、换模、物料运输及码垛，冲压黑灯车间在信息空间层面必须是透明的，通过CPS满足企业的生产状态监控、作业情况透明、问题发现及定位、工艺作业模拟推演等需求，实现企业的生产制造数据可理解、可操作，形成"感知–分析–决策–执行"数据自动流动的基本闭环。有关CPS实现会有专门章节论述。

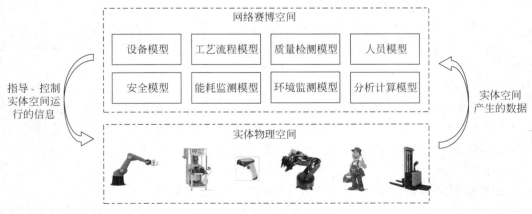

图 12-10　无人生产线 CPS

冲压线无人化实现包括冲压线作业、上下料、换模、物流、码垛及控制等全自动实现,总体由三套系统组成,分别为冲压自动化系统、物流自动化系统及智能化控制系统。对于每一部分,业务连接和数据连接都是核心要素。

1) 冲压自动化系统

冲压自动化系统由压机连接自动化、上料自动化、下料自动化及换型自动化4部分内容组成。

(1) 压机连接自动化。冲压作业自动化实现相对容易,多连冲线自动化实现的一个关键点是压机连接,即连续冲压作业的物料流转由机器人完成,有时由于各种原因,连线机械手可能各不相同,由此带来的技术风险需引起注意。具体如下。

① 控制及通信方式不同,增加控制系统的兼容性难度;

② 取件的端拾器不同,增加机械结构的兼容性难度。

(2) 上下料自动化。上料自动化首先需要设计自动上料台,根据生产情况呼叫原料搬运,将原料运输过来,放置在上料台上。

系统实现需要注意机械结构的连接、信息系统的连接和一致性。

机械结构的连接:交互式上料工作台为 AB 双工位模式,每个工位都有里外两个位置,里侧为自动上料位,外侧为备料准备位。A 工位里侧有料,处于自动上料状态时,自动送料系统将原料送到 B 工位外侧的备料准备位。A 工位上料完成后,底座滑出,将承载滑台移到外侧的备料准备位。同时,B 工位已经装好料的滑台移到内侧,供机器人上料。

信息系统的连接:板材的来料通过托盘运输。托盘上有 RFID 芯片,上料工作台上有对应的读写头。通过读取 RFID 芯片获取本托盘料片的规格和数量,判断与控制系统下发的订单是否一致。

一致性:为提高自动化生产的可靠性,需要保证以下环节的一致性。

① AGV 送料车放料位置的一致性;

② 来料托盘外形尺寸的一致性;

③ 原材料在托盘中摆放位置的一致性。

在实际工程中,经常遇到来料一致性不佳的情况,解决办法是加装视觉系统,拍摄并计算料片位置,发送给取料机器人。

下料自动化设计与上料类似。除了设计码垛台外,还要考虑码垛单元与物流系统连接。连接分为机械结构的连接和信息系统的连接两部分。

(3) 换型自动化。换型自动化分为自动换模和自动换手两部分。

自动换模的前提是将所需新模具搬运到冲压线的设备处,并将换下的模具搬运到模具库中;模具自动装夹系统主要包括动力装置(泵)、举模器、夹模器、电气控制系统等;可以采用视觉检测系统对模具进行拍照、图像处理、模具孔位等,快速确认模具的位置。

自动换手是指更换机器人末端执行器。更换不同产品时,工件的取放端拾器也需要与之适应。当然最优的方案是通过端拾器的优化设计,使之兼容以适应不同的产品,无须更换。如果无法做到兼容,则需要增加快换装置,使之自动快速切换。如果需要多个端拾器来回更换,则采用增加集成电、气一体的快换模块。在机器人的手腕上端增加母端,在每个端拾器上增加公端,两者可以快速插接,并保证电、气的连通。

2) 物流自动化系统

物流自动化系统由仓储自动化系统和搬运自动化系统两部分组成,其中仓储自动化系统是对冲压车间所需原料、成品、模具的存储，搬运自动化系统对应原料、成品、模具的自动化搬运。

仓储自动化系统针对原料存储、成品存储、模具存储，根据每种物品的外形尺寸、重量、存放数量等，设计立库的规格、托盘形式和出入库方式。还需要选择智能仓储管理软件系统。

搬运自动化系统包括 AGV 物流搬运系统、AGV 调度系统和安全防护系统。针对原料搬运/成品搬运，选择标准叉车式 AGV；针对模具搬运，选择重载叉车式 AGV。AGV 的路径规划与导航可以采用激光＋靶标复合的导航方式，以提高定位精度。

3）智能化控制系统

智能化控制系统起着承上启下的作用，是冲压车间黑灯的控制中枢，如图 12-11 所示。

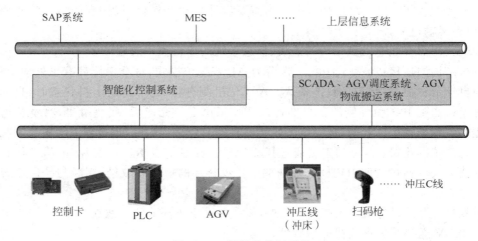

图 12-11　智能化控制系统

（1）对上：连接 ERP 系统、MES 等，获取订单、产品、物料信息等，并将冲压自动化系统、物流自动化系统的运转信息反馈给上层信息系统。

（2）平行：与信息采集（如 SCADA）连接，获取冲压线生产执行的运行状态，完成冲压线的集中控制操作、监视、报警显示等。

（3）对下：实现对冲压自动线、立体仓库、AGV 的控制与调度。

智能化控制系统将根据 MES 下发的生产计划自动安排模具的出库，呼叫 AGV，自动进行模具运输、与压机进行换模，并根据计划任务和产品信息自动调整设备的参数，实现快速生产，同时换下的模具自动安排保养维护和入库。

总之，生产线的无人化建设是软件、工艺、设备相结合的系统工程，需要对生产系统重新进行设计调整，综合生产线布局、模具、工艺、机器人（末端执行器）各要素，对产品设计、工艺流程、生产过程进行全面整合。

工业机器人的应用不断拓展，能够完成的工作日趋复杂。以前主要是冲压线、焊接线、机加工上下料等，目前打磨、装配、质量检测等无人化需求强烈，但是无人化实现技术难度偏高，始终难以突破。相信随着新技术、新工艺的发展和引入，无人化生产线的范围会越来越广。

3. 虚实联动的 CPS 实现

CPS 是智能制造系统虚拟空间与物理空间深度融合的综合体现。以下以虚实联动的智能装配实验生产线为例,介绍其构建过程。

构建虚实联动的智能装配实验生产线的目的是在不确定工况、不确定参数甚至不确定布局的情况下进行生产工艺及智能算法的验证,高效率组织生产。

虚实联动的智能装配实验生产线分为三部分。

(1) 装配实验生产线虚拟样机。

(2) 装配实验生产线物理实体。

(3) 虚实联动集成平台。

1) 装配实验生产线虚拟样机

虚拟样机开发要与实际物理设备保持精准一致,包括物理属性、运动方式、受力情况等。一个具体的生产线虚拟样机构建内容如图 12-12 所示,其中,物理属性包含温度、压力、流量、振动、速度、加速度等。

对于虚拟样机几何模型的构建,精确结构模型构建可采用三维 CAD 系统,如 SolidWorks、CATIA、ProE 等,宏观场景模型构建可采用 3D

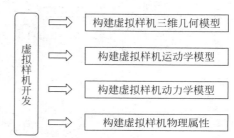

图 12-12　生产线虚拟样机构建

Max 之类精度不是很高的建模工具。为减少引擎压力,对于有些虚拟场景模型需进行适当精简,可删除不可见或无须展示的模型面;对于精确模型需进行模型轻量化处理。对于运动学模型和动力学模型的构建,需要分析机构的运动和驱动关系,确定几何模型之间的连接方式和相对运动方式,对三维模型进行约束,几何模型产生位移或者转动必须添加驱动,以确定动力学模型。

驱动虚拟环境的引擎,精确模型需要使用一些专业化工具,如 ADAMS、MATLAB、Fluent 等,构建一个复杂的联合系统,需要一个管控平台,基于 HLA/RTI 体系结构的 Design Hub 是比较好的解决方案,可以实现多学科、多种工具系统协同计算,模型计算的数据与实采数据进行融合与交叉验证,通过统一的时间管理、模型适配封装,使各种单学科计算平台联合进行计算。对于大场景非精确模型,可以采用 Unity 3D、Unreal Engine、Carla 等。

2) 装配生产线物理实体

为满足虚实联动的需要,可以接入完整的物理线实体,实现装配作业的虚实联动仿真,装配作业流程如图 12-13 所示。考虑到资金投入因素,只接入关键物理实体设备(如机器人),虚拟机器人采取 V-REP 仿真机器人,V-REP 支持 Lua 脚本控制,为实现仿真一步指令命令生成一次,采用 Lua 脚本构建指令生成方法,包括每个 action 中的 parameter 控制指令、每个 action 的创建、每个消息的创建等。虚实结合验证产线的基本布局、生产工艺和智能算法。

3) 虚实联动集成平台

虚实联动集成平台要突破虚实两个空间的数据交互,尤其是要处理多要素全连接时复杂的数据交换结构关系,这样才能实现生产过程的虚实映射,为生产线管理人员和用户提

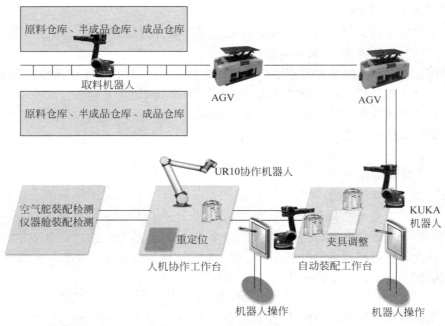

图 12-13　装配作业流程

供实时生产状态反馈，为设计师提供复杂产品装配工艺仿真与算法验证系统。工业互联数据链可以构建一个以数据为中心的支撑环境，实现虚拟空间的计算与物理空间实采数据的集成和交换，主要内容如下。

（1）设备联机与控制：采集设备数据、控制指令传输。

（2）虚拟空间模型计算：根据用户设定的装配仿真过程，自动生成智能装配中心可读取执行的控制代码，并实现虚拟模型和物理装配中心的数据分发传输，实现虚拟模型控制智能装配中心各设备根据仿真执行装配动作，并监控装配中心状态，反馈给虚拟模型，控制虚拟模型动作。

（3）数据交换：采用消息主题方式实现虚拟模型与物理装配线的数据交互，消息主题可采用点对点模式（队列模式）和发布订阅模式。

应用场景面向的对象多、动作多，可通过自定义封装方法实现其自定义编码，包括模型对象、模型动作和模型状态（点位信息）。平台（系统及虚拟层面）向装配中心（物理层面）发送指令通过消息实现，将消息模式定义为消息主题（发布/订阅模式），定义消息通道主题名称（平台发给工控，此示例定义为 3D_ZpGw），将平台定义为消息产生者，将仿真生成的JSON（JavaScript 对象表示法）控制指令作为消息，将工控程序定义为消息消费者，接收并解析消息，控制装配中心执行。

在虚实联动的智能装配实验生产线上进行算法验证，如图 12-14 所示。其系统功能如下。

（1）建立基于智能集成装配中心虚拟样机模型的装配仿真验证平台，设计师利用该平台可实现基于交互式三维场景的典型产品虚拟装配。平台提供装配精度与装配动作评价功能，评估结构设计合理性与装配工艺可行性。

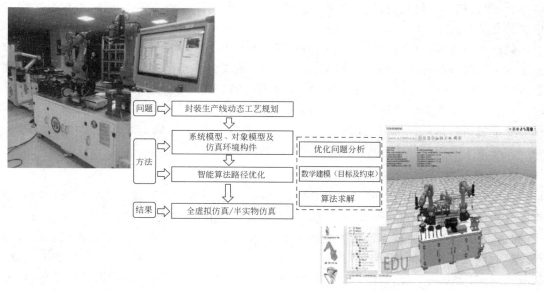

图 12-14 在虚实联动的智能装配实验生产线上进行算法验证

（2）根据装配工艺仿真结果自动生成面向智能装配中心的机器代码，控制机器人、工装、传感器等，自动实现装配工艺中的各装配动作，完成产品装配。

（3）能够通过 PC 远程连接装配仿真验证平台，通过 CS（客户端/服务器）架构实现，支持多用户同时访问和操作，C 端可控制服务器执行方案，期间保证事务的完整性。

12.3.2 深度数字化后的数据治理

深度数字化和数据治理本没有必然的联系，数据治理越早考虑越好。在企业信息化初期，数据量很少，数据治理往往不会引起重视。只有当信息化达到一定程度，企业应用的软件越来越多，积累的数据资源也越来越多，一些有关信息资源规划或数据治理的不足和问题就会暴露出来，比如数据孤岛严重、数据利用率低，数据文件或数据库表命名管理混乱，敏感数据存在泄露风险，想要的数据找不到、找到又不敢用（不可信），等等。对这些问题进行溯源都会指向数据治理。

数据治理包括非常多的内容，如数据标准、元数据、数据模型、数据分布、数据存储、数据交换、数据生命周期管理、数据质量、数据安全等。这些概念很抽象，从实现的角度看，应重点讨论以下三方面。

1. 数据标准

企业的数字化建设过程一般不是一帆风顺的，一些企业的管理人员（包括没有数字化经验的 IT 人员）认为购买部署软件应用就可以了，出了问题则认为是软件的问题，其实往往不一定是软件本身的问题，而是缺乏好的实施方法，如基础数据不能正确收集、缺乏数据标准化、数据源头不唯一、数据标准不统一。企业在实施 ERP 等信息系统的过程中，数据编码问题可能导致跨不同职能部门的数据冗余，各业务环节的不同 BOM 中发生物料错误和冲突，导致产品质量问题、生产延误等。

数据编码是非常重要的基础工作，也是非常复杂的工作。数据编码的分类与取值是否科学、合理直接关系信息处理、检索和传输的自动化水平与效率，数据编码是否规范决定着信息的交流与共享。

数据编码需要遵循"国际标准—国家标准—行业标准—企业标准"的原则，建立适应和满足本企业管理需求的数据标准体系。建设一个完整的企业级数据标准化体系一般需要开展如下工作：企业数据标准化策略、数据标准、数据标准化工作流程、组织架构、数据管理。数据模型是数据标准的主要实体，涵盖数据字典、逻辑数据模型和元数据标准。数据规范通常包括数据建模规范、数据编码规范和数据集成规范。从系统工程的角度出发，将局部问题置于系统整体中考虑，达到全局优化的效果。

2. 数据交换

数据交换是系统进行数据共享的基础，合理的数据交换体系有助于企业提高数据共享程度，提升运行效率。当企业数字化达到一定程度，应用的软件数量很多时，以紧耦合的方式（如通过简单接口）实现系统间数据流转的路线是不可行的。要推进多层级、跨部门、多系统间的数据交换，必须贯彻"数据总体设计"的理念，打好数据标准化、主题数据库基础，规范系统间、企业内系统与外部机构间的数据交换规则，再选择恰当的数据共享平台，才能保证数据交换工作有序进行。

在智能制造系统中，生产要素（设备、软件系统、物料、工刀量具等）涉及的工业通信标准较多，难以融合。新老设备并存，互联互通成为老大难问题。生产现场现阶段存在许多老旧设备，缺乏数据传输接口（串口、工业以太网、现场总线等），难以将其接入工业网络。解决数据孤岛问题，不仅要有标准，还要有手段。

工业互联数据链是实现生产要素数据按需交换的技术手段，如图 12-15 所示。通过设计联邦体系、消息机制，屏蔽底层的通信、交互、连接，使参与互联的应用系统（服务）、设备等要素从强连接、紧耦合转变为以数据为中心的弱连接、松耦合，实现松耦合数据交换及智能互联。基于分布式的消息代理，构建以数据为中心的发布-订阅数据交换模式，解决数据交换过程中的紧耦合问题，实现工业互联数据的动态加入和退出。

图 12-15　工业互联数据链

工业互联数据链将生产现场的设备连接起来，向下与传感器数采及分析系统、设备中控等系统整合，实现全要素数据连接与数据的实时流转，供上层管理系统控制、分析、管理使用；向上以企业的管理系统（如 ERP、MES、PDM、WMS 等）为骨干体系，通过生产综合指挥系统（大屏幕），展现透明化生产及管理过程，使智能工厂（透明工厂、数字化工厂）有具象化的体现;对外可作为企业上云(产品上云、产线上云、业务流程上云)的枢纽平台。如图 12-16 所示。

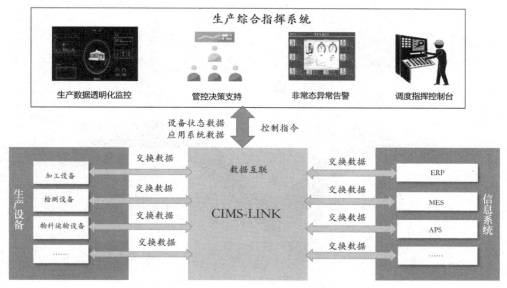

图 12-16 基于数据集成的透明化生产体系

3. 单一数据源与 MBSE

当数字化应用从初级阶段步入中高级阶段时,CPS 大范围应用,虚拟空间与物理空间协同运行,数据既有虚拟空间模型的计算数据,也有物理空间实体的实采数据,数据不仅要在空间上对齐,也要在时间上对齐,更需要与数据反映的物理属性一致,涉及各种模型,如几何模型、运动学模型、动力学模型、物理属性(温度、压力、流量、振动等)模型,以及模型的交互计算,凡此种种,皆是数据,因此,最严峻的挑战是数据环境的构造,这个远比解决数据孤岛问题复杂。

各组织部门的传统协作方式,是通过邮件或共享文件,或利用信息系统间数据集成的方式实现数据的传递。为保证数据的时效性、可用性,需要单一数据源,保证权威数据。权威数据源于统一的模型体系,可理解为涵盖虚拟空间与物理空间的"通用语言"。基于模型的系统工程是指需求分析、功能分析、系统设计、确认及验证行为均由模型表达并由模型驱动,实现产品设计、工艺、制造、装配、交付、服务全生命周期建模和单一数据源。基于"数字主线"的业务协同,在具体实施时宜采取循序渐进原则。图 12-17 是波音公司基于模型的企业(MBE)体系。

12.3.3 企业数字化转型的经验与误区

智能制造技术可推动企业数字化转型,这已经成为社会共识。全球数字化转型的引领者波音公司认为,数字化转型不仅体现在技术方面,还体现为企业文化的转型。技术转型和文化转型是相互关联的。波音数字化企业的目标是通过流程改善、数据管理和技术提升实现全公司范围的主动转型。

打造数字化企业,目标高,前景好,但过程曲折,不少企业走了许多弯路。首先在认识

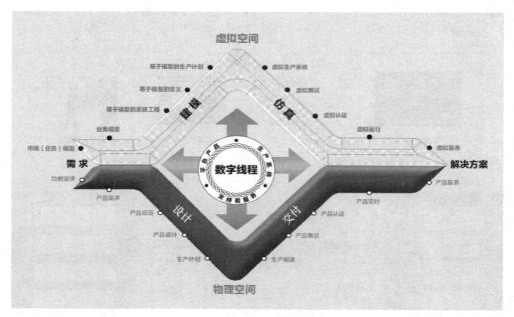

图 12-17　波音公司基于模型的企业体系

方面存在一些误区。

有些企业对数字化、智能化，如盲人摸象，说不清楚，或者有不切实际的期望。如今，有关数字化的成效及经验介绍连篇累牍，描绘了非常好的前景，或由于商家误导，或企业对数字化转型有错误的认识，幻想企业运营中的很多问题，如设备因故障停机停产、设备的预测性维护、产品不良品率高、交期太长等，都能通过数字化技术解决，但是数字化技术的应用大多不是立竿见影式发挥效能的。这就会产生短期投入与实际效果的落差。

极少数企业，尤其是一些特殊行业，企业经营状况特别好的，对数字化、智能化处于无知无觉的状态，只是片面追求"新技术"，为了"赶时髦"。由于认识存在问题，对数字化转型理解不到位，还没有出发就注定了失败的结局。

在数字化、智能化建设过程中，虽然没有标准答案，没有适合所有企业的标准动作，因为各企业有各自的情况，但基本上还是有规律可循的，别人已经掉入的坑，就别再跳了。企业需要注意以下 5 方面问题。

1. 企业战略与 IT 战略匹配问题

数字化到了高级阶段，才能理解并落实数字化转型是企业文化转型这一定位。初级阶段，还是要有符合企业业务运转状况、符合团队认知与能力的定位，应该更务实地推进数字化系统的应用。经常遇到的许多矛盾，其产生的根本原因常常是企业战略与 IT 战略不匹配。

企业数字化经常犯的错误是缺乏顶层设计，或者企业高层有自己的顶层设想，但总是难以落实。企业高层与 IT 人员沟通不畅，IT 人员（包括经理层）多数是技术人员出身，思维聚焦具体的点，聚焦局部问题，不考虑全局，缺乏运营思维，不了解企业运营，更有甚者，受一些所谓新技术概念的误导；企业高层不懂 IT，不懂技术，造成沟通障碍，数字化投入预算过高,高层难以判断。

在数字化的初级阶段,数字化是实现企业战略的支撑。一定要厘清数字化的目的是什么,阶段性目标是什么,衡量标准是什么,与业务部门的关系如何定义。

有的企业对数字化投入很大,IT 负责人频繁更换,信息口人员与生产管理等业务口人员矛盾重重,数字化推进举步维艰。高层和业务部门、IT 部门建立互信非常重要,IT 部门必须理解高层的战略定位,高层也要知道 IT 部门在干什么。

2. 软件的选型、实施及业务的适配问题

数字化、智能化的核心载体是软件。选择合适的软件系统对于企业数字化至关重要。

在数字化过程中需要按照总体规划、分步实施的原则,每一步有一步的收益,一个台阶、一个台阶地推进和优化。只有这样才能不断增强企业领导、业务部门和 IT 人员的信心,直到实现更高目标。过于激进的实施过程,可能带来不稳定和震荡,不利于目标的实现。

在软件选型方面,不可片面追求软件技术的先进性。不要盲目看别人选什么就选什么,适合自己的才是最好的。鹦鹉学舌,邯郸学步,必吃苦果。要知道,大的跨国企业都会用到许多种类的软件,国际著名公司应用的软件多达上万种,有代表性的国内某著名企业应用的软件有 2000 多种,核心软件 600 多种。这些软件都经过了长期时间的检验,稳定又可靠。世界 500 强多数还在用 Lotus Notes/Domino(20 世纪 80 年代开始流行的系统)办公。不少核心软件还是 DOS 版的。"好用的就是最好的"。

现在经常碰到一些企业原来用的 ERP 系统是国内公司研发的,要更换成国外某著名公司的。以为更换了国际先进的 ERP 系统,原来数字化遇到的问题就会得到解决,其实这是一种误解。当然,是不是需要更换 ERP 系统,每个企业应根据自身的具体情况而定。现实中观察到一种现象,ERP 系统的更换背后,新软件供应商销售运作的迹象很明显,需要引起注意。

3. 新技术与工艺、工装的结合问题

一条生产线或一台设备的自动化成功与否,取决于软件、控制、制造工艺、工装技术的巧妙结合。自动化的实施过程往往伴随着工艺的改进、新工装的设计,甚至是产品的改型。自动化的设计要将视野拓宽,从系统的角度入手,不能认为自动化就是控制,为控制而论控制。

软件定义(SDX)可以给出新的思路,原来由硬件(机构)实现的可以由软件完成。比如,在手机的研发中,原来手机的键盘是机械式的,乔布斯提出可以用软件实现,于是产生了手机触摸屏替代机械式键盘,这是革命性的突破。在自动化系统中,软件、控制、机械的作用及功能部署可以重新定义和划分。

理想的自动化是无人化,即生产过程不需要人参与。实际要考虑成本、可靠性等因素,有人工参与的半自动化往往是现实的选择。另外,在机器人选型方面,六自由度关节机器人往往被看作自然而然的选择,其实选择框架式机器人成本低、重复定位精度高,维护也方便,在没有柔性调整要求的生产场景中,框架式机器人是更务实的选择。

要重视设备中数据的获取与交换,在车间智能化中经常遇到取不到机器中数据的情况,通过机器的显示屏能看得到数据,能打印出数据表,甚至能复制出 PDF 或其他格式的文件,但就是难以实现与其他系统数据的交换,这些问题大多是商务障碍,而不是技术问题。

如果最开始就考虑到这个情况，大多数问题都会得到解决，不留后遗症。

4. IT 团队的建设问题

毫无疑问，各企业对 IT 越来越重视，IT 人员在企业里的地位也越来越高。然而，在制造型企业里，IT 团队的建设不是那么容易的。人员难招，IT 人员甚至 IT 团队的管理者经常跳槽，对企业影响巨大。IT 岗位比一般的技术岗位更敏感，企业的管理者经常忽视这一点。以下三点需要引起企业管理者注意。

（1）构造适合 IT 人员成长的"小气候"，因为 IT 行业（特别是软件行业）和制造业的文化及薪资体系差别很大，要避免人员水土不服。

（2）要重视内部老员工的培养，尤其是发挥从原来生产、业务口转到 IT 岗位人员的作用。

（3）外来的和尚不一定会念经，见到不少一直在某企业工作，从业务岗位转向 IT 岗位的团队负责人，做出在企业甚至行业里很有影响的系统，"好用的系统"常常是本企业土生土长的团队做出来的。

5. 避免盲目跟风带来的损失

数字化、智能化热潮中，各种新概念层出不穷。企业提升盈利能力是数字化、智能化的根本。虽然新名词、新说法一直出现，但企业数字化的基本规律从来没有变过，遵循基本步骤，循序渐进，才不会走弯路。

（1）进行工厂设施及作业过程的计算机化，使工厂物理世界的特征、规律数据化，在信息世界进行计算、存储。

（2）将机器、软件（业务流程、模型算法）、产品、原料、工装、人等要素全连接，实现联通性。

（3）实现数字孪生，在物理空间可能是黑灯工厂，但在虚拟空间数据可见、可操作，企业运营透明化。

（4）构建企业大脑（包括各业务领域小脑，如营销小脑、财务小脑、能耗管理小脑、规划调度小脑等），实现预测性制造。

（5）数字化的高级阶段，构建能应对市场变化的自适应性制造工厂，达到优化各工业要素组配、优化社会生产、优化服务过程的目的。

不要被新概念带偏，不要盲目附和别人的观点或迷信某种理论，实践出真知，能解决企业问题即可。

参考文献

[1] 赵骥,吴澄.未来工业互联网的发展与应用[J].中国网信,2023(4):47-51.
[2] 赵骥,齐晓锐,吴教丰,等.未来工业互联网松耦合结构理论、分析、评估及实现平台[J].计算机集成制造系统,2021,27(5):1249-1255.
[3] 皮埃罗·斯加鲁菲.人工智能通识课[M].北京:人民邮电出版社,2020.
[4] 吴军.数学之美[M].北京:人民邮电出版社,2020.
[5] 贝塔朗菲.一般系统论基础、发展和应用[M].北京:清华大学出版社,1987.
[6] 李杰,刘宗长,郭子奇.工业智能系统:做可持续传承的制造智慧[J].中国机械工程,2019,30(10):1250-1259.
[7] 张维迎.重新理解企业家精神[M].海口:海南出版社,2022.

第13章

智能制造产线/车间规划、设计与开发

13.1 智能制造产线的主要体现形式——柔性生产线

柔性生产线又称柔性制造系统(flexible manufacturing system,FMS),是非常适合航空航天制造业多品种、小批量零件的生产模式。柔性生产线定义为由数控加工设备、物料运储装置、各种辅助设备和计算机控制系统组成的自动化制造系统,能够根据制造任务或生产环境的变化迅速调整,适用于多品种、中小批量生产。柔性生产线的概念虽然早在20世纪80年代就已经出现,但随着技术的不断发展,柔性生产线在自动化、数字化、信息化方面获得突飞猛进的发展,是进一步实现智能化生产的必经之路。

我国航空制造业经过数十年的攻坚和发展,已经跻身世界航空强国的行列。但我国航空制造业水平,尤其在自动化、数字化、信息化方面,还有很大的提升空间。加工过程的自动化水平较低,虽然绝大部分零部件的加工已经实现数控化,由计算机控制的数控机床进行加工,但制造过程的自动化、柔性化还没有实现。人过多地介入制造环节,产品的一致性将受到很大影响。设备的平均利用率为40%,比较好的企业能达到60%,距离国外先进企业80%的利用率还有较大提升空间。工厂物流配送采用叉车等人工方式,自动物流尚未大规模应用。当前的信息化建设已经实现部分制造过程的信息化管控,但业务、资源集成等仍未得到有效控制。智能制造作为面向未来的新型生产模式,涵盖众多技术领域。当前生产模式下,一步跨越至智能制造并不现实,只能循序渐进,不断升级管理机制和技术水平。

柔性生产线的特点之一是产线内完全自动化,包括物流的自动化、加工的自动化。数字化也是柔性生产线正常运行的基础条件。另外,柔性生产线本身就包括可独立运行的信息化管控系统,也可以通过接口与上层 ERP 或 MES 等软件通信。柔性生产线具备自动化、数字化和信息化的特点。国内航空航天制造业通过柔性生产线的建设和实施,可以更好地理解该技术对现有生产模式的影响,夯实企业自动化、数字化、信息化基础,迈好智能制造转型的每一步。因此柔性生产线是车间层面智能制造的理想实践。

需要说明的是,航空行业的柔性生产线不同于汽车行业的刚性生产线。例如某型号发动机的缸体缸盖生产线,设计年产量30万件。虽然这样的生产线也是由数控加工设备、物料运储装置、各种辅助设备和计算机控制系统组成的,但一条刚性生产线只适用于一种或少数特定的零件。一旦该型号发动机停产,这条生产线就得报废。新型号发动机或者需要建全新生产线,或者需要对之前的生产线进行大规模升级改造。零件在刚性生产线中的物流方式为单向流动,一头为毛坯入口,另一头为装配好的部件。刚性生产线适用于单(小)

品种、大批量的生产。

另外，很多工厂习惯将成队排列的、共同服务于某个或某些零件生产的若干台单机设备称作一条生产线，这些设备之间既没有自动化的物流连接，也没有信息化的互联互通。其与本章介绍的柔性生产线显然是两个不同的概念。

13.1.1 柔性生产线关键技术

每条柔性生产线可以说都是定制的，因为线内的设备不同、上线加工的零件不同、零件的工艺不同，客户对自动化的需求也不同。建设柔性生产线最基本的出发点是使生产线内加工设备的利用率实现最大化。除去个体生产线之间的不同，柔性生产线建设的关键技术可以概括为产线工艺、自动化、系统集成、管控软件。

柔性生产线的建设应当从底层开始，由下至上。只有产线内的每个技术环节都打通，整条柔性生产线才不会停滞在"最后一公里"。柔性生产线首先要实现工序的无人，使工序加工过程中不再有人介入，这是靠产线工艺实现的。实现了工序无人，接下来要实现机床无人，机床加工及各种辅助动作都实现无人操作，包括上下料、启动加工、开关门、零点开闭等，这是靠自动化手段实现的。机床无人之后，再进一步到单元无人，单元内各设备做到互联互通，实现程序和文件的传送、状态的采集、远程的控制等，这是靠系统集成实现的。继工序无人、机床无人、单元无人之后是产线无人，由管控软件负责整个产线的监控、控制、调度和排产，线内各设备负责执行。

1. 工艺是基础

柔性生产线加工零件合格与否，不是靠别的因素保障，而是靠工艺。工艺及工艺节拍直接影响生产线内设备的种类和数量。另外，工艺方案也会影响自动化的方式。需要注意的是，柔性生产线需要的无人介入自动化工艺，与传统单机模式下的工艺有很大的不同。北京航空航天大学的刘强教授提出了著名的智能制造实施途径的"三要三不要"原则。其中之一就是不要在落后的工艺基础上搞自动化。传统单机加工模式下的工艺通常都有人工介入，例如操作者需要在机床内找正工件，或者手动测量某个特征，然后调整刀具补偿等。

柔性生产线的柔性生产模式意味着同一零件的不同毛坯会在不同个体的机床上，使用不同个体的托盘/夹具及刀具加工完成。毛坯个体之间的尺寸差异，机床个体之间的精度和性能差异，托盘/夹具之间的精度差异，刀具个体之间的磨损差异等，都会为加工过程带来不确定性。柔性生产线内自动化工艺的稳定性至关重要。自动化工艺的开发始终贯穿在柔性生产线的规划、设计和实施过程中，从图纸的读图、零件的建模，到工艺方案、刀具方案、夹具方案及保障工艺稳定的过程控制方案的确定，再到编程，制作工艺规程和试切验证。一条柔性生产线成功交付之前，整个工艺的循环可能达2~3次。

柔性生产线的自动化工艺与单机工艺有很大的不同。单机工艺的出发点是将零件以可实现的高效率加工合格。自动化工艺除了这一要求外，还要确保无人参与的情况下，兼顾设备、夹具、毛坯、刀具等的各异性，实现稳定的合格率。柔性生产线的自动化工艺与单机工艺的差异体现在多方面。

1）工序的集中和分散

很多客户的批产零件工序相当分散，一个零件可能有十几道机加工序，在多台机床上反复来回加工。生产线内机床数量有限，而且过多的工序划分不利于产线节拍的平衡，有必要进行工艺优化，对单机的工序进行集中和整合。同时，生产线通常包含不同类型的机床，例如三轴/四轴/五轴加工中心。机床结构不同，所承担的加工任务也不一样。另外，生产线内机床的刀库容量通常也不尽相同。刀库容量决定可安装刀具的种类和数量，也会影响这台机床所能承担的加工任务。为避免出现瓶颈设备，需要根据机床的结构、刀位数量等因素进行一定的工序拆分，使各机床承担的加工任务的时长接近。

以某条稍微复杂的柔性生产线为例说明线内工序的集中和分散。该生产线由4台加工中心、机器人、料库、装载站等组成。4台机床分别为1台5轴单工作台加工中心、1台五轴双工作台加工中心、2台三轴立式加工中心，其刀库容量分别为40、60、24、24。该生产线的硬件组成比较简单，但由于机床的配置不同，工序的集中和分散比较复杂。

线内加工的是6种不同的结构件零件。建线之前，这6种零件在上述4台机床上进行单机加工，原有的工序和所需的刀具数量如表13-1所示。可以看出，原有单机工序数量较多，6种零件合计52个工序，而且个别工序是精修基准的工作，节拍很短。每个工序之间都需要操作者将零件从前一序的夹具上卸下，安装到下一序的夹具上。进线加工后，如果工序不进行集中调整，则会导致线内工序数量多，操作者需要频繁装卸零件，而且精修基准的工序很容易导致瓶颈设备或瓶颈工序出现。因此需要进行工序的整合。另外，由于4台机床的结构和刀库容量不同，整合后又需要根据各台机床的实际情况进行必要的拆分。工序整合和拆分的依据是机床结构、刀库容量和混产比例。

表 13-1　上线零件的原有工序和所需的刀具数量

零件序号	零件1	零件2	零件3	零件4	零件5	零件6	合计
工序数量	9	6	9	11	9	8	52
刀具数量	55	46	47	54	77	89	368
刀具种类数	—	—	—	—	—	—	168

按加工时长考虑，6种零件约有80%的特征可以在三轴机床上加工，另有20%左右的特征需要五轴联动的方式加工，包括空间孔、自由曲面等。三轴五轴的工作量简单按照4：1的比例划分，三轴机床将成为瓶颈设备。需要将三轴机床的部分工作量拆分至五轴机床。从表13-1中可以看出，原有工艺的刀具需求也很多。6种零件总共需要368把刀具，去掉相同的刀具，6种零件也需要168种不同的刀具。而4台机床总共只有148个刀库位置，而且每台机床还要加装零件测头、除屑风扇等，实际4台机床可以放置刀具的刀库位置只有140个。为避免更换零件时反复拆装刀库里的刀具，需要根据每台机床的刀库容量考虑刀具的整合。针对这6种零件，刀具整合的思路是粗镗刀、锪刀都优化为立铣刀，倒角刀优化为同一规格，众多规格不同的铣刀简化为若干统一规格的铣刀。整合之后的刀具虽然切削效率有小幅降低，但相对于整线机床的利用率大幅提升，这些降低可以不用考虑。

通常实际生产过程中会有2～3种零件在线内混产加工，但混产的种类和比例都是不固定的。因此，还需要将每个零件的工序按照三轴与五轴的工时比例为1：1进行拆分。这样多种零件任意数量比例混产情况下，三轴总工时与五轴总工时的比例仍接近1：1，每台机床都实现高利用率，没有瓶颈。

综合以上各种因素，该生产线的工艺大致调整为粗加工在任意 4 台机床上进行，精加工在 2 台五轴机床上进行。

2）装夹方案优化

单机加工模式下，零件的夹具不一定适应生产线的加工方式。

以压板类型夹具为例，这类夹具具有拆装方便、成本低廉、通用性强的特点，是常见的单机零件加工的夹具。使用压板类夹具，通常有一个倒压板的工序。这是由于被压板压住的区域加工不到，当前序完成后，需要将压板换一个位置或方向，使之前被压住的区域露出，再对其进行加工。倒压板也可能要释放一下加工应力，之后再对关键表面重新加工一次，俗称"光面"。相较正常的加工工序，倒压板工序的加工时间通常很短。上线零件工序中应避免这种节拍相比异常短的工序，它容易成为瓶颈工序，也不利于生产线的无人值守加工。

生产线内零件的装夹思路是尽可能多露出表面，使一次装夹可以完成更多的特征加工，从而减少装夹次数。夹具要具有良好的通用性，以降低夹具的费用。同时，夹具应当满足零件装卸的便捷性，尽量做到快速换装。有多种成熟的装夹方案可供选择，例如侧向压紧器，不占用零件上表面区域，从侧面施力并夹紧工件。对于有内孔或外圆的零件，有可能将内孔或外圆作为夹紧面，采用内涨或外夹式夹具夹紧。虎钳也是柔性生产线中常用的夹具，通过这种咬合式夹持技术，可以仅通过 3mm 的工艺台可靠地夹紧零件，实现五面加工，并且可以翻转卡爪，增大夹持范围。圆柱下拉夹具是一种小巧灵活的夹具，可以有效避免发生干涉。从工件的下方拉紧工件，可实现 5 面加工，最大限度地实现加工工序集成，减少装夹次数。

需要注意的是，为满足多台设备同时加工及无人值守的要求，一条柔性生产线内的同一种夹具通常有多套个体，而且零件-夹具-机床的组合是柔性不固定的。由于制造误差，多套同种夹具的精度不可能完全一致。当同种夹具的数量比较大时，一味追求同种夹具之间的一致性会导致夹具的制造成本大幅上升，甚至不可能完成。柔性生产线内同种夹具的管理思路是工艺编程不考虑夹具的偏差，每个夹具个体的精度（或者叫偏置）保存在管控软件内。当前夹具准备去哪台机床加工，管控软件就将其偏置发送至该机床并完成工件坐标系偏置。采用这种方式可以简化夹具的制造工艺，降低制造成本。当生产线内配置机器人去毛刺设备时，夹具的偏置管理尤为重要。机器人倒边或倒圆的效果与零件的位置精度密切相关。

3）过程尺寸控制

单机加工模式下，操作者在加工过程中承担着重要任务，如零件找正、尺寸验证、刀具补偿等。柔性生产线模式下，需要将这些人为介入的环节改为自动方式进行。作为加工过程中控制尺寸的手段，机内测量和三坐标测量在柔性生产线中大量使用。

机床配置零件测头，可以直接在机床内进行序前找正、序中测量、自动补偿、序后验证、趋势分析和报警等操作。配合第三方软件，机内测头还可以对零件的形位公差进行测量和评价。测头自身的精度很高，可以达到 $1\mu m$ 以内。但综合测量精度与机床本身的精度及测量环境有关，通常为 $10 \sim 15\mu m$。

三坐标测量机具有更高的测量精度。柔性生产线内的三坐标不止作为零件出线前的终检测量,也更多地参与制造过程,典型的应用场景是尺寸自适应加工。

以某叶片柔性生产线为例,上线毛坯为模锻件,叶根已经提前加工好,线内需要加工叶身、进排气边和缘板。装夹方式也很简单,在装载站使用叶根夹具夹住叶根的两个斜面。为保证叶尖的顶尖孔与机床 A 轴同轴,在机床内加工顶尖孔,然后顶尖顶住该中心孔加工叶片。由于叶根的夹持面很小,夹紧后叶片的姿态差别较大。实验中发现,同一操作者在同一套夹具上连续装夹同一个毛坯两次,在三坐标上检测发现叶片的姿态(尤其是俯仰、偏摆和旋转三个角向姿态)有较大的差异。姿态的差异容易导致加工后叶片靠近叶尖的截面位置度超差。为满足无人值守要求,这条柔性生产线内同一种夹具配备 32 套个体。32 套夹具个体之间的精度差异使叶片装夹后的姿态更难以控制。解决这个问题的方法是采用自适应加工技术,将每个毛坯在装载站夹紧后,先在三坐标上直接以叶根为基准测量该毛坯的实际姿态($XYZABC$ 6 个自由度)。然后在机床加工前将实际姿态对应的偏置发送给该机床,完成工件坐标系偏置,使叶片在机床内的坐标系与 CAM 软件中编程的坐标系一致,从而加工出合格的叶片。每件叶片加工前进行自适应测量,夹具的一致性不再重要。32 套夹具可以采用通用的公差制造,大大降低夹具成本。

当一条柔性生产线内既有机床的机内测量,又有三坐标测量时,两者之间可以相互配合,完成生产线自动化工艺的过程控制。表 13-2 列出了机内测量与三坐标测量适合的检测任务对比。

表 13-2　机内测量与三坐标测量适合的检测任务对比

检 测 任 务	机 内 测 量	三 坐 标 测 量
工件坐标系偏置	支持($XYZC$)	支持($XYZABC$)
一维尺寸的测量、分析、补偿	支持	支持
形位公差的测量、分析	支持(需要第三方软件)	支持
形位公差的补偿	不支持	不支持
出线前零件终检	支持(需要第三方软件)	支持

使用机内测头对工件坐标系的偏置进行测量时,受机床结构的限制,通常可以获得三个直线轴和一个旋转轴的偏置(通常是 $XYZC$ 轴);三坐标测量则可以得到 6 个自由度的偏置,尤其适用于自适应加工的场合。一维尺寸(如孔、槽、圆柱、凸台等)的测量、分析、补偿机内测量和三坐标测量都可以实现。上述两种测量任务尽可能使用机内测量完成,这是因为线内三坐标数量少,机内测量占机时间并不长,而且可以测量完直接对当前刀具补偿,没有间隔的时间。

配合第三方软件,可以实现机床内对零件形位公差(如平面度、平行度、垂直度等)的测量和分析。三坐标自然也可以完成形位公差的测量和分析。形位公差的补偿是很多客户感兴趣的技术点。例如两个孔之间的位置度超差,而孔本身的尺寸公差较大,还有余量可以修复。能否自动计算出补偿值?形位公差之间通常相互关联,调整一个超差的尺寸,可能会使另一个本来没超差的尺寸超差。目前有些高校和研究所在研究这个课题,但确实还没有成熟的能够自动计算出补偿值的解决方法。还需要人工介入补偿。

既然机内测量和三坐标测量都可以进行一维尺寸和形位公差的测量和分析,那么两者也可以对零件进行出线前的终检。采用机内测量对零件进行出线前终检,通常零件尺寸比较大,相应尺寸的公差范围也比较大。

4）硬件数量

除了加工设备外,生产线内各硬件设备都有自己的节拍。工艺分析不仅是为了获得加工节拍,也是计算硬件数量的基础。

生产线内的硬件可以分为两类:设备类硬件和流转类硬件。前者属于"铁打的营盘",包括机床、三坐标、装载站、辅助设备等;后者属于"流水的兵",包括托盘、工装、库位等。规划一条柔性生产线需要考虑线内硬件的组成和数量。设备类硬件的数量与上线零件种类、每种零件年产量、每种零件在各硬件站位的节拍有关。在有操作者的情况下,流转类硬件上的零件加工完成后会被取下并换上新的毛坯,保障生产线正常运转的这类硬件的最低数量就是线内涉及该硬件的设备数量。例如一条包含 2 台加工中心、1 台清洗机、1 台三坐标测量机、1 个装载站的柔性生产线,上线加工 1 种零件,零件在线内只有 1 序时,需要的最小托盘、工装和库位数量都是 5。而在无人值守的情况下,流转类硬件上的零件不能及时更换,这类硬件的数量就与上线零件种类、每种零件在各硬件站位的节拍及整线无人值守的时间要求有关。

需要根据实际情况充分考虑装夹方案并设定无人值守时间。当上线零件种类较多,每种零件线内有多序(多套工装)时,过长的无人值守时间要求可能需要上百套托盘和工装,可能产生数百万的费用。

5）生产线节拍

生产线的初衷是使加工设备的利用率最大化,线内其他设备的利用率只要不出现瓶颈即可。当线内三坐标不仅承担出线前零件终检的任务,还通过自适应测量参与加工过程时,三坐标的节拍会拉长很多。因此,除了前面提到的加工设备的节拍平衡之外,还应考虑加工设备和检测设备、辅助设备,甚至物流系统之间的节拍平衡。

单个零件在生产线内的节拍与生产线的节拍是两个不同的概念。前者是单个零件在各流转站位节拍的总和,后者则是指生产线稳定运行状态下零件的产出节拍,它不是单个站位节拍的累加,而是由线内最长站位的节拍及其数量决定的。举例来说,一条柔性生产线包含 4 台加工中心、1 台清洗机、1 台三坐标、足够数量的工装托盘和库位,上线加工 1 个零件,零件只有 1 序。各站点节拍分别为加工 60min、清洗 5min、检测 10min,物流时间忽略不计。这条生产线稳定运行后的节拍是 60/4 = 15min。

2. 自动化是手段

自动化的目标是实现线内物流的无人化和设备上下料的无人化。

1）物流系统

柔性生产线需要利用物流系统实现线内物料的自动流转。根据零件的不同和具体的场地要求,物流系统有不同的形式。根据工作原理,可将柔性生产线的物流系统分为连续式输送和离散式输送。

连续式输送系统包括辊筒输送机、皮带输送机、链条输送机等,具有连续输送、结构简单、成本较低等优点。由于物料只能在固定路线上运动,通常用于柔性生产线装载站区域的上料供应或者下料运走。

每条柔性生产线不一定都配置连续式输送系统,但都会配置离散式输送系统。常见的离散式输送系统包括机器人、堆垛机、RGV、机械手。

柔性生产线内500kg以下的物料流转一般采用机器人。机器人技术成熟、性能可靠，六自由度可以实现线内抓取的各种姿态，且精度能满足线内点到点运输的精度要求。机器人通常需要在地面轨道或桁架轨道上运动。相对于地轨，桁架的优势是占地面积小，适用于车间空间紧张或者需要从上方进行站位上下料的场合。

若超过500kg的物料仍然采用机器人物流系统，则机器人本身会占用很大的空间，其在线内的运动也很容易产生干涉。这类物料一般选择堆垛机物流系统。堆垛机物流系统沿固定轨道运行，传动精度高，能够满足托盘交换机构对输送车定位准停精度的要求。堆垛机通常包含三个运动轴，沿导轨运动的 X 轴、向线内各站位取送料的 Y 轴和升降运动的 Z 轴。线内物料可以立体存放，空间利用率大幅提高。当线内所有站位的上下料位置高度一致时，堆垛机可以省去升降运动轴，简化为轨道小车。

三轴机械手也是较常见的柔性生产线物流系统，适用于小型零件且抓取姿态单一的场景。三轴机械手通常搭配桁架使用，从上方进行站位上下料。

2）物料抓取

不同柔性生产线内加工的零件可能千差万别，但线内物料的抓取无非包括两类：零件抓取和托盘抓取。

零件抓取顾名思义就是物流系统直接抓取零件。零件抓取通常配合机器人或机械手物流系统。小型回转类零件和比较规则的结构件等零件可能采用这种抓取方式。零件抓取的柔性生产线中，夹具都固定在各自的站位上，可以自动夹紧或松开零件，线内的自动化程度更高。夹具的数量只与线内设备的数量和零件的种类有关，与无人值守时间无关。

托盘抓取是指零件和夹具固定在托盘上，物流系统抓取托盘，零件随着托盘在线内流转的方式。零件通常在装载站由操作者固定在夹具/托盘上。机床工作台上装有零点定位系统底座，托盘下方装有零点定位系统的拉钉。通过拉钉与底座的配合可以实现托盘的自动夹紧和松开。根据零件和托盘的大小，托盘抓取的物流系统既可以是机器人物流系统，也可以是堆垛机物流系统。如果生产线内的机床厂家和型号都一样，且工作台可交换，则可以直接将机床的工作台作为托盘，直接对工作台进行抓取。

规划一条柔性生产线时，客户都会基于自身的需求和期望提出一定程度的自动化需求。需要注意机床的自动化程度与投资成本的平衡。举例来说，规划一条可以直接抓取零件的车削柔性生产线。由于零件直接抓取，夹具是固定在车床主轴上的，自动夹紧和松开的车床夹具通常都有固定的工作行程，行程范围内的零件可以装夹。但如果上线的零件种类较多，有超出当前夹具工作行程的零件，就需要更换夹具。这种情况下，自动化的要求只是自动抓取更换零件，还是夹具也自动更换？前者只需要在换产的时候，操作者手动更换相应的夹具，夹具可以采用简单可靠的机械式夹具，整条线只需根据零件的尺寸配置不同的机器人夹爪。而后者不仅需要配置更复杂的机器人夹爪，还需要更复杂的夹具。夹具本体和可替换的部分之间也需要类似零件定位系统的机构，实现快速精准的对接。而且机床要配备相应的液压油缸等介质供夹具动作。后者在技术上是可行的，但是由此产生的成本极其高昂。

再举一个车床生产线的例子。车床或车削中心通常采用刀塔的形式，上面装有方刀杆车刀。刀塔上通常有12个刀位，有些机床有8个或16个刀位。上线零件种类较多时，刀位数可能不够安装所有刀具。这种情况下，自动化的要求只是自动抓取更换零件，还是刀具也自动更换？前者很简单，换产前操作者将刀具安装到车床内，后者则需要对刀塔进行改造，将方刀塔改为可快速插接的 Capto 刀座，车刀装在 Capto 刀柄中，这样机械手可以抓取该刀柄自动上下刀。同样，后者技术上可行，但费用不菲。

3）加工区切屑和冷却液的处理

单机模式下，机床加工区内的切屑都是操作者人工清理。只要清理及时，就不会出现切屑堆积问题。柔性生产线的自动化模式下，操作者无法进行清理工作。机床内零点定位系统的精度通常为 $5\mu m$ 以下。一旦有切屑进入零点定位系统，其精度和可靠性就无法保证，最终影响生产线的合格率。尤其是三轴机床，由于没有旋转轴，切屑很容易堆积在工作台上。必须采取必要的手段，及时自动地将切屑清除。

风扇是很便捷的工具。风扇安装在刀柄上，不用时放在刀库中，扇叶是收起状态。使用时，从刀库中换到主轴上，主轴旋转，扇叶打开，高速气流将正对区域的切屑和冷却液吹走。但当零件有深孔、深腔等，或有遮挡的区域时，这部分区域的切屑和冷却液则难以去除。

机床加工区配置大流量喷淋，在加工的同时采用大流量冷却液冲刷零件和托盘，这也是实用的清除切屑和冷却液的方法。配合风扇使用，还可以达到更好的效果。对于旧机床改造组线，需要考虑原有冷却液过滤系统的能力是否满足大流量喷淋的要求。通常单机模式下，机床冷却液系统的配置只是实现刀具冷却和基本的冲刷效果。启用大流量喷淋后，可能几分钟就把机床净液箱中的冷却液全部排空。加装大流量喷淋的同时可能需要对机床的冷却液供应系统进行改造，或加装集中冷却液供应系统。

机器人物流系统的货叉也能为切屑和冷却液的清除做出贡献。货叉用于叉取零点托盘，根据功能有两种不同的设计：一种是仅能托住托盘的设计，托盘始终呈水平状态；另一种是可以夹紧托盘的设计，托盘可以任意角度翻转俯仰。后者可以在机床加工区域内将零件朝下翻转，即使是深孔深腔中的切屑和冷却液，也能有效地去除。

3. 系统集成是保障

柔性生产线内可以集成多种不同功能的设备，如表 13-3 所示。系统集成要保障各设备之间的互联互通。

表 13-3　柔性生产线内可以集成的各种设备

加 工 设 备	三/四/五轴加工中心、车床、磨床等
测量设备	三坐标测量机、比对仪、轴颈仪等
去毛刺设备	机器人去毛刺、机器人抛光等
物流系统	堆垛机、机器人、桁架、装载站、料库、中央刀库等
辅助设备	清洗机、打标机、集中排屑、集中供液、视觉识别、对刀机等

众多设备的控制方式不尽相同。厂家常见的数控机床的控制系统包括西门子、发那科、海德汉、华中、广数、蓝天等，同一厂家的数控系统包括众多型号。机器人也有不同的品牌可供选择，如发那科、ABB、库卡、广数等。辅助设备一般采用 PLC 控制，常见的品牌有西门子、三菱、欧姆龙、施耐德等。

实现线内各种设备的互联互通，具体来说，实现文件、数据、指令的传递，状态信息的采集等需求,需要各设备采用其支持的通信协议。不同厂家系统支持的通信协议如表13-4所示。

表13-4　不同厂家系统支持的通信协议

厂家	西门子	发那科	三菱	NUM	海德汉	大偎	哈斯	……
协议	OPC UA/CMI	FOCAS 1/2	EZSocket	MTConnect	DNC Opt ♯18	OKUMA API	M-Net	……
备注	文件、数据、状态(双向)							

1) 刀具参数信息传递

单机模式下刀具参数数据通常采用如下方式传递:操作者使用对刀机对刀,得到刀具参数。对刀机将参数信息打印在小票上,操作者将小票粘在刀柄上。向机床内装刀时,操作者依据小票手动将刀具参数输入数控系统。柔性生产线模式下,机床利用率大幅提升,刀具消耗也大幅增加。当然还可以采用单机方式手动输入刀具参数,但频繁装卸刀时,操作者输错参数的概率也会明显提高。越来越多的客户要求实现柔性生产线刀具参数信息的自动传输。根据客户现场的情况,有几种不同的实现方法。

一种是 RFID 芯片的方式。刀柄上安装此芯片,对刀机具备芯片读写功能。对完刀后,对刀机自动将刀具信息写入芯片。机床配置芯片扫描枪。操作者装刀前,用扫描枪扫描刀柄的芯片,然后自动将其中保存的刀具参数写入数控系统的刀具内存。这种方式即使是单机也能应用,而且无论生产线有无配置中央刀库,都能使用。配置中央刀库后,机器人抓握刀柄去扫描枪前扫描。对于之前没有安装芯片的刀柄,需要进行加装。

另一种是条形码/二维码的方式。刀柄上刻有条形码/二维码。相比可读可写的 RFID 芯片,条形码/二维码具有只读属性。对刀仪上有扫码枪,对完刀后,操作者用扫码枪扫描刀柄上的条形码/二维码。对刀仪软件一并将刀具参数信息和刀柄码发送至管控系统,管控系统将两者关联起来。机床配置扫码枪,装刀时操作者扫描刀柄码并将其发送至管控系统。管控系统随后将该刀柄码对应的刀具参数信息发送至机床。这种方式需要存在一个上位机/管控系统,有无中央刀库都适用。

还有一种纯网络传输的方式。对刀仪连入柔性生产线的网络,对完刀后操作者通过网络将刀具参数信息以 NC 代码的形式发送至机床;也可以发送至管控系统,再由管控系统发送至机床。操作者在装刀时选择该程序执行,自动将刀具数据写入数控系统。这种方式不需要对现有刀柄做任何改动,但需要操作者装刀时指定具体刀库位置。

2) 自动化单元

柔性生产线中通常包含多种不同功能的设备。相比柔性生产线大而全的配置,小而精的自动化单元同样适用于航空柔性生产。自动化单元可以简单到只包含一台机床、一台机器人和一个料库,如图13-1所示。也可以增加三坐标等辅助设备。

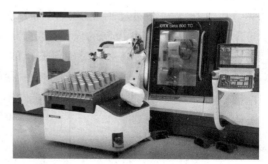

图 13-1　自动化单元

4. 管控软件是大脑

依次实现工序无人、设备无人、单元无人后，接下来是实现产线无人的关键——管控软件。管控软件作为生产线的上层软件，负责线内各设备的监控、调度和排产，各设备只负责按照指令执行。总的来说，柔性生产线的六大生产要素——人、机、料、法、环、测都由管控软件管理。

柔性生产线的管控软件必须适应生产现场的实际情况。国内航空制造业生产特点使管控软件面临很大的挑战，体现在以下方面。

（1）批次特点——多品种、小批量。

（2）生产工序集成化——多操作的组合。

（3）工序节拍不确定性大，易出现设备资源瓶颈。

（4）生产效率依赖管控调度的智能水平。

（5）产品工艺规范经常变更。

（6）质量控制复杂，经常需要首件检验、每序检验。

（7）需求波动较大，生产订单经常变更。

（8）紧急订单多，插单多。

鉴于复杂的生产现状，柔性生产线的管控软件需要以数据为驱动，进行实时在线数据采集，准确感知企业、车间、系统、设备、产品的生产运行状况。并对实时运行状态数据进行识别、分析和处理，根据分析结果自动做出判断与选择。实时执行决策，精准控制生产线设备自动运行和物流调度。

管控软件的调度策略应以订单交付为目标，按照订单期限生成可调度任务列表，按照订单优先级设定任务基准优先级，按照交付压力动态计算任务优先级，交付压力随着生产进度的变化而变化。按照综合计算出的优先级，选择最优先任务进行生产，插单任务为最高优先级。

伴随订单生产的是同样以订单交付为目标的备料策略。按照预排程的任务计划生成物料需求计划清单，通知物料负责部门按需求计划清单备料，并动态计算操作者的装载需求。

1）柔性生产线网络拓扑图

一条柔性生产线内有多种不同的网络形式，实现设备之间的互联互通。柔性生产线的管控软件又与上层软件（如 MES、ERP 等）进行数据交换。典型的柔性生产线网络拓扑如图 13-2 所示。

其中管控软件通过工业以太网与数控机床、三坐标测量机、装载站等具有工业计算机的设备通信。由 PLC 控制的设备（如机器人、清洗机等）之间采用现场总线进行通信。而物流系统与各设备在物料交互时确保安全的底层实时信号由 IO 硬线直接连接。整条生产线通过管控软件与上层软件通信。需要注意的是，上层软件 DNC、MDC 等虽然通常跟设备直接通信，但在生产线模式下，这些软件不再直连设备，而是统一经由管控软件与各设备通信。

2）柔性的体现

航空零件的生产特点对柔性生产线的柔性提出了很高的要求。柔性需要体现在如下方面：设备的柔性、产品的柔性、工艺的柔性、产量的柔性、故障处理的柔性、功能扩展的柔性等。

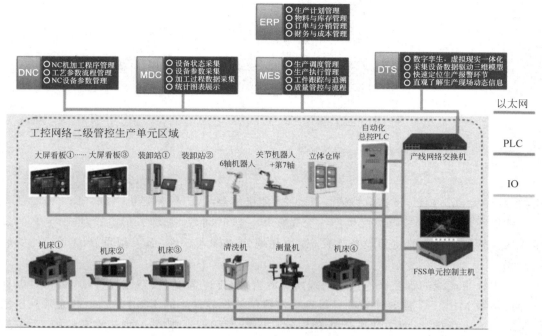

图 13-2 典型的柔性生产线网络拓扑图

设备的柔性是指上线的零件不会只固定在一台机床上加工，一台机床也不会只固定加工一个零件。机床和零件是多对多的关系，管控软件需要根据设备的状态、设备内刀具情况等因素，柔性地安排该设备接下来要加工的零件。当然，管控软件也具备在特殊场合下为零件固定机床的功能。

产品的柔性是指柔性生产线内的零件种类可以灵活地扩充，不是只局限于固定的几种零件。通常柔性生产线交付时包含几种交钥匙零件的上线运行。随着用户对生产线的熟悉和产品的变化，后续肯定会出现新零件上线的需求。管控软件需要支持操作人员方便地增加新零件。

工艺的柔性是指同一个零件在线内可能由不同版本的工艺规程或加工程序同时使用。这种情况常见于生产线生产旧型号的零件备件，同时有改进型号的同种零件在生产。虽然是同一个零件，零件号相同，但是工艺规程和程序都有变化。工艺的柔性还体现在零件线内的自动化流程方面。假如某条柔性生产线包含三轴、四轴和五轴机床，零件在线内完成加工的流程可能是先三轴后四轴，也可能是先四轴后三轴，还可能是直接在五轴机床上一次加工完成，如图 13-3 所示。工艺的柔性要求管控软件能够根据线内实时情况自动执行某个工艺流程。

产量的柔性是指上线零件的产量可以根据实际情况灵活设定。即便是产量为 1 的单件，也能上线加工。

故障处理的柔性是指某台设备出现故障后，管控软件能够及时获取其状态，并自动将其离线处理。随后及时更新产线的调度，不影响订单的执行和线内其他设备的生产。当物流系统故障时，产线内的物流无法自动运行，但此时管控软件依然与各设备保持互联互通，

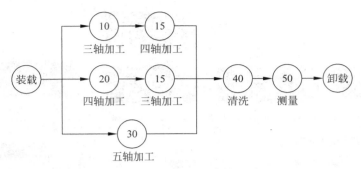

图 13-3　工艺的柔性

文件、程序、数据的上传下达依然通畅。总之，停机不停线，停线不停机。

功能扩展的柔性是指柔性生产线交付使用一段时间后，需要扩充功能，增加更多的设备入线。管控软件要能将新设备方便、模块化地快速接入软件，而无须重新编写软件的底层代码。

因柔性生产线的管控软件具备产线内资源管理、排产调度、状态监控等功能，有时也称其为产线级 MES。但需要注意的是柔性生产线的管控软件不同于 MES。MES 通常只根据设备的功能进行排产，而柔性生产线管控软件的排产和调度则深入加工要素的细节，包括机床内刀具的寿命、线内毛坯的供应情况，还要考虑产线是有人值守模式还是无人值守模式等。有人值守模式下调度的策略是零件加工完优先送到装载站，使操作者卸下加工完的零件，装上新的毛坯。无人值守模式下，零件加工完直接送到料库等待。

另外，柔性生产线的管控软件对生产要素颗粒度的管理比 MES 更细。通常一条柔性生产线内同一种夹具有多套个体，夹具之间存在制造误差。零件的自动化工艺要求工艺独立于夹具个体。为实现这一要求，可以在新夹具入线前测量其精度（偏置），然后将该精度值保存在柔性生产线的管控软件中。管控软件调度当前夹具到哪台机床加工，管控软件就将其精度偏置发送至该机床并完成工件坐标系偏置。

5. 小结

本节介绍了航空零件加工柔性生产线的关键技术，这些技术同样适用于非航空零件的柔性生产线。一条柔性生产线的成功实施，需要由下而上分别实现工序无人、机床无人、单元无人和产线无人。4 个层次的"无人"相辅相成，又逐级递进。只有基础扎实，上层才能稳固。反之，如果采用由上而下的方式，也许会有很炫的展示界面，但很可能因为"最后一公里"没有打通，整条线无法运转。

13.1.2　柔性生产线对现有生产模式的改变

柔性生产线毕竟不同于单机生产。除了技术本身外，柔性生产线也会使现有的生产模式发生一定的变化。

1. 数字化工艺开发

柔性生产线尤其适合小批量多品种零件的生产。柔性生产线投产后，会不断有新的零件进线，线内的自动化加工工艺需要采用完全数字化的工艺开发手段，才能满足快速编程、快速调整的要求。加工的 CAM 编程在行业内的应用已经非常普遍,机内在线测量的工艺和程序同样需要结合 CAM 软件实现高效开发。生产线工艺数字化开发工具如下。

1）测量前置

上一节提到,柔性生产线内的自动化工艺大量使用在线测量作为过程控制的手段。根据特征的不同,在线测量可能是加工前的找正,也可能用于刀具补偿,还可能是加工后尺寸的验证等。总之,在线测量程序的编程工作量显著增加。过去单机模式下,很多客户手动编写在线测量程序,效率低,调试麻烦且容易出错。柔性生产线的自动化工艺应当直接在 CAM 软件中编写测量策略和运动轨迹,并采用面向特征编程的方式,自动拾取测量特征。简化编程界面,配合后置处理器自动生成测量程序。

2）支持在线测量的机床后置处理器

在 CAM 软件中将加工和测量一起编程,好处是整个零件的工艺路线一目了然,结构清晰。CAM 软件中的刀轨需要经过后置处理器生成可在机床上运行的 NC 代码。为机床的后置处理器增加在线测量功能,就可以一次性生成完整的包含加工和测量的 NC 代码,从而大幅提升工艺人员的编程效率。

3）宏程序

机床内在线测量的执行需要在数控系统中安装相应的测量宏程序。数控系统或测头厂家提供标准的宏程序。而客户零件通常有特殊的测量需求,需要为此开发特制的宏程序。

4）支持在线测量的 Vericut 仿真环境

通过上述几种工具,可以高效进行工艺开发,快速生成可在机床上运行的 NC 代码。为进一步减少在机床上试切的工作量,可以在 Vericut 仿真软件中搭建支持在线测量功能的机床环境。将前面生成的 NC 代码在仿真环境中完整地执行一遍,发现可能的干涉、碰撞或不合理的刀轨等。仿真环境增加在线测量支持后,就能对 NC 代码进行 100% 的仿真,从而做到完全在计算机上进行的数字化工艺开发,仅在线内机床上进行必要的试切参数调试。

采用数字化的柔性生产线工艺开发,可以实现程序编制、后置处理、切削仿真等工艺环节的全流程闭环控制,规范工艺过程,降低对工艺人员经验的依赖,显著提升工艺设计效率和质量。

5）单一数据源

单一数据源在柔性生产线中有多处体现,是指确保工艺开发过程中的输入为统一、单一的数据来源。最典型的体现是零件的三维模型。单机加工模式下,零件可能有多个三维模型:设计给出的三维模型,车间为确保加工合格而进行调整的中间模型等。前面提到过,一条柔性生产线中同一工序对应的机床和夹具通常有多套。柔性意味着任一台机床都可能与任一套夹具配套。加工程序应当独立于机床和夹具个体,只能采用同一个零件模型进行编程。除加工程序外,机内测量程序、三坐标测量程序、机器人去毛刺程序等都需要零件的三维模型。准确的设计模型就是一条柔性生产线的单一零件模型来源。柔性生产线的运行需要改变过去零件以二维图纸为主、三维模型为辅的习惯。为柔性生产线开发工艺时,二维图纸主要用于方便地查阅精度和公差。

作为柔性生产线质量控制的一部分,客户通常要求制作一份上线零件的检测清单。清单中包括待检测的特征、图纸上的区域、公差要求等信息。当上线零件复杂、机内在线测量特征很多时,手工制作这样的检测清单很消耗时间,而且没有技术含量。工艺人员做起来容易厌烦，也容易出错。事实上，检测清单中的这些信息都可以包含在零件的三维模型中。确定以零件的三维模型为单一数据源后，制作三维模型时就可将这些信息带入模型。再通过二次开发的插件，对三维模型中的特征进行识别，自动获取对应二维图纸中的尺寸编号、图形区域、公差、加工要求等内容，从而容易地从 CAD/CAM 软件中自动导出 Excel 格式的检测清单。

柔性生产线的上线零件同样需要一份产线的工艺规程，里面包含哪道工序使用哪把刀具、切削参数为多少等数据。同样，这些数据都包含在基于三维模型编程的 CAM 软件工程文件中。配合对 CAM 软件进行二次开发的插件，可以方便快捷地输出指定格式的工艺规程表格，输出时自动获取对应的刀具、刀号、参数等信息。

2. 毛坯状态

柔性生产线内的零件按照事先设定好的自动化流程完成线内的加工。整个加工环节存在很多不确定性，例如毛坯的不一致、夹具个体之间的差异、机床之间的差异等。前面章节已经介绍过，柔性生产线有一套过程控制手段。通过这些手段，可以克服这些不确定性对工艺的影响，保证自动化工艺的稳定性，最终保证零件的合格率。

但柔性线不是万能的，毛坯个体之间如果存在过大的差异，也会对稳定的生产造成不良影响。因此对进线前毛坯的状态要有一定的要求。

某压气机叶片柔性生产线由两台叶片加工中心、机器人物流系统、料库和装载站组成。叶片进线前叶根已经加工到位，叶尖留有顶尖孔。叶片加工时采用叶根夹、叶尖顶的方式，在线内加工叶身型面、进排气边和转接缘板。叶片的工艺规程要求粗加工后出线进行热处理，再进线精加工。热处理之后叶片会有比较大的变形，原先的顶尖孔会偏。单机加工时需要热处理之后手动修复一下顶尖孔。但问题是人工修复的顶尖孔精度欠佳，还需要操作者在机床上进一步调整。生产线模式下，操作者无法再在机床上调整。解决办法是毛坯叶尖部分加长 5mm。进线前不打顶尖孔，直接在机床上打。热处理后第二次进线时，先在机床上切掉原先的顶尖孔，再重新打一个。这样可以很好地保证顶尖孔与叶根的位置关系，从而保证零件的合格率。柔性生产线安装在机加车间，但毛坯是由上游锻造车间提供的，需要锻造车间按照叶尖加长 5mm 修改锻模。

某壳体柔性生产线由两台立式加工中心、物流系统、料库和装载站组成。上线零件为铝合金壳体，毛坯为铸造毛坯，最大尺寸超过 800mm。线内上下两面各粗加工一次、精加工一次。零件出线要求大安装面的平面度为 0.02mm。由于零件易变形，当进线毛坯大安装面的平面度大于 0.05mm 时，精加工前需要增加一道"光面"工序，用于释放加工应力，提高平面度。但光面的工序时间很短，与正常粗精加工的工序时间相差很多。光面工序容易成为产线的瓶颈。经过多次试切，发现当进线毛坯的平面度不超过 0.05mm 时，线内可以避免光面工序且稳定实现 0.02mm 的平面度。

3. 质量管理

单机模式下，加工完的零件通常会在恒温检测室的计量型三坐标上进行检验，尺寸合格后标记为合格件，再进入后续流程。柔性生产线中通常会配备现场型三坐标测量机。现场型三坐标精度比计量型三坐标低一些，但适用于车间现场，只要环境温度不发生剧烈变化，都可以正常工作。也有一些生产线为提高检测效率，配备了光学式或比对仪式三坐标，均不同于常见的计量型三坐标。零件出线前在线内三坐标上检测尺寸合格后，能否判定该零件为合格件呢？这需要质量部门参与生产线的运营，评估两种不同的评价方案。不同的厂家有不同的管理流程。具体实践中，有的厂家在对比线内三坐标和计量型三坐标的精度后，接受线内三坐标的测量结果，将其作为终检。也有以线内三坐标检测结果为主、计量型三坐标抽检的方式作为终检。

大型结构件的零件尺寸大，公差相对也大。前面提到过，配合第三方软件，可以实现在机床内对加工完的零件进行评价（机内测头的实际精度通常为 $10\sim15\mu m$，大型结构件的公差通常为 $\pm50\mu m$ 以上）。虽然机内测量的精度无法媲美三坐标测量，但由于大型结构件的公差大，机内测量的重复性可以保障。对于没有配置线内三坐标的大型结构件柔性生产线，在机床上使用机内测头直接对加工完的零件进行检测在技术上是可行的。机内评价完是否每一件还要上计量型三坐标进行评价？同样需要质量部门介入，给出评估。根据实践，当线内工艺稳定后，可以在线内对每个零件都采用机内测头检测、计量型三坐标抽检的方式。

柔性生产线内大量应用机内检测，会产生大量机内检测数据。三坐标参与自适应加工时，也会产生过程检测数据。结合质量管理和追溯的要求，这些过程检测数据是否要保存？质量趋势预警是否要结合过程检测数据和三坐标检测数据？这些在技术上都是可行的，但是需要质量部门根据零件要求具体评估。

4. 角色转换

单机模式下，工艺人员负责制订零件的加工方案，编写工艺规程和 CAM 程序。操作人员负责安装和拆卸零件，在机床上找正零件，进行必要的尺寸检查，以及必要时对刀具进行补偿。而柔性生产线的操作人员只负责在装载站装卸零件和机床刀具，其他与零件合格相关的找正、补偿等操作都转由工艺人员采用数字化工艺开发手段在机床上自动实现。而且柔性生产线操作人员的数量也比单机模式少。以一条包含 4 台机床的柔性生产线为例，单机模式下每台机床每天需要 2 名操作人员，一天需要 8 名；而柔性生产线每天只需要 2 名操作人员。基于车间现有设备改造的柔性生产线，投产后需要考虑原有操作人员的工作安排。另外，操作人员的收入计算方式也需要进行相应的调整。过去通常是计件式。柔性生产线的产量很高，操作人员的工作难度和技能要求相比过去降低，计件式不再适用于柔性生产线的管理。

柔性生产线模式下工艺开发人员的工作量显著增加。所有过去需要操作者介入的控制环节，都要用自动化工艺实现。CAM 软件编程不仅要考虑加工刀轨，还要考虑测量刀轨，设定不同条件适配不同的测量结果。如某客户的一条结构件柔性生产线有超过 300 种零件在线内生产，工艺人员的工作量可想而知。基于特征识别的自动编程软件对工艺人员会有很大帮助。自动编程软件能够对零件的常见特征（如面、孔、台阶和型腔等）进行自动识别，并根据软件中的工艺经验知识库快速完成数控加工程序的编制。柔性生产线的工艺人员不应只由传统负责工艺的人员组成，经验丰富的操作人员也可以参与柔性生产线自动化工艺的开发，将他们丰富的操机实战经验用于夹具的优化、过程控制及工艺的优化。

最终用户是柔性生产线的使用方，但在柔性生产线交付之前，最终用户是监督和考核方。通常一条柔性生产线交付后，最终用户需要一定的"爬坡"时间，逐渐熟悉生产线的管理和运行，才能实现生产线当初的设计指标，如机床利用率、产品合格率、故障率等。"爬坡"阶段可能持续数月之久。这与用户对生产线管控软件、生产线自动化逻辑、自动化工艺、质量控制过程等环节的了解程度密切相关。用户应当尽早地介入柔性生产线的建线阶段。深入参与柔性生产线的建线过程，可以从上层到底层，从硬件到软件，从机械到电气全面了解生产线的原理，为后续交付后快速上手奠定基础。

13.1.3 典型案例实践与分享

某飞机起落架扭力臂柔性生产线由 2 台卧式加工中心、4 台立式加工中心、机器人物流系统、料库、装载站和管控系统组成，如图 13-4 所示。生产线用于加工 6 种起落架零件。

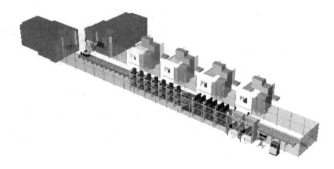

图 13-4 某飞机起落架扭力臂柔性生产线

该柔性生产线的建设遵循工艺无人、机床无人、单元无人和产线无人的原则。工艺方面，对原有工艺进行大幅优化，重新设计制造专用夹具。增加机内测头，实现零件的自动找正、测量和补偿。工艺优化前后零件工时对比如表 13-5 所示，斜杠前的数值为工艺优化前的工时，斜杠后的数值为工艺优化后的工时。6 种产品全年总工时由 19 634.5h 降低至 13 630h，工艺优化带来的效率提升了 44%。

表 13-5 工艺优化前后零件工时对比

上线产品	3 轴工时/h	4 轴工时/h	单件工时/h	年产量/h	单件年工时/h	产品总工时/h
×××1	4.5/2	6/4	10.5/6	330	3465/1980	
×××2	4.5/3	7.5/4.5	12/7.5	330	3960/2475	
×××3	35/22	18/16.5	53/38.5	72	3816/2736	19 634.5/13 630
×××4	23.5/17.5	10/8	33.5/25.5	31	1038.5/790.5	
×××5	41/30	18/14.5	59/44.5	32	1888/1424	
×××6	57/42	20/17.5	77/59.5	71	5467/4224.5	

产线交付后，机床利用率由原来的 30% 提升至 70%，自动化带来的机床利用率提升了 133%，柔性生产线整体提效 3.36 倍。

13.2 智能车间规划

柔性生产线针对的是由若干设备组成的具备智能制造要素的生产线。而智能车间进一步在车间层面实现智能制造要素，包含众多单机设备、若干条柔性生产线、仓储、物流等环节。

为使读者对智能车间的构建有一个更直观的认识,本书精选一个典型案例——"工业和信息化部 2023 年度智能制造示范工厂"与大家分享。

13.2.1 项目背景

近年来,中航光电科技股份有限公司(简称"中航光电")业务快速发展,规模效益不断增长,同时市场对产品的均衡生产、精准快速交付提出了更高的要求。但其多品种、小批量的特点制约着产品的敏捷交付,生产现场在制品堆积较多,问题产品在生产现场可控性较差,产能的提升仍主要依靠人员的大量投入。面对市场竞争态势,对标世界一流企业,中航光电必须进行生产模式的数智化转型,推进数智化改造,满足客户对敏捷交付的需求,提升核心竞争力。

13.2.2 项目总体情况

近年来连接器行业市场巨大,中航光电高端圆形电连接器产品日均订单 1200 批,零件 17 万种,每批平均 13 只,3 只以下占比 50% 以上,属于典型的多品种、小批量、离散型制造,传统生产方式已无法快速响应市场需求。中航光电于 2019 年开始建设智能工厂,以提升核心竞争力。本项目以高端电连接器(38999 系列电连接器工厂)为基础,从工厂建设、产品设计、工艺设计、计划调度、生产作业、质量管控、设备管理、仓储物流、安全管控、能源管理、环保管控、供应链服务等方面打造全方位的示范工厂。

1. 基础条件

中航光电逐步建成 ERP、PDM、OA、LIMS、MES、WMS、WCS、SCADA 等系统,目前从事软件开发、网络维护等信息作业,网络架构建设等方面的信息化建设人才近 150 人,可根据公司的业务需求针对上述系统进行二次开发和维护,解决企业的个性化需求问题,助力企业的数字化转型,为产品的敏捷交付提供支持。

中航光电于 2007 年设立工装项目组(制造工程所),目前在自动化领域已有 18 年的自主研发经验,具有各类自动化设备、流水线开发、电气及软件控制开发、产线装配等各类人才近 600 人。近年来,中航光电已累计投入 5000 余台(套)自动化设备,月均自动化工时可达 81.5 万 h,平均每年提升 15%。

通过在智能化建设中的实践探索,中航光电在研发、工艺、质量、计划、仓储与物流、软件开发等领域均拥有专业人才,同时积极组织参加各种智能制造的技术培训、现场参观、展会学习、论坛交流等,不断提升中航光电在智能制造方面的技术储备和能力建设。

2. 总体实施架构

中航光电以实现企业数智化转型为目标,综合运用精益管理、价值流分析与改善、产线布局设计及生产运作管理等科学管理原理,融入数字化、智能化技术,以流程再造为实施途径,实现以"计划-制造-采购"为生产主价值链的数智化转型。以生产流程的精益化改进为基础,通过数字化、智能化技术,实现生产管理系统的互联互通,建立"4 平台 1 机制"模型,其系统架构如图 13-5 所示。

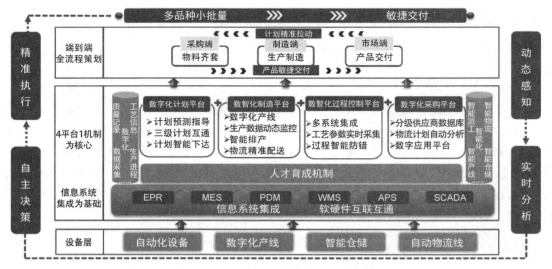

图 13-5 "4平台1机制"模型系统架构

3. 总体建设情况

中航光电网络建设分为商密办公网络和工业控制网络，两个网络之间采用工业网闸隔离。商密办公网络主要部署 PDM、ERP、MES、OA 等系统，共接入 MES 终端设备近 3000 台；工业控制网络主要部署 WMS、WCS、SCADA 等系统，用于智能仓储与物流系统、非标自动化设备控制管理，工控网共接入一套仓储与物流系统、80 余条数字化产线、400 余台标准/非标自动化设备。

设备层通过 PLC、网关、边缘采集器等设备，将自动化设备、数字化产线、智能仓储、自动物流线等设备通过工控网与 SCADA、WMS 等系统关联，并通过网闸实现商密办公网络中的 ERP、MES、PDM、APS 等系统的互联互通（图 13-6）。

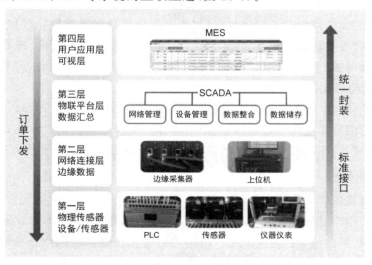

图 13-6 工控网设备与内网信息系统的互联互通

13.2.3　实施内容

1. 产品设计-产品数字化研发与设计

建立数字化设计平台,通过稳健性设计、仿真分析、可靠性设计、可制造性分析、动态测试等手段实现产品由传统的逆向设计转向正向设计,提升产品研发质量。

(1) 对连接器具体结构进行数字化建模,并进行干涉检查、运动模拟、零件尺寸标注、公差分析等。

(2) 通过数字化仿真平台,对产品结构强度、接触件力学性能、密封件的超弹性体及产品载流温升性能进行仿真分析。

(3) 通过 APIS IQ-Software 数字化平台,建立各系列产品失效模式库及产品 DFMEA,进行失效模式分析和失效影响分析,制定预防和探测措施。

(4) 构建快速成形、3D 打印等能力,实现设计理念的快速立体化呈现和验证。

(5) 技术资料全部归档在 PDM 系统中,便于产品后续管理。

2. 工艺设计-工艺数字化设计

以工艺技术创新和工艺标准化为工作主线,利用体系化和数智化管理理念和工具,结合电连接器产品结构,通过编制规范和制度实现工序名称标准化、工艺编制结构化、最小单元化,构建通用工艺与实例工艺相结合的工艺设计方案(图 13-7)。

图 13-7　通用工艺和实例工艺关系

(1) 实现工序名称与工艺流程标准化,以执行过程标准为目标进行工艺规程编制,将工序最小单元化,增强生产灵活性,便于产品柔性化生产,以适应市场的需求变化。

(2) 建立结构化工艺设计编制平台,工艺包含通用工艺和实例工艺。通用工艺包含产品工艺流程,可提高文件编制效率;实例工艺包含工序 BOM、参数、工艺能力、工装工具等数据,精准指导产品生产流程,为 MES 等系统提供数据,实现智能化生产。

3. 计划调度-车间智能排产

根据多品种、小批量、离散型制造业的生产特点,将生产排产分为生产前派工和生产中动态调整两个方面。通过智能排产动态对现场资源进行最优调配,使车间现场的生产效率和运转效率始终保持在较高水准。

(1) 生产前派工:APS 定时抓取 MES 中已创建未派工的订单信息,快速对订单排产并下发至生产现场。

(2) 生产中动态调整:APS 自动抓取 MES 中所有已下发的在制订单信息,结合资源的能力、工厂日历、在制情况、约束条件等信息进行派工和排产的动态调整,保障资源利用率的最大化。

应用 APS 系统及 MES,通过数据映射的形式,打破 APS 系统与 MES 之间的信息壁垒。在 APS 系统中对资源、资源组、工厂日历、次要约束、订单及订单中工序与资源之间的关系进行建模。最后,对生产现场大数据进行实时采集和分析,进而对生产计划进行自动接收、自动排产和自动调整。

4. 计划调度-生产计划优化

搭建数字化计划平台，实现三级计划联动管理和精准执行（图 13-8）。

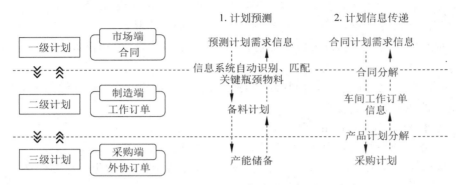

图 13-8 三级计划联动管理和精准执行

（1）建立计划预测指导流程。建立市场计划预测流程，形成市场端对制造端计划拉动的预测信息传递机制，形成市场端对制造端的计划拉动。

（2）建立计划信息传递联动机制。从市场计划的分解开始，制造端在接收市场订单的同时自动锁定产品订单缺料明细，对执行中的缺料计划进行占用，并将缺料计划的需求信息由信息系统精准传递至物料加工端，指导其精准排产、准时交付。

（3）建立计划自动下达流程。在 ERP 系统中建立自动分析零件废品率、使用率等的数据模型，自动生成计划余量、动态调整安全库存；结合零件 PDM 系统中的工艺能力和近两年的交件记录综合研判，实现计划的自动分派。

5. 生产作业-精益生产管理

通过对生产组织进行重构，减少各生产环节在制品积压，促进生产效率大幅提升。

（1）以线平衡为基础的单工序作业模式。生产模式由混线多工序装配转变为单批单工序装配，车间采用功能区与流水线两种生产相结合的模式，实现工序间高效协同作业，首工序拉动生产，直接带动现场由推动式生产向拉动式转变。

（2）透明可控的生产过程。建立即时的开工报工机制，同时根据订单绑定料盒信息对在制品进行统计分析，进度可视，搭建现场异常问题处理平台，订单问题可以及时反馈，状态清晰，为生产管理提供可靠的决策依据。

（3）基于价值流程图（value stream mapping，VSM）的流程优化。结合 VSM（图 13-9）对物流和信息流进行分析，针对暴露出的深层次浪费问题，持续不断地进行优化改善。

6. 质量管控-质量精准追溯

通过 MES 与数字化设备集成，在产品装配过程中的零部件装配方向正确性检查、位置正确性检查等质量管控点增加视觉检测等数字化装置，进行防错，在非标设备装配产品中针对设备的一些关键参数进行采集和监控，在产品检测过程中通过操作指令由软件获取工艺参数，驱动检测设备自动检测并进行数据采集判定，开展产品质量实时分析。车间多维度异常统计如图 13-10 所示。

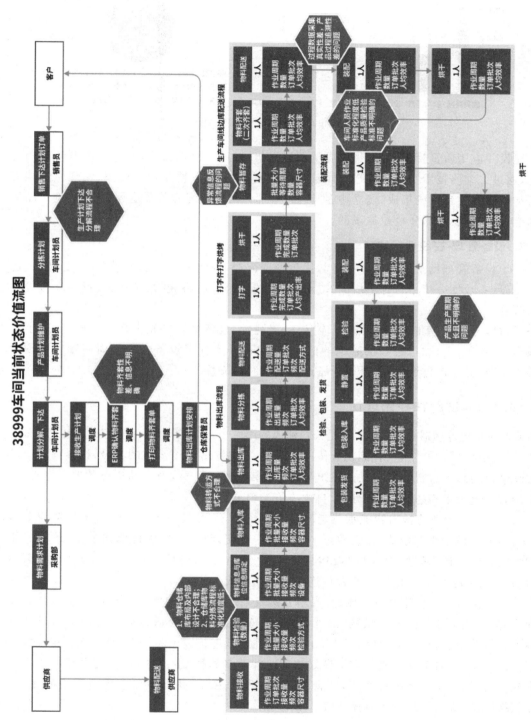

图 13-9 VSM

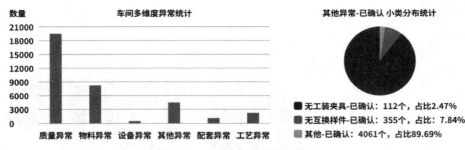

图 13-10 车间多维度异常统计

建设并应用质量管理平台，集成质量数据采集、统计、分析、报表展示、兰台自动归档等功能，通过二维码技术实现装配过程质量数据采集，建立订单质量数据模型，实现质量档案的自动输出和兰台系统集成，建立顾客-产品-零部件与原料配套关系追溯平台，达到产品质量精准追溯，实现产品质量数据说话。

7. 设备管理-在线运行监测

整个设备管理场景依托生产执行与优化管理流程，构建了由智能传感器、控制装备、边缘采集设备、数据分析平台等组成的 SCADA 系统。目前已将 80 余条产线、近 400 台设备纳入管理。

通过综合利用智能物联网、智能传感、机器视觉、故障检测等先进技术手段，实现了对产线运行、加工、点检、报警各项数据的监控与分析，并实现了设备全生命周期管理和预测性维护，使车间生产透明化，提升了设备运行效率和可靠性。

13.2.4 创新性和先进性

高端圆形电连接器智能示范工厂是公司建成的第一个智能工厂，累计改造厂房逾 2 万 m^2，建成数字化生产线 80 余条、智能化立体库房 5 个，具备 7.5 万个库位的容量，投入自动化设备 400 余台/套，通过智能制造软件系统与仓储物流、数字化产线及自动化设备进行集成，实现生产管理过程动态感知、实时分析、自主决策和精准执行。

（1）高端圆形电连接器智能示范工厂月产连接器 34 万只，26 000 批，属于典型的多品种、小批量、离散型生产模式，每天通过 APS 系统，可实现 6000 余项订单和 17 万条生产任务指令的智能排产，通过 MES 与 WMS、WCS、SCADA 等系统紧密配合，可实现 7500 个料箱、1.1 万批零件的自动出库，1.5 万只连接器产品完成装配。

（2）结合非标自动化设备的原理、规划方案及工艺过程的验证摸索，推进产品结构的改进和优化，使同类零件的关键结构、尺寸、公差保持一致，并形成适合自动化装配的产品设计标准化规范，历时 3 年的时间，对 1500 余份零件图纸进行了更改优化，对 700 余套模具进行了修理整改，为自动化推进奠定了良好基础。针对多品种、小批量问题，大力推进功能区装配模式，使同类工序集中化生产，结合 MES 的排产、派工，降低设备使用过程中的夹具、程序切换频次，提升了设备的可操作性。

（3）工艺布局不断迭代优化，通过三期建设，实现从零件出入库到壳体件喷码入库，再到中间多个工序的烘胶，直至最后检验包装发运物流的全流程互联互通。

13.2.5 实施成效

1. 实现多品种小批量产品的敏捷交付

通过项目实施,中航光电成功实现了以精益生产为指导的"市场-制造-采购"端到端全价值链数智化生产管理,实现了存储智能化、工艺标准化、设备数字化、物流自动化、质量记录数字化、现场可视化、管理精细化的管理成效。在缩短交货周期、实现敏捷交付等方面效果明显。截至2023年7月,产品合同准时履约率由项目实施前的49.39%提升至97.15%,急单准时完成率由68.99%提升至96.80%,装配周期缩短32%,交付客户满意度由项目实施前的89.42%提升至97.35%,2021年、2022年连续两年保持在95%以上。

2. 创造了良好的经济效益

中航光电成功实现多品种小批量产品生产管理模式的数智化转型,生产组织效率、整体销售收入大幅提升。通过生产模式的转型,生产现场可减少员工500余人,38999系列产品装配效率由原来的9.25d缩短至6.3d,提升149.45%,车间月均产值增长159.92%,生产效率增长60.36%,人工成本降低37%,员工平均加班时长减少50%。2023年企业整体实现营业收入200.7亿元,较2020年增长94.67%,收入年均复合增速为24.9%;利润总额为33.39亿元,较2020年增长132%,年均复合增速为32.3%。

3. 发挥引领示范作用,取得良好的社会效益

中航光电作为行业领军企业,2022年全球行业综合排名第12,军工防务领域全球排名第2,"中国A股最值得投资者信任的上市公司"30强。连续五年获得中国航空工业集团公司"金牌供应商"称号,获评国务院国资委"中央企业先进集体",并获得第四届"中国质量奖提名奖"、工业和信息化部"2021年度智能制造优秀场景"、河南省工业和信息化厅"2021年河南省智能车间"、工业和信息化部"2023年智能制造示范工厂"揭榜单位、工业和信息化部认定"2024年卓越级智能工厂"等奖项。在多品种、小批量型连接器的生产组织方面,中航光电有效解决了多品种、小批量产品的生产组织难题,为实现生产模式变革提供了宝贵经验,同时该解决方案具有可推广性,为行业电子元器件企业起到良好的示范作用。数智化生产管理模式作为企业生产模式数智化转型的新引擎、加速器,持续推动中航光电向数字化、智能化方向发展,对抓住市场先机、抢占未来发展制高点、构筑企业竞争新优势奠定了坚实的基础。

参考文献

[1] 王巍,俞鸿均,谷天慧.先进飞机智能制造装备集成系统[J].航空制造技术,2015(13):51-55.

[2] 葛勇.刍议民用航空制造领域的智能制造技术[J].现代制造技术与装备,2020(9):92-93.

[3] 张铁军,熊珍琦,刘洋.航天智能制造系统构建探讨[J].国防制造技术,2021(3):24-29.

[4] 邹方.智能制造中关键技术与实现[J].航空制造技术,2014(10):32-37.

[5] 王焱,王湘念.智能制造的基础、组成及发展途径[J].航空制造技术,2015(13):32-37.

第14章

智能工厂规划与实施

　　智能工厂是比较复杂的智能制造系统,智能工厂规划是指面向整个企业发展战略和宏观管理,构建一个智能化企业的总体蓝图。规划设计一个智能工厂,需要规范化、工程化的设计方法,才能避免走弯路。作为一个体系庞大、结构复杂的系统,智能工厂需要从顶层战略角度出发,对工厂各种设备及系统的结构、业务流程、应用模式和接口关系进行设计。重点是从业务、数据、应用、技术4个层面形成描述整个智能工厂构成的模型,根据这个模型即可在逻辑上复制一个智能工厂。之后给出典型的智能工厂设计实例及实施方案,实施时要遵循基本规律,从组织培训和组建团队开始,分析工厂的业务流程现状、数据现状、应用现状、IT基础设施、资源现状,根据公司现状和未来几年内的发展战略,确定合适的智能工厂目标,制定阶段目标和技术路线,进行系统选型、集成与开发。

14.1　智能工厂的目标、特征及内容

14.1.1　以企业价值创造为目标导向

　　2015年5月发布的《中国制造2025》指出:"基于信息物理系统的智能装备、智能工厂等智能制造正在引领制造方式变革。"高端制造业迫切需要数字化、智能化技术,这已成为制造业从价值链中低端迈向中高端的着力点和主攻方向之一。世界经济论坛和麦肯锡咨询公司共同提出的"灯塔工厂"概念,与智能工厂一样,也是期望作为"数字化制造"和"全球化4.0"示范者,"引领第四次工业革命先进技术的应用,以不断提高生产力与员工参与度,促进可持续发展及供应链韧性"。无论是冠以"智能工厂""未来工厂",还是"灯塔工厂",核心要义都是通过数字化、智能化技术提升制造型企业价值。

　　构建智能工厂的最高目标是实现预测性制造或自适应式制造。面对不确定性市场、不确定生产布局、不确定工况、不确定参数等,预先进行产品设计、生产工艺及智能算法的仿真验证,然后在实体工厂高效率地组织生产。智能工厂是目标,是未来的工厂模式,对于绝大多数企业来讲,实现智能工厂之路很长。

　　智能工厂与传统工厂的不同不在于数字技术、智能技术本身,而是在这些新技术的加持下企业的运营模式、产品销售、研发、生产、服务方式得到了提升,反映在企业运行运营指标的改善上,比如净利润提高多少、营业收入提高多少、生产效率提升多少、能源利用率提升多少、新产品研发周期缩短多少、产品不良品率降低多少、运营成本降低多少、人工成本降低多少等。因此,智能工厂建设应当支持企业的运营目标,将数字技术、智能技术的理论与方法应用于产品设计、生产、市场及服务各环节。实现人、机、料、法、环各系统及要素的

高效协同,提高企业运营效益。在以往的企业运营中,企业领导或管理层往往凭经验做决策,只考虑少数几个指标,如果可变动指标项多,或经常变动,则人脑无法计算。尤其是对于相互冲突的目标,凭经验无法得到科学有效的处理方法,而通过智能计算可使冲突目标达到某种平衡,在满足各种约束条件的同时,获得最优或次优值。

举例来讲,某工厂需要选择确定综合了产值、质量、成本、能耗、物耗、排污、合同完成率、关键设备利用率等各种指标(目标)的最优方案。从数学角度看,就是对耦合在一起的多个参数求极大值(或极小值)。其中有些目标是冲突的,如产值与能耗、排污等。这就需要建立运行优化指标(全局和工序)的计算模型。

(1)制造周期计算模型:$M = f_1(I, S, p_k^S)$。

(2)总拖期数计算模型:$T = f_2(I, S, p_k^S)$。

(3)关键机器平均利用率计算模型:$U = f_3(I, S, p_k^S)$。

(4)关键操作平均等待时间计算模型:$W = f_4(I, S, p_k^S)$。

(5)质量指标计算模型:$Q = f_Q(I, S, p_k^Q, Z^Q, \Delta_Q)$。

(6)能耗指标计算模型:$E = f_E(I, S, p_k^E, Z^E, \Delta_E)$。

(7)物耗指标计算模型:$R = f_R(I, S, p_k^R, Z^R, \Delta_R)$。

(8)成本指标计算模型:$G = f_G(I, S, p_k^G, Z^G, \Delta_G)$。

(9)环保指标计算模型:$P = f_P(I, S, p_k^P, Z^P, \Delta_P)$。

建立计算模型后,可以采用多种方法求优化解。通过设计计算机算法,用部署在本地或云上的计算机软件对成百上千个参数进行综合分析、实时计算、平衡优化、交叉验证、不断迭代,得到更优化的结果。

因此,构建一个智能工厂的关键点在于,将工厂运营中的现实问题转换成可计算的问题,交由计算机系统(包含网络)计算,给出最优结果。当然各种自动化设备及产线也是智能工厂的必然要求,但是智能工厂的灵魂是管控工厂的软件体系,智能工厂体系、模型、算法、软件、数据是需要特别关注的内容。

14.1.2 智能工厂的主要特征

智能工厂的核心在于"工厂大脑",用于处理人脑无法计算的企业大规模、多源、多维数据(人、机、料、法、环测及各软件系统),通过数据驱动实现工厂的自主感知、分析与决策;实现虚拟工厂与物理制造现场的集成;实现生产过程透明化,设备及产线始终处于最优的效能状态,实现对客户的主动式高价值服务。

与传统的工厂相比,智能工厂的主要特征如下。

1. 制造体系集成化

在智能工厂中,制造体系的集成体现在以下三个方面。

(1)企业数字化平台的集成。产品设计、工艺规划、工装设计与制造、零部件加工与装配、检测等各制造环节均是数字化的,相关软件系统均集成在同一数字化平台中,使整个制造流程完全基于单一模型驱动,避免制造过程中因平台不统一而导致的数据转换等过程。

(2)虚拟工厂与真实制造现场的集成。在产品生产之前,制造过程中所有的环节均在虚拟工厂中进行建模、仿真与验证。在制造过程中,虚拟工厂管控系统向制造现场传送制造指令，制造现场将加工数据实时反馈至管控系统，进而形成对制造过程的闭环管控。

（3）制造现场诸单元的集成。在产品加工过程中，加工设备、检测设备、送运设备和人员等有机集成，有些设备甚至会实现加工检测一体化，最大限度地减少或消除各环节之间的迟滞。

2．决策过程智能化

在传统的决策过程中，人是绝对的决策主体，支配"机器"的行为；在智能工厂中，"机器"也具有不同程度的感知、分析与决策能力，与人共同构成决策主体，在同一信息物理系统中深度交互与融合，信息量、种类、交流方法更丰富。人仅向制造设备输入决策规则，"机器"基于这些规则与制造数据自动执行决策过程，这样可将人为因素造成的决策失误降至最低。与此同时，决策过程中形成的知识可存储到知识库中，作为后续制造决策的依据，决策知识库作为"工厂大脑"的基础，在智能工厂运行过程中得到不断优化与拓展，从而不断提升工厂的智能化水平。

值得一提的是，工业互联网的深度应用，即互联网化工厂会使原有的工业体系大拆解、大重构，运行于平台之上的"工厂大脑"会对企业运营过程"精打细算"，信息及算法驱动工厂运行，会使企业运营各方面得到优化，引发社会生产力的巨变。

3．生产过程一体化

智能加工单元中的加工设备、检验设备、装夹设备、储运设备等均是基于单一数字化模型驱动的，避免了传统加工中数据源不一致带来的大量问题。

智能制造车间中的各种设备大量采用条码、二维码、RFID 等识别技术，使车间中的所有实体均具有唯一的身份标识，在物料装夹、储运等过程中，通过对这种身份进行识别与匹配，实现物料、加工设备、刀具、工装等工厂全要素的连接。

智能制造设备中嵌入各类智能传感器，实时采集加工过程中机床的温度、振动、噪声、应力等制造数据，并采用数据分析技术实时控制设备的运行参数，使设备在加工过程中始终处于最优的效能状态，实现设备的自适应加工。

通过对设备运行数据进行采集与分析，以及对设备运行过程中各因素间的耦合关系进行分析，还可总结长期运行过程中设备加工精度的衰减规律、设备运行性能的演变规律等，提前预判设备运行异常，实现设备健康状态监控与故障预警。

4．服务过程主动化

根据用户的地理位置、产品运行状态等信息，为用户提供产品在线支持、实时维护、健康监测等智能化功能。这种服务能够对用户特征进行分析，辨识用户的显性及隐性需求，主动为用户推送高价值的服务。

14.1.3 智能工厂规划的基本内容

智能工厂规划是指面向整个企业发展战略和宏观管理，构建一个智能化企业的总体规划蓝图。智能工厂规划在应用层面主要表现为一些应用系统，比如企业智能化运营与管控系统、智能化产品研发系统、智能化生产系统、智能物流及仓储系统等。对于不同行业及企业，其内容会有所不同，一般而言，智能工厂规划工作的主要内容如下。

1．需求调研与技术分析

（1）企业产品设计、生产工艺及企业运营模式调研与分析。

（2）企业生产自动化、信息化、智能制造应用调研与分析。

（3）同行业调研与智能制造现状分析。

2．目标分析与业务规划

（1）领先行业 10～15 年目标评估与分析。

（2）全过程不良品率减少××%目标与技术路径分析。

（3）单位产品成本降低××%目标与技术路径分析。

（4）产品交期提升××%目标与技术路径分析。

（5）业务运营模式与组织模式规划与分析。

3．企业智能工厂总体架构

（1）业务架构规划。

（2）数据架构规划。

（3）IT 基础架构规划。

（4）资源架构规划。

4．运营与管控体系规划

（1）计划管理与决策支持系统规划。

（2）财务管控系统规划。

（3）人力资源管理系统规划。

（4）企业门户与办公管理系统规划。

（5）ERP 系统规划。

（6）企业销售管理系统规划。

（7）企业客户管理系统规划。

（8）企业供应链管理系统规划。

（9）企业能耗管理系统规划。

（10）企业质量管理系统规划。

（11）企业资产管理系统规划。

5．产品智能化研发体系规划

（1）产品系列化平台规划分析。

（2）企业数字化设计系统规划。

（3）企业产品虚拟仿真系统规划。

（4）企业产品设计、仿真、优化一体化平台规划。

（5）企业 PLM 系统规划。

6．智能化生产体系规划

（1）精益生产落地规划。

（2）智能化工厂规划。

（3）企业智能化生产工艺分析与规划。

（4）企业排产系统规划。

（5）企业自动化生产线系统规划。

（6）企业 MOM 系统/MES 规划。

（7）企业生产测试与实验系统规划。

7. 智能物流及仓储体系规划

（1）企业物流运转逻辑分析。

（2）企业自动化仓储系统规划。

（3）企业库存管理平台规划。

（4）企业物流转运传输系统规划。

8. 智能工厂系统接口与集成规划

（1）信息分类及编码规则。

（2）数据集成方案规划。

（3）应用集成方案规划。

（4）系统接口规范。

9. 智能工厂 IT 基础架构规划

（1）数据中心系统规划。

（2）通信及网络系统规划。

（3）信息安全与防护系统规划。

（4）IT 标准与规范。

10. 智能工厂建设评价体系设计

（1）智能工厂评价内容。

（2）智能工厂评价指标。

（3）智能工厂评价方法。

软件系统是智能工厂的核心。在技术实现层面，传统的企业信息系统往往由若干独立的应用软件组成，数字化应用比较深入的企业软件应用数量甚至达到几千种，尤其是一些从市场上购买的商业软件，它们在功能上常常有一些是重复的，越是接近基础的数据处理需要，越容易出现冗余功能。这些冗余不仅是一种投资的浪费，而且增加了整个企业信息系统中不必要的复杂性，影响了数据的共享。所以在智能工厂中，有必要打破传统应用系统之间各自为战的情况，梳理规划它们的各项功能，提取出共享的功能模块，独立于具体的应用系统，重组和封装成通用应用构件或 WEB 服务，能够被各应用系统调用，从而实现各种应用的无缝集成。虽然可能存在一些商务或技术的限制，不一定能实现软件功能的拆分和重组，但企业至少要做到心中有数，了解投资建设软件系统功能的利用率。

14.2　智能工厂规划设计

14.2.1　复杂系统工程化设计方法

对于一个复杂的对象，要表述清楚其系统结构，以便于工程化构建，就需要一种规范化、工程化的设计方法。比如，机械设计用到的主视图、俯视图、侧视图、刨面图等，电气设计用到的电路原理图、接线图等，建筑设计用到的平面图、系统图、轴面图、剖面图等，都是标准的设计语言。对于结构更复杂、看不见摸不着的"数字化大厦"的构建,目前并没有形成统一的工程符号体系。常见的数字化系统设计方案中,"八仙过海,各显神通",要么用自然语言描述系统组成,要么用自定义的各种图形、符号、色块组合起来,表达系统结构,这种方法对于设计者而言比较方便,但不规范、不严谨,可能使阅读者产生理解上的歧义。

智能工厂是一个体系庞大的系统,结构很复杂,需要从顶层设计的角度,对工厂各种设备及系统的结构、业务流程、应用模式和接口关系进行设计。从实现角度看,应清楚描述体系结构、子系统或功能模块、数据结构、接口方式、运行方式等,保证各资源与系统间的互联、互通、互操作。在进行大型复杂的数字化系统(如智能工厂)设计规划时,可以选择的规范化设计工具主要有 IDEF、DoDAF、SYSML(UML)等。

1) IDEF(ICAM definition method)

IDEF 源于 20 世纪 70 年代末到 80 年代初美国空军的 ICAM(integrated computer aided manufacturing)工程。采用 IDEF 方法可以科学地进行复杂系统的分析和设计。

IDEF 体系提供了从 IDEF0 到 IDEF14 的很多视图的设计方法,常用的有功能建模(IDEF0)、数据建模(IDEF1X)、过程描述获取方法(IDEF3)等。其中,IDEF0 提供了自顶向下、层层分解的设计,非常适合复杂数字化系统的结构表达,而且能够连贯地表达信息的输入/输出关系,以及系统功能模块间的相互支撑关系,能够与业务逻辑进行很好的结合。IDEF3 在表达过程模型方面有独到之处,与 UML 中的顺序图或活动图相比,可以表达出连接节点的与、或、非、异或等复杂逻辑,非常严谨。至于数据模型,与其他工具中关于数据关系的表达相比,并无特别的优势。

2) DoDAF

DoDAF 是美国国防部(DoD)使用的体系结构框架,用于在武器装备的设计及整个研制全流程中,对需求、架构、功能、行为等进行不同层面的建模,规范地描述内容和开发流程,确保对体系结构的理解、比较和集成有一个统一的标准。

DoDAF 的最新版本是 2.0,以数据为中心,共有 8 种视图、52 个模型。在智能工厂的设计中,借鉴 DoDAF 有着重要意义,关键是它提供的顶层概念、体系结构、管理与运行方式等逻辑及方法,恰恰是目前大多数企业数字化系统设计方案中缺乏的,可以根据适用的原则对其视图和模型进行裁剪,为我所用,具有现实可操作性。

在智能工厂中真正实现以数据为中心,需要以 DoDAF 这样的体系结构设计方法为支撑。以数据为中心的设计方法应更重视数据与数据关系,且数据的表现方式可由用户自由选择,例如图形、表格或其他方式。

DoDAF 的优势是面向巨型复杂系统顶层设计的,有成熟的视图、模型设计规范,缺点是体系过于庞大,在进行智能工厂设计时,最值得借鉴的是 DoDAF 看待复杂大系统的思维哲学、视角及表达方式,在具体的视图和模型方面可根据需要进行裁剪。

3) SYSML(UML)

UML 是软件领域常见的设计方法,其中的用例图、顺序图、活动图、类图、包图、部署图等都常见于软件系统设计方案。UML 的方法具体,简单明了,易学易用。缺点是缺乏总体思维,容易迷失在细节中。我们也经常见到一些工厂数字化系统的方案设计采用 UML。其实,对于复杂系统的设计用 UML 不太适合,往往"只见树木,不见森林"。为将 UML 转换成适用于大系统的设计,OMG(Object Management Group)组织 2006 年 6 月发布了

SysML（system modeling language）系统建模语言，用于软硬件、数据和人综合而成的复杂系统的设计。

在进行智能工厂设计时，应尽量选择规范化、工程化的设计工具，避免随意性的表述。由于各种工具系统各有优劣，设计人员可根据具体情况选择使用。

14.2.2　顶层规划，逐层分解

在企业数字化道路上有不少陷阱，道路坎坷。"上 ERP 是找死，不上 ERP 是等死"，这是二十年前某著名企业家的话，虽是诙谐之语，但不乏警示之意。企业在数字化、智能化建设中经常犯的错误就是缺乏顶层设计，或者企业高层觉得自己有总的战略目标，有业务规划，IT 战略应该支撑企业发展的总战略，但到了 IT 落实层面，总是难尽如人意。经常出现投资上千万的系统，实施过程却"一地鸡毛"，甚至不少企业决定废弃原来的系统，更换系统和供应商，更有甚者，更换 IT 部门负责人及团队。

问题之一是缺乏系统思维，缺乏统揽全局的规划设计。企业高层与 IT 团队沟通不畅。企业高层不了解数字化系统的特点与建设规律，对于数字化建设要么期望过高，希望上马一套或多套系统，企业经营过程中的困难就能迎刃而解。对于数字化投资期望快速见到回报；IT 人员包括经理层，多数是技术人员出身，缺乏运营思维，甚至被一些软件供应商"忽悠"，不顾企业实际，导入所谓的新技术、新概念，根据已有的解决方案定义问题（本质是卖被新概念包裹起来的产品），忽略了企业真实的问题及真正的目标，误导企业"削足适履"，陷入新技术的概念"圈套"，缺乏整体解决方案。

数字化、智能化是企业总体战略的支撑，是为企业的 TQCSE 目标服务的，在这个目标之下规划智能工厂建设。按照自顶向下的设计原则，对智能工厂系统进行逐层分解，分别为智能化营销体系、智能化产品研发体系、智能化生产体系、智能物流与仓储体系，如图 14-1 所示。

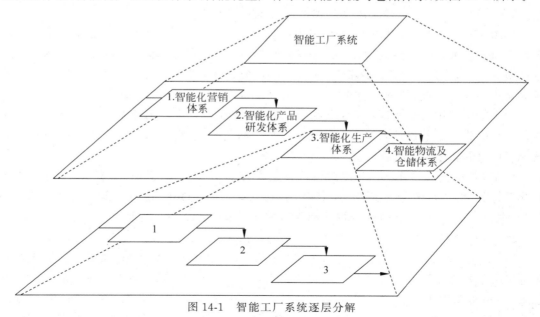

图 14-1　智能工厂系统逐层分解

用 IDEF0 图表达智能化生产体系和黑灯车间，如图 14-2 和图 14-3 所示。

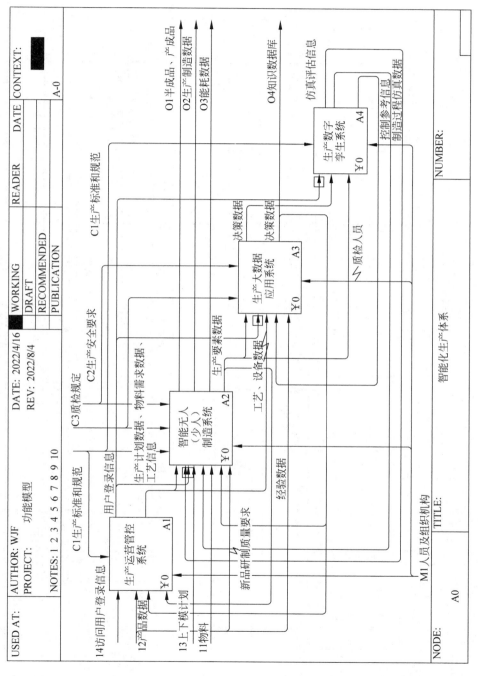

图 14-2 智能化生产体系

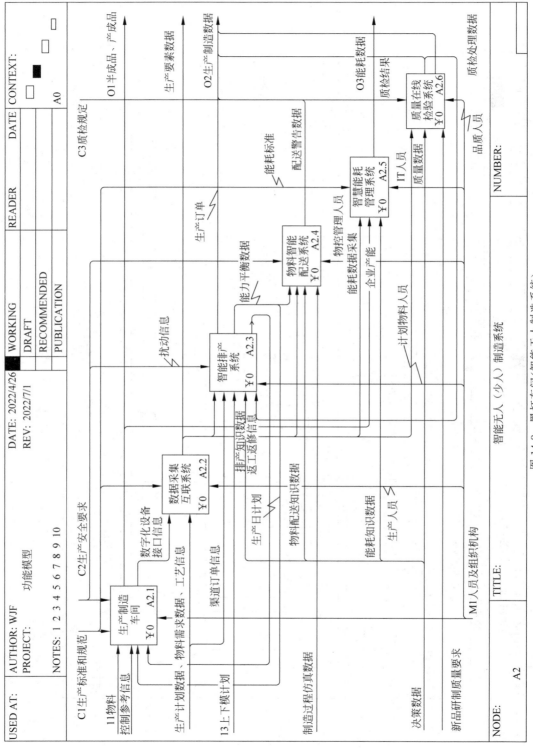

图 14-3 黑灯车间（智能无人制造系统）

14.2.3 智能工厂实例

智能工厂是包含设备、工装、产品、物料,以及硬件、软件、数据等多方面的复杂系统。无论属于什么行业,无论生产方式是什么,智能工厂都要遵循一个通用的基础架构,即从业务、数据、应用、IT 基础设施 4 个方面进行规划,形成描述整个智能工厂构成的模型,根据这个模型即可在逻辑上复制一个智能工厂。

以下通过三个企业的案例,分别介绍智能工厂宏观架构层面、制造现场层面、软件层面的内容,这三个层面组合起来,基本可以展示一个完整的智能工厂体系。

1. 通用基础架构设计

智能工厂通用基础架构分为业务架构、数据架构、应用架构和 IT 基础设施架构。各子架构之间的关系如图 14-4 所示。

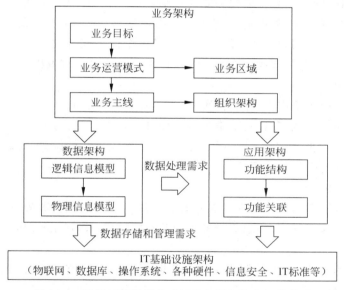

图 14-4 智能工厂通用基础架构各子架构之间的关系

1)业务架构

业务架构中,业务目标决定采用何种业务运营模式,业务运营模式决定业务主线和业务区域的划分。业务主线划分了几方面的主要业务,每条业务主线中包含一个或几个关键业务流程的定义。

业务流程的确定,一方面提出对组织支持的要求,作为建立相应组织架构的依据;另一方面,业务流程各环节的处理对象是数据,这里提出了对数据的定义和对数据如何处理的要求。接下来,各数据的定义及相互之间的关联在数据架构中描述,数据处理手段在应用架构中描述。

由于使用了很多智能技术,与传统企业相比,智能工厂的业务流程将得到简化,有些环节可能消失,比如某些人工工作被人工智能方式取代后,后续审核环节可能变得不必要。业务流程的变化对组织架构也会产生一定程度的影响。

2）数据架构

业务流程中提出的数据需求，通过数据架构进行管理。数据架构为这些数据提供一个统一的框架，用于描述这些数据的定义、相互之间的关联和存储等，为信息集成提供基础性的工作。因为信息集成实际上是建立整个企业甚至产业链上相关合作伙伴的完整业务逻辑，使信息流动更加通畅、业务无缝集成。

在信息集成的同时，数据架构中又对逻辑数据和物理数据进行了分离，这又使业务和数据之间实现了一定程度的松耦合，即业务的某些变化不直接影响数据的管理和存储，从而降低业务变化带来的数据风险。

对应智能工厂环境下业务的简化，数据架构的某些内容也可能做相应的调整。

3）应用架构

业务流程各环节的业务活动，除了提出的数据需求，还包括对这些数据如何处理的需求，这就是应用的问题。在数据架构确立的基础上，接下来是应用架构，也可以称之为功能架构，即数据架构中定义的数据通过哪些功能进行处理，这些应用彼此之间的信息联系和构成关系如何。应用架构为这些功能模块提供了一个统一框架，描述它们的具体功能和相互之间的关联，比如信息传递关系、软件结构上的父子关系等，ERP、MES、PLM 等系统都包含在功能架构中。

在智能工厂的应用架构中，除了传统的 IT 应用，还包括与之关联的制造、物流、仓储等系统的硬件控制功能，它们在逻辑上也是数据处理。比如产品生产过程中的每个环节都要进行数据采集、输入、驱动等，有些环节可能还包括比较复杂的统计、分析、计算，对各种意外情况的自处理和故障的自修复等。

4）IT 基础设施架构

数据架构和应用架构包含的内容需要通过一系列基本的软件和硬件进行承载，它们构成了 IT 基础架构，包括网络环境、系统软件、IT 硬件设备、安全方面的软硬件和各种 IT 规范等。

随着物联网的成熟，它也被纳入 IT 基础设施架构，加上各种智能传感和数据采集设备，形成智能感知环境。

2. 家用电器智能工厂实例

某家用电器企业"面向定制化的智能工厂"的业务目标为实现客户定制的可视化和智能化。

从客户提出个性化需求开始，到产品到达使用寿命后回收为止，提供一个闭环过程和全部支持，整个过程高度智能化和自动化，生产过程在一定程度上对客户是透明的。运用人工智能技术，综合产品知识库、公司即时生产状态、资源负荷、成本等各种数据，对客户提出的原始需求进行自动分析，形成面向客户的产品解决方案。该方案不仅包括产品的价格、配送安装时间、维护过程等全方位的商务信息，还提供产品自身的各种模型（比如三维模型），使客户能够通过虚拟现实技术等体验产品及其安装后的效果，用最短的时间准确完成定制化产品的订单确认。

该家用电器智能工厂系统包含面向定制化的客户服务体系、智能质量管理体系、以CPS 为核心的生产体系、综合支撑体系，如图 14-5 所示。

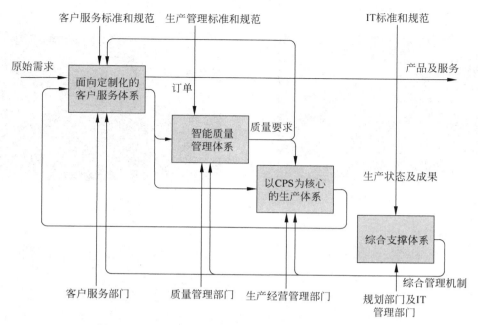

图 14-5　家用电器智能工厂系统

1）面向定制化的客户服务体系

主要业务集中于产前和产后。生产前，客户提出原始需求，通过"智能订单生成"加上客户的适当干预，形成一套产品解决方案；生产完成后，进行配送、安装，产品在客户手里使用时，仍然在智能工厂控制范围内，其运行过程的监控和维护通过客户服务体系进行。对于中间的生产环节，这个体系主要是为客户提供生产过程的某些跟踪信息。

2）智能质量管理体系

质量管理工作随着智能工厂外延的扩大延伸到客户层面，为客户提供个性化的质量——使客户满意的质量。智能技术的应用使质量保证能力达到更高程度，比如从客户提出需求开始，需求的准确度就有了充分的保障，智能质量检验技术的应用也使各种质量检验工作更加实时化和敏捷化。

3）以 CPS 为核心的生产体系

基于家电产品的结构特点，其设计、计划、制造等各环节能够充分实现智能化和自动化，人工干预虽然在一定时期内不会完全消除，但可以大大减少。

4）综合支撑体系

综合支撑体系为面向定制化的客户服务体系和以 CPS 为核心的生产体系提供物流方面的支撑。生产和服务的各环节均通过物联网连接在一起，各种业务对象经过智能封装后能够按照一定规则互相感知，实现无缝衔接，形成整体智能。

通过智能工厂建设，构建具有数据实时采集、智能分析、决策支持等功能的信息网络，建立具有智能运行、调度、统计、分析、管理的物流仓储体系，提高了成品、配件周转和出入库各环节作业流程的数字化和智能化，全面提升了企业的资源配置优化、操作自动化、实时在线优化、生产管理精细化和智能决策科学化水平。智能工厂中枢神经系统和黑灯车间是智能工厂中具有代表性的组成部分，如图14-6、图14-7所示。

图14-6　智能工厂中枢神经系统

图14-7　黑灯车间（无人车间）

3. 飞机制造智能工厂实例

飞机是一个国家科技水平和工业实力的集中体现，可衡量一国制造业先进水平，飞机产业涉及机械、电子、冶金等多部门，被誉为"现代工业的皇冠"。

某企业承担建设飞机国际一流的总装、部装生产线，掌握制造核心技术，保证产品安全质量的重要职能，是打造飞机制造业竞争新优势的实施主体。通过智能工厂的建设，建立比较完整的数字化制造基础体系。应用基于模型的系统工程，实现产品设计、复核复算、容差分析、工艺规划、工装设计、作业指导、生产制造、检测检验、试验试飞、运营服务、供应链管理等业务全过程的数字化应用。飞机智能工厂的建设主要包含如下几方面内容。

1）制造现场工业要素全连接

对5G网络、人工智能、大数据、云计算、VR/AR、CPS等技术与具体业务的匹配性分析，利用5G技术特点，实现全生产要素、全流程的互联互通，作为全连接智能工厂的基础。

通过产品、设备、工装、物料、工刀量具和人员6类数据基于5G的网络互联（简称6I互联：Interconnection of products、Interconnection of devices、Interconnection of moulds、Interconnection of meterials、Interconnection of tools、Interconnection of human），如图14-8所示。实现生产数据的完整采集和及时传递，实现数字化——数据定义产品；网络化——数据驱动制造；智能化——数据创造价值。

（1）设备互联。通过智能工具、可穿戴智能设备等智能装备实现设备互联。

① 现场智能手持终端：车间现场配备可对接MES、UWB（超宽带）、RFID、条码等的手持终端，实现车间现场生产单元人机物料的数据传输。

② 现场配备AR眼镜终端：车间现场可通过AR眼镜与技术人员进行远程交互，实现对设备及生产情况的精准控制。

通过设备互联，对设备运行状态进行实时监测并上传云平台，为设备可视化监控、预测性维护及远程维护提供实时、可靠的数据基础。

（2）工装互联。工装互联利用UWB及二维码、条形码技术，以及各传感器采集数据，实现对工装状态的实时监控和管理。

车间互联工装主要包括某些液压柔性工装和现场工装。

车间液压柔性工装管理：通过在液压油路中布置液压压力传感器监控整套工装的工作

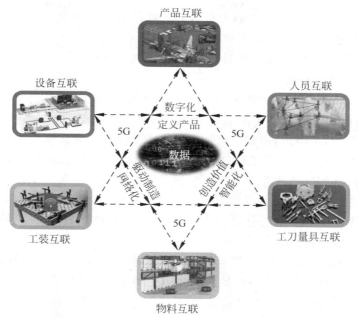

图 14-8　制造现场工业要素全连接（6I 互联）

状态,接入监控系统,并通过监控软件实时显示工装是否正在工作、各夹紧点的夹紧力、工装是否处于正常工作状态,同时具备报警功能。监控软件记录加工工件数量,并将有效数据上传至数控车间云平台,方便整个车间统一管理调度。

车间现场工装管理:通过 UWB 及二维码、条形码技术,实现对车间工装在库、在用、等待的实时管控,减少工装等待时间,提升现场管理水平。结合工刀量具管理系统,对车间现场工装进行自定义定检维护,提升车间工装管理水平。并对工装、型架的应力、应变情况进行实时监测,将有效数据上传云平台,确保工装的可用性和准确性。

(3) 产品互联。通过对产品贴码等方式直接对产品进行定位,实现产品的快速追溯,最终满足产品状态实时监控,并通过监控软件显示屏实现产品状态的交互查询和进度展示。

(4) 物料互联。物料互联主要包括车间物料跟踪、流转管理两方面。

① 车间物料跟踪:通过 UWB、条码技术实现物料与托盘的绑定,实现物料流转全过程的实时跟踪。

② 车间物料流转管理:利用 AGV 结合 MES 提供的生产指令信息,实现车间物料工序间自动流转,结合机械手臂操作,实现全流程生产自动化,完成传统生产的产线式升级。

通过物料互联,将有效数据上传云平台,为物料的监控管理提供数据支撑,提高物料利用率,降低成本。

(5) 人员互联。通过人员定位系统软件对人员进行实时动态管理,基于采集的人员轨迹数据进行效能分析,同时将采集的人员状态数据上传至云平台,实现人员互联。

对人员贴标签进行定位跟踪,并通过多种视图方式,如平面、立体、列表方式,实时显示定位区域内不同类型人员的实时位置,利于监管人员随时掌握不同定位区域内不同类型人员的实时状态。

采集定位区域内人员轨迹，并自动保存定位区域内不同类型人员的运动轨迹，通过车间人员轨迹回放，监管人员可依据姓名或卡号查询人员在某个时间段内的运动轨迹。

基于人员定位信息，实时显示人员的准确位置，并可通过地图查看个人具体位置，也可通过搜索找到某人当前位置。

（6）工刀量具互联。通过加装 RFID 标签、打码等方式，结合工刀量具管理系统实现对工具、刀具、量具的智能管理，并将量具检测数据实时上传至云平台。

在工具管理方面，针对当前数控机加车间生产及组装工具随意摆放的问题，采用室内精定位技术，对工具和设备加装 RFID 标签或者进行激光二维码打码，与指定区域标签读写器或手持设备进行交互，迅速了解工作台、服务车和储藏室的工具库存情况，实现实时库存及历史轨迹监控；减少大量寻找错误摆放工具的时间；提供准确的库存报告、工具使用情况自动更新；同时对资产放置区进行有效管理，超出摆放区域进行报警；确保生产工具不遗失，有效保障财产和生命安全。

在刀具管理方面，通过打码及刀具管理系统，实现对刀具入库、刀具配刀、现场配送、现场加工、完工归还的全流程跟踪，对前端刀具采购提供有效预警，确保刀具库存保持在合理范围内，实现车间刀具全生命周期的有效管控。

对于工量具定检盘点，通过加装 RFID 标签，实现工量具的标准定检与自定义维护，提升车间工量具管理水平与质量。

除此之外，还要对影响生产加工的环境因素进行互联管理，通过温度、湿度等传感器对车间厂房温度、湿度等环境进行监测，实时掌握车间生产环境状况，保证车间生产环境绿色健康、环保，利于生产制造，并将数据上传至云平台。

在飞机制造现场，6I 互联会使现场产生的信息种类越来越多，生产现场松耦合数据连接平台是 6I 互联的必然要求，对于生产现场数据管控应用来讲，以工业互联数据链为应用系统的底层通信层架构，不仅可以屏蔽网络通信的底层细节，而且可以实现网络节点高效、可靠的通信。工业互联数据链数据分发服务是新一代分布式实时通信中间件技术规范，采用发布/订阅体系架构，强调以数据为中心，提供丰富的服务质量（quality of service，Qos）策略，能保障数据进行实时、高效、灵活的分发，可满足各种分布式实时通信应用需求。

2）工厂大脑

"工厂大脑"是飞机制造智能工厂的核心中枢，也是人类智慧与机器智慧深度融合的产物，从全新的角度用数据、算力与算法，形成制造业的一套问题解决方法、一种管理理念和一种精益文化。

通过建设"工厂大脑"，逐步实现全域认知、全局协同和全线智能，建立"数字飞机"，真正意义上"数清楚"飞机有多少个零部件，实现对飞机生产关键指标、环节、资源等信息的清晰掌控。

（1）全域认知，即基于 5G 实时接入与处理人脑无法计算的工业大规模全量多源多维数据（6I，人机料法环测及各信息化系统）。

（2）全局协同，即深度融合工业机理与工艺，制定超越人类决策（局部）的全局最优（设计、生产、制造、装配、供应链、MRO）策略，并实时自优化。

（3）全线智能，即洞悉人未发现的复杂及隐藏的工业规律与原理，在全场景下提供实时预警预测、问题智能定位、辅助决策等能力，并完成自学习。

3) 飞机智能工厂典型制造场景

（1）AR/VR辅助装配与协同。工作人员通过佩戴AR眼镜，进行结构件装配、线缆端连接电气线路互联系统（EWIS）安装、起落架安装，指导发动机安装、支持远程协助。

（2）双目协同相机实时检测。基于5G技术双目相机检测，进行实时数据动态监控，实现非稳定环境下精准测量，将测量数据上传云端自动分析，并将分析结果传输至移动设备，整个检测过程测量快速、反馈及时。

（3）自动避障AGV运输。结合深度学习、视觉识别技术等，AGV支持自定义优化配送、优化路径，可在物料、产品等配送过程中自主避开障碍物。

（4）复合材料无损检测。集机器学习、图像识别、云计算、5G技术于一体，实现复合材料无损检测过程的自主分析和评价。将现场检测数据传至云端存储，通过5G高速通道将数据送至检测系统，通过深度学习自动得出检测评价结果，反馈至检测现场。

（5）复合材料拼缝检测。将拍摄的现场检测信息传送至云端，在云平台上进行识别，实现拼缝智能检测，识别出多余物体。

（6）8K超高清检测。利用5G特性，实现8K超高清摄影和智能监测，包括超高清视频监控、缺陷智能识别分类、紧固件状态检测、缺陷实时测量等。

（7）人员轨迹追踪与效能分析。识别人脸、动作、场景及状态，追踪人员轨迹，进行效能分析。

（8）全生命周期复合材料管控。建立全生命周期复合材料管控系统，全面进行数据采集和分析，实现生产环境、工艺路径、库存状态的透明化，对于生产过程异常进行全面早期预警，通过多维数据协同提供优化意见。

（9）沉浸式数字孪生系统。基于VR技术，打造透明车间，实现虚实深度融合。远程再现真实的车间生产场景，可进行实时交互。

（10）数控机加全连接工厂。数控机加车间人员、设备、物料产品、工装、工刀量具等实现互联，整个车间人员、设备、产品等状态实时展示。

（11）基于RFID的复合材料全生命周期追溯。基于5G并发的特点，对复合材料车间所有生产要素进行数字化定义，使用RFID、UWB或二维码技术对材料、工装、设备、工刀量具、人员、产品等进行全方位互联，实现整个制造过程的全要素全生命周期追溯。并且通过对生产计划、人员工时、设备产能、工装状态等因素进行关联和分析，快速优化生产计划和现场调度，提升生产效率。

（12）电子定力扳手操作平台。基于5G低时延的特点，实现装配车间智能拧紧工具与中枢平台之间的互联、指令下发、质量控制及数据实时传输，将拧紧架次、AO、序号、工位、定力值等信息集成到下发指令中，实现拧紧数据的结构化、可处理、可追溯。不仅解决了效率提升、质量管控等当下问题，也为飞机制造精益化提供了数据基础。

（13）紧固件辅助装配。通过三维投影将装配需要的工艺信息直接投影到对应的装配位置，指导工人进行操作，解决工艺员和现场操作人员协同工作的难题，大大提高装配的工作效率，同时保证现场装配的质量，避免漏装错装。

（14）舱门辅助装配系统。使用投影式装配导引方法，导引操作者正确的拾取该步装配的零件，提高重大部件的生产效率和装配质量。通过机器视觉和深度学习技术，对每一步装配后的结果进行检测，实现舱门辅助装配系统与云平台的信息通信，整个舱门装配系统的工艺流程参数能够实时上传至云平台并进行访问。

（15）MPAC（管理平面接入控制）设备运行实时监控系统。将中机身钻铆设备 MPAC 的实时运行数据、生产数据同步传输至云平台，依托大数据分析和数字孪生技术，实现生产全过程监控，大大缩短产品装配周期，实现数字化、网络化、智能化的深度融合，提升加工效率、减少设备故障停机时间。

（16）厂区自动驾驶公交车。通过激光雷达进行高精度地图搭建，基于边缘计算和自动驾驶技术，将检测到的环境数据实时上传至云端，在云端解析处理后再将指令信息下发至车辆执行，形成无人驾驶协同体系，实现小巴自动驾驶。

（17）复合材料手工铺贴过程质量监控系统。利用高清摄像头对手铺过程进行记录，基于 5G 大带宽的特点，将拍摄的视频流实时传输至云平台，依托高性能服务器和算法，对手工铺贴过程中的铺层数量、顺序和铺层方向进行自动识别，关联真空表读数和厂房环境信息，实现对整个铺贴过程的监控，避免人为错误造成的零件质量问题，提升质保检测效率，保证零件质量，减少检查人员。

（18）飞机表面喷漆质量检测系统。通过无人机高精度飞行控制系统和云台设计，融合多传感技术实现无人机的自主定位导航，采集超高清视频图像数据，采用机器学习和图像识别技术实现大型民机复杂曲面的表面缺陷检测。

（19）试飞数据快速卸载与交付。应用 5G 大带宽高速传输优势，结合试飞数据机上在线预处理技术，快速提升试飞试验结果讲评和故障诊断效率，实现试飞大数据快速卸载与交付。

（20）试飞基地 5G 测试网。充分应用 5G 通信网络的大带宽低时延无线组网技术，实现试飞基地指挥大厅与移动遥测站、光电经纬仪、高速摄像等测试设备高可靠无线组网控制与数据传输，有效提升多机场多地区域协同试飞验证能力。

（21）辅助客户选型与远程协助。基于混合现实（MR）技术，将客户设计选型系统搭建在私有云平台，通过在线设计、云端渲染、异地设计-评审-展示，实现一体化的远程异地飞机客舱设计评估、客户选型、培训和市场研究，对全生命周期客舱设计进行效率改善，提升设计-选型-采购协同效率。提供用户在线评估，分析结果可视化，节约开发成本。

（22）飞机设计与实时验证系统。基于 5G 网络搭建协同设计软件，实现协同设计单位之间远程异地协同设计，并通过云平台将数模实时传输至外场，在机上通过增强现实（AR）进行验证反馈，提升设计制造协同效率，缩短制造周期。

（23）信息安全服务体系。5G 新应用场景、新网络架构、新空口技术等方面引发的安全需求对 5G 安全架构设计提出了全新的挑战。针对 5G 安全需求及系统信息安全机制，引入新型防御体系，研究空口物理层安全、轻量级加密、5G 网络切片安全等关键技术，形成企业信息动态防御安全环境的技术解决方案。

4. 纺织印染企业智能工厂实例

鉴于某纺织印染企业的染机、定型机等具备一定的单机自动化，但染料助剂计量与配送环节自动化程度还比较低；底层设备通信协议不一致导致的数据采集传输困难；企业信息孤岛严重，智能化程度不高，严重依赖人工经验，工作失误率高，导致产品质量不稳定。该印染企业智能工厂建设聚焦重点，通过工艺技术智能化、运营管控智能化、生产（作业执行）智能化实现纺织印染生产的全面智能化。如图 14-9 所示。

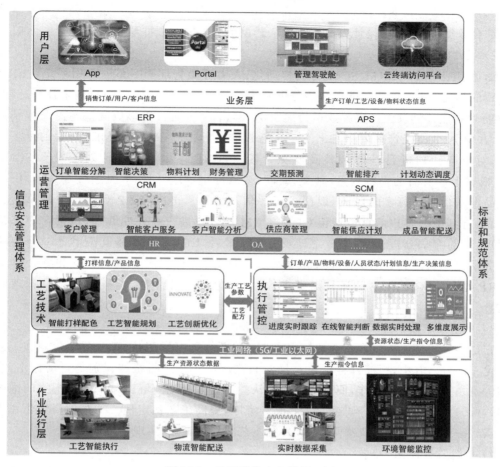

图 14-9 纺织印染企业智能工厂

总体而言,提供智能化和数据再利用的整体解决思路,实现染助剂输配送智能装备与生产工艺的横向集成,以及与 ERP 系统/MES 的纵向集成,满足生产工艺流程和 ERP 系统/MES 调度对印染染料在时间、数量和位置方面的精准配送要求,通过系统集成和调度算法实现多种印染染料向多台设备精准输送。该智能工厂主要包含以下六大体系。

1)用户交互体系

某纺织印染企业智能工厂涉及的相关人员包括某纺织印染企业内部各类人员,以及客户、供应商等外部人员,主要包括 4 种交互方式。

(1)Portal:面向企业内部人员、供应商等,主要用于登录各种业务系统(比如 ERP、SCM 等)。

(2)App:面向企业内部人员、客户等,根据用户所属的不同角色,既可以展示生产/管理信息,也可以操作生产、采集数据,并可以供客户查询订单生产状态。

(3)驾驶舱管理:面向企业内部人员,采用大屏展示技术,系统、全面地展示订单来源、进度,设备参数、状态,物料、染助剂消耗及库存等信息,便于管理人员快速获取整个工厂的生产状态信息。

（4）云终端访问平台：面向企业内部人员，企业运营管理层可通过此平台获取企业运营的综合数据分析，工艺设计人员可获取工艺设计所需的参数推荐信息等。

2）运营管理体系

涵盖 ERP、APS、CRM、SCM、办公自动化、人力资源管理等一系列应用系统。ERP 接收客户的销售订单，并对其进行智能分解及决策，形成生产主计划、物料需求计划。首先，ERP 将生产主计划及生产资源数据传递至 APS，由 APS 对订单形成交期预测及详细生产计划，并由 APS 将生产计划信息下发至执行管控层，同时 APS 根据 MES 传递的生产现场状态，对生产计划进行动态调整及修正。其次，ERP 将物流需求计划下发至 SCM，由 SCM 根据生产所需的物料数量、种类、时间、要求确定供应计划，并且通过 SCM 对供应商的成品配送信息进行实时监测，以便进行评估及预测。再次，ERP 对记录的订单信息进行汇总，将其中的客户信息传送至 CRM，CRM 对客户进行综合性管理，包括客户基础信息管理、售前需求分析、售后服务统计及分析。最后，ERP 根据企业运营状态对企业运营的财务信息进行综合性管理，包括成本及利润计算、统计。人力资源管理和办公自动化为 ERP、CRM、SCM、APS 的运行提供支撑，主要包括人员信息、人员状态以及管理流程等信息。

3）工艺技术体系

它是整个智能工厂生产作业的技术源头。包括智能打样配色、工艺智能规划和工艺创新优化三部分。其中，智能打样配色是针对客户所给小样进行快速识别与自动标定，并控制实验室系统进行小样制作，便于与客户确认。工艺智能规划解决整个工艺配方的准确性问题，并采用大数据、人工智能技术，形成专家库，提高工艺稳定性。工艺创新优化在工艺研发实验室标准化管理的支撑下，突破传统工艺技术或难点，实现工艺创新。

4）执行管控体系

在 MES 中实现，其接收运营管理 ERP 及 APS 出具的生产订单、生产计划信息及资源状态信息，结合工艺技术层的配方数据，控制作业执行层的生产执行过程。并实时接收作业执行层反馈的生产资源状态数据，如订单、产品、物料、质量等数据，从而实现生产进度实时跟踪、在线智能判断、数据实时处理及多维度展示，进一步实现智能化管控。

5）信息安全体系

对于智能工厂而言，信息安全是重中之重，搭建完备的信息安全体系是非常必要的。本书的重点在于智能工厂业务、运营、智能技术的实现，信息安全是其他专业化的体系，有兴趣的读者可以查看相关专业文献。

6）标准和规范体系

该纺织印染智能工厂的各类建设需要符合相关的标准和规范，在相应的标准和规范体系下进行新建、扩展及提升，从而实现互联互通、信息共享和业务协同，使智能工厂的建设形成一个有机整体。

印染企业智能工厂的关键核心是工艺技术智能化、运营管控智能化、作业执行智能化，如图 14-10 至图 14-12 所示。

图 14-10 工艺技术智能化

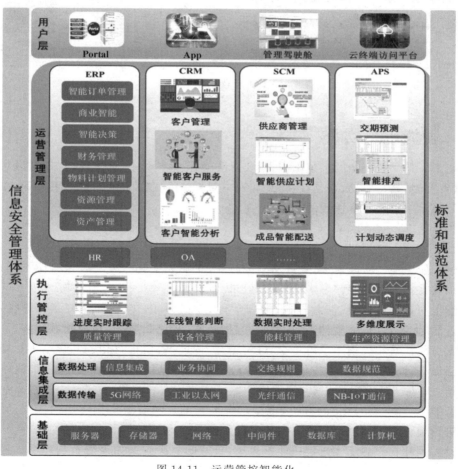

图 14-11 运营管控智能化

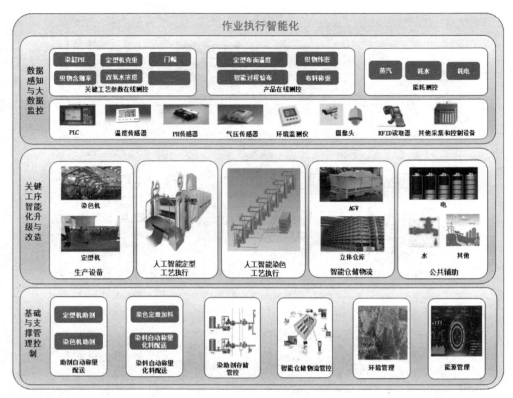

图 14-12　作业执行智能化

14.3　智能工厂实施

智能工厂是一个复杂的系统工程，其实施要遵循基本规律，总体规划（顶层设计）、分步实施、重点突破、效益驱动，这是在"863"计划中对 CIMS 工程总结的十六字方针，在目前的智能工厂建设中也是非常适用的。

14.3.1　组织培训

对于智能工厂的实施，虽然企业所处的行业、企业数字化所处的阶段有所不同，但是将培训组织放在首位，会起到"事半功倍"的效果。

智能工厂是制造学科、信息学科、管理学科等多学科的交叉，涉及许多新的技术领域，如人工智能、大数据、工业软件、工业互联网/物联网、绿色制造等，知识领域很多，具体岗位的工作人员往往对相关技术了解不全、理解不深，因此，需要进行相关知识培训。知识培训可按照层级、工作岗位和专业方向分类进行。对于决策层和管理层，侧重培训战略与总体技术的结合；对于执行层的人员，侧重培训更具体的技术和方法。

对智能工厂理念和意义的宣贯，也是培训的目的。随着数字化应用的深入，必然需要对组织进行优化，对业务流程重构，不可避免地会涉及利益的调整。这可能是一个"鸡飞狗跳"的阶段，因此在思想上实现统一非常重要，再好的解决方案如果得不到广泛的理解和支持，也可能功亏一篑。

培训内容主要包括以下方面。

（1）智能工厂的基本知识。包括两方面：一是从整个行业角度说明智能工厂包含哪些内容，二是从企业自身角度说明本企业的智能工厂具有哪些特点。

（2）智能工厂的关键技术。智能工厂涉及的专业比较广泛，包含很多关键技术，针对不同岗位的人员，有选择性地选择与其相关的关键技术进行重点培训，其他则做概念性了解。

（3）智能工厂的主要建设步骤。主要是对智能工厂的主要建设步骤有基本、全局性的了解，以明确自己在这项工程中的位置和作用。

（4）智能工厂的日常运维。包括运行和各种信息基础设施的维护。

14.3.2 总体实施步骤

1. 实施团队组建

智能工厂建设内容复杂，技术含量高，需要各专业、各层次的多方面人员配合，建立若干团队。团队组织结构如图 14-13 所示。

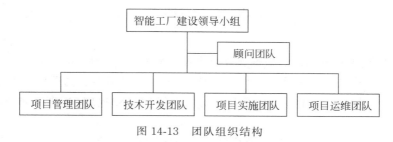

图 14-13 团队组织结构

领导小组通常由企业最高决策层主导，重要管理人员和合作方的负责人参加。主要制定顶层规划，进行重要决策、资金运作、各方面资源调动等工作。

顾问团队应该来自高校、科研院所、企业界，甚至供应商和客户，提供理论、方法、技术和相关行业经验等方面的咨询。

项目管理团队专门负责项目管理工作，由一名项目经理负责。管理团队内应有技术总负责人角色、业务总负责人角色、日常事务管理者角色。根据项目大小，一人可以承担多个角色的职责。

项目技术开发团队和实施团队负责项目的具体技术开发与实施，由各方面的专业技术人员组成。由公司的主要技术骨干负责，下设若干工作组。每个组都按照其业务领域配备业务顾问，由公司内各部门资深工程师担任。

运维团队可以在企业现有 IT 部门的基础上进行扩充，增加更多专业更全面的人员。

2. 工厂现状分析

（1）业务流程现状。对关键的业务流程进行梳理，统一对该流程的认识，对这些业务流程各环节处理的数据、采用的业务功能、组织机制等进行明确的标注和记录。

（2）数据现状。对现有的数据库、文件等进行梳理，包括其物理存储位置和存储方式。

（3）应用现状。对现有的 IT 应用系统进行梳理，罗列其业务功能，并进行比较，确定是否有功能冗余。对设备的数据发送和采集相关功能进行梳理，明确与现有 IT 系统的关系。

（4）IT 基础设施现状。对现有 IT 基础设施进行梳理，检查当前网络设施是否能够满足未来的建设要求。

（5）资源现状。对现有的关键性资源进行梳理，包括自动化装备、重要模具、重要人才储备等，还要从资源角度对现有的应用软件和数据进行分析。主要目的是充分挖掘公司的资源潜力。

3. 确定智能工厂的目标

根据公司现状和未来几年的发展战略，确定合适的智能工厂目标，即应该建成什么样子，包括其主要目标、采用的关键技术手段，以及建设模式。

4. 制定阶段目标和技术路线

不同的建设模式采用不同的目标制定方法。对于统一性的建设过程，时间相对集中，周期相对较短。对于逐步改进性的建设过程，时间相对分散，总体周期相对较长，但是具体工作周期较短。

5. 标准和规范准备

梳理现有的标准和规范，制定符合本规划的新规范。

6. 详细架构梳理

（1）对业务架构进一步细化，根据业务架构对组织架构进行适当调整，比如合并角色功能。

（2）对数据架构进一步梳理，细化本规划中的逻辑信息模型和物理信息模型。

（3）对应用架构进一步梳理，对现有的功能进行抽象和提取，规划各种通用性构件和Web 服务。

（4）对 IT 基础架构进一步梳理，确定智能感知环境需要的各种条件，进一步详细地规划。

（5）系统选型、集成与开发。

智能工厂是个庞大的系统，必然分为很多分系统、子系统，包括机器设备、生产线、软件、硬件。其建设需要关注的重点如下：①尽可能选择成熟的产品进行集成，集成分为数据集成和应用集成两个方面。数据集成要建立统一的逻辑数据中心和信息编码。应用集成要对现有系统进行改造，抽取公共性功能，设计和开发一系列通用性的构件和服务，对于大型系统的构建，要基于逻辑数据中心和通用性服务或构件。②尽可能采用通用性的开发平台。尤其注意的是，选型的产品要按照数据统一的要求进行，即被选择的产品在数据层面必须与智能工厂的数据架构保持一致，或者能够被容易地集成，以保证数据的统一性。

14.3.3 实施案例

某企业智能工厂的实施过程分为三个阶段，如图 14-14 所示。

第一阶段：补充数字化，充实网络化，启动智能化。

需要 1～2 年，建设新厂区基础网络，解决染缸 pH 值监测、定型克重在线控制、蒸汽供应不稳定等影响生产的主要问题，加快实施 MES，补充 CRM 和 SCM 中的必要模块，补充工艺设计、打样配色、检验检测所需的设备设施，建设坯布、成品和染、助剂自动化仓储系统。推动工艺技术、运行管控、作业执行迈向智能化。

第二阶段：完善数字化，升级网络化，部分智能化。

建设工艺技术数据库和知识库，开启工艺过程创新研究，升级 ERP 系统，完善 CRM、

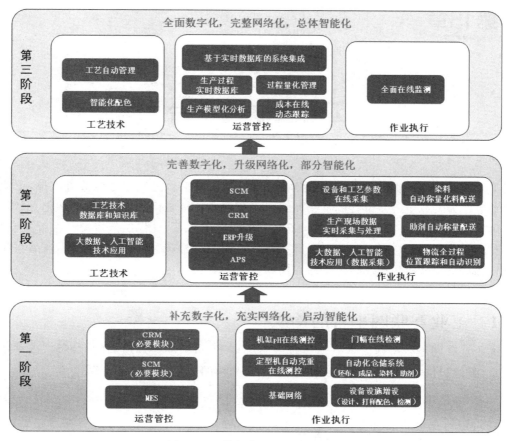

图 14-14　某智能工厂的实施过程

SCM 等业务系统功能,实现生产计划自动排程,对于工艺执行各环节的重要设备和工艺参数实现在线采集,建设生产现场数据实时采集与快速处理系统,建设染料、助剂自动称量、配送、加注系统,建设坯布到产品的物流全过程位置跟踪和自动识别系统,在打样配送、工艺设计、现场数据采集处理方面引入大数据、人工智能等技术,实现智能处理。

第三阶段:全面数字化,完整网络化,总体智能化。

实现智能化配色及工艺自动管理,探索纺织品印染加工工艺数字化虚拟模型;建立在线监测系统,充分采集制造进度、现场操作、质量检验、设备状态等现场信息;建立生产过程实时数据库,并与过程控制、生产管理系统实现集成;对生产计划、调度实现生产模型化分析,进行过程的量化管理、成本的在线动态跟踪。实现工艺技术、运行管控、作业执行总体的智能化。

注:本章部分内容取材于相关智能工厂项目设计报告,主要来源有:《老板电器面向定制化的智能工厂规划报告》,项目负责人赵骥,参与人赵博、吴教丰;《某飞机制造公司基于5G 的智慧装配车间技术实施方案及实施路线图》,项目负责人赵骥,参与人刘胤、吴教丰;《某飞机制造公司基于5G 的智慧数控车间技术实施方案及实施路线图》,项目负责人赵骥,参与人刘胤、吴教丰;《同辉纺织智能工厂规划报告》,项目负责人赵骥,参与人刘胤、吴教丰。本章所参考的内部资料不一一列举,在此对有贡献的人员一并表示感谢。

第15章

工业互联网平台

工业互联网系统是一种新型工业体系,工业互联网平台是其核心的关键支撑,工业互联网平台作为工业全要素链接的枢纽和工业资源配置的核心,面向制造业数字化、网络化、智能化需求,构建基于海量数据采集、汇聚、分析的服务体系,支撑制造资源泛在连接、弹性供给和高效配置。用户通过工业互联网平台随时随地按需获取智能制造资源、产品与能力服务,进而优质、高效完成制造全生命周期的各类活动。

15.1 工业互联网平台的构成

工业互联网平台构建工业软件运行的系统环境,包括硬件环境和软件环境,以支持企业产品、服务和技术等模块化功能的实现。平台架构图如图 15-1 所示。

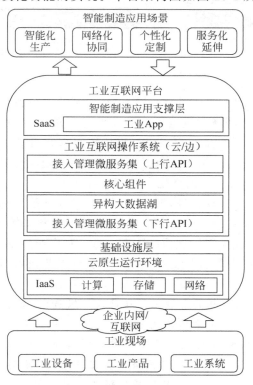

图 15-1 工业互联网平台架构图

（1）基础设施层：提供工业基础设施即服务（infrastructure-as-a-service，IaaS）的虚拟化计算、存储、网络、安全、管理工具等自主可控基础设施服务，以及云原生运行环境。

（2）工业操作系统：工业操作系统主要由应用支撑微服务集、核心组件、异构大数据湖、接入管理微服务集、边缘智能组件等组成，提供低代码开发、数字孪生建模、设备接入、工业协议、边缘控制、边缘数采等功能，具备快速低成本的实施能力、敏捷高效定制化的开发能力。

（3）智能制造应用支撑：SaaS 层，支撑工业 App 生态构建，并通过工业 App 面向行业和领域提供价值。

15.1.1 基础设施层

1. IaaS

IaaS 层是工业互联网平台中开放、中立的组织级云管理层，IaaS 层是实现工业互联网平台可靠运行的重要基础设施支撑，包含存储资源管理、计算资源管理、网络资源管理。用户可通过云的方式使用基础设施服务，包括服务器、存储和网络，具有灵活性、扩展性和成本低等优势。如图 15-2 所示。

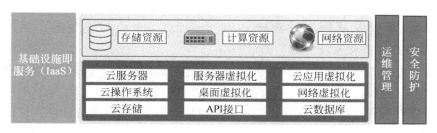

图 15-2　工业 IaaS 架构图

IaaS 将原本静态分配的 IT 基础设施抽象为服务于企业的可管理、易于调度、按需分配的资源，内置丰富的资源管理与交付功能，提供虚拟资源池和物理机资源池等异构资源的统一管理、动态分配和调度，以满足多应用需求，实现计算资源的可管理、易于调度和按需分配。

2. 通用 PaaS

通用平台即服务（platform-as-a-service，PaaS）提供基础运行环境，云原生运行环境层构建自主可控的统一运行环境，提供多语言运行环境、容器服务、微服务管理、镜像仓库、容器引擎五大功能。

1）多语言运行环境

基础运行环境层提供基础运行时镜像，支持主流开发语言（如 Nodejs、PHP、Python、Java、Ruby、GO、NETcore）。

2）容器服务

基于微服务架构和容器化技术，在应用部署于大量容器集群时，实现复杂的多容器工作负载。提供容器部署、负载均衡、弹性伸缩、故障感知、异常自愈等功能，实现容器的自动运行、恢复、调度、编排功能，提升应用生命周期管理能力。提供集群间资源的调度、容器间资源调度，实现对资源占用的动态调整能力，在保证应用、实例运行的同时调整资源、节约成本。同时提供手动资源调度、条件触发资源动态调整、资源使用情况监控、应用运行情况监控等功能。

3）微服务管理

微服务管理实现微服务应用的分布式部署、版本化配置、服务的注册和发现、熔断、负载均衡、监控等功能。

4）镜像仓库

镜像仓库提供镜像创建、推送与列表功能，支持基础镜像＋代码包或者基础镜像＋源码方式构建新镜像，支持通过指令的方式将镜像推送到镜像仓库，通过预置的 dockerfile 生成镜像，并推送至镜像仓库。

5）容器引擎

容器引擎提供容器创建、启停、伸缩、集群管理功能，支撑普通应用、微服务应用、大数据分析类应用部署；同时，支持第三方应用的改造和迁移。基于 Service Broker 技术，实现各类中间件服务的创建、接入、管理、监控等功能。提供存储类、数据库类、消息类等多个类型中间件的实例创建，可以对实例进行管理、删除、监控等，提供实例外网地址访问方式和域名访问方式，方便用户的使用。

15.1.2 工业互联网操作系统

1. 工业互联网操作系统内涵

工业互联网操作系统是工业互联网平台的内核，实现海量工业资源泛在连接、高效配置和弹性供给，支撑新一代工业应用敏捷开发与数字生态构建。

工业互联网操作系统面向开发者提供核心组件和服务接口，支持开发者使用开发平台提供的机理模型库、微服务组件库、云原生工具集、数据接入工具集，快速开发工业应用，丰富云端应用生态。面向企业信息化人员提供低代码开发工具、数字孪生建模工具等云原生工具，支持简单便捷的可视化开发，实现资产透明化管理和优化运营。面向设备制造商、系统集成商等实施合作伙伴，提供丰富的数据采集服务接口，支持工业设备、工业产品、工业系统的快速接入，支撑设备、产线、企业数据上云。工业互联网操作系统体系、技术架构分别如图 15-3、图 15-4 所示。

工业互联网操作系统打破传统刚性生产系统，实现全要素工业资源连接，全产业链、全价值链新一代工业应用敏捷开发；提供边缘智能、异构大数据湖、核心工业组件、数据采集微服务集、应用支撑微服务集"5"层次核心功能服务；实现信息物理深度融合，工业全要素（人、机器、物）、全产业链、全价值链泛在连接，智能驱动，基于数字孪生的新一代工业应用敏捷开发。支撑海量泛在工业资源安全可信接入，应用敏捷开发，云、企、边全拓扑灵活部署。

2. 工业互联网操作系统能力

通常工业互联网操作系统应具有以下能力。

1）系统架构开放能力

提供制造全生命周期领域、设备接入、资产管理等开放 API 服务，支持设备、资产、制造全生命周期数据分析服务。支持工控网、企业专属网、互联网、跨域协同复杂网络环境云边多级一体化部署，支持云边一体化高效协同，云端应用、数据、模型协同效率提升。平台组

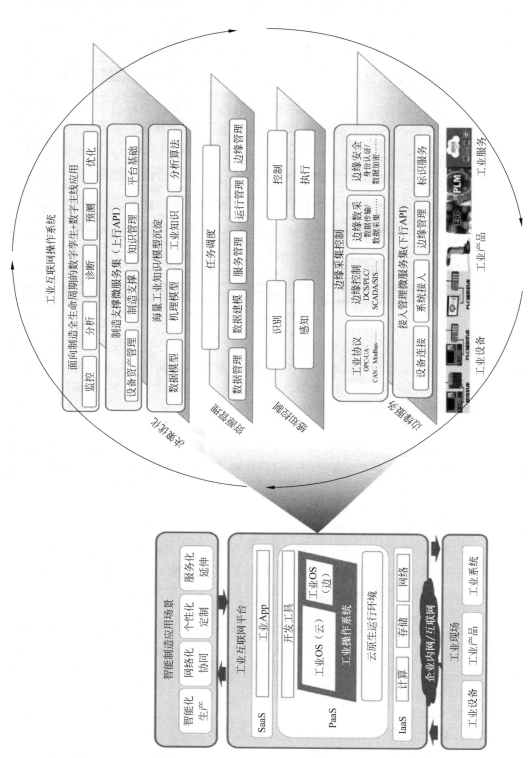

图 15-3 工业互联网操作系统体系架构

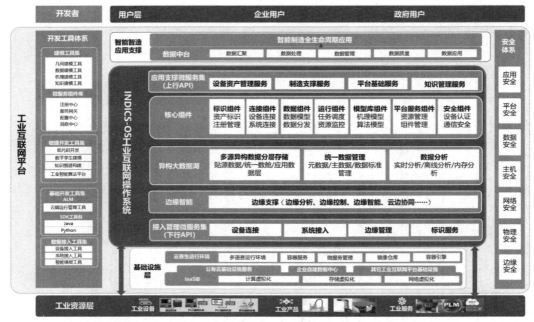

图 15-4　工业互联网操作系统技术架构

件具备可插拔性、可配置性、可重用性、可扩展性；支持国内＋国际化生态服务、汇聚研发设计仿真、生产过程管理、设备故障诊断、产品质量控制、服务效能提升类工业 App，构建高价值工业模型，提供系列数据分析服务，全面支撑产品级、产线级、产业级 MBD 应用，支撑全景化应用的数字孪生系统工程新服务模式。

　　2）采集接入能力

　　提供自适应、模板化、可边缘计算的工业协议兼容适配能力，应用设备接入模板，实现现场数据采集、过程控制和生产设备之间的通信连接。支持异构设备/系统/服务接入，支持 CAN、Modbus、Profinet 等协议；支持多通道实时数据转发，无缝对接平台和数据库，支持大规模用户并发访问和设备接入。

　　3）数据融通及建模能力

　　工业互联网操作系统平台实现了知识驱动的智能决策与行动，支持多模态工业知识统一表示，提供算法建模、知识图谱建模。系统支持流数据等异构工业数据接入存储，支持批量计算、流式计算、离线计算和实时计算等多维计算模式，提供数据治理体系。

　　4）应用服务能力

　　支持基于统一数据接口的设备数据快速接入，支持力学、热学、流场、电磁电子等多学科仿真模型接入；支持融合多领域模型的孪生体建模，以孪生体模型融合几何/数据/机理/知识四类模型，实现多学科、多领域、多尺度特征描述；支持文本、图片、视频、音频、三维模型、VR 场景等多模态交互展示；支持工业应用多云、跨系统部署。

　　5）安全与隐私保护能力

　　提供接入安全、边缘工控安全、数据安全、隐私保护等功能。

　　通过上述能力的融合应用，工业互联网操作系统在云-边-端各层级均可发挥重要作用。如图 15-5 所示。

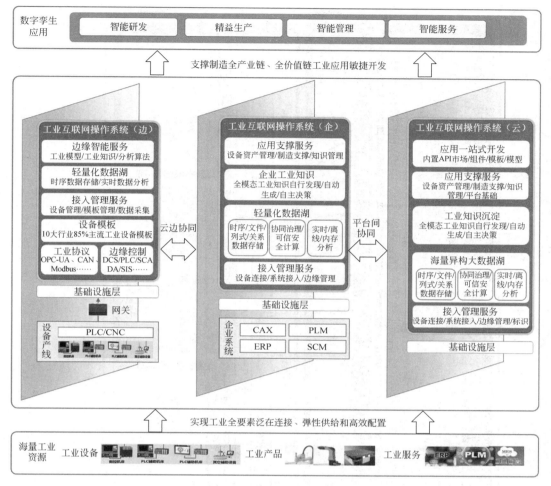

图 15-5　各层级应用功能

在边缘端,工业互联网操作系统对接生产设备、工控系统和制造执行系统等,在工业协议解析、边缘控制、设备模板技术基础上,通过接入管理服务、轻量化数据湖和边缘智能服务,为生产车间提供多元化工业要素灵活接入、场景化工业资源动态组织和工业现场感知执行等功能。

在企业端,通过接入 CAX、PLM、ERP、SCM 等企业信息系统,以及接入管理服务、轻量化数据湖、企业工业知识和应用支撑服务,为企业提供自组织黑灯工厂、生产智能决策和工业应用组装式敏捷开发等功能。

在云平台,基于海量工业数据的汇聚,通过接入管理服务、海量异构大数据湖、工业知识沉淀和应用支撑服务,为产业上下游提供云端设计生产协同、供应链协同优化和跨企业生产资源调度。

3. 工业互联网操作系统功能

工业互联网操作系统由四大功能模块组成,分别是下行微服务集、数据湖、核心组件、上行微服务集,其功能架构如图 15-6 所示。在提供工业设备、工业产品、工业系统接入能力

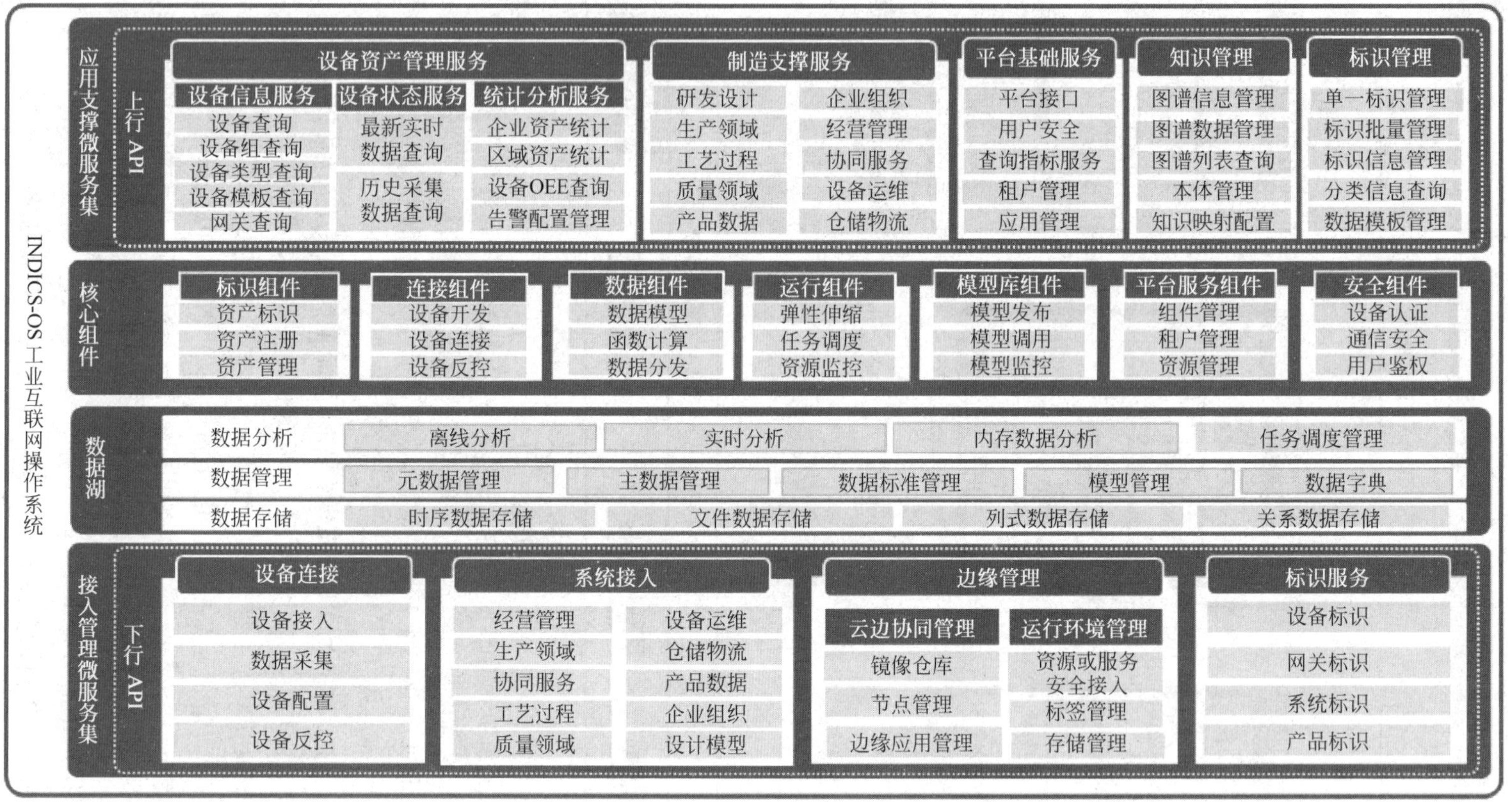

图 15-6 工业互联网操作系统功能架构

的同时,加强对多源异构数据的存储、管理和分析,优化设备资产管理、制造支撑、平台基础服务,支持开发者实现应用敏捷开发。

1）下行微服务集

下行微服务集是面向工业设备、工业产品、工业资源数据快速接入的服务接口集,涵盖标识、运行、连接、安全4类下行 API。通过对外提供开放服务接口,支持实施合作伙伴快速接入各类工业设备,灵活适应各类工业产品,满足企业信息系统的快速接入需求。

（1）标识服务。包含设备标识、系统标识、产品标识和身份标识服务,支持用户快速创建和获取工业设备、工业产品、工业服务数据的唯一编码。支持按照设备组、设备类型等多个维度,对设备标识进行查询和管理。

（2）边缘管理服务。提供云边协同、模型传输、边缘云管理服务,支持工业设备、工业产品、工业服务数据通过设备采集工具、系统采集工具、智能填报工具快速接入。

（3）设备连接服务。连接服务提供工业资源连接、数据采集、设备配置和设备反控服务,支持自定义设备属性,可实现接收设备消息和在线发送控制指令,满足实施合作伙伴管理、控制工业设备、工业产品、工业服务需求。

（4）系统接入服务。提供经营管理、生产领域、工艺过程、质量管理、设备运维、仓储物流、企业组织、产品数据、协同服务、设计模型等类型开放服务接口,支持 ERP、MES 等系统接入。

2）数据湖

数据湖基于数据接入工具集,导入和存储各类实时数据和历史数据,并对数据进行管理分析,支撑数据组件、运行组件功能实现。通过设备接入工具获取设备状态数据、运行数据、设备资产数据,采用系统介入工具采集生产制造系统生产数据、加工数据和供需数据,应用智能填报工具获取文件和模型数据,对数据进行统一的存储、分析和管理,为工业资源快速接入、应用敏捷开发提供数据基础。数据湖架构图如图 15-7 所示。

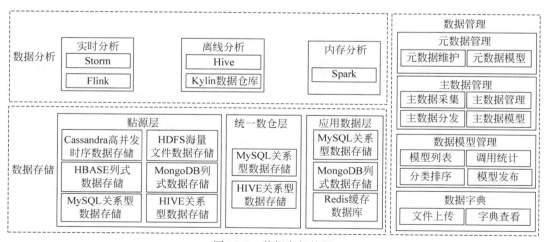

图 15-7　数据湖架构图

（1）数据存储层。数据存储层采用分层架构进行构建,分为贴源层、统一数仓层、应用数据层,数据承载在数据湖软件的数据库上面,并通过数据分析对数据进行开发和加工,形成分层数据。其中工业设备、工业产品、工业数据通过设备接入工具、系统接入工具、智能填报工具，以原始数据的形式存储在贴源层。分析数据按照不同的主题域存储至统一数仓层，根据应用需求分析的结果数据存储在应用数据层。

（2）数据管理层。数据管理层用于实现各类数据资产治理及管理，包含元数据管理、主数据管理、数据模型管理、数据字典。元数据管理工具面向设备接入系统，对各业务系统的表字段定义或指标定义进行管理；通过主数据管理工具，实现统一核心共享数据。采用数据模型管理，将数据分析模型形成模型列表，支持快速启停。通过数据字典对各业务系统存储信息进行统一管理，总体建立起数据湖数据管理方法和机制，形成持续化的数据运营和应用方法。

（3）数据分析层。数据分析层汇集各类常用数据分析软件，根据分析的时效和性能要求分为实时分析、离线分析和内存分析，实时分析主要针对设备接入的实时数据进行分析，离线分析针对数据存储层设备接入系统、生产制造系统及其他系统的不同主题进行分析，内存分析针对分析性能要求高的算法进行分析。分析完成后所有数据存储至数据存储层的应用数据层，以 API 形式对外提供服务。

3）核心组件

核心组件是用数据形式描述生产制造活动，定义工业设备、工业产品、工业服务特征时依据的抽象模型，是工业资源数据及其关系的结构化、规范化表达。本项目按照云平台业务和数据本质特征要求，以结构化、体系化的方式，表达数据资源的关键特征、组成要素和关系结构。包括标识组件、连接组件、数据组件、运行组件、平台服务组件和安全组件，反映数据湖数据的内在结构和本质关系，通过数据和方法的封装，以 API 形式对外提供服务，实现工业资源快速接入和应用敏捷开发。

（1）标识组件。标识组件对数据湖的工业设备、工业产品、工业服务数据进行唯一编码，同时提供数据资产唯一编码查询服务和数据资产管理服务。主要功能包括资产标识、资产注册、资产管理，实现对工业设备、工业产品、企业服务数据接入的身份识别，支持按资产类型订阅和管理资产目录。标识组件对上支持设备资产管理、制造类服务接口开发，对下支持标识类服务接口开发，涵盖身份标识、网关标识、设备标识、系统标识和产品标识服务。其流程图如图 15-8 所示。

（2）连接组件。连接组件为设备消息接入和反控服务提供核心支撑，提供 HTTP、HTTPS、MQTT、COAP、TCP 等多种协议的设备接入服务，实现设备数据的采集和设备事件命令的下发。连接组件由设备连接、协议管理、设备反控组件构成，对下采集设备数据，支持数据湖设备域数仓构建；对上通过设备事件接口，支持远程在线发布控制指令，控制设备硬件运行。其流程图如图 15-9 所示。

① 设备连接：通过简单的指令即可完成设备连云、数据上报，接收来自云端数据的功能，结合工业操作系统的其他服务，快速搭建从硬件接入物联网应用的完整产品。支持 HTTP、HTTPS、MQTT 申请连接，生成协议，选择对应的设备和协议，生成连接。

② 协议管理：支持协议上传、协议展示、协议删除、协议说明及协议测试。

③ 设备反控：面向工业现场设备，基于云平台提供在线实时发送控制指令的组件。支持绑定反控设备，输入反控命令，展示反控描述信息，管理反控命令，支持新增修改删除反控命令，以及反控命令的在线测试。对上提供接口，接口类型和启动命令通过连接组件实现。

（3）数据组件。数据组件是一套面向模型的核心组件，基于数据湖支持数据分发、模型

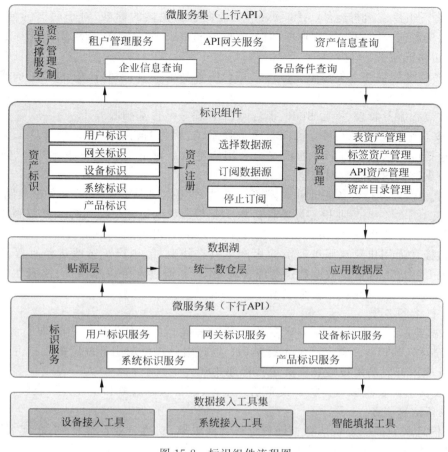

图 15-8　标识组件流程图

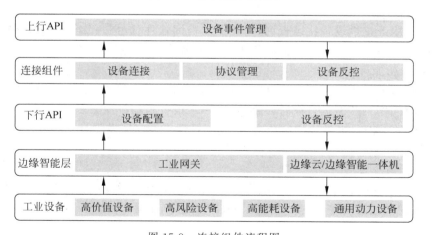

图 15-9　连接组件流程图

封装，主要提供实时分析模型、离线分析模型、SQL 模型的管理及消息服务。数据组件由消息队列组件、数据分发组件、数据汇聚组件、数据模型组件、数据封装组件 5 部分组成，对下支持设备接入工具、系统接入工具、智能填报工具的数据上传，对上支持设备资产服务、数据资产服务、统计分析服务 API，以及数据和模型的获取。

（4）运行组件。运行组件（API sever）是面向容器提供的标准，对于底层的弹性伸缩、任务调度、资源监控等内容进行管理，对下支撑不同 IaaS 平台资源调度，对上支撑运行服务 API 和云边协同服务。

（5）平台服务组件。平台服务组件是平台服务功能的管理组件，管理操作系统所有组件的运行服务，由组件管理、API 总线管理、资源管理三部分组成。对上下行 API 进行总线管理，支撑流程服务管理、平台 SDK、平台 API 管理等平台基础服务。

（6）安全组件。安全组件是面向整个操作系统，提供身份、令牌、证书等认证方式的基础模块，包括设备认证、HTTPS 通信安全和用户鉴权。对下支撑设备注册安全、数据传输安全，对上支撑用户访问数据安全。

设备凭证管理支持设备凭证创建、删除与修改，设备凭证类型选择，设备凭证复制和查看。

（7）模型库组件。工业模型库组件提供工业与大数据机理模型的统一管理和监控。覆盖数据算法、业务流程、研发仿真、行业机理 4 类模型，针对工业典型应用场景提供机理模型的管理、监控及通用化封装服务。沉淀生产工具在线监控、生产工艺改进仿真等高价值机理模型，提升相应产线运行效率和设备综合利用率，并通过设备故障预警、预测性维护等服务提升设备利用率，降低企业运维成本。

4）上行微服务集

上行微服务集提供面向应用开发的开放服务接口，涵盖设备资产管理服务、制造类 API、平台基础、知识管理服务 4 类上行 API。通过对外提供通用开放服务支持开发者灵活调用，提升应用开发的敏捷性和资产运营管理效率。

（1）设备资产管理服务。提供设备信息服务、设备状态服务和统计分析服务。

① 设备信息服务。

设备信息服务提供设备信息查询和设备管理服务，支持企业按照地域、企业名称、设备类型等多维度查询企业设备资产。

② 设备状态服务。

设备状态服务提供设备状态查询、企业资产查询管理、数据存储管理和数据获取服务，支持企业批量监控设备的实时数据和历史运行数据。

③ 统计分析服务。

统计分析服务提供设备资产统计、设备 OEE 分析、异常检测、趋势预测等服务，支持企业根据历史时间序列数据进行设备异常检测、异常报警和趋势预测。

（2）制造类 API。提供生产制造支撑、企业管理支撑和研发设计支撑三大类服务，其中涉及生产计划管理、排产计划管理、文件管理等服务。

① 生产制造支撑服务。

生产制造支撑服务提供生产计划管理和执行过程管理等功能，通过调用开放服务接口，支持企业研发设计类应用（如 CPDM、MES）的敏捷开发。

② 企业管理支撑服务。

企业管理支撑服务提供企业销售、企业库存、企业资产管理等功能，支持企业生产资源管理类应用（如 ERP）的快速开发。

③ 研发设计支撑服务。

研发设计支撑服务提供文件管理功能，支持开发设计文件管理。

（3）平台基础服务。提供租户管理、运行环境管理、租户 API 接口管理、平台 API 接口管理等服务,支持 API 注册、发布、管理、监控和运维的全生命周期管理。

（4）知识管理服务。提供图谱信息管理、图谱数据管理、图谱列表查询、本体管理、知识映射配置接口,支持基于工业知识图谱的知识复用迁移。

15.1.3 平台开发工具

基于平台汇聚的海量数据、资源、下行和上行整套工业操作系统开放 API 接口服务集,提供适应实时、非实时、云化、嵌入式应用的工业操作系统系列工具集,支持工业云、企业和工业现场各级工业场景应用,实现云边一体弹性部署新模式,同时实现丰富工业资源动态组织、海量工业数据高效知识转化、信息物理融合多场景应用敏捷开发。较典型的有低代码开发工具和数字孪生开发工具。

1. 低代码开发工具

针对传统开发模式开发环境搭建繁杂、应用开发重复代码多的问题,工业互联网操作系统低代码开发工具基于全系列低代码模板化、组装式开发技术,内置大规模工业模型和常用业务组件,利用相互串联的微服务集、工业模型、业务组件和行业模板,支持流程驱动的开发调用组微服务接口调用及逻辑编排,实现工业智能 App 应用快速生成及云端环境部署。

基于工业互联网平台的自响应式布局框架,构建移动端和桌面端一体化开发环境和代码质量标准,提供对页面设计、开发、部署、运维等的持续开发与应用交付,实现代码的可视化开发、在线编译和统一部署。

低代码工具可显著提高应用开发过程,对工业模型、微服务等开发资源的复用性,实现图形化、模块化组件的拖拉拽,快速完成大屏、PC、Android、iOS、小程序的应用页面设计,实现一次开发、多端发布,提升应用开发效率。

低代码开发工具工作流程图及功能架构图如图 15-10、图 15-11 所示。

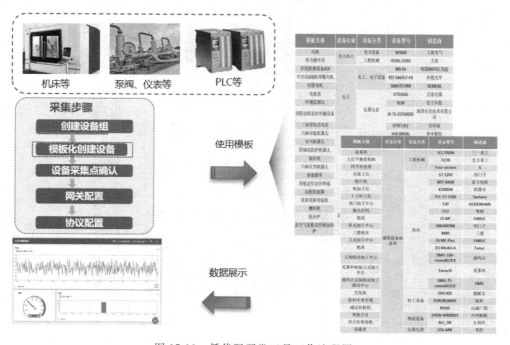

图 15-10 低代码开发工具工作流程图

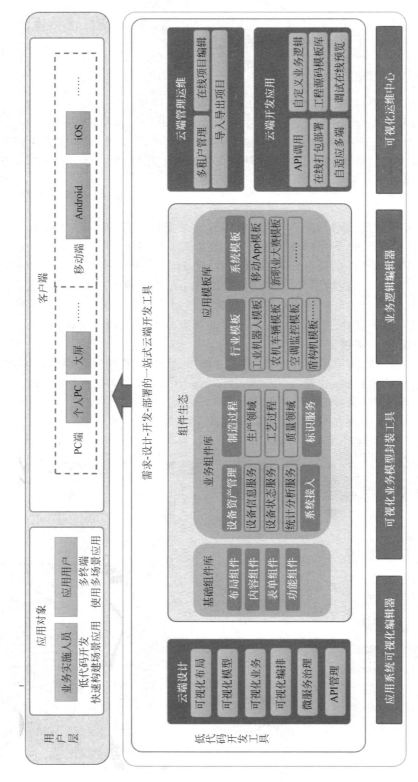

图 15-11　低代码开发工具功能架构图

低代码开发工具的主要功能包括前端组件开发、后端业务开发及组件生态。

1）前端组件开发

页面开发：用户通过低代码开发工具快速创建应用，在应用中创建页面，可直接选择页面模板，或创建空白页面，也可以从市场引用模板。创建页面后，用户可在组件面板中拖拉拽组件进行页面设计，通过组件属性配置栏进行属性的设置、事件的编程和样式定制。通过页面预览完成整体页面调试工作。

组件开发：用户可通过低代码开发工具快速创建应用，在应用中创建组件包。创建组件后进行组件的设计，创建模板后进行模板设计，最终将组件包发送至市场。

2）后端业务开发

用户通过低代码开发工具快速创建应用，在数据模块中创建数据模型，构建数据库表视图。通过服务模块创建服务模型，创建请求，并通过可视化服务编排，利用画代码和写代码的方式，进行编译调试。用户还可进行服务架构配置。

3）组件生态

低代码开发工具提供统一的组件设计规范及相应的组件设计工具和管理工具，支持开发者自定义上传，扩展低代码平台的设计能力。

2. 数字孪生开发工具

针对当前数字孪生构建应用中面临的多学科、多物理量、多尺度、多模态模型虚实一体协同建模方法缺失，对应物理实体全生命周期过程的仿真、预测、优化手段不足的难题与迫切需求，基于工业互联网操作系统的统一数据源驱动和标准化模型接口的孪生体构建工具，解决快速建模、多模型融合分析和实时闭环映射等行业难题，实现实时数据驱动的虚实融合及复杂工艺的准确模拟与控制，实现支撑工业业务过程闭环映射、虚实联动和全链协同的效果。数字孪生开发工具系统架构图如图15-12所示。

1）复杂系统多层次全要素孪生体建模方法

工业系统中包括人、机、物、环、测等复杂生产要素，针对各要素需求分别进行感知、学习、分析、决策、控制与优化等多维度管控，这是限制工业智能化水平发展的重点和难点。

多层级全要素孪生体建模，通过多层次结构树定义对象模型和标识/属性/事件/行为的模型描述方法，创新多维一体孪生体建模技术，实现孪生体模型融合几何/数据/机理/知识4类模型解决力学、热学、流场、电磁电子等多学科、多领域、多尺度特征描述问题，实现对各生产要素的完整描述。该技术在支撑某复杂工业系统的设备故障诊断中应用，准确率较传统方法高，同时具有更强的普适性。

2）基于工业互联网操作系统的实时虚实互联与闭环控制

工业现场设备品种多、协议和接口多样，工业产品全生命周期研发设计、生产制造与维护服务过程中难以实现物理世界和数字空间之间的闭环映射和交互融合，极大地阻碍企业信息化发展。

针对这一问题，基于工业互联网操作系统的多源异构数据快速接入技术，通过统一数据接口规范、虚实双向通信机制的虚实映射技术，实现虚体对实体的实时映射及虚实之间实时互动，实现支撑工业过程闭环映射、虚实联动和全链协同的效果，使基于智能决策的工业自动化闭环控制成为可能。该技术在实施某工业零件精加工企业智能制造项目，相较传

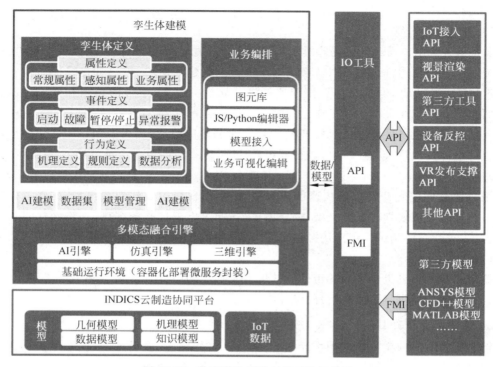

图 15-12　数字孪生开发工具系统架构图

统方法投入工时缩短 70%，基于实时数据的反向控制时间由常规 5s 缩短至 0.5s。

3）多领域模型集成与融合调度

工业产品、工业系统和工业设备孪生体模型的构建涉及多学科模型集成与融合、跨领域虚实协同应用，否则难以实现对物理对象的全面描述和准确模拟。

通过基于数字孪生体的模型融合方法，基于国际/国家/行业标准模型接口、标准模型格式进行模型之间数据交换和运行调度，解决多学科模型集成与融合、跨领域虚实协同应用问题，实现跨领域跨系统的虚实交互优化，支持多模态产品、产线、产业链全层级数字孪生工程应用。

数字孪生开发工具功能架构图如图 15-13 所示。

数字孪生核心功能主要包括孪生建模、孪生引擎和 IO 工具。

（1）孪生建模：提供整体建模环境，包括孪生体建模、场景建模和数据建模，支持面向对象的孪生体模型构建、基于三维模型的可视化场景构建和基于人工智能技术的数据模型构建。

（2）孪生引擎：提供孪生体模型的运行支撑和模型之间的任务调度功能，包括三维引擎、AI 引擎、仿真引擎和基础运行环境，支持三维场景的渲染、数据模型的驱动、仿真模型的驱动等。

（3）IO 工具：提供数字孪生开发工具与工业互联网平台及外部工具的接口，支持工具从平台调用数据，支持调用外部模型和求解器。

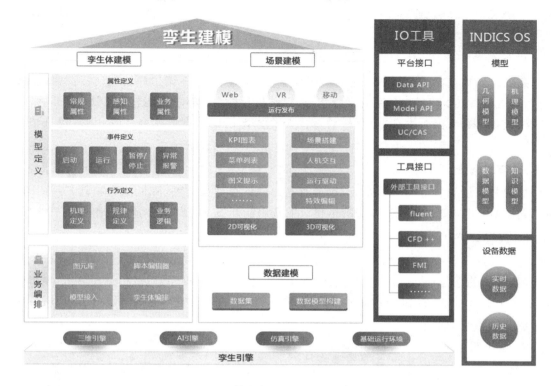

图 15-13　数字孪生开发工具功能架构图

15.1.4　智能制造应用支撑层

智能制造应用支撑层提供面向行业、多学科、全过程的工业 App 服务能力,覆盖研发设计、生产制造、运营管理、仓储物流、节能减排、质量管控、运维服务、安全生产、供应链等领域,聚焦生产制造产品集成度高、多品种、变批量的特点,解决多领域知识和多专业企业协同难,生产模式复杂,质量、可靠性要求高,性能评估困难等典型问题。

1．研发设计

面向设计的智能制造应用服务集成设计仿真工具,接入企业的研发数据管理系统,结合云端海量数据模型和知识机理,实现知识共享和辅助设计,提高设计师的设计水平,缩短研发周期。

2．生产制造

围绕企业制造过程的计划、执行、管理和绩效 4 个层面展开对企业生产的全面管理,强化企业生产数据分析、设备监控与分析、质量统计与关联分析、生产过程管理,提高产能、生产效率和资源利用率。

3．运营管理

提供贯穿顶层管控到边缘管理的销售、生产、财务数据采集与分析,通过 ERP、MES 等系统实时采集运营数据,建立钩稽关系模型,进行分析对比,使用报表、可视化等多种形式进行结果展示，实现企业对整体运营情况的分析和多维度展示，支撑企业领导层进行经营决策分析。

4. 仓储物流

面向仓储物流的智能制造应用实现产线下线、入库上架、下架出库、信息流等智能自动作业，与 MES、SRM 和 ERP 系统无缝集成，打破信息轨道，实现多系统数据实时同步，规范作业模式，使采购部门、生产部门、销售部门与仓库部门的数据紧密联系在一起，提升整体供应链效率。

5. 节能减排

面向具有能源管理需求的企业，对企业电力进行管理与监测，降低能力损耗，提高用能效率，加强用能安全。为企业节能减排建设缩减用能开支，实现能耗的精细化管理。

6. 质量管控

在获取原材料批号、生产过程、产品出产全过程质量管理数据的基础上，进行质量检测管理、质量相关性分析–效应图分析、质量相关性分析–效应值排序、质量相关性分析–项目管理、加工品异常分析、外协外购品质异常分析。实现产品检验记录、质检信息传递、质量统计与优化分析等功能。

7. 运维服务

为设备或产品提供运维服务，在设备状态、运行数据、故障信息等实时数据的基础上，结合设备基础台账、设备维修保养计划、设备维修保养任务和设备报修管理，实现设备的数字化管理及维修保养服务，高效率地为企业和设备运营商提供有力的数据支持和线上服务。

8. 安全生产

面向企业安全生产要求，采集生产现场设备运行数据、温湿度等环境数据，结合监控视频，利用人工智能、大数据分析、模式识别等技术，识别风险源和风险状态预警，提供安全生产服务。

9. 供应链

针对采购方和供货方两类不同的用户，分别提供供应商协同管理和客户协同功能，帮助企业从销售、采购、供应商、履约等环节优化供应链运行效率、降低成本。并基于大数据、知识图谱等先进技术构建智慧化服务，包括精准营销、采购预测、供应商风险画像、网络评估等，帮助企业构建产品全生命周期和供应链全要素协同的智慧供应链应用模式。

15.2　企业工业互联网平台的建设与运营

15.2.1　企业工业互联网平台建设的实施路径

企业工业互联网平台建设实施规划首先依据企业在发展需求、技术创新、管理组织、资源服务、设备智能化水平等方面的现状分析，结合企业发展决策，形成战略规划目标。综合数字化企业、网络化智能车间、价值链生态系统的集成建设需求和企业现有制约因素，从管理维度、运营维度及 IT 信息化维度，按照智能工厂、智能车间和智能产线的层级关系，建立顶层框架,形成企业数字化战略规划和规划方案,推进企业数字化、网络化、智能化转型。其次根据战略规划目标和顶层规划,对企业目前面对的内外部环境进行科学分析,提出业务流程变革、IT 信息化架构、标准化管理等阶段建设目标。企业数字化转型是工业互联网建设的核心,实现企业业务、设备、产线数字化、智慧化提升是其终极目标,助力企业智慧化运营,实现实施价值最大化。

企业工业互联网平台实施的典型场景及实施路径如图 15-14 所示。

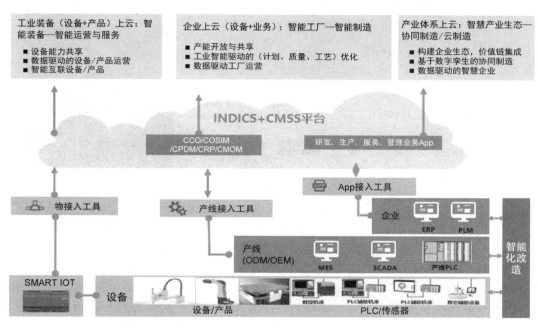

图 15-14　企业工业互联网平台实施的典型场景及实施路径

在设备层,企业基于网关产品采集、转换、处理生产设备数据,借助物接入工具集成设备运行状态及设备能力数据等(包括工业机器人、数控机床、PLC 辅助机床等工业设备产品及 PLC/传感器)。基于装备资产管理等工具,进行设备远程运维监控及预测性维护,支撑设备能力共享、数据驱动设备运营,实现产品的智能化生产和智能服务。

在企业层,通过智能化改造,借助产线接入工具实现线下系统(包括 MES、SCADA、PLC 等)打通,集成运行状态、产能数据等相关产线数据,借助协同设计、协同生产等工具,支撑企业产能开放与共享、基于有限能力的排产、工业智能驱动的计划、质量、能耗等方面的优化,以数据驱动生产线运营,实现生产运营的数字化。

在企业层,借助 App 接入工具将线下的 ERP、PLM 等业务系统与工业互联网平台集成,通过基于云平台的协同设计应用支撑基于外部生态链的设计工艺协同,包括与客户的研发设计工艺协同,与外协配套厂商的研发设计工艺协同;通过基于云平台的协同生产应用主要支撑基于外部生态链的多用户订单协同,跨企业跨地域以订单为核心的运营协同;通过企业整体业务上云支撑构建企业全价值链生态圈、基于 MBE 的协同制造、数据驱动的智慧企业。

通过对企业进行系统改造,实现企业的设备、产线、业务接入云端,通过应用工业互联网平台上的产品和服务，实现纵向、横向和端到端的集成，全方位优化企业产能、质量、成本及能耗。企业智能化改造实施主要包括以下 5 步，如图 15-15 所示。

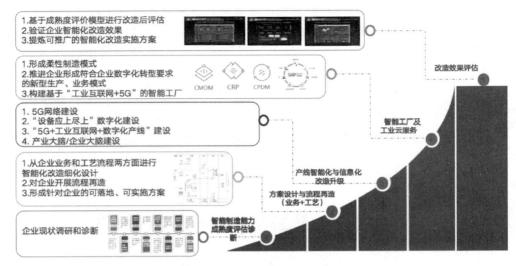

图 15-15　企业智能化改造实施步骤

（1）成熟度评估诊断：基于工业互联网平台的智能化改造成熟度评估是智能工厂的载体，是企业实现智能制造实践过程的展现。评估方案从企业的系统层级和产品生命周期两个维度出发，衡量企业的数字化、互联化、智能化和云化特征，对企业的智能化整体水平进行评估。

（2）企业智能化改造设计与流程再造：从企业业务和工艺流程两方面进行智能化改造、细化设计和流程再造，形成针对企业的可落地、可实施方案，实现企业信息分析、业务管理的流程化和体系化，实现信息的高度集成和互联互通。

（3）企业生产智能化与信息化改造升级：一方面，通过系统信息管理和数据交换，实现企业研发、设计、经营、生产的业务相关数据能够在不同的业务系统、不同的生产单元进行互通，消除信息孤岛；另一方面，通过自动化输送线、智能传感器等的集成应用，实现设备和产线的自动化升级，并采用信息化手段，实现在制品与设备间信息互通，适应个性化定制生产模式下的智能生产。

（4）智能工厂及产业服务：提升产品质量、成本和服务水平，以云服务形式支持企业智能化改造，实现企业信息化和数字化，基于模型的产品全生命周期协同应用，实现数据驱动的产品、企业运营，进而实现企业业务数字化和产业链协同。

（5）智能化改造实施效果评估：基于企业智能集成能力成熟度评估模型，在企业智能集成改造后进行评估，验证企业改造效果，评价企业实施价值效应，提炼可推广的智能化改造实施和企业实施方案。

15.2.2　企业工业互联网平台的部署方式

通过工业互联网平台建设，可实现企业内设备层、控制层、管理层等不同层面的纵向集成，企业生产过程的横向集成，以及产品全生命周期的端到端集成。在建设过程中，工业互联网平台可采用设备层/边缘层、企业层、平台层的三层部署架构。建设内容包括研发、设计、生产、运维等业务环节的数字化到平台、企业网络等基础设施的改造升级。企业工业互联网平台部署架构图如图 15-16 所示。

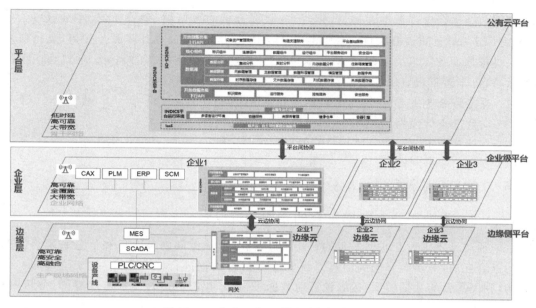

图 15-16　企业工业互联网平台部署架构图

1. 边缘侧部署

提供设备/边缘级开放服务接口，支持企业快速接入设备，简单配置实现设备接入和数据采集；借助可视化面板的图形化搭建工具，快速实现数据预处理和可视化应用；集成平台数据接口，将本地数据上传到平台。

（1）支持 PLC/CNC 设备接入。

（2）支持 MES/SCADA 系统数据采集、MES/TPM 单应用部署。

（3）实现边缘侧数据存储和实时分析。

同时，在边缘侧部署和建设过程中，需要开展设备、产线和车间的业务改造工作。

2. 企业侧部署

在企业侧部署异构系统大数据湖（包括企业相关数据存储、数据管理、数据分析）、核心工业组件（包括标识、连接、数据、运行、平台服务、模型库、安全组件）。部署企业级开放服务接口，支持企业制造全生命周期的研发设计、生产制造、经营管理、运维保障和物流管理。

（1）支持企业原有工业系统迁移（ERP、MES、WMS 等），定制化开发应用运行，多业务系统数据分层存储、标准化管理、综合分析与融合展示。

（2）支持企业数字化应用、数据分析、辅助决策（计划、经营、生产）三类应用场景服务。一是通过可视化 BI、低代码等工具，实现数据分析与可视化展示。二是调用 API 开发或采用低代码工具，实现应用服务的敏捷构建；借助算法建模、AI 工具，实现工业企业的优化决策。三是通过上传模型文件和贴代码方式，实现 API 服务接口封装。

在企业层部署，也涉及产品全生命周期过程中各环节的系统集成、企业管理系统的接口改造和平台集成。

3. 公有云侧部署

部署包括平台全部数据存储、数据管理、数据分析的数据湖，涵盖标识、连接、数据、运行、平台服务、安全的核心组件。按照企业业务需求，部署平台级开放服务接口，支持应用开发人员根据业务需求灵活调用 API，简单便捷构建符合应用场景的 App；通过将应用部署于云平台，丰富平台应用生态。

(1) 支持跨企业供需对接（含采购供应和制造协同）。

(2) 支持基于低代码、数字孪生的应用开发。

(3) 支持基于工业智能算法平台的模型训练与运行。

(4) 支持工业云/行业云/园区云/国际云、产教融合平台搭建。

(5) 支持产业链分析（产业大脑、产业链健壮性分析）。

15.2.3　企业工业互联网平台的企业运营服务

企业通过基于工业互联网平台的智能工厂建设，形成车间内各设备和信息系统等生产要素的互联互通，对多源异构的信息系统和生产运行数据进行汇聚集成，基于云边端一体化架构，利用平台的数据模型、边缘计算对数据进行实时处理分析，支撑车间感知-分析-决策-执行的闭环智慧运营。

工业互联网平台的打造形成了新型应用模式，改变了生产运营，例如基于柔性、动态算法进行计划排产，实时远程监控物流、产线状态，实现物流、信息流统一调度，并自动驱动机床加工，实现车间智能主导生产，物料调度转运无人化，减少生产待料时间，降低生产运营成本，明显提高产品准时完成率；对实时采集的加工过程质量参数进行监测解析与工单绑定，实现产品质量可追溯，提升产品质量一致性；构建模型实现故障监控预测，保障生产有序开展；依托工业互联网平台的数据采集、汇聚和分析，支持工厂运行监控、预警，为车间管理提供分析、敏捷决策依据。基于工业互联网平台的工厂运营如图 15-17 所示。

在设备层面，可进行边缘侧部署，针对智能工厂车间生产管理利用智能制造服务边缘云平台，快速构建私有云环境，实现设备/产线/工厂快速接入，提供边缘智能，在边缘侧实现完整应用闭环。

在工厂加工生产层面，以智能为主导，通过边缘云和车间物联网建设，实现车间、产线、设备三个层次的数据全采集，并对应构建车间、产线、设备三个层级的数字孪生体；将边缘云获取到的物理世界数据提供至数字孪生系统，驱动平台数字孪生模型优化，进一步地，模型运行的数据经过系统算法优化反馈至物理世界，对生产工时、任务负荷进行调整，实现生产效率及设备有效利用率的提升。当前数字孪生技术感知、预警、优化的应用中，优化是重要的、最有价值的方向。

在企业经营管理层面，构建基于 AI 模型的企业大脑，将多源异构数据进行综合汇聚，通过对企业销售、采购、生产、设备、库存、人力等维度的指标进行分析计算，动态、准确评估企业发展态势，为公司各级管理者提供科学决策依据。以往形成统计分析报表，至少需要一周时间准备；现在打开页面随时可以查看实时数据。企业管理更多地依托数据而非经

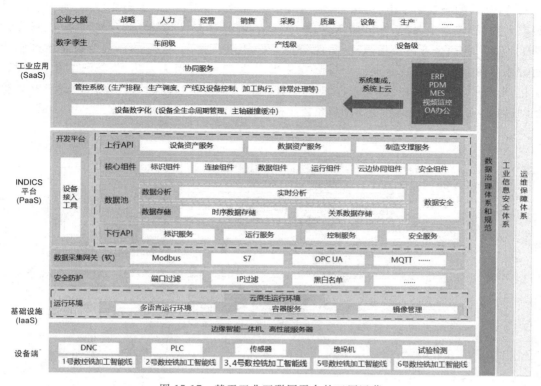

图 15-17　基于工业互联网平台的工厂运营

验,助力企业数字化转型和建设。

15.3　应用案例

15.3.1　某液压元器件生产企业

1. 背景

液压元器件属于高端精密产品,产品质量和可靠性要求高,某液压元器件企业在以往生产过程中生产计划不准确、产能不足、设备利用率低、质量不稳定且不易追溯;机加、装配、物流等环节大部分为人工操作,产品一致性不高,一次交验合格率不高(≤90%);产品定制化程度高,目前为混线生产,工艺制造路线差异大、换产时间长,机床利用率、生产效率、生产计划准时完成率亟待提高。

2. 解决方案

在边缘端部署轻量化的 INDICS 工业互联网平台,通过边缘智能一体机(边缘工业互联网操作系统)连接端边各现场设备,进行现场数据实时采集,并集成 PLC、IoT、MES、WMS、DNC 系统数据,企业中心云通过异构大数据湖系统,对数据进行统一的存储、分析和管理,并运用系统核心组件(模型库组件、数据组件、标识组件等)及数字孪生系统,构建"云-管-边-端"一体的车间数字大脑,实现轻量化生产线在线管理、生产线实时控制;在车间、产线、设备三个维度实现多源异构数据的采集、存储和应用,基于 5G+工业互联网+智能制造技术，融合数字孪生、边缘云、物联网、大数据分析、5G 网络等多维应用，为企业提供数字大脑、数字孪生系统、车间级 MES、5G 网络、产线管控、设备运维、主轴防碰撞、边缘云等 IT 系统，打通企业内部信息流，实现工业生产中 IT/OT 的交互融合，提升设备生产制造的时效性和准确性，实现企业生产计划完成准时化、生产过程无人化、决策科学化、管理透明化，形成一套行业领先、模式先进的生产加工系统，助力企业核心竞争力提升，逐步从传统型制造向服务型制造模式转型。项目整体架构、业务架构分别如图 15-18、图 15-19 所示。

图 15-18　项目整体架构

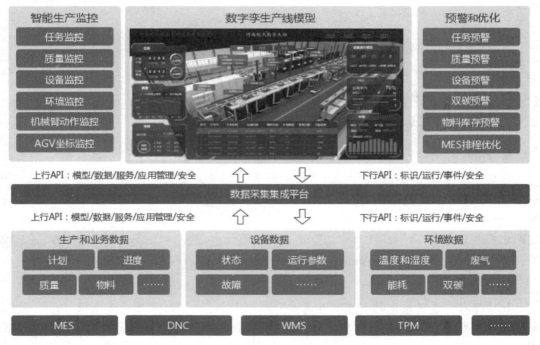

图 15-19　项目业务架构

　　通过在企业内部进行工业互联网平台建设，实现液压元件生产车间设备真实运行情况和产品生产过程的虚拟实时同步映射，基于企业各部门间的海量工业数据提供数据处理、数据共享、数据可视化等服务,为上层建模分析提供高质量数据源,对生产计划与执行状况、生产现场状况、车间生产、质量、设备、环境、能耗等主要管理业务的关键指标进行监控分析,实现企业生产过程的感知、预警和优化。

基于工业互联网平台建设多层多维的数字孪生系统,包括边缘云侧的设备运行数字孪生、产线运行数字孪生、工厂运营数字孪生,以及中心云侧的数字孪生系统。通过边缘云侧的各数字孪生系统接入现场设备和数据,并上传至中心云数字孪生系统,对各生产数据进行建模仿真,分析模拟产线及各生产设备的状态和行为,利用可视化手段,直观反映监控和预测结果,并通过反馈、预测、控制状态和行为,实现准确的预测、合理的决策和智能的生产。

1) 设备数字孪生

设备数字孪生是设备运行机理的数字化,实时监控机床设备的运行状态。

边缘云后台实时接入各类生产实时数据,包括接入主轴健康管理系统,获取机床 X/Y/X 传感器数据;接入在线检测系统,获取检测数据;接入 DCS,获取生产数据。

2) 产线数字孪生

构建产线数字孪生体 CNCLine_rate,建立运行机制,分析影响因素,制定优化措施。预期计划准时完成率从 75% 提升到 95%,一次交验合格率从 90% 提升到 99.9%。统计分析发现,排产用工时定额是主要影响因素。

产线数字孪生是工艺逻辑和生产能力的数字化表达,评估产能与产能瓶颈,基于产能或交货准确率,应用遗传算法、特征值、神经网络等优化工具,在虚拟车间中主动匹配最优策略,消除瓶颈,提高产能。

边缘云后台接入 DCS 系统,产线运行数据。

3) 车间数字孪生

构建车间数字孪生,根据设备资源、工艺路线、产品配置等基础生产数据,通过无限能力计划找出整个生产过程中存在产能瓶颈的设备,构建作业车间网络模型,结合各加工任务的计划开工点及自身特性,建立基于无限能力计划的瓶颈识别算法,并在有限产能的基础上对瓶颈资源进行负荷平衡,形成瓶颈网络优化模型。

实时显示车间运行状态,准确预测或优化处理业务,比如紧急查单,自觉开展生产系统巡检,包括订单状态、质量状态、设备运行状态、预警数据、故障数据。

边缘云后台:设备接入—设备分组—运行数据;接入在线检测系统,检测数据;接入管控系统,生产数据;接入中间库,库存数据。

总体上,该方案在企业内部构建了云制造 + 边缘制造运行系统,通过集成企业所有 IT 系统,包括 ERP、MES 等,汇集 IT 系统和设备设施运行数据,并汇集到企业中心云,在中心云进行模型训练迭代,并利用模型进行相关分析预测,从而构建感知、分析、决策、执行的智慧运营系统。

比如,通过集成 MES 实时采集运行数据,开展车间级/产线级/设备级的计划准时完成率分析、预警和调度,产品一次交验合格率分析、预警和优化,设备综合效率(OEE)分析、预警和优化。集成机床健康管控系统,在机床主轴加装振动传感器,采集机床振动数据,开展机床故障诊断和预测性维护,确保机床健康状态。集成机器人健康监控系统,获取运行数据并进行健康状态监控。集成 AGV 健康监控系统,获取运行数据并进行健康状态监控。

集成 WMS，获取库存数据、机床在用数据，开展数据分析、预测和调度。

将计算能力下发到边缘侧形成边缘云，接入企业端 IT 系统和设施设备，IT 系统和设施设备的运行数据经过数据治理和分析处理，形成数据应用，再优化、控制 IT 系统或设备设施运行参数。

最终帮助企业实现云边协同，实现销售、采购、生产、质量、设备、财务等业务系统的贯通，以及企业整体数据的互联互通、信息共享与业务协同，从而大幅提升企业资源配置效率和价值创造水平，构建云制造＋边缘制造的新模式。

3. 应用效果

航天云网为企业打造了基于工业互联网平台的智能工厂，具备两方面特色：一是实现了企业经营数据与工业生产数据的融合；二是由覆盖三级的数字孪生支撑运行，包括车间级、产线级、设备级数字孪生。通过企业大脑的建设实现产能、计划、交期、质量 4 个方面的指标提升，达到少人化、无人化黑灯工厂的效果。具体如下。

（1）将传统型制造模式转为数据驱动的新型制造模式，实现精益化管控，降低运营成本；减少低层次、重复性和人为原因导致的质量问题，产品一次合格率提升 30%，确保产品"零缺陷、零故障、零疑点"。

（2）形成适合航天企业的多品种、小批量、多批次的混线生产模式，构建智能、柔性、无人的加工生产系统，实现数据贯通集成、资源柔性配置、人工少干预，提高产品质量一致性。

（3）建成具有航天产品高精度、高质量的数字孪生工厂示范样板间，可复制率、可推广率高。

（4）生产计划完成率达 95% 以上，产能提升 39%，一次交验合格率达 99.9%，产品合格率提高 30%，设备有效利用率提升 35%，交付周期缩短 23%，运营成本降低 20%，操作人员减少 60%。

15.3.2　某发动机涡轮叶片生产企业

1. 背景

某航空发动机关键部件和重要部件的生产企业经过多年技术攻关，打破西方国家的封锁，研发并建成了一条新型航空发动机涡轮叶片智能加工生产线，从算法、技术到装备实现了国产化、自主可控，为我国多个新型号航空发动机预研机的最先进单晶涡轮叶片进行了加工。

随着制造业企业数字化转型和高端装备制造的需求不断提高，ERP、制造 MES、生产自动化等传统信息/工控系统在企业的应用无法满足产品生产过程中数据采集、汇聚和价值挖掘的需求，拟通过建立企业工业互联网平台提高产品智能制造水平。

2. 解决方案

在企业内网中搭建私有云平台，平台由工业应用、PaaS 平台、边缘侧、设备端 4 个层级组成。底层设备端作为 OT 环节实时数据源，在生产过程中产生大量实时数据；这些实时数据通过边缘云平台进行采集、清理、存储和分析，并提供给云平台应用层的产线管控、设备运维、质量管理等 App，经过业务模型和逻辑处理，相关的工业数据和控制指令又经过边缘平台到达 OT 环节设备端，执行设定操作，实现工业生产中 IT/OT 的交互与融合。整体系统立足工业生产技术与信息计算技术融合,基于工业互联网平台充分支撑 IT/OT 业务环节,构建数据驱动的生产模式。

实施过程中,通过对企业实施智能化改造,将企业的设备、产线、业务接入企业平台,通过应用平台上的产品和服务,全方面优化企业产能、质量、成本及能耗。

在设备层,企业基于工业物联网网关产品采集、转换、处理生产设备数据,并借助物接入工具将设备运行状态及设备能力数据等(包括工业机器人、数控机床、PLC 辅助机床等工业设备产品及 PLC/传感器)上传至云平台,基于云平台提供的模型库组件、标识组件、数据组件等核心组件,运用智能制造应用支撑层的装备资产管理等工具,进行设备故障诊断、设备远程运维监控及预测性维护,支撑设备能力共享、数据驱动设备运营,实现产品的智能化生产和智能服务。智能预警体系如图 15-20 所示。

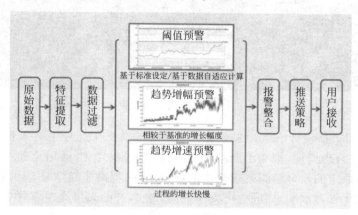

图 15-20　智能预警体系

在产线层,借助产线接入工具将线下系统(包括 MES、SCADA、PLC 等)接入工业互联网,将产线运行状态、产能数据等相关产线数据上传至企业云平台,基于云平台提供的模型库组件、标识组件、数据组件等核心组件,借助工业互联网的协同设计、协同生产等云端应用工具,支撑企业产能开放与共享,基于有限能力的云端排产、工业智能驱动的计划、质量、工艺等优化、数据驱动生产线运营,实现产线上云。例如,在产品质量控制环节,应用云平台的产品质量控制模型,自动生成质量评估报告;运用标识组件,实现质量数据可追溯等,最终实现产品质量层层控制,以及对产品质量问题的预测和预警。产品质量控制模块如图 15-21 所示。

在企业层,借助 App 接入工具将线下的 ERP、PLM 等业务系统与平台集成,通过基于云平台的协同生产应用支撑以订单为核心的运营协同,基于 MBE 的协同制造打造数据驱动的智慧企业。同时,针对航空叶片产品全系统、全生命周期、全产业链资源编码不统一、生产过程不透明、重要产品难追溯和跨企业数据难共享等问题,基于平台建立统一的标识解析体系,以及基于标识的产品追溯组件,从而有效支撑供应链管理、设备运维、厂内物流、产品全生命周期管理、产品追溯等业务场景。

3. 应用效果

该案例中建立了企业工业互联网平台,开发、部署和应用了定制协同设计、协同生产、装备保障、计划调度与资源优化、设备利用率、综合统计分析、计量检测结果统计分析等

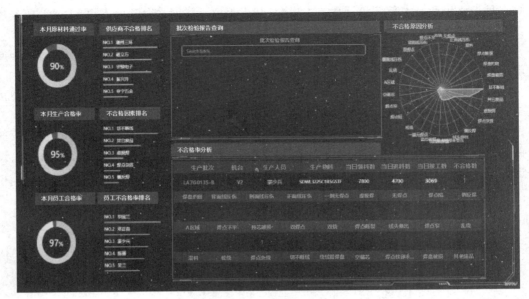

图 15-21　产品质量控制模块

App，实现了包括论证-设计-试验-制造的产品研制，以及在过程中对人员、设备、材料、进度、成本的把控与合理调配，推动了产品研制的模块化、系列化、通用化和标准化发展，推动了与智能制造相适应的新型组织管理模式的形成发展，提高了航空发动机叶片加工的数字化、网络化、智能化管理水平，协同生产效率提高 20%，产品交付周期缩短 25%。

1）生产过程管理

针对航空产品研制单位多、协作过程复杂导致的沟通成本高、周期长等问题，开展智能资源整合、流程自动监控预警、流程控制精准决策等应用，实现业务和管理流程数据的集成，实现对流程运行相关 KPI 的及时、准确、全面分析和响应，推动企业资源的智能整合和精准决策。

2）设备故障诊断

针对航空装备的实时状态检测、故障诊断智能化、维修预见性和及时性等需求，开展基于工业互联网平台的健康状态预测评估、故障诊断、健康管理、故障预测及诊断、业务管理等 App 开发和部署，实现生产装备运行状态和故障时间的接入，推动设备故障诊断智能化水平不断提高。

3）产品质量控制

针对航空关键部件复杂产品研制过程中存在的全生命周期过程不透明、难以及时感知研制状态、问题追溯困难、全生命周期协同效率低、信息一致性差等问题，开展异构试验数据集成和深度挖掘分析应用，实现产品设计、试验、生产、运行和服务等全生命周期数据的采集和集成，推动实现航空发动机等产品研制全流程的数据协同和追溯。

15.3.3　某热处理加工企业

1. 背景

热处理在航空航天领域中应用非常广泛，可用于制造飞机发动机零部件、轮毂、航空螺栓、导弹部件等。通过热处理可以提高材料的强度、耐热性和耐腐蚀性能,满足航空航天领域对材料高强度、轻量化、高性能的要求。随着对金属工件使用性能要求的不断提高,热处理工艺也越来越复杂。为实现对设备的远程运维和对工艺的精准控制,热处理过程中还存在以下难点。

(1)热处理设备运维水平低。控温均匀性和准确性是热处理设备重要的工艺指标,由于热处理设备高温、密闭,还需依靠人工巡检的方式,内部工艺过程和状态不可视,外部巡检条件危险系数高。

(2)无法掌握工艺核心机理,不能实时感知热处理过程,不能精确掌控和实时调整工艺参数,温度和碳势分布可控性差,甚至不控制碳势,无法准确实现工艺参数,工艺稳定性不足。

(3)产品报废率高,设备和工艺平均水平低,炉内均匀性差,产品质量一致性不高,一次校验合格率低,废品率、返修率高。

2. 解决方案

本解决方案搭建云边端一体化平台架构,将生产现场数据传输至边缘服务器进行数据筛选、数据清洗、模型加载、质量预测和远程运维。数字孪生体、行业专家知识系统、机理模型运行在云平台上,云平台基于海量数据进行机理模型计算、分析及生产优化,并将计算结果返回终端,实现生产工艺精准可视控制、设备沉浸式运维,以及产品质量预测分析等业务,促进传统工厂向5G智能工厂转型升级。项目整体架构如图15-22所示。

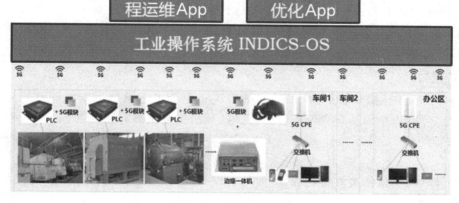

图 15-22　项目整体架构

在云边端一体化平台中,边缘操作系统负责边缘设备的任务调度、存储网络管理等传统操作系统职责,同时提供 VR 端数字孪生模型的可视化、人机交互、数据预处理等。操作人员通过 VR 眼镜可以看到车间 3D 模型并利用眼镜进行人机交互操作,实现远程运维的目标。云端则实现复杂的模型分析计算任务、数据的持久化存储及专家系统的模型库存储等。主要包括以下功能模块。

(1)应用服务模块:提供对外服务接口,控制内部数据流转,主要包括算法模型调用接口、可视化接口(计算结果的可视化)、信息管理接口等。

（2）数据管理模块：对整个系统的数据进行管理，为系统各模块提供数据存储、调用支持。

（3）模型计算模块：内置各种算法模型，负责计算任务的运行与调度。

（4）运行管理模块：监控维护系统各模块的稳定运行，包括整个系统的计算性能、网络性能、IO 性能等。

基于工业互联网平台组件和工具进行多模态协同建模，构建热处理工艺数字孪生，支持渗碳过程可视化，实时预测碳势分布，通过虚实互联闭环控制技术实时调整炉内参数。数字孪生虚拟模型主要包括几何模型、物理模型、行为模型和规则模型。几何模型描述了设备的形状、尺寸，以及工件的形状、尺寸、位置等几何参数。物理模型在几何模型的基础上增加物理属性、约束、特征等信息，可真实反映热处理设备加热、抽真空、充入气体并扩散，以及工件受热、变形、应力、渗碳、裂纹、磨损等物理现象。行为模型描述了不同时空尺度下设备内部温度分布、气体浓度分布，以及工件受热均匀性、气体扩散速度等过程。规则模型描述了从热处理实时、历史数据中提取的规则，包括数据关联、隐性知识归纳、工件设计与加工相关标准及规范约束等。通过对热处理车间进行仿真建模，实现热处理车间设备工作、工件加工变化全过程的虚拟展示。

依托工业互联网平台中大数据多源集中技术，实时监控、分析炉内温度场分布，支持热处理过程远程运维。通过将虚拟模型与实时数据库连接，使虚拟世界与实际空间不断进行数据传输和信息交互，以保证虚/实系统的同步演进。物理模型将数据库提供的各采集点的温度和气体成分作为载荷信息；行为模型计算模拟当前炉腔内的温度场及碳势场分布，同时模拟当前工况下工件的微观渗碳过程，计算工件的渗碳速度和渗碳厚度；规则模型则根据历史数据模型模拟预测工件在当前工况下的产品质量。通过对生产过程进行实时模拟，实现设备工作时气体扩散运动、热辐射原理、金属材料组织变化、软件与控制算法等信息的全数字化模拟，实现热处理车间设备工作、工件加工变化全过程的实时监控。

3. 应用效果

通过在企业实施应用该解决方案，有效解决了企业工艺参数不能精确掌控和随机调整、工艺稳定性差、炉内循环程度低、均匀性差、产品报废率高、人工巡检不及时、存在安全生产隐患等问题，提升了企业设备运维效率和产品合格率，降低了企业安全生产隐患和能耗。

热处理车间整体解决方案远程、实时地对设备进行点检及维护，有效缩短了人员作业时间，设备运维效率提高 25%；通过对工艺数据可视化展现及对产品质量实时分析预测报警，使作业人员能精准控制热处理过程的工艺，产品一次检验合格率提升至 98%；通过实时监控、远程异常处理，避免炉膛异常爆裂，极大地降低了安全隐患，安全事故发生率降低 95%；通过提升工艺控制均匀性，有效缩短产品加工时间，能耗降低 5%。

参考文献

[1] 李伯虎，柴旭东，侯宝存，等.云制造系统 3.0：一种"智能+"时代的新智能制造系统[J].计算机集成制造系统，2019，25(12)：2997-3012.

[2] 李伯虎，柴旭东，侯宝存，等.智慧工业互联网[M].北京：清华大学出版社，2021.

第16章

智能生产管控一体化

16.1　智能制造与管控一体化

在智能制造逐渐走入现实,智能生产已经成为重要发展趋势的当下,相应的生产技术与管理技术也应用于实际生产中。如管理系统中的 ERP、SCM、生产系统中的人机交互系统与现场总线控制系统等。然而,如何沟通管理时空上较为宏观和生产时空上较为具体的两种任务是一项重要工作。而管控一体化打破了生产与管理之间的壁垒,将其集成为一个整体系统。

《ISO/IEC 62264:企业—控制系统集成》(以下简称 ISO 62264 标准)是一项针对当今制造业企业系统和生产系统较为脱节而提出的标准,旨在使企业系统和控制系统可以互操作并易于集成。目前该系列标准共包括 6 个部分。

参考第 2 章中介绍的智能制造参考体系结构和对应标准,不难发现,世界各国都在各自的智能制造体系结构中或显性或隐性地提及了 ISO 62264 这一标准。如中国的智能制造2025 参考体系结构和德国的 RAMI 4.0,均将其改造映射后作为体系结构的一个重要维度提出。而在美国的智能制造生态系统中,则更直接地保留了其原始结构——制造金字塔,作为系统的 4 个维度之一,发挥了对整个系统的集成作用。

ISO 62264 标准中定义的管控一体化系统功能层级如图 16-1 所示。

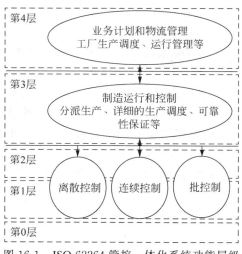

图 16-1　ISO 62264 管控一体化系统功能层级

标准中将管控一体化系统分为0~4层。其中，每层代表的含义与对应的活动不同。

（1）第0层表示过程，通常指制造或生产过程。

（2）第1层表示监控和处理这些过程的人工或传感器，以及相应的执行机构，它们对第0层的活动进行监控和处理。

（3）第2层表示控制动作，可以是手动或自动，强调第0、1层的活动应该在稳定的控制之下。第0、1、2层共同实现工业生产过程中的离散生产控制、连续生产控制及批量生产控制。

（4）第3层是制造运行和控制层，典型活动包括分派生产、生产调度等。

（5）第4层是业务计划和物流管理层，完成企业经营管理过程中的生产计划制订、计划调度、客户服务等活动。

（6）第3层和第4层之间的接口通常是工厂生产调度、运行管理与车间协调之间的接口。

具体而言，第4层作为业务计划和物流管理层，为企业管理层级，其典型的活动如下。

（1）汇集并维持原材料和备件的使用及可提供的库存量，并为采购原材料和备件提供数据。

（2）汇集并维持全部能源使用及可提供的库存量，并为采购能源提供数据。

（3）汇集并维护全部在制品和生产库存量文件。

（4）汇集并维护与客户要求有关的质量控制文件。

（5）汇集并维护预防性和预测性维护计划所必要的机械和设备使用及寿命历史文件。

（6）汇集并维护人力使用数据，以便将其传送至人事部门和会计部门。

（7）建立基本的工厂生产调度计划。

（8）基于资源的可用性改变、可供利用的能源、功率需求水平及维护要求，基于收到的订单而修改基本的工厂生产调度计划。

（9）根据基本的工厂生产调度计划，开发最优的预防性维护和设备更新计划。

（10）确定每个存储点的原材料、能源、备件，以及半成品的最优库存量水平。这些功能也包括物料需求计划和备件采购。

（11）每当出现主要生产中断时，有必要修改基本工厂生产调度计划。

（12）基于所有上述活动的产能计划。

而第3层作为制造运行与控制层级，起到了连接企业管理和生产控制的作用，其典型的活动如下。

（1）报告包括可变制造成本在内的区域生产。

（2）汇集并维护有关生产、库存量、人力、原材料、备件和能量使用等的区域数据。

（3）完成按工程功能要求的数据收集和离线性能分拆，这可能包括统计质量分析和有关控制功能。

（4）完成必要的人员功能，如工作时间统计（例如时间、任务）、假期计划、劳动力计划、工会的晋升方针，以及公司内部培训和人员资格。

（5）为自身区域建立包括维护、运输和其他与生产有关的需求在内的直接、详细的生产计划。

（6）为各生产区域局部优化成本，同时完成第4层功能建立的生产计划。

（7）修改生产计划以补偿在其负责区域也许会出现的工厂生产中断。

如图16-2所示，制造企业的实际生产设备通常组织成一种层次结构。其中，低层次的要素通过分组组合形成高层次的要素。在某些情况下，一层内的一个分组可以合并到同一层的其他分组内。以下针对图16-2中的一些概念做出介绍。

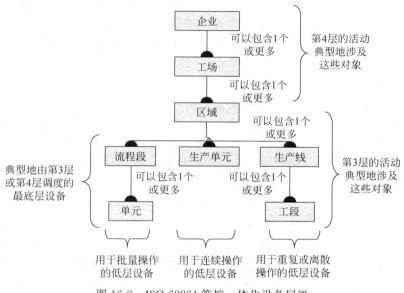

图16-2　ISO 62264 管控一体化设备层级

1）企业

一家企业是一个或更多个工场的汇集，可以包括工场和区域。企业负责确定制造什么产品、在哪个工场制造，而且通常还要确定如何制造这些产品。通常第4层功能与企业和工场层有关。然而，企业计划和调度也许包括区域、工段、生产线，或一个区域内的生产单元。

2）工场

工场是由企业确定的物质的、地理的或逻辑的分组。它可以包括区域、生产线、流程段及生产单元。工场的第4层功能包括当地工场管理和优化。工场计划和调度可以包括工段、生产线，或该区域内的单元。通过地理位置和主要生产能力通常可识别出一个工场。通常工场有明确定义的制造能力。工场经常用于粗计划和调度。

3）区域

区域是由工场确定的物质的、地理的或逻辑的分组。它包括流程段、生产单元及生产线。大多数第3层功能出现在区域内。一个区域内的主要生产能力和地理位置通常可用于区分各区域。通常区域有明确定义的制造能力和产能。这种制造能力和产能用于第3层和第4层计划和调度。低层单元有三类已定义的单元，它们相当于连续制造模型、离散（重复和非重复）制造模型及批制造模型。取决于制造要求，一个区域可以有一个或多个任意的低层单元。许多区域往往将离散运行的生产线、连续过程的生产单元和批加工的流程段组合在一起。取决于所选择的计划和调度策略，第4层功能可以停止在区域层，或者调度该区域内低层单元的功能。

4）生产单元

生产单元是设备的最底层，通常由连续制造过程的第4层或第3层功能调度。生产单元由设备组件、传感器及执行机构等最底层单元组成，但是，这些单元的定义超出了本标准的范围。一个生产单元通常包括以比较自律的方式运行的连续生产段所需的所有设备。通常它转变、分离或作用于一个或多个原材料，以生产中间产品或最终产品。经常用主要加工作业或制成品来区分生产单元。生产单元有明确定义的加工能力和生产总量的产能，这些能力用于第3层功能。即使生产单元不由第4层功能调度，其产能和能力往往也用于对第4层调度的输入。

5）生产线和工段

生产线和工段是设备的最底层，通常由离散制造过程用的第4层和第3层功能调用。仅当生产线内的工作过程中存在柔性时才区分工段。生产线和工段可以由低层单元组成。主要的加工作业经常用于区分生产线。生产线和工段有明确定义的制造能力和生产总量的产能，这些能力都用于第3层功能。即使生产线和工段不由第4层功能调度，这些产能和能力也往往用于对第4层调度的输入。

6）流程段和单元

流程段和单元是设备的最底层，通常由批制造过程用的第4层和第3层调度。如果流程段内的产品路径中存在柔性，通常才在第3层和第4层处区分各种单元。IEC 61512-1标准中有流程段和单元的定义。主要的加工能力或生产的产品系列经常用于区分流程段。流程段和单元有明确定义的制造能力和批处理产能，这些能力用于第3层功能。即使不由第4层功能调度流程段或单元，这种产能和能力也可用于对第4层调度的输入。

16.2 管控一体化与制造执行系统的发展

从上节中不难发现，管控一体化的核心是将管理和控制进行集成，而集成的重要手段则是制造执行系统（MES）。MES并没有一个统一的定义，但以下几点共识还是普遍得到认可的。

（1）MES在整个企业信息集成系统中承上启下，是生产活动信息与管理活动信息沟通的桥梁。

（2）MES采集从接受订货到制成最终产品全过程的各种数据和状态信息，目的在于优化管理活动。它强调的是当前视角，即精确的实时数据。

（3）从对实时的要求而言，如果说控制层要求的实时的时间系数为1，那么MES的时间系数为10，ERP的时间系数为100。

1997年开始，国际电工委员会（International Electrotechnical Commission，IEC）启动编制ISA SP95企业控制系统集成标准和ISA SP98批量控制标准，先后发布了SP95.01模型与术语标准、SP95.02对象模型和属性标准、SP95.03制造运作管理的活动模型标准、SP95.04制造运作管理的对象模型和属性标准。SP95.01规定了生产过程涉及的所有资源信息及其数据结构和表达信息关联的方法。SP95.02对第1部分定义的内容进行了详细规定和解释。SP95.03提出了管理层与制造层间信息交换的协议和格式。SP95.01已经被ISO/IEC批准为国际标准ISO 62264的第一个标准，我国也引进了该文件，作为国家标准。

自 ISA SP95 标准推出后,在工业界迅速得到认可,其用户包括很多世界知名公司,例如能源领域的 ExxonMobil、British Gas,日用品领域的宝洁公司,食品饮料领域的雀巢公司等。SAP、西门子、霍尼韦尔、ABB、Rockwell Software、Enterprise consultants international 等一些软件提供商或咨询公司也在其产品或工程中应用了这个标准。不少公司正在运用 SP95.03 中给出的模型作为需求分析、体系结构、设计和实施的模板。许多公司依照此标准进行 MES 和 ERP 集成的实施,据统计,实施时间减少了 75% 以上。由于这个标准的应用,最终进行 MES 和 ERP 集成所花费的时间预计将由现在的 6~9 个月减少为 6~9 个星期。

此外,几乎所有组织和学者都倡导 MES 功能和接口的标准化,并强调集成和互操作性的重要性。提倡系统之间、功能模块之间以 ORB(object request broker)作为 MES 信息访问接口协议,实现 MES 功能组合的即插即用。分布式对象技术标准 CORBA(公共对象请求代理结构)和有关平台标准也是开发 MES 软件的基础,但是由于开发成本高、系统性能差及三层模型界限不明确等,一直影响着 MES 功能的组件化。

如世界著名的自动化仪表、过程控制和工业软件企业霍尼韦尔(Honeywell)公司从 20 世纪 90 年代末开始,率先从单一的 MES 功能模块发展为整体解决方案。Honeywell 的 MES 产品的核心是 Business FLEXPKS。该产品将经营目标转化为生产操作目标,同时对经过处理验证的生产绩效数据进行反馈,从而形成计划管理层、生产执行层和过程控制层三个层次的周期循环。该产品由价值链管理、先进计划与调度、操作管理、调合及库存管理、储运自动化和生产管理 6 个应用套件共 30 多个模块组成,其产品组成如图 16-3 所示。

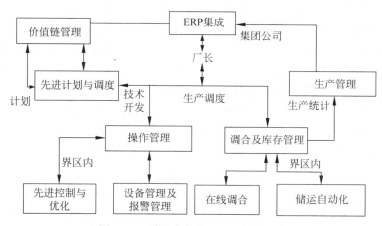

图 16-3　霍尼韦尔的 MES 产品组成

(1)价值链管理能使供应链计划、计划执行和过程自动化解决方案有机地协调起来。解决方案通过提供易于访问和理解的相关信息,帮助企业进行有效决策,从而克服供应链的复杂性问题。它包括一套基于网络供应链管理的应用套件,能动态地对供应链进行建模,通过可度量的成本削减和操作优化,提高盈利能力。它能让用户的供应商与客户,以及他们的供应商与客户真正地协同起来。

(2)先进计划与调度按照企业生产目标制订生产计划,并对计划进行优化,再将优化后的计划转化为生产调度方案,并建立具体操作目标,以满足该调度方案。它支持多工厂计划的制订。解决方案成为计划和控制之间的接口,工厂由此可以进行更好的进料选择,得到更高的产率和利润，采取更可行的调度方案，使产量达到最大化。先进计划及调度优化解决方案着眼于经济指标，能解决原油调度、操作计划、供销优化、操作调度、调合优化、性能监控以及其他问题。

（3）操作管理系统地设定和传递操作计划，监控工艺数据是否超过限度，并将偏离值按优先级显示。通过这套解决方案，工厂可以根据工业标准更好地理解操作性能，同时了解真实的操作边界，使生产操作更加可靠与灵活。解决方案有助于减少能源消耗，同时提高产率、保证产品一致性。此外，它还提供了完整的实验室信息管理系统功能，以及与现有实验室系统的集成。

（4）调合及库存管理可以制订完整的调合操作计划、执行调合操作并对调合过程进行性能监控。它能在满足库存条件、发货计划和产品规格要求的约束下，创建并执行调合配方，从而对管道内调合进行优化，实现利润的最大化。它还能执行基本的比率控制和先进的属性控制，简化调合数据分析，确定绩效指标。

（5）储运自动化提供了完整的炼油厂物料移动操作功能。它具有用户协同功能，使用户更清楚地了解移动操作情况。解决方案能减少库存，并提高人员的生产力，同时防止重大事故发生，所有这些都有利于提高盈利能力。

（6）生产管理解决方案套件能计算现场生产、材料使用、库存信息，同时跟踪产品的遗留和进料处理。它还能跟踪生产成本，突出生产问题，管理生产配方。生产管理解决方案通过获取生产计划和调度方案，将批准的生产操作通知操作人员，并有效地采集和验证实际生产信息，从而促进供应链规划、生产计划与现场操作之间的协作。

另外，霍尼韦尔又将其 MES 解决方案与资产管理解决方案 SSET MAXTM、先进控制与区域优化解决方案 Profit Plus TM、生产信息集成平台 Uniformance 等应用套件和信息集成平台整合为协同生产管理解决方案，也可看作其广义的 MES 或 MES 功能模块的扩充。

国外 MES 的研究与发展基本沿着两条线进行，一条线是像霍尼韦尔、GE 这样的传统设备自动化领域的领军企业，以 MES 为契机，逐渐向上层的管理信息系统领域延伸自己的产品线和产品功能。另一条线是像 SAP、Oracle 这样的管理信息系统提供商，沿着生产管理向下延伸，提供 MES 整体解决方案。这两种模式在特定的应用领域都取得了很好的成果。

20 世纪 90 年代初期，我国就开始对 MES 及 ERP 进行跟踪研究、宣传或试点。进入 21 世纪，我国仍然以提升工厂自动化水平，普及 DCS、SCADA、PLC、FCS 和提升管理信息化水平，由开发 MIS 转向推广普及 ERP 为主。尽管 MES 层仍然是断层，人们对 MES 的概念、MES 在企业信息化的地位已不陌生，并开始形成共识。一些行业也提出了综合 ERP 和生产自动化的 MES 功能架构，如图 16-4 所示。

当前，MES 面临 8 个主要挑战，这些挑战相互关联。由于环境不同，其相互关联的权重也存在差异。就其典型情况而言，在这些挑战中，80% 属于企业文化范畴，只有 20% 属于技术范畴。这些挑战主要如下。

（1）实施 MES 项目时如何使车间和企业管理层形成双赢局面。如果车间工作人员拒绝引入 MES，并拒绝对自动化系统进行相应的改造，或者企业领导层不理解或不支持工厂的改造，再好的 MES 也难以实施。

（2）不同行业的 MES 应用存在巨大差异。不同行业 MES 的体系结构，应该抓住每种

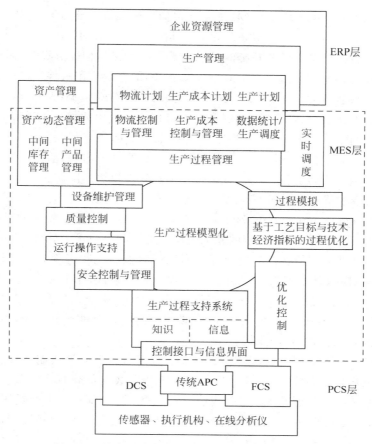

图 16-4 综合 ERP 和生产自动化的 MES 功能架构

制造环境的基本和本质的症结所在。

（3）对 MES 维护的矛盾。因为 MES 是一种应用于工厂车间的动态的 IT 解决方案，经常因产品、流程及新老产品产出比例的变化而不断改变。当工艺或产品发生改变时，其中包含的报表结构和数据关系、数据模型也必须相应"迁移"。另外，MES 存在跨系统的网络和设备接口需要维护，因此企业必须聘请或培养具有过程控制和管理业务系统工作经验的制造业信息化专家。

（4）建立一种共同语言。MES 的集成不是轻而易举的，很多问题源于工厂车间级和企业级应用软件的数据结构不尽相同，这造成软件维护的矛盾。如果网络通信协议、数据结构、事件和报文模型、设备接口和应用软件接口、应用程序集成方法、业务间信息格式均相同，且每个车间都采用相同的操作系统和中间件，上述问题解决起来就比较容易。但是，许多工厂同时选用好几种操作系统或组件结构，这就需要共同的语言。好在为垂直集成和水平工厂整合而发展起来的共同语言已进入实用阶段，这就是一系列 CIM 的工业标准，从参考模型到对象模型，再到 XML schema，可以极大地简化应用软件和接口的设计、维护，并支持管理方法的改变。

（5）建立一种共同的通信协议。当前许多集成项目使用了应用软件间（application-to-application，A2A）接口，在整个企业的 IT 系统中使用了许多不同的通信协议和语言。这样产品和流程一旦变化，用户就要对 MES 进行维护。虽然许多企业已安装了 A2A EAI 软件，建立了接口库，并对点对点接口进行映射，但在多个应用软件运行的情况下，使用 A2A EAI 会使应用软件之间的相关数据复杂化。随着新一代以 XML 为基础的应用软件——可重用基本设计架构（application-to-framework，A2F）的企业应用软件接口（EAI）的问世，建立企业层和车间层接口的成本可减少 50%。随着技术的成熟，MES 的实现成本及维护成本将持续走低。在 A2F EAI 软件中，信息在不同系统和应用软件之间独立地传送，可重用基本设计架构进行解释、翻译和导引。在此基础上形成的集成架构，为将现有系统升级为性能价格比远高于目前的 IT 系统创造了条件。A2F 的另一重要优点在于，可将工厂和企业的流程加以抽象，公司进行决策时，可不顾及个别软件模块的限制。

（6）建立有效的管理变更机制。为有效地处理 MES 的诸多变更，需要将一种专门的变更管理机制（change management system，CMS）和指导委员会纳入企业的组织。MES 指导委员会应进行全面的决策，并在规范的基础上使变更活动得到优先处理。

（7）正确地评估症结所在。当企业开始漫长的管控一体化进程时，最艰巨的任务是在实现 MES 的第一阶段就识别出效率最差的流程。一般来说，车间工作人员往往以一种定性而又具有一定主观臆断的方式了解生产的瓶颈和浪费，缺少充分的数据进行验证。为证明 MES 项目的可行性并确定投资回报周期，必须对制造过程进行分析和评估，找出瓶颈和优先解决的范围，并进行过程的重构。

（8）对客户的需求及相应数据模型的要求进行定量分析。完成制造过程评估后，在选择软件之前首先确定各种需求，并在分析数据库事务和数据负载时确立数据模型。该分析勾画了极端条件下数据的长度、发生极端情况的次数，以及在一个生产过程中同时出现的事务类型，候选数据模型应确保此时不造成生产周期的延长。一般来说，带宽和响应问题主要源自一大批参数数据、测试算法、工作命令，以及单一客户过载。一旦确定数据模型和客户的需求，便可以选择软件的体系结构，以使这些需求得到满足。许多客户跳过数据建模过程，仅基于外在的特性要求采购软件，这会导致数据库处于不正常和存取缓慢状态。

MES 是面向车间层的生产管理技术与实时信息系统，它是实施企业敏捷制造战略、实现车间生产敏捷化的基本技术手段。由于 MES 强调控制和协调，使计划系统和执行系统实现了集成。因此短短几年间 MES 在国外企业中迅速推广，并给企业带来了巨大的经济效益。可以预见，在我国由制造大国向制造强国转变的过程中，MES 也将发挥越来越重要的作用。

我国企业实施以 MRPⅡ/ERP 为主的企业管理软件已有近 30 年的历史，业界存在数量庞大的 ERP 厂商和开发军团，但这部分厂商只有较少部分向 MES 方向发展，其原因在于 MES 与工业控制紧密结合，其研发和实施需要很强的工业自动化基础和工业现场工程经验，这是一道比较高的技术门槛，将很多 ERP 类型的 IT 厂商拒之门外。但我们也相信，随着行业和经济规模的发展，会有相当部分的 IT 厂商与自动化厂商、制造型企业合并或紧密合作，MES 厂商可能会如雨后春笋般涌现，其技术和实施手段也必将日趋成熟。

16.3　典型管控一体化系统的参考体系结构与参考模型

在产品从工单发出到成品产出的整个过程中，由于 MES 扮演着将生产活动最优化的"信息传递者"角色，必然要具有多种功能并能同时为生产、质检、工艺、物流等多部门服务，这就决定了 MES 的结构设计必须满足以下原则。

（1）MES 应该是一个分布式的计算机系统。

（2）MES 能够与企业其他制造信息系统融合，从而提供高效的企业管理功能。

（3）MES 应以生产行为信息为核心，为企业决策系统提供直接的支持。

本节先对 AMR、MESA 等 MES 的权威机构给出的典型 MES 体系结构进行分析，再确定符合中国国情的 MES 体系结构。

1. AMR 的 MES 体系结构

美国的咨询调查公司 AMR 于 1990 年在世界上首次提出并使用 MES 这个概念，倡导制造业用三层结构模型（图 16-5）表示信息化。将位于计划层和控制层之间的执行层命名为 MES，并说明了各层的功能和重要性。

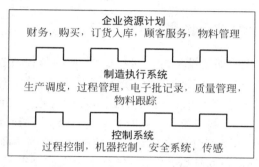

图 16-5　MES 的三层结构模型

（1）位于底层的控制层包括 DCS、DNC、PLC、SCADA 等系统，其作用是生产过程和设备的控制。

（2）位于顶层的计划层通常是 MRP Ⅱ 或 ERP 等系统，其作用是管理企业中的各种资源、管理销售和服务、制订生产计划等。

（3）位于中间层的制造执行层则介于计划层与控制层之间，面向制造工厂管理的生产调度、设备管理、质量管理、物料跟踪等系统。MES 在企业系统的 3 层结构中起着承上启下、填补计划层与控制层之间空白的作用。计划层的业务系统生成的生产计划（计划要做什么）被 MES 传递给生产现场，来自控制层的生产实际状态（实际做了什么）通过 MES 报告给计划层的业务系统。

2. MESA 的 MES 体系结构

图 16-6 是 MESA 于 1997 年提出的 MES 外部系统模型，反映了 MES 与其他企业管理系统之间的关系。从图中可以看到，MES 与其他几种类型的信息系统紧密相连，这使它在企业的整体信息技术基础结构中处于重要地位。从信息集成的角度看，MES 在企业范围的SCM、SSM、ERP 等系统与面向工厂底层设备的控制系统之间承上启下，起着垂直信息集成的作用。同时 MES 连接 SCM、SSM、ERP、P/PE 等系统，起着横向信息集成的作用。

3. 中国国情下的 MES 体系结构

在我国构建 MES 需要关注我国制造业的以下现实情况。

（1）我国制造业的自动化水平还比较低，在我国劳动力成本的比较优势还比较大的情

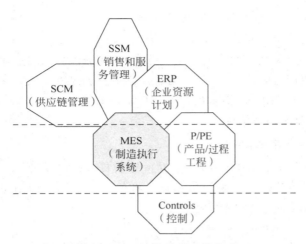

图 16-6　MES 的外部系统模型

况下，大量手工和半自动化的加工设备将长期存在，设备的数控改造将是一个漫长的过程。因此 MES 需要支持的是一个适度自动化的制造设备环境，尤其是对于离散制造行业。

（2）我国企业经营管理规范化的道路还很漫长，经营管理系统尚未完全普及，企业精细化管理的大量基础工作尚处于起步阶段，这也会影响 MES 的构建和运行。

（3）MES 的实施可能与经营管理系统和生产控制系统的实施同步，很多企业基于现实条件的约束，希望 MES 能够独立运行，并在一定范围内支持企业的经营管理，这使 MES 与其他系统的界限更模糊。

基于以上分析，我国工业企业 MES 的定位如图 16-7 所示，实现经营层和设备控制层的闭环控制。其功能架构如图 16-8 所示，给出了我国制造企业对生产执行的主要功能需求，在此基础上，结合国际主流规范和企业实际需求，可以进行适当的扩展。

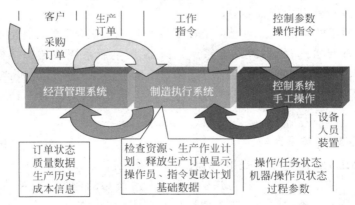

图 16-7　我国工业企业 MES 的定位

如前所述，管控一体化是一个企业-控制系统集成的思想，其实现高度依赖制造金字塔中的第 3 层，而第 3 层的核心是 MES。因此，本节将针对管控一体化系统，基于 ISO 62264 标准中对其功能活动的定义，结合 NIST 提出的 SIMA 模型，对管控一体化的参考模型给出更详细的解读。

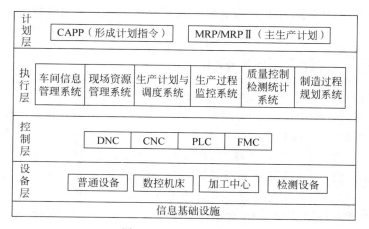

图 16-8 MES 功能架构

ISO 62264 在提出制造金字塔层级结果的基础上,提出了企业控制功能模型(图 16-9)。其将制造运作管理活动分为十大领域进行研究,并详细论述了十大领域之间的关系与功能隶属。

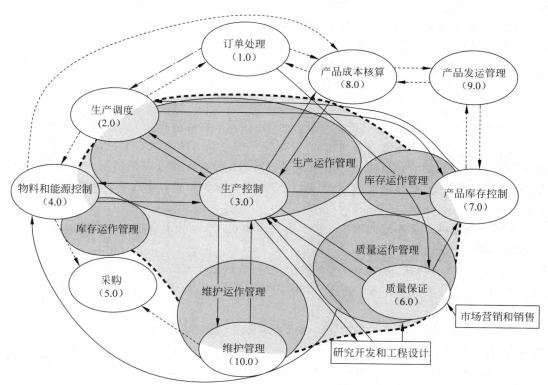

图 16-9 ISO 62264 企业控制功能模型

在十大领域之外,其他相关的活动内容叙述如下。

研究、开发和工程设计的一般功能通常包括新产品开发;工艺要求的规定和与产品生产有关的产品要求的规定。市场营销和销售的一般功能通常包括产生销售计划;产生市场营销计划；确定客户对产品的要求；确定产品要求和标准；与客户的联系。

16.4 管控一体化与智能运维

智能运维是指利用人工智能、大数据分析、机器学习等先进技术对复杂的运维任务进行自动化、智能化管理和优化。智能运维旨在提高运维效率和质量，减少人工干预，降低故障率，增强系统的稳定性和可靠性，从而实现更加智能化、自动化的运维管理方式。其核心是将先进的信息技术与运维管理相结合，利用数据分析和算法模型，对运维数据进行深度挖掘和分析，从中发现潜在的问题和异常，实现对运维状态的实时监控和预测。通过智能运维系统，企业可以更早地发现问题，并采取相应的措施，避免故障扩大并产生影响。

智能运维涵盖多个层面的技术，包括但不限于自动化故障诊断和处理、预测性维护、资源优化、调度与配置、安全风险评估与自动化运维任务。因此，智能运维也是一个典型的多学科、多要素的融合复杂系统，不仅需要从支持的技术、具体的业务做出分析研究，更需要从顶层设计的视角，借助体系架构和方法论的手段认知智能运维。

作为可靠性工程与安全问题的未来发展方向，智能运维技术的一个核心要素是故障诊断。而故障诊断作为智能运维的重要一环，有着深刻的内涵与丰富的技术。

故障是指系统某项或者多项特性超过了一定范围，无法完成预期的任务，而故障诊断是指故障发生时检测出故障的类型和位置，并辨识出故障的大小。故障诊断最早是1971年由 Beard 提出，而美国在1967年成立的美国机械故障预防小组标志着故障诊断技术的诞生，之后日本等国家也开始研究故障诊断技术及其在各领域的应用，IFAC 大会也将故障诊断作为一个专题。

为实现故障的自修复、容错控制等任务需求，在开展故障诊断时，往往需要在系统运行时开展。其是典型的任务驱动类问题，即没有统一的理论方法解决所有问题。但其核心任务可以表述为区别扰动和故障。一般情况下，故障诊断的任务可以概括为故障分类、故障定位、故障原因分析、幅值估计、趋势预测、寿命预测和预测维护；而故障诊断获得的结论类型包括正常、故障、异常、早期故障与预警。

故障诊断包括三类典型的方法：基于定量模型的方法、基于定性模型的方法和基于历史过程数据的方法。

（1）基于定量模型的方法：如状态估计方法、参数估计方法和等价空间方法。

（2）基于定性模型的方法：如基于有向图的因果模型、故障树、基于知识观测器的方法和抽象层次方法。

（3）基于历史过程数据的方法：如专家系统方法、基于定性趋势分析的方法、基于统计的方法与神经网络方法。

（4）混合故障诊断方法：如小波变换与神经网络、小波变换和支持向量机，以及支持向量机和卡尔曼滤波。

结合管控一体化的介绍与分析，现代制造企业的管控中心是企业决策的大脑，管控中心的能力直接体现制造企业的业务水平与能力。作为核心的管控中心，其运行的稳定性、容错性自然也是至关重要的。因此，智能运维在制造业的关键一环就是管控一体化的智能运维。

另外,智能运维本身是一种融合了故障诊断、容错控制、数据分析等具体执行技术与决策分析、业务再造、资源规划等管理业务手段的综合性技术,也体现出管控一体化的思想,即在企业内部整合了业务和技术,将管理和控制有机地结合起来,从而实现企业自上而下的集成。因此,智能运维也是一种典型的管控一体化技术。

具体而言,将管控一体化和智能运维作为统一整体思考时,面临的主要问题如下。

1) 基于指标体系构建,梳理关注要素

指标体系是一整套具有内在业务与技术层级或关联关系的指标集合,这里的指标体系更侧重于从外部业务和用户体验视角,建立自上而下的具有逻辑串接关系的一系列数据关联集合,数据之间具有计算与内在联系。

运维数据指标管理体系的建设与实施既需要考虑全局化,又是一个循序渐进的过程,主要工作包括立体化分层指标体系梳理、指标评价标准定义、指标健康度评估模型、体系的建立与系统化实施及不断的持续改进优化。

2) 注重智能运维(AIOps)与管理场景融合

面向业务与IT的新一代可视化管控平台,基于机器学习和大数据,帮助管理人员直观掌握IT运维与业务运营的有效信息,全面了解数字化运营状态,通过可视化管理与有效决策,提升资产管理与监控管理的效率,而智能运维相关技术应用的特点是实时性、预测性和决策性。如图16-10所示,可以将AIOps与管理场景融合分为5个子类。

图16-10　AIOps与管理场景融合的5个子类

(1) 业务健康态势感知:以业务系统数据为基础,经过数据统计、加工与分析,用可视化大屏的方式进行展示,使管理者在第一时间、多维度了解业务的健康状态和运营能力,及时进行业务预警及问题定位,提高业务稳定性及业务运营能力。

(2) IT资源健康感知:面向不同的客户需求,对IT资源按照资源类型等不同维度进行分类与监控,满足以下应用场景的需求:对数据中心、基础设施、网络质量等方面进行全面的监控与分析;帮助管理者实时掌握IT资源的运行状态,及时掌握故障信息;提高IT资源的稳定性和使用效率,提升企业的运维效率和水平;提升用户体验,增强公司的运营能力等。

(3) 用户体验感知:通过先进的信息技术和人机交互技术,使用户在运维过程中获得更加便捷、高效、舒适的使用体验。以用户为中心,提供个性化、智能化的服务。通过可视化界面和智能化功能,使用户实时了解设备状态、性能表现并预测可能出现的故障,从而及时采取措施,避免潜在风险。智能运维的用户体验感知不仅能提高运维效率、减少故障处理时间,还能增强用户对系统的信任感和满意度,为用户提供更好的使用体验。

（4）问题事件管控:以事件管理数据为基础,对业务、服务、基础设施等设备告警事件进行全局统一监控,监控结果以可视化事件墙的方式进行展示,实时、全面、全局展现业务和 IT 的运行状态,及时进行问题事件预警。

（5）安全态势感知:利用先进的监测、分析和预警技术,对运维系统中的安全事件和威胁进行实时感知和监控。通过对设备、网络和应用等多个层面的数据进行采集和分析,智能运维可以及时发现异常行为、安全漏洞和潜在威胁,从而实现对安全态势的全面感知和监测。安全态势感知能够帮助运维人员快速识别安全风险并及时采取应对措施,保障运维系统的稳定和安全运行。同时,安全态势感知也可为决策者提供重要的数据支持,帮助其制定更加科学、有效的安全策略,提高整体安全防护能力。

16.5　智能运维的体系架构、方法论及其使能技术

结合上一节的内容可知,智能运维不是一个跳跃发展的过程,而是一个长期演进的系统,其根基还是运维自动化、监控、数据收集、分析和处理等具体的工程与技术。然而,智能运维绝非一个简单的技术问题,其涉及管理、信息技术、工业技术等多方面技术的集成。因此,不能简单地将智能运维作为一个技术问题看待,而是要从系统的视角出发,将其作为一个典型的集成系统问题,以体系结构和方法论的研究视角和方法进行认知。不仅如此,还要以系统的方法——系统的整体观念与局部还原论观念结合,在体系结构的基础上,对具体的支持技术进行分析,从而认识智能运维系统的发展。

16.5.1　智能运维的体系架构与方法论

对于智能运维的雏形——AIOps,与其说其是一个产品,不如说是一种理念和策略。通过以数据为基础、以算法为支撑、以场景为导向的 AIOps 平台,为企业现有运维管理工具和管理体系赋予统一数据管控能力和智能化数据分析能力,全面提升运维管理效率。

按照《企业级 AIOps 实施建议》白皮书的定义,AIOps 的能力可以划分为五个层级,如图 16-11 所示。

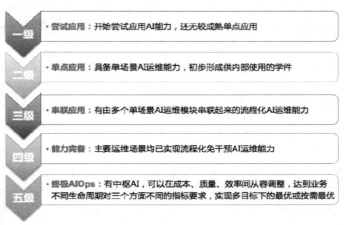

一级	尝试应用:开始尝试应用AI能力,还无较成熟单点应用
二级	单点应用:具备单场景AI运维能力,初步形成供内部使用的学件
三级	串联应用:有由多个单场景AI运维模块串联起来的流程化AI运维能力
四级	能力完备:主要运维场景均已实现流程化免干预AI运维能力
五级	终极AIOps:有中枢AI,可以在成本、质量、效率间从容调整,达到业务不同生命周期对三个方面不同的指标要求,实现多目标下的最优或按需最优

图 16-11　AIOps 能力的五个层级

按照分级标准,其对应的能力框架如图 16-12 所示。可以发现,其通过定义顶层的自主化功能设计到底层的平台、硬件和具体接口标准的能力,支持 AIOps 在各领域的发展与落地应用。

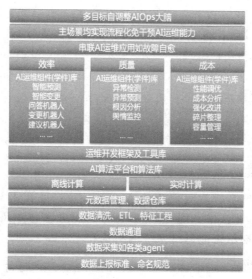

图 16-12 AIOps 能力框架

华为的 AIOps 整体架构如图 16-13 所示,最左边列举了数据来源:zabbix、HCW(华为自研的采集)、业务侧数据(包括端侧和云侧的数据)、第三方(如 CDN 厂商提供的边缘节点数据)。右侧是运维大数据,一共分为 4 层,即数据分析处理层、数据资产层、数据服务能力层、大数据应用服务层。业务监控、日志检索、异常检测、故障诊断等都是大数据应用服务层的能力。

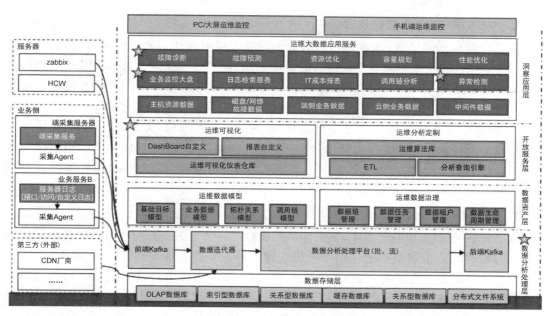

图 16-13 华为 AIOps 整体架构

整体 AIOps 架构与我们常说的大数据平台架构相当类似，可以理解为基于自动化运维和智能化运维场景构建的一个大数据平台。对于类似资源的 CPU、内存、JVM 等性能数据采集，日志数据采集是海量大数据，构建大数据平台并进行分布式存储是必要的，这是进行运维分析和决策的基础。其难点在于学习模型与分析和算法模型。而智能化分析决策类的应用如下。

(1) 性能监控预警和自适应调整。

(2) 故障诊断和自动恢复。

(3) 性能趋势分析和自扩展。

(4) 问题诊断和关键因子分析。

(5) 异常告警等趋势和辅助决策分析。

16.5.2　智能运维的使能技术

从前一节的分析中可知，智能运维涉及 AI 技术、数据库技术等多种信息技术，也无法脱离具体的运维对象的工业技术。因此，有必要对智能运维中涉及的部分典型性技术做出分析和说明，以期更好地揭示智能运维系统的结构和功能。

1. 数据采集与传输技术

运维数据的产生和采集来自 ITOM(工厂运营管理)监控工具集，通常包括基础服务可用性和性能监控、网络性能监测与诊断、中间件服务可用性和性能监控、应用性能管理、系统运行日志管理、IT 资产管理、IT 服务支持管理等。

这些基础监控工具采集的运行状态数据和运行性能数据，需要具备足够存量的数据和数据增量，以及足够的数据维度覆盖度(时间维度、空间维度、系统级维度、应用级维度等)，才能进行建模利用。与此同时，需要考虑到运维数据时效性强的特点，明确多维数据源割裂采集的现状，构思如何在后续建模过程中进行多维数据的高效关联。

2. 数据汇聚、存储与建模技术

数据的增量是迅猛的，或将达到网络的上行极限或磁盘的写入极限，因此对汇聚层服务的自身可用性和吞吐性能要求极高。汇聚层更像"数据湖"，提供元数据限制更宽松的数据写入和获取途径、简易的数据清洗任务创建与管理、灵活的数据访问控制和使用行为审计，具备从原始数据的发掘中更便利地进行价值发掘、更敏捷的扩展特性等。

同时，在设计汇聚存储层的建设方案时，需要走出数据泥沼、无法自主建模、无法执行权限管控等困境。在智能运维实践落地时，要由大数据业务专家/架构师明确地为汇聚与存储层设计一系列的能力项，这些能力项不仅要满足"数据湖"的诸多特征，还要具备便捷的开发和实施友好性，降低数据接入与抽取清洗的成本。

3. 算法体系建设技术

在 AIOps 平台落地的实践中，算法体系的建设是一个至关重要的环节。算法体系建设方面，应从感知、决策和执行三个角度考虑实现思路。智能分析系统将感知、决策、执行三个角度落地到智能运维解决方案中，形成发现问题、产生告警事件、算法模式定位问题、根据分析结果解决问题的闭环功能。

因此，智能分析平台应具备交互式建模功能、算法库、样本库、数据准备、可扩展的底层框架支持、数据分析探索、模型评估、参数及算法搜索、场景模型、实验报告、模型的版本管理、模型部署应用等功能或模块。

4. 算法和数据的工程融合技术

在 AIOps 平台落地的实践中,实现算法和数据的融合,第一步是数据的采集和汇聚,通过前面介绍的关键技术,我们已经获得质量标准归一化的、经过提取和转换的、时间/空间/业务维度标记清楚的数据,需要补充的是数据预处理相关的核心要点。

1) 数据预处理

在数据挖掘中,海量原始数据中存在大量不完整(有缺失值)、不一致或异常的数据,严重影响数据挖掘建模的执行效率,甚至可能导致挖掘结果的偏差。数据预处理的目的是提高数据质量,进而提升数据挖掘的质量。方法包括数据清洗、数据集成和转换,以及数据归约。通过数据预处理,可以消除数据中的噪声,纠正不一致;数据集成可将数据由多个源合并成一致的数据存储,如数据仓储或数据立方;数据变换(如规范化)也可以使用,例如规范化可以改进涉及距离度量的挖掘算法的精度和有效性;数据规约可以通过合并、删除冗余特征或聚类压缩数据。这些数据处理技术在数据挖掘之前使用,可以大大提高数据挖掘模式的质量,降低实际挖掘需要的时间。

需要注意,有些算法对异常值非常敏感。任何依赖均值/方差的算法都对离群值敏感,因为这些统计量受极值的影响极大。另外,一些算法对离群点具有更强的鲁棒性。数据分析中的描述性统计分析认为,当面对大量信息的时候,经常出现数据越多事实越模糊的情况,因此需要对数据进行简化,描述统计学就是用几个关键的数字描述数据集的整体情况。

2) 算法工程集成

在 AIOps 算法分析系统中,不同算法对应不同的适配场景,需要根据数据特征模式选择合适的算法应用。因此,以开箱即用的方式、采用某种标准的机器学习算法直接应用,而不考虑业务特征,通常并不可行。首先需要考虑该组业务指标间的关联性,如果有应用或系统间的调用链或调用拓扑供参考,这是最好不过的。如果没有调用链或拓扑,则需要先根据已知可能的业务相关性进行曲线波动关联、回归分析等算法分析,获得极限阈值并尝试得到因果匹配,通过一系列的事件归集得到相关性,再对每一次反馈进行适应,尝试自动匹配更准确的算法和参数,才可能达到期望的异常检测目标。

智能运维的工程化过程是一个算法、算力与数据相结合,平台自身与业务系统反馈相结合的复杂过程。在与业务场景结合的前提下,灵活的算力组织、高效的数据同步、可插拔的服务化、模型应用过程中的高精度与高速度,是 AI 工程化本身的核心诉求。同时,在当下模型化思想得到了不断发展、数据量日益增加的时代,平行智能、元宇宙、工业云等技术的发展也极大地推动了智能运维在各领域的发展与应用。在模型化、数字化的方法中,与智能运维关系最密切的方法当属数字孪生方法。它是将物理实体与其数字化的虚拟表示相结合的一种技术手段,通过采集和整合大量的实体数据,利用先进的计算机模拟和数据分析技术,构建与实体对应的虚拟模型。这个虚拟模型能够高度还原实体的特性、行为和性能,实现对实体的全生命周期管理和智能化运维。通过数字孪生可以对实体进行实时监测、状态预测和优化决策,从而实现高效的资源利用和成本控制。数字孪生也与 CPS 的实现紧密相关,制造要素在产品的全生命周期中可以通过模型驱动、数据驱动等方法,在物理空间与信息（数字）空间中实现彼此映射。数字孪生参考模型如图 16-14 所示，其揭示了如何在智能制造背景下开展数字孪生实践，以辅助工业流程的开展。

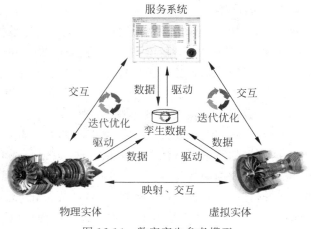

图 16-14　数字孪生参考模型

具体到智能运维环节，数字孪生通过将实体与其数字化虚拟模型相结合，提供全新的运维方式并优化决策支持，包括实时监测与预测、优化维修决策、智能预警与诊断、资源优化和节能减排以及智能决策支持。

总的来说，数字孪生在智能运维中的应用为运维人员提供了全新的工具和方法，帮助他们实现对设备和系统的全面监测和智能化管理，优化运维流程，提高运维效率和设备可靠性，推动智能运维向更高水平发展。随着技术的不断进步，数字孪生在智能运维中的应用前景将更加广阔。

16.6　航空发动机的智能运维

航空发动机是由大量部件组成的复杂气动热力机械系统，这些部件长期工作在恶劣的环境下，且经常面临未知的外部环境，因此，航空发动机在整个飞机系统中是一个敏感、易损的故障多发部件，飞行过程中一旦发生发动机故障，往往导致严重的安全事故。因此，对航空发动机进行有效的预测和健康管理（PHM）具有重大意义。

发动机健康监测目标是实现健康和寿命管理的 3R：在正确的时间根据正确的理由做出正确的行动。发动机健康管理的发展共包括 5 种维修策略：被动维修、预防性维修、前兆性维修、前瞻性维修和预测维修。

预测是 PHM 技术中最具挑战性的技术。预测是一种工程科学，关注系统或部件不再能执行预期功能的时间。预测的时间就是剩余使用寿命。预测通过评估系统偏离期望的正常运行或退化的程度预测部件的未来性能，它基于失效模式分析、磨损或老化的早期信号检测和故障状态。预测是真正的基于状态的维修。状态预测能提供设备当前的健康状态，预测系统未来的健康状态和剩余使用寿命。预测是结构寿命管理中最重要的组成部分，它直接利于降低运行费用和寿命成本，提高飞机安全性。

诊断与预测的概念是不同的，其区别与集成如图 16-15 所示。而广义的预测包括诊断和对系统或部件剩余使用寿命的预测。故障诊断利用传感器检测信息确定故障的类型并进行故障定位。剩余使用寿命预测估计当前状态,预测当前状态到失效状态的可用时间。预测技术是 PHM 的核心,也是当前研究的热点,是实现自诊断、降低维护费用、提高任务完备率的关键。预测主要包括三种方法:基于模型、数据驱动、混合的方法。

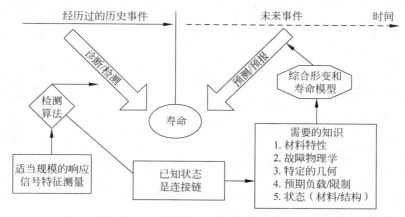

图 16-15　诊断与预测间的区别与集成

　　PHM 在发动机的安全性、可靠性、可用性和可支付性方面扮演重要角色。它能够检测、诊断与识别发动机故障,跟踪寿命使用情况,监视退化趋势,还能为地面检查和维修行动提供建议。PHM 大体上包括 4 个子系统:气路健康管理、结构振动监视、结构寿命管理和滑油系统健康管理。其中,针对气路健康管理的研究较多,发展比较成熟,且与发动机控制相关联。气路健康管理通过测量发动机气路部件的参数,评估发动机部件性能退化,在发动机使用寿命期间,能够准确检测和隔离发动机故障。气路健康管理能够提高安全性,降低维护、燃油消耗和运行成本。

　　发动机 PHM 的方法可以分为两类:基于模型的方法和基于数据的方法。基于模型的方法主要利用发动机或部件的领域知识和物理原理,提供诊断和预测系统建立的基础。模型可以提供动态或静态的信息,作为标准运行的参考基线计算与实际测量值的残差,甚至可以提供不可测量量,如推力、喘振裕度等信息。模型也常用于发动机控制方面,集成基于模型的控制和 PHM 是未来发动机的发展方向,可进一步提高发动机的性能、安全性和可靠性,并降低寿命周期成本。基于模型的方法有的对发动机整机进行非线性建模;有些基于模型的方法对发动机的部件进行建模,如对叶片进行建模,对轴承搭建基于疲劳损伤累积的模型。基于模型的预测对模型的精度要求非常高,模型的误差会直接转化为诊断或预测的误差。

　　对于发动机这种复杂的系统,对其进行模型搭建需要丰富的工程实践知识和气动理论,在无法获得精准模型的情况下,仅对其性能数据进行故障和剩余使用寿命预测分析也可以获得较好的结果。基于数据驱动的预测使用历史数据信息作为训练数据,统计和确定系统的特征,通过识别当前测量的损伤状态特征预测未来的趋势,可以察觉系统的异常并获得剩余使用寿命预测结果。数据驱动的方法大体上可分两类:①人工智能方法,包括模糊逻辑及各种结构的神经网络;②统计方法,包括隐马尔可夫模型、贝叶斯置信网络和基于回归的模型(如高斯过程回归、关联向量回归 RVM 和最小二乘回归)。

　　然而,采用数据驱动的方法进行航空发动机故障诊断与寿命预测的首要挑战是缺乏发动机运行失效的数据。真实的发动机运行数据虽然可能包含故障信息，但一般缺少运行至失效的完整数据。利用真实的设备进行故障和失效实验将产生巨大成本。得益于建模与仿真技术的发展，可以建立发动机仿真模型，并通过对发动机的性能退化和故障进行建模，得到包含各种故障模式的运行数据，为研究健康管理技术提供基础。将基于模型和数据驱动的方法进行融合，可获得混合的方法，以提高预测性能。预测方法分类如图 16-16 所示。

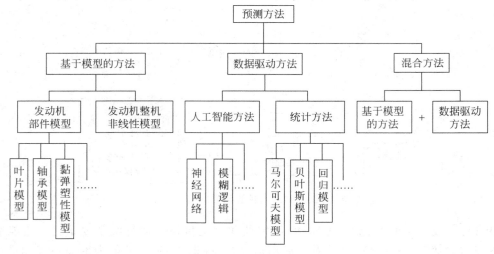

图 16-16　预测方法分类

涡扇发动机由一系列子部件组成。如果能用一定的数学模型准确地模拟这些部件，就能进一步建立较为准确的发动机模型。这种建立在准确模拟各子部件特性基础上的发动机建模方法，称为部件法建模，建立的模型称为部件级模型。

在利用部件法建模时，可以把每个部件看成一个单独的模块，不考虑部件内部参数的变化，而仅根据部件特性和输入/输出之间的气动热力学关系建立输入/输出数学表达式。建立起各部件的模型后，再根据各部件之间的流量连续关系和转子动平衡关系建立一组共同作用方程。接着将飞行条件（飞行高度、飞行马赫数和环境温度等）和燃油流量作为输入参数，按照气体流程进行性能计算。涡扇发动机仿真模块示意图如图 16-17 所示。

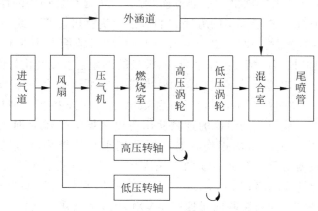

图 16-17　涡扇发动机仿真模块示意图

实际的发动机稳定运行时,各部件都工作在某一特定工作点上,它们相互制约、相互影响。然而,在仿真计算开始时,我们并不知道各部件工作在哪个工作点上,也就无法知道各部件的性能参数,导致仿真计算无法进行。因此,在实际仿真中,可以给定一些关键参数的试猜值,然后根据流量连续关系和转轴功率平衡关系建立共同作用方程组,利用合适的数值求解算法求解该方程组,进而确定工作点。

涡扇发动机气路部件性能退化的主要表现为部件结垢和侵蚀导致的部件流量、效率和压比发生变化。以压气机为例,叶片的结垢沉淀、叶顶间隙增大是压气机性能退化的主要表现。叶片结垢沉淀主要是因为外部空气进入压气机时,携带的尘土堆积在压气机中,导致叶片和通道表面粗糙度增大,有效流通面积减小,使空气流量减小,最终导致压气机的压比和效率下降;压气机的侵蚀主要是因为混合在空气中的砂石与叶片发生碰撞和摩擦作用,以及含盐量较高的水雾在叶片表面产生电化学腐蚀,导致漏气量增大,最终导致压比和效率下降,喘振边界向下移动,稳定工作区域减小。对于涡轮部件而言,性能退化的类型与和压气机类似,但是原因不同。涡扇发动机各气路部件性能退化类型成因及其影响如表 16-1 所示。

表 16-1 气路部件性能退化类型成因及其影响

部件名称	性能退化类型	主 要 原 因	影 响
风扇	结垢	尘土堆积	流量减小,压比减小,效率下降
	侵蚀	砂石摩擦与碰撞、盐雾电化学腐蚀	流量增大,压比减小,效率下降
压气机	结垢	尘土堆积	流量减小,压比减小,效率下降
	侵蚀	砂石摩擦与碰撞、盐雾电化学腐蚀	流量增大,压比减小,效率下降
高压涡轮	结垢	燃烧残留物堆积	流量减小,压比减小,效率下降
	侵蚀	燃烧残留物热腐蚀	流量增大,压比减小,效率下降
低压涡轮	结垢	燃烧残留物堆积	流量减小,压比减小,效率下降
	侵蚀	燃烧残留物热腐蚀	流量增大,压比减小,效率下降

由表 16-1 可看出,涡扇发动机气路部件性能退化的主要表现形式为流量、压比和效率出现不同程度的减小或增大。表现在气路部件的特性曲线上,可用特性曲线向左下方或右下方平移表示。因此,在对气路部件性能退化进行建模与仿真时,可以通过对已有特性曲线的平移进行模拟,这种平移量被称作耦合增量。

基于上述模型,可以开展基于模型的发动机故障诊断和寿命预测工作。

而数据驱动的发动机故障诊断与寿命预测方法更加多样,如基于 LSTM 神经网络的发动机剩余寿命预测、基于 SVM 和算法融合的剩余寿命预测、基于相似性的剩余寿命预测,以及基于隐马尔可夫模型(HMM)、隐半马尔可夫模型(HSMM)的剩余寿命预测。

以 HSMM 寿命预测方法为例,其流程图如图 16-18 所示。具体而言,其方法可以总结如下。

1. 训练阶段

(1) 将 L 台发动机全寿命周期数据通过线性回归模型进行健康指标提取,使用 Lloyd 算法将健康指标划分为 K 个不同的区域,形成 L 组观测序列。

(2) 将 L 组观测序列作为 HSMM 模型的输入,使用前向-后向算法求取 1 个全寿命周

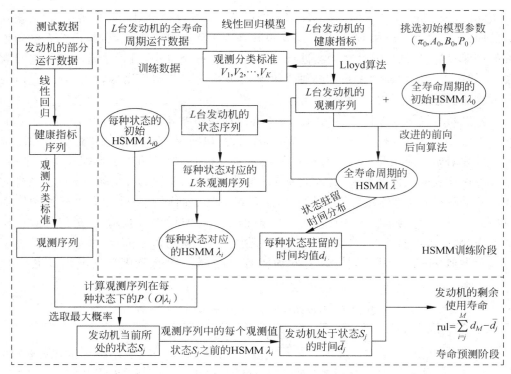

图 16-18　HSMM 应用于剩余寿命预测流程图

期的 HSMM 模型 $\bar{\lambda}$ ，根据状态驻留时间分布 $P=(p_{md})_{M \times D}$ 求取发动机在每种状态下的平均驻留时间 d_i ；将 L 组观测序列作为全寿命周期 HSMM $\bar{\lambda}$ 的输入，求取 L 台发动机的状态序列。

（3）将每种状态下对应的 L 组观测序列，用于求取每种状态下的 HSMM λ_i ，$i \in [1,M]$ 。

2. 剩余寿命预测阶段

（1）对预测发动机的数据进行同样的处理，获得观测序列，将观测序列作为每种状态下 HSMM 的输入，求取 $P(O|\lambda_i)$ ，挑选出其中概率最大的 λ_j ，可认为发动机目前处于状态 S_j 。

（2）将观测序列中每个观测值输入状态 S_j 及其之前状态的 HSMM 中，求取每个观测值所处的状态，从而求得发动机在当前状态 S_j 所处的时间 $\bar{d}_j$ 。

（3）该台发动机的剩余使用寿命 $\mathrm{rul}=\sum_{i=j}^{M} d_M - \bar{d}_j$ 。

除此之外，还有很多机器学习、人工智能及其他模型＋数据驱动的融合方法可用于航空发动机的故障诊断、寿命预测和智能运维。本章不再一一详述其原理和方法。

16.7　结论

本章从管控一体化的定义和标准谈起，进而引出管控一体化的集成框架和参考模型，并结合制造业中的框架和标准对智能制造的管控一体化问题开展分析。

智能运维是近年来随着信息技术和人工智能的发展而逐渐兴起的一种新型运维理念和方法。它利用先进的数据采集、分析和人工智能技术,实现设备和系统的智能监测、预测、优化和决策,以提高运维效率、降低成本、增强设备可靠性和安全性。智能运维在多领域得到广泛应用,包括航空航天、制造业、能源、交通运输等。

随着大数据、物联网、云计算、人工智能等技术的不断发展,智能运维呈现出数据驱动、人工智能应用、可视化管理、自动化和智能化与人机协作的特征。展望未来,智能运维将继续发展壮大,成为各行业运维管理的主要手段之一。随着技术的进一步发展,智能运维将更加普及和成熟,运维效率将大幅提升,设备可靠性和安全性将得到显著提高。同时,智能运维也将面临一些挑战,如数据隐私和安全问题、技术标准和规范的统一等。但随着技术和应用的不断推进,智能运维必将在未来发挥更重要的作用,为社会的发展和进步做出更大的贡献。

然而,从目前的情况来看,智能运维落地的过程中依然充满困难与挑战,它对数据平台搭建、数据采集与传输、数据汇聚、存储与建模、数据计算、AI体系化、场景与工程化融合等方面提出了极其苛刻的要求,需要更专业、更高质量标准的运维数据库,还需要一支强有力的分析、架构和开发团队支撑,才能真正带来生产力的提高。

参考文献

[1] STEIDINGER M.Extending the plant with a MES[J].Industrial Computing,1999,18(2):32-34.

[2] 彭瑜.制造执行系统(MES)的发展和挑战[J].可编程控制器与工厂自动化(PLC FA),2004(6):5-13.

[3] 陈宇,廖永斌,段鑫,等.制造业车间级管理系统(MES)及其典型结构[J].广东自动化与信息工程,2004,25(2):24-27.

[4] Object Management Group. Manufacturing Domain Task Force RFI-3 Manufacturing Execution Systems(MES).OMG Document mfg/97-11-01,November 6,1997.

[5] BEARD R V. Failure accomodation in linear systems through self-reorganization[D].Massachusetts Institute of Technology,1971.

[6] 张正道.复杂非线性系统故障检测与故障预报[D].南京:南京航空航天大学,2006.

[7] 高效运维社区,AIOps标准工作组.《企业级AIOps实施建议》白皮书[R/OL].(2018-4-13)[2024-12-12].https://pic.huodongjia.com/ganhuodocs/2018-04-16/1523873064.74.pdf.

[8] dituicyqz.对AIOps架构框架比较[EB/OL].(2020-10-26)[2024-12-12].https://blog.csdn.net/fuli911/article/details/109286955.

[9] 云智慧AIOps社区.值得一看的智能运维AIOps关键核心技术概览[EB/OL].(2022-07-18)[2024-12-12].https://xie.infoq.cn/article/f135f07fbbf1a50f461ea7413.

[10] QI Q,TAO F,ZUO Y,et al.Digital twin service towards smart manufacturing[J].Procedia Cirp,2018,72:237-242.

[11] 陶飞,程颖,程江峰,等.数字孪生车间信息物理融合理论与技术[J].计算机集成制造系统,2017,23(8):1603.

[12] TAO F,ZHANG H,LIU A,et al.Digital twin in industry:State-of-the-art[J].IEEE Transactions on industrial informatics,2018,15(4):2405-2415.

[13] BOYER R L. Prognostics & Health Management:A NASA Perspective[C]//Deep Space Deep Ocean,Aramco Technology and Operational Excellence Forum.2015(JSC-CN-33140).

［14］ HUNTER G W，LEKKI J D，SIMON D L. Development and testing of propulsion health management［C］//Workshop on Integrated Vehicle Health Mangement and Aviation Safety. 2012（E-18099）.

［15］ SIMON D. Challenges in aircraft engine gas path health management［J］. Tutorial on Aircraft Engine Control and Gas Path Health Management Presented at，2012.

［16］ BEHBAHANI A，ADIBHATLA S，RAUCHE C. Integrated model-based controls and PHM for improving turbine engine performance，reliability，and cost［C］//45th AIAA/ASME/SAE/ASEE Joint Propulsion Conference & Exhibit. 2009：5534.

［17］ YEDAVALLI R，SHANKAR P，SIDDIQI M，et al. Modeling，diagnostics and prognostics of a two-spool turbofan engine［C］//41st AIAA/ASME/SAE/ASEE Joint Propulsion Conference & Exhibit. 2005：4344.

［18］ PECHT M G. Prognostics and health management ［M］//Solid State Lighting Reliability： Components to Systems. New York，NY：Springer New York，2012：373-393.

［19］ AN D，CHOI J H，KIM N H. Options for Prognostics Methods：A review of data-driven and physics-based prognostics［C］//54th AIAA/ASME/ASCE/AHS/ASC Structures，Structural Dynamics，and Materials Conference. 2013：1940.

［20］ 骆广琦，桑增产，王如根.航空燃气涡轮发动机数值仿真［M］.北京：国防工业出版社，2007.

［21］ 孙健国，李秋红，杨刚，等.航空燃气涡轮发动机控制［M］.上海：上海交通大学出版社，2014.

［22］ 李本威，李冬，李姜华，等.单级压气机性能衰退定量研究［J］.航空动力学报，2010，25（7）：1588-1594.

［23］ 浦鹏，孙涛，李冬.压气机性能影响因素研究［R］.贵阳：中国航空学会，2010.

第17章

智能制造最新实践

17.1 智能制造再理解

17.1.1 什么是智能

"智能"这一概念在《荀子·正名篇》《吕氏春秋·审分》《论衡·实知篇》中被提及,将智能概括为智与行。具体来说,从感觉到记忆再到思维这一过程,称为"智慧";将行为和表达这一过程称为"能力";两者合称为"智能"。

在《周书·苏绰传》主张:务弘强国富民之道,故绰得尽其智能,赞成其事。强调了一个核心思想:实现国家的强盛和民众的富裕,关键在于广泛地发展和应用智慧与能力。

智能制造中的"智能"是一个复杂而多维的概念,它涉及广泛的技术领域,包括自动化、信息技术、人工智能、机器学习、大数据分析等。这些技术共同作用于制造过程,以实现高度自动化、信息化、网络化的生产系统。

智能制造中的"智能"是一个不断发展的概念,随着技术的进步,其内涵和应用范围也在不断扩展。它代表制造业向更高级别的自动化、信息化和智能化发展的趋势。智能制造不仅能够提高生产效率和产品质量,还能降低生产成本,提高企业竞争力。同时,智能制造还能实现更加灵活、个性化的生产,满足客户多样化需求。智能制造的发展需要企业进行持续的技术投入和创新。企业需要不断探索和应用新技术,优化生产流程,提高生产效率。同时,加强人才培养,提高员工的技术能力和创新意识。此外,企业还需要加强与供应商、客户等合作伙伴的协同,实现供应链的优化和协同。

"智能"是一个综合性的概念,它涉及多个技术领域,需要企业进行持续的技术投入和创新。智能制造的发展将推动制造业向更高级别的自动化、信息化和智能化发展。同时,智能制造还能实现更加灵活、个性化的生产,满足客户多样化的需求。智能制造的发展需要企业、政府和研究机构共同努力,克服挑战,推动其健康发展。

17.1.2 什么是人工智能

谷歌 CEO 桑达尔·皮查伊(Sundar Pichai)指出:"你可以疯狂地思考所有的可能性,因为这些都是非常非常强大的技术,人工智能是人类有史以来最深奥的技术,我认为它将触及人类的本质。"

人工智能是广泛的科学,包括语言识别、图像识别、自然语言处理、机器学习、计算机视觉等。目的是促使智能机器会听(语音识别、机器翻译等)、会看(图像识别、文字识别等)、会说(语音合成、人机对话等)、会思考(人机对弈等)、会学习(机器学习、知识表示等)、会行动（机器人、自动驾驶汽车等）。

人工智能的分类通常基于其能力、智能水平和应用范围，主要可以分为弱人工智能、强人工智能和超人工智能三类。弱人工智能，模拟人类智能的特定方面，如语音助手、自动美颜、Alpha Go等；强人工智能类似人类级别，有自主学习能力，如医疗诊断；超人工智能几乎所有领域都比最聪明的人类大脑还聪明很多的人工智能。人工智能按照功能或目标可以分为决策型人工智能和生成式人工智能（图17-1）。决策型人工智能侧重于数据分析、模式识别和决策制定过程，如自动驾驶车辆的决策系统。生成式人工智能能够创造出全新的内容，如文本、图像、音乐等，例如GAN（生成对抗网络）。

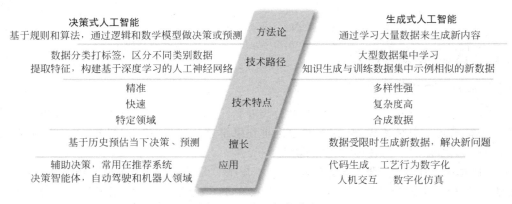

图 17-1　人工智能分类

17.1.3　智能制造再理解

智能制造通常由智能机器与人共同组成的集成系统构成，涵盖自动化、网络化、数字化和智能化4个层面。它是一项长期的系统工程，依赖智能使能技术的持续突破，以推动智能制造系统不断迭代升级。

智能制造的本质体现在以下方面：工业技术的数字化与软件化；生产关系由软件定义；生产关系的优化与重构；管理创新、技术创新和精益生产的融合与发展。如图17-2所示。总的来说，智能制造通过软件控制数据的自动流动，解决复杂产品制造的不确定性问题。

图 17-2　智能制造的本质

17.2　国内外智能制造新实践

17.2.1　国外航空智能制造实践

在推进航空智能制造模式实践方面,波音、空客、霍尼韦尔等国际航空制造巨头在智能制造领域取得了显著的实践成果,如图17-3所示。

波音	空客	霍尼韦尔
全球协同	从地区到全球合作	全球技术支持服务
数字样机:MBD、MBL、XML 全球协作:广域实时协同环境、 　　　　　产品生命周期管理 精益制造:零件-组件-整机 　　　　　移动式装配线	数据定义:统一IT工具 流程整合:统一的协同框架 技术整合:统一技术基础, 　　　　　构建能力中心	商业智能:业务对象可视化、自动化 　　　　　技术文件 生命周期:变动管理实时化和综合化 整合与协作:协作设计和制造、再利 　　　　　用和更新
共同点	数字、协同、精益 ↓数字化、网络化、智能化↓ 产品管理、协同开发、远程服务	

图17-3　航空巨头智能制造实践成果

本节将结合具体案例场景分析国外在智能制造实践方面取得的实际成效。

1. 数字孪生/数字线索使能技术应用案例

1)数字孪生/数字线索在飞机装配中的应用

诺格公司在F-35中机身生产中建立了一个数字线索基础设施,以支撑物料评审委员会在劣品处理决策中的应用,通过数字孪生技术改进了多个工程流程:自动采集数据并实时验证劣品标签,将图像、工艺和修理数据精准映射到CAD模型中,使其能够在三维环境中可视化、搜索和展示趋势(图17-4)。借助三维环境中的快速精确自动分析,缩短处理时间,同时通过制造工艺或组件设计的调整,降低处理频率。通过这些流程改进,诺格公司处理F-35进气道加工缺陷的决策时间缩短了33%,并因此获得了美国国防制造技术奖。

图17-4　数字孪生/数字线索技术在装配中的应用

空客公司通过在法国图卢兹工厂构建A350XWB飞机的总装线数字孪生模型(图17-5),实现了增产提效。在关键工装、物料和零部件上安装无线射频识别系统,空客公司建立了装配线的数字孪生模型，实现了对数万平方米空间和数千个对象的实时精准跟踪、定位和监测，并利用模型优化运行绩效。目前，数字孪生技术已在 A350XWB、A330、A400M 等型号的装配线中得到不同程度的应用。特别是在 A400M 飞机的部装线上，空客集团通过数字孪生技术实现了对数万平方米空间和数千个对象的建模与实时监测。

图 17-5　总装线数字孪生模型

2）数字孪生/数字线索在创建产品数字孪生体中的应用

在数字空间构建真实飞机的模型，通过互联传感器实现与飞机实际状态的完全同步。每次飞行后，系统能够根据结构的当前状况和以往的载荷数据，及时分析评估是否需要维修，以及是否能够承受下一次任务的载荷等。目前，国内一些高校正在进行概念验证和元件级测试工作，但与飞机组件级或整机级的测试和应用相比仍有一定差距。图 17-6 展示了飞机 ADT（airframe digital twin，机身数字孪生）概念。图 17-7 所示为 CF-188 大黄蜂前缘襟翼的 ADT 全尺寸测试。

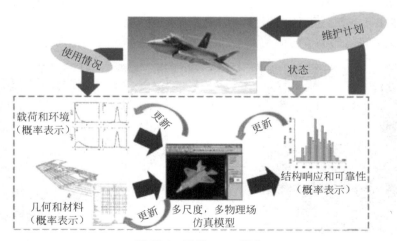

图 17-6　飞机 ADT 概念

3）数字孪生/数字线索赋能产品全生命周期

Grieves 教授和 NASA 在定义数字孪生时，将其视为一种"范式"革命。所谓"范式"，是

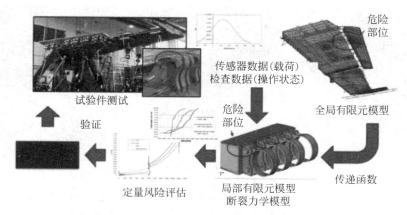

图 17-7　CF-188 大黄蜂前缘襟翼的 ADT 全尺寸测试

指从事某一科学的研究者群体共同遵从的世界观和行为方式。因此,数字孪生与不同应用场景的融合,已成为近年智能制造领域推进的重点方向之一。

　　这种范式转变体现在多个方面:从多部门的设计迭代到多部门的协同设计,从传统的生产后验证到快速的先行集成验证,从关键参数监测到全面跟踪,从依赖历史数据的规律挖掘到基于动态数据的驱动建模,以及从预先制定策略到动态优化决策(如图 17-8 所示)。

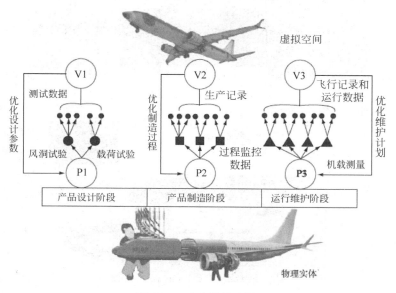

图 17-8　动态优化决策

2. 面向全流程、跨学科仿真应用

　　洛吉凯恩航宇福克起落架公司通过应用西门子 Simcenter Amesim 和 Simcenter3DMotion 设计了安全可靠的起落架,并使流程时间缩短了 30%。上海航空器适航审定中心利用西门子 Simcenter 成功建立了 C919 起落架系统的刚柔多体系动力学仿真模型,帮助适航审定专家进行模拟试验,从而大幅提升了认证工作的效率和信心。图 17-9 展示了起落架性能优化仿真模型。

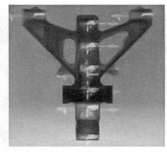

图 17-9　起落架性能优化仿真模型

达索航空公司将 3DExperience 平台（基于数字孪生理念建立的虚拟开发与仿真平台，图 17-10）应用于"阵风"系列战斗机和"隼"系列公务机的设计过程改进（图 17-11），资源浪费减少 25%，质量改进提升 15% 以上。

图 17-10　3DExperience 仿真平台

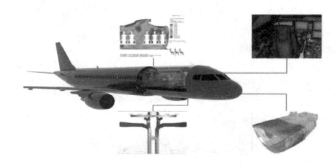

图 17-11　驾驶舱、航空电子、导管和内舱热舒适度仿真与优化

空客公司在 A320neo 飞机上，借助西门子 Simcenter STAR-CCM+ 与 HEEDS 的联合应用，实现了在远离地面 30 000 英尺（1 英尺＝30.48cm）的外部高空环境下，保障了舒适的内舱气候。并利用寻优设计过程，空壳在短短两周内就完成了更优的电气控制系统设计，设计时间缩短了 90%。

3. 虚实协同制造

1）沉浸式虚拟装配工艺评审

从单个螺丝到整个工厂，基于数字孪生技术可以精确描绘物理实体的几何细节，在虚拟空间中复制物理世界的所有细节(图 17-12)。借助扩展现实技术,用户能够以沉浸式体验深入洞察更多细节,并发现潜在问题。此外,还可以利用模拟仿真进行结果预测,加速工艺优化和迭代,从而缩短制造周期。

图 17-12 虚拟装配

2)基于 XR 的可视引导作业

在 Su-57 的组装过程中,苏霍伊的工人使用 AR 技术,每个螺钉和布线都通过 3D 虚拟现实显示,并据此进行装配和检查(图 17-13)。同样,诺斯罗普·格鲁曼公司的机械师在组装 F-35 中央机身时,使用 FILLS 投影技术提供的工作说明。FILLS 通过一系列固定投影仪,准确指示螺钉和其他配件的安装位置,并展示正确的安装顺序。该技术还通过将光的颜色从橙色变为红色,提示材料厚度引发的问题,表明测量存在偏差。这一技术简化了 F-35 中央机身的生产过程,使机械师能够更高效、更精准地完成工作。基于 AR 并结合边缘智能,构建沉浸式可视化交互工作环境。

图 17-13 VR/AR/MR 虚拟装配

4. 数字化装配生产线

F-35 生产线中隐藏了许多"黑科技",主要体现在数字化、网络化、智能化先进技术与飞机制造技术的深度融合(图 17-14)。公开资料显示,近年来 F-35 交付量逐年增加,其生产线使用三维投影技术,省略了测量环节。通过分段制造和最后组合拼装,脉动生产线的装配效率明显提高。由喷涂机器人进行全自动化喷涂,也大幅提高了装配效率。

图 17-14 数字化装配生产线

空客启用了位于汉堡的 A320 系列飞机高度自动化机身结构组装线。该装配线集成了 20 个工业机器人，拥有全新的物流概念、激光测量自动定位及数字化系统等（图 17-15）。除了使用机器人之外，空客在材料和零件物流中实施全新的方法和技术，以优化生产、改善人体工程学并缩短交货时间，包括物流和生产层的分离，以需求为导向的材料补给以及自动驾驶车辆的使用。

图 17-15 自动化装配系统

5. 智能制造工厂

近年来，洛克希德·马丁公司（洛·马）一直致力于构建贯穿产品设计、生产和维护全过程的数字线索。作为快速原型和概念开发的先驱，"臭鼬工厂"已经广为人知，它通过高保真建模和其他数字技术，将纸面概念迅速转化为飞行器原型，被称为"智能、灵活的工厂"。这一工厂有三个显著特征：智能工厂框架、技术赋能的先进制造环境、灵活的工厂结构，以满足客户日益增长的任务需求，提供更快、更敏捷的响应能力。

洛·马将"智能工厂框架"的开发和初步应用视为 2020 年的一大工作亮点，该框架为技术人员提供智能工具、联网机器、网络化供应链及 AR/VR 技术，从而加快生产进度并提升产品质量。响应美国空军的要求，洛·马开发了"星驱动"数字工程工具集（StarDrive），旨在将商业数字工程实践应用于国防工业，减少军方在新飞行器设计、制造和运营方面的时间和成本。StarDrive 引入的新流程将在新工厂中得到广泛应用。

在这个制造设施中，通过结合人力与机器的力量，制造人员利用数字工具以最高效率执行操作。机器人、人工智能和 AR 技术的集成应用，减少了对硬件工具的依赖，提升了操作体验，并推动了持续的快速创新。洛·马公司表示："新设施的技术使公司能够超越制造优化，进入下一次数字革命。"该工厂能够同时批量生产多个项目。洛·马将 F-35 的数字线索定义为"在工程及其下游功能（包括制造和维护）中对三维模型的创建、使用和重用"。其数字产品"元宇宙"的 DNA 如图 17-16 所示。

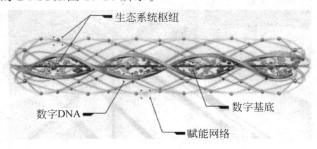

图 17-16 洛·马数字产品"元宇宙"的 DNA

洛·马正在建设一个覆盖全流程并融合供应商的集成数字环境。在这一环境中,工业部门在集成数字环境中进行系统仿真、多学科设计、仿真验证、智能制造和自动化生产;同时,军方也可以在该环境中对项目进行实时管理,并在各节点启动项目评审。

17.2.2 国内航空智能制造实践

高端航空装备对产品快速迭代和经济可承受提出了更高的要求,迫切需要依托数字基础设施和智能装备,构建支撑实现产品快速试制与高效低成本批产的智能工厂,提升制造系统的柔性化,满足高效、高质量、低成本的航空制造需求。

参考航空工业智能制造总体架构,提出了面向快速试制与高效低成本批产的示范工厂四层级实施架构。第一层为智能工厂基础层,突破自动化数字化生产设备和面向航空领域的高端数控系统关键技术,大量部署智能装备、机器人、智能仓储物流系统、数字化检测设备。第二层为控制执行层,建立新一代数字基础设施,基于物联网云底座构建工业互联网平台和企业级数据中心,构建面向飞机制造全流程的柔性制造系统。第三层为生产管理层,建立工艺流程虚拟调试与仿真优化平台,构建 PDM、MES、APS、WMS 并集成,形成支撑快速试制的工艺快速迭代及生产精准管控能力。第四层为工厂决策层,构建公司级企业数据中心和运营管控体系,形成从订单到交付的端到端集成。以下围绕航空制造几个环节,介绍先进航空装备智能制造示范工厂(图 17-17)部分场景建设情况及取得的阶段性成效。

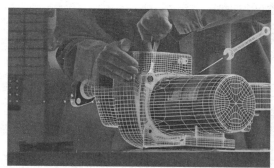

图 17-17 先进航空装备智能制造示范工厂

1. 基于云底座的工业物联网平台

1)场景描述

面向航空装备生产系统全周期、产品全周期和供应链协同智能管控需求,部署千兆光网、5G 网络(试点),构建基于云的物联网底座和工业互联网平台,将人员、生产装备、工装、测量设备、物料等生产资料和建筑设施接入工业物联网,实时采集相关设施、设备运行数据和资源状态数据。基于工控网、生产网络与办公网络融合,构建企业级数据中心和分层次多场景 BI 看板,建立面向服务架构的企业服务总线管理平台,规范跨业务系统集成接口管理,形成系统的信息化系统集成架构体系,实现基于数据和模型协同驱动的航空装备产品设计、工艺设计、生产制造及数字化交付。对于工业控制网络,部署边界防火墙、漏洞扫描、工控安全管理平台、无线信号管控系统等安全产品,支撑有效数据和业务系统安全运行,并围绕各业务推进基于数据中台的数据分析模型库建设，将常用分析算法模型建成模板，方便业务使用人员快速调用，进而实现业务的洞察分析，构建面向航空产品生命周期的信息基础平台。

2）解决的痛点问题

（1）解决了生产加工、辅助生产、装配等设备联网和设备运行数据采集问题。

（2）解决了设备状态实时、有效监控问题，能够准确掌握各类加工设备利用率，为提高生产排产效率、改进生产工艺等关键能力提升和公司数字化转型提供基础数据支持。

（3）解决了数量种类众多、研发工具多样、技术架构迥异的信息系统之间数据访问及交互问题。

（4）解决了数量庞大的系统间数据集成问题，消除了信息孤岛。

3）采用的技术方案

（1）建立基于云的工业物联网底座和数据中台，实现从生产管理到资源及加工设备的网络连接，支撑实现生产管控、制造过程及设备健康管理等业务及系统间的数据协同。

（2）构建工业互联网平台，集成 i-ERP 系统，构建覆盖航空产品全生命的周期和产业价值链的应用支撑和基础环境，实现以 PDM、ERP、MES 为核心，基于企业服务总线系统集成，全面推动企业产、供、销、人、财、物等领域业务一体化管理，贯通从合同-设计-供应-生产交付-财务端到端流程。

（3）构建企业级数据中心，建立公司级运营管控体系，应用大数据技术和各类算法模型，预测制造环节状态，为制造活动提供优化建议和决策支持。

（4）部署安全信息系统和工业设备专用安全检测及防护措施。工业控制系统与涉密信息系统信息交换架构图如图 17-18 所示。

4）取得的成效

（1）关键航空制造设备实现了 87.5% 的联网监控，设备利用率通过系统自动计算获取；工业控制网络覆盖了先进航空装备研制全流程。

（2）通过部署安全产品，实现了对工业控制网络、终端、现场无线信号及工控安全的整体管控。

（3）通过数据中台的数据采集、加工和融合，汇聚各业务部门数据，建设多个管控看板并持续优化完善，通过业务数据拉通，分析各业务指标问题，实现了管理快速决策；通过数据中台集成信息系统数据，各部门具备了独立开展可视化建设、数据汇聚分析等的工作能力。

（4）目前已发布几千个可视化场景，有效满足跨业务管理、分析决策等需求，实现了自主可视分析的生态化发展。建立基于云的工业物联网底座和数据中台，实现从生产管理到资源及加工设备的网络连接，满足管理生产过程、监控生产现场执行、采集现场生产设备及物料数据的业务要求，支撑实现生产管控、制造过程及设备健康管理等关键业务及系统间的数据共享及协同。

2. 数字化航空精益机加车间

1）场景描述

面向航空装备机加零件制造、检验到交付生产全过程，突破航空制造专用高端数控装备、

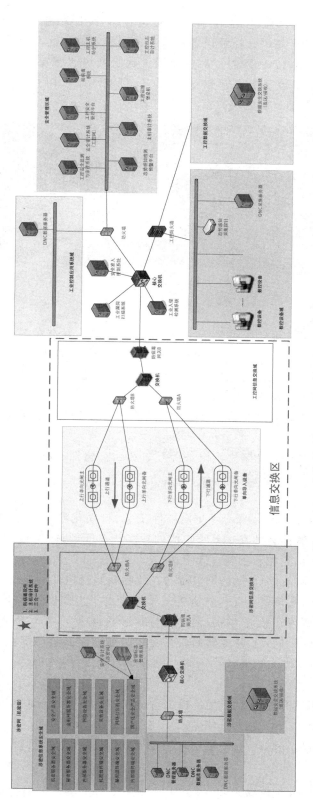

图 17-18 工业控制系统与涉密信息系统信息交换架构图

柔性快速换装、智能仓储及精准配送、智能排产等关键技术，按照精益思想建成智能机加APS、智能仓储配送、数字孪生集中管控及设备数据自动采集和健康管理等多场景集成、行业领先水平的数字化车间（图 17-19），通过对生产线工况状态快速感知，对设备故障、订单变化进行自主感知，实现车间数字孪生管控、自动排产、资源动态重构和分时段无人生产，形成了低成本批产与柔性制造成套解决方案。

图 17-19　精益机加车间数字孪生平台

2）解决的痛点问题

（1）解决了传统生产系统难以适应多品种、大批量零件加工，并存在多点交叉作业及安全生产隐患、物流运输线路过长、无法动态调整资源以支撑生产计划变化满足多型号、多任务、低成本、快速生产的需求等问题。

（2）解决了产线生产资源利用率不高、通用性较差的问题。

（3）解决了关键生产设备数字化能力不足，大量使用专用工装，关键生产环节产能不足，生产节拍不均衡的问题。

（4）解决了产线设备、资源、仓储物流设备等互联和泛在感知问题，实现了生产关键要素的实时状态跟踪与动态评估。

3）采用的技术方案

（1）采用机器人、数字化加工设备、可交换柔性工装、自动化测量系统、智能物流设备等，建成由多条自动产线、智能仓储配送系统组成的数字化车间硬件，实现柔性自动化生产及基于生产线需求的自动出入库和物料自动配送。

（2）通过车间生产管控系统、自动排产系统与产线物联网管控平台集成，搭建基于数字孪生的车间调度管控平台，实现透明化生产管控。本场景由华为提供了基于云的工业互联网平台，沈飞基于该平台开发了设备互联、设备运行状态数据采集、生产管控等系统，在此基础上与西北工业大学联合开发了设备健康管理系统。航空结构件数字化车间综合技术水平处于行业领先水平。

4）取得的成效

航空结构件数字化车间与传统数控设备相比，占用生产面积减少 30%，生产效率提升44.6%，技能操作人员减少 25% 以上，总体生产周期缩短 20%。

3. 基于设计数据模型协同的三维工艺设计系统

1）场景描述

基于航空设计制造一体化数据协同、工艺快速设计及新品快速试制的迫切需求，沈飞公司自主研发了航空行业首个具有自主知识产权,基于设计数据模型协同的三维工艺设计系统——MBPP系统,通过与设计数据集成,实现了基于统一数据驱动的产品设计与工艺设计并行协同;构建了典型工艺流程库、工艺模板库和工艺知识库,基于智能推理引擎实现了产品可制造性快速验证、工艺知识高效复用与热表工艺智能创成式生成能力;利用几何仿真、物理仿真、力学仿真系统等对工艺全流程及关键要素进行模拟分析,优化工艺参数、预测制造缺陷、改进工艺方案,实现了航空装备研制全流程基于模型的三维工艺设计与仿真优化。三维工艺设计系统如图17-20所示。

图 17-20　三维工艺设计系统

2)解决的痛点问题

(1)突破了过度依赖加工制造经验和物理加工实验制订工艺方案的传统思路,解决了面向工艺全过程的多专业协同三维工艺规划和工艺设计与仿真难题,突破了仿真结果难以指导现场优化的局限性。

(2)优化了工艺设计与产品设计之间缺乏信息交互的整体架构,解决了难以保证数据源的唯一性和权威性,以及在产品试制阶段产品设计与工艺设计并行困难的问题。

(3)解决了工艺设计中存在的知识和经验高效复用难题。

3)采用的技术方案

开发MBPP系统,实现复杂航空产品的三维工艺设计,工艺数据一体化设计平台可承接设计并行和正式发放的工程数据,通过多专业协同开展三维工艺规划和工艺设计。

(1)基于模型的三维工艺设计和优化,建立典型工艺流程库、工艺模板库,基于知识的快速工艺规程编制可将模型信息与工艺知识库匹配,自动生成热表工艺规程。

(2)通过物理、参数、几何和力学仿真分析,解决了多专业制造工艺过程的全要素仿真分析与迭代优化。

(3)采用数据承接、解析、转换、传递等方法,实现工艺与产品设计之间的信息交互、并行协同，实现了产品设计、计划、生产、检验等系统的集成，三维工艺设计软件的自主研发。

4）取得的成效

（1）基于多学科工艺仿真，避免制造缺陷，降低试错成本，提高产品一次性合格率，实现"设计-分析-改进"的闭环优化迭代；双侧大深腔钛合金整体化零件一次合格率由 50% 提升至 100%；模具寿命提升 5 倍以上。基于数值仿真分析的零件 3D 打印变形控制技术将成形精度控制在 0.05mm 以内；零件一次打印合格率达到 80% 以上。

（2）自主开发了智能创成式热表工艺生产系统，面向结构件基于特征自动识别的快速工艺设计系统，支持新品快速研发。

（3）基于厂所一体化协同平台，进行工艺设计、计划、生产、检验等系统集成，并通过工艺信息下发、执行、反馈闭环管控方式，实现工艺设计与制造高效协同，产品设计周期缩短 30%。

4. 智能脉动装配工厂数字化设计与仿真

1）场景描述

针对飞机智能脉动装配分厂新厂规划与建设需求，为提高工厂规划合理性和快速实现数字化交付，提出面向工厂全周期规划的多层级虚拟模型构建体系，构建制造装备、物流设备、工装及工厂设施等模型库和工厂 BIM，建立面向生产系统关键要素配置、物流运输、关键工序设备、人员配置、工位布局、自动化系统碰撞干涉三维仿真优化和虚拟验证平台，针对生产系统关键要素配置方案、装配节拍、脉动装配线移动模式、物流运输方案、人机工效、产线平衡、工艺优化、设备检测运维等开展包含虚拟调试、验证与动态优化的数字化工厂设计与仿真，实现工厂数字化交付。建立智能部总装脉动生产线（工厂），并基于云的物联网底座和中央管控中心，构建面向生产系统运行的分层次数字孪生系统。工厂模型与仿真如图 17-21 所示。

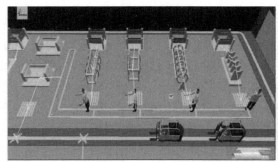

图 17-21　工厂模型与仿真

2）解决的痛点问题

（1）解决了传统工厂规划与设计以人工、2D 仿真为主，存在设计周期长、多专业协同难等问题，以及车间布置及物流配送等仿真过程未实现面向工厂级全要素、全工艺流程的数字化设计、3D 仿真与动态优化。

（2）解决了现有仿真主要面向制造工艺过程或场景，未构建面向工厂级或领域级的模型库和工厂 BIM 的问题。

（3）解决了仿真缺少在工厂建设前进行虚拟仿真与调试、参数化模型复用及优化实现数字化交付的问题,实现了面向模型和数据融合驱动的虚实协同与虚拟调试优化问题。

3）采用的技术方案

（1）研究虚拟数字工厂模型构建体系,构建了制造装备、物流设备、工装、工厂设施及产线模型库。

（2）应用三维仿真软件和面向不同专业的物理、几何等仿真软件开展工厂布局仿真、物流、人因工效、工艺过程、生产节拍、干涉仿真与动态优化,最终实现工厂数字化交付。利用仿真平台对生产系统关键工序设备、人员配置、关键功能区布局方案进行仿真、评价,完成方案优化调整。

（3）通过云的物联网底座实现设备、资源、人员等互联互通,实时采集运行数据并与各业务数据中台和生产管控运营系统集成,建立面向智能装配脉动生产线（工厂）的数字孪生系统。工厂数字化设计由沈飞仿真部门自主开展,工厂数字化设计与仿真技术处于行业领先水平。数字工厂三维模型如图 17-22 所示。

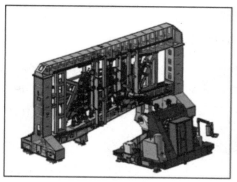

图 17-22　数字工厂三维模型

4）取得的成效

（1）该场景打破了"设计-制造-评价"和"实物验证"传统模式,在工厂设计规划阶段达到对生产系统资源（工具、夹具等）、人机工程指标、产线布局等相关问题进行仿真分析和优化的目的,实现在虚拟环境进行验证与调试,大幅节省了工厂建设周期和物理验证费用开支。

（2）在工厂建设前,验证了规划设计目标合理性,最大限度地减少了装配物流距离,并优化了车间仓储缓冲区,减少了库存区的设置。

（3）建立了数字孪生工厂（图 17-23）,对工厂主业务领域重点管理要素通过三层可视化数字孪生系统进行管控,基于虚实协同实现对工厂细节的实时洞察、数字化动态优化及预测,支撑智能工厂的高效精准运行。

5. 基于数据驱动的供应商管理系统

1）场景描述

基于供应商管理模式的升级、流程的优化和强韧性供应链建设需求,针对供应商信息化管理工具和数据管理及处理手段单一等问题,建立了基于数据驱动的供应商管理系统和

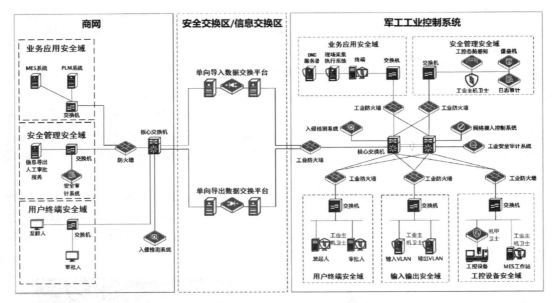

图 17-23　数字孪生工厂

BI 看板,构建了满足供应商分类分级管理要求和运行策略的模型,根据供应链绩效分析结构、动态优化评价模型和评价指标,实现了对供应商从准入到退出的全生命周期管理,以及供应商资源的精准化动态管理和持续优化。供应商管理系统总体架构、管理模型分别如图 17-24、图 17-25 所示。

2）解决的痛点问题

（1）解决了供应商基础数据信息量庞大,人工管理不够规范,供应商绩效评价、分级分类、供应商寻源、优选推荐过程数据存在人为因素造成数据丢失或结论不可靠等问题。

（2）解决了由于供应商管理系统无法与其他业务系统集成和数据协同,进而造成供应商评价、分级分类、供应商寻源、优选推荐等过程响应速度较慢的问题。

3）采用的技术方案

（1）开发供应商信息管理系统,包括供应商开发培育、供应商状态管理、供应商控制记录、供应商绩效评价、供应商退出管理功能模块。

（2）建立基于数据驱动的定量和定性指标相结合的供应商绩效评价模型,且支持动态优化。

（3）构建交付质量定量评价机制,将准时交付率、拖期天数作为硬性考核指标,进行定量评价,并对服务和价格进行定性评价。根据综合绩效成绩对供应商进行管理,并将评价结果反馈给供应商。

（4）建立面向厂所协同评价数据共享、互认的供应商协同管理机制和供应商数字化管理系统。公司自主建设定量和定性指标相结合的供应商绩效评价模型,供应商管理系统由金航数码提供,供应商管理水平处于行业领先。

4）取得的成效

（1）系统开发了供应商开发培育模块和供应商退出管理模块,满足程序要求及合规性要求,目前已正式上线使用,可实现信息数据实时共享,提高显性化程度,审批过程可追溯,显著提升了绩效评价和发布的效率。

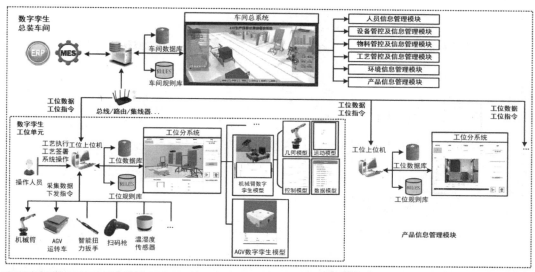

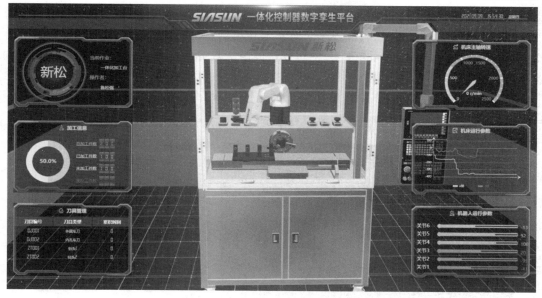

图 17-24　供应商管理系统总体架构

（2）为满足供应商绩效评价可持续优化的需求，开发了绩效评价标准定义功能，可以依据供应链绩效分析结构，动态优化评价模型和评价指标，为零部件供应链管理全过程提供共享的供应商数据支持，实现了供应商信息数据的准确、完整、唯一、规范。

（3）数据及功能实现同步关联，保证管理过程规范、可追溯，实现了基于数据分析和模型驱动的供应商评价、分级分类、供应商寻源和优选推荐。

6. 设备监测及健康管理系统

1）场景描述

设备运行状态监控与设备健康管理是保障航空装备生产过程高效精益的重要手段，应用摄像头、加速度、力、位移、电流、电压、液位、温度、流量等智能传感器，实现航空装备研制

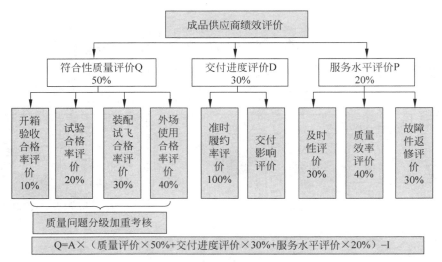

图 17-25 供应商管理模型

过程中设备运行状态和制造数据的动态感知，获取设备健康状态数据，利用 FMEA、层次分析和蒙特卡罗随机模拟策略，建立设备故障参数化模型，实现数据驱动的设备运行状态、性能水平评估，结合深度神经网络算法，构建设备健康指数评价模型，创建专家维修知识库和设备故障模型，开发可视化设备运行状态实时监控及健康管理系统（图 17-26），实现设备全生命周期管理，并针对典型故障自动给出辅助维修策略，提升设备健康状态管理能力和综合利用效率，实现生产线运行状态的实时监控和持续优化。

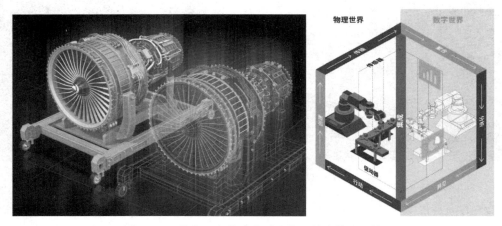

图 17-26 设备运行状态实时监控及健康管理系统

2）解决的痛点问题

（1）解决了生产设备互联互通和运行状态实时监控问题。

（2）解决了设备故障快速诊断与异常自主预测问题。

（3）解决了面向设备全生命周期的性能评估与健康管理问题。

（4）解决了昂贵设备事后维修耽误生产周期导致额外损失及预防性维修通常导致过度维修的问题，实现了基于状态的维修策略。

3）采用的技术方案

（1）构建设备层物联网管控平台，突破异构多源设备互联互通技术、虚拟现实可视化等技术，实现设备和资源互联互通。

（2）构建设备三维模型库，集成视频监控平台和数据平台，开发面向车间级设备、设施的可视化设备运行状态实时监控及健康管理系统，实现设备的状态信息实时感知及数据在线采集。

（3）智能集成温度、压力、电流等传感器，应用大数据分析，结合专家知识库和自动推理引擎，实现基于生产系统的自动巡检与预警。采用改进的 CNN-LSTM 算法实现预测效率与预测精度的有效平衡，快速精确对设备健康状态、剩余寿命进行预测。可视化设备监控系统由沈飞公司和西北工业大学联合研发，设备健康管理模型由沈飞设备管理部门自主开展，设备在线监测与管理能力处于行业领先水平。

4）取得的成效

（1）可视化设备健康管理系统能够实现车间级所有设备关键运行参数的信息采集和监控、健康监测、故障分析及预测，装配车间关键设备监控覆盖率达到 100%，支持 OEE 统计。

（2）实时记录全设备信息数据流，包括设备运行日志、故障日志、生命周期管理，具有设备维修保养计划等相关报表生成功能。

（3）总装脉动生产线设备监测及健康管理系统，可实现设备运行状态监测、设备健康状态管理、设备故障预测等功能，关键设备停机率降低 50%，并通过系统集成，基于 OEE 分析，驱动工艺优化和生产线动态优化。

7. 装配数字孪生工厂建设

1）场景描述

飞机装配车间探索脉动式装配模式，建设串行和并行站位，为满足装配生产线多层次、多维度、多角色分布远程可视监控与综合分析的管控需求，在现场部署并应用面向分层透明管控的飞机装配生产线数字孪生系统，实现业务系统、装配过程和整机测试过程的数据集成，提高现场透明管理水平和异常响应速度。

2）解决的痛点问题

飞机装配过程涉及现场设备状态、产品质量、制造执行、生产经营等多维数据，装配过程孪生数据模型的构建与数据融合集成难度高，在飞机装配执行过程中，存在缺料、紧急订货、临时计划等多种现场异常情况，异常处理不及时，装配过程不透明，难以精准、敏捷管控，影响飞机高效批产与快速交付。

3）采用的技术方案

构建包含物理层、孪生数据层、孪生模型层和应用层的飞机装配生产线数字孪生系统。针对业务系统集成度差的问题，通过与测试中心等系统集成，打通数字化集成测试数据的获取和传递通道，集成生产运营、工艺设计、制造执行、质量检测数据，构建孪生数据库；针对装配过程不透明的问题，形成一套数字化装配与集成测试生产线的数字孪生模型，实现装配过程场景复现、仿真分析与虚实同步监控；针对异常处理不及时的问题，融合三维场景、业务系统与物理设备，构建现场异常事件预警与追踪系统，实现现场异常事件的快速反馈、预警与追踪。

4）取得的成效

通过场景的落地应用，实现了装配过程数据、测试数据、工艺数据、实时事件信息等异构数据的高效集成，建立了厂房、产品、站位、工装等生产线要素的虚拟模型，通过系统集成的实时运行数据驱动模型动态变化实现虚实映射。基于模型构建了生产、质量、技术、运营等业务域管理指标体系，表征了生产线的真实运行状态；形成了危险操作、AO 缺料、设备故障等异常事件的自动感知及处理追踪机制，为装配过程敏捷管控提供了有效途径。

8. 复合材料工艺动态优化

1）场景描述

针对复合材料固化过程中的效率和质量问题，利用工业通信协议及机器视觉技术识别二维码，实现热压罐运行过程的关键数据采集，完成生产制造的交易数据和设备运行时序数据的汇聚。构建不同材料体系的工艺符合性检测算法模型，提前发现复合材料在热压罐运行过程中的异常和问题，及时预警，避免发生质量问题，最终实现整段固化过程温度、压力、真空数据的工艺符合性快速检查。依据复合材料固化成形的机理和热压罐运行原理构建支持向量回归的预测算法模型，对热压罐固化过程的产品温度分布情况进行准确预测，指导进行合理的热压罐固化零件组包，缩短固化周期，从而提升复合材料制造的生产效率、稳定产品质量。

2）解决的痛点问题

在数据采集方面，复合材料生产制造时热压罐的运行参数和关键状态信息等重要制造数据缺乏结构化的存储，一些重要生产数据的记录及产品的信息关联绑定仍然依靠操作者在纸质单据上进行誊写，数据准确性差，难以形成供事后查询和分析的数据依据。在过程控制方面，复合材料制造过程缺失数据支撑基于材料体系规则的运行状态监控和预警，设备管理人员和工艺技术人员不能第一时间掌握热压罐运行的状况，同时难以及时发现运行的实时数据是否存在超过工艺参数值的风险。

3）采用的技术方案

以碳纤维树脂基复合材料制造过程涉及产品物理化学变化的关键热压罐固化成形工序为研究对象，通过设备的 PLC 和 Modbus/TCP 的通信协议实现热压罐运行过程的温度、压力、真空等关键参数和状态数据的采集，实现热压罐设备的关键数据实时采集分析并进行实时监控预警，及时发现制造过程中的异常并进行及时调控，避免出现质量事故；同时进行数据的建模应用，开展制造过程的预测工作，提前发现制造过程的不合理情况，在制造前端的工业设计阶段进行干预和调整；最后在完成数据存储、交互、治理、使用的探索后，将该技术应用于碳纤维树脂基复合材料制造的各环节，以提升整个制造过程的效率，有效降低制造成本，稳定产品质量。

4）取得的成效

通过技术的应用和推广，已实现热压罐固化数据采集，解决了热压罐数据分析建模的数据源问题，成形工序交检效率提升了 90%。将热压罐的数据应用由事后向事中和事前延伸，在边缘端进行热压罐的操作运行，进行实时在线监控，对热压罐的温度、压力、真空设置值和关键运行节点进行监控和预警提升，防止误操作造成的复合材料零件固化产品质量问题发生。

9. 车间智能排程

1）场景描述

针对现有车间计划,不同的制造专业性质有不同的工作模式,多模式下的计划形式造成了公司级航空装备制造整体计划调度困难、执行监控不准确等多种问题,为满足航空制造在车间生产中合理地实现生产排产调度的需要,实施了实时数据驱动的智能排程技术研究与应用,研发了车间计划排程系统,面向多种航空装备混线生产装配、单件/小批量生产等多种制造模式,在现场实时生产数据感知的基础上,进行实时数据驱动的航空装备智能生产排程。

2）解决的痛点问题

单纯承接 ERP 计划进行作业计划开派完工模式已不能满足快速研制的需要。飞机快速敏捷研制模式需要根据资源、制造期量等数据结合 MBOM 制造依据对作业计划进行排程,最大限度地提高资源利用率,缩短生产研制周期,满足数字化制造的需要。因飞机制造的复杂性,车间计划根据不同的制造专业性质,有不同工作模式,例如结构零件以单件计划形式管理,标准件以批量计划形式管理,在满足装配要求的同时满足经济性要求,多模式共存下的排程调度管理造成公司级整体计划调度困难、执行监控不准确、资源利用率不高等多种问题。

3）采用的技术方案

基于智能排程调度需求,开展了自动排程与调度方法研究,构建了一套车间级高级排程系统。以生产任务为输入条件,以技术、资源、客户要求、企业要求等为约束,以急件插队、加工设备故障、加工质量问题、物料不足、任务变化、批量变化等为系统运行的扰动因素,以时间、成本或设备负荷等生产线性能指标为优化目标,通过对目标优化函数求极值获得满意的排程方案和动态调度方案。在构建智能排程系统后,基于 ERP 系统下达的生产订单,结合制造工艺流程及车间的人、机、料、法、环等资源约束,进行制造车间工序级的车间生产计划排程管理,排程完成后可以根据实际执行情况对排程结果进行优化与调整。

4）取得的成效

通过车间智能排程应用,集成了资源信息、现场执行状态信息、计划变更信息等多种信息资源,针对不同场景不同制造专业形成了特定计划排程方法和规则,支持统一标准发布和应用最终排程结果,规范了计划模式。在实际应用中实现了 ERP 计划的 BOP 分解,其中整机计划分解到段位、工位和 A0 计划,零件整体计划分解到单架次零件生产计划,装配专业及试飞专业按架次管理模式进行计划承接与车间计划编制,零件车间依据库存配套实现等件投产计划编制,构建了完整的计划排程管控体系。

10. 智能仓储与分拣配送

1）场景描述

分拣配送中心根据物料需求计划和装配制造计划,对所需物料需求进行预分配和预配套,再根据车间的双周和日作业计划进行分拣打包和拣选配送线边。物料在流转过程中利用 5G、RFID 和二维码技术实现过程数据的实时采集。通过 WMS 与 WCS 的数据集成,以仓储管理驱动立体仓储设备运行,实现物料仓储过程的自动化、无人化和智能化。通过 5G、RFID、AI 技术和 AGV 设备,解决配送过程配送任务自动分配、AGV 调度、路径规划、定位的智能化，实现装配物料线边配送的无人化。最后通过数字孪生系统实现分拣配送中心的集中化、模型化、可视化管控。

2）解决的痛点问题

解决了立库仓位、料箱等资源的利用率最高的问题；解决了料箱或工作包托盘出入立库次数最少和运行距离最短的问题；解决了物料流转过程中信息采集的效率和质量；解决了仓储作业的无人化或少人化问题；解决了物料流转过程中 AGV 智能调度和路径优化问题；解决了基于模型的分拣配送可视化监控和智能预警、预测风险管控问题。

3）采用的技术方案

通过大数据、AI 技术持续优化料箱和工作包托盘的物料配置策略，提升立库仓位、料箱等资源的利用率及料箱出入立库的效率；采用 RFID、二维码及基于 5G 的在线移动终端，实现物料流转过程数据的自动采集，确保采集数据的实时性和准确性；采用数字化控制的立体仓库和信息化的仓储管理系统，实现仓储货物分拣、货位管理及输送过程的少人化、无人化；采用数字建模技术，基于大数据的 AI 分析技术和传感器技术，构建分拣配送中心的数字孪生，实现分拣配送全过程的可视化；在 5G 和工控网环境下，采用 RFID 技术实现物料流转过程信息的自动采集；采用 5G + AGV + RFID + AI 等技术实现 AGV 的智能调度、路径优化和精准定位。

4）取得的成效

智能化的分拣配送场景建成后，某现场物流操作人员从 170 人减至 25 人，物流人力成本从 1700 万元/年降至 250 万元/年。物料搬运过程中的安全事故降为零。物流效率提升80%，准时配送率提升 65%，准时配套率提升 40%。

17.3　智能制造展望

17.3.1　新型航空装备研制需求

飞机的需求从未发生改变，从第一性原理分析，一直追求飞得更快、更远、更强的侦察与反侦察能力，更易操控，更易维护及更快更好的制造（高质、高效、敏捷、低成本、绿色）。

当前，美国通过打造下一代空中优势装备"系统簇"，使多平台跨域分布式协同、有人/无人协同、高超声速作战、超隐平台突防等逐步成为现实。以"高端有人机 + 无人机蜂群"模式，或以各型智慧弹药与隐身飞机协同组网模式，形成高效、低风险穿透打击编队，以灵活多变的战法释放智能化穿透性制空作战能力，从而实现态势感知与目标打击的双重任务。

面向未来新型航空装备的研制生产需求，创新形成新品快速试制、高效批产制造、社会化虚拟制造等引领行业发展的智能制造新模式；构建航空智能制造数智技术体系，关键核心技术水平明显提升；重塑航空装备研制生产模式，形成智能工厂下的柔性生产制造能力；加快培育数字产业化发展能力，基本实现核心制造装备、工业软件系统的自主保障能力。通过航空制造全过程的数字化转型、智能化变革，全面建成"两高一低"可持续、具备快速形成能力的智能化制造能力体系，重塑航空装备研制生产模式，推动建设现代航空工业体系，为持续深入推进新型工业化奠定基础。建设快速试制 + 高效低成本批产能力的航空新质生产能力。以高效低成本的卓越制造和以产品为中心的卓越产品生命周期管理为发展目标。以产品设计(工艺设计、生产系统设计)、生产、集成供应链及服务(客户服务和产品服务)为重点能力域。考虑开展网络化协同制造模式创新研究,构建应急条件下的极速制造能力,构建面向新质生产力生成的未来工厂。

17.3.2 航空智能制造新模式

航空智能制造新模式探索:构建"产品全周期+生产系统全周期+价值链"集成,模型化研发、网络化协同、智能化生产、服务化延伸的研制模式(图17-27),坚持"需求牵引、系统规划、创新驱动、效率优先"的原则,持续推动航空装备制造的数字化、网络化和智能化转型升级。

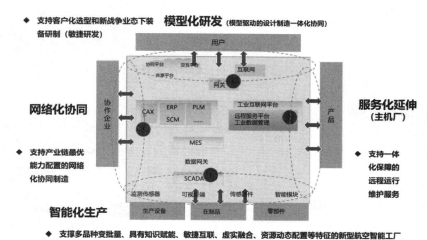

图 17-27　航空智能制造新模式

突破设计与制造一体化、产品设计与生产制造系统设计一体化,以及涉密无线网络,信息、运营和数字技术融合,人工智能、元宇宙、智能化装备、网络安全等一批共性关键技术,加快新品快速研制和高效批产航空"未来工厂"两类示范建设;形成一批国防科技工业的行业标杆,打造国防科技工业"灯塔工厂"。这些都离不开大数据、算力、算法的支撑。

新一代人工智能技术加速发展,为新型航空装备快速迭代发展及高效低成本研制提供了条件。重新定义摩尔定律:英伟达2024年3月发布的Blackwell B200,可以轻松支持1730亿个参数的大语言模型、大模型的变革如图17-28所示。

生成式AI已经到达了引爆点。从AI 1.0进入AI 2.0时代,大模型成功压缩了人类对整个世界的认知,一个大模型可以支持多种下游任务:应用门槛更低、应用范围更广、赋能水平更高(图17-29)。

埃森哲大胆地提出:人工智能将在未来20年内将发达经济体的生产率提高50%——实现发达国家的再工业化。人工智能将解放人力,重塑人才,将劳动力从简单重复的工作中解放出来,投入创造性工作中。最新一代的人工智能显示出更大的灵活性,这意味着它们可以执行多种任务,加速科学研究,并像优秀的超人一样自我完善。人工智能也能在这方面提供帮助。由人工智能支持的工作流程管理方案将数字资产管理、分析智能及相关操作人员连接到一个统一的环境中,实现实时合作。

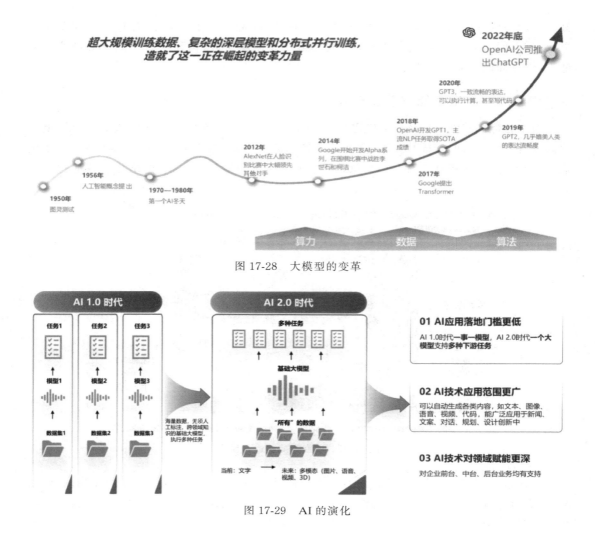

图 17-28　大模型的变革

图 17-29　AI 的演化

　　人工智能与机器人技术融合对各领域都会产生革命性影响。可加速从自动化到智能化、专业化到通用化的转变。机器人作为载体将具备更强大的能力，用简单的语言定义任务和功能，使它们变得更通用及多用途。人工智能模仿人类完成一系列动作，实现理解、思考、推理、解决问题等高级行为。

　　机器人作为人工智能领域的一部分，是实现向高度自动化和智能化转型的重要步骤，也是实现人工智能应用的一种方式。生成式人工智能与多模态人工智能将赋予机器人泛化任务处理能力，提升自主学习与进化能力，解决前所未有的问题。

　　人形机器人的核心三要素：AI 大模型交互模块、完整的躯干结构、电机执行器运动控制。感知模块类似人的感觉器官，激光雷达能提供精确的地图和自主避障能力。Atlas 机器人使用 MultiSense SLB 传感器，能够提供三维视觉、高数据速率和高精度 3D 范围感知。运控模块类似人体的四肢协调能力。具有足够的关节输出能力，并在运动中保持精确的位置和姿态控制。当前，关节能力与运动规划的匹配是短板，应提高复杂多变动态环境的适应性。交互模块类似大脑的分析和判断。特斯拉的 FSD 技术在 Optimus 中得到了应用，基于神经网络的 Telsa Vision 视觉处理工具能够对环境进行深入分析和决策。图 17-30 示出了具身智能机器人的实例。

特斯拉Optimus　　　　　敏捷公司机器人　　　波士顿动力公司机器人Atlas

图 17-30　具身智能机器人

17.4　本章小结

　　智能制造作为一种可持续、绿色的生产模式是航空制造业未来的发展方向,为实现航空产品的智能制造,必须将信息技术、网络技术与先进制造技术深度融合,对产品全生命周期、组织、流程、生产系统进行管理,同时运用大数据、云制造、状态感知、网络化制造等技术实现产品的协同制造。在生产过程中必须处理好人与人、人与机器、机器与机器的关系,真正实现制造过程的状态感知、实时分析、自主决策与精准执行。目前航空智能制造尚处于起步阶段,这对国内航空制造企业来说是机遇也是挑战。国内航空制造业必须客观分析我国当前制造业的现状及面临的机遇和挑战,结合我国智能制造的发展实际,开展航空智能制造技术研究及迭代推进场景化探索与实践,持续推动我国航空工业的转型升级。

参考文献

[1]　沈烈初.再论"新一代智能制造发展战略研究":读"制造的数字化网络化智能化的思考与建议"的启示[J].仪器仪表标准化与计量,2018(2):7-8.

[2]　黄培,孙亚婷.智能工厂的发展现状与成功之道[J].国内外机电一体化技术,2017,20(6):25-30,32.

[3]　苏珊.探访西门子安贝格工厂:最接近工业 4.0 的智能制造是怎样的?[N]第一财经日报,2016-05-05(5).

[4]　欧阳劲松,刘丹,杜晓辉.制造的数字化网络化智能化的思考与建议[J].仪器仪表标准化与计量,2018(2):1-6.

[5]　庞国锋,徐静,沈旭昆.离散型制造模式[M].北京:电子工业出版社,2019.

[6]　刘敏,严隽薇.智能制造:理念、系统与建模方法[M].北京:清华大学出版社,2019.

[7]　谭建荣.智能制造:关键技术与企业应用[M].北京:机械工业出版社,2017.

[8]　王芳,赵中宁.智能制造基础与应用[M].北京:机械工业出版社,2018.

[9]　李培根,张洁.敏捷化智能制造系统的重构与控制[M].北京:机械工业出版社,2003.

[10]　赵聪,王秋生,陈正学,等.浅论智能制造助力企业提质增效:"第九届全国地方机械工程学会学术年会"论文集[C/OL].[2024-12-12].https://kns.cnki.net/kcms2/article/abstract?v=7fc2yiS_nyDPg-22U5MywKsU9PJMgs67ITuQuQjuWrVHih39BoOcg_hyFhZRaDtP5ICGKQe-p1M7rXtZJx0Lzlyrs

Zm_NhDF98LFJuRwrHqd_knvtqTiI069Cyf5qQyQQrTjrfsn8_fQVg6xqH3pAXhFwjIIYZnCCXdx 0Tyuv3_pfcY49mVpIVnD3yl_xrfWUfzrNO-spLs = &uniplatform = NZKPT&language = CHS.

［11］ 郭朝晖.智能制造涉及的若干概念及相互关系［J］.今日制造与升级,2019(5)：62-63.

［12］ 何宁.全球技术进步背景下中国装备制造业产业升级问题研究［D］.北京：对外经济贸易大学,2017.

［13］ 工信部装备工业司.智能制造探索与实践 46 项试点示范项目汇编［M］.北京：电子工业出版社,2016.

［14］ 宁振波.智能制造的本质［M］.北京：机械工业出版社,2021.

［15］ 赵敏,宁振波.铸魂：软件定义制造［M］.北京：机械工业出版社,2020.

［16］ 於志文,郭斌.人机共融智能［J］.中国计算机学会通讯,2017,13(12)：64-67.

［17］ LICKLIDER J C R. Man-computer symbiosis［J］. Ire Transactions on Human Factors in Electronics,1960(1)：4-11.

［18］ 丁汉.共融机器人的基础理论和关键技术［J］.机器人产业,2016(6)：12-17.

［19］ 郑泽宇,梁博文,顾思宇.TensorFlow：实战 Google 深度学习框架［M］.北京：电子工业出版社,2018.

［20］ 麻省理工科技评论.麻省理工科技评论：科技之巅,100 项全球突破性技术深度剖析［M］.北京：人民邮电出版社,2019.